普通高等教育"十二五"规划教材·财经类院校基础课系列教材

高等数学

(经管类)

主 编 吴玉梅 古 佳 康 敏
主 审 王佐仁 雷向辰

科学出版社

北京

内 容 简 介

本书根据经济管理类本科基础课程教学基本要求编写而成.内容包括函数、极限与连续、导数与微分、微分中值定理与导数的应用、不定积分、定积分及其应用、多元函数微积分学、无穷级数、微分方程及差分方程初步等.

本书以经济与管理类学生易于接受的方式,系统地介绍了微分与积分的基本内容,重点介绍了高等数学的方法及其在经济、管理中的应用.精选了大量有实际背景的例题与习题,以培养学生的数学素养和运用数学工具解决实际问题的能力。

本书适合普通高等学校经济管理类专业学生使用,也可作为考研学生备考之书.

图书在版编目(CIP)数据

高等数学:经管类/吴玉梅,古佳,康敏主编.—北京:科学出版社,2014
普通高等教育"十二五"规划教材·财经类院校基础课系列教材
ISBN 978-7-03-040874-7

Ⅰ.①高…　Ⅱ.①吴…②古…③康…　Ⅲ.①高等数学-高等学校-教材
Ⅳ.①O13

中国版本图书馆 CIP 数据核字(2014)第 119340 号

责任编辑:任俊红　滕亚帆／责任校对:刘亚琦　朱光兰
责任印制:霍　兵／封面设计:华路天然工作室

科 学 出 版 社 出版
北京东黄城根北街 16 号
邮政编码:100717
http://www.sciencep.com

三河市骏杰印刷有限公司 印刷
科学出版社发行　各地新华书店经销

*

2014 年 6 月第 一 版　开本:787×1092　1/16
2018 年 7 月第四次印刷　印张:27 1/4
字数:700 000

定价:59.00元
(如有印装质量问题,我社负责调换)

编委会名单

主 编 吴玉梅 古 佳 康 敏

主 审 王佐仁 雷向辰

前 言

数学是自然科学的基本语言,是应用模式探索现实世界物质运动机理的主要手段.对于非数学专业的大学生而言,大学数学教育,其意义不仅仅是学习一种专业的工具.中外大量的教育实践充分显示,优秀的数学教育,是对人的理性思维品格和思辨能力的培育,是对人聪明智慧的启发,是人潜在的能动性与创造力的开发,其价值远非一般的专业技术教育所能相提并论.

进入20世纪以后,数学向更加抽象的方向发展,各个学科更加系统和结构化,数学的各个分支学科之间交叉渗透,彼此界限已经逐渐模糊.时至今日,数学学科的所有分支都或多或少地联系在一起,形成了一个复杂的、相互关联的网络.纯粹数学与应用数学一度存在的分歧在更高的层面上趋于缓和,并走向协调发展.总而言之,数学学科逐渐成为一门综合学科,是一个包括上百个分支的学科,是一个相互交融渗透的庞大的学科体系,这充分显示了数学学科的统一性.

然而,随着我国高等教育自1999年开始迅速扩大招生规模,至2009年的短短10年间,我国高等教育实现了从英才教育到大众化教育的过渡.教育规模的迅速扩张,给我国高等教育带来了一系列的变化和问题,如大众化教育阶段入学生源的多样化问题、学生规模扩大带来的大班和多班教学的问题、由于院校合并导致的"一校多区"及由此产生的教学管理不科学以及师生间缺乏交流等问题.面对这些问题如何使得培养的人才更加适应社会的需要,为高等教育,特别是基础教育提出了许多新的课题.

当前普通高等学校大学数学课程的教育效果不尽如人意,教材建设仍停留在传统模式上,未能适应社会需求,传统的高等数学教材过分追求逻辑严密性与理论体系的完整性,重理论轻实践,剥离了概念、原理和范例的几何背景与现实意义,导致教学内容过于抽象,不利于学生建立数学课程与后续专业课程之间的联系.

本书的编写者都是从事高等数学教学工作多年的教师,他们经常与学生接触,积累了丰富的经验,熟知学生在学习高等数学课程中的困难与要求,因而他们用由浅入深、通俗易懂的语言对这套教材进行了重新编写,用严密的数学语言描述,保留反映数学思想的本质内容,摒弃非本质的、仅仅为确保数学理论完整性和严密性的数学语言描述.坚持数学思想优先于数学方法,数学方法优先于数学知识的原则.以提升学生运用数学思想和数学方法解决实际问题的能力为核心,使读者在学习中真正领悟到高等教育的思想内涵与巨大价值.

全书以经济管理类学生易于接受的方式,科学、系统地介绍高等数学的基本内容,重点介绍了高等数学的方法及其在经济学与管理学中的应用.本书强调概念和内容的直观引入及知识间的联系;强调数学思维和应用能力的培养;强调有关概念、方法与经济管理学科的联系,并适应现代经济、金融和管理学发展的需要.

本书共9章,包括:第1章函数、极限与连续;第2章导数与微分;第3章微分中值定理与导数的应用;第4章不定积分;第5章定积分及其应用;第6章多元函数微积分学;第7章无穷级数;第8章微分方程;第9章差分方程初步.本书适合于高等学校经济管理类各专业的读者,

书中标有 * 的内容读者可以选学.

全书由吴玉梅、古佳和康敏主编,王佐仁、雷向辰主审.参加本书编写的有葛键(第 1、2 章)、康敏(第 3、4 章)、吴玉梅(第 5、8、9 章)、古佳(第 6 章)、李琪(第 7 章).

由于编者的水平有限,加之时间仓促,书中若有不当之处,敬请广大读者批评指正.

编 者

2013 年 9 月

目 录

第1章 函数、极限与连续 … 1
1.1 函数 … 1
1.2 初等函数 … 10
1.3 常用经济函数 … 17
1.4 数列的极限 … 24
1.5 函数的极限 … 29
1.6 无穷小与无穷大 … 35
1.7 极限运算法则 … 39
1.8 极限存在准则 两个重要极限 … 43
1.9 无穷小的比较 … 50
1.10 函数的连续性与间断点 … 52
1.11 连续函数的运算与性质 … 58
总习题一 … 63

第2章 导数与微分 … 66
2.1 导数概念 … 66
2.2 函数的求导法则 … 73
2.3 导数的应用 … 80
2.4 高阶导数 … 84
2.5 隐函数的导数 … 88
2.6 函数的微分 … 92
总习题二 … 101

第3章 微分中值定理与导数的应用 … 104
3.1 微分中值定理 … 104
3.2 洛必达法则 … 110
3.3 泰勒公式 … 115
3.4 函数的单调性与极值 … 121
3.5 函数的最值及应用 … 127
3.6 曲线的凹凸性与拐点 … 137
3.7 函数图形的描绘 … 141
总习题三 … 145

第4章 不定积分 … 148
4.1 不定积分的概念与性质 … 148
4.2 换元积分法 … 154
4.3 分部积分法 … 163
4.4 有理函数与可化为有理函数的积分 … 168
总习题四 … 175

第 5 章　定积分及其应用 ⋯ 177
5.1　定积分的概念 ⋯ 177
5.2　定积分的性质 ⋯ 185
5.3　微积分基本公式 ⋯ 189
5.4　定积分的换元积分法与分部积分法 ⋯ 195
5.5　广义积分 ⋯ 203
5.6　定积分的几何应用 ⋯ 209
5.7　定积分在经济分析中的应用 ⋯ 220
总习题五 ⋯ 226

第 6 章　多元函数微积分学 ⋯ 229
6.1　空间解析几何 ⋯ 229
6.2　多元函数的基本概念 ⋯ 235
6.3　偏导数 ⋯ 242
6.4　全微分及其应用 ⋯ 246
6.5　复合函数微分法 ⋯ 251
6.6　隐函数微分法 ⋯ 256
6.7　多元函数的极值及其求法 ⋯ 262
6.8　二重积分的概念与性质 ⋯ 269
6.9　二重积分的计算（一） ⋯ 273
6.10　二重积分的计算（二） ⋯ 279
总习题六 ⋯ 285

第 7 章　无穷级数 ⋯ 288
7.1　常数项级数的概念和性质 ⋯ 288
7.2　正项级数的判别法 ⋯ 296
7.3　一般常数项级数 ⋯ 304
7.4　幂级数 ⋯ 308
7.5　函数展开成幂级数 ⋯ 317
总习题七 ⋯ 327

第 8 章　微分方程 ⋯ 330
8.1　微分方程的基本概念 ⋯ 330
8.2　可分离变量的微分方程 ⋯ 334
8.3　一阶线性微分方程 ⋯ 342
8.4　可降阶的二阶微分方程 ⋯ 347
8.5　二阶线性微分方程解的结构 ⋯ 350
8.6　二阶常系数齐次线性微分方程 ⋯ 353
8.7　二阶常系数非齐次线性微分方程 ⋯ 356
8.8　数学建模——微分方程的应用举例 ⋯ 361
总习题八 ⋯ 367

第 9 章　差分方程初步 ⋯ 371
9.1　差分方程的基本概念 ⋯ 371
9.2　一阶常系数线性差分方程 ⋯ 375

  9.3 二阶常系数线性差分方程 …………………………………………… 379
  9.4 差分方程在经济学中的简单应用 …………………………………… 384
  总习题九 ……………………………………………………………………… 386
部分习题答案 ………………………………………………………………… 388
附录 …………………………………………………………………………… 421
  附录1 预备知识 …………………………………………………………… 421
  附录2 常用曲线 …………………………………………………………… 424

第1章 函数、极限与连续

初等数学主要研究的是常量及其运算,而高等数学主要研究的是变量与变量之间的依赖关系. 函数正是这种依赖关系的体现,是高等数学中最重要的基本概念. 本章将在复习中学教材中有关函数内容的基础上,进一步研究函数的性质,分析初等函数的结构.

微积分是研究函数局部变化和整体变化性质的一门学科,极限理论是微积分的理论基础,极限方法和局部线性化是微积分的基本方法,微积分的重要概念都是通过极限来定义的. 微积分主要研究连续函数,函数的连续性也是要用极限来定义的.

本章介绍函数与极限的概念、性质及运算法则,在此基础上建立函数连续的概念,讨论连续函数的性质.

1.1 函 数

1.1.1 实数集

人类对数的认识是逐步发展的,先是自然数 $1,2,3,\cdots$. 由于做加法逆运算的需要,人们又增添了零和负整数,从而将正整数扩充为一般**整数**. 乘法的逆运算又导致了分数的产生,而分数又称为**有理数**,即任意一个有理数都可以表示成 $\dfrac{p}{q}$(其中 p,q 为整数,且 $q \neq 0$).

古希腊人发现等腰直角三角形的腰和斜边没有公度,从而证明了 $\sqrt{2}$ 不是有理数. 这样,人类首次知道了无理数的存在,后来又发现了更多的无理数,如 $\sqrt{3}, \sqrt{5}, \cdots$ 以及 π 与 e 等. 有理数又可以表示成有限小数或无限循环小数. 因此,可以认为**无理数**是无限不循环小数. 有理数和无理数统称为**实数**.

笛卡儿引入了坐标的概念,把实数集合与一条直线上的点集合建立了一一对应的关系. 把规定了原点、方向和单位长度的直线称为**数轴**. 引入数轴概念后,数轴上的任何点都可以看作一个实数;反之,实数也可以看作数轴上的一个点. 所以,常常把实数集合与数轴等同,把实数与数轴上的点等同,并把实数 a 称为点 a.

数轴上表示有理数的点称为**有理点**,表示无理数的点称为**无理点**. 有理点具有稠密性,即数轴上任意两个有理点之间一定存在无穷多个有理点;同样,无理点也具有稠密性.

如无特别说明,本课程中提到的数均为实数,用到的集合主要是实数集. 此外,为后面的叙述方便,重申几个特殊实数集的记号:自然数集记为 **N**,整数集记为 **Z**,有理数集记为 **Q**,实数集记为 **R**,这些数集间的关系为

$$\mathbf{N} \subset \mathbf{Z} \subset \mathbf{Q} \subset \mathbf{R}.$$

1.1.2 实数的绝对值

实数的绝对值是数学里经常用到的概念. 下面介绍实数绝对值的定义及其一些性质.

定义 1 设 x 为一个实数,则 x 的**绝对值**定义为

$$|x| = \begin{cases} x, & x \geq 0 \\ -x, & x < 0 \end{cases}.$$

x 的绝对值 $|x|$ 在数轴上表示点 x 与原点 O 的距离,若 y 为任意实数,则点 y 与点 x 间的距离可用数 $y-x$ 或 $x-y$ 的绝对值来表示

$$|y-x|=|x-y|=\begin{cases} x-y, & x\geqslant y, \\ y-x, & x<y. \end{cases}$$

实数的绝对值有如下性质:
(1) 对于任意的 $x\in\mathbf{R}$,有 $|x|\geqslant 0$,当且仅当 $x=0$ 时,才有 $|x|=0$;
(2) 对于任意的 $x\in\mathbf{R}$,有 $|-x|=|x|$;
(3) 对于任意的 $x\in\mathbf{R}$,有 $|x|=\sqrt{x^2}$;
(4) 对于任意的 $x\in\mathbf{R}$,有 $-|x|\leqslant x\leqslant|x|$;
(5) 设实数 $a>0$,则 $|x|<a$ 的充分必要条件是 $-a<x<a$;
(6) 设实数 $a\geqslant 0$,则 $|x|\leqslant a$ 的充分必要条件是 $-a\leqslant x\leqslant a$;
(7) 设实数 $a>0$,则 $|x|>a$ 的充分必要条件是 $x<-a$ 或者 $x>a$;
(8) 设实数 $a\geqslant 0$,则 $|x|\geqslant a$ 的充分必要条件是 $x\leqslant -a$ 或者 $x\geqslant a$.

它们的几何解释是直观的. 例如性质(5),在数轴上 $|x|<a$ 表示所有与原点距离小于 a 的点 x 构成的点集,$-a<x<a$ 表示所有位于点 $-a$ 和 a 之间的点 x 构成的点集. 它们表示同一个点集. 性质(6)~性质(8)可做类似的解释.

由性质(5)可以推得不等式 $|x-A|<a$ 与 $A-a<x<A+a$ 是等价的,其中 A 为实数,a 为正实数.

关于实数四则运算的绝对值,有以下的结论.

设 x 与 y 为任意实数,恒有
(1) $|x\pm y|\leqslant|x|+|y|$;
(2) $||x|-|y||\leqslant|x-y|$;
(3) $|xy|=|x||y|$;
(4) $\left|\dfrac{x}{y}\right|=\dfrac{|x|}{|y|}(y\neq 0)$.

下面仅就结论(1) $|x+y|\leqslant|x|+|y|$ 进行证明.

证明 由性质(4),有

$$-|x|\leqslant x\leqslant|x|,\quad -|y|\leqslant y\leqslant|y|,$$

从而有

$$-(|x|+|y|)\leqslant x+y\leqslant|x|+|y|.$$

根据性质(6),由于 $|x|+|y|\geqslant 0$,得

$$|x+y|\leqslant|x|+|y|.$$

1.1.3 区间与邻域

1. 区间

区间是高等数学中常用的实数集,分为**有限区间**和**无限区间**两类.
(1) 有限区间

设 a,b 为两个实数,且 $a<b$,数集 $\{x|a<x<b\}$ 称为开区间,记为 (a,b),即

$$(a,b)=\{x|a<x<b\}.$$

类似地,有闭区间和半开半闭区间:

$$[a,b]=\{x|a\leqslant x\leqslant b\},\quad [a,b)=\{x|a\leqslant x<b\},\quad (a,b]=\{x|a<x\leqslant b\}.$$

(2) 无限区间

引入记号 $+\infty$（读作"正无穷大"）及 $-\infty$（读作"负无穷大"），则可类似地表示无限区间. 例如，
$$[a,+\infty) = \{x \mid a \leqslant x\}, \quad (-\infty,b) = \{x \mid x < b\}.$$

特别地，全体实数的集合 **R** 可以表示为无限区间 $(-\infty,+\infty)$.

注 在本教程中，当不需要特别辨明区间是否包含端点、是有限还是无限时，常将其简称为"区间"，并常用 I 表示.

2. 邻域

定义 2 设 a 与 δ 是两个实数，且 $\delta > 0$，数集 $\{x \mid a-\delta < x < a+\delta\}$ 称为点 a 的 δ **邻域**，记为
$$U(a,\delta) = \{x \mid a-\delta < x < a+\delta\},$$
其中，点 a 称作该**邻域的中心**，δ 称作该**邻域的半径**（图 1-1-1）.

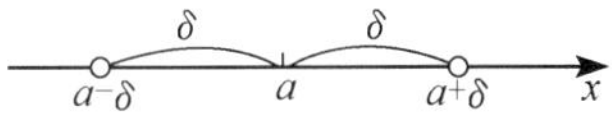

由于 $a-\delta < x < a+\delta$ 相当于 $|x-a| < \delta$，所以
$$U(a,\delta) = \{x \mid |x-a| < \delta\}.$$

图 1-1-1

若把邻域 $U(a,\delta)$ 的中心去掉，所得到的邻域称为点 a 的**去心的 δ 邻域**，记为 $\mathring{U}(a,\delta)$，即
$$\mathring{U}(a,\delta) = \{x \mid 0 < |x-a| < \delta\}.$$

更一般地，以 a 为中心的任何开区间均是点 a 的邻域，当不需要特别辨明邻域的半径时，可简记为 $U(a)$.

1.1.4 函数的概念

函数是描述变量间相互依赖关系的一种数学模型.

在某一自然现象或社会现象中，往往同时存在多个不断变化的量，即变量，这些变量并不是孤立变化的，而是相互联系并遵循一定规律的. 函数就是描述这种联系的一个法则. 本节先讨论两个变量的情形（多于两个变量的情形将在第 6 章中讨论）.

例如，在自由落体运动中，设物体下落的时间为 t，下落的距离为 s.

假定开始下落的时刻为 $t=0$，则变量 s 和 t 之间的相依关系由数学模型
$$s = \frac{1}{2}gt^2$$
给定，其中 g 为重力加速度.

定义 3 设 x 和 y 是两个变量，D 是一个给定的非空数集. 如果对于每个数 $x \in D$，变量 y 按照一定法则总有确定的数值和它对应，则称 y 是 x 的**函数**，记为
$$y = f(x), \quad x \in D,$$
其中，x 称为**自变量**，y 称为**因变量**，数集 D 称为这个函数的**定义域**，也记为 D_f，即 $D_f = D$.

对 $x_0 \in D$，按照对应法则 f，总有确定的值 y_0（记为 $f(x_0)$）与之对应，称 $f(x_0)$ 为函数在点 x_0 处的**函数值**. 因变量与自变量的这种相依关系通常称为**函数关系**.

当自变量 x 取遍 D 的所有数值时，对应的函数值 $f(x)$ 的全体构成的集合称为函数 f 的**值域**，记为 R_f 或 $f(D)$，即
$$R_f = f(D) = \{y \mid y = f(x), x \in D\}.$$

注 函数的定义域与对应法则称为函数的两个要素. 两个函数相等的充分必要条件是它们的定义域和对应法则均相同.

关于函数的定义域,在实际问题中应根据问题的实际意义具体确定.如果讨论的是纯数学问题,则往往取使函数的表达式有意义的一切实数所构成的集合作为该函数的定义域,这种定义域又称为函数的**自然定义域**.

例如,函数

$$y = \frac{\sqrt{4-x^2}}{x-1}$$

的(自然)定义域即为区间$[-2,1) \cup (1,2]$.

1. 函数的图形

对函数$y=f(x)(x\in D)$,若取自变量x为横坐标,因变量y为纵坐标,则在平面直角坐标系xOy中就确定了一个点(x,y).当x遍取定义域中的每一个数值时,平面上的点集

$$C = \{(x,y) \mid y = f(x), x \in D\}$$

称为函数$y=f(x)$的**图形**(图 1-1-2).

若自变量在定义域内任取一个数值,对应的函数值总是只有一个,这种函数称为**单值函数**,否则称为**多值函数**.

例如,方程$x^2+y^2=r^2$在闭区间$[-r,r]$上确定了一个以x为自变量、y为因变量的函数.对每一个$x\in(-r,r)$,都有两个y值($\pm\sqrt{r^2-x^2}$)与之对应,因而y是多值函数.

注 若无特别声明,本教程中的函数均指单值函数.

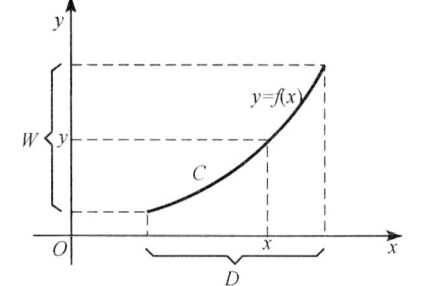

图 1-1-2

2. 函数的常用表示法

函数的表示法通常有三种:**表格法**、**图像法**和**公式法**.

(1) **表格法**.将自变量的值与对应的函数值列成表格的方法;

(2) **图像法**.在坐标系中用图形来表示函数关系的方法;

(3) **公式法**(**解析法**).将自变量和因变量之间的关系用数学表达式(又称为解析表达式)来表示的方法.

根据函数的解析表达式的形式不同,函数也可分为**显函数**、**隐函数**和**分段函数**三种:

(1) **显函数**.函数y由x的解析表达式直接表示.例如,$y=x^4+1$;

(2) **隐函数**.函数的自变量x与因变量y的对应关系由方程$F(x,y)=0$来确定.例如,$\ln y=\cos(x^2+y)$;

(3) **分段函数**.函数在其定义域的不同范围内,具有不同的解析表达式.

以下是几个分段函数的例子.

例 1 绝对值函数

$$y = |x| = \begin{cases} x, & x \geq 0 \\ -x, & x < 0 \end{cases}$$

的定义域$D=(-\infty,+\infty)$,值域$R_f=[0,+\infty)$,图形如图 1-1-3 所示.

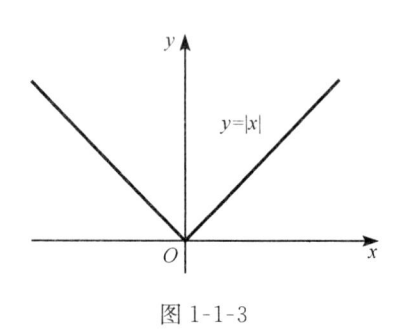

图 1-1-3

例 2 符号函数
$$y = \operatorname{sgn} x = \begin{cases} 1, & x > 0 \\ 0, & x = 0 \\ -1, & x < 0 \end{cases}$$

的定义域 $D=(-\infty,+\infty)$,值域 $R_f=\{-1,0,1\}$,图形如图 1-1-4 所示.

对于任意实数 x,有下列关系成立:
$$x = \operatorname{sgn} x \cdot |x|.$$

图 1-1-4

例 3 取整函数 $[x]$,其中 $[x]$ 表示不超过 x 的最大整数.

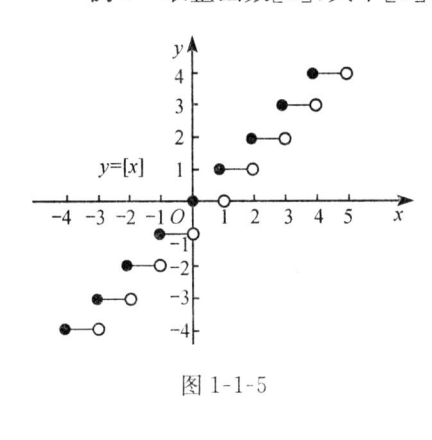

例如,$\left[\dfrac{4}{5}\right]=0$,$[\sqrt{3}]=1$,$[\pi]=3$,$[-2]=-2$,$[-3.14]=-4$.

取整函数的定义域为 $D=(-\infty,+\infty)$,值域 $R_f=\mathbf{Z}$,图形如图 1-1-5 所示.

1.1.5 具有某种特性的函数

1. 有界函数

定义 4 设函数 $f(x)$ 的定义域为 D,数集 $X \subset D$,若存在一个正数 M,使得对一切 $x \in X$,恒有
$$|f(x)| \leqslant M$$

图 1-1-5

成立,则称函数 $f(x)$ 在 X 上**有界**,或称 $f(x)$ 是 X 上的**有界函数**. 每一个具有上述性质的正数 M,都是该函数的界.

若具有上述性质的正数 M 不存在,则称 $f(x)$ 在 X 上**无界**,或称 $f(x)$ 为 X 上的**无界函数**.

定义 5 设函数 $f(x)$ 的定义域为 D,数集 $X \subset D$,若存在一个数 A(或 B),使得对一切 $x \in X$,恒有
$$f(x) \leqslant A \quad (\text{或 } f(x) \geqslant B)$$

成立,则称函数 $f(x)$ 在 X 上**有上界**(或**有下界**),也称 $f(x)$ 是 X 上的**有上界**(或**有下界**)函数. 每一个具有上述性质的数 A(或 B),都是该函数的上界(或下界).

若具有上述性质的数 A(或 B)不存在,则称 $f(x)$ 在 X 上**无上界**(或**无下界**),或称 $f(x)$ 为 X 上的**无上界**(或**无下界**)函数.

例如,函数 $y=\sin x$ 在 $(-\infty,+\infty)$ 内有界,因为对任何实数 x,恒有 $|\sin x|\leqslant 1$. 函数 $y=\dfrac{1}{x}$ 在 $(0,1)$ 上无界,在 $[1,+\infty)$ 上有界. 函数 $y=x^2$ 在 $(-\infty,+\infty)$ 内无界,但 $y=x^2$ 在 $[-1,1]$ 上是有界函数.

容易证明,函数 $f(x)$ 在 X 上有界的充分必要条件是它在 X 上既有上界又有下界.

例 4 证明函数 $y=\dfrac{x}{x^2+1}$ 在 $(-\infty,+\infty)$ 上是有界的.

证明 因为 $(1-|x|)^2 \geqslant 0$,所以 $|x^2+1|=|x|^2+1 \geqslant 2|x|$,故对一切 $x \in (-\infty,+\infty)$,恒有
$$|y| = \left|\dfrac{x}{x^2+1}\right| = \dfrac{2|x|}{2|1+x^2|} \leqslant \dfrac{1}{2},$$

从而函数 $y=\dfrac{x}{x^2+1}$ 在 $(-\infty,+\infty)$ 上是有界的.

2. 单调函数

定义 6 设函数 $f(x)$ 的定义域为 D,区间 $I \subset D$. 如果对于区间 I 上任意两点 x_1 及 x_2,当 $x_1 < x_2$ 时,恒有

(1) $f(x_1) \leqslant f(x_2)$,则称函数 $f(x)$ 在区间 I 上是**单调增加函数**;

(2) $f(x_1) \geqslant f(x_2)$,则称函数 $f(x)$ 在区间 I 上是**单调减少函数**;

(3) $f(x_1) < f(x_2)$,则称函数 $f(x)$ 在区间 I 上是**严格单调增加函数**;

(4) $f(x_1) > f(x_2)$,则称函数 $f(x)$ 在区间 I 上是**严格单调减少函数**.

单调增加函数和单调减少函数统称为**单调函数**,严格单调增加函数和严格单调减少函数统称为**严格单调函数**.

例如,函数 $y=x^2$ 在 $(-\infty,0)$ 内是严格单调减少的,在 $(0,+\infty)$ 内是严格单调增加的,在 $(-\infty,+\infty)$ 内是不单调的(图 1-1-6).

例 5 证明函数 $f(x)=x^3$ 在 $(-\infty,+\infty)$ 内是严格单调增加的函数.

证明 在 $(-\infty,+\infty)$ 内任取两点 x_1,x_2,且 $x_1<x_2$,则

$$f(x_2)-f(x_1) = x_2^3-x_1^3 = (x_2-x_1)(x_2^2+x_1x_2+x_1^2)$$
$$= (x_2-x_1)\left[\left(x_2^2+x_1x_2+\frac{1}{4}x_1^2\right)+\frac{3}{4}x_1^2\right]$$
$$= (x_2-x_1)\left[\left(x_2+\frac{1}{2}x_1\right)^2+\frac{3}{4}x_1^2\right].$$

因为 $x_2-x_1>0$,故 $f(x_2)-f(x_1)>0$,即

$$f(x_2) > f(x_1).$$

所以 $f(x)=x^3$ 在 $(-\infty,+\infty)$ 内是严格单调增加的.

函数 $f(x)=x^3$ 的图形如图 1-1-7 所示.

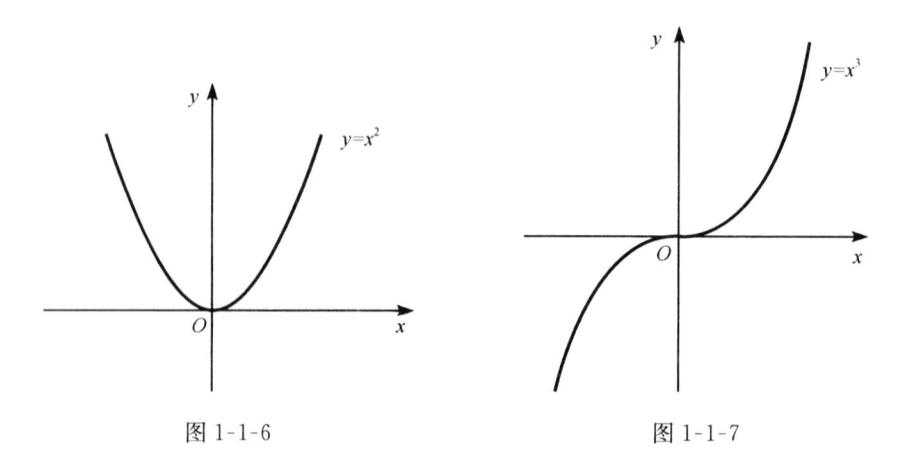

图 1-1-6　　　　　图 1-1-7

由定义易知,单调增加函数的图形沿 x 轴正向是逐渐上升的(图 1-1-8),单调减少函数的图形沿 x 轴正向是逐渐下降的(图 1-1-9).

图 1-1-8   图 1-1-9

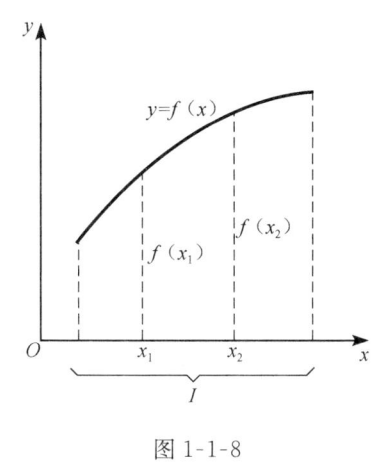

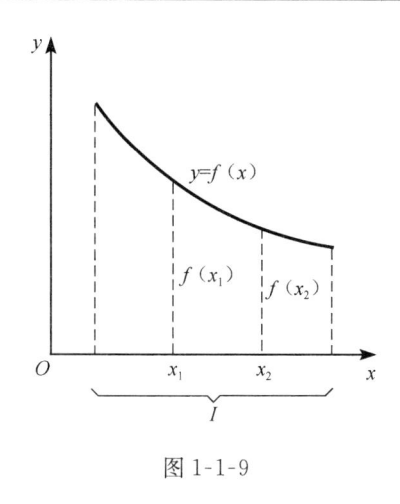

3. 奇偶函数

定义 7 设函数 $f(x)$ 的定义域 D 关于原点对称. 若 $\forall x \in D$,恒有
$$f(-x) = f(x),$$
则称 $f(x)$ 为**偶函数**;若 $\forall x \in D$,恒有
$$f(-x) = -f(x),$$
则称 $f(x)$ 为**奇函数**.

偶函数的图形关于 y 轴是对称的(图 1-1-10). 奇函数的图形关于原点是对称的(图 1-1-11).

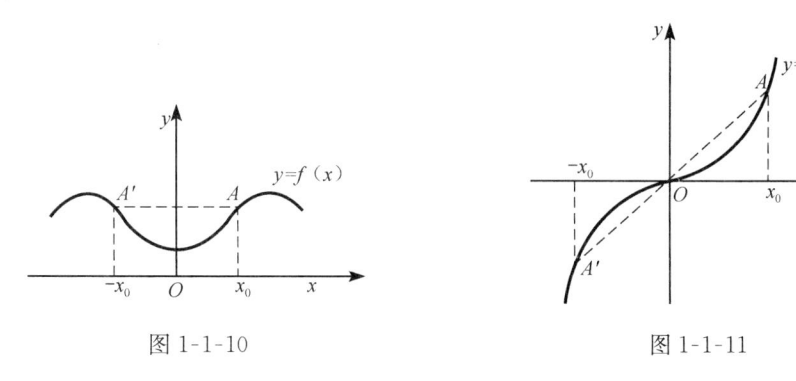

图 1-1-10   图 1-1-11

例如,函数 $y = \sin x$, $y = \operatorname{sgn} x$ 是奇函数,函数 $y = \cos x$, $y = x^2$ 是偶函数,而函数 $y = \sin x + \cos x$ 既不是奇函数又不是偶函数.

例 6 判断函数 $f(x) = \ln(x + \sqrt{1+x^2})$ 的奇偶性.

解 因为函数的定义域为 $(-\infty, +\infty)$,且
$$\begin{aligned} f(-x) &= \ln[-x + \sqrt{1+(-x)^2}] = \ln(-x + \sqrt{1+x^2}) \\ &= \ln \frac{(-x + \sqrt{1+x^2})(x + \sqrt{1+x^2})}{x + \sqrt{1+x^2}} = \ln \frac{1}{x + \sqrt{1+x^2}} \\ &= -\ln(x + \sqrt{1+x^2}) = -f(x). \end{aligned}$$
所以 $f(x)$ 是奇函数.

4. 周期函数

定义 8 设函数 $f(x)$ 的定义域为 D,如果存在常数 $T > 0$,使得对一切 $x \in D$,有 $(x \pm T) \in$

$$f(x+T) = f(x),$$

则称 $f(x)$ 为**周期函数**，T 称为 $f(x)$ 的**周期**. 通常周期函数的周期是指其**最小正周期**. 但并非每个周期函数都有最小正周期.

例如，函数 $y=\sin x$, $y=\cos x$ 都是以 2π 为周期的周期函数；函数 $y=\tan x$, $y=\cot x$ 都是以 π 为周期的周期函数.

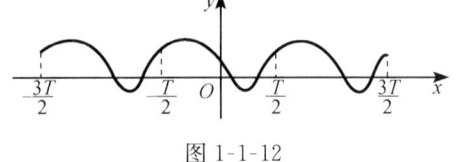

周期函数的图形特点是，如果把一个周期为 T 的周期函数在一个周期内的图形向左或向右平移周期的正整数倍距离，则它将与周期函数的其他部分图形重合(图 1-1-12).

图 1-1-12

例 7 狄利克雷函数

$$D(x) = \begin{cases} 1, & x \in \mathbf{Q} \\ 0, & x \in \mathbf{Q}^c \end{cases},$$

它是一个周期函数，任何正有理数都是它的周期. 因为不存在最小的正有理数，所以它没有最小正周期.

例 8 如果函数 $f(x)$ 对其定义域上的一切 x，恒有

$$f(x) = f(2a-x),$$

则称 $f(x)$ 对称于 $x=a$. 证明：如果 $f(x)$ 对称于 $x=a$ 及 $x=b(a<b)$，则 $f(x)$ 是以 $T=2(b-a)$ 为周期的周期函数.

证明 因为 $f(x)$ 对称于 $x=a$ 及 $x=b$，则有

$$f(x) = f(2a-x), \tag{1.1.1}$$

$$f(x) = f(2b-x). \tag{1.1.2}$$

在式(1.1.2)中，把 x 换为 $2a-x$，得

$$f(2a-x) = f[2b-(2a-x)] = f[x+2(b-a)].$$

由式(1.1.1)有

$$f(x) = f(2a-x) = f[x+2(b-a)],$$

故 $f(x)$ 是以 $T=2(b-a)$ 为周期的周期函数.

1.1.6 简单函数关系的建立

在应用数学方法解决实际问题的过程中，首先要将该问题量化，分析哪些是常量，哪些是变量，确定选取哪个作为自变量，哪个作为因变量，然后要把实际问题中变量之间的函数关系正确抽象出来，根据题意建立起它们之间的数学模型，最后应用有关的数学知识或其他相关知识分析、综合，以达到解决问题的目的. 其中，建立函数关系是解决实际问题的关键步骤.

下面举例说明如何根据实际问题所给的条件建立所需的函数关系.

例 9 某工厂生产某型号车床，年产量为 a 台，分若干批进行生产，每批生产准备费为 b 元. 设产品均匀投入市场，且上一批用完后立即生产下一批，即平均库存量为批量的一半. 设每年每台库存费为 c 元. 显然，生产批量大则库存费高；生产批量少则批数增多，因而生产准备费高. 为了选择最优批量，试求出一年中库存费与生产准备费的和与批量的函数关系.

解 设批量为 x，库存费与生产准备费的和为 $f(x)$. 因年产量为 a，所以每年生产的批数为 $\dfrac{a}{x}$(设其为整数). 于是，生产准备费为 $b \cdot \dfrac{a}{x}$，因库存量为 $\dfrac{x}{2}$，故库存费为 $c \cdot \dfrac{x}{2}$. 由此可得

$$f(x) = b \cdot \frac{a}{x} + c \cdot \frac{x}{2} = \frac{ab}{x} + \frac{cx}{2}.$$

$f(x)$ 的定义域为 $(0, a]$，注意到本题中的 x 为车床的台数，批数 $\frac{a}{x}$ 为整数，所以 x 只取 $(0, a]$ 中 a 的正整数因子.

有些情况下，需要用到分段函数来建立相应的数学模型.

例 10 某运输公司规定货物的吨·千米运价为：在 $a(\mathrm{km})$ 以内，每千米 k 元，超过部分为每千米 $\frac{4}{5}k$ 元. 求运价 m 和里程 s 之间的函数关系.

解 根据题意，可列出函数关系如下：

$$m = \begin{cases} ks, & 0 < s \leqslant a \\ ka + \frac{4}{5}k(s-a), & a < s \end{cases},$$

这里运价 m 和里程 s 的函数关系是用分段函数表示的，定义域为 $(0, +\infty)$.

习　题　1-1

1. 求下列函数的自然定义域：

(1) $y = \frac{1}{x} - \sqrt{1-x^2}$；　　　(2) $y = \sqrt{4-x^2} + \frac{1}{\sqrt{x-1}}$；　　　(3) $y = \arcsin\frac{x-1}{2}$；

(4) $y = \sqrt{3-x} + \arctan\frac{1}{x}$；　　　(5) $y = \frac{\lg(3-x)}{\sqrt{|x|-1}}$；　　　(6) $y = \log_{x-1}(16-x^2)$；

(7) $y = \frac{1}{x}\ln\frac{1-x}{1+x}$；　　　(8) $y = \sqrt{2+x-x^2} + \arcsin\left(\lg\frac{x}{10}\right)$.

2. 下列各题中，函数是否相同？为什么？

(1) $f(x) = \lg x^2$ 与 $g(x) = 2\lg x$；　　　(2) $f(x) = x$ 与 $g(x) = (\sqrt{x})^2$；

(3) $y = 2x+1$ 与 $x = 2y+1$；　　　(4) $y = \sqrt{1+\cos 2x}$ 与 $y = \sqrt{2}\cos x$；

(5) $y = \sqrt[3]{x^4-x^3}$ 与 $y = x\sqrt[3]{x-1}$；　　　(6) $y = 1$ 与 $y = \sec^2 x - \tan^2 x$.

3. 设 $\varphi(x) = \begin{cases} |\sin x|, & |x| < \frac{\pi}{3} \\ 0, & |x| \geqslant \frac{\pi}{3} \end{cases}$，求 $\varphi\left(\frac{\pi}{6}\right), \varphi\left(\frac{\pi}{4}\right), \varphi\left(-\frac{\pi}{4}\right), \varphi(-2)$，并作出函数 $y = \varphi(x)$ 的图形.

4. 试证下列函数在指定区间内的单调性：

(1) $y = \frac{x}{1-x}$　$(-\infty, 1)$；　　　(2) $y = 3x + \ln x$　$(0, +\infty)$.

5. 设 $f(x)$ 为定义在 $(-l, l)$ 内的奇函数，若 $f(x)$ 在 $(0, l)$ 内单调增加，证明：$f(x)$ 在 $(-l, 0)$ 内也单调增加.

6. 设下面所考虑函数的定义域关于原点对称，证明：

(1) 两个偶函数的和是偶函数，两个奇函数的和是奇函数；

(2) 两个偶函数的乘积是偶函数，两个奇函数的乘积是偶函数，偶函数与奇函数的乘积是奇函数.

7. 下列函数中哪些是偶函数，哪些是奇函数，哪些既非奇函数又非偶函数？

(1) $y = x^2(1-x^2)$；　　　(2) $y = 3x^2 - x^3$；　　　(3) $y = \frac{e^x + e^{-x}}{2}$；

(4) $y = |x\sin x|e^{\cos x}$；　　　(5) $y = \tan x - \sec x + 1$；　　　(6) $y = x(x-3)(x+3)$.

8. 下列各函数中哪些是周期函数？对于周期函数，指出其周期：

(1) $y=\cos(x-1)$;   (2) $y=x\tan x$;   (3) $y=\sin^2 x$;

(4) $y=\cos 4x$;   (5) $y=x\cos x$;   (6) $y=1+\sin\pi x$.

9. 设函数 $f(x)$ 在数集 X 上有定义,试证:函数 $f(x)$ 在 X 上有界的充分必要条件是它在 X 上既有上界又有下界.

10. 证明: $f(x)=x\sin x$ 在 $(0,+\infty)$ 上是无界函数.

11. 某公司全年需购某商品 1 000 台,每台购进价为 4 000 元,分若干批进货,每批进货台数相同,一批商品售完后马上进下一批货,每进货一次需消耗费用 2 000 元,如果商品均匀投放市场(即平均年存量为批量的一半),该商品每年每台库存费为进货价格的 4%. 试将该公司全年在该商品上的投资总额表示为批量的函数.

12. 某运输公司规定某种商品的运输收费标准为:不超过 200km,每吨千米收费 6 元;200km 以上,但不超过 500km,每吨千米收费 4 元;500km 以上,每吨千米收费 3 元. 试将每吨的运费表示为路程的函数.

1.2 初 等 函 数

1.2.1 反函数

函数关系的实质就是从定量分析的角度来描述运动过程中变量之间的相互依赖关系. 但在研究过程中,哪个量作为自变量,哪个量作为因变量(函数)是由具体问题来决定的.

例如,设某种商品的单价为 p,销售量为 q,则销售收入 R 是 q 的函数:

$$R = pq, \tag{1.2.1}$$

其中,q 为自变量,R 为因变量(函数).

若已知收入 R,反过来求销售量 q,则有

$$q = \frac{R}{p}, \tag{1.2.2}$$

其中,R 为自变量,q 为因变量(函数).

式(1.2.1)和式(1.2.2)是同一个关系的两种写法,但从函数的观点来看,由于对应法则不同,它们是两个不同的函数,常称它们互为反函数.

定义 1 设函数 $y=f(x)$ 的定义域为 D,值域为 W. 对于值域 W 中的任一数值 y,在定义域 D 上至少可以确定一个数值 x 与 y 对应,且满足关系式

$$f(x) = y.$$

如果把 y 作为自变量,x 作为函数,则由上述关系式可确定一个新函数

$$x = \varphi(y) \quad (或 x = f^{-1}(y)),$$

这个新函数称为函数 $y=f(x)$ 的**反函数**. 反函数的定义域为 W,值域为 D. 相对于反函数,函数 $y=f(x)$ 称为**直接函数**.

注 (1) 即使 $y=f(x)$ 是单值函数,其反函数 $x=\varphi(y)$ 也不一定是单值函数(图 1-2-1). 但如果 $y=f(x)$ 在 D 上不仅单值,而且单调,则其反函数 $x=\varphi(y)$ 在 W 上是单值的.

例如,函数 $y=x^2$ 的定义域为 $(-\infty,+\infty)$,值域为 $[0,+\infty)$. 易见 $y=x^2$ 的反函数是多值函数,即 $x=\pm\sqrt{y}$. 因为函数 $y=x^2$ 在区间 $[0,+\infty)$ 上单调增加(图 1-2-2),所以当把 x 限制在 $[0,+\infty)$ 上时,$y=x^2$ 的反函数是单值函数,即 $x=\sqrt{y}$.

图 1-2-1

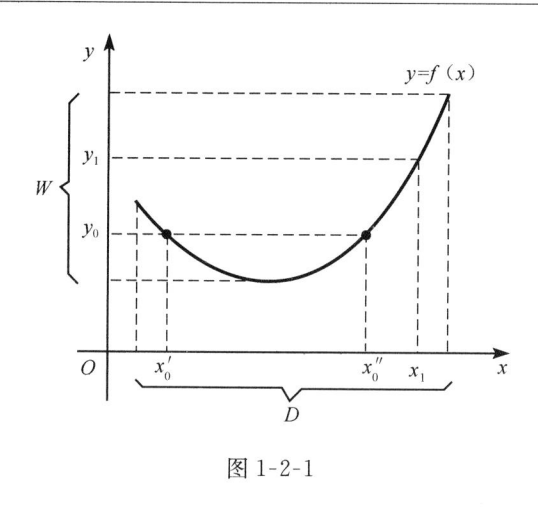

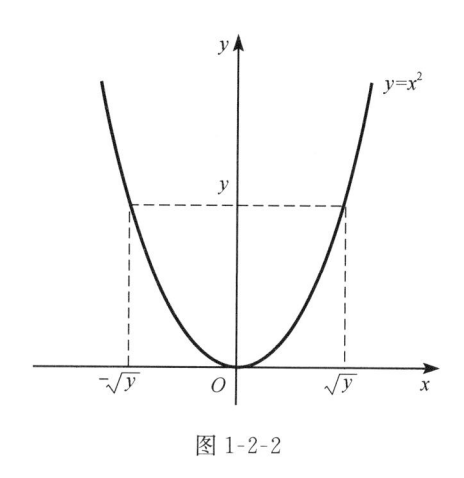

图 1-2-2

(2) 习惯上,总是用 x 表示自变量,y 表示因变量,因此,$y=f(x)$ 的反函数 $x=\varphi(y)$ 常改写为
$$y = \varphi(x) \quad (\text{或 } y = f^{-1}(x)).$$

(3) 在同一个坐标平面内,直接函数 $y=f(x)$ 和反函数 $y=\varphi(x)$ 的图形关于直线 $y=x$ 是对称的(图 1-2-3).

例 1 求函数 $y = \dfrac{e^x - e^{-x}}{2}$ 的反函数.

解 由 $y = \dfrac{e^x - e^{-x}}{2} = \dfrac{e^{2x}-1}{2e^x}$,得
$$e^{2x} - 2y e^x - 1 = 0,$$
从而有
$$(e^x - y)^2 - (y^2 + 1) = 0,$$
解得
$$e^x = y \pm \sqrt{y^2 + 1}.$$
因为 $e^x > 0$,故 $e^x = y - \sqrt{y^2+1}$ 应舍去. 从而有 $e^x = y + \sqrt{y^2+1}$,求得
$$x = \ln(y + \sqrt{y^2+1}).$$

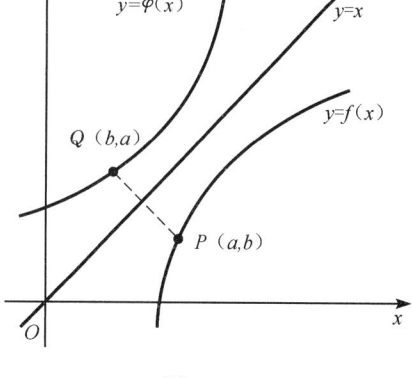

图 1-2-3

将 x,y 互换,得所求反函数为
$$y = \ln(x + \sqrt{x^2+1}), \quad x \in (-\infty, +\infty).$$

1.2.2 基本初等函数

幂函数、指数函数、对数函数、三角函数和反三角函数五类函数统称为基本初等函数.下面简要介绍这些函数的表达式、定义域及图形.

1. 幂函数

幂函数 $y = x^\alpha$(α 为任意实数),其定义域要依 α 的值而定.当
$$\alpha = 1, \quad 2, \quad 3, \quad \frac{1}{2}, \quad -1$$
时是最常用的幂函数(图 1-2-4).

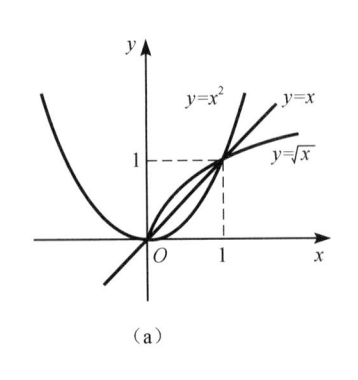

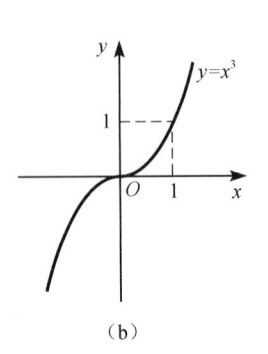

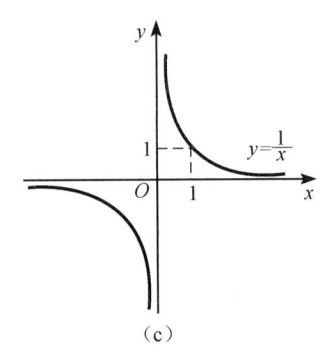

图 1-2-4

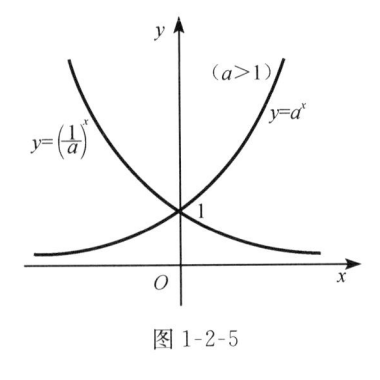

2. 指数函数

指数函数 $y=a^x$(a 为常数,且 $a>0,a\neq 1$),其定义域为 $(-\infty,+\infty)$. 当 $a>1$ 时,指数函数 $y=a^x$ 严格单调增加;当 $0<a<1$ 时,指数函数 $y=a^x$ 严格单调减少. $y=a^{-x}$ 与 $y=a^x$ 的图形关于 y 轴对称(图 1-2-5).

在实际中,最为常用的是以 e 为底数的指数函数 $y=\mathrm{e}^x$,其中 $\mathrm{e}=2.7182818\cdots$ 是一个无理数. $y=\mathrm{e}^x$ 也是本课程里主要研究的对象.

图 1-2-5

3. 对数函数

指数函数 $y=a^x$ 的反函数称为对数函数,记为
$$y=\log_a x \quad (a\text{ 为常数,且 }a>0,a\neq 1).$$
其定义域为 $(0,+\infty)$. 当 $a>1$ 时,对数函数 $y=\log_a x$ 严格单调增加;当 $0<a<1$ 时,对数 $y=\log_a x$ 严格单调减少(图 1-2-6).

通常以 10 为底的对数函数记为
$$y=\lg x,$$
称为**常用对数**,而以 e 为底的对数函数记为
$$y=\ln x,$$
称为**自然对数函数**.

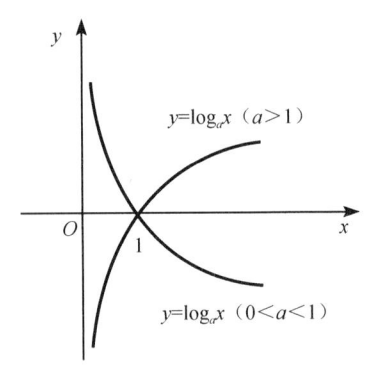

图 1-2-6

4. 三角函数

常用的三角函数有:

(1) 正弦函数 $y=\sin x$,其定义域为 $(-\infty,+\infty)$,值域为 $[-1,1]$,是奇函数及以 2π 的周期的周期函数(图 1-2-7).

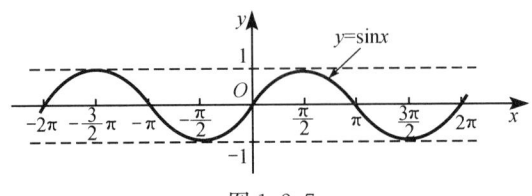

图 1-2-7

(2) 余弦函数 $y=\cos x$,其定义域为 $(-\infty,+\infty)$,值域为 $[-1,1]$,是偶函数及以 2π 为周期的周期函数(图 1-2-8).

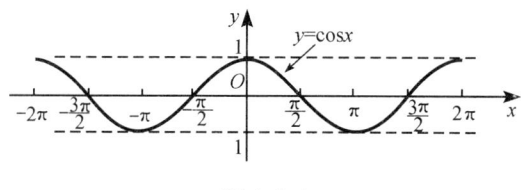

图 1-2-8

(3) 正切函数 $y=\tan x$,其定义域为 $\left\{x\mid x\neq k\pi+\dfrac{\pi}{2},k\in\mathbf{Z}\right\}$,值域为 $(-\infty,+\infty)$,是奇函数及以 π 为周期的周期函数(图 1-2-9).

(4) 余切函数 $y=\cot x$,其定义域为 $\{x\mid x\neq k\pi,k\in\mathbf{Z}\}$,值域为 $(-\infty,+\infty)$,是奇函数及以 π 为周期的周期函数(图 1-2-10).

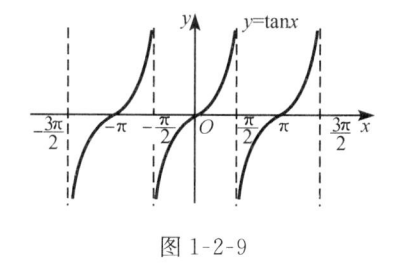

图 1-2-9　　　　　　　图 1-2-10

(5) 正割函数 $y=\sec x=\dfrac{1}{\cos x}$,其定义域为 $\left\{x\mid x\neq k\pi+\dfrac{\pi}{2},k\in\mathbf{Z}\right\}$,值域为 $(-\infty,-1]\cup[1,+\infty)$,是偶函数及以 2π 为周期的周期函数(图 1-2-11).

(6) 余割函数 $y=\csc x=\dfrac{1}{\sin x}$,其定义域为 $\{x\mid x\neq k\pi,k\in\mathbf{Z}\}$,值域为 $(-\infty,-1]\cup[1,+\infty)$,是奇函数及以 2π 为周期的周期函数(图 1-2-12).

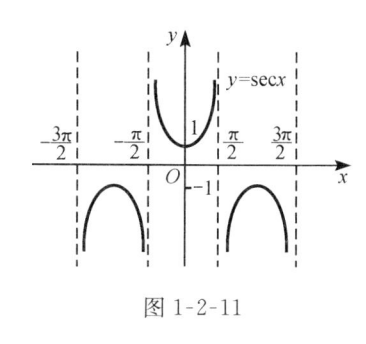

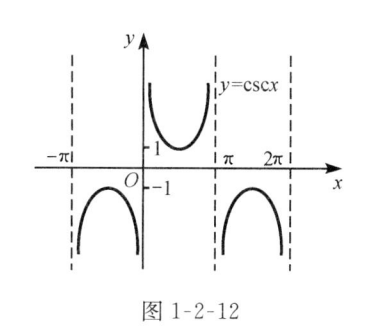

图 1-2-11　　　　　　　图 1-2-12

5. 反三角函数

三角函数的反函数称为反三角函数,由于三角函数 $y=\sin x,y=\cos x,y=\tan x,y=\cot x$ 不是单调的,为了得到它们的反函数,对这些函数限定在某个单调区间内来讨论.一般地,取反三角函数的"主值".常用的反三角函数有:

(1) 反正弦函数 $y=\arcsin x$(图 1-2-13),定义域为 $[-1,1]$,值域为

$$|\arcsin x|\leqslant\dfrac{\pi}{2}.$$

(2) 反余弦函数 $y=\arccos x$(图 1-2-14),定义域为$[-1,1]$,值域为
$$0\leqslant \arccos x \leqslant \pi.$$

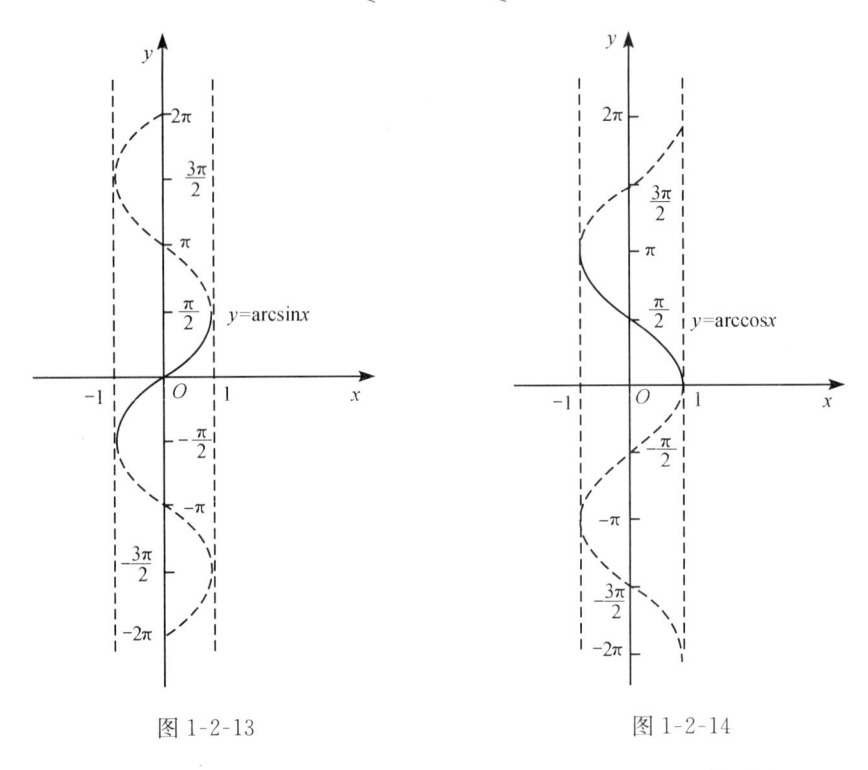

图 1-2-13

图 1-2-14

(3) 反正切函数 $y=\arctan x$(图 1-2-15),定义域为$(-\infty,+\infty)$,值域为
$$|\arctan x|<\frac{\pi}{2}.$$

(4) 反余切函数 $y=\operatorname{arccot} x$(图 1-2-16),定义域为$(-\infty,+\infty)$,值域为
$$0<\operatorname{arccot} x<\pi.$$

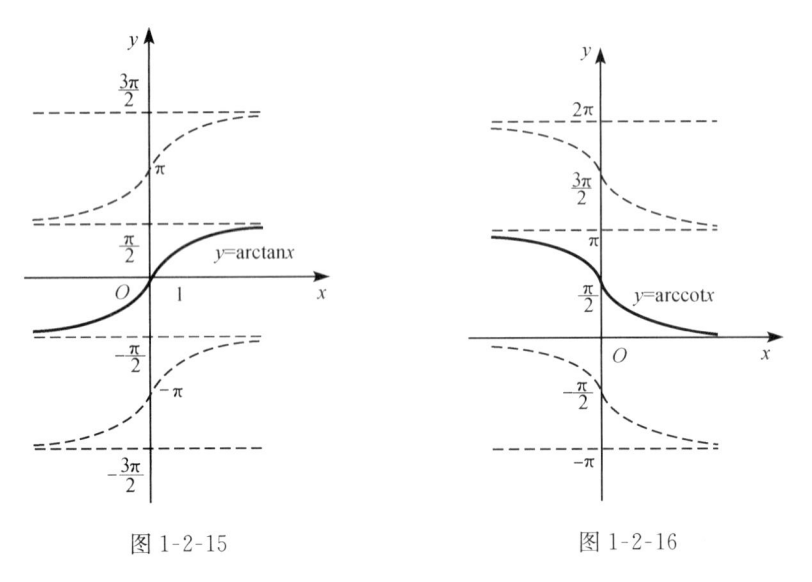

图 1-2-15

图 1-2-16

1.2.3 复合函数

定义 2 设函数 $y=f(u)$ 的定义域为 D_f,而函数 $u=\varphi(x)$ 的值域为 R_φ,若

$$D_f \cap R_\varphi \neq \varnothing,$$

则称函数 $y=f[\varphi(x)]$ 为 x 的**复合函数**. 其中,x 称为**自变量**,y 称为**因变量**,u 称为**中间变量**.

注 (1) 不是任何两个函数都可以复合成一个复合函数.

例如,$y=\sqrt{1-u^2}$ 和 $u=2+x^2$. 因前者定义域为 $[-1,1]$,而后者 $u=2+x^2 \geqslant 2$,故这两个函数不能复合成复合函数.

(2) 复合函数可以由两个以上的函数经过复合构成.

例 2 设 $y=f(u)=\cos u, u=\varphi(x)=\dfrac{1}{x^2+1}$,求 $f[\varphi(x)]$.

解 $f[\varphi(x)]=\cos[\varphi(x)]=\cos\dfrac{1}{x^2+1}$.

例 3 设 $y=f(u)=\arctan u, u=\varphi(t)=\dfrac{1}{\sqrt{t}}, t=\psi(x)=x^2-4$,求 $f\{\varphi[\psi(x)]\}$.

解 $f\{\varphi[\psi(x)]\}=f[\varphi(x^2-4)]=f\left(\dfrac{1}{\sqrt{x^2-4}}\right)=\arctan\dfrac{1}{\sqrt{x^2-4}}$.

例 4 将下列函数分解成基本初等函数的复合.

(1) $y=2^{\arctan x^3}$; (2) $y=\sqrt{\ln\cos^4 x}$; (3) $y=\tan^5\ln(5+\sqrt{1+x^2})$.

解 (1) 所给函数由
$$y=2^u, \quad u=\arctan v, \quad v=x^3,$$
3 个函数复合而成;

(2) 所给函数由
$$y=\sqrt{u}, \quad u=\ln v, \quad v=w^4, \quad w=\cos x,$$
4 个函数复合而成;

(3) 所给函数由
$$y=u^5, \quad u=\tan v, \quad v=\ln w, \quad w=5+t, \quad t=\sqrt{h}, \quad h=1+x^2,$$
6 个函数复合而成.

例 5 设 $f(x)=\begin{cases} e^x, & x<1 \\ x, & x \geqslant 1 \end{cases}, \varphi(x)=\begin{cases} x+2, & x<0 \\ x^2-1, & x \geqslant 0 \end{cases}$,求 $f[\varphi(x)]$.

解 $f[\varphi(x)]=\begin{cases} e^{\varphi(x)}, & \varphi(x)<1 \\ \varphi(x), & \varphi(x) \geqslant 1 \end{cases}$.

(1) 当 $\varphi(x)<1$ 时,

或 $x<0, \varphi(x)=x+2<1$,得 $x<-1$;

或 $x \geqslant 0, \varphi(x)=x^2-1<1$,得 $0 \leqslant x<\sqrt{2}$.

(2) 当 $\varphi(x) \geqslant 1$ 时,

或 $x<0, \varphi(x)=x+2 \geqslant 1$,得 $-1 \leqslant x<0$;

或 $x \geqslant 0, \varphi(x)=x^2-1 \geqslant 1$,得 $x \geqslant \sqrt{2}$.

综上所述,得到
$$f[\varphi(x)]=\begin{cases} e^{x+2}, & x<-1 \\ x+2, & -1 \leqslant x<0 \\ e^{x^2-1}, & 0 \leqslant x<\sqrt{2} \\ x^2-1, & x \geqslant \sqrt{2} \end{cases}.$$

1.2.4 初等函数

定义 3 由常数和基本初等函数经过有限次四则运算和有限次复合,并且在其定义域内具有统一的解析表达式的函数,称为**初等函数**.

初等函数的基本特征:在函数有定义的区间内,初等函数的图形是不间断的.

例如,$y=\ln\sqrt{1+x^2}$,$y=e^{\sin x+\cos x}$,$y=\arcsin(\ln x)$等均为初等函数.

形如
$$[u(x)]^{v(x)}$$
的函数($u(x)$,$v(x)$是初等函数),其中 $u(x)>0$,称其为**幂指函数**.

由于有恒等式
$$[u(x)]^{v(x)} = e^{v(x)\ln u(x)},$$
故幂指函数可化为复合函数,从而是初等函数.

例如,$x^x=e^{x\ln x}(x>0)$,$(1+x)^{\frac{1}{x}}=e^{\frac{1}{x}\ln(1+x)}(1+x>0)$,$x^{\sin x}=e^{\sin x\ln x}(x>0)$均是幂指函数.

本课程主要研究初等函数,但有时也会研究一些非初等函数.本课程中常见的非初等函数是分段函数.例如,符号函数 $y=\mathrm{sgn}x$、取整函数 $y=[x]$ 等分段函数均不是初等函数.但在每一分段区间上,它仍是初等函数,所以可通过初等函数来研究分段函数.

习 题 1-2

1. 求下列函数的反函数:

(1) $y=\sqrt[3]{x+1}$; (2) $y=\dfrac{ax+b}{cx+d}(ad-bc\neq 0)$; (3) $y=\dfrac{1-x}{1+x}$;

(4) $y=1+\ln(x+2)$; (5) $y=2\sin 3x\left(-\dfrac{\pi}{6}\leqslant x\leqslant\dfrac{\pi}{6}\right)$; (6) $y=\dfrac{2^x}{2^x+1}$.

2. 设 $f(x)=\begin{cases}1, & x<0\\ 0, & x=0,\ \text{求}\ f(x-1),f(x^2-1).\\ 1, & x>0\end{cases}$

3. 设函数 $f(x)=x^3-x$,$\varphi(x)=\sin 2x$,求 $f\left[\varphi\left(\dfrac{\pi}{12}\right)\right]$,$f\{f[f(1)]\}$.

4. 设 $f(x)=\dfrac{x}{1-x}$,求 $f[f(x)]$,$f\{f[f(x)]\}$.

5. 在下列各题中,求由给定函数复合而成的复合函数:

(1) $y=u^2$,$u=\ln v$,$v=\dfrac{x}{3}$; (2) $y=\sqrt{u}$,$u=e^x-1$; (3) $y=\ln u$,$u=v^2+1$,$v=\tan x$;

(4) $y=\sin u$,$u=\sqrt{v}$,$v=2x-1$; (5) $y=\arctan u$,$u=\sqrt{v}$,$v=a^2+x^2$.

6. 下列函数是由哪些函数复合而成的?

(1) $y=\sin 2x$; (2) $y=\sqrt{\tan e^x}$; (3) $y=a^{\sin^2 x}$;

(4) $y=\ln[\ln(\ln x)]$; (5) $y=(1+\ln^2 x)^3$; (6) $y=x^2\cos\sqrt{x}$.

7. 设 $f(x)$ 的定义域是 $[0,1]$,求(1) $f(x^2)$;(2) $f(\sin x)$;(3) $f(\ln x)$;(4) $f(\sqrt{1-x^2})$的定义域.

8. 已知 $f\left(\dfrac{1}{t}\right)=\dfrac{5}{t}+2t^2$,求 $f(t)$,$f(t^2+1)$.

9. 已知 $f\left(x+\dfrac{1}{x}\right)=x^2+\dfrac{1}{x^2}$,求 $f(x)$.

10. 已知 $f[\varphi(x)]=1+\cos x, \varphi(x)=\sin\frac{x}{2}$，求 $f(x)$.

11. $f(x)=\sin x, f[\varphi(x)]=1-x^2$，求 $\varphi(x)$ 及其定义域.

12. 设 $G(x)=\ln x$，证明：当 $x>0, y>0$ 时，下列等式成立

(1) $G(x)+G(y)=G(xy)$；   (2) $G(x)-G(y)=G\left(\frac{x}{y}\right)$.

13. 分别举出两个初等函数和两个非初等函数的例子.

1.3 常用经济函数

用数学方法解决实际问题，首先要构建该问题的数学模型，即找出该问题的函数关系. 本节将介绍几种常用的经济函数.

1.3.1 单利与复利

利息是指借款者向贷款者支付的报酬，它是根据本金的数额按一定比例计算出来的. 利息又有存款利息、贷款利息、债券利息、贴现利息等几种主要形式.

1. 单利计算公式

设初始本金为 p(元)，银行年利率为 r. 每年的利息固定不变为 pr，则

第一年末本利和为 $s_1=p+rp=p(1+r)$；
第二年末本利和为 $s_2=p(1+r)+rp=p(1+2r)$；
    ……
第 n 年末的本利和为 $s_n=p(1+nr)$.

2. 复利计算公式

设初始本金为 p(元)，银行年利率为 r. 则

第一年末本利和为 $s_1=p+rp=p(1+r)$；
第二年末本利和为 $s_2=p(1+r)+rp(1+r)=p(1+r)^2$；
    ……
第 n 年末本利和为 $s_n=p(1+r)^n$.

例 1 现有初始本金 100 元，若银行年储蓄利率为 7%，问：

(1) 按单利计算，3 年末的本利和为多少？
(2) 按复利计算，3 年末的本利和为多少？
(3) 按复利计算，需多少年能使本利和超过初始本金的一倍？

解 (1) 已知 $p=100, r=0.07$，由单利计算公式得
$$s_3 = p(1+3r) = 100 \cdot (1+3 \cdot 0.07) = 121(元),$$
即 3 年末的本利和为 121 元.

(2) 由复利计算公式得
$$s_3 = p(1+r)^3 = 100 \cdot (1+0.07)^3 \approx 122.5(元),$$
即 3 年末的本利和为 122.5 元.

(3) 若 n 年后的本利和超过初始本金一倍，即要
$$s_n = p(1+r)^n > 2p, \quad (1.07)^n > 2, \quad n\ln 1.07 > \ln 2.$$
从而

$$n > \frac{\ln 2}{\ln 1.07} \approx 10.2,$$

即需要 11 年才能使本利和超过初始本金的一倍.

1.3.2 多次付息

前面是对确定的年利率及假定每年支付利息一次的情形来讨论的. 下面再讨论每年多次付息的情况.

1. 单利付息情形

因每次的利息都不计入本金,故若一年分 n 次付息,则年末的本利和为

$$s = p\left(1 + n\frac{r}{n}\right) = p(1+r),$$

即年末的本利和与支付利息的次数无关.

2. 复利付息情形

因每次支付的利息都记入本金,故年末的本利和与支付利息的次数是有关系的.

设初始本金为 p(元),年利率为 r,若一年分 m 次付息,则第一年末的本利和为

$$s = p\left(1 + \frac{r}{m}\right)^m,$$

易见本利和是随付息次数 m 的增大而增加的.

而第 n 年末的本利和为

$$s_n = p\left(1 + \frac{r}{m}\right)^{mn}.$$

1.3.3 贴现

票据的持有人为在票据到期以前获得资金,从票面金额中扣除未到期期间的利息后,得到剩余金额的现金称为**贴现**.

钱存在银行里可以获得利息,如果不考虑贬值因素,那么若干年后的本利和就高于本金. 如果考虑贬值的因素,则在若干年后使用的**未来值**(相当于本利和)就有一个较低的**现值**.

例如,若银行年利率为 7%,则一年后的 107 元未来值的现值就是 100 元.

考虑更一般的问题:确定第 n 年后价值为 R 元钱的现值. 假设在这 n 年之间复利年利率 r 不变.

利用复利计算公式有 $R = p(1+r)^n$,得到第 n 年后价值为 R 元钱的现值为

$$p = \frac{R}{(1+r)^n},$$

其中,R 为第 n 年后到期的**票据金额**,r 为**贴现率**,而 p 为现在进行票据转让时银行付给的**贴现金额**.

若票据持有者手中持有若干张不同期限及不同面额的票据,且每张票据的贴现率都是相同的,则一次性向银行转让票据而得到的现金

$$p = R_0 + \frac{R_1}{1+r} + \frac{R_2}{(1+r)^2} + \cdots + \frac{R_n}{(1+r)^n},$$

其中，R_0 为已到期的票据金额，R_n 为 n 年后到期的票据金额. $\dfrac{1}{(1+r)^n}$ 称为**贴现因子**，它表示在贴现率 r 下 n 年后到期的 1 元钱的**贴现值**. 由它可给出不同年限及不同贴现率下的贴现因子表.

例 2 某人手中有三张票据，其中一年后到期的票据金额是 500 元，二年后到期的是 800 元，五年后到期的是 2 000 元，已知银行的贴现率 6%，现在将三张票据向银行做一次性转让，银行的贴现金额是多少？

解 由贴现计算公式，贴现金额为
$$p = \frac{R_1}{1+r} + \frac{R_2}{(1+r)^2} + \frac{R_5}{(1+r)^5},$$
其中，$R_1=500, R_2=800, R_5=2\,000, r=0.06$. 故
$$p = \frac{500}{1+0.06} + \frac{800}{(1+0.06)^2} + \frac{2\,000}{(1+0.06)^5} \approx 2\,678.21(元).$$
即银行的现贴金额约为 2 678.21 元.

1.3.4 需求函数

需求函数是指在某一特定时期内，市场上某种商品的各种可能的购买量和决定这些购买量的诸因素之间的数量关系.

假定其他因素（如消费者的货币收入、偏好和相关商品的价格等）不变，则决定某种商品需求量的因素就是这种商品的价格. 此时，需求函数表示的就是商品需求量和价格这两个经济变量之间的数量关系
$$Q = f(P).$$
其中，Q 为需求量，P 为价格. 需求函数的反函数 $P = f^{-1}(Q)$ 称为**价格函数**，习惯上将价格函数也统称为需求函数.

一般地，商品的需求量随价格的下降而增加，随价格的上涨而减少，因此，需求函数是单调减少函数.

例如，函数 $Q_d = aP + b\,(a<0, b>0)$ 称为线性需求函数（图 1-3-1）.

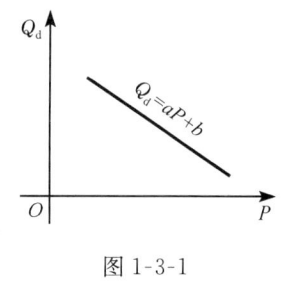

图 1-3-1

1.3.5 供给函数

供给函数是指在某一特定时期内，市场上某种商品的各种可能的供给量和决定这些供给量的诸因素之间的数量关系.

假定生产技术水平、生产成本等其他因素不变，则决定某种商品供给量的因素就是这种商品的价格. 此时，供给函数表示的就是商品的供给量和价格这两个经济变量之间的数量关系
$$S = f(P).$$
其中，S 为供给量，P 为价格. 供给函数以列表方式给出时称为**供给表**，而供给函数的图像称为**供给曲线**.

一般地，商品的供给量随价格的上涨而增加，随价格的下降而减少，因此，供给函数是单调增加函数.

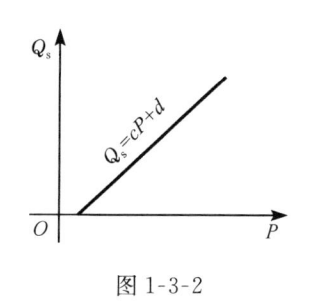

例如，函数 $Q_s = cP + d\,(c>0)$ 称为线性供给函数（图 1-3-2）.

图 1-3-2

1.3.6 市场均衡

对一种商品而言,如果需求量等于供给量,则这种商品就达到了**市场均衡**. 以线性需求函数和线性供给函数为例,令

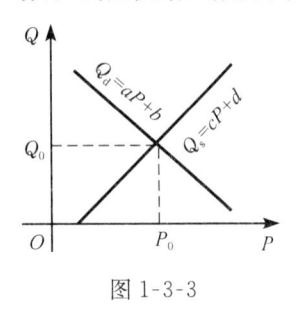

$$Q_d = Q_s, \quad aP + b = cP + d, \quad P = \frac{d-b}{a-c} \equiv P_0,$$

这个价格 P_0 称为该商品的**市场均衡价格**(图 1-3-3).

市场均衡价格就是需求函数和供给函数两条直线的交点的横坐标. 当市场价格高于均衡价格时,将出现**供过于求**的现象,而当市场价格低于均衡价格时,将出现**供不应求**的现象. 当市场均衡时,有

$$Q_d = Q_s = Q_0,$$

称 Q_0 为**市场均衡数量**.

图 1-3-3

根据市场的不同情况,需求函数与供给函数还可以是二次函数、多项式函数与指数函数等. 但其基本规律是相同的,都可找到相应的**市场均衡点** (P_0, Q_0).

例 3 某种商品的供给函数和需求函数分别为

$$Q_s = 25P - 10, \quad Q_d = 200 - 5P,$$

求该商品的市场均衡价格和市场均衡数量.

解 由均衡条件 $Q_d = Q_s$,有

$$200 - 5P = 25P - 10, \quad 30P = 210,$$

得 $P = P_0 = 7$,从而

$$Q_0 = 25P_0 - 10 = 165.$$

即市场均衡价格为 7,市场均衡数量为 165.

例 4 某批发商每次以 160 元/台的价格将 500 台电扇批发给零售商,在这个基础上零售商每次多进 100 台电扇,则批发价相应降低 2 元,批发商最大批发量为每次 1 000 台,试将电扇批发价格表示为批发量的函数,并求零售商每次进 800 台电扇时的批发价格.

解 由题意可看出,所求函数的定义域为 [500, 1 000]. 已知每次多进 100 台,价格减少 2 元,设每次进电扇 x 台,则每次批发价减少 $\frac{2}{100}(x-500)$ 元/台,即所求函数为

$$P = 160 - \frac{2}{100}(x - 500) = 160 - \frac{2x - 1\,000}{100} = 170 - \frac{x}{50}.$$

当 $x = 800$ 时,

$$P = 170 - \frac{800}{50} = 154(元/台),$$

即每次进 800 台电扇时的批发价格为 154 元/台.

1.3.7 成本函数

产品成本是以货币形式表现的企业生产和销售产品的全部费用支出,**成本函数**表示费用总额与产量(或销售量)之间的依赖关系,产品成本可分为**固定成本**和**变动成本**两部分. 所谓**固定成本**,是指在一定时期内不随产量变化的那部分成本;所谓**变动成本**,是指随产量变化而变化的那部分成本. 一般地,以货币计值的(总)成本 C 是产量 x 的函数,即

$$C = C(x) \quad (x \geq 0)$$

称其为**成本函数**. 当产量 $x = 0$ 时,对应的成本函数值 $C(0)$ 就是产品的固定成本值.

设 $C(x)$ 为成本函数,
$$\bar{C} = \frac{C(x)}{x} \quad (x > 0)$$
称为**单位成本函数**或**平均成本函数**.

成本函数是单调增加函数,其图像称为**成本曲线**.

例 5 某工厂生产某产品,每日最多生产 200 单位. 它的日固定成本为 150 元,生产一个单位产品的可变成本为 16 元. 求该厂日总成本函数及平均成本函数.

解 据 $C(x) = C_{固} + C_{变}$,可得总成本
$$C(x) = 150 + 16x, \quad x \in [0, 200],$$
平均成本
$$\bar{C}(x) = \frac{C(x)}{x} = 16 + \frac{150}{x}.$$

例 6 某服装有限公司每年的固定成本 10 000 元. 要生产某个式样的服装 x 件,除固定成本外,每套(件)服装花费 40 元. 即生产 x 套这种服装的变动成本为 $40x$ 元.

(1) 求一年生产 x 套服装的总成本函数;

(2) 画出变动成本、固定成本和总成本的函数图形;

(3) 生产 100 套服装的总成本是多少?400 套呢?并计算生产 400 套服装比生产 100 套服装多支出多少成本?

解 (1) 因 $C(x) = C_{固} + C_{变}$,所以总成本
$$C(x) = 10\,000 + 40x, \quad x \in [0, +\infty).$$

(2) 变动成本函数和固定成本函数如图 1-3-4 所示,总成本函数如图 1-3-5 所示. 从实际情况来看,这些函数的定义域是非负整数 0,1,2,3 等,因为服装的套数既不能取分数,又不能取负数. 通常的做法是把这些图形的定义域描述成好像是由非负实数组成的整个集合.

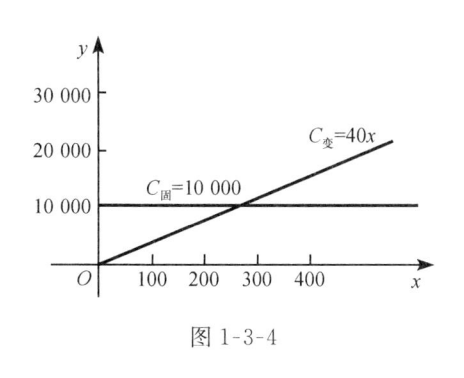

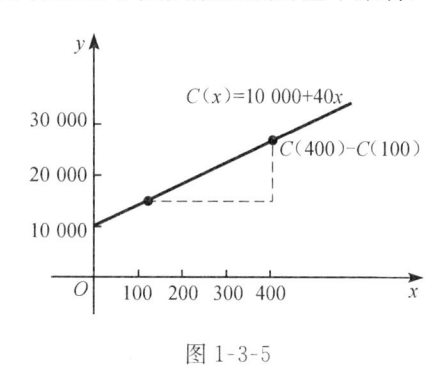

图 1-3-4

图 1-3-5

(3) 生产 100 套服装的总成本是
$$C(100) = 10\,000 + 40 \cdot 100 = 14\,000(元).$$
生产 400 套服装的总成本是
$$C(400) = 10\,000 + 40 \cdot 400 = 26\,000(元).$$
生产 400 套服装比生产 100 套服装多支出的成本是
$$C(400) - C(100) = 26\,000 - 14\,000 = 12\,000(元).$$

1.3.8 收入函数与利润函数

销售某种产品的收入 R,等于产品的单位价格 P 乘以销售量 x,即 $R = P \cdot x$,称其为**收入**

函数.而销售利润 L 等于收入 R 减去成本 C,即 $L=R-C$,称其为**利润函数**.

当 $L=R-C>0$ 时,生产者盈利;当 $L=R-C<0$ 时,生产者亏损;当 $L=R-C=0$ 时,生产者盈亏平衡,使 $L(x)=0$ 的点 x_0 称为**盈亏平衡点**(又称为**保本点**).

一般地,利润并不总是随销售的增加而增加(如例 8),因此,如何确定生产规模以获取最大的利润对生产者来说是一个不断追求的目标.

例 7 参看例 6.该有限公司决定,销售 x 套服装所获取的总收入按每套 100 元计算,即收入函数 $R(x)=100x$.

(1) 用同一坐标系画出 $R(x)$,$C(x)$ 和利润函数 $L(x)$ 的图形;

(2) 求盈亏平衡点.

解 (1) $R(x)=100x$ 和 $C(x)=10\ 000+40x$ 的图形如图 1-3-6 所示.

当 $R(x)$ 在 $C(x)$ 下方时,将出现亏损;当 $R(x)$ 在 $C(x)$ 上方时,将有盈利.

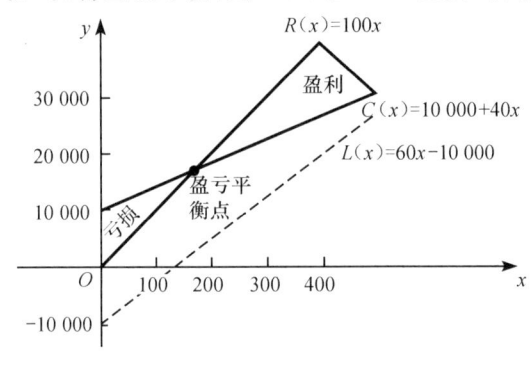

图 1-3-6

利润函数
$$L(x) = R(x) - C(x) = 100x - (10\ 000 + 40x) = 60x - 10\ 000,$$
$L(x)$ 的图形用虚线表示.x 轴下方的虚线表示亏损,x 轴上方的虚线表示盈利.

(2) 为求盈亏平衡点,需解方程
$$R(x) = C(x),$$
即
$$100x = 10\ 000 + 40x,$$
解得 $x = 166\dfrac{2}{3}$.

所以盈亏平衡点约为 167.预测盈亏平衡点通常要进行充分考虑,因为公司为了获利最大,必须有效经营.

例 8 某电器厂生产一种新产品,在定价时不单是根据生产成本而定,还要请各销售单位来出价,即他们愿意以什么价格来购买.根据调查得出需求函数为
$$x = -900P + 45\ 000.$$
该厂生产该产品的固定成本是 270 000 元,而单位产品的变动成本为 10 元.为获得最大利润,出厂价格应为多少?

解 以 x 表示产量,C 表示成本,P 表示价格,则有
$$C(x) = 10x + 270\ 000,$$
而需求函数为
$$x = -900P + 45\ 000,$$
代入 $C(x)$ 中得

$$C(P) = -9\,000P + 720\,000,$$

收入函数为
$$R(P) = P \cdot (-900P + 45\,000) = -900P^2 + 45\,000P,$$

利润函数为
$$L(P) = R(P) - C(P) = -900(P^2 - 60P + 800)$$
$$= -900(P-30)^2 + 90\,000.$$

由于利润是一个二次函数,容易求得,当价格 $P=30$ 元时,利润 $L=90\,000$ 元为最大利润. 在此价格下,销售量为
$$x = -900 \cdot 30 + 45\,000 = 18\,000(单位).$$

习 题 1-3

1. 火车站行李收缴规定如下:当行李不超过 50kg 时,按每千克 0.15 元收费,当超出 50kg 时,超重部分按每千克 0.25 元收费,试建立行李收费 $f(x)$(元)与行李重量 x(kg)之间的函数关系.

2. 某人手中持有一年到期的面额为 300 元和 5 年到期的面额为 700 元两种票据,银行贴现率为 7%,若去银行进行一次性票据转让,银行所付的贴息金额是多少?

3. 市场中某种商品的需求函数为 $Q_d = 25 - P$,而该种商品的供给函数为 $Q_s = \frac{20}{3}P - \frac{40}{3}$,试求市场均衡价格和市场均衡数量.

4. 某商品的成本函数是线性函数,并已知产量为零时成本为 100 元,产量为 100 时成本为 400 元,试求:
(1) 成本函数和固定成本;
(2) 产量为 200 时的总成本和平均成本.

5. 设某商品的需求函数为 $Q = 1\,000 - 5P$,试求该商品的收入函数 $R(Q)$,并求销售量为 200 件时的总收入.

6. 某工厂生产电冰箱,每台售价 1 200 元,生产 1 000 台以内可全部售出,超过 1 000 台时经广告宣传后,又可多售出 520 台. 假定支付广告费 2 500 元,试将电冰箱的销售收入表示为销售量的函数.

7. 设某商品的需求量 Q 是价格 P 的线性 $Q = a + bP$,已知该商品的最大需求量为 40 000 件(价格为零时的需求量),最高价格为 40 元/件(需求量为零时的价格). 求该商品的需求函数与收益函数.

8. 某商品的成本函数(单位:元)为 $C = 81 + 3Q$,其中 Q 为该商品的数量. 试问:
(1) 如果商品的售价为 12 元/件,该商品的保本点是多少?
(2) 售价为 12 元/件时,售出 10 件商品时的利润为多少?
(3) 该商品的售价为什么不应定为 2 元/件?

9. 收音机每台售价为 90 元,成本为 60 元. 厂方为鼓励销售商大量采购,决定凡是订购量超过 100 台以上的,每多订购 1 台,售价就降低 1 分,但最低价为每台 75 元.
(1) 将每台的实际售价 P 表示为订购量 x 的函数;
(2) 将厂方所获的利润 L 表示成订购量 x 的函数;
(3) 某一商行订购了 1 000 台,厂方可获利润多少?

10. 设某商品的成本函数和收入函数分别为 $C(Q) = 7 + 2Q + Q^2$,$R(Q) = 10Q$.
(1) 求该商品的利润函数;
(2) 求销售量为 4 时的总利润及平均利润;
(3) 销量为 10 时是盈利还是亏损?

11. 求上题中商品的盈亏平衡点,并说明该商品随销售变动的盈亏状况.

12. 某商品的需求函数为 $Q_1 = 14 - 1.5P$,供给函数为 $Q_2 = 4P - 5$,其中价格 P 的单位为元,求:
(1) 市场均衡价格;
(2) 若每销售一单位商品,政府收税 1 元,此时的均衡价格.

1.4 数列的极限

1.4.1 极限概念的引入

极限思想是由于求某些实际问题的精确解而产生的. 例如,我国古代数学家刘徽(公元3世纪)利用圆内接正多边形来推算圆面积的方法——割圆术,就是极限思想在几何学上的应用. 又如,春秋战国时期的哲学家庄子(公元前4世纪)在《庄子·天下篇》中对"截丈问题"有一段名言:"一尺之棰,日取其半,万世不竭",其中也隐含了深刻的极限思想.

极限是研究变量的变化趋势的基本工具,高等数学中许多基本概念,如连续、导数、定积分、无穷级数等都是建立在极限的基础上的. 极限方法也是研究函数的一种最基本的方法. 本节将首先给出数列极限的定义.

1.4.2 数列的定义

定义 1 按一定次序排列的无穷多个数

$$x_1, x_2, \cdots, x_n, \cdots,$$

称为无穷数列,简称**数列**,可简记为 $\{x_n\}$. 其中的每个数称为数列的项,x_n 称为**通项**(一般项),n 称为 x_n 的**下标**.

数列既可看作数轴上的一个动点,它在数轴上依次取值 $x_1, x_2, \cdots, x_n, \cdots$(图 1-4-1),也可看作自变量为正整数 n 的函数

$$x_n = f(n),$$

其定义域是全体正整数,当自变量 n 依次取 $1,2,3,\cdots$ 时,对应的函数值就排成数列 $\{x_n\}$(图 1-4-2).

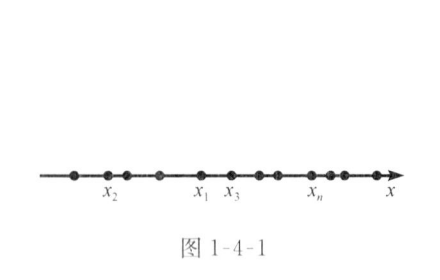

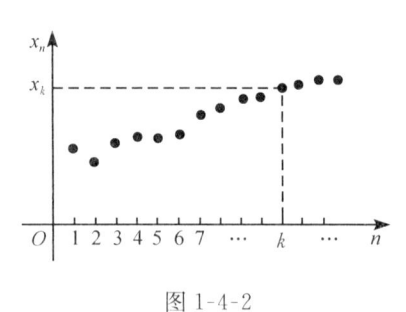

图 1-4-1

图 1-4-2

1.4.3 数列的极限

极限的概念最初是在运动观点的基础上凭借几何直观产生的直觉用自然语言来定性描述的.

定义 2 设有数列 $\{x_n\}$ 与常数 a,如果当 n 无限增大时,x_n 无限接近于 a,则称常数 a 为**数列 $\{x_n\}$ 的极限**,或称**数列 $\{x_n\}$ 收敛于 a**,记为

$$\lim_{n \to \infty} x_n = a \quad \text{或} \quad x_n \to a \quad (n \to \infty).$$

如果一个数列没有极限,就称该数列是**发散**的.

注 记号 $x_n \to a(n \to \infty)$ 常读作:当 n 趋于无穷大时,x_n 趋于 a.

例 1 下列各数列是否收敛,若收敛,试指出其收敛于何值.

(1) $\{2^n\}$;   (2) $\left\{\dfrac{1}{n^2}\right\}$;   (3) $\{(-1)^{n+1}\}$;   (4) $\left\{\dfrac{n+1}{n}\right\}$.

解 (1) 数列 $\{2^n\}$ 即为

$$2, 4, 8, \cdots, 2^n, \cdots.$$

易见,当 n 无限增大时,2^n 也无限增大,故该数列是发散的.

(2) 数列 $\left\{\dfrac{1}{n^2}\right\}$ 即为

$$1, \frac{1}{4}, \frac{1}{9}, \cdots, \frac{1}{n^2}, \cdots.$$

易见,当 n 无限增大时,$\dfrac{1}{n^2}$ 无限接近于 0,故该数列收敛于 0.

(3) 数列 $\{(-1)^{n+1}\}$ 即为

$$1, -1, 1, \cdots, (-1)^{n+1}, \cdots.$$

易见,当 n 无限增大时,$(-1)^{n+1}$ 无休止地反复取 1、-1 两个数,而不会无限接近于任何一个确定的常数,故该数列是发散的.

(4) 数列 $\left\{\dfrac{n+1}{n}\right\}$ 即为

$$2, \frac{3}{2}, \frac{4}{3}, \frac{5}{4}, \cdots, \frac{n+1}{n}, \cdots.$$

易见,当 n 无限增大时,$\dfrac{n+1}{n}$ 无限接近于 1,故该数列收敛于 1.

从定义 2 给出的数列极限概念的定性描述可见,下标 n 的变化过程与数列 $\{x_n\}$ 的变化趋势均借助了"无限"这样一个明显带有直观模糊性的形容词.从文学的角度看,不可不谓尽善尽美,并且能激起人们诗一般的想象.几何直观在数学的发展和创造中扮演着充满活力的积极的角色,但在数学中仅凭直观是不可靠的,必须将凭直观产生的定性描述转化为用数学语言表达的超越现实原型的定量描述.

观察数列 $\{x_n\} = \left\{\dfrac{3n+(-1)^{n-1}}{n}\right\}$,当 n 无限增大时的变化趋势.因为

$$|x_n - 3| = \left|\frac{3n+(-1)^{n-1}}{n} - 3\right| = \left|\frac{(-1)^{n-1}}{n}\right| = \frac{1}{n},$$

易见,当 n 无限增大时,x_n 与 3 的距离无限接近于 0,若以确定的数学语言来描述这种趋势,即有:对于任意给定的正数 ε(不论它多么小),总可以找到正整数 N,使得当 $n > N$ 时,恒有

$$|x_n - 3| = \frac{1}{n} < \varepsilon.$$

受此启发,可以给出用数学语言表达的数列极限的定量描述.

定义 3 设有数列 $\{x_n\}$ 与常数 a,若对于任意给定的正数 ε(不论它多么小),总存在正整数 N,使得对于 $n > N$ 时的一切 x_n,不等式

$$|x_n - a| < \varepsilon$$

都成立,则称常数 a 为**数列 $\{x_n\}$ 的极限**,或称**数列 $\{x_n\}$ 收敛于 a**,记为

$$\lim_{n \to \infty} x_n = a,$$

或

$$x_n \to a \quad (n \to \infty).$$

如果一个数列没有极限,就称该数列是**发散**的.

注 定义中"对于任意给定的正数 ε,……,$|x_n - a| < \varepsilon$"实际上表达了 x_n 无限接近于 a 的意思.此外,定义中的 N 与任意给定的正数 ε 有关.

在微积分于 17 世纪诞生后的近二百年间,虽然微积分的理论和应用有了巨大发展,但整个微积分的理论却建立在直观的、模糊不清的极限概念上,没有一个牢固的基础,直到 19 世纪,法国数学家柯西和德国数学家魏尔斯特拉斯建立了严密的极限理论后,才使微积分完全建立在严格的极限理论基础之上.

$\lim\limits_{n\to\infty}x_n=a$ 的几何解释:

将常数 a 及数列 $x_1,x_2,\cdots,x_n,\cdots$ 表示在数轴上,并在数轴上作邻域 $U(a,\varepsilon)$(图 1-4-3).

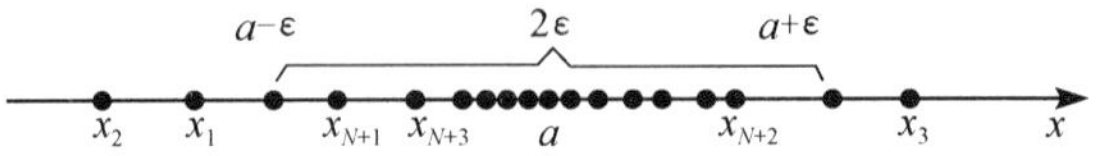

图 1-4-3

注意到不等式 $|x_n-a|<\varepsilon$ 等价于 $a-\varepsilon<x_n<a+\varepsilon$,所以数列 $\{x_n\}$ 的极限为 a 在几何上即表示:当 $n>N$ 时,所有的点 x_n 都落在开区间 $(a-\varepsilon,a+\varepsilon)$ 内,而落在这个区间之外的点至多只有 N 个.

数列极限的定义并未给出求极限的方法,只给出了论证数列 $\{x_n\}$ 的极限为 a 的方法,常称为 **ε-N 论证法**,其论证步骤为:

(1) 对于任意给定的正数 ε;

(2) 由 $|x_n-a|<\varepsilon$ 开始分析倒推,推出 $n>\varphi(\varepsilon)$;

(3) 取 $N\geqslant[\varphi(\varepsilon)]$,再用 ε-N 语言顺叙结论.

例 2 证明 $\lim\limits_{n\to\infty}\dfrac{3n+(-1)^{n-1}}{n}=3$.

证明 由

$$|x_n-3|=\left|\dfrac{3n+(-1)^{n-1}}{n}-3\right|=\left|\dfrac{(-1)^{n-1}}{n}\right|=\dfrac{1}{n}.$$

易见,对任意的 $\varepsilon>0$,要使 $|x_n-3|<\varepsilon$,只要 $\dfrac{1}{n}<\varepsilon$,即 $n>\dfrac{1}{\varepsilon}$. 取 $N=\left[\dfrac{1}{\varepsilon}\right]$,则对任意给定的 $\varepsilon>0$,当 $n>N$ 时,就有

$$\left|\dfrac{3n+(-1)^{n-1}}{n}-3\right|<\varepsilon,$$

即

$$\lim\limits_{n\to\infty}\dfrac{3n+(-1)^{n-1}}{n}=3.$$

例 3 用数列极限定义证明 $\lim\limits_{n\to\infty}\dfrac{n^2-2}{n^2+n+1}=1$.

证明 由

$$|x_n-1|=\left|\dfrac{n^2-2}{n^2+n+1}-1\right|=\dfrac{3+n}{n^2+n+1}<\dfrac{n+n}{n^2}=\dfrac{2}{n}\quad(n>3).$$

易见,对任意给定的 $\varepsilon>0$,要使 $|x_n-1|<\varepsilon$,只要 $\dfrac{2}{n}<\varepsilon$,即 $n>\dfrac{2}{\varepsilon}$,取 $N=\max\left\{\left[\dfrac{2}{\varepsilon}\right],3\right\}$(该式表示 $\left[\dfrac{2}{\varepsilon}\right]$ 和 3 中较大的那个数),则对任意给定的 $\varepsilon>0$,当 $n>N$ 时,就有

$$\left|\dfrac{n^2-2}{n^2+n+1}-1\right|<\varepsilon,$$

即

$$\lim\limits_{n\to\infty}\dfrac{n^2-2}{n^2+n+1}=1.$$

1.4.4 收敛数列的有界性

定义 4 对数列 $\{x_n\}$，若存在正数 M，使对一切自然数 n，恒有 $|x_n| \leqslant M$，则称数列 $\{x_n\}$ 有界；否则，称其无界.

例如，数列 $x_n = \dfrac{n}{n+1}(n=1,2,\cdots)$ 是有界的，因为可取 $M=1$，使 $\left|\dfrac{n}{n+1}\right| \leqslant 1$ 对一切正整数 n 都成立.

数列 $x_n = 2^n(n=1,2,\cdots)$ 是无界的，因为当 n 无限增加时，2^n 可以超过任何正数.

几何上，若数列 $\{x_n\}$ 有界，则存在 $M>0$，使得数轴上对应于有界数列的点 x_n 都落在闭区间 $[-M, M]$ 上.

定理 1 收敛的数列必定有界.

证明 设 $\lim\limits_{n\to\infty} x_n = a$，由定义，若取 $\varepsilon=1$，则 $\exists N>0$，使当 $n>N$ 时，恒有
$$|x_n - a| < 1,$$
即
$$a-1 < x_n < a+1.$$
若记 $M = \max\{|x_1|, \cdots, |x_N|, |a-1|, |a+1|\}$，则对于一切自然数 n，皆有 $|x_n| \leqslant M$，故 $\{x_n\}$ 有界.

推论 1 无界数列必定发散.

1.4.5 极限的唯一性

定理 2 收敛数列的极限是唯一的.

证明 反证法. 假设 $\lim\limits_{n\to\infty} x_n = a$，$\lim\limits_{n\to\infty} x_n = b$，且 $a \neq b$. 不妨设 $a < b$，取 $\varepsilon = \dfrac{b-a}{2}$，由数列极限定义，$\exists N_1 > 0, N_2 > 0$，使得当 $n > N_1$ 时，恒有
$$|x_n - a| < \frac{b-a}{2}; \tag{1.4.1}$$
当 $n > N_2$ 时，恒有
$$|x_n - b| < \frac{b-a}{2}. \tag{1.4.2}$$
取 $N = \max\{N_1, N_2\}$，则当 $n > N$ 时，式(1.4.1)和式(1.4.2)同时成立. 由式(1.4.1)有
$$x_n < \frac{b+a}{2},$$
但由式(1.4.2)有
$$x_n > \frac{b+a}{2}.$$
这是不可能的. 这矛盾证得结论.

例 4 证明数列 $x_n = (-1)^{n+1}$ 是发散的.

证明 设 $\lim\limits_{n\to\infty} x_n = a$，由定义，对于 $\varepsilon = \dfrac{1}{2}$，$\exists N$，使得当 $n > N$ 时，恒有
$$|x_n - a| < \frac{1}{2},$$
即当 $n > N$ 时，$x_n \in \left(a - \dfrac{1}{2}, a + \dfrac{1}{2}\right)$，区间长度为 1. 而 x_n 无休止的反复取 1，-1 两个数，不可能同时位于长度为 1 的区间内，矛盾. 因此，该数列是发散的.

注 此例同时也表明:有界数列不一定收敛.

1.4.6 收敛数列的保号性

定理 3(收敛数列的保号性) 如果 $\lim\limits_{n\to\infty}x_n=a$,且 $a>0$(或 $a<0$),则存在正整数 N,使得当 $n>N$ 时,恒有 $x_n>0$(或 $x_n<0$).

证明 先证 $a>0$ 的情形. 按定义,对 $\varepsilon=\dfrac{a}{2}>0$,存在正整数 N,当 $n>N$ 时,有

$$|x_n-a|<\dfrac{a}{2},$$

即

$$x_n>a-\dfrac{a}{2}=\dfrac{a}{2}>0.$$

同理可证 $a<0$ 的情形.

推论 2 若数列 $\{x_n\}$ 从某项起有 $x_n\geq 0$(或 $x_n\leq 0$),且 $\lim\limits_{n\to\infty}x_n=a$,则 $a\geq 0$(或 $a\leq 0$).

证明 证数列 $\{x_n\}$ 从第 N_1 项起有 $x_n\geq 0$ 情形. 用反证法.

若 $\lim\limits_{n\to\infty}x_n=a<0$,则由定理 3,∃ 正整数 N_2,当 $n>N_2$ 时,有 $x_n<0$. 取

$$N=\max\{N_1,N_2\},$$

当 $n>N$ 时,有 $x_n<0$,但按假定有 $x_n\geq 0$,矛盾. 故必有 $a\geq 0$.

同理可证数列 $\{x_n\}$ 从某项起有 $x_n\leq 0$ 的情形.

*1.4.7 子数列的收敛性

在数列 $\{x_n\}$ 中任意抽取无限多项并保持这些项在原数列 $\{x_n\}$ 中的先后次序,这样得到的一个数列称为原数列 $\{x_n\}$ 的**子数列**(或**子列**).

设在数列 $\{x_n\}$ 中,第一次抽取 x_{n_1},第二次抽取 x_{n_2},第三次抽取 x_{n_3},…,如此反复抽取下去,就得到数列 $\{x_n\}$ 的一个子数列 $x_{n_1},x_{n_2},\cdots,x_{n_k},\cdots$.

注 在子数列 $\{x_{n_k}\}$ 中,x_{n_k} 是 $\{x_{n_k}\}$ 中的第 k 项,是原数列 $\{x_n\}$ 中第 n_k 项. 显然,$n_k\geq k$.

定理 4(收敛数列与其子数列间的关系) 如果数列 $\{x_n\}$ 收敛于 a,则它的任一子数列也收敛,且极限也是 a.

证明 设数列 $\{x_{n_k}\}$ 是数列 $\{x_n\}$ 的任一子数列.

由 $\lim\limits_{n\to\infty}x_n=a$,故对于任意给定的 $\varepsilon>0$,存在正整数 N,当 $n>N$ 时,恒有

$$|x_n-a|<\varepsilon,$$

取 $K=N$,则当 $k>K$ 时,$n_k>k>K=N$. 于是,$|x_{n_k}-a|<\varepsilon$,即

$$\lim\limits_{k\to\infty}x_{n_k}=a.$$

由定理 4 的逆否命题知,若数列 $\{x_n\}$ 有两个子数列收敛于不同的极限,则数列 $\{x_n\}$ 是发散的.

例如,考察例 4 中的数列

$$1,-1,1,\cdots,(-1)^{n+1},\cdots.$$

因子数列 $\{x_{2k-1}\}$ 收敛于 1,而子数列 $\{x_{2k}\}$ 收敛于 -1,故数列

$$x_n=(-1)^{n+1} \quad (n=1,2,\cdots)$$

是发散的. 此例同时说明了,一个发散的数列也可能有收敛的子数列.

习　题　1-4

1. 观察一般项 x_n 如下的数列 $\{x_n\}$ 的变化趋势，写出它们的极限：

(1) $x_n = \dfrac{1}{5^n}$；　(2) $x_n = (-1)^n \dfrac{1}{n^2}$；　(3) $x_n = 6 + \dfrac{1}{n^6}$；　(4) $x_n = \dfrac{2n-2}{3n+2}$；　(5) $x_n = (-1)^n n^3$.

2. 利用数列极限的定义证明：

(1) $\lim\limits_{n\to\infty} \dfrac{1}{n^k} = 0$ (k 为正常数)；　　(2) $\lim\limits_{n\to\infty} \dfrac{4n+1}{5n-1} = \dfrac{4}{5}$；　　(3) $\lim\limits_{n\to\infty} \dfrac{n+2}{n^2-2} \sin n = 0$.

3. 设数列 $\{x_n\}$ 的一般项 $x_n = \dfrac{1}{n} \cos \dfrac{n\pi}{2}$. 问 $\lim\limits_{n\to\infty} x_n = ?$ 求出 N，使当 $n > N$ 时，x_n 与其极限之差的绝对值小于正数 ε. 当 $\varepsilon = 0.001$ 时，求出数 N.

4. 设 $a_n = \left(1 + \dfrac{1}{n}\right) \sin \dfrac{n\pi}{2}$，证明数列 $\{a_n\}$ 没有极限.

5. 证明：若 $\lim\limits_{n\to\infty} x_n = a$，则 $\lim\limits_{n\to\infty} |x_n| = |a|$. 反之是否成立？

6. 设数列 $\{x_n\}$ 有界，又 $\lim\limits_{n\to\infty} y_n = 0$，证明：$\lim\limits_{n\to\infty} x_n y_n = 0$.

7. 对数列 $\{x_n\}$，若 $\lim\limits_{k\to\infty} x_{2k+1} = a$，$\lim\limits_{k\to\infty} x_{2k} = a$，证明：$\lim\limits_{n\to\infty} x_n = a$.

1.5　函数的极限

数列可看作自变量为正整数 n 的函数：$x_n = f(n)$，数列 $\{x_n\}$ 的极限为 a，即当自变量 n 取正整数且无限增大 ($n \to \infty$) 时，对应的函数值 $f(n)$ 无限接近数 a. 若将数列极限概念中自变量 n 和函数值 $f(n)$ 的特殊性撇开，可以由此引出函数极限的一般概念：在自变量 x 的某个变化过程中，如果对应的函数值 $f(x)$ 无限接近于某个确定的数 A，则 A 就称为 x 在该变化过程中函数 $f(x)$ 的极限. 显然，极限 A 是与自变量 x 的变化过程紧密相关的. 自变量的变化过程不同，函数的极限就有不同的表现形式. 本节分下列两种情况来讨论：

(1) 自变量趋于无穷大时函数的极限；

(2) 自变量趋于有限值时函数的极限.

1.5.1　自变量趋向无穷大时函数的极限

观察函数 $f(x) = \dfrac{\sin x}{x}$ 当 $x \to \infty$ 时的变化趋势. 因为

$$|f(x) - 0| = \left|\dfrac{\sin x}{x}\right| \leqslant \left|\dfrac{1}{x}\right|,$$

易见，当 $|x|$ 越来越大时，$f(x)$ 就越来越接近 0. 因为只要 $|x|$ 足够大，$\left|\dfrac{1}{x}\right|$（从而 $\dfrac{\sin x}{x}$）就可以小于任意给定的正数，或者说，当 $|x|$ 无限增大时，$\dfrac{\sin x}{x}$ 就无限接近于 0.

定义 1　设当 $|x|$ 大于某一正数时，函数 $f(x)$ 有定义. 如果对于任意给定的正数 ε（不论它多么小），总存在着正数 X，使得对于满足不等式 $|x| > X$ 的一切 x，总有

$$|f(x) - A| < \varepsilon,$$

则称常数 A 为函数 $f(x)$ 当 $x \to \infty$ 时的极限，记为

$$\lim_{x\to\infty} f(x) = A \quad \text{或} \quad f(x) \to A \quad (x \to \infty).$$

注 定义中 ε 刻画了 $f(x)$ 与 A 的接近程度,X 刻画了 $|x|$ 充分大的程度,X 是随 ε 而确定的.

$\lim\limits_{x\to\infty}f(x)=A$ 的几何意义:作直线 $y=A-\varepsilon$ 和 $y=A+\varepsilon$,则总存在一个正数 X,使得当 $|x|>X$ 时,函数 $y=f(x)$ 的图形位于这两条直线之间(图 1-5-1).

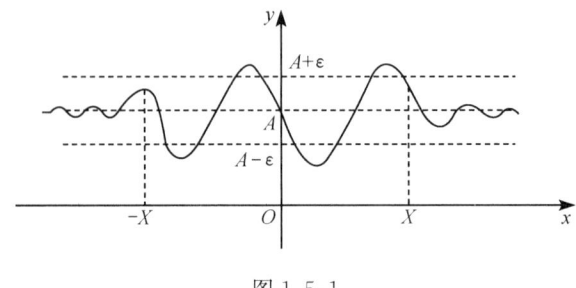

图 1-5-1

如果 $x>0$ 且无限增大(记为 $x\to+\infty$),那么只要把定义 1 中的 $|x|>X$ 改为 $x>X$,就得到 $\lim\limits_{x\to+\infty}f(x)=A$ 的定义.同样,$x<0$ 而 $|x|$ 无限增大(记作 $x\to-\infty$),那么只要把定义 1 中的 $|x|>X$ 改为 $x<-X$,就得到 $\lim\limits_{x\to-\infty}f(x)=A$ 的定义.

极限 $\lim\limits_{x\to+\infty}f(x)=A$ 与 $\lim\limits_{x\to-\infty}f(x)=A$ 称为**单侧极限**.

定理 1 $\lim\limits_{x\to\infty}f(x)=A$ 的充要条件为 $\lim\limits_{x\to+\infty}f(x)=\lim\limits_{x\to-\infty}f(x)=A$.

证明 略.

例 1 用极限定义证明 $\lim\limits_{x\to\infty}\dfrac{\sin x}{x}=0$.

证明 因为
$$\left|\dfrac{\sin x}{x}-0\right|=\left|\dfrac{\sin x}{x}\right|\leqslant\dfrac{1}{|x|},$$
于是,对任意给定的 $\varepsilon>0$,可取 $X=\dfrac{1}{\varepsilon}$,则当 $|x|>X$ 时,恒有
$$\left|\dfrac{\sin x}{x}-0\right|<\varepsilon,$$
故
$$\lim\limits_{x\to\infty}\dfrac{\sin x}{x}=0.$$

例 2 用极限定义证明 $\lim\limits_{x\to+\infty}\left(\dfrac{1}{2}\right)^x=0$.

证明 对任意给定的 $\varepsilon>0$,要使
$$\left|\left(\dfrac{1}{2}\right)^x-0\right|=\left(\dfrac{1}{2}\right)^x<\varepsilon,$$
只需 $2^x>\dfrac{1}{\varepsilon}$,即 $x>\dfrac{\ln\dfrac{1}{\varepsilon}}{\ln 2}$(不妨设 $\varepsilon<1$)就可以了.因此,对任意给定的 $\varepsilon>0$,取 $X=\dfrac{\ln\dfrac{1}{\varepsilon}}{\ln 2}$,则当 $x>X$ 时,
$$\left|\left(\dfrac{1}{2}\right)^x-0\right|<\varepsilon$$
恒成立,所以 $\lim\limits_{x\to+\infty}\left(\dfrac{1}{2}\right)^x=0$.

注 同理可证:当 $0<q<1$ 时,$\lim\limits_{x\to+\infty}q^x=0$;当 $q>1$ 时,$\lim\limits_{x\to-\infty}q^x=0$.

1.5.2 自变量趋向有限值时函数的极限

现在研究自变量 x 趋于有限值 x_0(即 $x\to x_0$)时,函数 $f(x)$ 的变化趋势.

在 $x\to x_0$ 的过程中,对应的函数值 $f(x)$ 无限接近于确定的数值 A,可用
$$|f(x)-A|<\varepsilon \quad (\text{这里 }\varepsilon\text{ 是任意给定的正数})$$
来表达.又因为函数值 $f(x)$ 无限接近于 A 是在 $x\to x_0$ 的过程中实现的,所以对于任意给定的正数 ε,只要求充分接近于 x_0 的 x 的函数值 $f(x)$ 满足不等式 $|f(x)-A|<\varepsilon$,而充分接近于 x_0 的 x 可以表达为
$$0<|x-x_0|<\delta \quad (\text{这里 }\delta\text{ 为某个正数}).$$

由上述分析,可给出当 $x\to x_0$ 时函数极限的定义.

定义 2 设函数 $f(x)$ 在点 x_0 的某一去心邻域内有定义.若对于任意给定的正数 ε(不论它多么小),总存在正数 δ,使得对于满足不等式 $0<|x-x_0|<\delta$ 的一切 x,恒有
$$|f(x)-A|<\varepsilon,$$
则称常数 A 为函数 $f(x)$ 当 $x\to x_0$ **时的极限**.记作
$$\lim_{x\to x_0}f(x)=A \quad \text{或} \quad f(x)\to A \quad (x\to x_0).$$

注 (1) 函数极限与函数 $f(x)$ 在点 x_0 是否有定义无关;

(2) δ 与任意给定的正数 ε 有关.

$\lim\limits_{x\to x_0}f(x)=A$ 的几何解释:任意给定一正数 ε,作平行于 x 轴的两条直线 $y=A+\varepsilon$ 和 $y=A-\varepsilon$.根据定义,对于给定的 ε,存在点 x_0 的一个 δ 去心邻域 $0<|x-x_0|<\delta$,当 $y=f(x)$ 的图形上的点的横坐标 x 落在该邻域内时,这些点对应的纵坐标落在带形区域 $A-\varepsilon<f(x)<A+\varepsilon$ 内(图 1-5-2).

例 3 设 $y=2x-1$,问当 $|x-4|<\delta$ 中的 δ 等于多少时,有 $|y-7|<0.1$?

解 要使 $|y-7|<0.1$,即
$$|y-7|=|(2x-1)-7|=|2x-8|=2|x-4|<0.1,$$
从而
$$|x-4|<\frac{0.1}{2}=0.05,$$
即当 $|x-4|<\delta$ 中的 $\delta=0.05$ 时,$|y-7|<0.1$(图 1-5-3).

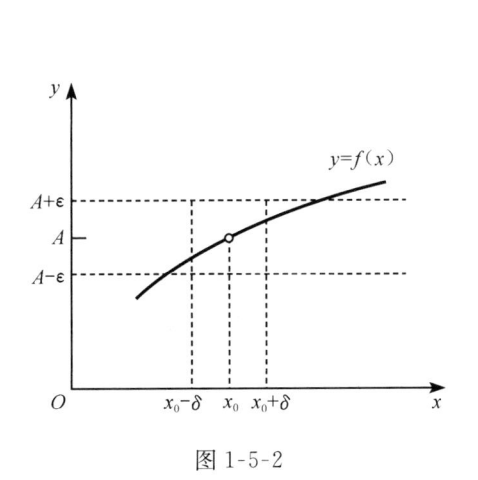

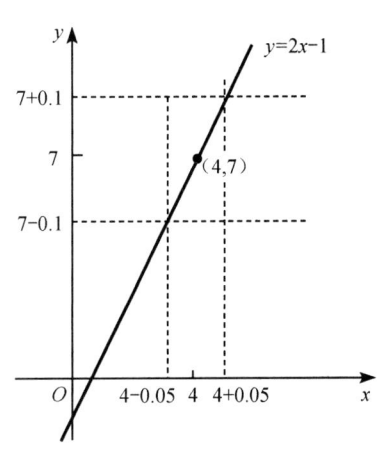

图 1-5-2

图 1-5-3

类似数列极限的 ε-N 论证法,可以给出证明函数极限的 **ε-δ 论证法**:

(1) 对于任意给定的正数 ε;
(2) 由 $|f(x)-A|<\varepsilon$ 开始分析倒推,推出 $|x-x_0|<\varphi(\varepsilon)$;
(3) 取定 $\delta \leqslant \varphi(\varepsilon)$,再用 εδ 语言顺叙结论.

例 4　利用定义证明 $\lim\limits_{x \to x_0} C = C$($C$ 为常数).

证明　对于任意给定的 $\varepsilon > 0$,不等式
$$|f(x)-C| = |C-C| \equiv 0 < \varepsilon,$$
对任何 x 都成立,故可取 δ 为任意正数,当 $0 < |x-x_0| < \delta$ 时,必有
$$|C-C| < \varepsilon,$$
所以
$$\lim\limits_{x \to x_0} C = C.$$

例 5　利用定义证明 $\lim\limits_{x \to 3} \dfrac{x^2-9}{x-3} = 6$.

证明　函数在点 $x = 3$ 处没有定义,又因为
$$|f(x)-A| = \left|\dfrac{x^2-9}{x-3} - 6\right| = |x-3|,$$
所以,对任意给定的 $\varepsilon > 0$,要使 $|f(x)-A| < \varepsilon$,只要取 $\delta = \varepsilon$,则当 $0 < |x-3| < \delta$ 时,就有
$$\left|\dfrac{x^2-9}{x-3} - 6\right| < \varepsilon,$$
故
$$\lim\limits_{x \to 3} \dfrac{x^2-9}{x-3} = 6.$$

例 6　利用定义证明 $\lim\limits_{x \to 1} \dfrac{x^2-1}{2x^2-x-1} = \dfrac{2}{3}$.

证明　当 $x \neq 1$ 时,有
$$|f(x)-A| = \left|\dfrac{x^2-1}{2x^2-x-1} - \dfrac{2}{3}\right| = \left|\dfrac{x+1}{2x+1} - \dfrac{2}{3}\right| = \dfrac{|x-1|}{3|2x+1|},$$
若限制 x 于 $0 < |x-1| < 1$(此时 $x > 0$),则 $1 < |2x+1|$.

对任意给定的 $\varepsilon > 0$,要使
$$|f(x)-A| = \dfrac{|x-1|}{3|2x+1|} < \dfrac{|x-1|}{3} < \varepsilon,$$
只需 $|x-1| < 3\varepsilon$,取 $\delta = \min\{3\varepsilon, 1\}$(这式子表示,δ 是 3ε 和 1 两个数中较小的那个数),则当 $0 < |x-1| < \delta$ 时,就有
$$\left|\dfrac{x^2-1}{2x^2-x-1} - \dfrac{2}{3}\right| < \varepsilon,$$
故
$$\lim\limits_{x \to 1} \dfrac{x^2-1}{2x^2-x-1} = \dfrac{2}{3}.$$

1.5.3　左、右极限

当自变量 x 从 x_0 的左侧(或右侧)趋于 x_0 时,函数 $f(x)$ 趋于常数 A,则称 A 为 $f(x)$ 在点 x_0 处的**左极限**(或**右极限**),记为
$$\lim\limits_{x \to x_0^-} f(x) = A \quad (\text{或} \lim\limits_{x \to x_0^+} f(x) = A),$$
有时也记为

$$\lim_{x \to x_0-0} f(x) = A \quad (\text{或} \lim_{x \to x_0+0} f(x) = A),$$

与
$$f(x_0-0) = A \quad (\text{或} f(x_0+0) = A).$$

注 注意到有等式
$$\{x \mid 0 < |x-x_0| < \delta\} = \{x \mid 0 < x-x_0 < \delta\} \cup \{x \mid -\delta < x-x_0 < 0\},$$
易给出左、右极限的分析定义.

图 1-5-4 和图 1-5-5 中给出了左极限和右极限的示意图.

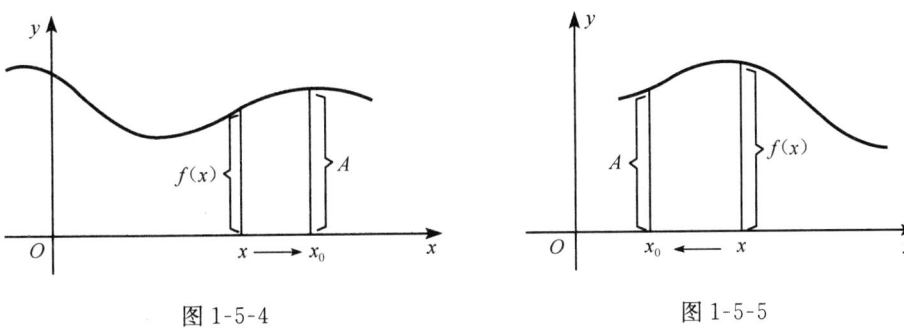

图 1-5-4

图 1-5-5

直接从定义出发,容易证明下列定理:

定理 2 $\lim\limits_{x \to x_0} f(x) = A$ 的充分必要条件为
$$\lim_{x \to x_0^-} f(x) = \lim_{x \to x_0^+} f(x) = A.$$

例 7 设 $f(x) = \begin{cases} x-1, & x \leq 0 \\ x^2, & x > 0 \end{cases}$,求 $\lim\limits_{x \to 0} f(x)$.

解 因为
$$\lim_{x \to 0^-} f(x) = \lim_{x \to 0^-}(x-1) = -1, \quad \lim_{x \to 0^+} f(x) = \lim_{x \to 0^+} x^2 = 0.$$
即有
$$\lim_{x \to 0^-} f(x) \neq \lim_{x \to 0^+} f(x),$$
所以 $\lim\limits_{x \to 0} f(x)$ 不存在(图 1-5-6).

图 1-5-6

例 8 设 $f(x) = \dfrac{1-5^{\frac{1}{x}}}{1+5^{\frac{1}{x}}}$,求 $\lim\limits_{x \to 0} f(x)$.

解 $f(x)$ 在 $x=0$ 处没有定义,而
$$\lim_{x \to 0^+} f(x) = \lim_{x \to 0^+} \frac{5^{-\frac{1}{x}}-1}{5^{-\frac{1}{x}}+1} = -1, \quad \lim_{x \to 0^-} f(x) = \lim_{x \to 0^-} \frac{1-5^{\frac{1}{x}}}{1+5^{\frac{1}{x}}} = 1,$$
因为 $\lim\limits_{x \to 0^+} f(x) \neq \lim\limits_{x \to 0^-} f(x)$,故 $\lim\limits_{x \to 0} f(x)$ 不存在.

1.5.4 函数极限的性质

利用函数极限的定义,采用与数列极限相应性质的证明中类似的方法,可得函数极限的一些相应性质. 下面仅以 $x \to x_0$ 的极限形式为代表给出这些性质,至于其他形式的极限的性质,只需作出些修改即可得到.

性质 1(唯一性) 若 $\lim\limits_{x \to x_0} f(x)$ 存在,则其极限是唯一的.

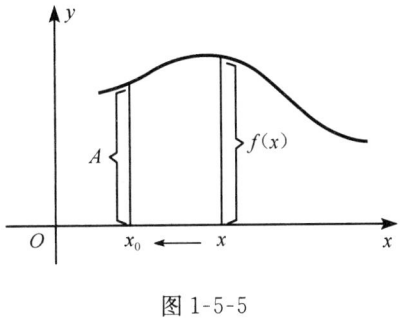

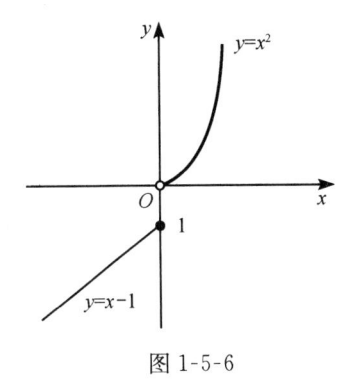

性质 2(有界性) 若 $\lim\limits_{x \to x_0} f(x) = A$, 则存在常数 $M > 0$ 和 $\delta > 0$, 使得当 $0 < |x - x_0| < \delta$ 时, 有 $|f(x)| \leqslant M$.

性质 3(保号性) 若 $\lim\limits_{x \to x_0} f(x) = A$, 且 $A > 0$ (或 $A < 0$), 则存在常数 $\delta > 0$, 使得当 $0 < |x - x_0| < \delta$ 时, 有 $f(x) > 0$ (或 $f(x) < 0$).

推论 1 若 $\lim\limits_{x \to x_0} f(x) = A$, 且在 x_0 的某去心邻域内 $f(x) \geqslant 0$ (或 $f(x) \leqslant 0$), 则 $A \geqslant 0$ (或 $A \leqslant 0$).

*1.5.5 子序列的收敛性

定义 3 设在 $x \to a$ (a 可以是 x_0, x_0^+ 或 x_0^-) 过程中有数列 $\{x_n\}$ ($x_n \neq a$), 使得 $n \to \infty$ 时, $x_n \to a$, 则称数列 $\{f(x_n)\}$ 为函数 $f(x)$ 在当 $x \to a$ 时的**子序列**.

定理 3 若 $\lim\limits_{x \to x_0} f(x) = A$, 数列 $\{f(x_n)\}$ 是 $f(x)$ 当 $x \to x_0$ 时的子序列, 则有 $\lim\limits_{n \to \infty} f(x_n) = A$.

证明 因为 $\lim\limits_{x \to x_0} f(x) = A$, 所以对任意 $\varepsilon > 0$, 存在 $\delta > 0$, 使得当 $0 < |x - x_0| < \delta$ 时, 恒有
$$|f(x) - A| < \varepsilon.$$
又因为 $\lim\limits_{n \to \infty} x_n = x_0$ 且 $x_n \neq x_0$, 所以对上述 $\delta > 0$, 存在 $N > 0$, 使当 $n > N$ 时, 恒有 $0 < |x_n - x_0| < \delta$. 从而有
$$|f(x_n) - A| < \varepsilon,$$
故
$$\lim\limits_{n \to \infty} f(x_n) = A.$$

定理 4 函数极限存在的充要条件是它的任何子序列的极限都存在且相等.

例如, 设 $\lim\limits_{x \to 0} \dfrac{\sin x}{x} = 1$, 则

$$\lim_{n \to \infty} n \sin \frac{1}{n} = \lim_{n \to \infty} \frac{\sin \dfrac{1}{n}}{\dfrac{1}{n}} = 1,$$

$$\lim_{n \to \infty} \sqrt{n} \sin \frac{1}{\sqrt{n}} = \lim_{n \to \infty} \frac{\sin \dfrac{1}{\sqrt{n}}}{\dfrac{1}{\sqrt{n}}} = 1,$$

$$\lim_{n \to \infty} \frac{n^2}{n+1} \sin \frac{n+1}{n^2} = \lim_{n \to \infty} \frac{\sin \dfrac{n+1}{n^2}}{\dfrac{n+1}{n^2}} = 1.$$

例 9 证明 $\lim\limits_{x \to 0} \sin \dfrac{1}{x}$ 不存在.

证明 取 $\{x_n\} = \left\{\dfrac{1}{n\pi}\right\}$, $\{x_n'\} = \left\{\dfrac{1}{\dfrac{4n+1}{2}\pi}\right\}$, 则 $\lim\limits_{n \to \infty} x_n = 0$, 且 $x_n \neq 0$, $\lim\limits_{n \to \infty} x_n' = 0$, 且 $x_n' \neq 0$, 而

$$\lim_{n \to \infty} \sin \frac{1}{x_n} = \lim_{n \to \infty} \sin n\pi = 0, \quad \lim_{n \to \infty} \sin \frac{1}{x_n'} = \lim_{n \to \infty} \sin \frac{4n+1}{2} \pi = \lim_{n \to \infty} 1 = 1.$$

二者不相等,故 $\lim\limits_{x\to 0}\sin\dfrac{1}{x}$ 不存在.

习 题 1-5

1. 在某极限过程中,若 $f(x)$ 有极限,若 $g(x)$ 无极限,试判断:$f(x) \cdot g(x)$ 是否必无极限.若是,请说明理由;若不是,请举反例说明之.

2. 当 $x\to 2$ 时,$y=x^2\to 4$. 问 δ 等于多少,使当 $|x-2|<\delta$ 时,$|y-4|<0.001$?

3. 设函数 $y=\dfrac{x^2-1}{x-1}$,问 $|x-1|<\delta$ 中的 δ 等于多少时,有 $|y-2|<0.5$?

4. 利用函数极限的定义证明:

(1) $\lim\limits_{x\to\infty}\dfrac{2x+3}{3x}=\dfrac{2}{3}$;　　(2) $\lim\limits_{x\to+\infty}\dfrac{\sin x}{\sqrt{x}}=0$;　　(3) $\lim\limits_{x\to 2}\dfrac{1}{x-1}=1$;　　(4) $\lim\limits_{x\to 1}\dfrac{x^2-1}{x^2-x}=2$.

5. 讨论函数 $f(x)=\dfrac{|x|}{x}$ 当 $x\to 0$ 时的极限.

6. 求 $f(x)=\lim\limits_{n\to\infty}\dfrac{nx}{nx^2+2}$.

7. 证明:如果函数 $f(x)$ 当 $x\to x_0$ 时的极限存在,则函数 $f(x)$ 在 x_0 的某个去心邻域内有界.

8. 证明:当 $x\to+\infty$,$x\to-\infty$ 时,函数 $f(x)$ 的极限都存在且等于 A,则 $\lim\limits_{x\to\infty}f(x)=A$.

9. 证明:当 $x\to x_0$ 时,函数 $f(x)$ 的极限存在的充分必要条件是左、右极限各自存在且相等.

1.6 无穷小与无穷大

1.6.1 无穷小

对无穷小的认识问题,可以远溯到古希腊,那时,阿基米德就曾用无限小量方法得到许多重要的数学结果,但他认为无限小量方法存在着不合理的地方. 直到 1821 年,柯西在他的《分析教程》中才对无限小(即这里所说的无穷小)这一概念给出了明确的回答. 而有关无穷小的理论就是在柯西的理论基础上发展起来的.

定义 1 极限为零的变量(函数)称为**无穷小**.

例如:(1) $\lim\limits_{x\to 0}\sin x=0$,函数 $\sin x$ 是当 $x\to 0$ 时的无穷小;

(2) $\lim\limits_{x\to\infty}\dfrac{1}{x}=0$,函数 $\dfrac{1}{x}$ 是当 $x\to\infty$ 时的无穷小;

(3) $\lim\limits_{x\to\infty}\dfrac{1}{2^n}=0$,函数 $\dfrac{1}{2^n}$ 是当 $n\to\infty$ 时的无穷小.

注 (1) 根据定义,无穷小本质上是这样一个变量(函数):在某过程(如 $x\to x_0$ 或 $x\to\infty$)中,该变量的绝对值能小于任意给定的正数 ε. 无穷小不能与很小的数(如千万分之一)混淆. 但零是可以作为无穷小的唯一常数.

(2) 无穷小是相对于 x 的某个变化过程而言的. 例如,当 $x\to\infty$ 时,$\dfrac{1}{x}$ 是无穷小;当 $x\to 3$ 时,$\dfrac{1}{x}$ 不是无穷小.

定理 1 $\lim\limits_{x\to x_0}f(x)=A$ 的充分必要条件是
$$f(x)=A+\alpha,$$

其中 α 为当 $x \to x_0$ 时的无穷小.

证明 **必要性**. 设 $\lim\limits_{x \to x_0} f(x) = A$, 则对于任意给定的 $\varepsilon > 0$, 存在 $\delta > 0$, 使得当 $0 < |x - x_0| < \delta$ 时, 恒有
$$|f(x) - A| < \varepsilon,$$
令 $\alpha = f(x) - A$, 则 α 是当 $x \to x_0$ 时的无穷小, 且
$$f(x) = A + \alpha.$$

充分性. 设 $f(x) = A + \alpha$, 其中 A 为常数, α 是当 $x \to x_0$ 时的无穷小, 于是
$$|f(x) - A| = |\alpha|.$$

因为 α 是当 $x \to x_0$ 时的无穷小, 故对于任意给定的 $\varepsilon > 0$, 存在 $\delta > 0$, 使得当 $0 < |x - x_0| < \delta$ 时, 恒有 $|\alpha| < \varepsilon$, 即
$$|f(x) - A| < \varepsilon,$$
从而 $\lim\limits_{x \to x_0} f(x) = A.$

注 定理 1 对于 $x \to \infty$ 等其他形式也成立.

定理 1 的结论在今后的学习中有重要的应用, 尤其是在理论推导或证明中. 它将函数的极限运算问题转化为常数与无穷小的代数运算问题.

1.6.2 无穷小的运算性质

在下面讨论无穷小的性质时, 仅证明 $x \to x_0$ 时函数为无穷小的情形, 至于 $x \to \infty$ 等其他情形, 证明完全类似.

定理 2 有限个无穷小的代数和仍是无穷小.

证明 只证两个无穷小的和的情形即可. 设 α 及 β 是当 $x \to x_0$ 时的两个无穷小, 则对任意给定的 $\varepsilon > 0$, 一方面, 存在 $\delta_1 > 0$, 使当 $0 < |x - x_0| < \delta_1$ 时, 恒有
$$|\alpha| < \frac{\varepsilon}{2}.$$

另一方面, 存在 $\delta_2 > 0$, 使当 $0 < |x - x_0| < \delta_2$ 时, 恒有
$$|\beta| < \frac{\varepsilon}{2}.$$

取 $\delta = \min\{\delta_1, \delta_2\}$, 则当 $0 < |x - x_0| < \delta$ 时, 恒有
$$|\alpha \pm \beta| < |\alpha| + |\beta| < \frac{\varepsilon}{2} + \frac{\varepsilon}{2} = \varepsilon,$$
所以 $\lim\limits_{x \to x_0} (\alpha \pm \beta) = 0$, 即 $\alpha \pm \beta$ 是当 $x \to x_0$ 时的无穷小.

注 无穷多个无穷小的代数和未必是无穷小.

例如, $n \to \infty$ 时, $\dfrac{1}{n^2}, \dfrac{2}{n^2}, \cdots, \dfrac{n}{n^2}$ 是无穷小, 但
$$\lim_{n \to \infty} \left(\frac{1}{n^2} + \frac{2}{n^2} + \cdots + \frac{n}{n^2} \right) = \lim_{n \to \infty} \frac{n(n+1)}{2n^2} = \lim_{n \to \infty} \frac{1 + \frac{1}{n}}{2} = \frac{1}{2},$$
即当 $n \to \infty$ 时, $\dfrac{1}{n^2} + \dfrac{2}{n^2} + \cdots + \dfrac{n}{n^2}$ 不是无穷小.

定理 3 有界函数与无穷小的乘积是无穷小.

证明 设函数 u 在 $0 < |x - x_0| < \delta_1$ 内有界, 则存在 $M > 0$, 使得当 $0 < |x - x_0| < \delta_1$ 时, 恒

有 $|u| \leqslant M$.

再设 α 是当 $x \to x_0$ 时的无穷小,则对于任意给定的 $\varepsilon > 0$,存在 $\delta_2 > 0$,使得当 $0 < |x - x_0| < \delta_2$ 时,恒有 $|\alpha| < \dfrac{\varepsilon}{M}$.

取 $\delta = \min\{\delta_1, \delta_2\}$,则当 $0 < |x - x_0| < \delta$ 时,恒有
$$|u \cdot \alpha| = |u| \cdot |\alpha| < M \cdot \frac{\varepsilon}{M} = \varepsilon.$$
所以当 $x \to x_0$ 时,$u \cdot \alpha$ 为无穷小.

推论 1 常数与无穷小的乘积是无穷小.

推论 2 有限个无穷小的乘积也是无穷小.

例 1 求 $\lim\limits_{x \to \infty} \dfrac{\sin x}{x}$.

解 因为
$$\lim_{x \to \infty} \frac{\sin x}{x} = \lim_{x \to \infty} \frac{1}{x} \cdot \sin x,$$
当 $x \to \infty$ 时,$\dfrac{1}{x}$ 是无穷小量,$\sin x$ 是有界量($|\sin x| \leqslant 1$),故
$$\lim_{x \to \infty} \frac{\sin x}{x} = 0.$$

1.6.3 无穷大

若当 $x \to x_0$(或 $x \to \infty$)时,函数 $f(x)$ 的绝对值无限增大(即大于预先给定的任意正数),则称函数 $f(x)$ 为当 $x \to x_0$(或 $x \to \infty$)时的**无穷大**.

定义 2 如果对于任意给定的正数 M(不论它多么大),总存在正数 δ(或正数 X),使得满足不等式 $0 < |x - x_0| < \delta$(或 $|x| > X$)的一切 x 所对应的函数值 $f(x)$ 都满足不等式
$$|f(x)| > M,$$
则称函数 $f(x)$ 当 $x \to x_0$(或 $x \to \infty$)时为**无穷大**,记作
$$\lim_{x \to x_0} f(x) = \infty \quad (\text{或} \lim_{x \to \infty} f(x) = \infty).$$

注 当 $x \to x_0$(或 $x \to \infty$)时为无穷大的函数 $f(x)$,按通常的意义来说,极限是不存在的. 但是为了叙述函数这一性态的方便,我们也说"函数的极限是无穷大".

如果在无穷大的定义中,把 $|f(x)| > M$ 换为 $f(x) > M$(或 $f(x) < -M$),则称函数 $f(x)$ 当 $x \to x_0$(或 $x \to \infty$)时为**正无穷大**(或**负无穷大**),记为
$$\lim_{\substack{x \to x_0 \\ (x \to \infty)}} f(x) = +\infty \quad (\text{或} \lim_{\substack{x \to x_0 \\ (x \to \infty)}} f(x) = -\infty).$$

例 2 证明 $\lim\limits_{x \to 2} \dfrac{1}{x - 2} = \infty$.

证明 对任意给定的 $M > 0$,要使
$$\left| \frac{1}{x - 2} \right| > M,$$
只要 $|x - 2| < \dfrac{1}{M}$,所以,取 $\delta = \dfrac{1}{M}$,则当 $0 < |x - 2| < \delta = \dfrac{1}{M}$ 时,就有 $\left| \dfrac{1}{x - 2} \right| > M$. 即
$$\lim_{x \to 2} \frac{1}{x - 2} = \infty.$$

此外,易证:当 $x \to -\infty$ 时,$a^x (0<a<1)$ 是正无穷大;当 $x \to 0^+$ 时,$\ln x$ 是负无穷大;当 $x \to \left(\dfrac{\pi}{2}\right)^-$ 时,$\tan x$ 是正无穷大,等等.

注 无穷大一定是无界变量.反之,无界变量不一定是无穷大.

例 3 当 $x \to 0$ 时,$y = \dfrac{1}{x}\sin\dfrac{1}{x}$ 是一个无界变量,但不是无穷大.

解 取 $x \to 0$ 的两个子数列:

$$x'_k = \frac{1}{2k\pi + \dfrac{\pi}{2}}, \quad x''_k = \frac{1}{2k\pi} \quad (k=1,2,\cdots).$$

则 $\quad x'_k \to 0 (k \to \infty), \quad x''_k \to 0 \quad (k \to \infty),$

且 $\quad y(x'_k) = 2k\pi + \dfrac{\pi}{2} \quad (k=1,2,\cdots).$

故对任意的 $M>0$,都存在 $K>0$,使 $y(x'_K)>M$,即 y 是无界的;

但 $\quad y(x''_k) = 2k\pi \sin 2k\pi = 0 \quad (k=1,2,\cdots).$

故 y 不是无穷大.

1.6.4 无穷小与无穷大的关系

定理 4 在自变量的同一变化过程中,无穷大的倒数为无穷小;恒不为零的无穷小的倒数为无穷大.

证明 设 $\lim\limits_{x \to x_0} f(x) = \infty$,则对任意给定的 $\varepsilon > 0$,存在 $\delta > 0$,使得当 $0 < |x - x_0| < \delta$ 时,恒有

$$|f(x)| > \frac{1}{\varepsilon}, \quad 即 \left|\frac{1}{f(x)}\right| < \varepsilon.$$

所以当 $x \to x_0$ 时,$\dfrac{1}{f(x)}$ 为无穷小.

反之,设 $\lim\limits_{x \to x_0} f(x) = 0$,且 $f(x) \neq 0$,则对于任意给定的 $M>0$,存在 $\delta>0$,当 $0<|x-x_0|<\delta$ 时,恒有

$$|f(x)| < \frac{1}{M}, \quad 即 \left|\frac{1}{f(x)}\right| > M.$$

所以当 $x \to x_0$ 时,$\dfrac{1}{f(x)}$ 为无穷大.

根据这个定理,可将无穷大的讨论归结为关于无穷小的讨论.

例 4 求 $\lim\limits_{x \to \infty} \dfrac{x^5}{x^3 + 7}$.

解 因为 $\quad \lim\limits_{x \to \infty} \dfrac{x^3 + 7}{x^5} = \lim\limits_{x \to \infty}\left(\dfrac{1}{x^2} + \dfrac{7}{x^5}\right) = 0.$

于是,根据无穷小与无穷大的关系有

$$\lim_{x \to \infty} \frac{x^5}{x^3 + 7} = \infty.$$

习 题 1-6

1. 判断题：
(1) 非常小的数是无穷小； ( )
(2) 零是无穷小； ( )
(3) 无穷小是一个函数； ( )
(4) 两个无穷小的商是无穷小； ( )
(5) 两个无穷大的和一定是无穷大． ( )

2. 指出下列哪些是无穷小，哪些是无穷大．
(1) $\dfrac{1+(-1)^n}{n}$ $(n \to \infty)$；
(2) $\dfrac{\sin x}{1+\cos x}$ $(x \to 0)$；
(3) $\dfrac{x+1}{x^2-4}$ $(x \to 2)$．

3. 根据定义证明：$y = x\sin\dfrac{1}{x}$ 为 $x \to 0$ 时的无穷小．

4. 求下列极限并说明理由：
(1) $\lim\limits_{x\to\infty}\dfrac{3x+2}{x}$；
(2) $\lim\limits_{x\to 2}\dfrac{x^2-4}{x-2}$；
(3) $\lim\limits_{x\to 0}\dfrac{1}{1-\cos x}$．

5. 判断 $\lim\limits_{x\to\infty}e^{\frac{1}{x}}$ 是否存在，若将极限过程改为 $x \to 0$ 呢？

6. 函数 $y = x\cos x$ 在 $(-\infty, +\infty)$ 内是否有界？当 $x \to +\infty$ 时，函数是否为无穷大？为什么？

7. 设 $x \to x_0$ 时，$g(x)$ 是有界量，$f(x)$ 是无穷大，证明：$f(x) \pm g(x)$ 是无穷大．

8. 设 $x \to x_0$ 时，$|g(x)| \geq M$（M 是一个正的常数），$f(x)$ 是无穷大．证明：$f(x)g(x)$ 是无穷大．

1.7 极限运算法则

本节要建立极限的四则运算法则和复合函数的极限运算法则．在下面的讨论中，记号"lim"下面没有表明自变量的变化过程，是指对 $x \to x_0$ 和 $x \to \infty$ 以及单则极限均成立．但在论证时，只证明了 $x \to x_0$ 的情形．

定理 1 设 $\lim f(x) = A$，$\lim g(x) = B$，则
(1) $\lim[f(x) \pm g(x)] = A \pm B = \lim f(x) \pm \lim g(x)$；
(2) $\lim[f(x) \cdot g(x)] = A \cdot B = \lim f(x) \cdot \lim g(x)$；
(3) $\lim\dfrac{f(x)}{g(x)} = \dfrac{A}{B} = \dfrac{\lim f(x)}{\lim g(x)}$ $(B \neq 0)$．

证明 因为 $\lim f(x) = A$，$\lim g(x) = B$，所以
$$f(x) = A + \alpha, \quad g(x) = B + \beta \quad (\alpha \to 0, \beta \to 0).$$
(1) 由无穷小的运算性质，得
$$[f(x) \pm g(x)] - (A \pm B) = \alpha \pm \beta \to 0,$$
即 $\lim[f(x) \pm g(x)] = A \pm B$，故定理 1 中(1)成立；

(2) 由无穷小的运算性质，得
$$[f(x) \cdot g(x)] - (A \cdot B) = (A+\alpha)(B+\beta) - AB = (A\beta + B\alpha) + \alpha\beta \to 0,$$
即 $\lim[f(x) \cdot g(x)] = A \cdot B$，故定理 1 中(2)成立；

(3) 由无穷小的运算性质，得
$$\dfrac{f(x)}{g(x)} - \dfrac{A}{B} = \dfrac{A+\alpha}{B+\beta} - \dfrac{A}{B} = \dfrac{B\alpha - A\beta}{B(B+\beta)},$$

注意到 $B\alpha - A\beta \to 0$，又因 $\beta \to 0, B \neq 0$，于是存在某个时刻，从该时刻起 $|\beta| < \dfrac{|B|}{2}$，所以 $|B+\beta| \geq |B|-|\beta| > \dfrac{|B|}{2}$，故 $\left|\dfrac{1}{B(B+\beta)}\right| < \dfrac{2}{B^2}$（有界），从而

$$\frac{f(x)}{g(x)} - \frac{A}{B} = \frac{B\alpha - A\beta}{B(B+\beta)} \to 0,$$

即 $\lim \dfrac{f(x)}{g(x)} = \dfrac{A}{B}$，故(3)中成立.

注 定理1中(1)(2)均可推广到有限个函数的情形. 例如，若 $\lim f(x), \lim g(x), \lim h(x)$ 都存在，则有

$$\lim[f(x) + g(x) - h(x)] = \lim f(x) + \lim g(x) - \lim h(x);$$
$$\lim[f(x)g(x)h(x)] = \lim f(x) \cdot \lim g(x) \cdot \lim h(x).$$

推论1 如果 $\lim f(x)$ 存在，而 C 为常数，则

$$\lim[Cf(x)] = C\lim f(x),$$

即常数因子可以移到极限符号外面.

推论2 如果 $\lim f(x)$ 存在，而 n 为正整数，则

$$\lim[f(x)]^n = [\lim f(x)]^n.$$

注 定理1给求极限带来很大方便，但应注意，运用该定理的前提是被运算的各个变量的极限必须存在，并且，在除法运算中，还要求分母的极限不为零.

例1 求 $\lim\limits_{x \to 2}(2x^2 - x + 3)$.

解 $\lim\limits_{x \to 2}(2x^2 - x + 3) = 2\lim\limits_{x \to 2}x^2 - \lim\limits_{x \to 2}x + \lim\limits_{x \to 2}3 = 2 \cdot 2^2 - 2 + 3 = 9.$

例2 求 $\lim\limits_{x \to 1}\dfrac{2x^3 - 1}{3x^3 - 5x + 1}$.

解 因为 $\lim\limits_{x \to 1}(3x^3 - 5x + 1) = -1 \neq 0$，所以

$$\lim_{x \to 1}\frac{2x^3 - 1}{3x^3 - 5x + 1} = \frac{\lim\limits_{x \to 1}(2x^3 - 1)}{\lim\limits_{x \to 1}(3x^3 - 5x + 1)} = \frac{2 \cdot 1^3 - 1}{3 \cdot 1^3 - 5 \cdot 1 + 1} = -1.$$

例3 求 $\lim\limits_{x \to 1}\dfrac{2x - 3}{x^2 - 5x + 4}$.

解 因 $\lim\limits_{x \to 1}(x^2 - 5x + 4) = 0$，商的法则不能用. 又 $\lim\limits_{x \to 1}(2x - 3) = -1 \neq 0$，故

$$\lim_{x \to 1}\frac{x^2 - 5x + 4}{2x - 3} = \frac{0}{-1} = 0.$$

由无穷小与无穷大的关系，得

$$\lim_{x \to 1}\frac{2x - 3}{x^2 - 5x + 4} = \infty.$$

例4 求 $\lim\limits_{x \to 3}\dfrac{x^2 + 2x - 15}{x^2 - 2x - 3}$.

解 当 $x \to 3$ 时，分子和分母的极限都是零. 此时应先约去不为零的无穷小因子 $(x-3)$，然后再求极限，

$$\lim_{x \to 3}\frac{x^2 + 2x - 15}{x^2 - 2x - 3} = \lim_{x \to 3}\frac{(x-3)(x+5)}{(x-3)(x+1)} = \lim_{x \to 3}\frac{x+5}{x+1} = 2.$$

例 5 求 $\lim\limits_{x\to\infty}\dfrac{2x^2-3x+4}{3x^2-2x-1}$.

解 当 $x\to\infty$ 时,分子和分母的极限都是无穷大,此时可采用所谓的**无穷小因子分出法**. 即以分母中自变量的最高幂次除分子和分母,以分出无穷小,然后再用求极限的方法. 对本例,先用 x^2 去除分子和分母,分出无穷小,再求极限.

$$\lim_{x\to\infty}\frac{2x^2-3x+4}{3x^2-2x-1}=\lim_{n\to\infty}\frac{2-\dfrac{3}{x}+\dfrac{4}{x^2}}{3-\dfrac{2}{x}-\dfrac{1}{x^2}}=\frac{2}{3}.$$

注 当 $a_0\neq 0, b_0\neq 0, m$ 和 n 为非负整数时,有

$$\lim_{x\to\infty}\frac{a_0 x^m+a_1 x^{m-1}+\cdots+a_m}{b_0 x^n+b_1 x^{n-1}+\cdots+b_n}=\begin{cases}\dfrac{a_0}{b_0}, & n=m \\ 0, & n>m \\ \infty, & n<m\end{cases}.$$

例 6 计算 $\lim\limits_{x\to\infty}\dfrac{\sqrt[3]{27x^3+7x^2+5x+3}}{4x-5}$.

解 当 $x\to\infty$ 时,分子和分母均趋于 ∞,可把分子和分母同除以分母中自变量的最高次幂,即得

$$\lim_{x\to\infty}\frac{\sqrt[3]{27x^3+7x^2+5x+3}}{4x-5}=\lim_{x\to\infty}\frac{\sqrt[3]{27+\dfrac{7}{x}+\dfrac{5}{x^2}+\dfrac{3}{x^3}}}{4-\dfrac{5}{x}}=\frac{3}{4}.$$

例 7 求 $\lim\limits_{x\to 4}\dfrac{\sqrt{1+2x}-3}{\sqrt{x}-2}$.

解 当 $x\to 4$ 时,分子和分母的极限都是零. 此时应先对分子和分母进行有理化,之后约去不为零的无穷小因子 $(x-4)$,再求极限.

$$\lim_{x\to 4}\frac{\sqrt{1+2x}-3}{\sqrt{x}-2}=\lim_{x\to 4}\frac{(\sqrt{1+2x}-3)(\sqrt{1+2x}+3)(\sqrt{x}+2)}{(\sqrt{x}-2)(\sqrt{x}+2)(\sqrt{1+2x}+3)}$$

$$=\lim_{x\to 4}\frac{2(x-4)(\sqrt{x}+2)}{(x-4)(\sqrt{1+2x}+3)}=\lim_{x\to 4}\frac{2(\sqrt{x}+2)}{\sqrt{1+2x}+3}=\frac{4}{3}.$$

例 8 求 $\lim\limits_{x\to +\infty}(\sqrt{x+1}-\sqrt{x})$.

解 $x\to +\infty$ 时,$\sqrt{x+1}$ 与 $\sqrt{x}$ 的极限均不存在,但不能认为它们差的极限也不存在. 事实上,经有理化变形后,可得

$$\lim_{x\to +\infty}(\sqrt{x+1}-\sqrt{x})=\lim_{x\to +\infty}\frac{1}{\sqrt{x+1}+\sqrt{x}}=0.$$

例 9 求 $\lim\limits_{n\to\infty}\sqrt{2}\cdot\sqrt[4]{2}\cdots\sqrt[2^n]{2}$.

解 $\lim\limits_{n\to\infty}\sqrt{2}\cdot\sqrt[4]{2}\cdots\sqrt[2^n]{2}=\lim\limits_{n\to\infty}2^{\frac{1}{2}+\frac{1}{4}+\cdots+\frac{1}{2^n}}=\lim\limits_{n\to\infty}2^{\frac{\frac{1}{2}\left(1-\frac{1}{2^n}\right)}{1-\frac{1}{2}}}=2.$

例 10 已知 $f(x)=\begin{cases}x^2-1, & x<0 \\ \dfrac{x^2+2x-1}{x^3+1}, & x\geq 0\end{cases}$,求 $\lim\limits_{x\to 0}f(x), \lim\limits_{x\to +\infty}f(x), \lim\limits_{x\to -\infty}f(x)$.

解 先求 $\lim\limits_{x\to 0}f(x)$,因为

$$\lim_{x\to 0^-}f(x)=\lim_{x\to 0^-}(x^2-1)=-1, \quad \lim_{x\to 0^+}f(x)=\lim_{x\to 0^+}\frac{x^2+2x-1}{x^3+1}=-1,$$

所以 $\lim\limits_{x\to 0}f(x)=-1$. 同理,易求得

$$\lim_{x\to+\infty}f(x)=\lim_{x\to+\infty}\frac{x^2+2x-1}{x^3+1}=\lim_{x\to+\infty}\frac{\frac{1}{x}+\frac{2}{x^2}-\frac{1}{x^3}}{1+\frac{1}{x^3}}=0,$$

$$\lim_{x\to-\infty}f(x)=\lim_{x\to-\infty}(x^2-1)=+\infty.$$

定理 2(复合函数的极限运算法则) 设函数 $y=f[g(x)]$ 是由函数 $y=f(u)$ 与函数 $u=g(x)$ 复合而成,$f[g(x)]$ 在点 x_0 的某去心邻域内有定义,若

$$\lim_{x\to x_0}g(x)=u_0, \quad \lim_{u\to u_0}f(u)=A,$$

且存在 $\delta_0>0$,当 $x\in \overset{\circ}{U}(x_0,\delta_0)$ 时,有 $g(x)\neq u_0$,则

$$\lim_{x\to x_0}f[g(x)]=\lim_{u\to u_0}f(u)=A.$$

证明 略.

注 (1) 对 u_0 或 x_0 为无穷大的情形,也可得到类似的定理.

(2) 定理 2 表明:若函数 $f(u)$ 和 $g(x)$ 满足该定理的条件,则作代换 $u=g(x)$,可把求极限 $\lim\limits_{x\to x_0}f[g(x)]$ 化为求 $\lim\limits_{u\to u_0}f(u)$,其中 $u_0=\lim\limits_{x\to x_0}g(x)$.

例 11 极限 $\lim\limits_{x\to 2}\ln\left[\dfrac{x^2-4}{4(x-2)}\right]$.

解 解法一. 令 $u=\dfrac{x^2-4}{4(x-2)}$,则当 $x\to 2$ 时,$u=\dfrac{x^2-4}{4(x-2)}=\dfrac{x+2}{4}\to 1$,故

$$\lim_{x\to 2}\ln\left[\frac{x^2-4}{4(x-2)}\right]=\lim_{u\to 1}\ln u=0.$$

解法二. $\lim\limits_{x\to 2}\ln\left[\dfrac{x^2-4}{4(x-2)}\right]=\ln\left[\lim\limits_{x\to 2}\dfrac{x^2-4}{4(x-2)}\right]=\ln\left(\lim\limits_{x\to 2}\dfrac{x+2}{4}\right)=\ln 1=0.$

习　题　1-7

1. 计算下列极限:

(1) $\lim\limits_{x\to 1}(3x^2+4\sqrt{x}-2)$;

(2) $\lim\limits_{x\to 2}\dfrac{x^2+5}{x-3}$;

(3) $\lim\limits_{x\to\sqrt{3}}\dfrac{x^2-3}{x^2+1}$;

(4) $\lim\limits_{x\to 1}\dfrac{x^2-2x+1}{x^2-1}$;

(5) $\lim\limits_{x\to\infty}\left(2-\dfrac{1}{x}+\dfrac{1}{x^2}\right)$;

(6) $\lim\limits_{x\to\infty}\dfrac{x^2+x}{x^4-3x^2+1}$;

(7) $\lim\limits_{x\to 4}\dfrac{x^2-6x+8}{x^2-5x+4}$;

(8) $\lim\limits_{x\to 0}\dfrac{4x^3-2x^2+x}{3x^2+2x}$;

(9) $\lim\limits_{h\to 0}\dfrac{(x+h)^2-x^2}{h}$;

(10) $\lim\limits_{x\to\infty}\left(1+\dfrac{1}{x}\right)\left(2-\dfrac{1}{x^2}\right)$;

(11) $\lim\limits_{x\to+\infty}\dfrac{\cos x}{e^x+e^{-x}}$;

(12) $\lim\limits_{x\to\infty}\dfrac{4x-3}{3x^2-2x+5}\sin x$;

(13) $\lim\limits_{x\to-8}\dfrac{\sqrt{1-x}-3}{2+\sqrt[3]{x}}$;

(14) $\lim\limits_{x\to 2}\dfrac{x^3+2x^2}{(x-2)^2}$;

(15) $\lim\limits_{x\to+\infty}x(\sqrt{1+x^2}-x)$.

(16) $\lim\limits_{x\to\infty}\dfrac{\arctan x}{x}$;

(17) $\lim\limits_{x\to 1}\left(\dfrac{1}{1-x}-\dfrac{3}{1-x^3}\right)$;

(18) $\lim\limits_{x\to\infty}\dfrac{(2x-1)^{30}(3x-2)^{20}}{(2x+1)^{50}}$;

(19) $\lim\limits_{x\to+\infty}(\sqrt{x^2+x+1}-\sqrt{x^2-x+1})$.

2. 计算下列极限：

(1) $\lim\limits_{n\to\infty}\dfrac{(n+1)(n+2)(n+3)}{5n^3}$;

(2) $\lim\limits_{n\to\infty}\dfrac{(n-1)^2}{n+1}$;

(3) $\lim\limits_{n\to\infty}\left(1+\dfrac{1}{2}+\dfrac{1}{2^2}+\cdots+\dfrac{1}{2^n}\right)$;

(4) $\lim\limits_{n\to\infty}\dfrac{1+2+3+\cdots+(n-1)}{n^2}$.

3. 设 $f(x)=\begin{cases}3x+2, & x\leqslant 0\\ x^2+1, & 0<x\leqslant 1\\ \dfrac{2}{x}, & 1<x\end{cases}$，分别讨论 $x\to 0$ 及 $x\to 1$ 时 $f(x)$ 的极限是否存在.

4. 已知 $\lim\limits_{x\to c}f(x)=4$ 及 $\lim\limits_{x\to c}g(x)=1$, $\lim\limits_{x\to c}h(x)=0$, 求：

(1) $\lim\limits_{x\to c}\dfrac{g(x)}{f(x)}$;

(2) $\lim\limits_{x\to c}\dfrac{h(x)}{f(x)-g(x)}$;

(3) $\lim\limits_{x\to c}[f(x)\cdot g(x)]$;

(4) $\lim\limits_{x\to c}[f(x)\cdot h(x)]$;

(5) $\lim\limits_{x\to c}\dfrac{g(x)}{h(x)}$.

5. 若 $\lim\limits_{x\to 3}\dfrac{x^2-2x+k}{x-3}=4$，求 k 的值.

6. 若 $\lim\limits_{x\to\infty}\left(\dfrac{x^2+1}{x+1}-ax-b\right)=0$，求 a,b 的值.

1.8 极限存在准则　两个重要极限

1.8.1 夹逼准则

准则 I　如果数列 $\{x_n\},\{y_n\}$ 及 $\{z_n\}$ 满足下列条件：

(1) $y_n\leqslant x_n\leqslant z_n(n=1,2,3,\cdots)$；

(2) $\lim\limits_{n\to\infty}y_n=a$, $\lim\limits_{n\to\infty}z_n=a$,

则数列 $\{x_n\}$ 的极限存在，且 $\lim\limits_{n\to\infty}x_n=a$.

证明　因 $y_n\to a$, $z_n\to a$，故对任意给定的 $\varepsilon>0$，存在正整数 N_1,N_2，使得当 $n>N_1$ 时，恒有 $|y_n-a|<\varepsilon$，当 $n>N_2$ 时，恒有 $|z_n-a|<\varepsilon$，取 $N=\max\{N_1,N_2\}$，则当 $n>N$ 时，同时有 $|y_n-a|<\varepsilon$, $|z_n-a|<\varepsilon$，即

$$a-\varepsilon<y_n<a+\varepsilon,\quad a-\varepsilon<z_n<a+\varepsilon.$$

从而，当 $n>N$ 时，恒有

$$a-\varepsilon<y_n\leqslant x_n\leqslant z_n<a+\varepsilon.$$

即

$$|x_n-a|<\varepsilon,$$

所以

$$\lim_{n\to\infty}x_n=a.$$

注　利用夹逼准则求极限，关键是构造出 y_n 与 z_n，并且 y_n 与 z_n 的极限相同且容易求得.

例 1　求 $\lim\limits_{n\to\infty}\left(\dfrac{1}{\sqrt{n^2+1}}+\dfrac{1}{\sqrt{n^2+2}}+\cdots+\dfrac{1}{\sqrt{n^2+n}}\right)$.

解　设 $x_n=\dfrac{1}{\sqrt{n^2+1}}+\dfrac{1}{\sqrt{n^2+2}}+\cdots+\dfrac{1}{\sqrt{n^2+n}}$，因

$$\frac{n}{\sqrt{n^2+n}} \leqslant x_n \leqslant \frac{n}{\sqrt{n^2+1}},$$

又 $\lim\limits_{n\to\infty}\dfrac{n}{\sqrt{n^2+n}}=\lim\limits_{n\to\infty}\dfrac{1}{\sqrt{1+\dfrac{1}{n}}}=1, \quad \lim\limits_{n\to\infty}\dfrac{n}{\sqrt{n^2+1}}=\lim\limits_{n\to\infty}\dfrac{1}{\sqrt{1+\dfrac{1}{n^2}}}=1,$

由夹逼准则得

$$\lim_{n\to\infty}x_n=\lim_{n\to\infty}\left(\frac{1}{\sqrt{n^2+1}}+\frac{1}{\sqrt{n^2+2}}+\cdots+\frac{1}{\sqrt{n^2+n}}\right)=1.$$

例 2 求 $\lim\limits_{n\to\infty}\dfrac{n!}{n^n}$.

解 由
$$\frac{n!}{n^n}=\frac{1\cdot2\cdot3\cdots\cdot n}{n\cdot n\cdot n\cdots\cdot n}\leqslant\frac{1\cdot2\cdot n\cdots\cdot n}{n\cdot n\cdot n\cdots\cdot n}=\frac{2}{n^2},$$

可知
$$0<\frac{n!}{n^n}\leqslant\frac{2}{n^2},$$

又 $\lim\limits_{n\to\infty}\dfrac{2}{n^2}=0$，所以 $\lim\limits_{n\to\infty}\dfrac{n!}{n^n}=0$.

上述关于数列极限的存在准则可以推广到函数极限的情形：

准则 I' 如果

(1) 当 $0<|x-x_0|<\delta$（或 $|x|>M$）时，有 $g(x)\leqslant f(x)\leqslant h(x)$；

(2) $\lim\limits_{\substack{x\to x_0\\(x\to\infty)}}g(x)=A, \quad \lim\limits_{\substack{x\to x_0\\(x\to\infty)}}h(x)=A,$

则极限 $\lim\limits_{\substack{x\to x_0\\(x\to\infty)}}f(x)$ 存在，且等于 A.

例 3 求极限 $\lim\limits_{x\to 0}\cos x$.

解 因为 $0<1-\cos x=2\sin^2\dfrac{x}{2}<2\left(\dfrac{x}{2}\right)^2=\dfrac{x^2}{2}$，故由夹逼准则 I'，得

$$\lim_{x\to 0}(1-\cos x)=0, \quad \text{即} \quad \lim_{x\to 0}\cos x=1.$$

1.8.2 单调有界准则

定义 1 如果数列 $\{x_n\}$ 满足条件

$$x_1\leqslant x_2\leqslant\cdots\leqslant x_n\leqslant x_{n+1}\leqslant\cdots,$$

则称数列 $\{x_n\}$ 是单调增加的；如果数列 $\{x_n\}$ 满足条件

$$x_1\geqslant x_2\geqslant\cdots\geqslant x_n\geqslant x_{n+1}\geqslant\cdots,$$

则称数列 $\{x_n\}$ 是单调减少的. 单调增加和单调减少数列统称为**单调数列**.

准则 II 单调有界数列必有极限.

我们不证明准则 II，但图 1-8-1 可以帮助我们理解为什么一个单调增加且有界的数列 $\{x_n\}$ 必有极限，因为数列单调增加又不能大于 M，故某个时刻以后，数列的项必然集中在某数 $a(a\leqslant M)$ 的附近，即对任意给定的 $\varepsilon>0$，必然存在 N 与数 a，使当 $n>N$ 时，恒有 $|x_n-a|<\varepsilon$，从而数列 $\{x_n\}$ 的极限存在.

根据 1.4 节的定理 1，收敛的数列必定有界. 但有界的数列不一定收敛. 准则 II 表明，如果一数列不仅有界，而且单调，则该数列一定收敛.

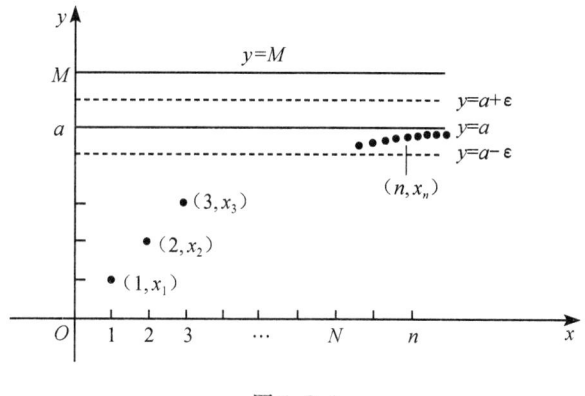

图 1-8-1

例 4 设有数列 $x_1=\sqrt{3}, x_2=\sqrt{3+x_1}, \cdots, x_n=\sqrt{3+x_{n-1}}, \cdots$,求 $\lim\limits_{n\to\infty}x_n$.

解 显然 $x_{n+1}>x_n$,故 $\{x_n\}$ 是单调增加的.下面用数学归纳法证明数列 $\{x_n\}$ 有界.因为 $x_1=\sqrt{3}<3$,假定 $x_k<3$,则有
$$x_{k+1}=\sqrt{3+x_k}<\sqrt{3+3}<3.$$
故 $\{x_n\}$ 是有界的.根据准则 II, $\lim\limits_{n\to\infty}x_n$ 存在.

设 $\lim\limits_{n\to\infty}x_n=A$,因为
$$x_{n+1}=\sqrt{3+x_n},\quad 即\ x_{n+1}^2=3+x_n,$$

所以
$$\lim_{n\to\infty}x_{n+1}^2=\lim_{n\to\infty}(3+x_n),$$

即
$$A^2=3+A.$$

解得
$$A=\frac{1+\sqrt{13}}{2}\quad 或\ A=\frac{1-\sqrt{13}}{2}\quad (舍去).$$

所以
$$\lim_{n\to\infty}x_n=\frac{1+\sqrt{13}}{2}.$$

1.8.3 两个重要极限

数学中常常会对一些重要且有典型意义的问题进行研究并加以总结,以期通过该问题的解决带动一类相关问题的解决,本段介绍的重要极限就体现了这样的一种思路,利用它们并通过函数的恒等变形与极限的运算法则就可以使得两类常用极限的计算问题得到解决.

1. $\lim\limits_{x\to 0}\dfrac{\sin x}{x}=1$

证明 由于 $\dfrac{\sin x}{x}$ 是偶函数,故只需讨论 $x\to 0^+$ 的情形.

作单位圆(图 1-8-2).设 $\angle AOB=x\left(0<x<\dfrac{\pi}{2}\right)$,点 A 处的切线与 OB 的延长线相交于点 D,因 $BC\perp OA$,故
$$\sin x=CB,\quad x=\overset{\frown}{AB},\quad \tan x=AD.$$
易见,

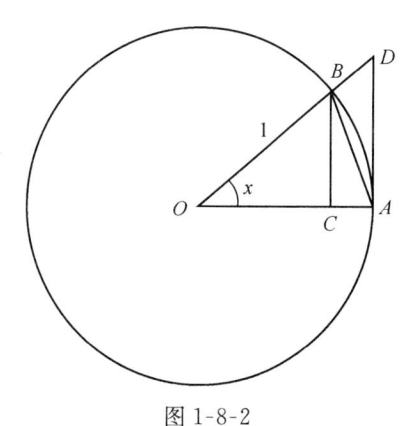

图 1-8-2

$$\triangle AOB \text{ 的面积} < \text{扇形 } AOB \text{ 的面积} < \triangle AOD \text{ 的面积},$$

所以
$$\frac{1}{2}\sin x < \frac{1}{2}x < \frac{1}{2}\tan x,$$

即
$$\sin x < x < \tan x, \tag{1.8.1}$$

整理得
$$\cos x < \frac{\sin x}{x} < 1. \tag{1.8.2}$$

由 $\lim\limits_{x\to 0}\cos x = 1$ 及准则 I′，即得

$$\lim_{x\to 0}\frac{\sin x}{x} = 1. \tag{1.8.3}$$

例 5 求 $\lim\limits_{x\to 0}\dfrac{\tan x}{x}$.

解 $\lim\limits_{x\to 0}\dfrac{\tan x}{x} = \lim\limits_{x\to 0}\dfrac{\sin x}{x}\cdot\dfrac{1}{\cos x} = \lim\limits_{x\to 0}\dfrac{\sin x}{x}\cdot\lim\limits_{x\to 0}\dfrac{1}{\cos x} = 1$.

例 6 求 $\lim\limits_{x\to 0}\dfrac{1-\cos x}{x^2}$.

解 $\lim\limits_{x\to 0}\dfrac{1-\cos x}{x^2} = \lim\limits_{x\to 0}\dfrac{2\sin^2\dfrac{x}{2}}{x^2} = \dfrac{1}{2}\lim\limits_{x\to 0}\dfrac{\sin^2\dfrac{x}{2}}{\left(\dfrac{x}{2}\right)^2} = \dfrac{1}{2}\lim\limits_{x\to 0}\left(\dfrac{\sin\dfrac{x}{2}}{\dfrac{x}{2}}\right)^2 = \dfrac{1}{2}\cdot 1^2 = \dfrac{1}{2}$.

例 7 求 $\lim\limits_{x\to 0}\dfrac{x-\sin 3x}{x+\sin 3x}$.

解 $\lim\limits_{x\to 0}\dfrac{x-\sin 3x}{x+\sin 3x} = \lim\limits_{x\to 0}\dfrac{1-\dfrac{\sin 3x}{x}}{1+\dfrac{\sin 3x}{x}} = \lim\limits_{x\to 0}\dfrac{1-3\dfrac{\sin 3x}{3x}}{1+3\dfrac{\sin 3x}{3x}} = \dfrac{1-3}{1+3} = -\dfrac{1}{2}$.

2. $\lim\limits_{x\to\infty}\left(1+\dfrac{1}{x}\right)^x = e$

观察 可以通过计算 $y = \left(1+\dfrac{1}{x}\right)^x$ 的函数值（表 1-8-1）来观察其变化趋势.

表 1-8-1

x	10	50	100	1000	10000	100 000	1 000 000	…
y	2.593742	2.691588	2.704814	2.716924	2.178146	2.718268	2.718280	…
x	−10	−50	−100	−1000	−10000	−100000	−1000000	…
y	2.867972	2.745973	2.731999	2.719642	2.718418	2.718295	2.718283	…

从表 1-8-1 可见，$\left(1+\dfrac{1}{x}\right)^x$ 随着自变量 x 的增大而增大，但增大的速度越来越慢，且逐步接近一个常数.

证明 先考虑 x 取正整数 n，且 $n\to +\infty$ 的情形.

设 $x_n = \left(1+\dfrac{1}{n}\right)^n$，下面先证明数列 $\{x_n\}$ 单调增加且有界.

$$x_n = \left(1+\frac{1}{n}\right)^n$$
$$= 1+\frac{n}{1!}\cdot\frac{1}{n}+\frac{n(n-1)}{2!}\cdot\frac{1}{n^2}+\frac{n(n-1)(n-2)}{3!}\cdot\frac{1}{n^3}+\cdots+\frac{n(n-1)\cdots(n-n+1)}{n!}\cdot\frac{1}{n^n}$$
$$= 1+1+\frac{1}{2!}\left(1-\frac{1}{n}\right)+\frac{1}{3!}\left(1-\frac{1}{n}\right)\left(1-\frac{2}{n}\right)+\cdots+\frac{1}{n!}\left(1-\frac{1}{n}\right)\left(1-\frac{2}{n}\right)\cdots\left(1-\frac{n-1}{n}\right).$$

又
$$x_{n+1} = 1+1+\frac{1}{2!}\left(1-\frac{1}{n+1}\right)+\frac{1}{3!}\left(1-\frac{1}{n+1}\right)\left(1-\frac{2}{n+1}\right)+\cdots+\frac{1}{n!}\left(1-\frac{1}{n+1}\right)\left(1-\frac{2}{n+1}\right)$$
$$\cdots\left(1-\frac{n-1}{n+1}\right)+\frac{1}{(n+1)!}\left(1-\frac{1}{n+1}\right)\left(1-\frac{2}{n+1}\right)\cdots\left(1-\frac{n}{n+1}\right),$$

比较 x_n, x_{n+1} 的展开式的各项可知,除前两项相等外,从第三项起,x_{n+1} 的各项都大于 x_n 的各对应项,而且 x_{n+1} 还多了最后一个正项,因而
$$x_{n+1} > x_n \quad (n=1,2,3,\cdots),$$
即 $\{x_n\}$ 为单调增加数列.

再证 $\{x_n\}$ 有界,因

$$x_n < 1+1+\frac{1}{2!}+\cdots+\frac{1}{n!} < 1+1+\frac{1}{2}+\cdots+\frac{1}{2^{n-1}} = 1+\frac{1-\frac{1}{2^n}}{1-\frac{1}{2}} = 3-\frac{1}{2^{n-1}} < 3,$$

故 $\{x_n\}$ 有上界. 根据准则 II, $\lim\limits_{n\to\infty} x_n$ 存在,常用字母 e 表示该极限值,即
$$\lim_{n\to\infty}\left(1+\frac{1}{n}\right)^n = \text{e}.$$

可以证明,对于一般的实数 x,仍有
$$\lim_{x\to\infty}\left(1+\frac{1}{x}\right)^x = \text{e}. \tag{1.8.4}$$

注 无理数 e 是数学中的一个重要常数,其值为
$$\text{e} = 2.718\,281\,828\,459\,045\cdots.$$
在 1.2 节中讲到的指数函数 $y=\text{e}^x$ 以及自然对数函数 $y=\ln x$ 中的底数 e 就是这个常数.

利用复合函数的极限运算法则,若令 $y=\frac{1}{x}$,则式(1.8.4)变为
$$\lim_{y\to 0}(1+y)^{\frac{1}{y}} = \text{e}. \tag{1.8.5}$$

例 8 求 $\lim\limits_{n\to\infty}\left(1+\frac{1}{n}\right)^{n+5}$.

解 $\lim\limits_{n\to\infty}\left(1+\frac{1}{n}\right)^{n+5} = \lim\limits_{n\to\infty}\left[\left(1+\frac{1}{n}\right)^n\cdot\left(1+\frac{1}{n}\right)^5\right] = \lim\limits_{n\to\infty}\left(1+\frac{1}{n}\right)^n\cdot\lim\limits_{n\to\infty}\left(1+\frac{1}{n}\right)^5$
$= \text{e}\cdot 1 = \text{e}.$

例 9 求 $\lim\limits_{x\to 0}(1-4x)^{\frac{1}{x}}$.

解 $\lim\limits_{x\to 0}(1-4x)^{\frac{1}{x}} = \lim\limits_{x\to 0}\left[(1-4x)^{-\frac{1}{4x}}\right]^{-4} = \text{e}^{-4}.$

例 10 求 $\lim\limits_{x\to\infty}\left(1-\frac{k}{x}\right)^x$.

解 $\lim\limits_{x\to\infty}\left(1-\dfrac{k}{x}\right)^x = \lim\limits_{x\to\infty}\left[\left(1-\dfrac{k}{x}\right)^{-\frac{x}{k}}\right]^{-k} = e^{-k}.$

特别地,当 $k=1$ 时,有 $\lim\limits_{x\to\infty}\left(1-\dfrac{1}{x}\right)^x = e^{-1}.$

例 11 求 $\lim\limits_{x\to\infty}\left(\dfrac{4+x}{3+x}\right)^{5x}.$

解 方法一.
$$\lim_{x\to\infty}\left(\dfrac{4+x}{3+x}\right)^{5x} = \lim_{x\to\infty}\left[\left(1+\dfrac{1}{3+x}\right)^x\right]^5 = \lim_{x\to\infty}\left[\left(1+\dfrac{1}{3+x}\right)^{x+3}\right]^5\left(1+\dfrac{1}{3+x}\right)^{-15} = e^5.$$

方法二.
$$\lim_{x\to\infty}\left(\dfrac{4+x}{3+x}\right)^{5x} = \lim_{x\to\infty}\left(\dfrac{1+\dfrac{4}{x}}{1+\dfrac{3}{x}}\right)^{5x} = \dfrac{\left[\lim\limits_{x\to\infty}\left(1+\dfrac{4}{x}\right)^x\right]^5}{\left[\lim\limits_{x\to\infty}\left(1+\dfrac{3}{x}\right)^x\right]^5} = \dfrac{\left[\lim\limits_{x\to\infty}\left(1+\dfrac{4}{x}\right)^{\frac{x}{4}}\right]^{20}}{\left[\lim\limits_{x\to\infty}\left(1+\dfrac{3}{x}\right)^{\frac{x}{3}}\right]^{15}} = \dfrac{e^{20}}{e^{15}} = e^5.$$

1.8.4 连续复利

设初始本金为 P(元),年利率为 r,按复利付息,若一年分 m 次付息,则第 t 年末的本利和为
$$S_t = P\left(1+\dfrac{r}{m}\right)^{mt}.$$

利用二项展开式 $(1+x)^m = 1+mx+\dfrac{m(m-1)}{2}x^2+\cdots+x^m$,有
$$\left(1+\dfrac{r}{m}\right)^m > 1+r,$$

因而
$$P\left(1+\dfrac{r}{m}\right)^{mt} > P(1+r)^t \quad (t>0).$$

这就是说,一年计算 m 次复利的本息和比一年计算一次复利本利和要大,且复利计算次数越多,计算所得的本利和数额就越大,但是也不会无限增大. 因为
$$\lim_{m\to\infty}P\left(1+\dfrac{r}{m}\right)^{mt} = P\lim_{m\to\infty}\left(1+\dfrac{r}{m}\right)^{\frac{m}{r}\cdot rt} = Pe^{rt},$$

所以,本金为 P,按名义年利率 r 不断计算复利,则 t 年后的本利和
$$S = Pe^{rt}. \tag{1.8.6}$$

上述极限称为**连续复利公式**,式中的 t 可视为连续变量. 式(1.8.6)仅是一个理论公式,在实际应用中并不使用它,仅作为存期较长情况下的一种近似估计.

例 12 小孩出生之后,父母拿出 P 元作为初始投资,希望到孩子 20 岁生日时增长到 100 000元,如果投资按 8% 连续复利计算,则初始投资应该是多少?

解 利用公式 $S = Pe^{rt}$,求 P. 现有方程
$$100\ 000 = Pe^{0.08\times 20},$$

由此得到
$$P = 100\ 000e^{-1.6} \approx 20\ 189.65.$$

于是,父母现在必须存储 20 189.65 元,到孩子 20 岁生日时才能增长到 100 000 元

(图 1-8-3).

经济学家把 20 189.65 元称为按 8% 连续复利计算 20 年后到期的 100 000 元的**现值**. 计算现值的过程称为**贴现**. 这个问题的另一种表达方式是"按 8% 连续复利计算,现在必须投资多少元才能在 20 年后结余 100 000 元",答案是 20 189.65 元,这就是 100 000 元的现值.

计算现值可以理解成从未来值返回到现值的指数衰退.

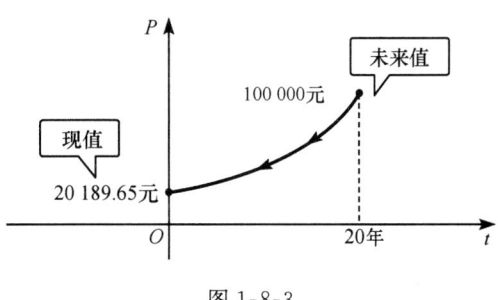

图 1-8-3

一般地,t 年后金额 S 的现值 P,可以通过解下列关于 P 的方程得到

$$S = Pe^{kt}, \quad P = \frac{S}{e^{kt}} = Se^{-kt}.$$

习 题 1-8

1. 计算下列极限:

(1) $\lim\limits_{x\to 0}\dfrac{\tan 3x}{x}$;

(2) $\lim\limits_{x\to\infty} x\sin\dfrac{1}{x}$;

(3) $\lim\limits_{x\to 0} x\cot x$;

(4) $\lim\limits_{x\to 0}\dfrac{\tan x - \sin x}{x}$;

(5) $\lim\limits_{x\to 0}\dfrac{1-\cos 2x}{x\sin x}$;

(6) $\lim\limits_{x\to 0^+}\dfrac{x}{\sqrt{1-\cos x}}$;

(7) $\lim\limits_{x\to\pi}\dfrac{\sin x}{\pi - x}$;

(8) $\lim\limits_{x\to 0}\dfrac{2\arcsin x}{3x}$;

(9) $\lim\limits_{x\to 0}\dfrac{x-\sin x}{x+\sin x}$.

2. 计算下列极限:

(1) $\lim\limits_{x\to 0}(1-x)^{\frac{1}{x}}$;

(2) $\lim\limits_{x\to 0}(1+2x)^{\frac{1}{x}}$;

(3) $\lim\limits_{x\to\infty}\left(\dfrac{1+x}{x}\right)^{2x}$;

(4) $\lim\limits_{x\to\infty}\left(1-\dfrac{1}{x}\right)^{kx}\ (k\in\mathbf{N})$;

(5) $\lim\limits_{x\to\infty}\left(\dfrac{x}{x+1}\right)^{x+3}$;

(6) $\lim\limits_{x\to\infty}\left(\dfrac{x+a}{x-a}\right)^x$;

(7) $\lim\limits_{x\to 0}(1+xe^x)^{\frac{1}{x}}$;

(8) $\lim\limits_{x\to 0}\dfrac{1}{x}\ln\sqrt{\dfrac{1+x}{1-x}}$;

(9) $\lim\limits_{x\to\infty}\dfrac{5x^2+1}{3x-1}\sin\dfrac{1}{x}$.

3. 设 $f(x-1) = \begin{cases} -\dfrac{\sin x}{x}, & x>0 \\ 2, & x=0 \\ x-1, & x<0 \end{cases}$,求 $\lim\limits_{x\to -1} f(x)$.

4. 已知 $\lim\limits_{x\to\infty}\left(\dfrac{x+c}{x-c}\right)^{\frac{x}{2}} = 3$,求 c.

5. 利用极限存在准则证明:

(1) $\lim\limits_{n\to\infty} n\left(\dfrac{1}{n^2+\pi}+\dfrac{1}{n^2+2\pi}+\cdots+\dfrac{1}{n^2+n\pi}\right) = 1$;

(2) $\lim\limits_{x\to 0}\sqrt[n]{1+x} = 1$.

6. 利用极限存在准则证明数列 $\sqrt{2},\sqrt{2+\sqrt{2}},\sqrt{2+\sqrt{2+\sqrt{2}}}\cdots$ 的极限存在,并求该极限.

7. 设 $\{x_n\}$ 满足:$-1<x_0<0,\ x_{n+1}=x_n^2+2x_n\ (n=0,1,2,\cdots)$,证明 $\{x_n\}$ 收敛,求 $\lim\limits_{n\to\infty} x_n$.

8. 有 2 000 元存入银行,按年利率 6% 进行连续复利计算,问 20 年后的本利和为多少?

9. 小孩出生之后,父母拿出 P 元作为初始投资,希望到孩子 20 岁生日时增长到 50 000 元,如果投资按 6% 连续复利计算,则初始投资应该是多少?

1.9 无穷小的比较

1.9.1 无穷小比较的概念

根据无穷小的运算性质,两个无穷小的和、差、积仍是无穷小.但两个无穷小的商,却会出现不同的情况.例如,当 $x \to 0$ 时,$3x, 5x^2, \tan x, x$ 都是无穷小,而

$$\lim_{x \to 0} \frac{5x^2}{3x} = 0, \quad \lim_{x \to 0} \frac{3x}{5x^2} = \infty, \quad \lim_{x \to 0} \frac{\tan x}{x} = 1.$$

从中可看出各无穷小趋于 0 的快慢程度:$5x^2$ 比 $3x$ 快些,$3x$ 比 $5x^2$ 慢些,$\tan x$ 与 x 大致相同.即无穷小之比的极限不同,反映了无穷小趋向于零的**快慢程度不同**.

定义 1 设 α, β 是在自变量变化的同一过程中的两个无穷小,且 $\alpha \neq 0$.

(1) 如果 $\lim \dfrac{\beta}{\alpha} = 0$,则称 β 是比 α **高阶**的无穷小,记作 $\beta = o(\alpha)$;

(2) 如果 $\lim \dfrac{\beta}{\alpha} = \infty$,则称 β 是比 α **低阶**的无穷小;

(3) 如果 $\lim \dfrac{\beta}{\alpha} = C(C \neq 0)$,则称 β 与 α 是**同阶的无穷小**;特别地,如果 $\lim \dfrac{\beta}{\alpha} = 1$,则称 β 与 α 是**等价的无穷小**,记作 $\alpha \sim \beta$;

(4) 如果 $\lim \dfrac{\beta}{\alpha^k} = C(C \neq 0, k > 0)$,则称 β 是 α 的 k **阶的无穷小**.

例如,就前述四个无穷小,$3x, 5x^2, \tan x, x(x \to 0)$ 而言,根据定义知道,$5x^2$ 是比 $3x$ 高阶的无穷小,$3x$ 是比 $5x^2$ 低阶的无穷小,而 $\tan x$ 与 x 是等价无穷小.

例 1 证明:当 $x \to 0$ 时,$8x\tan^4 x$ 为 x 的五阶无穷小.

证明 因为
$$\lim_{x \to 0} \frac{8x\tan^4 x}{x^5} = 8 \lim_{x \to 0} \left(\frac{\tan x}{x}\right)^4 = 8.$$

故当 $x \to 0$ 时,$8x\tan^4 x$ 是 x 的五阶无穷小.

例 2 当 $x \to 0$ 时,求 $\tan x - \sin x$ 关于 x 的阶数.

解 因为
$$\lim_{x \to 0} \frac{\tan x - \sin x}{x^3} = \lim_{x \to 0} \frac{\tan x(1 - \cos x)}{x^3} = \lim_{x \to 0} \left(\frac{\tan x}{x} \cdot \frac{1 - \cos x}{x^2}\right) = \frac{1}{2}.$$

故当 $x \to 0$ 时,$\tan x - \sin x$ 为 x 的三阶无穷小.

1.9.2 等价无穷小

根据等价无穷小的定义,可以证明,当 $x \to 0$ 时,有下列常用等价无穷小关系:

$$\sin x \sim x, \quad \tan x \sim x, \quad 1 - \cos x \sim \frac{1}{2}x^2,$$

$$\arcsin x \sim x, \quad \arctan x \sim x,$$

$$\ln(1+x) \sim x, \quad \log_a(1+x) \sim \frac{x}{\ln a} \quad (a > 0 \text{ 且 } a \neq 1),$$

$$e^x - 1 \sim x, \quad a^x - 1 \sim x\ln a \quad (a > 0 \text{ 且 } a \neq 1),$$

$$(1+x)^\alpha - 1 \sim \alpha x \quad (\alpha \neq 0 \text{ 且为常数}).$$

例 3 证明:$e^x-1 \sim x(x \to 0)$.

证明 令 $y = e^x - 1$,则 $x = \ln(1+y)$,且 $x \to 0$ 时,$y \to 0$,因此

$$\lim_{x \to 0} \frac{e^x - 1}{x} = \lim_{y \to 0} \frac{y}{\ln(1+y)} = \lim_{y \to 0} \frac{1}{\ln(1+y)^{\frac{1}{y}}} = \frac{1}{\ln e} = 1.$$

即有等价关系
$$e^x - 1 \sim x \quad (x \to 0).$$

上述证明过程同时也给出了等价关系:$\ln(1+x) \sim x(x \to 0)$.

注 当 $x \to 0$ 时,x 为无穷小.在常用等价无穷小中,用任意一个无穷小 $\beta(x)$ 代替 x 后,上述等价关系依然成立.

例如,$x \to 2$ 时,有 $(x-2)^2 \to 0$,从而
$$\sin(x-2)^2 \sim (x-2)^2 \quad (x \to 2).$$

定理 1 设 $\alpha, \alpha', \beta, \beta'$ 是同一过程中的无穷小,且 $\alpha \sim \alpha'$,$\beta \sim \beta'$,$\lim \frac{\beta'}{\alpha'}$ 存在,则

$$\lim \frac{\beta}{\alpha} = \lim \frac{\beta'}{\alpha'}.$$

证明 $\lim \frac{\beta}{\alpha} = \lim \left(\frac{\beta}{\beta'} \cdot \frac{\beta'}{\alpha'} \cdot \frac{\alpha'}{\alpha} \right) = \lim \frac{\beta}{\beta'} \cdot \lim \frac{\beta'}{\alpha'} \cdot \lim \frac{\alpha'}{\alpha} = \lim \frac{\beta'}{\alpha'}.$

定理 1 表明,在求两个无穷小之比的极限时,分子及分母都可以用等价无穷小替换.因此,如果无穷小的替换运用得当,则可简化极限的计算.

例 4 求 $\lim\limits_{x \to 0} \dfrac{\tan 5x}{\sin 4x}$.

解 当 $x \to 0$ 时,$\tan 5x \sim 5x$,$\sin 4x \sim 4x$,故

$$\lim_{x \to 0} \frac{\tan 5x}{\sin 4x} = \lim_{x \to 0} \frac{5x}{4x} = \frac{5}{4}.$$

例 5 求 $\lim\limits_{x \to 0} \dfrac{\tan x - \sin x}{\sin^3 3x}$.

错解 当 $x \to 0$ 时,$\tan x \sim x$,$\sin x \sim x$,$\sin 3x \sim 3x$,所以

$$\lim_{x \to 0} \frac{\tan x - \sin x}{\sin^3 3x} = \lim_{x \to 0} \frac{x - x}{(3x)^3} = 0.$$

解 当 $x \to 0$ 时,$\sin 3x \sim 3x$,$\tan x - \sin x = \tan x(1 - \cos x) \sim \dfrac{1}{2} x^3$,故

$$\lim_{x \to 0} \frac{\tan x - \sin x}{\sin^3 3x} = \lim_{x \to 0} \frac{\frac{1}{2} x^3}{(3x)^3} = \frac{1}{54}.$$

例 6 求 $\lim\limits_{x \to 0} \dfrac{\sqrt{2+\tan x} - \sqrt{2-\tan x}}{\sqrt{1+2x} - 1}$.

解 由于 $x \to 0$ 时,$\sqrt{1+2x} - 1 \sim \dfrac{1}{2}(2x)$,$\tan x \sim x$,故

$$\lim_{x \to 0} \frac{\sqrt{2+\tan x} - \sqrt{2-\tan x}}{\sqrt{1+2x} - 1} = \lim_{x \to 0} \frac{2\tan x}{x(\sqrt{2+\tan x} + \sqrt{2-\tan x})}$$

$$= \lim_{x \to 0} \frac{\tan x}{x} \cdot \lim_{x \to 0} \frac{2}{\sqrt{2+\tan x} + \sqrt{2-\tan x}}$$

$$= \lim_{x \to 0} \frac{2}{\sqrt{2+\tan x} + \sqrt{2-\tan x}} = \frac{\sqrt{2}}{2}.$$

定理 2 β 与 α 是等价无穷小的充分必要条件是
$$\beta = \alpha + o(\alpha).$$

证明 **必要性**. 设 $\alpha \sim \beta$，则
$$\lim \frac{\beta - \alpha}{\alpha} = \lim \left(\frac{\beta}{\alpha} - 1\right) = \lim \frac{\beta}{\alpha} - 1 = 0,$$
因此 $\beta - \alpha = o(\alpha)$，即 $\beta = \alpha + o(\alpha)$.

充分性. 设 $\beta = \alpha + o(\alpha)$，则
$$\lim \frac{\beta}{\alpha} = \lim \frac{\alpha + o(\alpha)}{\alpha} = \lim \left(1 + \frac{o(\alpha)}{\alpha}\right) = 1,$$
因此 $\alpha \sim \beta$.

例如，当 $x \to 0$ 时，无穷小等价关系 $\sin x \sim x$，$1 - \cos x \sim \frac{1}{2} x^2$ 可表述为
$$\sin x = x + o(x), \quad \cos x = 1 - \frac{1}{2} x^2 + o(x^2).$$

例 7 求 $\lim\limits_{x \to 0} \dfrac{\arctan 7x - \cos x + 1}{\sin 5x}$.

解 因为 $\arctan 7x = 7x + o(x)$，$\sin 5x = 5x + o(x)$，$1 - \cos x = \dfrac{1}{2} x^2 + o(x^2)$，故
$$\text{原式} = \lim_{x \to 0} \frac{7x + o(x) + \dfrac{x^2}{2} + o(x^2)}{5x + o(x)} = \lim_{x \to 0} \frac{7 + \dfrac{o(x)}{x} + \dfrac{x}{2} + \dfrac{o(x^2)}{x}}{5 + \dfrac{o(x)}{x}} = \frac{7}{5}.$$

习　题　1-9

1. 当 $x \to 0$ 时，$x - x^2$ 与 $x^2 - x^3$ 相比，哪一个是高阶无穷小？

2. 当 $x \to 1$ 时，无穷小 $1 - x$ 和 $\dfrac{1}{2}(1 - x^2)$ 是否同阶，是否等价？

3. 当 $x \to 0$ 时，$\sqrt{a + x^3} - \sqrt{a}\ (a > 0)$ 与 x 相比是几阶无穷小？

4. 当 $x \to 0$ 时，$\left(\sin x + x^2 \cos \dfrac{1}{x}\right)$ 与 $(1 + \cos x) \ln(1 + x)$ 是否为同阶无穷小？

5. 利用等价无穷小的性质求下列极限：

(1) $\lim\limits_{x \to 0} \dfrac{\arctan 2x}{7x}$；

(2) $\lim\limits_{x \to 0} \dfrac{\ln(1 + 5x \sin x)}{\tan x^2}$；

(3) $\lim\limits_{x \to 0} \dfrac{(\sin x^3) \tan x}{1 - \cos x^2}$；

(4) $\lim\limits_{x \to 0} \dfrac{e^{3x} - 1}{2x}$；

(5) $\lim\limits_{x \to 0} \dfrac{\sqrt{1 + x \sin x} - 1}{x \arcsin x}$；

(6) $\lim\limits_{x \to 0} \dfrac{4x + \sin^2 x - 2x^3}{\tan x + 3x^2}$.

6. 当 $x \to 0$ 时，$1 - \cos x$ 与 $m x^n$ 等价，求 m 和 n 的值.

1.10　函数的连续性与间断点

1.10.1　函数的连续性

自然界中有许多现象，如气温的变化、河水的流动、植物的生长等，都是连续变化着的. 这

种现象在函数关系上的反映,就是**函数的连续性**.例如,就气温的变化来看,当时间变动很微小时,气温的变化也很微小,这种特点就是所谓连续性.连续函数不仅是微积分的研究对象,而且微积分中的主要概念、定理、公式与法则等,往往都要求函数具有连续性.

本节和下一节将以极限为基础,介绍连续函数的概念、连续函数的运算及连续函数的一些性质.

为描述函数的连续性,先引入函数增量的概念.

设变量 u 从它的一个初值 u_1 变到终值 u_2,则称终值 u_2 与初值 u_1 的差 u_2-u_1 为变量 u 的**增量**(**改变量**),记作 Δu,即 $\Delta u = u_2 - u_1$.

增量 Δu 可以是正的,也可以是负的.当 Δu 为正时,变量 u 的终值 $u_2 = u_1 + \Delta u$ 大于初值 u_1;当 Δu 为负时,u_2 小于初值 u_1.

注 记号 Δu 不是 Δ 与 u 的积,而是一个不可分割的记号.

定义 1 设函数 $y = f(x)$ 在点 x_0 的某一邻域内有定义.当自变量 x 在 x_0 处取得增量 Δx(即 x 在这个邻域内从 x_0 变到 $x_0 + \Delta x$)时,相应地,函数 $y = f(x)$ 从 $f(x_0)$ 变到 $f(x_0 + \Delta x)$,则称

$$\Delta y = f(x_0 + \Delta x) - f(x_0)$$

为函数 $y = f(x)$ 的对应**增量**(图 1-10-1).

例如,函数 $y = x^2$,当 x 由 x_0 变到 $x_0 + \Delta x$ 时,函数 y 的增量为

$$\Delta y = f(x_0 + \Delta x) - f(x_0) = (x_0 + \Delta x)^2 - x_0^2 = 2x_0 \Delta x + (\Delta x)^2.$$

借助函数增量的概念,我们再引入函数连续的概念.

设函数 $y = f(x)$ 在点 x_0 的某一邻域内有定义.从几何直观上理解,若 x 在 x_0 处取得微小增量 Δx 时,函数 y 的相应增量 Δy 也很微小,且 Δx 趋于 0 时,Δy 也趋于 0,即

$$\lim_{\Delta x \to 0} \Delta y = 0.$$

则函数 $y = f(x)$ 在点 x_0 处是连续的.相反,若 Δx 趋于 0 时,Δy 不趋于 0,则函数 $y = f(x)$ 在点 x_0 处是不连续的(图 1-10-2).

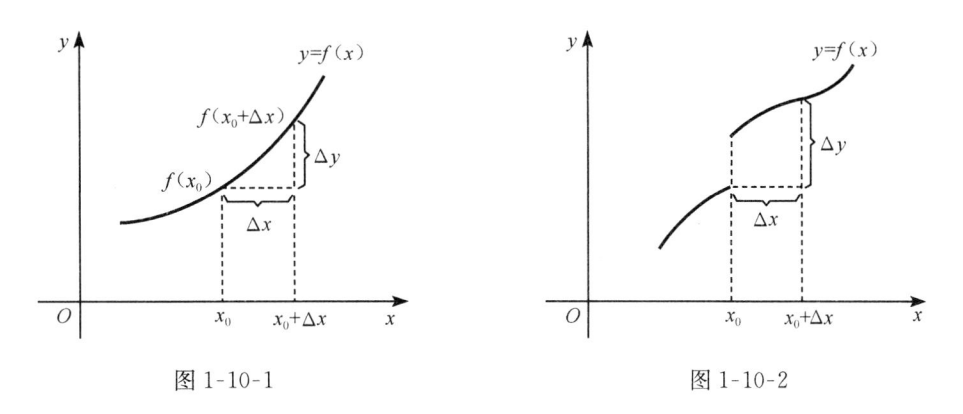

图 1-10-1

图 1-10-2

定义 2 设函数 $y = f(x)$ 在点 x_0 的某一邻域内有定义.如果当自变量在点 x_0 的增量 Δx 趋于零时,函数 $y = f(x)$ 对应的增量 Δy 也趋于零,即

$$\lim_{\Delta x \to 0} \Delta y = 0 \quad \text{或} \quad \lim_{\Delta x \to 0} [f(x_0 + \Delta x) - f(x_0)] = 0,$$

则称函数 $y = f(x)$ 在点 x_0 处**连续**,x_0 称为 $f(x)$ 的**连续点**.

注 定义 2 表明,函数在一点连续的本质特征是:自变量变化很小时,对应的函数值的变化也很小.

例如,函数 $y=x^2$ 在 $x_0=3$ 处是连续的,因为
$$\lim_{\Delta x \to 0}\Delta y = \lim_{\Delta x \to 0}[f(3+\Delta x)-f(3)]$$
$$= \lim_{\Delta x \to 0}[(3+\Delta x)^2-3^2] = \lim_{\Delta x \to 0}[6\Delta x+(\Delta x)^2] = 0.$$

在定义 2 中,若令 $x=x_0+\Delta x$,即 $\Delta x=x-x_0$,则当 $\Delta x \to 0$ 时,也就是当 $x \to x_0$ 时有
$$\Delta y = f(x_0+\Delta x)-f(x_0) = f(x)-f(x_0).$$

因而,函数在点 x_0 处是连续的定义又可以叙述如下:

定义 3 设函数 $y=f(x)$ 在点 x_0 的某一邻域内有定义. 如果函数 $f(x)$ 当 $x \to x_0$ 时的极限存在,且等于它在点 x_0 处的函数值 $f(x_0)$,即
$$\lim_{x \to x_0}f(x) = f(x_0),$$
则称函数 $f(x)$ 在点 x_0 处**连续**.

例 1 试证函数 $f(x)=\begin{cases} x^2\sin\dfrac{1}{x}, & x \neq 0 \\ 0, & x=0 \end{cases}$ 在 $x=0$ 处连续.

证明 因为 $\lim\limits_{x \to 0}x^2\sin\dfrac{1}{x}=0$ 且 $f(0)=0$,故有
$$\lim_{x \to 0}f(x) = f(0),$$
由定义 3 知,函数 $f(x)$ 在 $x=0$ 处连续.

***例 2** 设 $f(x)$ 是定义于 $[a,b]$ 上的单调增加函数,$x_0 \in (a,b)$,如果 $\lim\limits_{x \to x_0}f(x)$ 存在,试证明函数 $f(x)$ 在点 x_0 处连续.

证明 设 $\lim\limits_{x \to x_0}f(x)=A$,由于 $f(x)$ 单调增加,故

当 $x<x_0$ 时,$f(x)<f(x_0)$,$A=\lim\limits_{x \to x_0^-}f(x) \leqslant f(x_0)$;

当 $x>x_0$ 时,$f(x)>f(x_0)$,$A=\lim\limits_{x \to x_0^+}f(x) \geqslant f(x_0)$,

由此得到 $A=f(x_0)$,即有
$$\lim_{x \to x_0}f(x) = f(x_0),$$
因此 $f(x)$ 在点 x_0 处连续.

1.10.2 左连续与右连续

若函数 $f(x)$ 在 $(a,x_0]$ 内有定义,且
$$f(x_0-0) = \lim_{x \to x_0^-}f(x) = f(x_0),$$
则称 $f(x)$ 在点 x_0 处**左连续**;

若函数 $f(x)$ 在 $[x_0,b)$ 内有定义,且
$$f(x_0+0) = \lim_{x \to x_0^+}f(x) = f(x_0),$$
则称 $f(x)$ 在点 x_0 处**右连续**.

定理 1 函数 $f(x)$ 在点 x_0 处连续的充分必要条件是函数 $f(x)$ 在点 x_0 处既左连续又右连续.

例 3 已知函数 $f(x)=\begin{cases}\dfrac{\sin 2x}{x}, & x<0 \\ 3x^2-2x+k, & x\geqslant 0\end{cases}$ 在点 $x=0$ 处连续,求 k 的值.

解 $\lim\limits_{x\to 0^+}f(x)=\lim\limits_{x\to 0^+}(3x^2-2x+k)=k$,$\lim\limits_{x\to 0^-}f(x)=\lim\limits_{x\to 0^-}\dfrac{\sin 2x}{x}=2$,
因为 $f(x)$ 在点 $x=0$ 处连续,故
$$\lim_{x\to 0^+}f(x)=\lim_{x\to 0^-}f(x),\quad 即\quad k=2.$$

1.10.3 连续函数与连续区间

在区间内每一点都连续的函数,称为该区间内的**连续函数**,或者说函数在该**区间内连续**.

如果函数在开区间 (a,b) 内连续,并且在左端点 $x=a$ 处右连续,在右端点 $x=b$ 处左连续,则称函数 $f(x)$ **在闭区间 $[a,b]$ 上连续**.

连续函数的图形是一条连续而不间断的曲线.

例 4 证明函数 $y=\sin x$ 在区间 $(-\infty,+\infty)$ 内连续.

证明 任取 $x\in(-\infty,+\infty)$,则
$$\Delta y=\sin(x+\Delta x)-\sin x=2\sin\dfrac{\Delta x}{2}\cdot\cos\left(x+\dfrac{\Delta x}{2}\right),$$
由 $\left|\cos\left(x+\dfrac{\Delta x}{2}\right)\right|\leqslant 1$,得
$$|\Delta y|\leqslant 2\left|\sin\dfrac{\Delta x}{2}\right|<|\Delta x|,$$
所以,当 $\Delta x\to 0$ 时,$\Delta y\to 0$,即函数 $y=\sin x$ 对任意 $x\in(-\infty,+\infty)$ 都是连续的.

类似地,可以证明基本初等函数在其定义域内是连续的.

1.10.4 函数的间断点

定义 4 如果函数 $f(x)$ 在点 x_0 的某个空心邻域内有定义,且 $f(x)$ 在点 x_0 处不连续,则称 $f(x)$ 在点 x_0 处**间断**,称点 x_0 为 $f(x)$ 的**间断点**.

由函数在某点连续的定义可知,如果 $f(x)$ 在点 x_0 处满足下列三个条件之一,则点 x_0 为 $f(x)$ 的间断点:

(1) $f(x)$ 在点 x_0 处没有定义;

(2) $\lim\limits_{x\to x_0}f(x)$ 不存在;

(3) 在点 x_0 处有定义,且 $\lim\limits_{x\to x_0}f(x)$ 存在,但是
$$\lim_{x\to x_0}f(x)\neq f(x_0).$$

函数的间断点常分为下面两类:

(1) **第一类间断点**:设点 x_0 为 $f(x)$ 的间断点,但左极限 $f(x_0-0)$ 及右极限 $f(x_0+0)$ 都存在,则称 x_0 为 $f(x)$ 的第一类间断点.

当 $f(x_0-0)\neq f(x_0+0)$ 时,x_0 称为 $f(x)$ 的**跳跃间断点**.

若 $\lim\limits_{x\to x_0}f(x)=A\neq f(x_0)$ 或 $f(x)$ 在点 x_0 处无定义,则称点 x_0 为 $f(x)$ 的**可去间断点**.

(2) **第二类间断点**:如果 $f(x)$ 在点 x_0 处的左、右极限至少有一个不存在,则称点 x_0 为函数 $f(x)$ 的第二类间断点.

常见的第二类间断点有**无穷间断点**(如 $\lim\limits_{x \to x_0} f(x) = \infty$)和**振荡间断点**(在 $x \to x_0$ 的过程中,$f(x)$ 无限振荡,极限不存在).

例 5 讨论函数 $f(x) = \begin{cases} x+1, & x \geq 0 \\ x-1, & x < 0 \end{cases}$ 在 $x = 0$ 处的连续性.

解 $\lim\limits_{x \to 0^+} f(x) = \lim\limits_{x \to 0^+} (x+1) = 1 = f(0)$,$\lim\limits_{x \to 0^-} f(x) = \lim\limits_{x \to 0^-} (x-1) = -1 \neq f(0)$,函数 $f(x)$ 在 $x = 0$ 点处右连续但左不连续,故函数 $f(x)$ 在点 $x = 0$ 处不连续,且 $x = 0$ 是 $f(x)$ 的跳跃间断点(图 1-10-3).

例 6 讨论函数 $f(x) = \begin{cases} 2\sqrt{x}, & 0 \leq x < 1 \\ 1, & x = 1 \\ 1+x, & x > 1 \end{cases}$ 在 $x = 1$ 处的连续性.

解 因为 $f(1) = 1, f(1-0) = 2, f(1+0) = 2$,从而
$$\lim_{x \to 1} f(x) = 2 \neq f(1),$$
故 $x = 1$ 为函数的可去间断点(图 1-10-4).

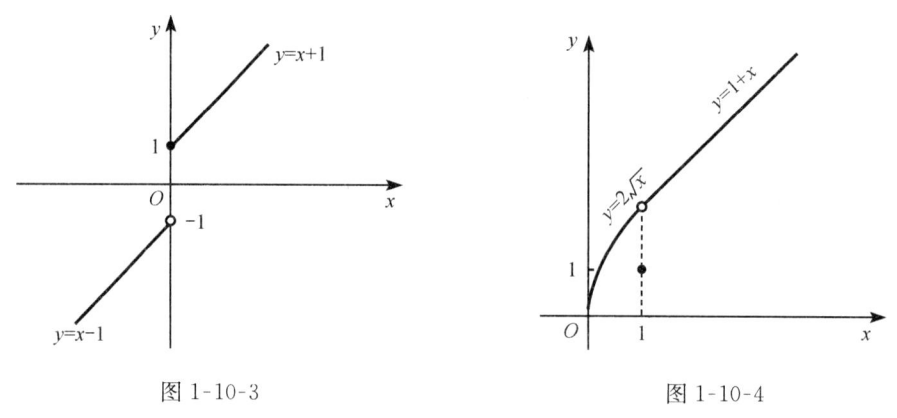

图 1-10-3

图 1-10-4

注 若修改定义为 $f(1) = 2$,则
$$f(x) = \begin{cases} 2\sqrt{x}, & 0 \leq x < 1 \\ 1+x, & x \geq 1 \end{cases}$$
在 $x = 1$ 处连续.

例 7 讨论函数 $f(x) = \begin{cases} \dfrac{1}{x}, & x > 0 \\ x, & x \leq 0 \end{cases}$ 在 $x = 0$ 处的连续性.

解 因为 $\quad f(0-0) = 0, \quad f(0+0) = +\infty,$
所以 $x = 0$ 为函数的第二类间断点,且为无穷间断点(图 1-10-5).

例 8 讨论函数 $f(x) = \sin \dfrac{1}{x}$ 在 $x = 0$ 处的连续性.

解 因为 $f(x)$ 在 $x = 0$ 处没有定义,且 $\lim\limits_{x \to 0} \sin \dfrac{1}{x}$ 不存在.所以 $x = 0$ 为函数 $f(x)$ 的第二类

间断点,且为振荡间断点(图 1-10-6).

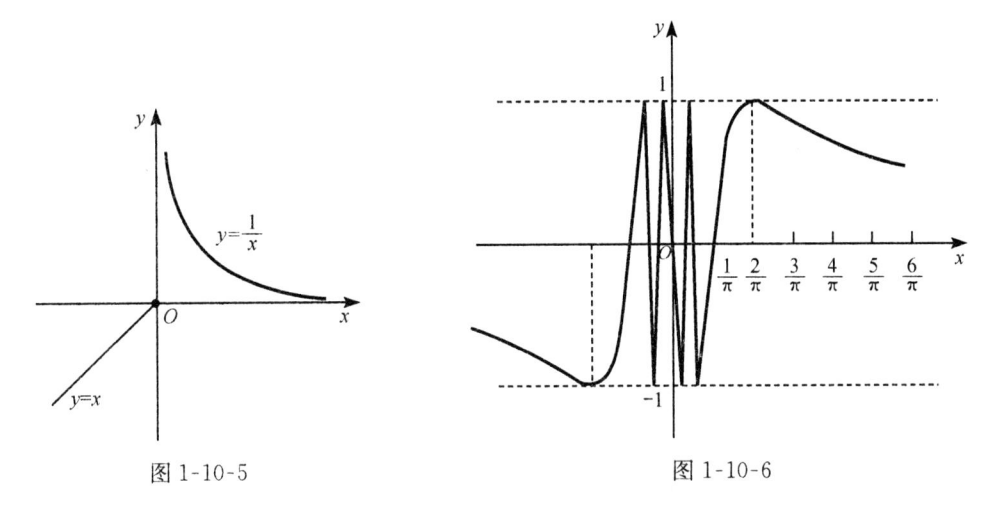

图 1-10-5

图 1-10-6

例 9 设 $f(x)=\begin{cases} \dfrac{1}{x}, & x<0 \\ \dfrac{x^2-1}{x-1}, & 0<|x-1|\leqslant 1 \\ x+1, & x>2 \end{cases}$,求 $f(x)$ 的间断点,并判别出它们的类型.

解 $f(x)$ 的定义域为 $(-\infty,1)\cup(1,+\infty)$,且在 $(-\infty,0),(0,1),(1,2),(2,+\infty)$ 中,$f(x)$ 都是初等函数,因而,$f(x)$ 的间断点只能在 $x_1=0, x_2=1, x_3=2$ 处.

由于 $\lim\limits_{x\to 0^-}f(x)=\lim\limits_{x\to 0^-}\dfrac{1}{x}=-\infty$,因此,$x_1=0$ 是 $f(x)$ 的第二类间断点(无穷间断点).

由于 $\lim\limits_{x\to 1}f(x)=\lim\limits_{x\to 1}\dfrac{x^2-1}{x-1}=2$,且 $f(x)$ 在 $x_2=1$ 处无定义,因此,$x_2=1$ 是 $f(x)$ 的可去间断点. 又

$$\lim_{x\to 2^-}f(x)=\lim_{x\to 2^-}\dfrac{x^2-1}{x-1}=3,\quad \lim_{x\to 2^+}f(x)=\lim_{x\to 2^+}(x+1)=3,\quad f(2)=3,$$

因此,$x_3=2$ 是 $f(x)$ 的连续点.

例 10 讨论 $f(x)=\begin{cases} x^\alpha\sin\dfrac{1}{x}, & x>0 \\ e^x+\beta, & x\leqslant 0 \end{cases}$ 在 $x=0$ 的连续性.

解 当且仅当 $f(0-0)=f(0+0)=f(0)$ 时,$f(x)$ 在 $x=0$ 处连续. 因为
$$f(0)=e^0+\beta=1+\beta,$$
$$f(0-0)=\lim_{x\to 0^-}f(x)=\lim_{x\to 0^-}(e^x+\beta)=1+\beta,$$
$$f(0+0)=\lim_{x\to 0^+}f(x)=\lim_{x\to 0^+}x^\alpha\sin\dfrac{1}{x}=\begin{cases} 0, & \alpha>0 \\ \text{不存在}, & \alpha\leqslant 0 \end{cases}.$$

所以,当 $\alpha>0$ 且 $1+\beta=0$,即 $\beta=-1$ 时,$f(x)$ 在 $x=0$ 处连续;当 $\alpha\leqslant 0$ 或 $\beta\neq -1$ 时,$f(x)$ 在 $x=0$ 间断.

习 题 1-10

1. 研究下列函数的连续性,并画出函数的图形.

(1) $f(x)=\begin{cases} x^2, & 0\leqslant x\leqslant 1 \\ 2-x, & 1<x\leqslant 2 \end{cases};$ (2) $f(x)=\begin{cases} x, & -1\leqslant x\leqslant 1 \\ 1, & x<-1\text{ 或 }x>1 \end{cases}.$

2. 下列函数 $f(x)$ 在 $x=0$ 处是否连续？为什么？

(1) $f(x)=\begin{cases} x^3\sin\dfrac{1}{x}, & x\neq 0 \\ 0, & x=0 \end{cases};$ (2) $f(x)=\begin{cases} e^x, & x\leqslant 0 \\ \dfrac{\sin x}{x}, & x>0 \end{cases}.$

3. 判断下列函数在指定点所属的间断点类型，如果是可去间断点，则请补充或改变函数的定义使它连续.

(1) $y=\dfrac{1}{(x+2)^2}, x=-2;$ (2) $y=\dfrac{x^2-1}{x^2-3x+2}, x=1, x=2;$

(3) $y=\dfrac{1}{x}\ln(1-x), x=0;$ (4) $y=\cos^2\dfrac{1}{x}, x=0;$

(5) $y=\begin{cases} x-1, & x\leqslant 1 \\ 3-x, & x>1 \end{cases}, x=1;$ (6) $y=\begin{cases} 2x-1, & x>1 \\ 0, & x=1 \\ 3-x, & x<1 \end{cases}, x=1.$

4. 设 $f(x)=\begin{cases} e^x, & x<0 \\ a+x, & x\geqslant 0 \end{cases}$，应当如何选择数 a，使得 $f(x)$ 成为 $(-\infty,+\infty)$ 内的连续函数.

5. 设 $f(x)=\begin{cases} a+x^2, & x<0 \\ 1, & x=0 \\ \ln(b+x+x^2), & x>0 \end{cases}$，已知 $f(x)$ 在 $x=0$ 处连续，试确定 a 和 b 的值.

6. 研究 $f(x)=\begin{cases} \dfrac{1}{1+e^{\frac{1}{x}}}, & x\neq 0 \\ 0, & x=0 \end{cases}$ 在 $x=0$ 处的左、右连续.

7. 设函数 $g(x)$ 在 $x=0$ 处连续，且 $g(0)=0$，已知 $|f(x)|\leqslant|g(x)|$，试证函数 $f(x)$ 在 $x=0$ 处也连续.

8. 设 $f(x)=\lim\limits_{n\to\infty}\dfrac{x^{2n+1}+ax^2+bx}{x^{2n}+1}$，当 a,b 取何值时，$f(x)$ 在 $(-\infty,+\infty)$ 上连续？

1.11 连续函数的运算与性质

1.11.1 连续函数的算术运算

定理 1 若函数 $f(x), g(x)$ 在点 x_0 处连续，则

$$Cf(x)(C\text{ 为常数}), \quad f(x)\pm g(x), \quad f(x)\cdot g(x), \quad \dfrac{f(x)}{g(x)} \quad (g(x_0)\neq 0)$$

在点 x_0 处也连续.

证明 只证 $f(x)\pm g(x)$ 在点 x_0 处连续，其他情形可类似地证明.

因为 $f(x)$ 与 $g(x)$ 在点 x_0 处连续，所以

$$\lim_{x\to x_0}f(x)=f(x_0), \quad \lim_{x\to x_0}g(x)=g(x_0),$$

故有

$$\lim_{x\to x_0}[f(x)\pm g(x)]=\lim_{x\to x_0}f(x)\pm\lim_{x\to x_0}g(x)=f(x_0)\pm g(x_0).$$

所以 $f(x)\pm g(x)$ 在点 x_0 处连续.

例如，$\sin x, \cos x$ 在 $(-\infty,+\infty)$ 内连续，故

$$\tan x=\dfrac{\sin x}{\cos x}, \quad \cot x=\dfrac{\cos x}{\sin x}, \quad \sec x=\dfrac{1}{\cos x}, \quad \csc x=\dfrac{1}{\sin x}$$

在其定义域内连续.

*1.11.2　反函数的连续性

反函数和复合函数的概念已经在 1.2 节中讲过,这里进一步来讨论它们的连续性.

定理 2　若函数 $y=f(x)$ 在区间 I_x 上单调增加(或单调减少)且连续,则它的反函数 $x=\varphi(y)$ 也在对应的区间

$$I_y = \{y \mid y = f(x), x \in I_x\}$$

上单调增加(或单调减少)且连续.

证明　略.

例如,由于 $y=\sin x$ 在闭区间 $\left[-\dfrac{\pi}{2},\dfrac{\pi}{2}\right]$ 上单调增加且连续,所以它的反函数 $y=\arcsin x$ 在对应区间 $[-1,1]$ 上也是单调增加且连续.

同理可证,$y=\arccos x$ 在 $[-1,1]$ 上单调减少且连续;$y=\arctan x$ 在区间 $(-\infty,+\infty)$ 内单调增加且连续;$y=\text{arccot}\,x$ 在区间 $(-\infty,+\infty)$ 内单调减少且连续.

总之,反三角函数 $\arcsin x,\arccos x,\arctan x,\text{arccot}\,x$ 在它们的定义域内都是连续的.

1.11.3　复合函数的连续性

定理 3　若 $\lim\limits_{x\to x_0}\varphi(x)=a, u=\varphi(x)$,函数 $f(u)$ 在点 a 处连续,则有

$$\lim_{x\to x_0}f[\varphi(x)] = f(a) = f[\lim_{x\to x_0}\varphi(x)]. \tag{1.11.1}$$

证明　因 $f(u)$ 在 $u=a$ 处连续,故对任意给定的 $\varepsilon>0$,存在 $\eta>0$,使得当 $|u-a|<\eta$ 时,恒有

$$|f(u)-f(a)|<\varepsilon.$$

又因 $\lim\limits_{x\to x_0}\varphi(x)=a$,对上述 η,存在 $\delta>0$,使得当 $0<|x-x_0|<\delta$ 时,恒有

$$|\varphi(x)-a| = |u-a| < \eta.$$

结合上述两步得,对任意给定的 $\varepsilon>0$,存在 $\delta>0$,使得当 $0<|x-x_0|<\delta$ 时,恒有

$$|f(u)-f(a)| = |f[\varphi(x)]-f(a)| < \varepsilon,$$

所以 $\lim\limits_{x\to x_0}f[\varphi(x)]=f(a)=f[\lim\limits_{x\to x_0}\varphi(x)].$

注　式(1.11.1)可写成

$$\lim_{x\to x_0}f[\varphi(x)] = f[\lim_{x\to x_0}\varphi(x)], \tag{1.11.2}$$

$$\lim_{x\to x_0}f[\varphi(x)] = \lim_{u\to a}f(u). \tag{1.11.3}$$

式(1.11.2)表明:在定理 3 的条件下,求复合函数 $f[\varphi(x)]$ 的极限时,极限符号与函数符号 f 可以交换次序.

式(1.11.3)表明:在定理 3 的条件下,若作代换 $u=\varphi(x)$,则求 $\lim\limits_{x\to x_0}f[\varphi(x)]$ 就转化为求 $\lim\limits_{u\to a}f(u)$,这里 $\lim\limits_{x\to x_0}\varphi(x)=a$.

若在定理 3 的条件下,假定 $\varphi(x)$ 在点 x_0 处连续,即

$$\lim_{x\to x_0}\varphi(x) = \varphi(x_0),$$

则可以得到下列结论.

定理 4　设函数 $u=\varphi(x)$ 在点 x_0 连续,且 $\varphi(x_0)=u_0$,而函数 $y=f(u)$ 在点 $u=u_0$ 处连续,

则复合函数 $f[\varphi(x)]$ 在点 x_0 处也连续.

例如,函数 $y=\dfrac{1}{x}$ 在 $(-\infty,0)\bigcup(0,+\infty)$ 内连续. 函数 $y=\sin u$ 在 $(-\infty,+\infty)$ 内连续,所以,$y=\sin\dfrac{1}{x}$ 在 $(-\infty,0)\bigcup(0,+\infty)$ 内连续.

例 1 求 $\lim\limits_{x\to 0}\dfrac{\ln(1+3x)}{x}$.

解 $\lim\limits_{x\to 0}\dfrac{\ln(1+3x)}{x}=\lim\ln(1+3x)^{\frac{1}{x}}=\ln[\lim\limits_{x\to 0}(1+3x)^{\frac{1}{x}}]=\ln e^3=3$.

例 2 $\lim\limits_{x\to+\infty}\cos(\sqrt{x+1}-\sqrt{x})$.

解 $\lim\limits_{x\to+\infty}\cos(\sqrt{x+1}-\sqrt{x})=\lim\limits_{x\to+\infty}\cos\left[\dfrac{(\sqrt{x+1}-\sqrt{x})(\sqrt{x+1}+\sqrt{x})}{(\sqrt{x+1}+\sqrt{x})}\right]$

$\qquad\qquad\qquad\qquad\qquad\quad =\lim\limits_{x\to+\infty}\cos\left(\dfrac{1}{\sqrt{x+1}+\sqrt{x}}\right)=\cos\left(\lim\limits_{x\to+\infty}\dfrac{1}{\sqrt{x+1}+\sqrt{x}}\right)$

$\qquad\qquad\qquad\qquad\qquad\quad =\cos 0=1.$

例 3 $\lim\limits_{x\to 0}(1+3x)^{\frac{5}{\sin x}}$.

解 因为 $(1+3x)^{\frac{5}{\sin x}}=(1+3x)^{\frac{1}{3x}\cdot\frac{x}{\sin x}\cdot 15}$,

所以 $\lim\limits_{x\to 0}(1+3x)^{\frac{5}{\sin x}}=\lim\limits_{x\to 0}[(1+3x)^{\frac{1}{3x}}]^{\frac{x}{\sin x}\cdot 15}=e^{15}$.

1.11.4 初等函数的连续性

定理 5 基本初等函数在其定义域内是连续的.

因为初等函数是由基本初等函数经过有限次四则运算和复合运算所构成的,故有:

定理 6 一切初等函数在其定义区间内都是连续的.

注 这里,**定义区间**是指包含在定义域内的区间.初等函数仅在其定义区间内连续,在其定义域内不一定连续.

例如,函数 $y=\sqrt{x^2(x-1)^3}$ 的定义域为 $\{0\}\bigcup[1,+\infty)$,函数在 $x=0$ 点的邻域内没有定义,因而函数 y 在 $x=0$ 点不连续,但函数 y 在定义区间 $[1,+\infty)$ 上连续.

定理 6 的结论非常重要,因为微积分的研究对象主要是连续或分段连续的函数.而一般应用中所遇到的函数基本上是初等函数,其连续性的条件总是满足的,从而使微积分具有强大的生命力和广阔的应用前景.此外,根据定理 6,求初等函数在其定义区间内某点的极限,只需求初等函数在该点的函数值.即

$$\lim_{x\to x_0}f(x)=f(x_0)\quad(x_0\in\text{定义区间}).$$

例 4 求 $\lim\limits_{x\to 1}\dfrac{(1+x^2)\arcsin x}{e^x\sqrt{3+x^2}}$.

解 因为 $f(x)=\dfrac{(1+x^2)\arcsin x}{e^x\sqrt{3+x^2}}$ 是初等函数,且 $x_0=1$ 是其定义区间内的点,所以,

$f(x)=\dfrac{(1+x^2)\arcsin x}{e^x\sqrt{3+x^2}}$ 在 $x_0=1$ 处连续,于是

$$\lim_{x \to 1} \frac{(1+x^2)\arcsin x}{e^x \sqrt{3+x^2}} = \lim_{x \to 1} \frac{(1+1^2)\arcsin 1}{e^1 \sqrt{3+1^2}} = \frac{\pi}{2e}.$$

注 计算幂指函数 $f(x)=u(x)^{v(x)}(u(x)>0)$ 的极限时,若
$$\lim_{x \to x_0} u(x) = a > 0, \quad \lim_{x \to x_0} v(x) = b,$$
则有
$$\lim_{x \to x_0} u(x)^{v(x)} = \left[\lim_{x \to x_0} u(x)\right]^{\lim_{x \to x_0} v(x)} = a^b. \tag{1.11.4}$$

例 5 求 $\lim\limits_{x \to 0}(x^2+3e^x)^{\frac{1}{2x^2-1}}$.

解 $\lim\limits_{x \to 0}(x^2+3e^x)^{\frac{1}{2x^2-1}} = \left[\lim\limits_{x \to 0}(x^2+3e^x)\right]^{\lim\limits_{x \to 0}\frac{1}{2x^2-1}} = 3^{-1} = \frac{1}{3}.$

1.11.5 闭区间上连续函数的性质

下面介绍闭区间上连续函数的几个基本性质,由于它们的证明涉及严密的实数理论,故略去其严格证明,但可以借助几何直观地来理解.

先说明最大值和最小值的概念.对于在区间 I 上有定义的函数 $f(x)$,如果存在 $x_0 \in I$,使得对于任一 $x \in I$ 都有
$$f(x) \leqslant f(x_0) \quad (f(x) \geqslant f(x_0)),$$
则称 $f(x_0)$ 是函数 $f(x)$ 在区间 I 上**最大值**(**最小值**).

例如,函数 $y=1+\sin x$ 在区间 $[0, 2\pi]$ 上有最大值 2 和最小值 0. 函数 $y=\text{sgn}\,x$ 在区间 $(-\infty, +\infty)$ 内有最大值 1 和最小值 -1.

定理 7(最大最小值定理) 在闭区间上连续的函数一定有最大值和最小值.

定理 7 表明:若函数 $f(x)$ 在闭区间 $[a,b]$ 上连续,则至少存在一点 $\xi_1 \in [a,b]$,使得 $f(\xi_1)$ 是 $f(x)$ 在闭区间 $[a,b]$ 上的最小值;又至少存在一点 $\xi_2 \in [a,b]$,使得 $f(\xi_2)$ 是 $f(x)$ 在闭区间 $[a,b]$ 上的最大值(图 1-11-1).

注 当定理中"闭区间上连续"的条件不满足时,定理的结论可能不成立.

例如,函数 $f(x)=\dfrac{1}{x}$ 在开区间 $(0,1)$ 内没有最大值,因为它在闭区间 $[0,1]$ 上不连续.

又如,函数
$$f(x) = \begin{cases} -x+1, & 0 \leqslant x < 1 \\ 1, & x = 1 \\ -x+3, & 1 < x \leqslant 2 \end{cases}$$

在闭区间 $[0,2]$ 上有间断点 $x=1$. 该函数在闭区间 $[0,2]$ 上既无最大值又无最小值(图 1-11-2).

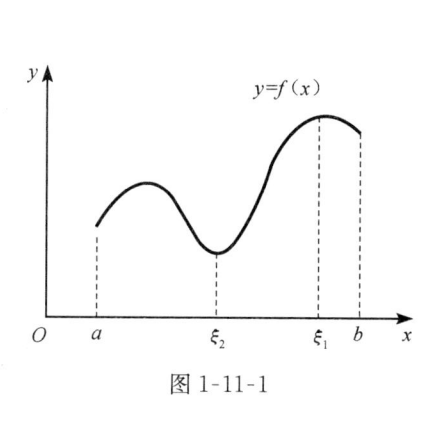

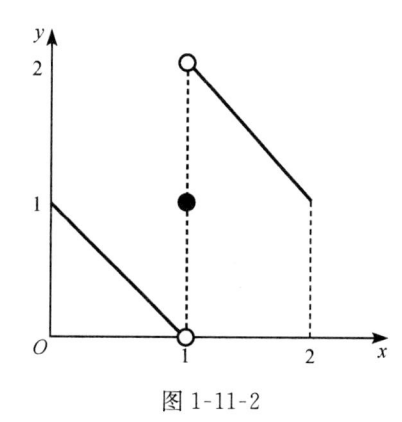

图 1-11-1

图 1-11-2

由定理 7 易得下面的结论:

定理 8(有界性定理)　在闭区间上连续的函数一定在该区间上有界.

如果 $f(x_0)=0$,则称 x_0 为函数 $f(x)$ 的**零点**.

定理 9(零点定理)　设函数 $f(x)$ 在闭区间 $[a,b]$ 上连续,且 $f(a)$ 与 $f(b)$ 异号(即 $f(a) \cdot f(b) < 0$),则在开区间 (a,b) 内至少有函数 $f(x)$ 的一个零点,即至少存在一点 $\xi(a<\xi<b)$,使 $f(\xi)=0$.

注　如图 1-11-3 所示,在闭区间 $[a,b]$ 上连续的曲线 $y=f(x)$ 满足 $f(a)<0, f(b)>0$,且与 x 轴相交于 ξ 处,即有 $f(\xi)=0$.

定理 10(介值定理)　设 $f(x)$ 在闭区间 $[a,b]$ 上连续,且在该区间的端点有不同的函数值 $f(a)=A$ 及 $f(b)=B$,则对于 A 与 B 之间的任意一个数 C,在开区间 (a,b) 内至少存在一点 ξ,使得
$$f(\xi) = C \quad (a<\xi<b).$$

注　如图 1-11-4 所示,在闭区间 $[a,b]$ 上连续的曲线 $y=f(x)$ 与直线 $y=C$ 有三个交点 ξ_1, ξ_2, ξ_3,即
$$f(\xi_1) = f(\xi_2) = f(\xi_3) = C \quad (a<\xi_1, \xi_2, \xi_3<b).$$

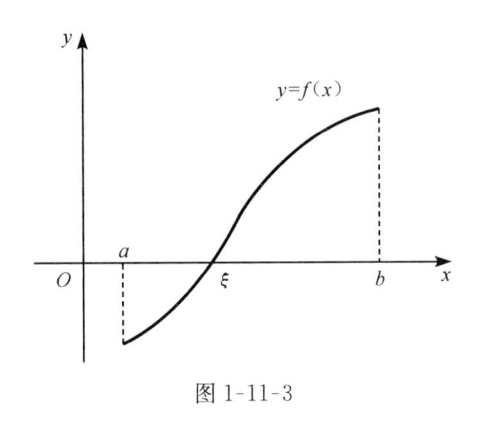

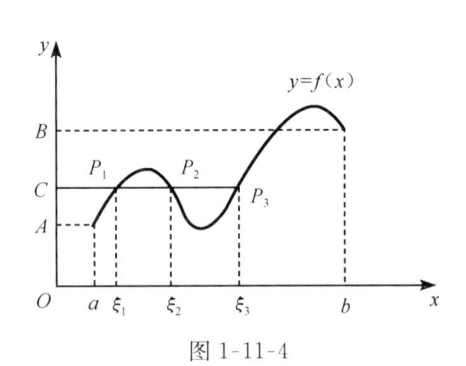

图 1-11-3

图 1-11-4

推论 1　在闭区间上连续的函数必取得介于最大值 M 与最小值 m 之间的任何值.

例 6　证明方程 $x^5-3x=1$ 至少有一个根介于 1 和 2 之间.

证明　令 $f(x)=x^5-3x-1$,则 $f(x)$ 在 $[1,2]$ 上连续.又
$$f(1)=-3<0, \quad f(2)=25>0,$$
由零点定理,存在 $\xi \in (1,2)$,使 $f(\xi)=0$,即
$$\xi^5-3\xi-1=0.$$
所以方程 $x^5-3x=1$ 至少有一个根介于 1 和 2 之间.

例 7　设函数 $f(x)$ 在闭区间 $[0,1]$ 上连续,且 $0<f(x)<1, x \in [0,1]$,证明:存在 $\xi \in (0,1)$,使得 $f(\xi)=\xi$.

证明　构造辅助函数 $F(x)=f(x)-x$,由于 $f(x)$ 在区间 $[0,1]$ 上连续,因此 $F(x)$ 在 $[0,1]$ 上连续.且
$$F(0)=f(0), \quad F(1)=f(1)-1,$$
因为 $0<f(0)<1, 0<f(1)<1$,则 $F(0)>0, F(1)<0$.

由零点定理知,存在 $\xi \in (0,1)$,使
$$F(\xi)=f(\xi)-\xi=0,$$
即 $f(\xi)=\xi$.

习 题 1-11

1. 求函数 $f(x)=\dfrac{x^3+3x^2-x-3}{x^2+x-6}$ 的连续区间,并求极限 $\lim\limits_{x\to 0}f(x)$, $\lim\limits_{x\to -3}f(x)$, $\lim\limits_{x\to 2}f(x)$.

2. 求下列极限:

(1) $\lim\limits_{x\to 0}\sqrt{x^2-2x+5}$;　　(2) $\lim\limits_{x\to\frac{\pi}{4}}(\sin 2\alpha)^3$;　　(3) $\lim\limits_{x\to\frac{\pi}{6}}\ln(2\cos 2x)$;

(4) $\lim\limits_{x\to 0}\dfrac{\sqrt{x+1}-1}{x}$;　　(5) $\lim\limits_{x\to 0}\ln\dfrac{\sin x}{x}$;　　(6) $\lim\limits_{x\to 0}\dfrac{\ln(1+x^2)}{\sin(1+x^2)}$.

3. 证明方程 $x^3-4x^2+1=0$ 在区间 $(0,1)$ 内至少有一个根.

4. 证明方程 $\sin x+x+1=0$ 在 $\left(-\dfrac{\pi}{2},\dfrac{\pi}{2}\right)$ 内至少有一个实根.

5. 证明曲线 $y=x^4-3x^2+7x-10$ 在 $x=1$ 与 $x=2$ 之间至少与 x 轴有一个交点.

6. 设 $f(x)=e^x-2$,求证在区间 $(0,2)$ 内至少有一点 x_0,使 $e^{x_0}-2=x_0$.

7. 证明:若 $f(x)$ 在 $[a,b]$ 上连续,$a<x_1<x_2<\cdots<x_n<b$,则在 $[x_1,x_n]$ 上必有 ξ,使

$$f(\xi)=\dfrac{f(x_1)+f(x_2)+\cdots+f(x_n)}{n}.$$

8. 设 $f(x)$ 在 $[0,2a]$ 连续,且 $f(0)=f(2a)$,证明:在 $[0,a]$ 上至少存在一点 ξ,使

$$f(\xi)=f(\xi+a).$$

9. 证明:若 $f(x)$ 在 $(-\infty,+\infty)$ 内连续,且 $\lim\limits_{x\to\infty}f(x)=A$,则 $f(x)$ 在 $(-\infty,+\infty)$ 内有界.

总 习 题 一

1. 求函数 $y=\sqrt{3-x}+\arcsin\dfrac{3-2x}{5}$ 的定义域.

2. 设函数 $f(x)$ 的定义域是 $[0,1)$,求 $f\left(\dfrac{x}{x+1}\right)$ 的定义域.

3. 设 $y=x^2$,要使当 $x\in U(0,\delta)$ 时,$y\in U(0,2)$,应如何选择邻域 $U(0,\delta)$ 的半径 δ.

4. 证明 $f(x)=\dfrac{\sqrt{1+x^2}+x-1}{\sqrt{1+x^2}+x+1}$ 是奇函数 $(x\in\mathbf{R})$.

5. 设函数 $y=f(x)$,$x\in(-\infty,+\infty)$ 的图形关于 $x=a$,$x=b$ 均对称 $(a\neq b)$,试证:$y=f(x)$ 是周期函数,并求其周期.

6. 设 $f(x)$ 在 $(0,+\infty)$ 上有意义,$x_1>0$,$x_2>0$. 求证:

(1) 若 $\dfrac{f(x)}{x}$ 单调减少,则 $f(x_1+x_2)<f(x_1)+f(x_2)$;

(2) 若 $\dfrac{f(x)}{x}$ 单调增加,则 $f(x_1+x_2)>f(x_1)+f(x_2)$.

7. 求下列函数的反函数:

(1) $y=\dfrac{1-\sqrt{1+4x}}{1+\sqrt{1+4x}}$;　　(2) $f(x)=\begin{cases}x, & -\infty<x<1 \\ x^2, & 1\leqslant x\leqslant 2 \\ 3^x, & 2<x<+\infty\end{cases}$.

8. 求函数 $f(x)$ 的表达式:$f(\sin^2 x)=\cos 2x+\tan^2 x$,$0<x<1$.

9. 设 $f(x)$ 满足方程:$af(x)+bf\left(-\dfrac{1}{x}\right)=\sin x$ $(|a|\neq|b|)$,求 $f(x)$.

10. 设 $f\left(\dfrac{1}{x}\right)=x+\sqrt{1+x^2}$ $(x\neq 0)$,求 $f(x)$.

11. 设 $\varphi(x+1)=\begin{cases}x^2, & 0\leqslant x\leqslant 1\\ 2x, & 1<x\leqslant 2\end{cases}$,求 $\varphi(x)$.

12. 设 $f(x)=\mathrm{e}^{x^2}$,$f[\varphi(x)]=1-x$,且 $\varphi(x)\geqslant 0$,求 $\varphi(x)$ 及其定义域.

13. 设 $f(x)=\begin{cases}1, & |x|<1\\ 0, & |x|=1\\ -1, & |x|>1\end{cases}$,$g(x)=\mathrm{e}^x$,求 $f[g(x)]$,$g[f(x)]$,并作出它们的图形.

14. 设 $f(x)=\begin{cases}0, & x\leqslant 0\\ x, & x>0\end{cases}$,$g(x)=\begin{cases}0, & x\leqslant 0\\ -x^2, & x>0\end{cases}$,求 $f[f(x)]$,$g[g(x)]$,$f[g(x)]$,$g[f(x)]$.

15. 某水泥厂生产水泥 1 000t,定价为 80 元/吨.总销售在 800 吨以内时按定价出售,超过 800 吨时,超过部分打 9 折出售,试将销售收入作为销售量的函数列出函数关系式.

16. 设某产品每次售出 10 000 件时,每件售价为 50 元,若每次多售 2 000 件,则每件相应地降价 2 元.如果生产这种产品的固定成本为 60 000 元,变动成本为每件 20 元,最低产量为 10 000 件,求:(1)成本函数;(2)收益函数;(3)利润函数.

17. 某企业的一种商品,若以 1.75 元的单价出售,此时生产的产品可全部卖掉.某企业的生产能力为每天 5 000 单位,每天的总固定费用是 2 000 元,每单位的可变成本是 0.50 元,试建立利润函数,并求达到盈亏平衡时,该企业每天的生产量.

18. 某厂按年度计划需消耗某种零件 48 000 件,若每个零件每月库存费 0.02 元,采购费每次 160 元,为节省库存费,分批采购.试将全年总的采购费和库存费这两部分的和 $f(x)$ 表示为批量 x 的函数.

19. 已知 $x_n=\dfrac{1}{3}+\dfrac{1}{15}+\cdots+\dfrac{1}{4n^2-1}$,求 $\lim\limits_{n\to\infty}x_n$.

20. 求极限 $\lim\limits_{x\to 0}\left(\dfrac{2+\mathrm{e}^{\frac{1}{x}}}{1+\mathrm{e}^{\frac{2}{x}}}+\dfrac{x}{|x|}\right)$.

21. 证明函数 $f(x)=|x|$,当 $x\to 0$ 时极限为 0.

22. 证明:$x\to+\infty$ 及 $x\to-\infty$ 时,函数 $f(x)$ 的极限都存在且都等于 A,则 $\lim\limits_{x\to\infty}f(x)=A$.

23. 利用极限定义证明:函数 $f(x)$ 当 $x\to x_0$ 时极限存在的充分必要条件是左极限、右极限各自存在并且相等.

24. 根据定义证明:$y=\dfrac{x^2-9}{x+3}$ 为当 $x\to 3$ 时的无穷小.

25. 已知 $f(x)=\dfrac{px^2-2}{x^2+1}+3qx+5$,当 $x\to\infty$ 时,p,q 取何值时 $f(x)$ 为无穷小?p,q 取何值时 $f(x)$ 为无穷大?

26. 计算下列极限:

(1) $\lim\limits_{x\to 1}\dfrac{x^n-1}{x-1}$ (n 为正整数); (2) $\lim\limits_{x\to 4}\dfrac{\sqrt{2x+1}-3}{\sqrt{x-2}-\sqrt{2}}$; (3) $\lim\limits_{x\to+\infty}(\sqrt{(x+p)(x+q)}-x)$;

(4) $\lim\limits_{x\to\infty}\dfrac{x^2+1}{x^3+x}(3+\cos x)$; (5) $\lim\limits_{x\to+\infty}\dfrac{2x\sin x}{\sqrt{1+x^2}}\arctan\dfrac{1}{x}$; (6) $\lim\limits_{x\to\infty}\dfrac{\sqrt[3]{x^2}-2\sqrt[3]{x}+1}{(x-1)^2}$.

27. 设 $f(x)=\begin{cases}\dfrac{1}{x^2}, & x<0\\ 0, & x=0\\ x^2-2x, & 0<x\leqslant 2\\ 3x-6, & 2<x\end{cases}$,讨论 $x\to 0$ 及 $x\to 2$ 时,$f(x)$ 的极限是否存在,并且求 $\lim\limits_{x\to-\infty}f(x)$ 及 $\lim\limits_{x\to+\infty}f(x)$.

28. 计算下列极限：

(1) $\lim\limits_{n\to\infty} 2^n \sin\dfrac{x}{2^n}$ $(x\neq 0)$; (2) $\lim\limits_{x\to\infty}\dfrac{3x^2+5}{5x+3}\sin\dfrac{2}{x}$; (3) $\lim\limits_{x\to 0}\dfrac{\sqrt{1+\tan x}-\sqrt{1+\sin x}}{x(1-\cos x)}$.

29. 计算下列极限：

(1) $\lim\limits_{x\to 0}(1+xe^x)^{\frac{1}{x}}$; (2) $\lim\limits_{x\to\frac{\pi}{2}}(1+\cos x)^{2\sec x}$; (3) $\lim\limits_{x\to 0}\left(\dfrac{1+\tan x}{1+\sin x}\right)^{\frac{1}{x}}$.

30. 设 $x_1=1, x_{n+1}=1+\dfrac{x_n}{1+x_n}$ $(n=1,2,\cdots)$，求 $\lim\limits_{n\to\infty}x_n$.

31. 证明：当 $x\to 0$ 时，有：(1) $\arctan x\sim x$; (2) $\sec x-1\sim\dfrac{x^2}{2}$.

32. 利用等价无穷小性质求下列极限：

(1) $\lim\limits_{x\to 0}\dfrac{(\sin x^n)}{(\sin x)^m}$ $(m,n\in\mathbf{N})$; (2) $\lim\limits_{x\to 0}\dfrac{\sin^2 3x}{\ln^2(1+2x)}$; (3) $\lim\limits_{x\to 0}\dfrac{(1+\alpha x)^{\frac{1}{n}}-1}{x}$ $(n\in\mathbf{N})$;

(4) $\lim\limits_{x\to 0}\dfrac{\sin x-\tan x}{(\sqrt[3]{1+x^2}-1)(\sqrt{1+\sin x}-1)}$; (5) $\lim\limits_{x\to 0}\dfrac{\sqrt{1+x\sin x}-\cos x}{\sin^2\dfrac{x}{2}}$.

33. 试判断：当 $x\to 0$ 时，$\dfrac{x^6}{1-\sqrt{\cos x^2}}$ 是 x 的多少阶无穷小？

34. 设 $p(x)$ 是多项式，且 $\lim\limits_{x\to\infty}\dfrac{p(x)-x^3}{x^2}=2, \lim\limits_{x\to 0}\dfrac{p(x)}{x}=1$，求 $p(x)$.

35. 已知 $\lim\limits_{x\to 1}\dfrac{x^2+ax+b}{x-1}=3$，试求 a 和 b 的值.

36. 设 $\lim\limits_{n\to\infty}\dfrac{n^\alpha}{n^\beta-(n-1)^\beta}=1\,992$，试求 α 和 β 的值.

37. 下列函数 $f(x)$ 在 $x=0$ 处是否连续，为什么？

(1) $f(x)=\begin{cases}e^{-\frac{1}{x^2}}, & x\neq 0\\ 0, & x=0\end{cases}$; (2) $f(x)=\begin{cases}\dfrac{\sin x}{|x|}, & x\neq 0\\ 1, & x=0\end{cases}$.

38. 判断下列函数的指定点所属的间断点类型，如果是可去间断点，则补充或改变函数的定义使它连续.

(1) $y=\dfrac{x}{\tan x}, x=k\pi, x=k\pi+\dfrac{\pi}{2}$ $(k\in\mathbf{Z})$; (2) $y=\dfrac{1}{1-e^{\frac{x}{x-1}}}, x=0, x=1$.

39. 试确定 a 的值，使函数 $f(x)=\begin{cases}x^2+a, & x\leqslant 0\\ x\sin\dfrac{1}{x}, & x>0\end{cases}$ 在 $(-\infty,+\infty)$ 内连续.

40. 讨论函数 $f(x)=\lim\limits_{n\to\infty}\dfrac{1-x^{2n}}{1+x^{2n}}x$ 的连续性，若有间断点，判断其类型.

41. 求函数 $y=\dfrac{1}{1-\ln x^2}$ 的连续区间.

42. 设函数 $f(x)$ 与 $g(x)$ 在点 x_0 处连续，证明函数
$$\varphi(x)=\max\{f(x),g(x)\},\quad \psi(x)=\min\{f(x),g(x)\}$$
在点 x_0 处也连续.

43. 设 $f(x)$ 在 $[a,b]$ 上连续，且 $a<c<d<b$，证明：对任意的正数 m,n，在 $[a,b]$ 上必存在点 ξ，使 $mf(c)+nf(d)=(m+n)f(\xi)$.

44. 证明：若 $f(x)$ 在 $(-\infty,+\infty)$ 内连续，且 $\lim\limits_{x\to\infty}f(x)=A$，则 $f(x)$ 在 $(-\infty,+\infty)$ 内有界.

第 2 章 导数与微分

数学中研究导数、微分及其应用的部分称为**微分学**,研究不定积分、定积分及其应用的部分称为**积分学**.微分学与积分学统称为**微积分学**.

微积分学是高等数学最基本、最重要的组成部分,是现代数学许多分支的基础,是人类认识客观世界、探索宇宙奥秘乃至人类自身的典型数学模型之一.微积分学是高等数学最基本、最重要的组成部分,是现代数学许多分支的基础,是人类认识客观世界、探索宇宙奥秘乃至人类自身的典型数学模型之一.其中,导数的概念反映了函数相对于自变量变化而变化的快慢程度,即函数的变化率问题;微分则指明了在局部范围内以线性函数近似替代非线性函数的可能性.

2.1 导数概念

从 15 世纪初文艺复兴时期起,欧洲的工业、农业、航海事业与商贾贸易得到大规模的发展,形成了一个新的经济时代.而 16 世纪的欧洲,正处在资本主义萌芽时期,生产力得到了很大发展.生产实践的发展对自然科学提出了新的课题,迫切要求力学、天文学等基础科学向前发展,而这些学科都是深刻依赖于数学的,因而其发展也推动了数学的发展.在各类学科对数学提出的种种要求中,下列三类问题导致了微分学的产生:

(1) 求变速运动的瞬时速度;
(2) 求曲线上某一点处的切线;
(3) 求最大值和最小值.

这三类实际问题的现实原型在数学上都可归结为函数相对于自变量变化而变化的快慢程度,即所谓**函数的变化率**问题.牛顿从第一个问题出发,莱布尼茨从第二个问题出发,分别给出了导数的概念.

2.1.1 引例

引例 1 变速直线运动的瞬时速度.

假设一物体做变速直线运动,在$[0,t]$这段时间内所经过的路程为s,则s是时间t的函数$s=s(t)$.求该物体在时刻$t_0 \in [0,t]$的瞬时速度$v(t_0)$.

首先考虑物体在时刻t_0附近很短一段时间内的运动.设物体从t_0到$t_0+\Delta t$这段时间间隔内路程从$s(t_0)$变到$s(t_0+\Delta t)$,其改变量为

$$\Delta s = s(t_0+\Delta t) - s(t_0),$$

在这段时间间隔内的平均速度为

$$\bar{v} = \frac{\Delta s}{\Delta t} = \frac{s(t_0+\Delta t) - s(t_0)}{\Delta t}.$$

当时间间隔很小时,可以认为物体在时间$[t_0, t_0+\Delta t]$内近似地做匀速运动.因此,可以用$\bar{v}$作为$v(t_0)$的近似值,且Δt越小,其近似程度越高.当时间间隔$\Delta t \to 0$时,把平均速度$\bar{v}$的极限称为时刻t_0的瞬时速度,即

$$v(t_0) = \lim_{\Delta t \to 0} \frac{\Delta s}{\Delta t} = \lim_{\Delta t \to 0} \frac{s(t_0 + \Delta t) - s(t_0)}{\Delta t}.$$

引例 2 平面曲线的切线.

设曲线 C 是函数 $y = f(x)$ 的图形,求曲线 C 在点 $M(x_0, y_0)$ 处切线的斜率.

如图 2-1-1 所示,设点 $N(x_0 + \Delta x, y_0 + \Delta y)$ ($\Delta x \neq 0$)为曲线 C 上的另一点,连接点 M 和点 N 的直线 MN 称为曲线 C 的割线.设割线 MN 的倾角为 φ,其斜率为

$$\tan \varphi = \frac{\Delta y}{\Delta x} = \frac{f(x_0 + \Delta x) - f(x_0)}{\Delta x},$$

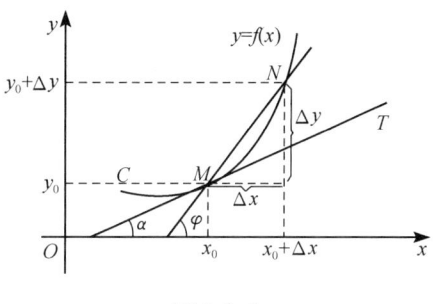

图 2-1-1

所以当点 N 沿曲线 C 趋近于点 M 时,割线 MN 的倾角 φ 趋近于切线 MT 的倾角 α,故割线 MN 的斜率为 $\tan\varphi$ 趋近于切线 MT 的斜率 $\tan\alpha$.因此,曲线 C 在点 $M(x_0, y_0)$ 处的切线斜率为

$$\tan \alpha = \lim_{\Delta x \to 0} \tan \varphi = \lim_{\Delta x \to 0} \frac{\Delta y}{\Delta x} = \lim_{\Delta x \to 0} \frac{f(x_0 + \Delta x) - f(x_0)}{\Delta x}.$$

引例 3 产品总成本的变化率.

设某产品的总成本 C 是产量 x 的函数,即 $C = f(x)$.当产量由 x_0 变到 $x_0 + \Delta x$ 时,总成本相应的改变量为

$$\Delta C = f(x_0 + \Delta x) - f(x_0),$$

当产量由 x_0 变到 $x_0 + \Delta x$ 时,总成本的平均变化率为

$$\frac{\Delta C}{\Delta x} = \frac{f(x_0 + \Delta x) - f(x_0)}{\Delta x},$$

当 $\Delta x \to 0$ 时,如果极限

$$\lim_{\Delta x \to 0} \frac{\Delta C}{\Delta x} = \lim_{\Delta x \to 0} \frac{f(x_0 + \Delta x) - f(x_0)}{\Delta x}$$

存在,则称此极限是产量为 x_0 时的总成本的变化率.

上面三例的实际意义完全不同,但从抽象的数量关系来看,其实质都是函数的改变量与自变量的改变量之比,在自变量改变量趋于零时的极限.把这种特定的极限称为函数的导数.

2.1.2 导数的定义

定义 1 设 $y = f(x)$ 在点 x_0 的某个邻域内有定义,当自变量 x 在 x_0 处取得增量 Δx(点 $x_0 + \Delta x$ 仍在该邻域内)时,相应地,函数 y 取得增量

$$\Delta y = f(x_0 + \Delta x) - f(x_0),$$

如果当 $\Delta x \to 0$ 时,极限

$$\lim_{\Delta x \to 0} \frac{\Delta y}{\Delta x} = \lim_{\Delta x \to 0} \frac{f(x_0 + \Delta x) - f(x_0)}{\Delta x} \tag{2.1.1}$$

存在,则称此极限值为函数 $y = f(x)$ 在点 x_0 处的**导数**,并称函数 $y = f(x)$ 在点 x_0 处**可导**,记为

$$f'(x_0), \quad y' \big|_{x = x_0}, \quad \frac{\mathrm{d}y}{\mathrm{d}x} \bigg|_{x = x_0} \quad \text{或} \quad \frac{\mathrm{d}f(x)}{\mathrm{d}x} \bigg|_{x = x_0}.$$

函数 $f(x)$ 在点 x_0 处可导有时也称为函数 $f(x)$ 在点 x_0 处**具有导数**或**导数存在**.

导数的定义也可采取不同的表达形式. 例如, 在式(2.1.1)中, 令 $h=\Delta x$, 则

$$f'(x_0) = \lim_{h \to 0} \frac{f(x_0 + h) - f(x_0)}{h}. \tag{2.1.2}$$

令 $x = x_0 + \Delta x$, 则

$$f'(x_0) = \lim_{x \to x_0} \frac{f(x) - f(x_0)}{x - x_0}. \tag{2.1.3}$$

如果极限式(2.1.1)不存在, 则称函数 $y=f(x)$ 在点 x_0 处**不可导**, 称 x_0 为 $y=f(x)$ 的**不可导点**. 如果不可导的原因是式(2.1.1)的极限为 ∞, 为方便起见, 有时也称函数 $y=f(x)$ 在点 x_0 处的**导数为无穷大**.

注 导数概念是函数变化率这一概念的精确描述, 它撇开了自变量和因变量所代表的几何或物理等方面的特殊意义, 纯粹从数量方面来刻画函数变化率的本质: 函数增量与自变量增量的比值 $\dfrac{\Delta y}{\Delta x}$ 是函数 y 在以 x_0 和 $x_0 + \Delta x$ 为端点的区间上的平均变化率, 而导数 $y'|_{x=x_0}$ 则是函数 y 在点 x_0 处的变化率, 它反映了函数随自变量变化而变化的快慢程度.

如果函数 $y=f(x)$ 在开区间 I 内的每点处都可导, 则称函数 $y=f(x)$ 在**开区间 I 内可导**.

设函数 $y=f(x)$ 在开区间 I 内可导, 则对 I 内每一个点 x, 都有一个导数值 $f'(x)$ 与之对应. 因此, $f'(x)$ 也是 x 的函数, 称其为 $f(x)$ 的**导函数**, 记为

$$y', \quad f'(x), \quad \frac{\mathrm{d}y}{\mathrm{d}x} \quad \text{或} \quad \frac{\mathrm{d}f(x)}{\mathrm{d}x}.$$

根据导数的定义求导, 一般包含以下三个步骤:

(1) 求函数的增量 $\Delta y = f(x+\Delta x) - f(x)$;

(2) 求两增量的比值 $\dfrac{\Delta y}{\Delta x} = \dfrac{f(x+\Delta x) - f(x)}{\Delta x}$;

(3) 求极限 $y' = \lim\limits_{\Delta x \to 0} \dfrac{\Delta y}{\Delta x}$.

例 1 求函数 $y = x^3$ 在 $x = 2$ 处的导数 $f'(2)$.

解 当 x 由 2 变到 $2 + \Delta x$ 时, 函数相应的增量为

$$\Delta y = (2 + \Delta x)^3 - 2^3 = 12 \cdot \Delta x + 6 \cdot (\Delta x)^2 + (\Delta x)^3.$$

$$\frac{\Delta y}{\Delta x} = 12 + 6\Delta x + (\Delta x)^2.$$

所以
$$f'(2) = \lim_{\Delta x \to 0} \frac{\Delta y}{\Delta x} = \lim_{\Delta x \to 0} [12 + 6\Delta x + (\Delta x)^2] = 12.$$

注 函数 $f(x)$ 在点 x_0 处的导数 $f'(x_0)$ 就是其导数 $f'(x)$ 在点 x_0 的函数值, 即

$$f'(x_0) = f'(x)|_{x=x_0}.$$

例 2 试按导数定义求下列各极限(假设各极限均存在):

(1) $\lim\limits_{x \to a} \dfrac{f(4x) - f(4a)}{x - a}$; （2）$\lim\limits_{x \to 0} \dfrac{f(x)}{x}$, 其中 $f(0) = 0$;

(3) $\lim\limits_{\Delta x \to 0} \dfrac{f(x_0 - 3\Delta x) - f(x_0)}{\Delta x}$.

解 (1) 由导数定义式(2.1.3)和极限的运算法则, 有

$$\lim_{x \to a} \frac{f(4x)-f(4a)}{x-a} = \lim_{4x \to 4a} \frac{f(4x)-f(4a)}{\frac{1}{4}\cdot(4x-4a)} = 4\cdot\lim_{4x \to 4a} \frac{f(4x)-f(4a)}{4x-4a} = 4\cdot f'(4a).$$

(2) 因为 $f(0)=0$，于是
$$\lim_{x \to 0} \frac{f(x)}{x} = \lim_{x \to 0} \frac{f(x)-f(0)}{x-0} = f'(0).$$

(3) $\lim_{\Delta x \to 0} \frac{f(x_0-3\Delta x)-f(x_0)}{\Delta x} = \lim_{\Delta x \to 0} \frac{f(x_0-3\Delta x)-f(x_0)}{-3\Delta x} \cdot (-3) = -3f'(x_0).$

2.1.3 左、右导数

求函数 $y=f(x)$ 在点 x_0 处的导数时，$x \to x_0$ 的方式是任意的. 如果 x 仅从 x_0 的左侧趋于 x_0（记为 $\Delta x \to 0^-$ 或 $x \to x_0^-$）时，极限
$$\lim_{\Delta x \to 0^-} \frac{\Delta y}{\Delta x} = \lim_{\Delta x \to 0^-} \frac{f(x_0+\Delta x)-f(x_0)}{\Delta x}$$
存在，则称该极限值为函数 $y=f(x)$ 在点 x_0 处的**左导数**，记为 $f'_-(x_0)$. 即
$$f'_-(x_0) = \lim_{\Delta x \to 0^-} \frac{\Delta y}{\Delta x} = \lim_{\Delta x \to 0^-} \frac{f(x_0+\Delta x)-f(x_0)}{\Delta x} = \lim_{x \to x_0^-} \frac{f(x)-f(x_0)}{x-x_0}.$$

类似地，可定义函数 $y=f(x)$ 在点 x_0 处的**右导数**
$$f'_+(x_0) = \lim_{\Delta x \to 0^+} \frac{\Delta y}{\Delta x} = \lim_{\Delta x \to 0^+} \frac{f(x_0+\Delta x)-f(x_0)}{\Delta x} = \lim_{x \to x_0^+} \frac{f(x)-f(x_0)}{x-x_0}.$$

函数在一点处的左导数、右导数与函数在该点处的导数间有如下关系：

定理 1 函数 $y=f(x)$ 在点 x_0 处可导的充分必要条件是：函数 $y=f(x)$ 在点 x_0 处的左、右导数均存在且相等.

注 本定理常被用于判定分段函数在分段点处是否可导.

例 3 求函数 $f(x)=\begin{cases} x, & x<0 \\ \ln(1+x), & x \geq 0 \end{cases}$ 在 $x=0$ 处的导数.

解 $f(0)=\ln(1+0)=0.$

当 $\Delta x<0$ 时，
$$\Delta y = f(0+\Delta x)-f(0) = \Delta x - 0 = \Delta x,$$
故
$$f'_-(0) = \lim_{\Delta x \to 0^-} \frac{\Delta y}{\Delta x} = \lim_{\Delta x \to 0^-} \frac{\Delta x}{\Delta x} = 1.$$

当 $\Delta x>0$ 时，
$$\Delta y = f(0+\Delta x)-f(0) = \ln(1+\Delta x) - 0 = \ln(1+\Delta x),$$
故
$$f'_+(0) = \lim_{\Delta x \to 0^+} \frac{\Delta y}{\Delta x} = \lim_{\Delta x \to 0^+} \frac{\ln(1+\Delta x)}{\Delta x} = 1.$$

由 $f'_-(0)=f'_+(0)=1$，得
$$f'(0) = \lim_{\Delta x \to 0} \frac{\Delta y}{\Delta x} = 1.$$

注 如果函数 $f(x)$ 在开区间 (a,b) 内可导，且 $f'_+(a)$ 及 $f'_-(b)$ 都存在，则称 $f(x)$ 在**闭区间** $[a,b]$ 上可导.

2.1.4 用定义计算导数

下面根据导数的定义来求部分初等函数的导数.

例4 求函数 $f(x)=C$（C 为常数）的导数.

解 $$f'(x)=\lim_{\Delta x\to 0}\frac{f(x+\Delta x)-f(x)}{\Delta x}=\lim_{\Delta x\to 0}\frac{C-C}{\Delta x}=0,$$

即 $$(C)'=0.$$

例5 求函数 $f(x)=x^n$（n 为正整数）的导数.

解 $$(x^n)'=\lim_{\Delta x\to 0}\frac{(x+\Delta x)^n-x^n}{\Delta x}=\lim_{\Delta x\to 0}\left[nx^{n-1}+\frac{n(n-1)}{2!}x^{n-2}\Delta x+\cdots+(\Delta x)^{n-1}\right]$$
$$=nx^{n-1},$$

即 $$(x^n)'=nx^{n-1}.$$

更一般地，
$$(x^\mu)'=\mu x^{\mu-1}\quad(\mu\in\mathbf{R}).$$

例如
$$(\sqrt{x})'=\frac{1}{2}x^{\frac{1}{2}-1}=\frac{1}{2\sqrt{x}},$$

$$\left(\frac{1}{x}\right)'=(x^{-1})'=(-1)x^{-1-1}=-\frac{1}{x^2}.$$

例6 设函数 $f(x)=\sin x$，求 $(\sin x)'$ 及 $(\sin x)'|_{x=\frac{\pi}{6}}$.

解 $$(\sin x)'=\lim_{\Delta x\to 0}\frac{\sin(x+\Delta x)-\sin x}{\Delta x}=\lim_{\Delta x\to 0}\cos\left(x+\frac{\Delta x}{2}\right)\cdot\frac{\sin\frac{\Delta x}{2}}{\frac{\Delta x}{2}}=\cos x.$$

即 $$(\sin x)'=\cos x,\quad (\sin x)'|_{x=\frac{\pi}{6}}=\cos x|_{x=\frac{\pi}{6}}=\frac{\sqrt{3}}{2}.$$

注 同理可得 $(\cos x)'=-\sin x$.

例7 求 $f(x)=a^x$（$a>0,a\neq 1$）的导数.

解 当 $a>0,a\neq 1$ 时，有
$$(a^x)'=\lim_{\Delta x\to 0}\frac{a^{x+\Delta x}-a^x}{\Delta x}=a^x\lim_{\Delta x\to 0}\frac{a^{\Delta x}-1}{\Delta x}=a^x\ln a.$$

即 $$(a^x)'=a^x\ln a.$$

特别地，当 $a=e$ 时，有
$$(e^x)'=e^x.$$

2.1.5 导数的几何意义

根据引例 2 的讨论可知，如果函数 $y=f(x)$ 在点 x_0 处可导，则 $f'(x_0)$ 就是曲线 $y=f(x)$ 在点 $M(x_0,y_0)$ 处切线的斜率，即
$$k=\tan\alpha=f'(x_0),$$

其中 α 为曲线 $y=f(x)$ 在点 M 处的切线的倾角（图 2-1-2）.

于是，由直线的点斜式方程，曲线 $y=f(x)$ 在点 $M(x_0,y_0)$ 处的切线方程为
$$y-y_0=f'(x_0)(x-x_0), \tag{2.1.4}$$

法线方程为
$$y-y_0=-\frac{1}{f'(x_0)}(x-x_0). \tag{2.1.5}$$

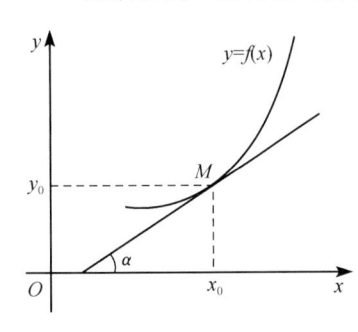

图 2-1-2

如果 $f'(x_0)=0$,则切线方程为 $y=y_0$,即切线平行于 x 轴.

如果 $f'(x_0)$ 为无穷大,则切线方程为 $x=x_0$,即切线垂直于 x 轴.

例 8 求双曲线 $y=\dfrac{1}{x}$ 在点 $\left(\dfrac{1}{2},2\right)$ 处的切线的斜率,并写出在该点处的切线方和法线方程.

解 因为
$$y'=\left(\dfrac{1}{x}\right)'=-\dfrac{1}{x^2},$$
由导数的几何意义可知,所求切线的斜率为
$$y'|_{x=\frac{1}{2}}=-4,$$
从而所求切线方程为
$$y-2=-4\left(x-\dfrac{1}{2}\right),$$
即
$$4x+y-4=0.$$
所求法线方程为
$$y-2=\dfrac{1}{4}\left(x-\dfrac{1}{2}\right),$$
即
$$2x-8y+15=0.$$

注 导数在物理中也有广泛的应用.

例如,根据引例 1 中的讨论可知,做变速直线运动的物体在时刻 t_0 的瞬时速度 $v(t_0)$ 是路程函数 $s=s(t)$ 在时刻 t_0 的导数,即 $v(t_0)=s'(t_0)$.

2.1.6 函数的可导性与连续性的关系

初等函数在其定义的区间上都是连续的,那么函数的连续性与可导性之间有什么联系呢? 下面的定理从一方面回答了这个问题.

定理 2 如果函数 $y=f(x)$ 在点 x_0 处可导,则它在 x_0 处连续.

证明 因为函数 $y=f(x)$ 在点 x_0 处可导,故有
$$\lim_{\Delta x\to 0}\dfrac{\Delta y}{\Delta x}=f'(x_0),$$
$$\dfrac{\Delta y}{\Delta x}=f'(x_0)+\alpha,$$
其中,$\alpha\to 0$(当 $\Delta x\to 0$ 时),$\Delta y=f'(x_0)\Delta x+\alpha\Delta x$,从而
$$\lim_{\Delta x\to 0}\Delta y=\lim_{\Delta x\to 0}[f'(x_0)\Delta x+\alpha\Delta x]=0,$$
所以,函数 $f(x)$ 在点 x_0 处连续.

注 该定理的逆命题不成立. 即函数在某点连续,但在该点不一定可导.

例 9 讨论函数
$$f(x)=|x|=\begin{cases}x, & x\geqslant 0\\ -x, & x<0\end{cases},$$
在 $x=0$ 处的连续性与可导性(图 2-1-3).

解 由图可知,函数 $f(x)=|x|$ 在 $x=0$ 处是连续的,因为

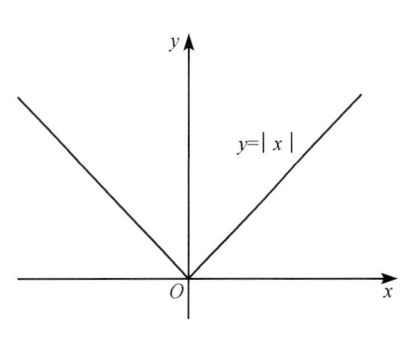

图 2-1-3

$$\lim_{x\to 0^+}f(x)=\lim_{x\to 0^+}|x|=\lim_{x\to 0^+}x=0,\quad \lim_{x\to 0^-}f(x)=\lim_{x\to 0^-}|x|=\lim_{x\to 0^-}(-x)=0,$$

因而
$$\lim_{x\to 0^+}f(x)=\lim_{x\to 0^-}f(x)=0=f(0),$$

所以函数 $f(x)=|x|$ 在 $x=0$ 处是连续的.

给 $x=0$ 一个增量 Δx,则函数增量与自变量增量的比值为

$$\frac{\Delta y}{\Delta x}=\frac{f(0+\Delta x)-f(0)}{\Delta x}=\frac{|\Delta x|}{x},$$

于是
$$f'_+(0)=\lim_{\Delta x\to 0^+}\frac{\Delta y}{\Delta x}=\lim_{\Delta x\to 0^+}\frac{|\Delta x|}{\Delta x}=\lim_{\Delta x\to 0^+}\frac{\Delta x}{\Delta x}=1,$$

$$f'_-(0)=\lim_{\Delta x\to 0^-}\frac{\Delta y}{\Delta x}=\lim_{\Delta x\to 0^-}\frac{|\Delta x|}{\Delta x}=\lim_{\Delta x\to 0^-}\frac{-\Delta x}{\Delta x}=-1.$$

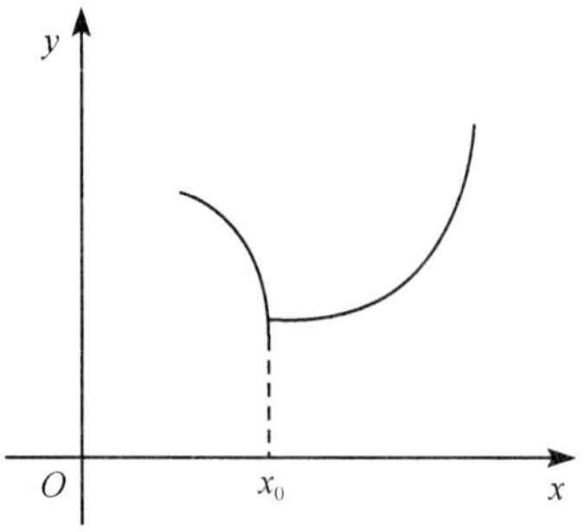

因为 $f'_+(0)\neq f'_-(0)$,所以函数 $f(x)=|x|$ 在 $x=0$ 处不可导.

一般地,如果曲线 $y=f(x)$ 的图形在点 x_0 处出现"尖点"(图 2-1-4),则它在该点不可导. 因此,如果函数在一个区间内可导,则其图形不出现"尖点",或者说其图形是一条连续的光滑曲线.

例 10 讨论 $f(x)=\begin{cases}x\sin\dfrac{1}{x},&x\neq 0\\0,&x=0\end{cases}$ 在 $x=0$ 处的连续性与可导性.

图 2-1-4

解 因为 $\sin\dfrac{1}{x}$ 是有界函数,则有

$$\lim_{x\to 0}x\sin\frac{1}{x}=0.$$

由 $\lim\limits_{x\to 0}f(x)=0=f(0)$ 知,函数 $f(x)$ 在点 $x=0$ 处连续.

但在 $x=0$ 处,有

$$\frac{\Delta y}{\Delta x}=\frac{(0+\Delta x)\sin\dfrac{1}{0+\Delta x}-0}{\Delta x}=\sin\frac{1}{\Delta x}.$$

因为极限 $\lim\limits_{\Delta x\to 0}\dfrac{\Delta y}{\Delta x}$ 不存在,所以 $f(x)$ 在点 $x=0$ 处不可导.

注 上述两个例子说明,函数在某点处连续是函数在该点处可导的必要条件,但不是充分条件. 由定理 2 还知道,若函数在某点处不连续,则它在该点处一定不可导.

在微积分理论尚不完善的时候,人们普遍认为连续函数除个别点外都是可导的. 1872 年德国数学家魏尔斯特拉斯构造出一个处处连续但处处不可导的例子,这与人们基于直观的普遍认识大相径庭,从而震惊了数学界和思想界. 这就是促使人们在微积分研究中从依赖于直观转向依赖于理性思维,从而大大促进了微积分逻辑基础的创建工作.

习 题 2-1

1. 设 $f(x)=10x^2$,试按定义求 $f'(-1)$.
2. 已知物体的运动规律 $s=t^3(\text{m})$,求该物体在 $t=2(\text{s})$ 时的速度.

3. 设 $f'(x_0)$ 存在,试利用导数的定义求下列极限:

(1) $\lim\limits_{\Delta x \to 0}\dfrac{f(x_0-\Delta x)-f(x_0)}{\Delta x}$;

(2) $\lim\limits_{h \to 0}\dfrac{f(x_0+h)-f(x_0-h)}{h}$;

(3) $\lim\limits_{\Delta x \to 0}\dfrac{f(x_0+\Delta x)-f(x_0-2\Delta x)}{2\Delta x}$;

(4) $\lim\limits_{x \to 0}\dfrac{f(x)}{x}$,其中 $f(0)=0$.

4. 设 $f(x)$ 在 $x=2$ 处连续,且 $\lim\limits_{x \to 2}\dfrac{f(x)}{x-2}=2$,求 $f'(2)$.

5. 给定抛物线 $y=x^2-x+2$,求过点 $(1,2)$ 的切线方程与法线方程.

6. 求曲线 $y=\cos x$ 在点 $\left(\dfrac{\pi}{3},\dfrac{1}{2}\right)$ 处的切线方程和法线方程.

7. 求曲线 $y=e^x$ 在点 $(0,1)$ 处的切线方程和法线方程.

8. 函数 $f(x)=\begin{cases} x^2+1, & 0\leqslant x<1 \\ 3x-1, & x\geqslant 1 \end{cases}$ 在点 $x=1$ 处是否可导? 为什么?

9. 用导数定义求 $f(x)=\begin{cases} \ln(1+x), & -1<x\leqslant 0 \\ \sqrt{1+x}-\sqrt{1-x}, & 0<x<1 \end{cases}$ 在点 $x=0$ 处的导数.

10. 已知 $f(x)=\begin{cases} \sin x, & x<0 \\ x, & x\geqslant 0 \end{cases}$,求 $f'(0)$, $f'(x)$.

11. 讨论 $f(x)=\begin{cases} x^2\sin\dfrac{1}{x}, & x\neq 0 \\ 0, & x=0 \end{cases}$ 在 $x=0$ 处的连续性与可导性.

12. 设 $\varphi(x)$ 在 $x=a$ 处连续,$f(x)=(x^2-a^2)\varphi(x)$,求 $f'(a)$.

13. 设不恒为零的奇函数 $f(x)$ 在 $x=0$ 处可导,试说明 $x=0$ 为函数 $\dfrac{f(x)}{x}$ 的何种间断点.

14. 设函数 $f(x)$ 在其定义域上可导,证明:

(1) 若 $f(x)$ 是偶函数,则 $f'(x)$ 是奇函数;　　(2) 若 $f(x)$ 是奇函数,则 $f'(x)$ 是偶函数.

15. 设某工厂生产 x 单位产品所花费的成本是 $f(x)$ 元,该函数称为成本函数,成本函数 $f(x)$ 的导数 $f'(x)$ 在经济学中称为边际成本,试说明边际成本 $f'(x)$ 的实际意义.

2.2　函数的求导法则

求函数的变化率——导数,是理论研究和实践应用中经常遇到的一个普遍问题.但根据定义求导往往非常繁琐,有时甚至是不可行的.能否找到求导的一般法则或常用函数的求导公式,使求导的运算变得更为简单易行呢? 从微积分诞生之日起,数学家们就在探求这一途径.牛顿和莱布尼茨都做了大量的工作.特别是博学多才的数学符号大师莱布尼茨对此作出了不朽的贡献.今天我们所学的微积分学中的法则、公式,特别是所采用的符号,这些工作大部分是由莱布尼茨完成的.

2.2.1　导数的四则运算法则

定理 1　若函数 $u(x),v(x)$ 在点 x 处可导,则它们的和、差、积、商(分母不为零)在点 x 处也可导,且

(1) $[u(x)\pm v(x)]'=u'(x)\pm v'(x)$;

(2) $[u(x)\cdot v(x)]'=u'(x)v(x)+u(x)v'(x)$;

(3) $\left[\dfrac{u(x)}{v(x)}\right]'=\dfrac{u'(x)v(x)-u(x)v'(x)}{v^2(x)}$　$(v(x)\neq 0)$.

证明　在此只证明(3),(1)、(2)请读者自己证明.

设 $f(x)=\dfrac{u(x)}{v(x)}(v(x)\neq 0)$，则

$$f'(x)=\lim_{\Delta x\to 0}\frac{f(x+\Delta x)-f(x)}{\Delta x}=\lim_{\Delta x\to 0}\frac{\dfrac{u(x+\Delta x)}{v(x+\Delta x)}-\dfrac{u(x)}{v(x)}}{\Delta x}$$

$$=\lim_{\Delta x\to 0}\frac{u(x+\Delta x)v(x)-u(x)v(x+\Delta x)}{v(x+\Delta x)v(x)\Delta x}$$

$$=\lim_{\Delta x\to 0}\frac{[u(x+\Delta x)-u(x)]v(x)-u(x)[v(x+\Delta x)-v(x)]}{v(x+\Delta x)v(x)\Delta x}$$

$$=\lim_{\Delta x\to 0}\left[\frac{\dfrac{u(x+\Delta x)-u(x)}{\Delta x}v(x)-u(x)\dfrac{v(x+\Delta x)-v(x)}{\Delta x}}{v(x+\Delta x)v(x)}\right]$$

$$=\frac{u'(x)v(x)-u(x)v'(x)}{v^2(x)},$$

从而所证结论成立.

注 定理 1 中(1)、(2)均可推广到有限多个函数运算的情形. 例如，设 $u=u(x),v=v(x),w=w(x)$ 均可导，则有

$$(u-v+w)'=u'-v'+w',$$
$$(uvw)'=[(uv)w]'=(uv)'w+(uv)w'=(u'v+uv')w+uvw',$$

即

$$(uvw)'=u'vw+uv'w+uvw'.$$

若在定理 1(2)中，令 $v(x)=C$(C 为常数)，则有

$$[Cu(x)]'=Cu'(x).$$

若在定理 1(3)中，令 $u(x)=C$(C 为常数)，则有

$$\left[\frac{C}{v(x)}\right]'=-C\frac{v'(x)}{v^2(x)}.$$

例 1 求 $y=3x^3-2x^2-\dfrac{5}{x}+4\cos x$ 的导数.

解 $y'=(3x^3)'-(2x^2)'-\left(\dfrac{5}{x}\right)'+(4\cos x)'=9x^2-4x+\dfrac{5}{x^2}-4\sin x.$

例 2 求 $y=4\sqrt{x}\cos x$ 的导数.

解
$$y'=(4\sqrt{x}\cos x)'=4(\sqrt{x})'\cos x+4\sqrt{x}(\cos x)'$$
$$=\frac{4}{2\sqrt{x}}\cos x+4\sqrt{x}(-\sin x)=\frac{2}{\sqrt{x}}\cos x-4\sqrt{x}\sin x.$$

例 3 求 $y=\tan x$ 的导数.

解 $y'=\left(\dfrac{\sin x}{\cos x}\right)'=\dfrac{(\sin x)'\cos x-\sin x(\cos x)'}{\cos^2 x}=\dfrac{\cos x\cdot\cos x-\sin x(-\sin x)}{\cos^2 x}$

$$=\frac{\cos^2 x+\sin^2 x}{\cos^2 x}=\frac{1}{\cos^2 x}=\sec^2 x,$$

即 $(\tan x)'=\sec^2 x.$

同理可得 $(\cot x)'=-\csc^2 x.$

例 4 求 $y=\sec x$ 的导数.

解 $y'=(\sec x)'=\left(\dfrac{1}{\cos x}\right)'=-\dfrac{(\cos x)'}{\cos^2 x}=\dfrac{\sin x}{\cos^2 x}=\dfrac{\sin x}{\cos x}\cdot\dfrac{1}{\cos x}=\tan x\cdot\sec x.$

即 $$(\sec x)' = \sec x \cdot \tan x,$$
同理可得 $$(\csc x)' = -\csc x \cdot \cot x.$$

2.2.2 反函数的导数法则

定理 2 设函数 $x = \varphi(y)$ 在区间 I_y 内单调、可导且 $\varphi'(y) \neq 0$，则其反函数 $y = f(x)$ 在对应区间 I_x 内也可导，且

$$f'(x) = \frac{1}{\varphi'(y)} \quad \text{或} \quad \frac{dy}{dx} = \frac{1}{\frac{dx}{dy}}.$$

即反函数的导数等于直接函数导数的倒数.

例 5 求函数 $y = \arcsin x$ 的导数.

解 因为 $y = \arcsin x$ 的反函数是 $x = \sin y$ 在 $I_y = \left(-\frac{\pi}{2}, \frac{\pi}{2}\right)$ 内单调、可导，且
$$(\sin y)' = \cos y > 0,$$
所以在对应区间 $I_x = (-1, 1)$ 内，有
$$(\arcsin x)' = \frac{1}{(\sin y)'} = \frac{1}{\cos y} = \frac{1}{\sqrt{1 - \sin^2 y}} = \frac{1}{\sqrt{1 - x^2}}.$$
即 $$(\arcsin x)' = \frac{1}{\sqrt{1 - x^2}}.$$

同理可得

$$(\arccos x)' = -\frac{1}{\sqrt{1 - x^2}}, \quad (\arctan x)' = \frac{1}{1 + x^2}, \quad (\text{arccot}\, x)' = -\frac{1}{1 + x^2}.$$

例 6 求函数 $y = \log_a x (a > 0$ 且 $a \neq 1)$ 的导数.

解 因为 $y = \log_a x$ 的反函数 $x = a^y$ 在 $I_y = (-\infty, +\infty)$ 内单调、可导，且
$$(a^y)' = a^y \ln a \neq 0,$$
所以在对应区间 $I_x = (0, +\infty)$ 内，有
$$(\log_a x)' = \frac{1}{(a^y)'} = \frac{1}{a^y \ln a} = \frac{1}{x \ln a},$$
即 $$(\log_a x)' = \frac{1}{x \ln a}.$$

特别地，当 $a = e$ 时，
$$(\ln x)' = \frac{1}{x}.$$

2.2.3 复合函数的求导法则

定理 3 若函数 $u = g(x)$ 在点 x 处可导，而 $y = f(u)$ 在点 $u = g(x)$ 处可导，则复合函数 $y = f[g(x)]$ 在点 x 处可导，且其导数为

$$\frac{dy}{dx} = f'(u) \cdot g'(x) \quad \text{或} \quad \frac{dy}{dx} = \frac{dy}{du} \cdot \frac{du}{dx}.$$

证明 因为 $y = f(u)$ 在点 u 处可导，所以
$$\lim_{\Delta u \to 0} \frac{\Delta y}{\Delta u} = f'(u),$$
根据极限与无穷小的关系，有

$$\frac{\Delta y}{\Delta u} = f'(u) + \alpha,$$

其中,α 为 $\Delta u \to 0$ 时的无穷小. 上式中若 $\Delta u \neq 0$,则有

$$\Delta y = f'(u)\Delta u + \alpha \Delta u. \tag{2.2.1}$$

当 $\Delta u = 0$ 时,规定 $\alpha = 0$. 此时 $\Delta y = f(u+\Delta u) - f(u) = 0$,而式(2.2.1)的右端亦为零,故式(2.2.1)对 $\Delta u = 0$ 也成立. 从而

$$\lim_{\Delta x \to 0} \frac{\Delta y}{\Delta x} = \lim_{\Delta x \to 0}\left[f'(u)\frac{\Delta u}{\Delta x} + \alpha \frac{\Delta u}{\Delta x}\right] = f'(u)\lim_{\Delta x \to 0}\frac{\Delta u}{\Delta x} + \lim_{\Delta x \to 0}\alpha \lim_{\Delta x \to 0}\frac{\Delta u}{\Delta x} = f'(u)g'(x).$$

即

$$\frac{\mathrm{d}y}{\mathrm{d}x} = f'(u)g'(x).$$

注 复合函数的求导法则可叙述为:**复合函数的导数,等于函数对中间变量的导数乘以中间变量对自变量的导数**. 这一法则又称为**链式法则**.

例 7 求函数 $y = \ln\tan x$ 的导数.

解 设 $y = \ln u, u = \tan x$,则

$$\frac{\mathrm{d}y}{\mathrm{d}x} = \frac{\mathrm{d}y}{\mathrm{d}u} \cdot \frac{\mathrm{d}u}{\mathrm{d}x} = \frac{1}{u} \cdot \sec^2 x = \frac{1}{\tan x} \cdot \sec^2 x = \frac{\cos x}{\sin x} \cdot \frac{1}{\cos^2 x} = \frac{2}{\sin 2x}.$$

例 8 求函数 $y = (5x+3)^{100}$ 的导数.

解 设 $y = u^{100}, u = 5x+3$,则

$$\frac{\mathrm{d}y}{\mathrm{d}x} = \frac{\mathrm{d}y}{\mathrm{d}u} \cdot \frac{\mathrm{d}u}{\mathrm{d}x} = 100u^{99} \cdot 5 = 100(5x+3)^{99} \cdot 5 = 500(5x+3)^{99}.$$

注 复合函数求导既是重点又是难点. 在求复合函数的导数时,首先要分清函数的复合层次,然后从外向里,逐层推进求导,不要遗漏,也不要重复. 在求导的过程中,始终要明确所求的导数是哪个函数对哪个变量(不管是自变量还是中间变量)的导数. 在开始时可以先设中间变量,一步一步去做. 熟练之后,中间变量可以省略不写,只把中间变量看在眼里,记在心上,直接把表示中间变量的部分写出来,整个过程一气呵成.

例如,例 7 可以这样做,

$$y' = (\ln\tan x)' = \frac{1}{\tan x} \cdot (\tan x)' = \frac{1}{\tan x} \cdot \sec^2 x = \frac{\cos x}{\sin x} \cdot \frac{1}{\cos^2 x} = \frac{2}{\sin 2x}.$$

例 8 可以这样做,

$$y' = [(5x+3)^{100}]' = 100(5x+3)^{99} \cdot (5x+3)' = 500(5x+3)^{99}.$$

复合函数求导法则可推广到多个中间变量的情形. 例如,设

$$y = f(u), \quad u = \varphi(v), \quad v = \psi(x),$$

均满足定理 3 的条件,则复合函数 $y = f\{\varphi[\psi(x)]\}$ 的导数为

$$\frac{\mathrm{d}y}{\mathrm{d}x} = \frac{\mathrm{d}y}{\mathrm{d}u} \cdot \frac{\mathrm{d}u}{\mathrm{d}v} \cdot \frac{\mathrm{d}v}{\mathrm{d}x} \quad \text{或} \quad \frac{\mathrm{d}y}{\mathrm{d}x} = f'(u) \cdot \varphi'(v) \cdot \psi'(x).$$

例 9 求函数 $y = \ln\arctan\dfrac{1}{x}$ 的导数.

解

$$y' = \frac{1}{\arctan\dfrac{1}{x}}\left(\arctan\dfrac{1}{x}\right)' = \frac{1}{\arctan\dfrac{1}{x}} \cdot \frac{1}{1+\left(\dfrac{1}{x}\right)^2} \cdot \left(\dfrac{1}{x}\right)'$$

$$= \frac{1}{\arctan\dfrac{1}{x}} \cdot \frac{x^2}{x^2+1} \cdot \left(-\frac{1}{x^2}\right) = -\frac{1}{(x^2+1)\arctan\dfrac{1}{x}}.$$

例 10 求函数 $y=\sin[\cos^2(x^3+x)]$ 的导数.

解
$$\begin{aligned}y' &= \{\sin[\cos^2(x^3+x)]\}' = \cos[\cos^2(x^3+x)] \cdot [\cos^2(x^3+x)]' \\ &= \cos[\cos^2(x^3+x)] \cdot 2\cos(x^3+x)[\cos(x^3+x)]' \\ &= \cos[\cos^2(x^3+x)] \cdot 2\cos(x^3+x) \cdot [-\sin(x^3+x)](x^3+x)' \\ &= \cos[\cos^2(x^3+x)] \cdot 2\cos(x^3+x) \cdot [-\sin(x^3+x)](3x^2+1) \\ &= -2(3x^2+1) \cdot \cos[\cos^2(x^3+x)] \cdot \cos(x^3+x)\sin(x^3+x) \\ &= -(3x^2+1)\sin 2(x^3+x)\cos[\cos^2(x^3+x)].\end{aligned}$$

例 11 设 $f(x)=\arctan e^x - \ln\sqrt{\dfrac{e^{2x}}{e^{2x}+1}}$, 求 $f'(0)$.

解 因为
$$f(x) = \arctan e^x - \frac{1}{2}[\ln e^{2x} - \ln(e^{2x}+1)] = \arctan e^x - x + \frac{1}{2}\ln(e^{2x}+1),$$
所以
$$f'(x) = \frac{1}{1+(e^x)^2} \cdot e^x - 1 + \frac{1}{2} \cdot \frac{1}{e^{2x}+1} \cdot e^{2x} \cdot 2 = \frac{e^x}{1+e^{2x}} - 1 + \frac{e^{2x}}{e^{2x}+1} = \frac{e^x-1}{e^{2x}+1},$$
因此
$$f'(0) = \frac{e^0-1}{e^0+1} = 0.$$

例 12 求函数 $y=\sin nx \cdot \sin^n x$ (n 为常数) 的导数.

解
$$\begin{aligned}y' &= (\sin nx)' \cdot \sin^n x + \sin nx \cdot (\sin^n x)' \\ &= \cos nx \cdot (nx)' \cdot \sin^n x + \sin nx \cdot n\sin^{n-1}x \cdot (\sin x)' \\ &= n\cos nx \cdot \sin^n x + n\sin nx \cdot \sin^{n-1}x \cdot \cos x \\ &= n\sin^{n-1}x(\cos nx \cdot \sin x + \sin nx \cdot \cos x) \\ &= n\sin^{n-1}x\sin(n+1)x.\end{aligned}$$

例 13 求函数 $y=x^{a^a}+a^{x^a}+a^{a^x}$ ($a>0$) 的导数.

解
$$\begin{aligned}y' &= a^a \cdot x^{a^a-1} + a^{x^a} \cdot \ln a \cdot (x^a)' + a^{a^x} \cdot \ln a \cdot (a^x)' \\ &= a^a x^{a^a-1} + ax^{a-1}a^{x^a}\ln a + a^x a^{a^x}\ln^2 a.\end{aligned}$$

例 14 求函数 $f(x)=\begin{cases}3x, & 0<x\leqslant 1 \\ x^3+2, & 1<x<3\end{cases}$ 的导数.

解 求分段函数的导数时,在每一段内的导数可按一般求导法则求之,但在分段点处的导数要用左、右导数的定义求之.

当 $0<x<1$ 时, $f'(x)=(3x)'=3$;

当 $1<x<3$ 时, $f'(x)=(x^3+2)'=3x^2$;

当 $x=1$ 时, $f(1)=3$,
$$f'_-(1) = \lim_{x\to 1^-}\frac{f(x)-f(1)}{x-1} = \lim_{x\to 1^-}\frac{3x-3}{x-1} = 3,$$
$$f'_+(1) = \lim_{x\to 1^+}\frac{f(x)-f(1)}{x-1} = \lim_{x\to 1^+}\frac{x^3+2-3}{x-1} = \lim_{x\to 1^+}\frac{x^3-1}{x-1} = \lim_{x\to 1^+}(x^2+x+1) = 3.$$
由 $f'_+(1)=f'_-(1)=3$ 知, $f'(1)=3$. 所以
$$f'(x) = \begin{cases}3, & 0<x\leqslant 1 \\ 3x^2, & 1<x<3\end{cases}.$$

例 15 已知 $f(u)$ 可导,求函数 $y=f(\csc x)$ 的导数.

解 $y'=[f(\csc x)]'=f'(\csc x) \cdot (\csc x)' = -f'(\csc x)\csc x \cot x.$

注 求此类含抽象函数的导数时,应特别注意记号表示的真实含义,此例中,$f'(\csc x)$ 表示对 $\csc x$ 求导,而 $[f(\csc x)]'$ 表示对 x 求导.

2.2.4 初等函数的求导法则

为方便查阅,我们把导数基本公式和导数运算函数法则汇集如下:

1. 基本求导公式

(1) $(C)'=0$;　　　　　　　　　　　(2) $(x^\mu)'=\mu x^{\mu-1}$;

(3) $(\sin x)'=\cos x$;　　　　　　　　(4) $(\cos x)'=-\sin x$;

(5) $(\tan x)'=\sec^2 x$;　　　　　　　(6) $(\cot x)'=-\csc^2 x$;

(7) $(\sec x)'=\sec x \tan x$;　　　　　(8) $(\csc x)'=-\csc x \cot x$;

(9) $(a^x)'=a^x \ln a$;　　　　　　　　(10) $(e^x)'=e^x$;

(11) $(\log_a x)'=\dfrac{1}{x \ln a}$;　　　　　　(12) $(\ln x)'=\dfrac{1}{x}$;

(13) $(\arcsin x)'=\dfrac{1}{\sqrt{1-x^2}}$;　　　　(14) $(\arccos x)'=-\dfrac{1}{\sqrt{1-x^2}}$;

(15) $(\arctan x)'=\dfrac{1}{1+x^2}$;　　　　(16) $(\text{arccot}\, x)'=-\dfrac{1}{1+x^2}$.

2. 函数的和、差、积、商的求导法则

设 $u=u(x), v=v(x)$ 可导,则

(1) $(u \pm v)'=u' \pm v'$;　　　　　　(2) $(Cu)'=Cu'$　(C 为常数);

(3) $(uv)'=u'v+uv'$;　　　　　　　(4) $\left(\dfrac{u}{v}\right)'=\dfrac{u'v-uv'}{v^2}$　$(v \neq 0)$.

3. 反函数的求导法则

若函数 $x=\varphi(y)$ 在区间 I_y 内单调可导,且 $\varphi'(y) \neq 0$,则其反函数 $y=f(x)$ 在对应区间 I_x 内也可导,且

$$f'(x)=\frac{1}{\varphi'(y)} \quad \text{或} \quad \frac{\mathrm{d}y}{\mathrm{d}x}=\frac{1}{\dfrac{\mathrm{d}x}{\mathrm{d}y}}.$$

4. 复合函数的求导法则

设 $y=f(u)$,而 $u=g(x)$,则 $y=f[\varphi(x)]$ 的导数为

$$\frac{\mathrm{d}y}{\mathrm{d}x}=\frac{\mathrm{d}y}{\mathrm{d}u}\frac{\mathrm{d}u}{\mathrm{d}x} \quad \text{或} \quad \frac{\mathrm{d}y}{\mathrm{d}x}=f'(u)g'(x).$$

习　题　2-2

1. 计算下列函数的导数:

(1) $y=3x+5\sqrt{x}+\dfrac{1}{x}$;　　　(2) $y=3x^3-5^x+7\mathrm{e}^x$;　　　(3) $y=2\tan x+\sec x-1$;

(4) $y=\sin x \cos x$; (5) $y=x^4 \ln x$; (6) $y=4\mathrm{e}^x \cos x$;

(7) $y=\dfrac{\ln x}{x}$; (8) $y=\dfrac{1+\sin t}{1+\cos t}$; (9) $y=(x-1)(x-2)(x-3)$;

(10) $y=x\log_2 x+\ln 2$; (11) $y=\sqrt[3]{x}\sin x+a^x\mathrm{e}^x$; (12) $y=\dfrac{x-1}{x+1}$;

(13) $y=\dfrac{5x^2-3x+4}{x^2-1}$; (14) $y=\dfrac{2\csc x}{1+x^2}$; (15) $y=x^2\ln x\cos x$.

2. 计算下列函数在指定点处的导数：

(1) $y=\sin x-\cos x$，求 $\dfrac{\mathrm{d}y}{\mathrm{d}x}\bigg|_{x=\frac{\pi}{6}}$ 和 $\dfrac{\mathrm{d}y}{\mathrm{d}x}\bigg|_{x=\frac{\pi}{4}}$； (2) $\rho=\varphi\sin\varphi+\dfrac{1}{2}\cos\varphi$，求 $\dfrac{\mathrm{d}\rho}{\mathrm{d}\varphi}\bigg|_{\varphi=\frac{\pi}{4}}$；

(3) $y=\dfrac{3}{5-x}+\dfrac{x^2}{5}$，求 $y'(0)$； (4) $y=\mathrm{e}^x(x^2-3x+1)$，求 $y'(0)$．

3. 以初速度 v_0 竖直上抛的物体，其上升高度与 s 和时间 t 的关系是
$$s=v_0 t-\dfrac{1}{2}gt^2,$$
求：(1) 该物体的速度 $v(t)$；
(2) 该物体达到最高点的时刻.

4. 求抛物线 $y=ax^2+bx+c$ 上具有水平切线的点.

5. 求曲线 $y=2\sin x+x^2$ 上横坐标为 $x=0$ 的点处的切线方程和法线方程.

6. 写出曲线 $y=x-\dfrac{1}{x}$ 与 x 轴交点处的切线方程.

7. 求下列函数的导数：

(1) $y=\cos(5-4x)$； (2) $y=\mathrm{e}^{-5x^3}$； (3) $y=\sqrt{a^2-x^2}$；

(4) $y=\tan(x^2)$； (5) $y=\sin^2 x$； (6) $y=\arctan(\mathrm{e}^x)$；

(7) $y=\arcsin(1-2x)$； (8) $y=\arccos\dfrac{1}{x}$； (9) $y=\ln(\sec x+\tan x)$；

(10) $y=\ln(\csc x-\cot x)$； (11) $y=\ln(1+x^2)$； (12) $y=\log_a(x^2+x+1)$．

8. 求下列函数的导数：

(1) $y=\mathrm{e}^{-\frac{x}{2}}\cos 3x$； (2) $y=\ln\dfrac{1+\sqrt{x}}{1-\sqrt{x}}$； (3) $y=\ln\tan\dfrac{x}{2}$；

(4) $y=\left(\arcsin\dfrac{x}{2}\right)^2$； (5) $y=x\sqrt{1-x^2}+\arcsin x$； (6) $y=\ln\ln x$；

(7) $y=\sin^n x\cdot\cos nx$； (8) $y=\mathrm{e}^{\arctan\sqrt{x}}$； (9) $y=\sqrt{1+\ln^2 x}$；

(10) $y=10^{x\tan 2x}$； (11) $y=\arcsin\sqrt{\dfrac{1-x}{1+x}}$； (12) $y=\ln\sqrt{\dfrac{\mathrm{e}^{4x}}{\mathrm{e}^{4x}+1}}$．

9. 设 $f(x)$ 为可导函数，求 $\dfrac{\mathrm{d}y}{\mathrm{d}x}$.

(1) $y=f(x^4)$； (2) $y=f(\sin^2 x)+f(\cos^2 x)$； (3) $y=f\left(\arcsin\dfrac{1}{x}\right)$．

10. 设 $f(1-x)=x\mathrm{e}^{-x}$，且 $f(x)$ 可导，求 $f'(x)$．

11. 设 $f(u)$ 为可导函数，且 $f(x+3)=x^5$，求 $f'(x+3)$，$f'(x)$．

12. 已知 $f\left(\dfrac{1}{x}\right)=\dfrac{x}{1+x}$，求 $f'(x)$．

13. 已知 $\varphi(x)=a^{f^2(x)}$，且 $f'(x)=\dfrac{1}{f(x)\ln a}$，证明 $\varphi'(x)=2\varphi(x)$．

14. 设 $f(x)$ 在 $(-\infty,+\infty)$ 内可导，且 $F(x)=f(x^2-1)+f(1-x^2)$，证明：$F'(1)=F'(-1)$．

15. 设函数 $f(x)=\begin{cases}2\tan x+1, & x<0 \\ \mathrm{e}^x, & x\geqslant 0\end{cases}$，求 $f'(x)$．

2.3 导数的应用

本节通过应用实例来研究作为变化率的导数在几何、物理,尤其是在经济学中的应用.

2.3.1 经济学中的导数

1. 边际分析

在经济学中,习惯上用平均和边际这两个概念来描述一个经济变量 y 对于另一个经济变量 x 的变化.平均概念表示 x 在某一范围内取值 y 的变化.边际概念表示当 x 的改变量 Δx 趋于 0 时,y 的相应改变量 Δy 与 Δx 的比值的变化,即当 x 在某一给定值附近有微小变化时,y 的瞬时变化.

设函数 $y=f(x)$ 可导,函数值的增量与自变量增量的比值

$$\frac{\Delta y}{\Delta x} = \frac{f(x_0+\Delta x)-f(x_0)}{\Delta x},$$

表示 $f(x)$ 在 $(x_0, x_0+\Delta x)$ 或 $(x_0+\Delta x, x_0)$ 内的**平均变化率**(**速度**).

根据导数的定义,导数 $f'(x_0)$ 表示 $f(x)$ 在点 $x=x_0$ 处的**变化率**,在经济学中,称其为 $f(x)$ 在点 $x=x_0$ 处的**边际函数值**.

当函数的自变量 x 在 x_0 处改变一个单位(即 $\Delta x=1$)时,函数的增量为 $f(x_0+1)-f(x_0)$,但当 x 改变的"单位"很小时,或 x 的"一个单位"与 x_0 值相比很小时,则有近似式

$$\Delta f = f(x_0+1)-f(x_0) \approx f'(x_0).$$

它表明,当自变量在 x_0 处产生一个单位的改变时,函数 $f(x)$ 的改变量可近似地用 $f'(x_0)$ 来表示. 在经济学中,解释边际函数值的具体意义时,通常略去"近似"二字,显然,如果 $f(x)$ 的图形(图 2-3-1)的斜率 $f'(x_0)$ 在 x_0 附近变化不是很快的话,这种近似是可以接受的.

例如,设函数 $y=x^2$,则 $y'=2x$,$y=x^2$ 在点 $x=10$ 处的边际函数值为 $y'(10)=20$,它表示当 $x=10$ 时,x 改变一个单位,y(近似)改变 20 个单位.

若将边际的概念具体于不同的经济函数,则成本函数 $C(x)$、收入函数 $R(x)$ 与利润函数 $L(x)$ 关于生产水平 x 的导数分别称为**边际成本**、**边际收入**与**边际利润**,它们分别表示在一定的生产水平下再多生产一件产品而产生的成本、多售出一件产品而产生的收入与利润.

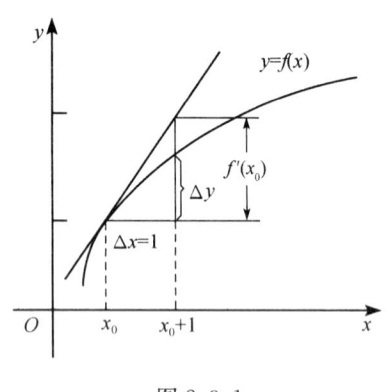

图 2-3-1

例 1 设产品在生产 8 到 20 件的情况,生产 x 件的成本与销售 x 件的收入分别为

$$C(x) = x^3 - 2x^2 + 12x(\text{元}), \quad R(x) = x^3 - 3x^2 + 10x(\text{元}),$$

某工厂目前每天生产 10 件,试问每天多生产一件产品的成本为多少? 每天多销售一件产品而获得的收入为多少?

解 在每天生产 10 件的基础上再多生产一件的成本大约为 $C'(10)$:

$$C'(x) = \frac{\mathrm{d}}{\mathrm{d}x}(x^3-2x^2+12x) = 3x^2-4x+12, \quad C'(10)=272(\text{元}),$$

即多生产一件的附加成本为 272 元.边际收入为

$$R'(x) = \frac{d}{dx}(x^3 - 3x^2 + 10x) = 3x^2 - 6x + 10, \quad R'(10) = 250(元),$$

即多销售一件产品而增加的收入为 250 元.

例 2 设某种产品的需求函数为 $x = 1\,000 - 100P$,求当需求量 $x = 300$ 时的总收入,平均收入和边际收入.

解 销售 x 件价格为 P 的产品收入为 $R(x) = P \cdot x$,将需求函数 $x = 1\,000 - 100P$,即 $P = 10 - 0.01x$ 代入,得总收入函数

$$R(x) = (10 - 0.01x) \cdot x = 10x - 0.01x^2.$$

平均收入函数为
$$\bar{R}(x) = \frac{R(x)}{x} = 10 - 0.01x.$$

边际收入函数为
$$R'(x) = (10x - 0.01x^2)' = 10 - 0.02x.$$

$x = 300$ 时的总收入为
$$R(300) = 10 \cdot 300 - 0.01 \cdot 300^2 = 2\,100(元),$$

平均收入为
$$\bar{R}(300) = 10 - 0.01 \cdot 300 = 7(元),$$

边际收入为
$$R'(300) = 10 - 0.02 \cdot 300 = 4(元).$$

例 3 设某产品的需求函数为 $P = 80 - 0.1x$ (P 是价格,x 是需求量),成本函数为
$$C = 5\,000 + 20x(元).$$

试求边际利润函数 $L'(x)$,并分别求 $x = 150$ 和 $x = 400$ 时的边际利润.

解 已知 $P(x) = 80 - 0.1x$,$C(x) = 5\,000 + 20x$,则有

$$R(x) = P \cdot x = (80 - 0.1x) \cdot x = 80x - 0.1x^2,$$
$$L(x) = R(x) - C(x) = (80x - 0.1x^2) - (5\,000 + 20x) = -0.1x^2 + 60x - 5\,000.$$

边际利润函数为
$$L'(x) = (-0.1x^2 + 60x - 5\,000)' = -0.2x + 60,$$

当 $x = 150$ 时,边际利润为
$$L'(150) = -0.2 \cdot 150 + 60 = 30,$$

当 $x = 400$ 时,边际利润为
$$L'(400) = -0.2 \cdot 400 + 60 = -20.$$

可见,销售第 151 个产品,利润将增加 30 元,而销售第 401 个产品,利润将减少 20 元.

2. 弹性分析

在边际分布中所研究的是函数的绝对改变量与绝对变化率. 我们从实践中体会到,仅仅研究函数的绝对改变量与绝对变化率还是不够的. 例如,商品甲每单位价格 200 元,涨价 20 元;商品乙每单位价格 2 000 元,也涨价 20 元. 两种商品价格的绝对改变量都是 20 元,但各与其原来的价格相比较,两者涨价的百分比却有很大的不同,商品甲涨了 10%,而商品乙涨了 1%. 因此,经济学中常需研究一个变量对另一个变量相对改变量与相对变化率. 为此引入下面的定义.

定义 1 设函数 $y = f(x)$ 可导,函数的相对改变量
$$\frac{\Delta y}{y} = \frac{f(x + \Delta x) - f(x)}{f(x)}$$

与自变量的相对改变量 $\dfrac{\Delta x}{x}$ 之比 $\dfrac{\frac{\Delta y}{y}}{\frac{\Delta x}{x}}$,称为函数 $f(x)$ 在 x 与 $x + \Delta x$ **两点间的弹性**(或相对变化

率). 而极限 $\lim\limits_{\Delta x \to 0} \dfrac{\dfrac{\Delta y}{y}}{\dfrac{\Delta x}{x}}$ 称为函数 $f(x)$ 在点 x 的**弹性**(或**相对变化率**),记为

$$\frac{\mathrm{E}}{\mathrm{E}x}f(x) = \frac{\mathrm{E}y}{\mathrm{E}x} = \lim_{\Delta x \to 0} \frac{\dfrac{\Delta y}{y}}{\dfrac{\Delta x}{x}} = \lim_{\Delta x \to 0} \frac{\Delta y}{\Delta x} \cdot \frac{x}{y} = y' \frac{x}{y}.$$

注 函数 $f(x)$ 在点 x 的弹性 $\dfrac{\mathrm{E}y}{\mathrm{E}x}$ 反映随 x 的变化 $f(x)$ 变化幅度的大小,即 $f(x)$ 对 x 变化反应的强烈程度或**灵敏度**. 数值上,$\dfrac{\mathrm{E}}{\mathrm{E}x}f(x)$ 表示 $f(x)$ 在点 x 处,当 x 产生 1% 的改变时,函数 $f(x)$ 近似地改变 $\dfrac{\mathrm{E}}{\mathrm{E}x}f(x)\%$,在应用问题中解释弹性的具体意义时,通常略去"近似"二字.

例如,求函数 $y=3+2x$ 在 $x=3$ 处的弹性. 由 $y'=2$,得

$$\frac{\mathrm{E}y}{\mathrm{E}x} = y'\frac{x}{y} = \frac{2x}{3+2x}, \quad \frac{\mathrm{E}y}{\mathrm{E}x}\bigg|_{x=3} = \frac{2 \cdot 3}{3+2 \cdot 3} = \frac{6}{9} = \frac{2}{3} \approx 0.67.$$

设需求函数 $Q=f(P)$,这里 P 表示产品的价格. 于是,可具体定义该产品在价格为 P 时的**需求弹性**如下:

$$\eta = \eta(P) = \lim_{\Delta P \to 0} \frac{\dfrac{\Delta Q}{Q}}{\dfrac{\Delta P}{P}} = \lim_{\Delta P \to 0} \frac{\Delta Q}{\Delta P} \cdot \frac{P}{Q} = P \cdot \frac{f'(P)}{f(P)}.$$

当 ΔP 很小时,有

$$\eta = P \cdot \frac{f'(P)}{f(P)} \approx \frac{P}{f(P)} \cdot \frac{\Delta Q}{\Delta P},$$

故需求弹性 η 近似地表示在价格为 P 时,价格变动 1%,需求量将变化 $\eta\%$.

注 一般地,需求函数是单调减少函数,需求量随价格的上涨而减少(当 $\Delta P>0$ 时,$\Delta Q<0$),故需求弹性一般是负值,它反映产品需求量对价格变动反应的强烈程度(**灵敏度**).

例 4 设某种商品的需求量 Q 与价格 P 的关系为

$$Q(P) = 1\,600\left(\frac{1}{4}\right)^P.$$

(1) 求需求弹性 $\eta(P)$;

(2) 当商品的价格 $P=10$(元)时,再上涨 1%,求该商品需求量的变化情况.

解 (1) 需求弹性为

$$\eta(P) = P \cdot \frac{Q'(P)}{Q(P)} = P \cdot \frac{\left[1\,600\left(\dfrac{1}{4}\right)^P\right]'}{1\,600\left(\dfrac{1}{4}\right)^P} = P \cdot \frac{1\,600\left(\dfrac{1}{4}\right)^P \ln\dfrac{1}{4}}{1\,600\left(\dfrac{1}{4}\right)^P}$$

$$= P \cdot \ln\frac{1}{4} = (-2\ln 2)P \approx -1.39P.$$

需求弹性为负,说明商品价格 P 上涨 1% 时,商品需求量 Q 将减少 $1.39P\%$.

(2) 当商品的价格 $P=10$(元)时,

$$\eta(10) = -1.39 \cdot 10 = -13.9,$$

这表示价格 $P=10$(元)时,价格上涨 1%,商品的需求量将减少 13.9%.若价格降低 1%,商品的需求量将增加 13.9%.

2.3.2 瞬时变化率

例 5 圆面积 A 和其直径 D 的关系为 $A = \dfrac{\pi}{4}D^2$,当 $D=10\mathrm{m}$ 时,面积关于直径的变化率是多大?

解 圆面积关于直径的变化率为

$$\frac{\mathrm{d}A}{\mathrm{d}D} = \frac{\pi}{4} \cdot 2D = \frac{\pi}{2}D,$$

当 $D=10\mathrm{m}$ 时,圆面积的变化率为

$$\frac{\pi}{2} \cdot 10 = 5\pi(\mathrm{m}^2/\mathrm{m}),$$

即当直径 D 由 10m 增加 1m 变为 11m 后,圆面积约为 $5\pi\mathrm{m}^2$.

2.3.3 质点的垂直运动模型

例 6 一质点以每秒 50m 的发射速度垂直射向空中,t 秒后达到的高度为 $s=50t-5t^2$(m)(图 2-3-2),假设在此运动过程中重力为唯一的作用力,试求

(1) 该质点能达到的最大高度?
(2) 该质点离地面 120m 时的速度是多少?
(3) 该质点何时重新落回地面?

解 依题意及 2.1 节的引例 1 的讨论,易知时刻 t 的速度为

$$v = \frac{\mathrm{d}}{\mathrm{d}t}(50t - 5t^2) = -10(t-5)(\mathrm{m/s}).$$

图 2-3-2

(1) $t=5\mathrm{s}$ 时,v 变为 0,此时质点达到最大高度

$$s = 50 \cdot 5 - 5 \cdot 5^2 = 125(\mathrm{m}).$$

(2) 令 $s=50t-5t^2=120$,解得 $t=4$ 或 6,故

$$v = 10(\mathrm{m/s}) \quad \text{或} \quad v = -10(\mathrm{m/s}).$$

(3) 令 $s=50t-5t^2=0$,解得 $t=10(\mathrm{s})$,即该质点 10s 后重新落回地面.

习 题 2-3

1. 某型号电视机的生产成本(元)与生产量(台)的关系函数为:
$$C(x) = 6\,000 + 900x - 0.8x^2.$$
(1) 求生产前 100 台的平均成本;
(2) 求当 100 台生产出来时的边际成本;
(3) 证明(2)中求得的边际成本的合理性.

2. 某型号电视机的月收入(元)与月售出台数(台)的函数为
$$Y(x) = 100\,000\left(1 - \frac{1}{2x}\right).$$

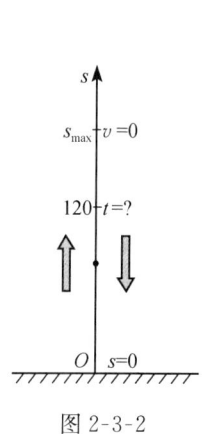

(1) 求销售出第 100 台电视机时的边际收入;

(2) 从边际收入函数得出什么有意义的结论,并解释当 $x \to \infty$ 时,$Y'(x)$ 的极限值表示什么含义?

3. 某煤炭公司每天生产煤 x 吨的总成本函数为 $C(x)=2\,000+450x+0.02x^2$,如果每吨煤的销售价为 490 元,求

(1) 边际成本函数 $C'(x)$;

(2) 利润函数 $L(x)$ 及边际利润函数 $L'(x)$;

(3) 边际利润为 0 时的产量.

4. 设某商品的需求函数为 $Q=400-100P$,求 $P=1,2,3$ 时的需求弹性.

5. 某地对服装的需求函数可以表示为 $Q=aP^{-0.66}$,试求需求量对价格的弹性,并说明其经济意义.

6. 某产品滞销,现准备以降价扩大销路. 如果该产品的需求弹性在 1.5~2 之间,试问当降价 10% 时,销售量可增加多少?

7. 现给一气球充气,在充气膨胀的过程中,我们均近似认为它为球形形状:

(1) 当气球半径为 10cm 时,其体积以什么样的变化率在膨胀?

(2) 试估算当气球半径由 10cm 吹胀到 11cm 时气球增长的体积数.

8. 某物体的运动轨迹可以用其位移和时间关系式 $s=s(t)$ 来刻画,其中 s 以 m 计,t 以 s 计,下面是其两个不同的运动轨迹

$$s_1 = t^2 - 3t + 2 \quad (0 \leqslant t \leqslant 2), \quad s_2 = -t^3 + 3t^2 - 3t \quad (0 \leqslant t \leqslant 3).$$

试分别计算:

(1) 物体在给定时间区间内的平均速度;

(2) 求物体在区间端点的速率;

(3) 物体在给定的时间区间内运动方向是否发生了变化,若是,在何时发生改变?

9. 现给一水箱放水,闸门打开 t 小时后,水箱的深度 h 可近似认为由公式

$$h = 5\left(1 - \frac{t}{10}\right)^2$$

给出.

(1) 求在时间 t 处水深下降的快慢程度 $\dfrac{dh}{dt}$;

(2) 何时水位下降最快? 最慢? 并求出此时对应的水深下降率 $\dfrac{dh}{dt}$;

(3) 作出 $h(t)$ 和 $\dfrac{dh(t)}{dt}$ 的图像,并试讨论 h 的大小与 $\dfrac{dh}{dt}$ 的取值的符号和大小的关系.

2.4 高阶导数

根据 2.1 节的引例 1 知道,物体做变速直线运动,其瞬时速度 $v(t)$ 就是路程函数 $s=s(t)$ 对时间 t 的导数,即

$$v(t) = s'(t).$$

根据物理学知识,速度函数 $v(t)$ 对于时间 t 的变化率就是加速度 $a(t)$,即 $a(t)$ 是 $v(t)$ 对于时间 t 的导数,

$$a(t) = v'(t) = [s'(t)]'.$$

于是,加速度 $a(t)$ 就是路程函数 $s(t)$ 对时间 t 的导数的导数,称为 $s(t)$ 对 t 的**二阶导数**,记为 $s''(t)$. 因此,变速直线运动的加速度就是路程函数 $s(t)$ 的二阶导数,即

$$a(t) = s''(t).$$

定义 1 如果函数 $f(x)$ 的导数 $f'(x)$ 在点 x 处可导,即

$$[f'(x)]' = \lim_{\Delta x \to 0} \frac{f'(x+\Delta x) - f'(x)}{\Delta x}$$

存在,则称$[f'(x)]'$为函数$f(x)$在点x处的**二阶导数**,记为

$$f''(x), \quad y'', \quad \frac{\mathrm{d}^2 y}{\mathrm{d}x^2} \quad \text{或} \quad \frac{\mathrm{d}^2 f(x)}{\mathrm{d}x^2}.$$

类似地,二阶导数的导数称为**三阶导数**,记为

$$f'''(x), \quad y''', \quad \frac{\mathrm{d}^3 y}{\mathrm{d}x^3} \quad \text{或} \quad \frac{\mathrm{d}^3 f(x)}{\mathrm{d}x^3}.$$

一般地,$f(x)$的$n-1$阶导数的导数称为$f(x)$的n**阶导数**,记为

$$f^{(n)}(x), \quad y^{(n)}, \quad \frac{\mathrm{d}^n y}{\mathrm{d}x^n} \quad \text{或} \quad \frac{\mathrm{d}^n f(x)}{\mathrm{d}x^n}.$$

注 二阶和二阶以上的导数统称为**高阶导数**. 相应地,$f(x)$称为**零阶导数**,$f'(x)$称为**一阶导数**.

由此可见,求函数的高阶导数,就是利用基本求导公式及导数的运算法则,对函数逐阶求导.

例1 设$y = ax^2 + bx + c$,求y'''.

解 $y' = 2ax + b, y'' = 2a, y''' = 0$.

例2 设$y = f(x) = \arctan x$,求$f'''(0)$.

解 $y' = \dfrac{1}{1+x^2}, \quad y'' = \left(\dfrac{1}{1+x^2}\right)' = \dfrac{-2x}{(1+x^2)^2}, \quad y''' = \left[\dfrac{-2x}{(1+x^2)^2}\right]' = \dfrac{2(3x^2-1)}{(1+x^2)^3},$

所以 $$f'''(0) = \dfrac{2(3x^2-1)}{(1+x^2)^3}\bigg|_{x=0} = -2.$$

例3 求指数函数$y = \mathrm{e}^{ax} (a \neq 0)$的$n$阶导数.

解 $y' = a\mathrm{e}^{ax}, \quad y'' = a^2 \mathrm{e}^{ax}, \quad y''' = a^3 \mathrm{e}^{ax}, \quad y^{(4)} = a^4 \mathrm{e}^{ax}.$

一般地,可得$y^{(n)} = a^n \mathrm{e}^{ax}$,即有

$$(\mathrm{e}^{ax})^{(n)} = a^n \mathrm{e}^{ax}. \tag{2.4.1}$$

例4 求幂函数$y = x^\alpha (\alpha \in \mathbf{R})$的$n$阶求导公式.

解 $y' = \alpha x^{\alpha-1}, \quad y'' = (\alpha x^{\alpha-1})' = \alpha(\alpha-1)x^{\alpha-2},$
$y''' = [\alpha(\alpha-1)x^{\alpha-2}]' = \alpha(\alpha-1)(\alpha-2)x^{\alpha-3}.$

一般地,可得

$$y^{(n)} = \alpha(\alpha-1)\cdots(\alpha-n+1)x^{\alpha-n},$$

即 $$(x^\alpha)^{(n)} = \alpha(\alpha-1)\cdots(\alpha-n+1)x^{\alpha-n}. \tag{2.4.2}$$

特别地,若$\alpha = -1$,则有

$$\left(\dfrac{1}{x}\right)^{(n)} = (-1)^n \dfrac{n!}{x^{n+1}}.$$

若α为自然数n,则有

$$(x^n)^{(n)} = n(n-1)(n-2)\cdots 3 \cdot 2 \cdot 1 = n!, \quad (x^n)^{(n+1)} = (n!)' = 0.$$

例5 求对数函数$y = \ln(1+x)$的n阶导数.

解 $y' = \dfrac{1}{1+x}, \quad y'' = -\dfrac{1}{(1+x)^2}, \quad y''' = \dfrac{2!}{(1+x)^3}, \quad y^{(4)} = -\dfrac{3!}{(1+x)^4}.$

一般地,可得
$$y^{(n)} = (-1)^{n-1}\frac{(n-1)!}{(1+x)^n} \quad (n \geq 1, 0! = 1). \tag{2.4.3}$$

例6 求 $y = \sin kx$ 的 n 阶导数.

解 $y' = k\cos kx = k\sin\left(kx + \frac{\pi}{2}\right)$,

$y'' = k^2\cos\left(kx + \frac{\pi}{2}\right) = k^2\sin\left(kx + \frac{\pi}{2} + \frac{\pi}{2}\right) = k^2\sin\left(kx + 2\cdot\frac{\pi}{2}\right)$,

$y''' = k^3\cos\left(kx + 2\cdot\frac{\pi}{2}\right) = k^3\sin\left(kx + 3\cdot\frac{\pi}{2}\right)$,

一般地,可得 $\qquad y^{(n)} = k^n\sin\left(kx + n\cdot\frac{\pi}{2}\right).$

即 $\qquad (\sin kx)^{(n)} = k^n\sin\left(kx + n\cdot\frac{\pi}{2}\right). \tag{2.4.4}$

同理可得 $\qquad (\cos kx)^{(n)} = k^n\cos\left(kx + n\cdot\frac{\pi}{2}\right). \tag{2.4.5}$

求函数的高阶导数时,除直接按定义逐阶求出指定的高阶导数外(直接法),还常常利用已知的高阶导数公式,通过导数的四则运算,变量代换等方法,间接求出指定的高阶导数(间接法).

如果函数 $u = u(x)$ 及 $v = v(x)$ 都在点 x 处具有 n 阶导数,则显然有
$$[u(x) \pm v(x)]^{(n)} = u^{(n)}(x) \pm v^{(n)}(x). \tag{2.4.6}$$

利用复合求导法则,还可证得下列常用结论:
$$[Cu(x)]^{(n)} = Cu^{(n)}(x); \tag{2.4.7}$$
$$[u(ax+b)]^{(n)} = a^n u^{(n)}(ax+b) \quad (a \neq 0). \tag{2.4.8}$$

例如,由幂函数的 n 阶导数公式,可得
$$\left(\frac{1}{ax+b}\right)^{(n)} = (-1)^n \frac{n! a^n}{(ax+b)^{n+1}}.$$

例7 设函数 $y = \dfrac{1}{x^2+8x+15}$,求 $y^{(100)}$.

解 因为 $y = \dfrac{1}{x^2+8x+15} = \dfrac{1}{(x+3)(x+5)} = \dfrac{1}{2}\left(\dfrac{1}{x+3} - \dfrac{1}{x+5}\right)$,

所以 $\qquad y^{(100)} = \dfrac{100!}{2}\left[\dfrac{1}{(x+3)^{101}} - \dfrac{1}{(x+5)^{101}}\right].$

例8 设 $y = \ln(1+x-6x^2)$,求 $y^{(n)}$.

解 因为 $\qquad y = \ln(1+x-6x^2) = \ln(1-2x) + \ln(1+3x).$

所以 $\qquad y^{(n)} = [\ln(1-2x)]^{(n)} + [\ln(1+3x)]^{(n)}.$

利用式(2.4.3),式(2.4.8)得

$$y^{(n)} = (-1)^{n-1}\cdot(-1)^n\cdot 2^n\cdot\frac{(n-1)!}{(1-2x)^n} + (-1)^{n-1}\cdot 3^n\cdot\frac{(n-1)!}{(1+3x)^n}$$

$$= (n-1)!\left[\frac{(-1)^{n-1}\cdot 3^n}{(1+3x)^n} - \frac{2^n}{(1-2x)^n}\right].$$

但是乘积 $u(x) \cdot v(x)$ 的 n 阶导数比较复杂,由 $(uv)' = u'v + uv'$ 首先可得到
$$(uv)'' = u''v + 2u'v' + uv'', \quad (uv)''' = u'''v + 3u''v' + 3u'v'' + uv'''.$$
一般地,可用数学归纳法证明
$$(u \cdot v)^{(n)} = u^{(n)}v + nu^{(n-1)}v' + \frac{n(n-1)}{2!}u^{(n-2)}v'' + \cdots$$
$$+ \frac{n(n-1)\cdots(n-k+1)}{k!}u^{(n-k)}v^{(k)} + \cdots + uv^{(n)},$$

上式称为**莱布尼茨公式**. 注意,这个公式中的各项系数与下列二项展开式的系数相同:
$$(u+v)^n = u^n + nu^{n-1}v + \frac{n(n-1)}{2!}u^{n-2}v^2 + \cdots + \frac{n(n-1)\cdots(n-k+1)}{k!}u^{n-k}v^k + \cdots + v^n$$
$$= \sum_{k=0}^{n} C_n^k u^{n-k} v^k.$$

如果把其中的 k 次幂换成 k 阶导数(零阶导数理解为函数本身),再把左端的 $u+v$ 换成 uv,则莱布尼茨公式可记为
$$(uv)^{(n)} = \sum_{k=0}^{n} C_n^k u^{(n-k)} v^{(k)}. \tag{2.4.9}$$

例 9 设 $y = x^2 e^{2x}$,求 $y^{(20)}$.

解 设 $u = e^{2x}, v = x^2$ 则由莱布尼茨公式,得
$$y^{(20)} = (e^{2x})^{(20)} \cdot x^2 + 20(e^{2x})^{(19)} \cdot (x^2)' + \frac{20(20-1)}{2!}(e^{2x})^{(18)} \cdot (x^2)'' + 0$$
$$= 2^{20} e^{2x} \cdot x^2 + 20 \cdot 2^{19} e^{2x} \cdot 2x + \frac{20 \cdot 19}{2!} 2^{18} e^{2x} \cdot 2$$
$$= 2^{20} e^{2x} (x^2 + 20x + 95).$$

习 题 2-4

1. 求下列函数的二阶导数:

(1) $y = x^6 + 3x^4 + 2x^3$;
(2) $y = e^{4x-3}$;
(3) $y = x\cos x$;

(4) $y = e^{-t}\sin t$;
(5) $y = \sqrt{a^2 - x^2}$;
(6) $y = \ln(1-x^2)$;

(7) $y = \tan x$;
(8) $y = \dfrac{1}{x^2+1}$;
(9) $y = (1+x^2)\arctan x$;

(10) $y = \dfrac{e^x}{x}$;
(11) $y = xe^{x^2}$;
(12) $y = \ln(x + \sqrt{1+x^2})$.

2. 设 $f(x) = (x+10)^6$,求 $f'''(2)$.

3. 验证函数 $y = C_1 e^{\lambda x} + C_2 e^{-\lambda x}$ (λ, C_1, C_2 是常数)满足关系式:
$$y'' - \lambda^2 y = 0.$$

4. 设 $g'(x)$ 连续,且 $f(x) = (x-a)^2 g(x)$,求 $f''(a)$.

5. 设 $f''(x)$ 存在,求下列函数的二阶导数 $\dfrac{d^2 y}{dx^2}$:

(1) $y = f(x^3)$;
(2) $y = \ln[f(x)]$.

6. 求下列函数的 n 阶导数的一般表达式:

(1) $y = x^n + a_1 x^{n-1} + a_2 x^{n-2} + \cdots + a_{n-1} x + a_n$ ($a_1, a_2, \cdots, a_n$ 都是常数);

(2) $y = \sin^2 x$;
(3) $y = x\ln x$;
(4) $y = \dfrac{1}{x^2 - 5x + 6}$.

7. 求下列函数所指定阶的导数：

(1) $y=e^x\cos x$，求 $y^{(4)}$； (2) $y=x^2\sin 2x$，求 $y^{(50)}$； (3) $y=\dfrac{1}{x(x-1)}$，求 $y^{(4)}$.

2.5 隐函数的导数

2.5.1 隐函数的导数

本章前面几节所讨论的求导法则适用因变量 y 与自变量 x 之间的函数关系是显函数 $y=y(x)$ 的形式. 但是，有时变量 y 与 x 之间的函数关系是以隐函数 $F(x,y)=0$ 的形式出现的，并且在此类情况下，往往从方程 $F(x,y)=0$ 中是不易求出或无法解出 y 的，即隐函数不易或无法显化. 例如，$xy+e^{x+y}=0$，$xe^y+ye^x=0$ 等，都无法从中解出 y 来.

假设由方程 $F(x,y)=0$ 所确定的函数为 $y=y(x)$，则把它代回方程 $F(x,y)=0$ 中，得到恒等式

$$F[x,f(x)]\equiv 0.$$

利用复合函数求导法则，在上式两边同时对自变量 x 求导，再解出所求导数 $\dfrac{dy}{dx}$，这就是**隐函数求导法**.

例 1 求方程 $xe^y+ye^x=0$ 所确定的函数的导数 $\dfrac{dy}{dx}$，$\dfrac{dy}{dx}\bigg|_{x=0}$.

解 在题设方程两边同时对自变量 x 求导数，得

$$e^y+xe^y\cdot\dfrac{dy}{dx}+e^x\cdot\dfrac{dy}{dx}+ye^x=0,$$

整理得

$$(xe^y+e^x)\dfrac{dy}{dx}=-(ye^x+e^y),$$

解得

$$\dfrac{dy}{dx}=-\dfrac{ye^x+e^y}{xe^y+e^x}.$$

当 $x=0$ 时，由原方程确定 $y=0$，于是

$$\dfrac{dy}{dx}\bigg|_{x=0}=-\dfrac{0+1}{0+1}=-1.$$

注 求隐函数的导数时，只需将确定隐函数的方程两边对自变量 x 求导数，遇到含有因变量 y 的项时，把 y 当作中间变量看待，即 y 是 x 的函数，再按复合函数求导法则求之，然后从所得等式中解出 $\dfrac{dy}{dx}$.

例 2 求曲线 $3y=2x+x^4y^3$ 在点 $M(0,0)$ 处的切线方程.

解 在题设方程两边同时对自变量 x 求导数，得

$$3\dfrac{dy}{dx}=2+4x^3y^3+3x^4y^2\dfrac{dy}{dx},$$

因为，当 $x=0$ 时，$y=0$，代入得

$$3\dfrac{dy}{dx}=2,$$

故

$$\dfrac{dy}{dx}\bigg|_{\substack{x=0\\y=0}}=\dfrac{2}{3}.$$

所以曲线在点 $M(0,0)$ 处的切线方程为 $y=\dfrac{2}{3}x$.

例 3 求由方程 $y-2x=(x-y)\ln(x-y)$ 所确定的函数的二阶导数 y''.

解 在题设方程两边同时对自变量 x 求导数,得

$$y'-2=(1-y')\ln(x-y)+(x-y)\dfrac{1-y'}{x-y}, \tag{2.5.1}$$

解得
$$y'=1+\dfrac{1}{2+\ln(x-y)}. \tag{2.5.2}$$

而
$$y''=(y')'=\left(\dfrac{1}{2+\ln(x-y)}\right)'=-\dfrac{[2+\ln(x-y)]'}{[2+\ln(x-y)]^2}$$
$$=-\dfrac{1-y'}{(x-y)[2+\ln(x-y)]^2}$$
$$=\dfrac{1}{(x-y)[2+\ln(x-y)]^3}. \tag{2.5.3}$$

注 求隐函数的二阶导数时,在得到一阶导数的表达式后,再进一步求二阶导数的表达式,此时,要注意将一阶导数的表达式代入其中,如本例的式(2.5.3).

2.5.2 对数求导法

对幂指函数 $y=u(x)^{v(x)}$,直接使用前面介绍的求导法则不能求出其导数,对于这类函数,可以先在函数两边取对数,然后在等式两边同时对自变量 x 求导数,最后解出所求导数.这种方法称为**对数求导法**.

例 4 设 $y=x^{\sin x}$ ($x>0$),求 y'.

解 在题设等式两边取对数,得
$$\ln y=\sin x\cdot\ln x,$$

等式两边对 x 求导数,得
$$\dfrac{1}{y}y'=\cos x\cdot\ln x+\sin x\cdot\dfrac{1}{x},$$

所以
$$y'=y\left(\cos x\cdot\ln x+\sin x\cdot\dfrac{1}{x}\right)=x^{\sin x}\left(\cos x\cdot\ln x+\dfrac{\sin x}{x}\right).$$

一般地,设 $y=u(x)^{v(x)}$ ($u(x)>0$),在等式两边取对数,得
$$\ln y=v(x)\cdot\ln u(x), \tag{2.5.4}$$

在等式两边同时对自变量 x 求导数,得
$$\dfrac{y'}{y}=v'(x)\cdot\ln u(x)+\dfrac{v(x)u'(x)}{u(x)},$$

从而
$$y'=u(x)^{v(x)}\left[v'(x)\cdot\ln u(x)+\dfrac{v(x)u'(x)}{u(x)}\right]. \tag{2.5.5}$$

例 5 设 $(\cos x)^y=(\sin y)^x$,求 y'.

解 在题设等式两端取对数,得
$$y\ln\cos x=x\ln\sin y,$$

等式两边对 x 求导数,得
$$y'\cdot\ln\cos x-\dfrac{\sin x}{\cos x}\cdot y=\ln\sin y+x\cdot\dfrac{\cos y}{\sin y}\cdot y'.$$

所以
$$y' = \frac{\ln\sin y + y\tan x}{\ln\cos x - x\cot y}.$$

此外,对由多次乘、除、乘幂和开方运算构成的函数,也可采用对数法求导,使运算大为简化.

例 6 设 $y = \dfrac{(x+3)\sqrt[3]{x-2}}{(x+4)^2 e^{2x}} (x>2)$,求 y'.

解 在题设等式两端取对数,得
$$\ln y = \ln(x+3) + \frac{1}{3}\ln(x-2) - 2\ln(x+4) - 2x,$$

上式两边对 x 求导数,得
$$\frac{y'}{y} = \frac{1}{x+3} + \frac{1}{3(x-2)} - \frac{2}{x+4} - 2.$$

所以
$$y' = \frac{(x+3)\sqrt[3]{x-2}}{(x+4)^2 e^{2x}}\left[\frac{1}{x+3} + \frac{1}{3(x-2)} - \frac{2}{x+4} - 2\right].$$

有时,也可直接利用指数对数恒等式 $x = e^{\ln x}$ 化简求导.

例 7 求函数 $y = x + x^x + x^{x^x}$ 的导数.

解
$$\begin{aligned}
y' &= x' + (x^x)' + (x^{x^x})' = 1 + (e^{x\ln x})' + (e^{x^x \ln x})' \\
&= 1 + e^{x\ln x}(x\ln x)' + e^{x^x \ln x}(x^x \ln x)' \\
&= 1 + x^x(\ln x + 1) + x^{x^x}[(x^x)'\ln x + x^x(\ln x)'] \\
&= 1 + x^x(\ln x + 1) + x^{x^x}[x^x(\ln x + 1)\ln x + x^{x-1}].
\end{aligned}$$

2.5.3 参数方程表示的函数的导数

若由参数方程
$$x = \varphi(t), \quad y = \psi(t), \tag{2.5.6}$$
确定 y 与 x 之间函数关系,则称此函数关系所表示的函数为**参数方程表示的函数**.

在实际问题中,有时需要计算由参数方程(2.5.6)所表示的函数的导数.但要从方程(2.5.6)中消去参数 t 有时会有困难.因此,希望有一种能直接由参数方程出发计算出它所表示的函数的导数的方法.下面具体讨论之.

一般地,设 $x = \varphi(t)$ 具有单调连续的反函数 $t = \varphi^{-1}(x)$,则变量 y 与 x 构成复合函数关系
$$y = \psi[\varphi^{-1}(x)].$$
现在,要计算这个复合函数的导数.为此,假定函数 $x = \varphi(t), y = \psi(t)$ 都可导,且 $\varphi'(t) \neq 0$,则由复合函数与反函数的求导法则,就有
$$\frac{dy}{dx} = \frac{dy}{dt}\frac{dt}{dx} = \frac{dy}{dt}\frac{1}{\frac{dx}{dt}} = \frac{\psi'(t)}{\varphi'(t)},$$

即
$$\frac{dy}{dx} = \frac{\psi'(t)}{\varphi'(t)} \quad \text{或} \quad \frac{dy}{dx} = \frac{\frac{dy}{dt}}{\frac{dx}{dt}}. \tag{2.5.7}$$

如果函数 $x = \varphi(t), y = \psi(t)$ 二阶可导,则可进一步求出函数的二阶导数:
$$\frac{d^2 y}{dx^2} = \frac{d}{dx}\left(\frac{dy}{dx}\right) = \frac{d}{dx}\left[\frac{\psi'(t)}{\varphi'(t)}\right] = \frac{d}{dt}\left[\frac{\psi'(t)}{\varphi'(t)}\right]\frac{dt}{dx} = \frac{\psi''(t)\varphi'(t) - \psi'(t)\varphi''(t)}{\varphi'^2(t)} \cdot \frac{1}{\varphi'(t)},$$

即
$$\frac{d^2y}{dx^2} = \frac{\psi''(t)\varphi'(t) - \psi'(t)\varphi''(t)}{\varphi'^3(t)}. \tag{2.5.8}$$

例 8 求由参数方程 $\begin{cases} x = \arctan t \\ y = \ln(1+t^2) \end{cases}$ 所表示的函数 $y = y(x)$ 的导数.

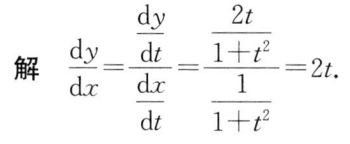

解 $\dfrac{dy}{dx} = \dfrac{\dfrac{dy}{dt}}{\dfrac{dx}{dt}} = \dfrac{\dfrac{2t}{1+t^2}}{\dfrac{1}{1+t^2}} = 2t.$

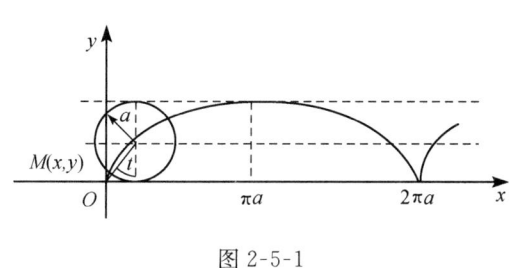

例 9 求由摆线(图 2-5-1)参数方程
$\begin{cases} x = a(t - \sin t) \\ y = a(1 - \cos t) \end{cases} \quad (t \neq 2n\pi, n \in \mathbf{Z})$
所表示的函数 $y = y(x)$ 的二阶导数.

图 2-5-1

解 $\dfrac{dy}{dx} = \dfrac{\dfrac{dy}{dt}}{\dfrac{dx}{dt}} = \dfrac{a\sin t}{a - a\cos t} = \dfrac{\sin t}{1 - \cos t},$

$$\frac{d^2y}{dx^2} = \frac{d}{dx}\left(\frac{dy}{dx}\right) = \frac{d}{dx}\left(\frac{\sin t}{1-\cos t}\right) = \frac{d}{dt}\left(\frac{\sin t}{1-\cos t}\right)\frac{1}{\dfrac{dx}{dt}} = -\frac{1}{1-\cos t} \cdot \frac{1}{a(1-\cos t)}$$

$$= -\frac{1}{a(1-\cos t)^2}.$$

习 题 2-5

1. 求下列方程所确定的隐函数 y 的导数 $\dfrac{dy}{dx}$:

(1) $xy = e^{x+y}$; (2) $xy - \sin(\pi y^2) = 0$; (3) $e^{xy} + y^3 - 5x = 0$;

(4) $y = 1 - xe^y$; (5) $\cos(xy) = x$; (6) $\arctan\dfrac{y}{x} = \ln\sqrt{x^2+y^2}$.

2. 求曲线 $x^{\frac{2}{3}} + y^{\frac{2}{3}} = a^{\frac{2}{3}}$ 在点 $\left(\dfrac{\sqrt{2}}{4}a, \dfrac{\sqrt{2}}{4}a\right)$ 处的切线方程和法线方程.

3. 求下列方程所确定的隐函数 y 的二阶导数 y'':

(1) $b^2x^2 + a^2y^2 = a^2b^2$; (2) $\sin y = \ln(x+y)$;

(3) $y = 1 + xe^y$; (4) $y = \tan(x+y)$.

4. 用对数求导法求下列函数的导数:

(1) $y = (1+x^2)^{\tan x}$; (2) $y = \dfrac{\sqrt[5]{x-3}\sqrt[3]{3x-2}}{\sqrt{x+2}}$;

(3) $y = \sqrt[5]{\dfrac{x-5}{\sqrt[5]{x^2+2}}}$; (4) $y = (\tan 2x)^{\cot\frac{x}{2}}$.

5. 设函数 $y = y(x)$ 由方程 $y - xe^y = 1$ 确定,求 $y'(0)$,并求曲线上横坐标 $x = 0$ 点处切线方程与法线方程.

6. 设函数 $y = y(x)$ 由方程 $e^y + xy - e^x = 0$ 确定,求 $y''(0)$.

7. 求曲线 $\begin{cases} x = \ln(1+t^2) \\ y = \arctan t \end{cases}$ 在 $t = 1$ 的对应点处的切线方程与法线方程.

8. 求下列参数方程所确定的函数的导数 $\dfrac{dy}{dx}$:

(1) $\begin{cases} x=at^2 \\ y=bt^3 \end{cases}$; (2) $\begin{cases} x=e^t\sin t \\ y=e^t\cos t \end{cases}$; (3) $\begin{cases} x=\cos^2 t \\ y=\sin^2 t \end{cases}$.

9. 求下列参数方程所确定的函数的二阶导数 $\dfrac{d^2 y}{dx^2}$:

(1) $\begin{cases} x=\dfrac{t^2}{2} \\ y=1-t \end{cases}$; (2) $\begin{cases} x=a\cos t \\ y=b\sin t \end{cases}$; (3) $\begin{cases} x=3e^{-t} \\ y=2e^t \end{cases}$;

(4) $\begin{cases} x=f'(t) \\ y=tf'(t)-f(t) \end{cases}$, $f''(t)\neq 0$.

10. 求下列参数方程所确定的函数的三阶导数 $\dfrac{d^3 y}{dx^3}$:

(1) $\begin{cases} x=1-t^2 \\ y=t-t^3 \end{cases}$; (2) $\begin{cases} x=\ln(1+t^2) \\ y=t-\arctan t \end{cases}$.

2.6 函数的微分

在理论研究和实际应用中,常常会遇到这样的问题:当自变量 x 有微小变化时,求函数 $y=f(x)$ 的微小改变量

$$\Delta y = f(x+\Delta x) - f(x).$$

这个问题初看起来似乎只要做减法运算就可以了,然而,对于较复杂的函数 $f(x)$,差值 $f(x+\Delta x)-f(x)$ 却是一个更复杂的表达式,不易求出其值. 一个想法是:设法将 Δy 表示成 Δx 的线性函数,即**线性化**,从而把复杂问题化为简单问题. 微分就是实现这种线性化的一种数学模型.

2.6.1 微分的定义

先分析一个具体的问题. 设有一块边长为 x_0 的正方形金属薄片,由于受到温度变化的影响,边长从 x_0 变到 $x_0+\Delta x$,问此薄片的面积改变了多少?

如图 2-6-1 所示,此薄片原面积 $A=x_0^2$,薄片受到温度变化的影响后,面积变为 $(x_0+\Delta x)^2$,故面积 A 的改变量为

$$\Delta A = (x_0+\Delta x)^2 - x_0^2 = 2x_0\Delta x + (\Delta x)^2.$$

上式包含两部分,第一部分 $2x_0\Delta x$ 是 Δx 的线性函数,即图 2-6-1 中带有斜线的两个矩形面积之和;第二部分 $(\Delta x)^2$ 是图中带有交叉斜线的小正方形的面积. 当 $\Delta x \to 0$ 时,$(\Delta x)^2$ 是比 Δx 高阶的无穷小,即

$$(\Delta x)^2 = o(\Delta x) \quad (\Delta x \to 0).$$

由此可见,如果边长有微小改变时(即 $|\Delta x|$ 很小时),可以将第二部分 $(\Delta x)^2$ 这个高阶无穷小忽略,而用第一部分 $2x_0\Delta x$ 近似地表示 ΔA,即 $\Delta A \approx 2x_0\Delta x$. 把 $2x_0\Delta x$ 称为 $A=x^2$ 在点 x_0 处的微分.

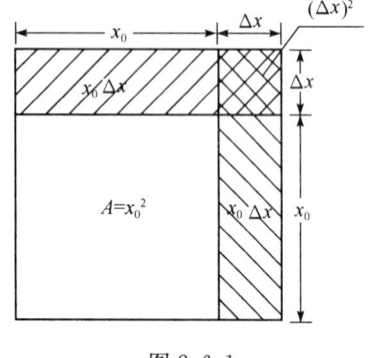

图 2-6-1

是否所有的函数的改变量都能在一定条件下表示为一个线性函数(改变量的主要部分)与一个高阶无穷小的和呢? 这个线性部分是什么? 如何求? 本节将具体来讨论这些问题.

定义 1 设函数 $y=f(x)$ 在某区间内有定义,x_0 及 $x_0+\Delta x$ 在该区间内,如果函数的增量

$\Delta y = f(x_0 + \Delta x) - f(x_0)$ 可表示为
$$\Delta y = A\Delta x + o(\Delta x), \tag{2.6.1}$$
其中,A 是与 Δx 无关的常数,则称函数 $y=f(x)$ 在点 x_0 处**可微**,并且称 $A\Delta x$ 为函数 $y=f(x)$ 在点 x_0 处相应于自变量的改变量 Δx 的**微分**,记作 $\mathrm{d}y$,即
$$\mathrm{d}y = A\Delta x. \tag{2.6.2}$$

注 由定义可见,如果函数 $y=f(x)$ 点 x_0 处可微,则

(1) 函数 $y=f(x)$ 在点 x_0 处的微分 $\mathrm{d}y$ 是自变量的改变量 Δx 的线性函数;

(2) 由式(2.6.1)得
$$\Delta y - \mathrm{d}y = o(\Delta x), \tag{2.6.3}$$
即 $\Delta y - \mathrm{d}y$ 是比自变量的改变量 Δx 更高阶的无穷小;

(3) 当 $A \neq 0$ 时,$\mathrm{d}y$ 与 Δy 是等价无穷小. 事实上,
$$\frac{\Delta y}{\mathrm{d}y} = \frac{\mathrm{d}y + o(\Delta x)}{\mathrm{d}y} = 1 + \frac{o(\Delta x)}{A \cdot \Delta x} \to 1 \quad (\Delta x \to 0),$$
由此可得
$$\Delta y = \mathrm{d}y + o(\Delta x). \tag{2.6.4}$$
称 $\mathrm{d}y$ 是 Δy 的**线性主部**. 式(2.6.4)还表明,以微分 $\mathrm{d}y$ 近似代替函数增量 Δy 时,其误差为 $o(\Delta x)$. 因此,当 $|\Delta x|$ 很小时,有近似等式
$$\Delta y \approx \mathrm{d}y. \tag{2.6.5}$$

根据定义仅知道微分 $\mathrm{d}y = A \cdot \Delta x$ 中的 A 与 Δx 无关,那么 A 是怎样的量? 什么样的函数才可微? 下面将回答这些问题.

2.6.2 函数可微的条件

设 $y=f(x)$ 在点 x_0 处可微,即有
$$\Delta y = A \cdot \Delta x + o(\Delta x),$$
两边除以 Δx,得
$$\frac{\Delta y}{\Delta x} = A + \frac{o(\Delta x)}{\Delta x},$$
于是,当 $\Delta x \to 0$ 时,由上式就得到
$$A = \lim_{\Delta x \to 0} \frac{\Delta y}{\Delta x} = f'(x_0).$$
即函数 $y=f(x)$ 在点 x_0 处可导,且 $A = f'(x_0)$.

反之,若函数 $y=f(x)$ 在点 x_0 处可导,即有
$$\lim_{\Delta x \to 0} \frac{\Delta y}{\Delta x} = f'(x_0),$$
根据极限与无穷小的关系,得
$$\frac{\Delta y}{\Delta x} = f'(x_0) + \alpha,$$
其中 $\alpha \to 0$(当 $\Delta x \to 0$),由此得到
$$\Delta y = f'(x_0) \cdot \Delta x + \alpha \Delta x.$$
因为 $\alpha \Delta x = o(\Delta x)$,且 $f'(x_0)$ 不依赖于 Δx,由微分的定义可知,函数 $y=f(x)$ 在点 x_0 处可微.

综合上述讨论,得到:

定理 1 函数 $y=f(x)$ 在点 x_0 处可微的充分必要条件是函数 $y=f(x)$ 在点 x_0 处可导,并且函数的微分等于函数的导数与自变量的改变量的乘积,即

$$dy = f'(x_0)\Delta x.$$

函数 $y=f(x)$ 在任意点 x 上的微分,称为**函数的微分**,记为 dy 或 $df(x)$,即有

$$dy = f'(x)\Delta x. \tag{2.6.6}$$

如果 $y=x$,则 $dx=x'\Delta x=\Delta x$(即自变量的微分等于自变量的改变量),所以

$$dy = f'(x)dx, \tag{2.6.7}$$

从而有

$$\frac{dy}{dx} = f'(x), \tag{2.6.8}$$

即函数的导数等于函数的微分与自变量的微分的商.因此,导数又称为**"微商"**.

由于求微分的问题归结为求导数的问题,因此,求导数与求微分的方法统称为**微分法**.

例 1 求函数 $y=x^3$ 当 x 由 2 改变到 2.01 时的微分.

解 因为 $dy=f'(x)dx=3x^2dx$,由题设条件可知

$$x = 2, \quad dx = \Delta x = 2.01 - 2 = 0.01,$$

所以

$$dy = 3 \cdot 2^2 \cdot 0.01 = 0.12.$$

例 2 求函数 $y=\sin x$ 在 $x=\dfrac{\pi}{6}$ 处的微分.

解 函数 $y=\sin x$ 在 $x=\dfrac{\pi}{6}$ 处的微分为

$$dy = (\sin x)'\big|_{x=\frac{\pi}{6}} dx = (\cos x)\big|_{x=\frac{\pi}{6}} dx = \frac{\sqrt{3}}{2}dx.$$

2.6.3 基本初等函数的微分公式与微分运算法则

根据函数微分的表达式

$$dy = f'(x)dx,$$

函数的微分等于函数的导数乘以自变量的微分(改变量).由此可以得到基本初等函数的微分公式和微分运算法则.

1. 基本初等函数的微分公式

(1) $d(C)=0$(C 为常数);   (2) $d(x^\mu)=\mu x^{\mu-1}dx$;

(3) $d(\sin x)=\cos x dx$;   (4) $d(\cos x)=-\sin x dx$;

(5) $d(\tan x)=\sec^2 x dx$;   (6) $d(\cot x)=-\csc^2 x dx$;

(7) $d(\sec x)=\sec x\tan x dx$;   (8) $d(\csc x)=-\csc x\cot x dx$;

(9) $d(a^x)=a^x\ln a dx$;   (10) $d(e^x)=e^x dx$;

(11) $d(\log_a x)=\dfrac{1}{x\ln a}dx$;   (12) $d(\ln x)=\dfrac{1}{x}dx$;

(13) $d(\arcsin x)=\dfrac{1}{\sqrt{1-x^2}}dx$;   (14) $d(\arccos x)=-\dfrac{1}{\sqrt{1-x^2}}dx$;

(15) $d(\arctan x)=\dfrac{1}{1+x^2}dx$;   (16) $d(\text{arccot}\,x)=-\dfrac{1}{1+x^2}dx$.

2. 微分的四则运算法则

(1) $d(Cu) = Cdu$; (2) $d(u \pm v) = du \pm dv$;

(3) $d(uv) = vdu + udv$; (4) $d\left(\dfrac{u}{v}\right) = \dfrac{vdu - udv}{v^2}$.

以乘积的微分运算法则为例加以证明：
$$d(uv) = (uv)'dx = (u'v + uv')dx = u'v\,dx + uv'\,dx$$
$$= v(u'dx) + u(v'dx) = vdu + udv.$$

即有
$$d(uv) = vdu + udv.$$

其他运算法则可以类似地证明.

例 3 求函数 $y = \sin 3x \cdot e^{5x}$ 的微分 dy.

解 因为 $y' = 3\cos 3x \cdot e^{5x} + 5\sin 3x \cdot e^{5x} = e^{5x}(3\cos 3x + 5\sin 3x)$,

所以 $dy = y'dx = e^{5x}(3\cos 3x + 5\sin 3x)dx$.

或者利用微分的乘法法则，有
$$dy = e^{5x}d(\sin 3x) + \sin 3x\, d(e^{5x}) = 3\cos 3x \cdot e^{5x}dx + 5\sin 3x \cdot e^{5x}dx$$
$$= e^{5x}(3\cos 3x + 5\sin 3x)dx.$$

例 4 求函数 $y = \dfrac{1+x^3}{x^2+x^3}$ 的微分 dy.

解 因为
$$y = \frac{1+x^3}{x^2+x^3} = \frac{(1+x)(1-x+x^2)}{x^2(1+x)} = \frac{1-x+x^2}{x^2} = \frac{1}{x^2} - \frac{1}{x} + 1,$$

所以
$$dy = \left(\frac{1}{x^2} - \frac{1}{x} + 1\right)'dx = \left(-\frac{2}{x^3} + \frac{1}{x^2}\right)dx.$$

3. 微分形式不变性

设 $y = f(u)$, $u = \varphi(x)$, 进一步推导复合函数 $y = f[\varphi(x)]$ 的微分法则.

如果 $y = f(u)$ 及 $u = \varphi(x)$ 都可导，则 $y = f[\varphi(x)]$ 的微分为
$$dy = y'_x dx = f'(u)\varphi'(x)dx.$$

由于 $\varphi'(x)dx = du$, 故 $y = f[\varphi(x)]$ 的微分公式也可写成
$$dy = f'(u)du \quad \text{或} \quad dy = y'_u du.$$

由此可见，无论 u 是自变量还是复合函数的中间变量，函数 $y = f(u)$ 的微分形式总是可以按公式(2.6.7)的形式来写，即有
$$dy = f'(u)du.$$

这一性质称为**微分形式的不变性**. 利用这一特性，可以简化微分的有关运算.

例 5 设 $y = \arctan\sqrt{x}$, 求 dy.

解 设 $y = \arctan u$, $u = \sqrt{x}$, 则
$$dy = d(\arctan u) = \frac{1}{1+u^2}du = \frac{1}{1+u^2}d(\sqrt{x})$$
$$= \frac{1}{1+(\sqrt{x})^2} \cdot \frac{1}{2\sqrt{x}}dx = \frac{1}{2\sqrt{x}(1+x)}dx.$$

注 与复合函数求导类似,求复合函数的微分也可不写中间变量,这样更加直接和方便.

例 6 设 $y=f[\cot(x^2)]$,其中 f 是可导函数,求 dy.

解 应用微分形式不变性有

$$dy = d\{f[\cot(x^2)]\} = f'[\cot(x^2)]d[\cot(x^2)]$$
$$= f'[\cot(x^2)][-\csc^2(x^2)]d(x^2)$$
$$= -2x\csc^2(x^2)f'[\cot(x^2)]dx.$$

例 7 已知 $y=\dfrac{\sin^2 x}{x^3}$,求 dy.

解
$$dy = d\left(\frac{\sin^2 x}{x^3}\right) = \frac{x^3 d(\sin^2 x) - \sin^2 x\, d(x^3)}{(x^3)^2}$$
$$= \frac{x^3 \cdot 2\sin x\, d(\sin x) - \sin^2 x \cdot 3x^2 dx}{x^6} = \frac{2x\sin x\cos x\, dx - 3\sin^2 x\, dx}{x^4}$$
$$= \frac{x\sin 2x - 3\sin^2 x}{x^4}dx.$$

例 8 在下列等式的括号中填入适当的函数,使等式成立.

(1) $d(\quad) = \sin\omega t\, dt$; (2) $d(\cos x^3) = (\quad)d(\sqrt{x})$.

解 (1) 因为 $d(\cos\omega t) = -\omega\sin\omega t\, dt$,所以

$$\sin\omega t\, dt = -\frac{1}{\omega}d(\cos\omega t) = d\left(-\frac{1}{\omega}\cos\omega t\right);$$

一般地,有
$$d\left(-\frac{1}{\omega}\cos\omega t + C\right) = \sin\omega t\, dt.$$

(2) 因为 $\dfrac{d(\cos x^3)}{d(\sqrt{x})} = \dfrac{-3x^2 \sin x^3\, dx}{\dfrac{1}{2\sqrt{x}}dx} = -6x^2\sqrt{x}\sin x^3$,所以

$$d(\cos x^3) = (-6x^2\sqrt{x}\sin x^3)d(\sqrt{x}).$$

例 9 求由方程 $\ln\sqrt{x^2+y^2} = \arctan\dfrac{y}{x}$ 所确定的隐函数 $y = f(x)$ 的微分 dy.

解 注意到 $\ln\sqrt{x^2+y^2} = \dfrac{1}{2}\ln(x^2+y^2)$,对方程两边求微分,得

$$\frac{1}{2}d\ln(x^2+y^2) = d\left(\arctan\frac{y}{x}\right),$$

$$\frac{1}{2(x^2+y^2)}d(x^2+y^2) = \frac{1}{1+\left(\dfrac{y}{x}\right)^2}d\left(\frac{y}{x}\right),$$

$$\frac{2x\,dx + 2y\,dy}{2(x^2+y^2)} = \frac{x^2}{x^2+y^2} \cdot \frac{x\,dy - y\,dx}{x^2}.$$

整理得
$$(x-y)dy = (x+y)dx,$$

于是
$$dy = \frac{x+y}{x-y}dx.$$

2.6.4 微分的几何意义

函数的微分有明显的几何意义. 在直角坐标系中,函数 $y=f(x)$ 的图形是一条曲线. 设 $M(x_0,y_0)$ 是该曲线上的一个定点,当自变量 x 在点 x_0 处取得改变量 Δx 时,就得到曲线上另一个点 $N(x_0+\Delta x,y_0+\Delta y)$.

由图 2-6-2 可知,
$$MQ=\Delta x, \quad QN=\Delta y.$$
过点 M 作曲线的切线 MT,它的倾角为 α,则
$$QP=MQ\cdot\tan\alpha=\Delta x\cdot f'(x_0),$$
即
$$\mathrm{d}y=QP=f'(x_0)\mathrm{d}x.$$

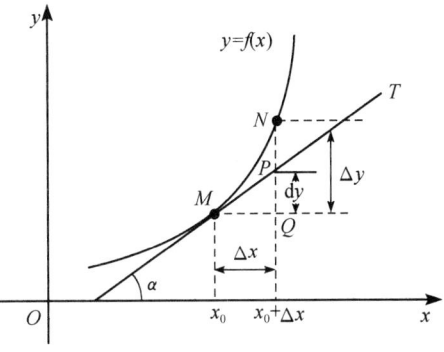

由此可知,当 Δy 是曲线 $y=f(x)$ 上点的纵坐标的增量时,$\mathrm{d}y$ 就是曲线的切线上点的纵坐标的增量. 由于当 $|\Delta x|$ 很小时,$|\Delta y-\mathrm{d}y|$ 比 $|\Delta x|$ 小得多. 因此,在点 M 的邻近处,可以用切线段 MP 近似代替曲线段 MN.

图 2-6-2

2.6.5 函数的线性化

从前面的讨论已知,当函数 $y=f(x)$ 在点 x_0 处导数 $f'(x_0)\neq 0$,且 $|\Delta x|$ 很小(在下面的讨论中假定这两个条件均得到满足),有

$$\Delta y\approx\mathrm{d}y, \tag{2.6.9}$$

即 $f(x_0+\Delta x)-f(x_0)\approx f'(x_0)\cdot\Delta x$,

令 $x=x_0+\Delta x$,则 $\Delta x=x-x_0$,从而
$$f(x)-f(x_0)\approx f'(x_0)(x-x_0),$$
即
$$f(x)\approx f(x_0)+f'(x_0)(x-x_0). \tag{2.6.10}$$

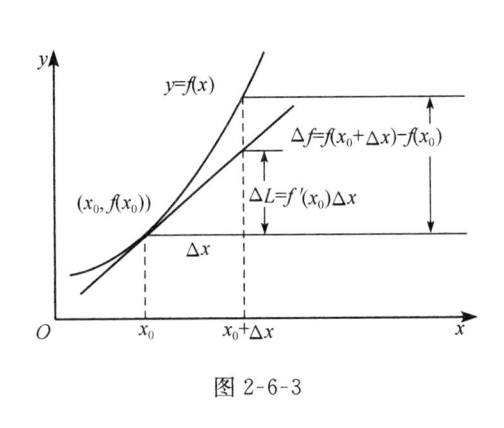

若记上式右端的线性函数为
$$L(x)=f(x_0)+f'(x_0)(x-x_0),$$
它的图像就是曲线 $y=f(x)$ 过点 $(x_0,f(x_0))$ 的切线(图 2-6-3).

图 2-6-3

式(2.6.10)表明:当 $|\Delta x|$ 很小时,线性函数 $L(x)$ 给出了函数 $f(x)$ 的很好的近似.

定义 2 如果 $f(x)$ 在点 x_0 处可微,那么线性函数
$$L(x)=f(x_0)+f'(x_0)(x-x_0)$$
就称为 $f(x)$ 在点 x_0 处的**线性化**,近似式 $f(x)\approx L(x)$ 称为 $f(x)$ 在点 x_0 处的**标准线性近似**,点 x_0 称为该近似的**中心**.

例 10 求 $f(x)=\sqrt{1+x}$ 在 $x=0$ 与 $x=3$ 处的线性化.

解 首先不难求得 $f'(x)=\dfrac{1}{2\sqrt{1+x}}$,则
$$f(0)=1, \quad f(3)=2, \quad f'(0)=\frac{1}{2}, \quad f'(3)=\frac{1}{4}.$$

于是,根据上面线性化定义知,$f(x)$在 $x=0$ 处的线性化.

$$L(x) = f(0) + f'(0)(x-0) = \frac{1}{2}x + 1,$$

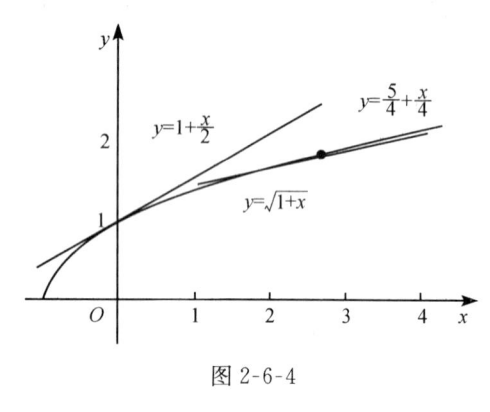

在 $x=3$ 处的线性化为

$$L(x) = f(3) + f'(3)(x-3) = \frac{1}{4}x + \frac{5}{4},$$

$$L(x) = f(x_0) + f'(x_0)(x-x_0),$$

故 $\sqrt{1+x} \approx 1 + \frac{1}{2}x$ （在 $x=0$ 处）,

$\sqrt{1+x} \approx \frac{1}{4}x + \frac{5}{4}$ （在 $x=3$ 处）(图 2-6-4).

图 2-6-4

例 11 求 $f(x) = \ln(1+x)$ 在 $x=0$ 处的线性化.

解 首先求得 $f'(x) = \frac{1}{1+x}$,得 $f'(0)=1$,又 $f(0)=0$,于是 $f(x)$ 在 $x=0$ 处的线性化

$$L(x) = f(0) + f'(0)(x-0) = x.$$

注 下面列举了一些常用函数在 $x=0$ 处的标准线性近似公式:

(1) $\sqrt[n]{1+x} \approx 1 + \frac{1}{n}x$; (2.6.11)

(2) $\sin x \approx x$(x 为弧度); (2.6.12)

(3) $\tan x \approx x$(x 为弧度); (2.6.13)

(4) $e^x \approx 1+x$; (2.6.14)

(5) $\ln(1+x) \approx x$. (2.6.15)

例 12 半径 10cm 的金属圆片加热后,半径伸长了 0.05cm,问面积增大了多少?

解 圆面积 $A = \pi r^2$（r 为半径）,令 $r=10$,$\Delta r = 0.05$,因为 Δr 相对于 r 较小,所以可用微分 dA 近似代替 ΔA. 由

$$\Delta A \approx dA = (\pi r^2)' \cdot dr = 2\pi r dr,$$

当 $dr = \Delta r = 0.05$ 时,得

$$\Delta A \approx 2\pi \cdot 10 \cdot 0.05 = \pi(\text{cm}^2).$$

例 13 计算 $\cos 60°30'$ 的近似值.

解 先把设 $60°30'$ 化为弧度,得

$$60°30' = \frac{\pi}{3} + \frac{\pi}{360}.$$

由于所求的是余弦函数的值,故设 $f(x) = \cos x$,此时

$$f'(x) = -\sin x,$$

取 $x_0 = \frac{\pi}{3}$,$\Delta x = \frac{\pi}{360}$,则

$$f\left(\frac{\pi}{3}\right) = \frac{1}{2}, \quad f'\left(\frac{\pi}{3}\right) = -\frac{\sqrt{3}}{2}.$$

所以

$$\cos 60°30' = \cos\left(\frac{\pi}{3} + \frac{\pi}{360}\right) \approx \cos\frac{\pi}{3} - \sin\frac{\pi}{3} \cdot \frac{\pi}{360}$$

$$= \frac{1}{2} - \frac{\sqrt{3}}{2} \cdot \frac{\pi}{360} \approx 0.4924.$$

例 14 计算 $\sqrt[3]{998.5}$ 的近似值.

解
$$\sqrt[3]{998.5} = 10\sqrt[3]{1-0.0015},$$

利用式(2.6.11)进行计算,这里取 $x=-0.0015$,其值相对很小,故有

$$\sqrt[3]{998.5} = 10\sqrt[3]{1-0.0015} \approx 10\left(1-\frac{1}{3} \cdot 0.0015\right) = 9.995.$$

最后来看一个线性近似在质能转换关系中的应用.

例 15 由牛顿的第二运动定律 $F=ma$(a 为加速度)中的质量 m 是被假定为常数的,但严格说来这是不对的,因为物体的质量随其速度的增长而增长. 在爱因斯坦修正后的公式中,质量为 $m=\dfrac{m_0}{\sqrt{1-v^2/c^2}}$,当 v 和 c 相比很小时,v^2/c^2 接近于零,从而有

$$m = \frac{m_0}{\sqrt{1-v^2/c^2}} \approx m_0\left[1+\frac{1}{2}\left(\frac{v^2}{c^2}\right)\right] = m_0 + \frac{1}{2}m_0 v^2\left(\frac{1}{c^2}\right),$$

即
$$m = m_0 + \frac{1}{2}m_0 v^2 \left(\frac{1}{c^2}\right),$$

注意到上式中 $\frac{1}{2}m_0 v^2 = K$ 是物体的动能,整理得

$$(m-m_0)c^2 \approx \frac{1}{2}m_0 v^2 = \frac{1}{2}m_0 v^2 - \frac{1}{2}m_0 0^2 = \Delta(K),$$

或
$$(\Delta m)c^2 \approx \Delta(K). \tag{2.6.16}$$

换言之,物体从速度 0 到速度 v 的动能的变化 $\Delta(K)$ 近似等于 $(\Delta m)c^2$.

因为 $c=3 \cdot 10^8 \text{m/s}$,代入式(2.6.16)中,得

$$\Delta(K) \approx 90\,000\,000\,000\,000\,000 \Delta m \text{J},$$

由此可知,小的质量变化可以创造出大的能量变化. 例如,1g 质量转换成的能量就相当于爆炸一颗 2 万吨级的原子弹释放的能量.

2.6.6 误差计算

在生产实践中,经常要测量各种数据. 由于测量仪器的精度、测量的条件和测量的方法等各种因素的影响,测得的数据往往带有误差,而根据带有误差的数据计算所得的结果也会有误差,把它称为**间接测量误差**. 下面要讨论如何利用微分来估计这种间接测量误差.

首先要介绍绝对误差与相对误差的概念.

如果某个量的精确值为 A,它的近似值为 a,那么 $|A-a|$ 称为 a 的**绝对误差**. 而绝对误差与 $|a|$ 的比值 $\dfrac{|A-a|}{|a|}$ 称为 a 的**相对误差**.

在实际工作中,某个量的精确值往往是无法知道的,于是,绝对误差和相对误差也就无法精确地求得. 但是根据测量仪器的精度等因素,有时能够将误差限制在某一个范围内.

如果某个量的精确值是 A,测得它的近似值是 a,又知道它的误差不超过 δ_A,即

$$|A-a| \leqslant \delta_A,$$

那么 δ_A 称为测量 A 的**绝对误差限**,$\dfrac{\delta_A}{|a|}$ 称为测量 A 的**相对误差限**.

通常把绝对误差限与相对误差限简称为**绝对误差**与**相对误差**.

对函数 $y=f(x)$,当自变量 x 因测量误差 $\text{d}x$ 从值 x_0 偏移到 $x_0+\text{d}x$ 时,可以用以下三种方式来估计函数在点 x_0 发生的误差,见表 2-6-1.

表 2-6-1

	精确误差	估计误差
绝对误差	$\Delta f = f(x_0+dx) - f(x_0)$	$df = f'(x_0)dx$
相对误差	$\dfrac{\Delta f}{f(x_0)}$	$\dfrac{df}{f(x_0)}$
百分比误差	$\dfrac{\Delta f}{f(x_0)} \times 100\%$	$\dfrac{df}{f(x_0)} \times 100\%$

例 16 方形边长为 (2.41 ± 0.005)m，求它的面积，并估计绝对误差与相对误差.

解 设正方形的边长为 x，面积为 y，则 $y = x^2$，当 $x = 2.41$ 时，
$$y = (2.41)^2 = 5.8081(\text{m}^2), \quad y'\big|_{x=2.41} = 2x\big|_{x=2.41} = 4.82.$$
因为边长的绝对误差为 $\delta_x = 0.005$，所以估计的面积的绝对误差为
$$\delta_y = 4.82 \cdot 0.005 = 0.0241(\text{m}^2).$$
而估计的面积的相对误差为
$$\frac{\delta_y}{|y|} = \frac{0.0241}{5.8081} \approx 0.004.$$

习 题 2-6

1. 已知 $y = x^3 - 1$，在点 $x = 2$ 处计算当 Δx 分别为 $1, 0.1, 0.001$ 时的 Δy 及 dy.

2. 将适当的函数填入下列括号内，使等式成立：

(1) d( ) $= 7x\,dx$；　　(2) d( ) $= \sin\omega x\,dx$；　　(3) d( ) $= \dfrac{1}{3+x}dx$；

(4) d( ) $= e^{-5x}dx$；　　(5) d( ) $= \dfrac{1}{\sqrt{x}}dx$；　　(6) d( ) $= \sec^2 5x\,dx$.

3. 求下列函数的微分：

(1) $y = \ln x + 2\sqrt{x}$；　　(2) $y = \ln\sqrt{1-x^3}$；　　(3) $y = x\sin 2x$；

(4) $y = x^2 e^{2x}$；　　(5) $y = (e^x + e^{-x})^2$；　　(6) $y = \sqrt{x - \sqrt{x}}$；

(7) $y = \arctan\dfrac{1-x^2}{1+x^2}$；　　(8) $y = \ln(x + \sqrt{x^2 \pm a^2})$.

4. 求方程 $2y - x = (x-y)\ln(x-y)$ 所确定的函数 $y = y(x)$ 的微分 dy.

5. 求由方程 $\cos(xy) = x^2 y^2$ 所确定的函数 y 的微分.

6. 当 $|x|$ 较小时，证明下列近似公式：

(1) $\sin x \approx x$；　　(2) $e^x \approx 1 + x$；　　(3) $\sqrt[n]{1+x} = 1 + \dfrac{x}{n}$.

7. 选择合适的中心对下面的函数给出其线性化，然后估算在给定点的函数值.

(1) $f(x) = \sqrt[3]{1+x}, x_0 = 6.5$；　　(2) $f(x) = \dfrac{x}{1+x}, x_0 = 1.1$.

8. 求 $f(x) = \sqrt{1+x} + \sin x$ 在 $x = 0$ 处的线性化，它和 $\sqrt{1+x}$ 以及 $\sin x$ 在 $x = 0$ 处的线性化有何关系.

9. 计算下列各式的近似值：

(1) $\sqrt[100]{1.002}$；　　(2) $\cos 29°$；　　(3) $\arcsin 0.5\,002$.

10. 为了计算外球的体积(精确到 1%)，问度量球的直径 D 所允许的最大相对误差是多少？

11. 扩音器插头为圆柱形，截面半径 r 为 0.15cm，长度 l 为 4cm，为了提高它的导电性能，要在该圆柱的侧面镀上一层厚为 0.001cm 的纯铜，问每个插头约需多少克纯铜？

12. 某厂生产一扇形板,半径 $R=200$ mm,要求中心角 α 为 $55°$,产品检验时,一般用测量弦长 L 的方法来间接测量中心角 α. 如果测量弦长 L 时的误差 $\delta_L=0.1$ mm,问由此而引起的中心角测量误差 δ_α 是多少?

13. 当立方体的边长 a 变化一个长度 Δx 时,试问:表面积和体积的变化快慢是否与初始长度 a 有关?

14. 某铸币厂铸造硬币的标准规定:硬币的重量误差必须控制在理想重量的 $1/1\,000$ 以内,试问:此硬币半径容许的相对误差为多少(假设铸造的硬币质地均匀,且厚度符合标准)?

总 习 题 二

1. 设 $f'(x)$ 存在,求 $\lim\limits_{h\to 0}\dfrac{f(x+2h)-f(x-3h)}{h}$.

2. 设 $f(x)=x(x-1)(x-2)\cdots(x-1\,000)$,求 $f'(0)$.

3. 设 $f(x)$ 对任何 x 满足 $f(x+1)=2f(x)$,且 $f(0)=1$,$f'(0)=C$ (C 为常数),求 $f'(1)$.

4. 设函数 $f(x)$ 对任何 x_1,x_2,有 $f(x_1+x_2)=f(x_1)+f(x_2)$ 且 $f'(0)=1$,证明:函数 $f(x)$ 可导,且 $f'(x)=1$.

5. 求解下列问题:

(1) 求函数 $y=\ln x+e^x$ 反函数 $x=x(y)$ 的导数;

(2) 设 $y=f(x)$ 是 $x=\varphi(y)$ 的反函数,且 $f(2)=4$,$f'(2)=3$,$f'(4)=1$,求 $\varphi'(4)$.

6. 在抛物线 $y=x^2$ 上取横坐标为 $x_1=1$ 及 $x_2=3$ 的两点,作过这两点的割线,问抛物线上哪一点的切线平行于这条割线?

7. 求与直线 $x+9y-1=0$ 垂直的曲线 $y=x^3-3x^2+5$ 的切线方程.

8. 讨论函数 $y=x|x|$ 在点 $x=0$ 处的可导性.

9. 设函数 $f(x)=\begin{cases}x^2, & x\leqslant 1 \\ ax+b, & x>1\end{cases}$,为了使函数 $f(x)$ 在 $x=1$ 处连续且可导,a,b 应取什么值?

10. 试确定 a,b,使 $f(x)=\begin{cases}b(1+\sin x)+a+2, & x>0 \\ e^{ax}-1, & x\leqslant 0\end{cases}$ 在 $x=0$ 处可导.

11. 设 $f(x)=\begin{cases}x=2t+|t| \\ y=5t^2+4t|t|\end{cases}$,求 $\dfrac{dy}{dx}\bigg|_{t=0}$.

12. 求下列函数的导数:

(1) $y=(3x+5)^3(5x+4)^5$; (2) $y=\arctan\dfrac{x+1}{x-1}$; (3) $y=\dfrac{\sqrt{1+x}-\sqrt{1-x}}{\sqrt{1+x}+\sqrt{1-x}}$;

(4) $y=\dfrac{\ln x}{x^n}$; (5) $y=\dfrac{e^t-e^{-t}}{e^t+e^{-t}}$; (6) $y=x^a+a^x+a^a$;

(7) $y=e^{\tan\frac{1}{x}}$; (8) $y=\sqrt{x+\sqrt{x}}$; (9) $y=x\arcsin\dfrac{x}{2}+\sqrt{4-x^2}$.

13. 设 $y=\dfrac{1}{2}\arctan\sqrt{1+x^2}+\dfrac{1}{4}\ln\dfrac{\sqrt{1+x^2}+1}{\sqrt{1+x^2}-1}$,求 y'.

14. 设 $f(x)$ 为可导函数,求 $\dfrac{dy}{dx}$.

(1) $y=f(e^x+x^e)$; (2) $y=f(e^x)e^{f(x)}$.

15. 设 $x>0$ 时,可导函数 $f(x)$ 满足: $f(x)+2f\left(\dfrac{1}{x}\right)=\dfrac{3}{x}$,求 $f'(x)$ ($x>0$).

16. 已知 $y=f\left(\dfrac{3x-2}{3x+2}\right)$,$f'(x)=\arctan(x^2)$,求 $\dfrac{dy}{dx}\bigg|_{x=0}$.

17. 求下列函数的二阶导数:

(1) $y=(1+x^2)\arctan x$; (2) $y=\ln(x+\sqrt{1+x^2})$.

18. 作变量代换 $x=\ln t$ 简化方程 $\dfrac{d^2y}{dx^2}-\dfrac{dy}{dx}+ye^{2x}=0$.

19. 试从 $\dfrac{dx}{dy}=\dfrac{1}{y'}$ 导出:

(1) $\dfrac{d^2x}{dy^2}=-\dfrac{y''}{(y')^3}$; (2) $\dfrac{d^3x}{dy^3}=\dfrac{3(y'')^2-y'y'''}{(y')^5}$.

20. 已知函数 $f(x)$ 具有任意阶导数,且 $f'(x)=[f(x)]^2$,则当 n 为大于 2 的正整数时,$f(x)$ 的 n 阶导数 $f^{(n)}(x)$ 是( ).

(A) $n![f(x)]^{n+1}$; (B) $n[f(x)]^{n+1}$; (C) $[f(x)]^{2n}$; (D) $n![f(x)]^{2n}$.

21. 求下列函数所指定阶的导数:

(1) $y=\sin^2 x$,求 $y^{(n)}$; (2) $y=\dfrac{1}{x^2-5x+6}$,求 $y^{(n)}$.

22. 求曲线 $x^{\frac{2}{3}}+y^{\frac{2}{3}}=a^{\frac{2}{3}}$ 在点 $\left(\dfrac{\sqrt{2}}{4}a,\dfrac{\sqrt{2}}{4}a\right)$ 处的切线方程和法线方程.

23. 设方程 $\sin(xy)+\ln(y-x)=x$ 确定 y 是 x 的函数,且 $\dfrac{dy}{dx}\Big|_{x=0}$.

24. 用对数求导法则求下列函数的导数:

(1) $y=\sqrt{x\sin x\sqrt{1-e^x}}$; (2) $y=(\tan x)^{\sin x}+x^x$.

25. 设函数 $y=y(x)$ 由方程 $e^y+xy=e$ 所确定,求 $y''(0)$.

26. 求下列方程所确定的隐函数 y 的二阶导数 $\dfrac{d^2y}{dx^2}$:

(1) $y=\tan(x+y)$; (2) $x-y+\dfrac{1}{2}\sin y=0$.

27. 设由方程组 $\begin{cases}x=2t-1\\ te^y+y+1=0\end{cases}$ 确定 y 是 x 的函数,求 $\dfrac{d^2y}{dx^2}\Big|_{t=0}=(\quad)$.

(A) $\dfrac{1}{e^2}$; (B) $\dfrac{1}{2e^2}$; (C) $-\dfrac{1}{e}$; (D) $-\dfrac{1}{2e}$.

28. 设函数 $y=f(x)$ 由方程 $\sqrt[x]{y}=\sqrt[y]{x}(x>0,y>0)$ 所确定,求 $\dfrac{d^2y}{dx^2}$.

29. 求下列函数的微分:

(1) $y=e^{-x}\cos(3-x)$; (2) $y=\arcsin\sqrt{1-x^2}$; (3) $y=\tan^2(1+2x^2)$.

30. 设 $y=f(\ln x)e^{f(x)}$,其中 f 可微,求 dy.

31. 已知 $y=\cos x^2$,求 $\dfrac{dy}{dx},\dfrac{dy}{dx^2},\dfrac{dy}{dx^3},\dfrac{d^2y}{dx^2}$.

32. 假设飞机在起飞前沿跑道滑行的距离公式 $s=\dfrac{10}{9}t^2$ 给出,其中 s 是从起点算起的以米计的距离,而 t 是从刹闸放开算起以秒计的时间.已知当飞机速度达到 200km/h 时,飞机就离地升空.试问要使飞机处于起飞处于起飞状态需要多长时间,并计算这个过程中飞机滑行的距离.

33. 一匹赛马正在跑一个 10 浪的比赛(1 浪 $=200\text{m}$).当马跑过每浪的标记(F)时,裁判员就记下自比赛开始算起所用的时间(t),F(浪)-t(s) 的关系见下表:

F	0	1	2	3	4	5	6	7	8	9	10
t	0	20	33	46	59	73	86	100	112	124	135

(1) 这匹赛马在跑前 5 浪的平均速度是多少?(以 m/s 计)

(2) 通过第三个浪标记的近似速度是多少?(以 m/s 计)

(3) 在哪段时间内赛马跑得最快?

(4) 在哪段时间内赛马加速最快?

34. 一辆大型客车能容纳 60 人.租用该车旅游时,当乘客人数为 x(人)时,每位乘客支付的票价 $p(x)$

(元)满足关系式: $p(x)=8\left(\dfrac{x}{40}-3\right)^2$. 求租用该客车的公共汽车公司在这次旅游中所获得的收入 $r(x)$,使其边际收入为 0 的旅游乘客量是多少? 此时每位乘客支付的相应的票价是多少(这个票价是使收入最大的票价,如果公共汽车可以选择乘客数量的话,则该公司可以设法将乘客保持在一个数量,在获得最大效益的同时还能使车内乘车环境更宽松)?

35. 若假定某重点工业部门的年总产出 y 仅跟该年的劳动力总数 u 和单个劳动力的平均生产效率 v 有关,若劳动力总数 $u=u(t)$ 以每年 4%(即 $\dfrac{\mathrm{d}u}{\mathrm{d}t}=0.04u$)的增长率增长,而 $v=v(t)$ 以每年 5%(即 $\dfrac{\mathrm{d}v}{\mathrm{d}t}=0.05v$)的增长率增长,求总产出 $y(t)$ 的年增长率;当 u 以每年 2% 增长率减少时,而 v 以每年 3% 增长率增长时,$y(t)$ 的增长率又是多少呢?

36. 沿坐标直线运动的质点在时刻 $t \geqslant 0$ 的位置为:
$$s=10\cos\left(t+\dfrac{\pi}{4}\right).$$
(1) 质点的起始($t=0$)位置在何处?
(2) 质点的最大位移是多少?
(3) 质点在达到最大位移时的速度和加速度是多少?
(4) 何时质点第一次达到原点及此刻对应的速度和加速度是多少?

37. $y=f(x)$ 在 $x=a$ 处可导,$g(x)=m(x-a)+c$,m 和 c 均为常数. 若误差函数
$$E(x)=f(x)-g(x),$$
在 $x=a$ 处附近足够小,则我们可能会用 g 而不一定是其线性化 $L(x)=f(a)+f'(a)(x-a)$ 来做近似计算. 但是对 g 加入限制条件:

(1) $E(a)=0$;   (2) $\lim\limits_{x \to a}\dfrac{E(x)}{x-a}=0$,

则可断言此时求得的 g 即为 f 的线性化 $L(x)$,试证明之.

38. 求 $f(x)=\sqrt{1+x}+\sin x-0.5$ 在 $x=0$ 处的线性化.

39. 求 $f(x)=\sqrt{1+x}+\dfrac{2}{1-x}-3.1$ 在 $x=0$ 处的线性化.

40. 若要确保立方体表面积的相对误差不超过 2%,在测量立方体边长时应保持怎样的精度? 并计算此时立方体体积的相对误差的范围.

第 3 章 微分中值定理与导数的应用

在第 2 章中,我们介绍了微分学的两个基本概念——导数与微分,并讨论了其计算方法. 本章将以微分学基本定理——微分中值定理为基础,进一步介绍导数的应用,利用导数求一些函数的极限以及利用导数研究函数的性态,如判断函数的单调性和凹凸性,求函数的极值、最值以及描绘函数的图形.

3.1 微分中值定理

3.1.1 罗尔定理

定理 1(罗尔定理) 如果函数 $y=f(x)$ 满足:

(1) 在闭区间 $[a,b]$ 上连续;

(2) 在开区间 (a,b) 内可导;

(3) 在区间端点处的函数值相等,即 $f(a)=f(b)$,

则在 (a,b) 内至少存在一点 $\xi(a<\xi<b)$,使得 $f'(\xi)=0$.

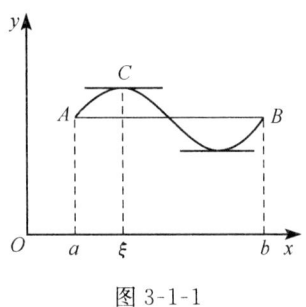

罗尔定理的几何意义 如图 3-1-1 所示,定理的条件表示,设函数 $y=f(x)$ 在闭区间 $[a,b]$ 上的图像是一条连续光滑的曲线,这条曲线在开区间 (a,b) 内每一点都存在不垂直于 x 轴的切线,且曲线两端点的高度相等,即 $f(a)=f(b)$. 定理的结论表示,在曲线 $y=f(x)$ 上至少有一点 C,曲线在点 C 处的切线是水平的.

图 3-1-1

从图中可以发现,在曲线弧上的最高点或最低点处,曲线有水平切线,即有 $f'(\xi)=0$,这就启发了我们证明这个定理的思路.

证明 由于 $f(x)$ 在闭区间 $[a,b]$ 上连续,根据闭区间上连续函数的最大值和最小值定理,$f(x)$ 在 $[a,b]$ 上必有最大值 M 和最小值 m. 现分两种情况来讨论.

若 $M=m$,则 $f(x)$ 在 $[a,b]$ 上必为常数,这时对任意的 $\xi\in(a,b)$,都有 $f'(\xi)=0$.

若 $M>m$,由条件(3)知,M 和 m 中至少有一个不在区间端点 a 和 b 处取得. 不妨设 $M\neq f(a)$,则在开区间 (a,b) 内至少存在一点 ξ,使得 $f(\xi)=M$. 下面来证明 $f'(\xi)=0$.

由条件(2)知,$f'(\xi)$ 存在,则 $f'(\xi)=f'_+(\xi)=f'_-(\xi)$. 由于 $f(\xi)$ 为最大值,所以不论 Δx 为正或为负,只要 $\xi+\Delta x\in[a,b]$,总有

$$f(\xi+\Delta x)-f(\xi)\leqslant 0,$$

因此,当 $\Delta x>0$ 时,有

$$\frac{f(\xi+\Delta x)-f(\xi)}{\Delta x}\leqslant 0,$$

根据函数极限的保号性知

$$f'_+(\xi)=\lim_{\Delta x\to 0^+}\frac{f(\xi+\Delta x)-f(\xi)}{\Delta x}\leqslant 0.$$

同样,当 $\Delta x<0$ 时,有 $\dfrac{f(\xi+\Delta x)-f(\xi)}{\Delta x}\geqslant 0$,所以

$$f'_-(\xi)=\lim_{\Delta x\to 0^-}\dfrac{f(\xi+\Delta x)-f(\xi)}{\Delta x}\geqslant 0.$$

故 $f'(\xi)=0$.

注 由罗尔定理易知,若函数 $f(x)$ 在 $[a,b]$ 上满足定理的三个条件,则其导函数 $f'(x)$ 在 (a,b) 内至少存在一个零点. 但要注意,在一般情况下,罗尔定理只给出了导函数零点的存在性,通常这样的零点是不易具体求出的.

例 1 不求导数,判断函数 $f(x)=(x-1)(x-2)(x-3)(x-4)$ 的导函数有几个零点及这些零点所在的范围.

解 因为 $f(1)=f(2)=f(3)=f(4)=0$,所以 $f(x)$ 在闭区间 $[1,2],[2,3],[3,4]$ 上满足罗尔定理的三个条件. 所以,在 $(1,2)$ 内至少存在一点 ξ_1,使 $f'(\xi_1)=0$,即 ξ_1 是 $f'(x)$ 的一个零点;在 $(2,3)$ 内也至少存在一点 ξ_2,使 $f'(\xi_2)=0$,即 ξ_2 是 $f'(x)$ 的一个零点;又在 $(3,4)$ 内至少存在一点 ξ_3,使 $f'(\xi_3)=0$,即 ξ_3 也是 $f'(x)$ 的一个零点. 因此,$f'(x)$ 至少有三个零点.

又因为 $f'(x)$ 为三次多项式,最多只能有三个零点,故 $f'(x)$ 恰好有三个零点,分别在区间 $(1,2),(2,3)$ 和 $(3,4)$ 内.

例 2 证明方程 $x^5-5x+1=0$ 有且仅有一个小于 1 的正实根.

证明 先证明存在性. 设 $f(x)=x^5-5x+1$,则 $f(x)$ 在 $[0,1]$ 上连续,且 $f(0)=1$,$f(1)=-3$. 由零点定理知,至少存在一点 $\xi\in(0,1)$,使 $f(\xi)=0$,即方程 $x^5-5x+1=0$ 至少有一个小于 1 的正实根.

再证明唯一性. 用反证法,假设存在两点 $\xi_1,\xi_2\in(0,1)$,且 $\xi_1\neq\xi_2$,使 $f(\xi_1)=f(\xi_2)=0$. 易见,函数 $f(x)$ 在以 ξ_1,ξ_2 为端点的区间上满足罗尔定理的条件,故至少存在一点 η(介于 ξ_1,ξ_2 之间),使得 $f'(\eta)=0$. 但

$$f'(x)=5(x^4-1)<0,\quad x\in(0,1),$$

产生矛盾,假设不成立. 故方程 $x^5-5x+1=0$ 有且仅有一个小于 1 的正实根.

例 3 设 $f(x)$ 在 $[0,1]$ 上连续,在 $(0,1)$ 内可导,且 $f(1)=0$. 求证:至少存在一点 $\xi\in(0,1)$,使 $f'(\xi)=-\dfrac{f(\xi)}{\xi}$.

证明 构造辅助函数 $F(x)=xf(x)$. 因为 $f(x)$ 在 $[0,1]$ 上连续,在 $(0,1)$ 内可导,所以 $F(x)$ 也在 $[0,1]$ 上连续,在 $(0,1)$ 内可导,且 $F(0)=F(1)=0$,由罗尔定理知,在 $(0,1)$ 内至少存在一点 ξ,使 $F'(\xi)=0$,即

$$\xi f'(\xi)+f(\xi)=0,$$

故 $f'(\xi)=-\dfrac{f(\xi)}{\xi}$.

3.1.2 拉格朗日中值定理

罗尔定理中,$f(a)=f(b)$ 这个条件是相当特殊的,它使罗尔定理的应用受到了限制,如果取消罗尔定理中这个条件的限制,但仍保留其余两个条件,便可得到在微分学中具有重要地位的拉格朗日中值定理.

定理 2(拉格朗日中值定理) 如果函数 $y=f(x)$ 满足:

(1) 在闭区间 $[a,b]$ 上连续;

(2) 在开区间 (a,b) 内可导,

则在 (a,b) 内至少存在一点 $\xi(a<\xi<b)$,使得

$$f(b) - f(a) = f'(\xi)(b-a). \tag{3.1.1}$$

拉格朗日中值定理的几何意义 式(3.1.1)可改写为

$$\frac{f(b)-f(a)}{b-a} = f'(\xi), \tag{3.1.2}$$

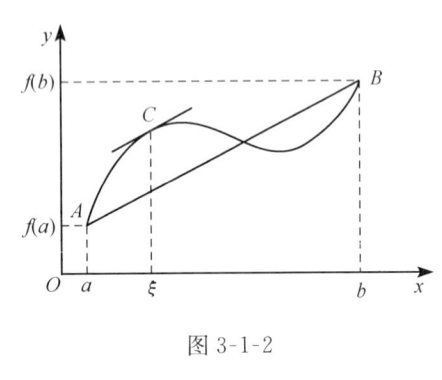

如图 3-1-2 所示,$\dfrac{f(b)-f(a)}{b-a}$ 为直线 AB 的斜率,而 $f'(\xi)$ 为曲线在点 C 处的切线的斜率.因此,拉格朗日中值定理的几何意义是,在满足定理条件的情况下,曲线 $y=f(x)$ 上至少有一点 C,曲线在点 C 处的切线平行于曲线两端点连线 AB.

易见,罗尔定理是拉格朗日中值定理在 $f(a)=f(b)$ 时的特殊情形.根据两者之间的关系,还可进一步利用罗尔定理来证明拉格朗日中值定理.为此我们设想构造一个与 $f(x)$ 有密切联系的辅助函数 $F(x)$,使 $F(x)$ 满足条件 $F(a)=F(b)$,对 $F(x)$ 应用罗尔定理,最后将对 $F(x)$ 所得的结论转化到 $f(x)$ 上,证得所要的结论.事实上,因为直线 AB 的方程为 $y=f(a)+\dfrac{f(b)-f(a)}{b-a}(x-a)$,而曲线 $y=f(x)$ 与直线 AB 在端点 a,b 处相交,故若用曲线方程 $y=f(x)$ 与直线 AB 的方程的差做成一个新函数,则这个新函数在端点 a,b 处的函数值相等.由此即可证明拉格朗日中值定理.

图 3-1-2

证明 构造辅助函数

$$F(x) = f(x) - \left[f(a) + \frac{f(b)-f(a)}{b-a}(x-a)\right].$$

容易验证 $F(x)$ 在区间 $[a,b]$ 上满足罗尔定理的条件,从而在 (a,b) 内至少存在一点 ξ,使得 $F'(\xi)=0$,即

$$f'(\xi) - \frac{f(b)-f(a)}{b-a} = 0,$$

故 $\quad f'(\xi) = \dfrac{f(b)-f(a)}{b-a}$ 或 $f(b)-f(a) = f'(\xi)(b-a).$

注 (1) 式(3.1.1)和式(3.1.2)均称为**拉格朗日中值公式**.显然,当 $b<a$ 时,式(3.1.1)和式(3.1.2)也成立.

(2) 式(3.1.2)的左端 $\dfrac{f(b)-f(a)}{b-a}$ 表示函数 $f(x)$ 在闭区间 $[a,b]$ 上的平均变化率,右端 $f'(\xi)$ 表示开区间 (a,b) 内某点 ξ 处函数 $f(x)$ 的瞬时变化率.于是,拉格朗日中值公式说明了在整个区间上的平均变化率一定等于区间某个内点处的瞬时变化率.若从物理学角度看,式(3.1.2)表示整体上的平均速度等于某一内点处的瞬时速度.

(3) 设 $x, x+\Delta x \in (a,b)$,在以 $x, x+\Delta x$ 为端点的区间上应用拉格朗日中值定理,则至少存在一点 ξ(介于 x 与 $x+\Delta x$ 之间),使得

$$f(x+\Delta x) - f(x) = f'(\xi) \cdot \Delta x,$$

可令 $\xi = x + \theta \Delta x (0<\theta<1)$,则有

$$f(x+\Delta x) - f(x) = f'(x+\theta \Delta x) \cdot \Delta x \quad (0<\theta<1),$$

即
$$\Delta y = f'(x+\theta\Delta x)\cdot\Delta x \quad (0<\theta<1). \tag{3.1.3}$$

函数的微分 $dy=f'(x)\cdot\Delta x$ 是函数的增量 Δy 的近似表达式,而式(3.1.3)则表示 $f'(x+\theta\Delta x)\cdot\Delta x$ 就是函数增量 Δy 的准确表达式.即式(3.1.3)精确地表达了函数在一个区间上的增量与函数在该区间内某点处的导数之间的关系,这个公式又称为**有限增量公式**.

我们知道,常数的导数为零;但反过来,导数为零的函数是否为常数呢? 回答是肯定的. 现在就用拉格朗日中值定理来证明其正确性.

推论 1 如果函数 $f(x)$ 在区间 I 上的导数恒为零,那么 $f(x)$ 在区间 I 上是一个常数.

证明 在区间 I 上任取两点 $x_1,x_2(x_1<x_2)$,在区间 $[x_1,x_2]$ 上应用拉格朗日中值定理,得
$$f(x_2)-f(x_1)=f'(\xi)(x_2-x_1)\quad(x_1<\xi<x_2).$$
由条件知 $f'(\xi)=0$,所以
$$f(x_2)-f(x_1)=0, \quad f(x_2)=f(x_1).$$
再由 x_1,x_2 的任意性知,$f(x)$ 在区间 I 上任意点处的函数值都相等,即 $f(x)$ 在区间 I 上是一个常数.

注 推论 1 表明,导数为零的函数就是常数函数.由推论 1 立即可得下面的推论 2.

推论 2 如果函数 $f(x)$ 与 $g(x)$ 在区间 I 上恒有 $f'(x)=g'(x)$,则在区间 I 上有
$$f(x)=g(x)+C \quad (C 为常数).$$

例 4 证明 $\arcsin x+\arccos x=\dfrac{\pi}{2}(-1\leqslant x\leqslant 1)$.

证明 设 $f(x)=\arcsin x+\arccos x,x\in[-1,1]$,因为
$$f'(x)=\frac{1}{\sqrt{1-x^2}}+\left(-\frac{1}{\sqrt{1-x^2}}\right)=0 \quad x\in(-1,1),$$
所以 $f(x)\equiv C,x\in(-1,1)$. 又
$$f(0)=\arcsin 0+\arccos 0=0+\frac{\pi}{2}=\frac{\pi}{2},$$
故 $C=\dfrac{\pi}{2}$,所以 $f(x)=\dfrac{\pi}{2},x\in(-1,1)$. 又因为
$$f(-1)=\arcsin(-1)+\arccos(-1)=-\frac{\pi}{2}+\pi=\frac{\pi}{2},$$
$$f(1)=\arcsin 1+\arccos 1=\frac{\pi}{2}+0=\frac{\pi}{2},$$
从而
$$\arcsin x+\arccos x=\frac{\pi}{2}(-1\leqslant x\leqslant 1).$$

例 5 证明下列不等式:

(1) 当 $b>a>0$ 时,$\dfrac{b-a}{1+b^2}<\arctan b-\arctan a<\dfrac{b-a}{1+a^2}$;

(2) 当 $x>0$ 时,$\dfrac{x}{1+x}<\ln(1+x)<x$.

证明 (1) 设 $f(x)=\arctan x$,显然,$f(x)$ 在 $[a,b]$ 上满足拉格朗日中值定理的条件,则至少存在一点 $\xi(a<\xi<b)$,使得

$$\arctan b - \arctan a = \frac{1}{1+\xi^2}(b-a),$$

由于 $0<a<\xi<b$,所以
$$\frac{1}{1+b^2} < \frac{1}{1+\xi^2} < \frac{1}{1+a^2},$$

即有
$$\frac{b-a}{1+b^2} < \arctan b - \arctan a < \frac{b-a}{1+a^2}.$$

(2) 设 $f(t)=\ln(1+t)$,显然, $f(t)$ 在 $[0,x]$ 上满足拉格朗日中值定理的条件,则至少存在一点 $\xi(0<\xi<x)$,使得
$$f(x)-f(0)=f'(\xi)(x-0) \quad (0<\xi<x).$$

由于 $f(0)=0, f'(t)=\frac{1}{1+t}$,故上式即为
$$\ln(1+x)=\frac{x}{1+\xi} \quad (0<\xi<x).$$

由于 $0<\xi<x$,所以 $\frac{x}{1+x} < \frac{x}{1+\xi} < x$,即
$$\frac{x}{1+x} < \ln(1+x) < x.$$

3.1.3 柯西中值定理

拉格朗日中值定理表明,如果连续曲线 $\overset{\frown}{AB}$ 上除端点外处处具有不垂直于 x 轴的切线,则曲线上至少有一点 C,曲线在点 C 处的切线平行于曲线端点连线 AB. 下面,我们用曲线的参数方程描述这个结论.

设曲线 $\overset{\frown}{AB}$ 的参数方程为 $\begin{cases} x=g(t) \\ y=f(t) \end{cases} (a \leqslant t \leqslant b)$ (图 3-1-3),其中 t 是参数. 那么曲线上点 (x,y) 处的切线斜率为 $\frac{\mathrm{d}y}{\mathrm{d}x}=\frac{f'(t)}{g'(t)}$,直线 AB 的斜率为 $\frac{f(b)-f(a)}{g(b)-g(a)}$. 假设点 C 对应于参数 $t=\xi$,那么曲线上点 C 处的切线平行于直线 AB,即
$$\frac{f(b)-f(a)}{g(b)-g(a)} = \frac{f'(\xi)}{g'(\xi)}.$$

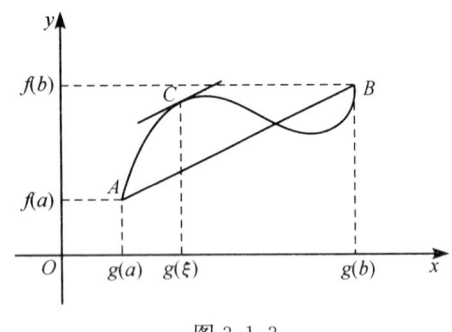

图 3-1-3

于是得到如下定理.

定理 3(柯西中值定理) 如果函数 $f(x)$ 及 $g(x)$ 满足:
(1) 在闭区间 $[a,b]$ 上连续;
(2) 在开区间 (a,b) 内可导;
(3) 在 (a,b) 内每一点处, $g'(x) \neq 0$,

则在 (a,b) 内至少存在一点 $\xi(a<\xi<b)$,使得
$$\frac{f(b)-f(a)}{g(b)-g(a)} = \frac{f'(\xi)}{g'(\xi)}.$$

证明 构造辅助函数
$$\varphi(x) = f(x) - f(a) - \frac{f(b)-f(a)}{g(b)-g(a)}[g(x)-g(a)].$$

易知 $\varphi(x)$ 在 $[a,b]$ 上满足罗尔定理的条件,故在 (a,b) 内至少存在一点 ξ,使得 $\varphi'(\xi)=0$,即
$$f'(\xi)-\frac{f(b)-f(a)}{g(b)-g(a)}\cdot g'(\xi)=0,$$
从而
$$\frac{f(b)-f(a)}{g(b)-g(a)}=\frac{f'(\xi)}{g'(\xi)}.$$

注 若取 $g(x)=x$,则 $g(b)-g(a)=b-a$,$g'(x)=1$. 这时,柯西中值定理就变成了拉格朗日中值定理(微分中值定理). 所以柯西中值定理又称为**广义中值定理**.

例 6 设函数 $f(x)$ 在 $[a,b]$ 上连续,在 (a,b) 内可导 $(a>0)$,试证明:至少存在一点 $\xi \in (a,b)$,使得 $f(b)-f(a)=\xi f'(\xi)\ln\dfrac{b}{a}$.

证明 易见题设结论可变形为
$$\frac{f(b)-f(a)}{\ln b-\ln a}=\frac{f'(\xi)}{\dfrac{1}{\xi}}.$$

因此,可设 $g(x)=\ln x$,则 $f(x),g(x)$ 在 $[a,b]$ 上满足柯西中值定理的条件,所以在 (a,b) 内至少存在一点 ξ,使 $\dfrac{f(b)-f(a)}{\ln b-\ln a}=\dfrac{f'(\xi)}{\dfrac{1}{\xi}}$,即
$$f(b)-f(a)=\xi f'(\xi)\ln\frac{b}{a}.$$

习 题 3-1

1. 下列函数在给定区间上是否满足罗尔定理的所有条件? 如满足,请求出满足定理的数值 ξ.
   (1) $f(x)=2x^2-x-3$ $[-1,1.5]$; (2) $f(x)=x\sqrt{3-x}$ $[0,3]$.

2. 验证拉格朗日中值定理对函数 $y=4x^3-5x^2+x-2$ 在区间 $[0,1]$ 上的正确性,并求出满足定理的数值 ξ.

3. 试证明对函数 $y=px^2+qx+r$ 应用拉格朗日中值定理时所求得的点 ξ 总是位于区间的正中间.

4. 一位货车司机在收费亭处拿到一张罚款单,说他在限速为 65km/h 的收费道路上在 2h 内走了 159km. 罚款单列出的违章理由为该司机超速行驶. 为什么?

5. 函数 $f(x)=x^3$ 与 $g(x)=x^2+1$ 在区间 $[1,2]$ 上是否满足柯西中值定理的所有条件? 如满足,请求出满足定理的数值 ξ.

6. 设 $f(x)$ 在 $[0,\pi]$ 上连续,在 $(0,\pi)$ 内可导,求证:存在 $\xi \in (0,\pi)$,使得
$$f'(\xi)=-f(\xi)\cot\xi.$$

7. 若函数 $f(x)$ 在 (a,b) 内具有二阶导函数,且 $f(x_1)=f(x_2)=f(x_3)$ $(a<x_1<x_2<x_3<b)$,证明:在 (x_1,x_3) 内至少有一点 ξ,使得 $f''(\xi)=0$.

8. 证明:方程 $x^5+x-1=0$ 只有一个正根.

9. 证明下列不等式:
   (1) 当 $a>b>0$,$n>1$ 时,$nb^{n-1}(a-b)<a^n-b^n<na^{n-1}(a-b)$;
   (2) 当 $b>a>0$ 时,$\dfrac{b-a}{b}<\ln\dfrac{b}{a}<\dfrac{b-a}{a}$;
   (3) 当 $x>1$ 时,$e^x>e\cdot x$;

(4) 当 $x>0$ 时,$\dfrac{x}{1+x^2}<\arctan x<x$；

(5) 当 $x>0$ 时,$\ln\left(1+\dfrac{1}{x}\right)>\dfrac{1}{1+x}$.

10. 证明下列等式：

(1) $\arctan x+\operatorname{arccot}x=\dfrac{\pi}{2}$, $x\in(-\infty,+\infty)$；

(2) $2\arctan x+\arcsin\dfrac{2x}{1+x^2}=\pi$ $(x\geqslant 1)$.

11. 设函数 $f(x)$ 在 $[a,b]$ 上连续, 在 (a,b) 内有二阶导数, 且有 $f(a)=f(b)=0, f(c)>0(a<c<b)$, 试证在 (a,b) 内至少存在一点 ξ, 使 $f''(\xi)<0$.

12. 设 $f(x)$ 在 $[a,b]$ 上连续, 在 (a,b) 内可导, 证明: 在 (a,b) 内至少存在一点 ξ, 使得

$$\dfrac{bf(b)-af(a)}{b-a}=\xi f'(\xi)+f(\xi).$$

13. 设函数 $f(x)$ 在 $[0,1]$ 上连续, 在 $(0,1)$ 内可导. 试证明至少存在一点 $\xi\in(0,1)$, 使 $f'(\xi)=3\xi^2[f(1)-f(0)]$.

14. 设函数 $y=f(x)$ 在 $x=0$ 的某邻域内具有 n 阶导数, 且 $f(0)=f'(0)=\cdots=f^{(n-1)}(0)=0$, 试用柯西中值定理证明:

$$\dfrac{f(x)}{x^n}=\dfrac{f^{(n)}(\theta x)}{n!}\quad(0<\theta<1).$$

3.2 洛必达法则

如果当 $x\to a$(或 $x\to\infty$)时, 两个函数 $f(x)$ 与 $g(x)$ 都趋于零或都趋于无穷大, 则极限 $\lim\limits_{x\to a}\dfrac{f(x)}{g(x)}\left(\text{或}\lim\limits_{x\to\infty}\dfrac{f(x)}{g(x)}\right)$ 可能存在, 也可能不存在, 通常把这种极限称为**未定式**, 并分别记为 $\dfrac{0}{0}$ 或 $\dfrac{\infty}{\infty}$.

例如, $\lim\limits_{x\to 0}\dfrac{\sin x}{x}$, $\lim\limits_{x\to 0}\dfrac{1-\cos x}{x^2}$ 是 $\dfrac{0}{0}$ 型未定式, $\lim\limits_{x\to+\infty}\dfrac{x^3}{e^x}$, $\lim\limits_{x\to+\infty}\dfrac{\ln x}{x^n}(n>0)$ 是 $\dfrac{\infty}{\infty}$ 型未定式.

本节将利用导数为工具, 给出计算未定式极限的一般方法, 即**洛必达法则**.

3.2.1 $\dfrac{0}{0}$ 型与 $\dfrac{\infty}{\infty}$ 型未定式

下面, 我们以 $x\to a$ 时的 $\dfrac{0}{0}$ 型未定式为例进行讨论.

定理 1 设(1) 当 $x\to a$ 时, 函数 $f(x)$ 与 $g(x)$ 都趋于零；

(2) 在点 a 的某去心邻域内, $f'(x)$ 及 $g'(x)$ 都存在, 且 $g'(x)\neq 0$；

(3) $\lim\limits_{x\to a}\dfrac{f'(x)}{g'(x)}$ 存在(或为无穷大),

则

$$\lim_{x\to a}\dfrac{f(x)}{g(x)}=\lim_{x\to a}\dfrac{f'(x)}{g'(x)}.$$

证明 因为极限 $\lim\limits_{x\to a}\dfrac{f(x)}{g(x)}$ 是否存在与 $f(a)$ 和 $g(a)$ 取何值无关, 故可补充定义 $f(a)=g(a)=0$. 于是, 由条件(1), (2)可知, 函数 $f(x)$ 及 $g(x)$ 在点 a 的某一邻域内是连续的. 设 x

是该邻域内任意一点($x \neq a$),则 $f(x)$ 及 $g(x)$ 在以 x 及 a 为端点的区间上满足柯西中值定理的条件,从而存在 ξ(ξ 介于 x 与 a 之间),使得

$$\frac{f(x)}{g(x)} = \frac{f(x) - f(a)}{g(x) - g(a)} = \frac{f'(\xi)}{g'(\xi)}.$$

当 $x \to a$ 时,有 $\xi \to a$,所以

$$\lim_{x \to a} \frac{f(x)}{g(x)} = \lim_{x \to a} \frac{f'(\xi)}{g'(\xi)} = \lim_{\xi \to a} \frac{f'(\xi)}{g'(\xi)} = \lim_{x \to a} \frac{f'(x)}{g'(x)}.$$

注 若将定理 1 中的 $x \to a$ 换成 $x \to a^{\pm}$,$x \to \infty$,$x \to \pm \infty$,只要相应地修改条件(2),结论仍然成立.

上述定理给出的这种在一定条件下通过对分子、分母先分别求导,再求极限来确定未定式的值的方法称为**洛必达法则**.

例 1 求 $\lim\limits_{x \to 0} \dfrac{\sin 5x}{\sin 3x}$.

解 这是 $\dfrac{0}{0}$ 型未定式,由洛必达法则,可得

$$\lim_{x \to 0} \frac{\sin 5x}{\sin 3x} = \lim_{x \to 0} \frac{(\sin 5x)'}{(\sin 3x)'} = \lim_{x \to 0} \frac{5\cos 5x}{3\cos 3x} = \frac{5}{3}.$$

例 2 求 $\lim\limits_{x \to +\infty} \dfrac{\ln\left(1 + \dfrac{1}{x}\right)}{\operatorname{arccot} x}$.

解 这是 $\dfrac{0}{0}$ 型未定式,由洛必达法则,可得

$$\lim_{x \to +\infty} \frac{\ln\left(1 + \dfrac{1}{x}\right)}{\operatorname{arccot} x} = \lim_{x \to +\infty} \frac{\dfrac{1}{1 + \dfrac{1}{x}} \cdot \left(-\dfrac{1}{x^2}\right)}{-\dfrac{1}{1 + x^2}} = \lim_{x \to +\infty} \frac{1 + x^2}{x + x^2} = 1.$$

如果 $\lim\limits_{x \to a} \dfrac{f'(x)}{g'(x)}$ 仍属 $\dfrac{0}{0}$ 型未定式,且这时 $f'(x)$, $g'(x)$ 也满足定理 1 的条件,那么可以继续应用洛必达法则,即

$$\lim_{x \to a} \frac{f(x)}{g(x)} = \lim_{x \to a} \frac{f'(x)}{g'(x)} = \lim_{x \to a} \frac{f''(x)}{g''(x)}.$$

且可以依次类推.

例 3 求 $\lim\limits_{x \to 0} \dfrac{e^x - e^{-x} - 2x}{x - \sin x}$.

解 这是 $\dfrac{0}{0}$ 型未定式,连续应用洛必达法则 3 次,可得

$$\lim_{x \to 0} \frac{e^x - e^{-x} - 2x}{x - \sin x} = \lim_{x \to 0} \frac{e^x + e^{-x} - 2}{1 - \cos x} = \lim_{x \to 0} \frac{e^x - e^{-x}}{\sin x} = \lim_{x \to 0} \frac{e^x + e^{-x}}{\cos x} = 2.$$

注 上式中的 $\lim\limits_{x \to 0} \dfrac{e^x + e^{-x}}{\cos x}$ 已经不是未定式,不能再对它应用洛必达法则,否则会导致错误. 使用洛必达法则时应注意验证,如果不是未定式,就不能应用洛必达法则.

对 $x\to a$ 或 $x\to\infty$ 时的 $\dfrac{\infty}{\infty}$ 型未定式,也有相应的洛必达法则. 例如,对 $x\to a$ 时的未定式 $\dfrac{\infty}{\infty}$,有以下定理.

定理 2 设(1)当 $x\to a$ 时,函数 $f(x)$ 与 $g(x)$ 都趋于无穷大;

(2) 在点 a 的某去心邻域内,$f'(x)$ 及 $g'(x)$ 都存在,且 $g'(x)\neq 0$;

(3) $\lim\limits_{x\to a}\dfrac{f'(x)}{g'(x)}$ 存在(或为无穷大),

则
$$\lim_{x\to a}\frac{f(x)}{g(x)}=\lim_{x\to a}\frac{f'(x)}{g'(x)}.$$

例 4 求 $\lim\limits_{x\to 0^+}\dfrac{\ln x}{\cot x}$.

解 这是 $\dfrac{\infty}{\infty}$ 型未定式,由洛必达法则,可得

$$\lim_{x\to 0^+}\frac{\ln x}{\cot x}=\lim_{x\to 0^+}\frac{(\ln x)'}{(\cot x)'}=\lim_{x\to 0^+}\frac{\dfrac{1}{x}}{-\csc^2 x}=\lim_{x\to 0^+}\frac{-\sin^2 x}{x}$$
$$=-\lim_{x\to 0^+}\frac{\sin x}{x}\cdot\lim_{x\to 0^+}\sin x=0.$$

例 5 求 $\lim\limits_{x\to +\infty}\dfrac{\ln x}{x^n}(n>0)$.

解 $\lim\limits_{x\to +\infty}\dfrac{\ln x}{x^n}=\lim\limits_{x\to +\infty}\dfrac{\dfrac{1}{x}}{nx^{n-1}}=\lim\limits_{x\to +\infty}\dfrac{1}{nx^n}=0.$

例 6 求 $\lim\limits_{x\to +\infty}\dfrac{x^n}{e^{\lambda x}}$($n$ 为正整数,$\lambda>0$).

解 连续应用洛必达法则 n 次,可得

$$\lim_{x\to +\infty}\frac{x^n}{e^{\lambda x}}=\lim_{x\to +\infty}\frac{nx^{n-1}}{\lambda e^{\lambda x}}=\lim_{x\to +\infty}\frac{n(n-1)x^{n-2}}{\lambda^2 e^{\lambda x}}=\cdots=\lim_{x\to +\infty}\frac{n!}{\lambda^n e^{\lambda x}}=0.$$

洛必达法则虽然是求未定式极限的一种有效方法,但若能与其他求极限的方法结合使用,效果会更好. 例如,能化简时应尽可能先化简,可以应用等价无穷小替换或重要极限时,应尽量应用,这样可以使运算更简便.

例 7 求 $\lim\limits_{x\to 0}\dfrac{3x-\sin 3x}{(1-\cos x)(e^{4x}-1)}$.

解 当 $x\to 0$ 时,$1-\cos x\sim\dfrac{1}{2}x^2$,$e^{4x}-1\sim 4x$,所以

$$\lim_{x\to 0}\frac{3x-\sin 3x}{(1-\cos x)(e^{4x}-1)}=\lim_{x\to 0}\frac{3x-\sin 3x}{2x^3}=\lim_{x\to 0}\frac{3-3\cos 3x}{6x^2}$$
$$=\lim_{x\to 0}\frac{3\sin 3x}{4x}=\frac{9}{4}.$$

应用洛必达法则求极限 $\lim\dfrac{f(x)}{g(x)}$ 时,如果 $\lim\dfrac{f'(x)}{g'(x)}$ 不存在且不等于 ∞,只表明洛必达法

则失效,并不意味着 $\lim \dfrac{f(x)}{g(x)}$ 不存在,此时应改用其他方法求之.

例 8 求 $\lim\limits_{x \to 0} \dfrac{x^2 \sin \dfrac{1}{x}}{\sin x}$.

解 此极限属于 $\dfrac{0}{0}$ 型未定式. 但对分子和分母分别求导后,将变为

$$\lim\limits_{x \to 0} \dfrac{2x \sin \dfrac{1}{x} - \cos \dfrac{1}{x}}{\cos x},$$

此极限式的极限不存在(振荡),故洛必达法则失效. 但原极限是存在的,可用如下方法求得:

$$\lim\limits_{x \to 0} \dfrac{x^2 \sin \dfrac{1}{x}}{\sin x} = \lim\limits_{x \to 0} \left(\dfrac{x}{\sin x} \cdot x \sin \dfrac{1}{x} \right) = \lim\limits_{x \to 0} \dfrac{x}{\sin x} \cdot \lim\limits_{x \to 0} x \sin \dfrac{1}{x} = 1 \cdot 0 = 0.$$

3.2.2 其他类型的未定式

除了 $\dfrac{0}{0}$ 和 $\dfrac{\infty}{\infty}$ 型,未定式还有 $0 \cdot \infty, \infty - \infty, 0^0, 1^\infty, \infty^0$ 等类型,经过简单的变换,它们一般都可化为 $\dfrac{0}{0}$ 或 $\dfrac{\infty}{\infty}$ 型未定式.

(1) 对于 $0 \cdot \infty$ 型,可将乘积化为除的形式,将其化为 $\dfrac{0}{0}$ 或 $\dfrac{\infty}{\infty}$ 型未定式来计算.

例 9 求 $\lim\limits_{x \to 0^+} x \ln x$.

解 这是 $0 \cdot \infty$ 型未定式,则

$$\lim\limits_{x \to 0^+} x \ln x = \lim\limits_{x \to 0^+} \dfrac{\ln x}{\dfrac{1}{x}} = \lim\limits_{x \to 0^+} \dfrac{\dfrac{1}{x}}{-\dfrac{1}{x^2}} = \lim\limits_{x \to 0^+} (-x) = 0.$$

(2) 对于 $\infty - \infty$ 型,可利用通分化为 $\dfrac{0}{0}$ 型未定式来计算.

例 10 求 $\lim\limits_{x \to 1} \left(\dfrac{x}{x-1} - \dfrac{1}{\ln x} \right)$.

解 这是 $\infty - \infty$ 型未定式,则

$$\lim\limits_{x \to 1} \left(\dfrac{x}{x-1} - \dfrac{1}{\ln x} \right) = \lim\limits_{x \to 1} \dfrac{x \ln x - x + 1}{(x-1) \ln x} = \lim\limits_{x \to 1} \dfrac{\ln x}{\ln x + \dfrac{x-1}{x}}$$

$$= \lim\limits_{x \to 1} \dfrac{\dfrac{1}{x}}{\dfrac{1}{x} + \dfrac{1}{x^2}} = \lim\limits_{x \to 1} \dfrac{x}{x+1} = \dfrac{1}{2}.$$

(3) 对于 $0^0, 1^\infty, \infty^0$ 型,可以先利用指数对数恒等式将之化为以 e 为底的指数函数的极限,再利用指数函数的连续性,化为直接求指数的极限. 一般地,我们有

$$\lim \ln f(x) = A \Rightarrow \lim f(x) = \lim e^{\ln f(x)} = e^{\lim \ln f(x)} = e^A.$$

例 11 求 $\lim\limits_{x\to 0^+} x^{\sin x}$.

解 这是 0^0 型未定式,将它变形为 $\lim\limits_{x\to 0^+} x^{\sin x} = e^{\lim\limits_{x\to 0^+}\sin x\ln x}$,由于

$$\lim_{x\to 0^+}\sin x\ln x = \lim_{x\to 0^+}\frac{\ln x}{\csc x} = \lim_{x\to 0^+}\frac{\frac{1}{x}}{-\csc x\cot x} = \lim_{x\to 0^+}\frac{-\sin x\tan x}{x} = 0,$$

故

$$\lim_{x\to 0^+} x^{\sin x} = e^0 = 1.$$

下面我们用洛必达法则来重新求第 1 章中的第二个重要极限.

例 12 求 $\lim\limits_{x\to\infty}\left(1+\frac{1}{x}\right)^x$.

解 这是 1^∞ 型未定式,由于

$$\lim_{x\to\infty}\ln\left(1+\frac{1}{x}\right)^x = \lim_{x\to\infty}\frac{\ln\left(1+\frac{1}{x}\right)}{\frac{1}{x}} = \lim_{x\to\infty}\frac{\frac{1}{1+\frac{1}{x}}\left(-\frac{1}{x^2}\right)}{-\frac{1}{x^2}} = \lim_{x\to\infty}\frac{1}{1+\frac{1}{x}} = 1,$$

故

$$\lim_{x\to\infty}\left(1+\frac{1}{x}\right)^x = e.$$

例 13 求 $\lim\limits_{x\to +\infty}(x+\sqrt{1+x^2})^{\frac{1}{\ln x}}$.

解 这是 ∞^0 型未定式,将它变形为 $\lim\limits_{x\to +\infty}(x+\sqrt{1+x^2})^{\frac{1}{\ln x}} = e^{\lim\limits_{x\to +\infty}\frac{\ln(x+\sqrt{1+x^2})}{\ln x}}$,由于

$$\lim_{x\to +\infty}\frac{\ln(x+\sqrt{1+x^2})}{\ln x} = \lim_{x\to +\infty}\frac{\frac{1}{x+\sqrt{1+x^2}}\cdot\left(1+\frac{x}{\sqrt{1+x^2}}\right)}{\frac{1}{x}} = \lim_{x\to +\infty}\frac{\frac{1}{\sqrt{1+x^2}}}{\frac{1}{x}}$$

$$= \lim_{x\to +\infty}\frac{x}{\sqrt{1+x^2}} = 1,$$

故

$$\lim_{x\to +\infty}(x+\sqrt{1+x^2})^{\frac{1}{\ln x}} = e.$$

习　题　3-2

1. 用洛必达法则求下列极限:

(1) $\lim\limits_{x\to 0}\dfrac{e^x-\cos x}{\sin x}$;

(2) $\lim\limits_{x\to\frac{\pi}{2}}\dfrac{\tan x-5}{\sec x+4}$;

(3) $\lim\limits_{x\to\frac{\pi}{2}}\dfrac{\ln\sin x}{(\pi-2x)^2}$;

(4) $\lim\limits_{x\to +\infty}\dfrac{\frac{\pi}{2}-\arctan x}{\frac{1}{x}}$;

(5) $\lim\limits_{x\to 0^+}\dfrac{\ln\tan 7x}{\ln\tan 2x}$;

(6) $\lim\limits_{x\to 1}\dfrac{x^3-1+\ln x}{e^x-e}$;

(7) $\lim\limits_{x\to 0}\dfrac{\tan x-x}{x-\sin x}$;

(8) $\lim\limits_{x\to 0}x\cot 2x$;

(9) $\lim\limits_{x\to 0}x^2 e^{\frac{1}{x^2}}$;

(10) $\lim\limits_{x\to\infty}x(e^{\frac{1}{x}}-1)$;

(11) $\lim\limits_{x\to 0}\left(\dfrac{1}{x}-\dfrac{1}{e^x-1}\right)$;

(12) $\lim\limits_{x\to\frac{\pi}{2}}(\sec x-\tan x)$;

(13) $\lim\limits_{x\to 0^+} x^{\tan x}$;

(14) $\lim\limits_{x\to 0}(\cos x)^{\frac{1}{x^2}}$;

(15) $\lim\limits_{x\to 0}(1+\sin x)^{\frac{1}{x}}$;

(16) $\lim\limits_{x\to 0^+}\left(\ln\dfrac{1}{x}\right)^x$;

(17) $\lim\limits_{x\to 0^+}(\cot x)^{\frac{1}{\ln x}}$;

(18) $\lim\limits_{n\to\infty}\left(1+\dfrac{1}{n}+\dfrac{1}{n^2}\right)^n$;

(19) $\lim\limits_{x\to 0}\dfrac{1-\sqrt{1-x^2}}{e^x-\cos x}$;

(20) $\lim\limits_{x\to 0}\dfrac{\sqrt{1+\tan x}-\sqrt{1+\sin x}}{x\ln(1+x)-x^2}$.

2. 验证极限 $\lim\limits_{x\to\infty}\dfrac{x+\sin x}{x-\sin x}$ 存在,但不能用洛必达法则求出.

3. 若 $f(x)$ 有二阶导数,证明 $f''(x)=\lim\limits_{h\to 0}\dfrac{f(x+h)-2f(x)+f(x-h)}{h^2}$.

4. 设当 $x\to 0$ 时,$e^x-(ax^2+bx+1)$ 是比 x^2 高阶的无穷小,试确定 a 和 b 的值.

5. 讨论函数 $f(x)=\begin{cases}\left[\dfrac{(1+x)^{\frac{1}{x}}}{e}\right]^{\frac{1}{x}}, & x>0 \\ e^{-\frac{1}{2}}, & x\leqslant 0\end{cases}$ 在点 $x=0$ 处的连续性.

3.3 泰勒公式

对于一些复杂函数,为了便于研究,往往希望用一些简单的函数来近似表达.多项式函数是最为简单的一类函数.因此,用多项式近似表达函数是近似计算和理论分析的一个重要内容.泰勒(Taylor)在这方面作出了不朽的贡献,其研究结果表明:具有直到 $n+1$ 阶导数的函数在一个点的邻域内的值可以用函数在该点的函数值及各阶导数值组成的 n 次多项式近似表达.本节我们将着重介绍泰勒公式及其简单应用.

3.3.1 泰勒公式

1. n 阶泰勒公式

在学习函数的微分时我们知道,如果函数 $f(x)$ 在点 x_0 处可微(或可导),则有
$$f(x)=f(x_0)+f'(x_0)(x-x_0)+o(x-x_0),$$
即在点 x_0 附近,可用一次多项式 $f(x_0)+f'(x_0)(x-x_0)$ 来近似表达函数 $f(x)$,其误差为 $(x-x_0)$ 的高阶无穷小.容易看出,在点 x_0 处,一次多项式 $f(x_0)+f'(x_0)(x-x_0)$ 的函数值及一阶导数值分别等于函数 $f(x)$ 的函数值及一阶导数值.

但是用一次多项式近似表达函数存在着明显的不足,首先精确度不高,其次不能具体估算出误差的大小.因此,对于精度要求较高且需要估计误差时,就必须用高次多项式来近似表达函数,同时给出误差表达式.

我们需要考虑的问题是,设函数 $f(x)$ 在含有 x_0 的开区间 (a,b) 内具有直到 $n+1$ 阶导数,试找出一个关于 $(x-x_0)$ 的 n 次多项式
$$p_n(x)=a_0+a_1(x-x_0)+a_2(x-x_0)^2+\cdots+a_n(x-x_0)^n,$$
来近似表达 $f(x)$,要求 $p_n(x)$ 与 $f(x)$ 之差是比 $(x-x_0)^n$ 高阶的无穷小,并给出误差 $|p_n(x)-f(x)|$ 的具体表达式.

现假设 $p_n(x)$ 在 x_0 处的函数值及它在 x_0 处直到 n 阶的导数值依次与 $f(x_0),f'(x_0),f''(x_0),\cdots,f^{(n)}(x_0)$ 相等,即满足
$$p_n(x_0)=f(x_0),\quad p_n^{(k)}(x_0)=f^{(k)}(x_0)\quad (k=1,2,\cdots,n).$$
按这些等式来确定多项式 $p_n(x)$ 的系数 $a_0,a_1,a_2,\cdots,a_n$.为此,对 $p_n(x)$ 求各阶导数,然后分别

代入以上等式,得
$$a_0 = f(x_0), \quad 1 \cdot a_1 = f'(x_0), \quad 2! \cdot a_2 = f''(x_0), \quad \cdots, \quad n! \cdot a_n = f^{(n)}(x_0),$$
即
$$a_0 = f(x_0), \quad a_k = \frac{1}{k!} f^{(k)}(x_0) \quad (k=1, 2, \cdots, n).$$

将求得的系数 $a_0, a_1, a_2, \cdots, a_n$ 代入 $p_n(x)$ 中,有
$$p_n(x) = f(x_0) + f'(x_0)(x-x_0) + \frac{f''(x_0)}{2!}(x-x_0)^2 + \cdots + \frac{f^{(n)}(x_0)}{n!}(x-x_0)^n. \tag{3.3.1}$$

下面的定理表明,多项式(3.3.1)就是我们寻找的 n 次多项式.

泰勒中值定理 如果函数 $f(x)$ 在含有 x_0 的某个开区间 (a,b) 内具有直到 $n+1$ 阶的导数,则对任一 $x \in (a,b)$, $f(x)$ 可以表示为 $(x-x_0)$ 的一个 n 次多项式与一个余项 $R_n(x)$ 之和,即

$$f(x) = f(x_0) + f'(x_0)(x-x_0) + \frac{f''(x_0)}{2!}(x-x_0)^2 + \cdots$$
$$+ \frac{f^{(n)}(x_0)}{n!}(x-x_0)^n + R_n(x), \tag{3.3.2}$$

其中
$$R_n(x) = \frac{f^{(n+1)}(\xi)}{(n+1)!}(x-x_0)^{n+1}. \tag{3.3.3}$$

这里,ξ 是介于 x_0 与 x 之间的某个值.

证明 由 $R_n(x) = f(x) - p_n(x)$,因而只需证明式(3.3.3)成立. 由题设条件可知,$R_n(x)$ 在 (a,b) 内具有直到 $n+1$ 阶的导数,且
$$R_n(x_0) = R'_n(x_0) = R''_n(x_0) = \cdots = R_n^{(n)}(x_0) = 0.$$

函数 $R_n(x)$ 及 $(x-x_0)^{n+1}$ 在以 x_0 及 x 为端点的闭区间上满足柯西中值定理的条件,则
$$\frac{R_n(x)}{(x-x_0)^{n+1}} = \frac{R_n(x) - R_n(x_0)}{(x-x_0)^{n+1} - 0} = \frac{R'_n(\xi_1)}{(n+1)(\xi_1-x_0)^n} \quad (\xi_1 \text{ 在 } x_0 \text{ 与 } x \text{ 之间}),$$

又函数 $R'_n(x)$ 及 $(n+1)(x-x_0)^n$ 在以 x_0 及 ξ_1 为端点的闭区间上满足柯西中值定理的条件,则
$$\frac{R'_n(\xi_1)}{(n+1)(\xi_1-x_0)^n} = \frac{R'_n(\xi_1) - R'_n(x_0)}{(n+1)(\xi_1-x_0)^n - 0} = \frac{R''_n(\xi_2)}{n(n+1)(\xi_2-x_0)^{n-1}} \quad (\xi_2 \text{ 在 } x_0 \text{ 与 } \xi_1 \text{ 之间}).$$

按此方法继续做下去,经过 $n+1$ 次后,可得
$$\frac{R_n(x)}{(x-x_0)^{n+1}} = \frac{R_n^{(n+1)}(\xi)}{(n+1)!},$$

其中,ξ 在 x_0 与 ξ_n 之间(也在 x_0 与 x 之间),因为 $p_n^{(n+1)}(x)=0$,所以
$$R_n^{(n+1)}(x) = f^{(n+1)}(x),$$

从而证得
$$R_n(x) = \frac{f^{(n+1)}(\xi)}{(n+1)!}(x-x_0)^{n+1} \quad (\xi \text{ 在 } x_0 \text{ 与 } x \text{ 之间}).$$

多项式(3.3.1)称为函数 $f(x)$ 按 $(x-x_0)$ 的幂展开的 **n 阶泰勒多项式**,式(3.3.2)称为 $f(x)$ 按 $(x-x_0)$ 的幂展开的 **n 阶泰勒公式**,余项 $R_n(x)$ 的表达式(3.3.3)称为**拉格朗日型余项**.

注 (1) 当 $n=0$ 时,泰勒公式变成拉格朗日中值公式:

$$f(x) = f(x_0) + f'(\xi)(x - x_0) \quad (\xi \text{ 在 } x_0 \text{ 与 } x \text{ 之间}),$$

因此,泰勒中值定理是拉格朗日中值定理的推广.

(2) 由泰勒中值定理知,以多项式 $p_n(x)$ 近似表达函数 $f(x)$ 时,其误差为 $|R_n(x)|$. 如果对于固定的 n, 当 $x \in (a,b)$ 时, $|f^{(n+1)}(x)| \leqslant M$, 则有估计式

$$|R_n(x)| = \left| \frac{f^{(n+1)}(\xi)}{(n+1)!}(x - x_0)^{n+1} \right| \leqslant \frac{M}{(n+1)!} |x - x_0|^{n+1},$$

及

$$\lim_{x \to x_0} \frac{R_n(x)}{(x - x_0)^n} = 0.$$

由此可见,当 $x \to x_0$ 时,余项 $R_n(x)$ 是比 $(x - x_0)^n$ 高阶的无穷小,即

$$R_n(x) = o[(x - x_0)^n], \tag{3.3.4}$$

$R_n(x)$ 的表达式(3.3.4)称为**皮亚诺型余项**.

在不需要余项的精确表达式时, n 阶泰勒公式也可以写成

$$f(x) = f(x_0) + f'(x_0)(x - x_0) + \frac{f''(x_0)}{2!}(x - x_0)^2 + \cdots$$
$$+ \frac{f^{(n)}(x_0)}{n!}(x - x_0)^n + o[(x - x_0)^n]. \tag{3.3.5}$$

式(3.3.5)称为 $f(x)$ 按 $(x - x_0)$ 的幂展开的**带有皮亚诺型余项的 n 阶泰勒公式**.

2. n 阶麦克劳林公式

在泰勒公式(3.3.2)中,取 $x_0 = 0$, 则 ξ 在 0 与 x 之间,因此可令 $\xi = \theta x (0 < \theta < 1)$, 得

$$f(x) = f(0) + f'(0)x + \frac{f''(0)}{2!}x^2 + \cdots + \frac{f^{(n)}(0)}{n!}x^n + \frac{f^{(n+1)}(\theta x)}{(n+1)!}x^{n+1} \quad (0 < \theta < 1), \tag{3.3.6}$$

式(3.3.6)称为带有拉格朗日型余项的 **n 阶麦克劳林公式**.

在泰勒公式(3.3.5)中,取 $x_0 = 0$, 则得到带有皮亚诺型余项的 n 阶麦克劳林公式

$$f(x) = f(0) + f'(0)x + \frac{f''(0)}{2!}x^2 + \cdots + \frac{f^{(n)}(0)}{n!}x^n + o(x^n). \tag{3.3.7}$$

从式(3.3.6)或式(3.3.7)可得近似公式

$$f(x) \approx f(0) + f'(0)x + \frac{f''(0)}{2!}x^2 + \cdots + \frac{f^{(n)}(0)}{n!}x^n.$$

误差估计式相应地变成

$$|R_n(x)| \leqslant \frac{M}{(n+1)!} |x|^{n+1}.$$

例1 求函数 $f(x) = \sqrt{x}$ 按 $(x - 1)$ 的幂展开的带有拉格朗日型余项的三阶泰勒公式.

解 由

$$f(x) = \sqrt{x}, \quad f'(x) = \frac{1}{2\sqrt{x}}, \quad f''(x) = -\frac{1}{4\sqrt{x^3}},$$

$$f'''(x) = \frac{3}{8\sqrt{x^5}}, \quad f^{(4)}(x) = -\frac{15}{16\sqrt{x^7}},$$

得

$$f(1) = 1, \quad f'(1) = \frac{1}{2}, \quad f''(1) = -\frac{1}{4}, \quad f'''(1) = \frac{3}{8}, \quad f^{(4)}(\xi) = -\frac{15}{16\sqrt{\xi^7}},$$

所以
$$\sqrt{x}=1+\frac{1}{2}(x-1)-\frac{1}{8}(x-1)^2+\frac{1}{16}(x-1)^3-\frac{5}{128\sqrt{\xi^7}}(x-1)^4,$$
其中,ξ 在 1 与 x 之间.

3.3.2 常用初等函数的麦克劳林公式

下面,我们推导一些常用初等函数的麦克劳林公式.

例 2 求 $f(x)=e^x$ 的 n 阶麦克劳林公式.

解 因为 $f(x)=f'(x)=f''(x)=\cdots=f^{(n)}(x)=e^x$,
所以 $f(0)=f'(0)=f''(0)=\cdots=f^{(n)}(0)=1$,
注意到 $f^{(n+1)}(\theta x)=e^{\theta x}$,代入式(3.3.6)中,即得所求麦克劳林公式

$$e^x=1+x+\frac{x^2}{2!}+\cdots+\frac{x^n}{n!}+\frac{e^{\theta x}}{(n+1)!}x^{n+1} \quad (0<\theta<1).$$

注 由上述公式可知,函数 e^x 的 n 阶泰勒多项式为

$$p_n(x)=1+x+\frac{x^2}{2!}+\cdots+\frac{x^n}{n!},$$

用 $p_n(x)$ 近似表达 e^x 所产生的误差为

$$|R_n(x)|=\left|\frac{e^{\theta x}}{(n+1)!}x^{n+1}\right|\leqslant \frac{e^{|x|}}{(n+1)!}|x|^{n+1} \quad (0<\theta<1).$$

例 3 求 $f(x)=\sin x$ 的 n 阶麦克劳林公式.

解 因为
$$f^{(n)}(x)=\sin\left(x+\frac{n\pi}{2}\right),$$

所以 $f'(0)=1,f''(0)=0,f'''(0)=-1,f^{(4)}(0)=0,\cdots$,$\sin x$ 的各阶导数依次循环地取 $1,0,-1,0$,于是(令 $n=2m$)

$$\sin x=x-\frac{x^3}{3!}+\frac{x^5}{5!}+\cdots+(-1)^{m-1}\frac{x^{2m-1}}{(2m-1)!}+R_{2m}(x),$$

其中

$$R_{2m}(x)=\frac{\sin\left[\theta x+(2m+1)\dfrac{\pi}{2}\right]}{(2m+1)!}x^{2m+1} \quad (0<\theta<1).$$

注 若取 $m=1$,则得到近似公式 $\sin x\approx x$,其误差为

$$|R_2|=\left|\frac{\sin\left(\theta x+\dfrac{3\pi}{2}\right)}{3!}x^3\right|\leqslant \frac{|x^3|}{6}=\frac{|x|^3}{3!} \quad (0<\theta<1).$$

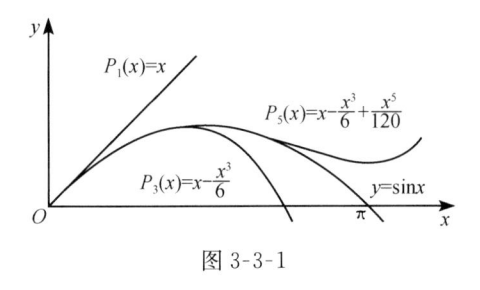

若取 m 分别为 2 和 3,则可分别得到 $\sin x$ 的 3 阶和 5 阶泰勒多项式 $p_3(x)=x-\dfrac{x^3}{3!}$ 和 $p_5(x)=x-\dfrac{x^3}{3!}+\dfrac{x^5}{5!}$,其误差的绝对值分别不超过 $\dfrac{1}{5!}|x|^5$ 和 $\dfrac{1}{7!}|x|^7$.

正弦函数 $\sin x$ 和以上 3 个泰勒多项式的图形比较见图 3-3-1.

图 3-3-1

例 4 求 $f(x)=\ln(1+x)$ 的 n 阶麦克劳林公式.

解 因为
$$f^{(n)}(x) = (-1)^{n-1}\frac{(n-1)!}{(1+x)^n} \quad (n=1,2,\cdots),$$

所以
$$f(0)=0, \quad f^{(n)}(0)=(-1)^{n-1}(n-1)!(n=1,2,\cdots),$$

于是
$$\ln(1+x) = x - \frac{x^2}{2} + \frac{x^3}{3} - \cdots + (-1)^{n-1}\frac{x^n}{n} + (-1)^n\frac{x^{n+1}}{(n+1)(1+\theta x)^{n+1}} \quad (0<\theta<1).$$

按上述几例的方法,可得到几个常用初等函数的麦克劳林公式:

$$e^x = 1 + x + \frac{x^2}{2!} + \cdots + \frac{x^n}{n!} + o(x^n),$$

$$\sin x = x - \frac{x^3}{3!} + \frac{x^5}{5!} - \cdots + (-1)^n \frac{x^{2n+1}}{(2n+1)!} + o(x^{2n+2}),$$

$$\cos x = 1 - \frac{x^2}{2!} + \frac{x^4}{4!} - \frac{x^6}{6!} + \cdots + (-1)^n \frac{x^{2n}}{(2n)!} + o(x^{2n+1}),$$

$$\ln(1+x) = x - \frac{x^2}{2} + \frac{x^3}{3} - \cdots + (-1)^{n-1}\frac{x^n}{n} + o(x^n),$$

$$\frac{1}{1-x} = 1 + x + x^2 + \cdots + x^n + o(x^n),$$

$$(1+x)^m = 1 + mx + \frac{m(m-1)}{2!}x^2 + \cdots + \frac{m(m-1)\cdots(m-n+1)}{n!}x^n + o(x^n) \quad (m>n).$$

在实际应用中,上述公式常用于间接地展开一些比较复杂的函数的麦克劳林公式、泰勒公式,以及求某些函数的极限等.

例 5 求函数 $f(x)=x^2 e^x$ 带有皮亚诺型余项的 n 阶麦克劳林公式.

解 因为 $e^x = 1 + x + \frac{x^2}{2!} + \cdots + \frac{x^{n-2}}{(n-2)!} + o(x^{n-2}),$

所以
$$x^2 e^x = x^2 \left[1 + x + \frac{x^2}{2!} + \cdots + \frac{x^{n-2}}{(n-2)!} + o(x^{n-2})\right]$$
$$= x^2 + x^3 + \frac{x^4}{2!} + \cdots + \frac{x^n}{(n-2)!} + o(x^n).$$

例 6 求函数 $f(x)=\frac{1}{x}$ 按 $(x+3)$ 的幂展开的带有皮亚诺型余项的 n 阶泰勒公式.

解 $\frac{1}{x} = -\frac{1}{3-(x+3)} = -\frac{1}{3} \cdot \frac{1}{1-\frac{x+3}{3}}$

$$= -\frac{1}{3} \cdot \left[1 + \frac{x+3}{3} + \left(\frac{x+3}{3}\right)^2 + \cdots + \left(\frac{x+3}{3}\right)^n + o\left(\frac{x+3}{3}\right)^n\right]$$

$$= -\frac{1}{3} - \frac{x+3}{3^2} - \frac{(x+3)^2}{3^3} - \cdots - \frac{(x+3)^n}{3^{n+1}} + o[(x+3)^n].$$

例7 求极限 $\lim\limits_{x\to 0}\dfrac{\cos x-\mathrm{e}^{-\frac{x^2}{2}}}{\sin^4 x}$.

解 这是 $\dfrac{0}{0}$ 型未定式,可用洛必达法则求解,但比较繁琐,这里应用泰勒公式求解. 由

$$\lim_{x\to 0}\frac{\cos x-\mathrm{e}^{-\frac{x^2}{2}}}{\sin^4 x}=\lim_{x\to 0}\frac{\cos x-\mathrm{e}^{-\frac{x^2}{2}}}{x^4},$$

考虑到分式的分母为 x^4,因此只需将分子中的各函数分别用带有皮亚诺型余项的四阶麦克劳林公式表示,即

$$\cos x=1-\frac{x^2}{2}+\frac{x^4}{24}+o(x^4),\quad \mathrm{e}^{-\frac{x^2}{2}}=1-\frac{x^2}{2}+\frac{x^4}{8}+o(x^4),$$

则

$$\cos x-\mathrm{e}^{-\frac{x^2}{2}}=-\frac{x^4}{12}+o(x^4),$$

所以

$$\lim_{x\to 0}\frac{\cos x-\mathrm{e}^{-\frac{x^2}{2}}}{\sin^4 x}=\lim_{x\to 0}\frac{\cos x-\mathrm{e}^{-\frac{x^2}{2}}}{x^4}=\lim_{x\to 0}\frac{-\dfrac{x^4}{12}+o(x^4)}{x^4}=-\frac{1}{12}.$$

3.3.3 泰勒公式在近似计算中的应用

例8 计算无理数 e 的近似值,使其误差不超过 10^{-6}.

解 由公式

$$\mathrm{e}^x=1+x+\frac{x^2}{2!}+\cdots+\frac{x^n}{n!}+\frac{\mathrm{e}^{\theta x}}{(n+1)!}x^{n+1}\quad(0<\theta<1),$$

当 $x=1$ 时,有

$$\mathrm{e}=1+1+\frac{1}{2!}+\cdots+\frac{1}{n!}+\frac{\mathrm{e}^\theta}{(n+1)!}\quad(0<\theta<1).$$

故误差

$$|R_n|=\frac{\mathrm{e}^\theta}{(n+1)!}<\frac{\mathrm{e}}{(n+1)!}<\frac{3}{(n+1)!},$$

当 $n=9$ 时,便有 $|R_9|<\dfrac{3}{10!}<10^{-6}$. 从而求得 e 的近似值为

$$\mathrm{e}\approx 1+1+\frac{1}{2!}+\cdots+\frac{1}{9!}\approx 2.718\,285.$$

习 题 3-3

1. 按 $(x-1)$ 的幂展开多项式 $f(x)=x^4+3x^2+4$.
2. 求函数 $f(x)=x^3\ln x$ 在 $x_0=1$ 处的四阶泰勒公式.
3. 求函数 $f(x)=\tan x$ 带有皮亚诺型余项的三阶麦克劳林公式.
4. 求函数 $f(x)=x\mathrm{e}^{-x}$ 的带有皮亚诺型余项的 n 阶麦克劳林公式.
5. 求函数 $f(x)=\ln x$ 按 $(x-2)$ 的幂展开的带有皮亚诺型余项的 n 阶泰勒公式.
6. 求函数 $y=\dfrac{1}{3-x}$ 在 $x=1$ 处的带有皮亚诺型余项的 n 阶泰勒公式.

7. 计算 $\sqrt{e}$ 的近似值，使误差小于 0.01.
8. 用泰勒公式取 $n=5$，求 $\ln 1.2$ 的近似值，并估计其误差.
9. 利用函数的泰勒展开式求下列极限：

(1) $\lim\limits_{x \to 0} \dfrac{\sqrt{1+x}+\sqrt{1-x}-2}{x^2}$;

(2) $\lim\limits_{x \to 0} \dfrac{1+\dfrac{x^2}{2}-\sqrt{1+x^2}}{(\cos x - e^{x^2})\sin x^2}$.

3.4 函数的单调性与极值

第 1 章中已经介绍了函数单调性的概念. 本节将以导数为工具，对函数的单调性与极值进行研究.

3.4.1 函数的单调性

如何利用导数研究函数的单调性呢？我们先考察图 3-4-1，设函数 $y=f(x)$ 在 $[a,b]$ 上单调增加，那么它的图像沿 x 轴的正向上升，可以看到，曲线 $y=f(x)$ 在区间 (a,b) 内除个别点的切线斜率为零外，其余点处的切线斜率均为正，即 $f'(x) \geq 0$. 再考察图 3-4-2，函数 $y=f(x)$ 在 $[a,b]$ 上单调减少，它的图像沿 x 轴的正向下降，这时，曲线 $y=f(x)$ 在区间 (a,b) 内除个别点的切线斜率为零外，其余点处的切线斜率均为负，即 $f'(x) \leq 0$. 由此可见，函数的单调性与其导数的符号有着密切的联系.

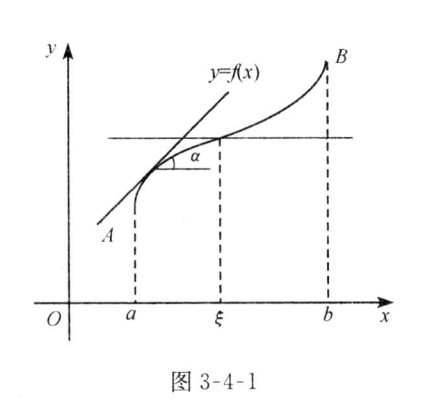

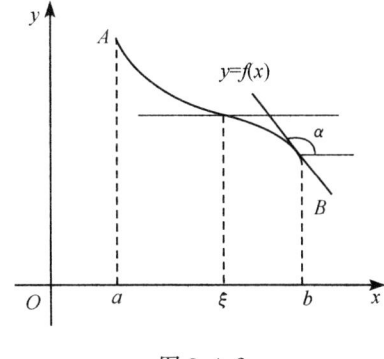

图 3-4-1   图 3-4-2

那么，能否用导数的符号判断函数的单调性呢？一般地，根据拉格朗日中值定理，有如下定理.

定理 1 设函数 $y=f(x)$ 在 $[a,b]$ 上连续，在 (a,b) 内可导.

(1) 若在 (a,b) 内 $f'(x)>0$，则函数 $y=f(x)$ 在 $[a,b]$ 上单调增加；

(2) 若在 (a,b) 内 $f'(x)<0$，则函数 $y=f(x)$ 在 $[a,b]$ 上单调减少.

证明 任取两点 $x_1, x_2 \in [a,b]$，设 $x_1 < x_2$，由拉格朗日中值定理知，至少存在一点 $\xi(x_1 < \xi < x_2)$，使得 $f(x_2)-f(x_1)=f'(\xi)(x_2-x_1)$.

(1) 若在 (a,b) 内，$f'(x)>0$，则 $f'(\xi)>0$，所以
$$f(x_2) > f(x_1),$$
即 $y=f(x)$ 在 $[a,b]$ 上单调增加；

(2) 若在 (a,b) 内，$f'(x)<0$，则 $f'(\xi)<0$，所以
$$f(x_2) < f(x_1),$$
即 $y=f(x)$ 在 $[a,b]$ 上单调减少.

注 (1) 将此定理中的闭区间换成其他各种区间(包括无穷区间),结论仍成立.

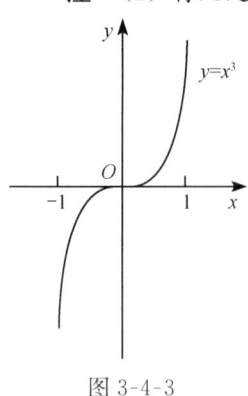

(2) 区间内个别点导数为零并不影响函数在该区间上的单调性. 例如,函数 $y=x^3$ 在其定义域 $(-\infty,+\infty)$ 的内是单调增加的(图 3-4-3),在其定义域内导数 $y'=3x^2 \geqslant 0$,且仅在 $x=0$ 处为零.

一般地,若在 (a,b) 内 $f'(x) \geqslant 0 (\leqslant 0)$,但等号只在个别点处成立,那么函数 $y=f(x)$ 在 $[a,b]$ 上仍是单调增加(减少)的.

例 1 判定函数 $f(x)=x+\cos x (0 \leqslant x \leqslant 2\pi)$ 的单调性.

解 $f(x)$ 在 $[0,2\pi]$ 上连续,在 $(0,2\pi)$ 内可导,在 $(0,2\pi)$ 内 $f'(x)=1-\sin x \geqslant 0$,且等号仅当 $x=\dfrac{\pi}{2}$ 时成立,故函数 $f(x)=x+\cos x$

图 3-4-3

在 $[0,2\pi]$ 上单调增加.

如果函数在其定义域的某个区间内是单调的,则称该区间为函数的**单调区间**.

例 2 讨论函数 $y=x^2-4x$ 的单调区间.

解 题设函数的定义域为 $(-\infty,+\infty)$,又 $y'=2x-4$. 因为在 $(-\infty,2)$ 内,$y'<0$,所以题设函数在 $(-\infty,2]$ 内单调减少;而在 $(2,+\infty)$ 内,$y'>0$,所以题设函数在 $[2,+\infty)$ 内单调增加.

例 3 讨论函数 $y=\sqrt[3]{x^2}$ 的单调区间.

解 题设函数的定义域为 $(-\infty,+\infty)$,又

$$y'=\dfrac{2}{3\sqrt[3]{x}} \quad (x \neq 0),$$

显然,当 $x=0$ 时,题设函数的导数不存在.

因为在 $(-\infty,0)$ 内,$y'<0$,所以题设函数在 $(-\infty,0]$ 内单调减少;而在 $(0,+\infty)$ 内,$y'>0$,所以题设函数在 $[0,+\infty)$ 内单调增加(图 3-4-4).

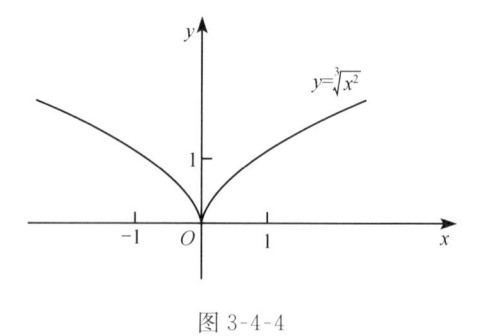

注 例 1 和例 2 可见,使导数等于零的点以及使导数不存在的点都有可能成为函数单调区间的分界点. 因此,讨论函数 $y=f(x)$ 的单调性,应先求出使导数等于零的点以及使导数不存在的点,并用这些点将函数的定义域划分为若干个子区间,然后逐个判断函数的导数 $f'(x)$ 在各子区间的符号,从而确定出函数 $y=f(x)$ 的单调区间.

图 3-4-4

例 4 确定函数 $f(x)=2x^3-9x^2+12x-3$ 的单调区间.

解 题设函数的定义域为 $(-\infty,+\infty)$,又

$$f'(x)=6x^2-18x+12=6(x-1)(x-2),$$

解方程 $f'(x)=0$,得 $x_1=1,x_2=2$. 列表讨论如下:

x	$(-\infty,1)$	1	$(1,2)$	2	$(2,+\infty)$
$f'(x)$	+	0	−	0	+
$f(x)$	↑		↓		↑

于是,函数 $f(x)$ 的单调增加区间为 $(-\infty,1]$ 和 $[2,+\infty)$,单调减少区间为 $[1,2]$(图 3-4-5).

下面,我们举一个利用函数的单调性证明不等式的例子.

例5 试证明:当 $x>0$ 时,$\arctan x > x - \frac{1}{3}x^3$.

证明 作辅助函数
$$f(x) = \arctan x - x + \frac{1}{3}x^3,$$

因为 $f(x)$ 在 $[0, +\infty)$ 上连续,在 $(0, +\infty)$ 内可导,且在 $(0, +\infty)$ 内
$$f'(x) = \frac{1}{1+x^2} - 1 + x^2 = \frac{x^4}{1+x^2} > 0,$$

所以 $f(x)$ 在 $[0, +\infty)$ 上单调增加,从而当 $x>0$ 时,$f(x) > f(0) = 0$,

即
$$\arctan x - x + \frac{1}{3}x^3 > 0,$$

故当 $x>0$ 时,
$$\arctan x > x - \frac{1}{3}x^3.$$

图 3-4-5

例6 证明方程 $x^5 + x + 1 = 0$ 在区间 $(-1, 0)$ 内有且只有一个实根.

证明 令 $f(x) = x^5 + x + 1$,由于 $f(x)$ 在闭区间 $[-1, 0]$ 上连续,且 $f(-1) = -1 < 0$,$f(0) = 1 > 0$. 根据零点定理,$f(x)$ 在 $(-1, 0)$ 内至少有一个零点.

另一方面,对于任意实数 x,有 $f'(x) = 5x^4 + 1 > 0$,所以 $f(x)$ 在 $(-\infty, +\infty)$ 上单调增加,因此,曲线 $y = f(x)$ 与 x 轴至多只有一个交点,即方程 $x^5 + x + 1 = 0$ 在区间 $(-1, 0)$ 内至多只有一个实根.

综上所述,方程 $x^5 + x + 1 = 0$ 在区间 $(-1, 0)$ 内有且只有一个实根.

3.4.2 函数的极值

在 3.4.1 节的例 4 中我们看到,点 $x=1$ 及 $x=2$ 是函数 $f(x) = 2x^3 - 9x^2 + 12x - 3$ 的单调区间的分界点.具体来说,在点 $x=1$ 的左侧邻近,函数 $f(x)$ 单调增加,在点 $x=1$ 的右侧邻近,函数 $f(x)$ 单调减少.易见,对 $x=1$ 的某个邻域内的任一点 $x(x \neq 1)$,恒有 $f(x) < f(1)$,即曲线在点 $(1, f(1))$ 处达到"顶峰";类似地,对 $x=2$ 的某个邻域内的任一点 $x(x \neq 2)$,恒有 $f(x) > f(2)$,即曲线在点 $(2, f(2))$ 处达到"谷底"(图 3-4-5).具有这种性质的点在实际应用中有着重要的意义.由此我们引入函数极值的概念.

定义1 设函数 $f(x)$ 在点 x_0 的某邻域内有定义,若对该邻域内任意一点 $x(x \neq x_0)$,恒有 $f(x) < f(x_0)$(或 $f(x) > f(x_0)$),则称 $f(x)$ 在点 x_0 处取得**极大值**(或**极小值**),而点 x_0 称为函数 $f(x)$ 的**极大值点**(或**极小值点**).极大值与极小值统称为函数的**极值**,极大值点与极小值点统称为函数的**极值点**.

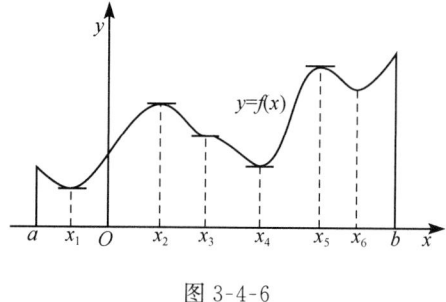

图 3-4-6

例如,函数 $y = \sin x + 1$ 在点 $x = -\frac{\pi}{2}$ 处取得极小值 0,在点 $x = \frac{\pi}{2}$ 处取得极大值 2.

注 (1) 函数可以有多个极值,且极大值不一定大于极小值.例如,在图 3-4-6 中,函数 $f(x)$ 有两个极大值 $f(x_2)$、$f(x_5)$,三个极小值 $f(x_1)$、$f(x_4)$、$f(x_6)$,其中极大值 $f(x_2)$ 比极小值 $f(x_6)$ 还小.

（2）函数的极值概念是局部性的，极值不同于最值. 如果 $f(x_0)$ 是函数 $f(x)$ 的一个极大值（或极小值），只是就 x_0 邻近的一个局部范围内，$f(x_0)$ 是最大的（或最小的），对函数 $f(x)$ 的整个定义域来说就不一定是最大的（或最小的）了. 例如，在图 3-4-6 中，函数 $f(x)$ 的两个极大值 $f(x_2)$ 和 $f(x_5)$ 都不是 $f(x)$ 的最大值，而三个极小值 $f(x_1)$、$f(x_4)$、$f(x_6)$ 中，只有 $f(x_1)$ 是最小值.

从图 3-4-6 中还可看到，在函数取得极值处，曲线的切线是水平的，即函数在极值点处的导数等于零. 但在导数等于零的点处（如 $x=x_3$ 处），函数却不一定取得极值. 下面就来讨论函数取得极值的必要条件和充分条件.

定理 2（必要条件） 若函数 $f(x)$ 在点 x_0 处可导，且在 x_0 处取得极值，则 $f'(x_0)=0$.

证明 不妨设 x_0 是 $f(x)$ 的极小值点，由定义可知，$f(x)$ 在点 x_0 的某邻域内有定义，且对该邻域内任意一点 $x(x\neq x_0)$，恒有 $f(x)>f(x_0)$. 于是

当 $x<x_0$ 时，$\dfrac{f(x)-f(x_0)}{x-x_0}<0$，因此 $f'_-(x_0)=\lim\limits_{x\to x_0^-}\dfrac{f(x)-f(x_0)}{x-x_0}\leqslant 0$；

当 $x>x_0$ 时，$\dfrac{f(x)-f(x_0)}{x-x_0}>0$，因此 $f'_+(x_0)=\lim\limits_{x\to x_0^+}\dfrac{f(x)-f(x_0)}{x-x_0}\geqslant 0$.

又函数 $f(x)$ 在点 x_0 处可导，所以

$$f'(x_0)=f'_-(x_0)=f'_+(x_0),$$

从而 $f'(x_0)=0$.

定理 2 又称为**费马定理**. 使 $f'(x)=0$ 的点，称为函数 $f(x)$ 的**驻点**. 根据定理 2 知，若函数 $f(x)$ 在极值点 x_0 处可导，则点 x_0 必定是函数 $f(x)$ 的驻点. 但反过来，函数的驻点却不一定是极值点. 例如，对于函数 $y=x^3$，点 $x=0$ 是 $y=x^3$ 的驻点，但显然 $x=0$ 不是 $y=x^3$ 的极值点.

此外，函数在它的导数不存在的点处也可能取得极值. 例如，函数 $f(x)=|x|$ 在点 $x=0$ 处不可导，但函数在该点取得极小值（图 3-4-7）.

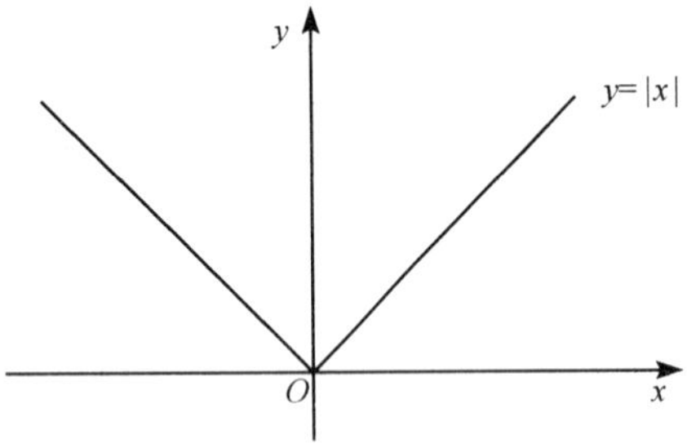

图 3-4-7

因此，当我们求出函数的驻点和不可导点后，还需要判断这些点是不是极值点，以及进一步判断极值点是极大值点还是极小值点. 由函数极值的定义和函数单调性的判定法知，函数在其极值点的邻近两侧单调性改变（即函数一阶导数的符号改变），由此可导出关于函数极值点判定的一个充分条件.

定理 3（第一充分条件） 设函数 $f(x)$ 在点 x_0 的某个邻域内连续且可导（导数 $f'(x_0)$ 也可以不存在），

（1）如果在点 x_0 的左邻域内，$f'(x)>0$；在点 x_0 的右邻域内，$f'(x)<0$，则 $f(x)$ 在点 x_0 处取得极大值 $f(x_0)$；

（2）如果在点 x_0 的左邻域内，$f'(x)<0$；在点 x_0 的右邻域内，$f'(x)>0$，则 $f(x)$ 在点 x_0 处取得极小值 $f(x_0)$；

（3）如果在点 x_0 的邻域内，$f'(x)$ 不变号，则 $f(x)$ 在点 x_0 处没有极值.

证明 （1）由题设条件，函数 $f(x)$ 在点 x_0 的左邻域内单调增加，在点 x_0 的右邻域内单调减少，且函数 $f(x)$ 在点 x_0 处连续，故由定义可知，$f(x)$ 在点 x_0 处取得极大值 $f(x_0)$（图 3-4-8(a)）.

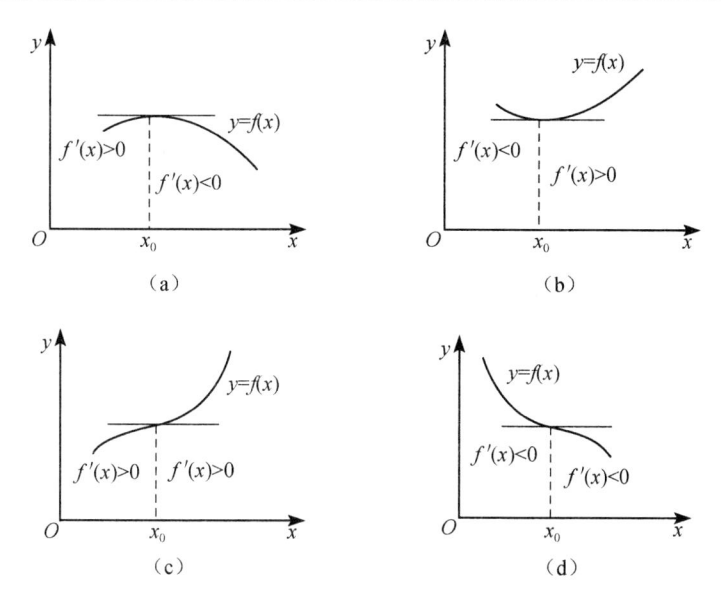

图 3-4-8

同理可证(2)和(3).

根据上面的两个定理,如果函数 $f(x)$ 在所讨论的区间内连续,除个别点外处处可导,则可按下列步骤来求函数 $f(x)$ 的极值点和极值:

(1) 确定函数 $f(x)$ 的定义域,并求其导数 $f'(x)$;

(2) 解方程 $f'(x)=0$,求出 $f(x)$ 的全部驻点与不可导点;

(3) 讨论 $f'(x)$ 在驻点与不可导点左、右两侧邻近范围内符号变化的情况,确定函数的极值点;

(4) 求出各极值点的函数值,就得到函数 $f(x)$ 的全部极值.

例 7 求函数 $f(x)=2x^3-6x^2-18x+7$ 的极值.

解 (1) 函数 $f(x)$ 在 $(-\infty,+\infty)$ 内连续,且
$$f'(x)=6x^2-12x-18=6(x+1)(x-3).$$

(2) 令 $f'(x)=0$,解得驻点 $x_1=-1, x_2=3$.

(3) 列表讨论如下:

x	$(-\infty,-1)$	-1	$(-1,3)$	3	$(3,+\infty)$
$f'(x)$	$+$	0	$-$	0	$+$
$f(x)$	↑	极大值	↓	极小值	↑

(4) 极大值为 $f(-1)=17$,极小值为 $f(3)=-47$.

例 8 求函数 $f(x)=(2x-5)\sqrt[3]{x^2}$ 的极值.

解 (1) 函数 $f(x)$ 在 $(-\infty,+\infty)$ 内连续,除 $x=0$ 外处处可导,且
$$f'(x)=\frac{10}{3}x^{\frac{2}{3}}-\frac{10}{3}x^{-\frac{1}{3}}=\frac{10}{3}\frac{x-1}{\sqrt[3]{x}}.$$

(2) 令 $f'(x)=0$,得驻点 $x=1$,而 $x=0$ 为不可导点.

(3) 列表讨论如下:

x	$(-\infty,0)$	0	$(0,1)$	1	$(1,+\infty)$
$f'(x)$	$+$	不存在	$-$	0	$+$
$f(x)$	↑	极大值	↓	极小值	↑

(4) 极大值为 $f(0)=0$, 极小值为 $f(1)=-3$.

当函数 $f(x)$ 在驻点处的二阶导数存在且不为零时, 也可以利用下述定理来判定 $f(x)$ 在驻点处取得极大值还是极小值.

定理 4(第二充分条件) 设 $f(x)$ 在 x_0 处具有二阶导数, 且
$$f'(x_0)=0, \quad f''(x_0)\neq 0,$$
则 (1) 当 $f''(x_0)<0$ 时, 函数 $f(x)$ 在点 x_0 处取得极大值;
(2) 当 $f''(x_0)>0$ 时, 函数 $f(x)$ 在点 x_0 处取得极小值.

证明 对情形(1), 由于 $f''(x_0)<0$, 按二阶导数的定义有
$$f''(x_0)=\lim_{x\to x_0}\frac{f'(x)-f'(x_0)}{x-x_0}<0,$$
根据函数极限的局部保号性, 当 x 在 x_0 的足够小的去心邻域内时, 有
$$\frac{f'(x)-f'(x_0)}{x-x_0}<0,$$

又 $f'(x_0)=0$, 所以上式即为 $\dfrac{f'(x)}{x-x_0}<0$, 即 $f'(x)$ 与 $x-x_0$ 异号.

因此, 当 $x-x_0<0$ 即 $x<x_0$ 时, $f'(x)>0$; 当 $x-x_0>0$ 即 $x>x_0$ 时, $f'(x)<0$. 于是, 由定理 3 知, $f(x)$ 在点 x_0 处取得极大值.

同理可证(2).

例 9 求函数 $f(x)=x^3+3x^2-24x-20$ 的极值.

解 函数 $f(x)$ 在 $(-\infty,+\infty)$ 内连续, 且
$$f'(x)=3x^2+6x-24=3(x+4)(x-2).$$
令 $f'(x)=0$, 得驻点 $x_1=-4, x_2=2$. 又 $f''(x)=6x+6$, 因为
$$f''(-4)=-18<0, \quad f''(2)=18>0,$$
所以, 极大值为 $f(-4)=60$, 极小值为 $f(2)=-48$.

注 定理 4 表明, 如果函数 $f(x)$ 在驻点 x_0 处的二阶导数 $f''(x_0)\neq 0$, 那么该驻点一定是极值点, 并可按 $f''(x_0)$ 的符号来判定 $f(x_0)$ 是极大值还是极小值. 但如果 $f''(x_0)=0$ 或 $f''(x_0)$ 不存在时, 定理 4 就不能应用, 应用第一充分条件进行判断.

例 10 求函数 $f(x)=(x^2-1)^3+1$ 的极值.

解 由于 $f'(x)=6x(x^2-1)^2$. 令 $f'(x)=0$, 得驻点 $x_1=-1, x_2=0, x_3=1$.
又
$$f''(x)=6(x^2-1)(5x^2-1).$$
因为 $f''(0)=6>0$, 所以 $f(x)$ 在 $x=0$ 处取得极小值, 极小值为 $f(0)=0$. 而 $f''(-1)=f''(1)=0$, 故定理 4 无法判别. 应用第一充分条件, 考察一阶导数 $f'(x)$ 在驻点 $x_1=-1$ 及 $x_3=1$ 左右邻近处的符号:

当 x 取 -1 的左侧邻近处的值时, $f'(x)<0$;

当 x 取 -1 的右侧邻近处的值时, $f'(x)<0$.

因为 $f'(x)$ 的符号没有改变, 所以 $f(x)$ 在 $x_1=-1$ 处没有极值. 同理, $f(x)$ 在 $x_3=1$ 处也

没有极值(图 3-4-9).

例 11 求函数 $f(x)=(x-5)^{\frac{4}{3}}$ 的极值.

解 函数 $f(x)$ 的定义域为 $(-\infty,+\infty)$,且 $f'(x)=\frac{4}{3}(x-5)^{\frac{1}{3}}$.

令 $f'(x)=0$,得驻点 $x=5$. 又 $f''(x)=\frac{4}{9\sqrt[3]{(x-5)^2}}$,在 $x=5$ 处,$f''(x)$ 不存在.

故第二充分条件无法判别,应用第一充分条件判别,列表讨论如下：

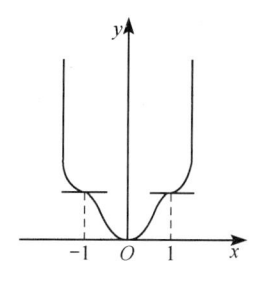

图 3-4-9

x	$(-\infty,5)$	5	$(5,+\infty)$
$f'(x)$	$-$	0	$+$
$f(x)$	↓	极小值	↑

故函数的极小值为 $f(5)=0$.

习题 3-4

1. 证明函数 $y=x-\ln(1+x^2)$ 单调增加.
2. 判定函数 $f(x)=x+\sin x(0\leqslant x\leqslant 2\pi)$ 的单调性.
3. 求下列函数的单调区间：

   (1) $y=\frac{1}{3}x^3-x^2-3x+1$；　　(2) $y=2x+\frac{8}{x}(x>0)$；　　(3) $y=\frac{2}{3}x-\sqrt[3]{x^2}$；

   (4) $y=\ln(x+\sqrt{1+x^2})$；　　(5) $y=x^{\frac{1}{3}}(1-x)^{\frac{2}{3}}$；　　(6) $y=2x^2-\ln x$.

4. 证明下列不等式：

   (1) 当 $x>0$ 时,$1+\frac{1}{2}x>\sqrt{1+x}$；　　(2) 当 $x>0$ 时,$\ln(1+x)>x-\frac{1}{2}x^2$；

   (3) 当 $x\geqslant 0$ 时,$(1+x)\ln(1+x)\geqslant \arctan x$；　　(4) 当 $0<x<\frac{\pi}{2}$ 时,$\tan x>x+\frac{1}{3}x^3$.

5. 试证方程 $\sin x=x$ 有且仅有一个实根.
6. 求下列函数的极值：

   (1) $y=x^3-3x^2-9x+5$；　　(2) $y=x-\ln(1+x)$；　　(3) $y=\frac{\ln^2 x}{x}$；

   (4) $y=x+\sqrt{1-x}$；　　(5) $y=e^x\cos x$；　　(6) $f(x)=(x-1)\sqrt[3]{x^2}$.

7. 试问 a 为何值时,函数 $f(x)=a\sin x+\frac{1}{3}\sin 3x$ 在 $x=\frac{\pi}{3}$ 处取得极值,并求此极值.

3.5 函数的最值及应用

在实际应用中,常常会遇到这样一类问题:在一定条件下,如何使用料最省、容量最大、效率最高、利润最大等. 从数学的角度,这些问题往往可归结为求某一函数(通常称为**目标函数**)的最大值或最小值问题. 本节就来讨论函数的最值及其应用.

3.5.1 函数的最值

根据闭区间上连续函数的性质,如果函数 $f(x)$ 在闭区间 $[a,b]$ 上连续,则函数在该区间上必取得最大值和最小值. 下面我们具体讨论如何求出这个最大值和最小值. 如果函数的最大（小）值在开区间 (a,b) 内取得，那么最大（小）值必定是函数的极大（小）值，而极大（小）值又产生于驻点和不可导点. 同时，函数的最大（小）值也可能在区间的端点 a,b 处取得.

综上所述，求函数 $f(x)$ 在闭区间 $[a,b]$ 上的最大值，只需计算函数 $f(x)$ 在所有驻点、不可导点处的函数值，并将它们与区间端点处的函数值 $f(a)$、$f(b)$ 相比较，其中最大的就是最大值，最小的就是最小值.

例 1 求 $f(x)=x^3-3x^2-9x+5$ 在 $[-2,4]$ 上的最大值与最小值.

解 因为 $f'(x)=3x^2-6x-9=3(x+1)(x-3)$，
令 $f'(x)=0$，解得驻点 $x_1=-1, x_2=3$. 计算

$$f(-2)=3, \quad f(-1)=10, \quad f(3)=-22, \quad f(4)=-15,$$

比较得，函数 $f(x)$ 在 $[-2,4]$ 上的最大值为 $f(-1)=10$，最小值为 $f(3)=-22$.

对于区间 I（有限或无限，开或闭）上的连续函数 $f(x)$，如果在这个区间内只有唯一的极值点 x_0，则点 x_0 就是函数 $f(x)$ 在区间 I 上的最值点，且当 x_0 是极大值点（或极小值点）时，点 x_0 也就是函数 $f(x)$ 在区间 I 上的最大值点（或最小值点）. 在实际应用问题中往往会遇到这样的情形.

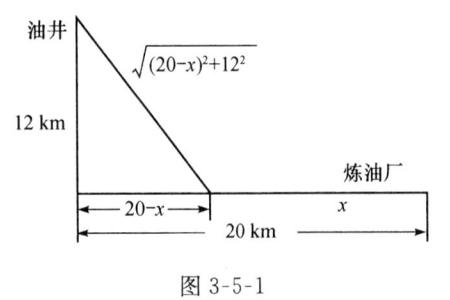

例 2 用输油管把离岸 12km 的一座油田和沿岸往下 20km 处的炼油厂连接起来（图 3-5-1）. 如果水下输油管的铺设成本为 5 万元/km，陆地铺设成本为 3 万元/km. 如何组合水下和陆地的输油管使得铺设费用最少？

解 设陆地输油管长为 $x$km，则水下输油管长为 $\sqrt{(20-x)^2+12^2}$km，故水下和陆地输油管的总铺设费用为

$$y=3x+5\sqrt{(20-x)^2+12^2} \quad (0\leqslant x\leqslant 20).$$

故题设问题实质上为求目标函数 $y=3x+5\sqrt{(20-x)^2+12^2}$ 的最小值问题.

由于

$$y'=3-\frac{5(20-x)}{\sqrt{(20-x)^2+12^2}}=\frac{3\sqrt{(20-x)^2+12^2}-5(20-x)}{\sqrt{(20-x)^2+12^2}},$$

令 $y'=0$，即 $9[(20-x)^2+12^2]=25(20-x)^2$，解得驻点 $x_1=11, x_2=29$（舍去），因而 $x=11$ 是函数 y 在其定义域内的唯一驻点.

又

$$y''=\frac{720}{\sqrt{[(20-x)^2+12^2]^3}},$$

所以 $y''|_{x=11}>0$，故 $x=11$ 是函数 y 的极小值点，也是函数 y 的唯一的极值点，因此，$x=11$ 就是函数 y 的最小值点.

综上所述，当陆地输油管长为 11km 时，可使铺设费用最少.

在实际问题中，往往根据问题的性质就可以断定可导函数 $f(x)$ 确有最大值（或最小值），而且一定在定义区间内部取得，这时如果 $f(x)$ 在定义区间内部只有唯一一个驻点 x_0，那么不必讨论 $f(x_0)$ 是不是极值，就可以断定 $f(x_0)$ 是最大值（或最小值）.

例 3 从一块半径为 R 的圆铁片上截下中心角为 φ 的扇形卷成一个圆锥形漏斗，问 φ 取

多大时才能使卷成的漏斗容积最大(图 3-5-2)?

解 设所做漏斗的底面半径为 r, 高为 h, 则有
$$2\pi r = R\varphi, \quad h = \sqrt{R^2 - r^2} = \frac{R}{2\pi}\sqrt{4\pi^2 - \varphi^2},$$

故漏斗的容积 V 为
$$V = \frac{1}{3}\pi r^2 h = \frac{R^3}{24\pi^2}\varphi^2\sqrt{4\pi^2 - \varphi^2} \quad (0 < \varphi < 2\pi).$$

由于
$$V' = \frac{R^3}{24\pi^2}\left[2\varphi\sqrt{4\pi^2 - \varphi^2} - \frac{\varphi^3}{\sqrt{4\pi^2 - \varphi^2}}\right] = \frac{R^3(8\pi^2\varphi - 3\varphi^3)}{24\pi^2\sqrt{4\pi^2 - \varphi^2}},$$

令 $V'=0$, 即 $8\pi^2\varphi - 3\varphi^3 = 0$, 解得驻点 $\varphi_1 = \frac{2\sqrt{6}}{3}\pi$, $\varphi_2 = 0$(舍去), 因而 $\varphi = \frac{2\sqrt{6}}{3}\pi$ 是函数 V 在其定义域内的唯一驻点.

根据题意可以断定, 最大容积一定存在, 且在定义域内取得, 又函数在定义域内只有唯一的驻点 $\varphi = \frac{2\sqrt{6}}{3}\pi$, 因此该驻点即为所求最大值点. 所以当 $\varphi = \frac{2\sqrt{6}}{3}\pi$ 时才能使卷成的漏斗容积最大.

例 4 求数列 $\left\{\dfrac{n^5}{2^n}\right\}$ 的最大项.

解 设 $f(x) = \dfrac{x^5}{2^x}(x > 0)$, 则
$$f'(x) = \frac{5x^4 \cdot 2^x - x^5 2^x \cdot \ln 2}{2^{2x}} = \frac{(5 - x\ln 2)x^4}{2^x}.$$

令 $f'(x) = 0$, 解得唯一驻点 $x = \dfrac{5}{\ln 2}$.

当 $x \in \left(0, \dfrac{5}{\ln 2}\right)$ 时, $f'(x) > 0$; 当 $x \in \left(\dfrac{5}{\ln 2}, +\infty\right)$ 时, $f'(x) < 0$, 故 $x = \dfrac{5}{\ln 2}$ 是函数 $f(x)$ 的极大值点, 也即是最大值点. 但 $x = \dfrac{5}{\ln 2}$ 不是整数, 因此比较与 $x = \dfrac{5}{\ln 2}$ 临近的两个整数 $n = 7$ 和 $n = 8$ 两项, 有 $\dfrac{7^5}{2^7} > \dfrac{8^5}{2^8}$, 由此推知第 7 项 $\dfrac{7^5}{2^7}$ 是数列 $\left\{\dfrac{n^5}{2^n}\right\}$ 的最大项.

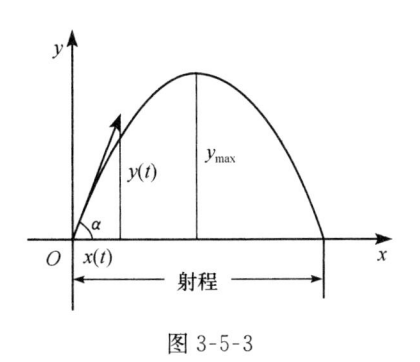

3.5.2 抛射体运动问题

首先, 我们介绍最值在理想抛射体运动问题中的应用. 所谓理想抛射体是指抛射体在运动过程中不计空气阻力, 仅受到唯一的作用力: 总指向正下方的重力, 其运动轨迹呈抛物线状.

假设抛射体在时刻 $t = 0$ 以初速度 v 被发射到第一象限(图 3-5-3), 若 v 和水平线成角 α(即抛射角), 则抛射体的运动轨迹由参数方程

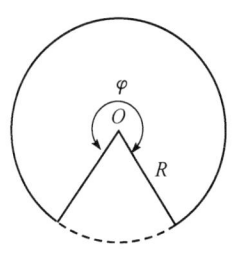

图 3-5-2

图 3-5-3

$$\begin{cases} x(t) = (v\cos\alpha)t \\ y(t) = (v\sin\alpha)t - \dfrac{1}{2}gt^2 \end{cases}$$

给出,其中 g 是重力加速度(9.8m/s^2). 其中,第一个方程描述抛射体在时刻 $t \geqslant 0$ 的水平位置,而第二个方程描述抛射体在时刻 $t \geqslant 0$ 的竖直位置.

例 5 在地面上以 400m/s 的初速度和 $\dfrac{\pi}{3}$ 的抛射角发射了一个抛射体. 求发射 10s 后抛射体的位置.

解 由于 $v=400\text{m/s}$, $\alpha=\dfrac{\pi}{3}$, $t=10\text{s}$, 则

$$x(10) = \left(400\cos\dfrac{\pi}{3}\right) \cdot 10 = 2000(\text{m}),$$

$$y(10) = \left(400\sin\dfrac{\pi}{3}\right) \cdot 10 - \dfrac{1}{2} \cdot 9.8 \cdot 100 \approx 2974(\text{m}),$$

即发射 10s 后抛射体离发射点的水平距离为 2 000m,空中的高度为 2974m.

实际问题中,有时我们还需要知道关于抛射体的飞行时间、射程(即从发射点到水平地面的碰撞点的距离)和最大高度. 下面我们来讨论这些问题.

令 $y(t)=0$, 即 $(v\sin\alpha)t - \dfrac{1}{2}gt^2 = 0$, 可解得 $t=0$, $t=\dfrac{2v\sin\alpha}{g}$. 因为抛射体在时刻 $t=0$ 发射,故 $t=\dfrac{2v\sin\alpha}{g}$ 必然是抛射体碰到地面的时刻. 此时抛射体的水平距离,即射程为

$$x(t)\bigg|_{t=\frac{2v\sin\alpha}{g}} = (v\cos\alpha)t\bigg|_{t=\frac{2v\sin\alpha}{g}} = \dfrac{v^2}{g}\sin 2\alpha.$$

显然,当 $\sin 2\alpha = 1$ 时,即 $\alpha = \dfrac{\pi}{4}$ 时射程最大. 抛射体在它的竖直速度为零时,即 $y'(t) = v\sin\alpha - gt = 0$, 从而 $t = \dfrac{v\sin\alpha}{g}$, 故最大高度为

$$y(t)\bigg|_{t=\frac{v\sin\alpha}{g}} = (v\sin\alpha)\left(\dfrac{v\sin\alpha}{g}\right) - \dfrac{1}{2}g\left(\dfrac{v\sin\alpha}{g}\right)^2 = \dfrac{(v\sin\alpha)^2}{2g}.$$

根据以上分析,不难求得例 5 中的抛射体的飞行时间、射程和最大高度分别为

$$\text{飞行时间} \quad t = \dfrac{2v\sin\alpha}{g} = \dfrac{2 \cdot 400}{9.8}\sin\dfrac{\pi}{3} \approx 70.70(\text{s}),$$

$$\text{射程} \quad x_{\max} = \dfrac{v^2}{g}\sin 2\alpha = \dfrac{400^2}{9.8}\sin\dfrac{2\pi}{3} \approx 14\ 139(\text{m}),$$

$$\text{最大高度} \quad y_{\max} = \dfrac{(v\sin\alpha)^2}{2g} = \dfrac{\left(400\sin\dfrac{\pi}{3}\right)^2}{2 \cdot 9.8} \approx 6\ 122(\text{m}).$$

下面我们再来看一个实例.

例 6 在 1992 年巴塞罗那夏季奥运会开幕式上的奥运火炬是由射箭铜牌获得者安东尼奥·雷波罗用一枝燃烧的箭点燃的,奥运火炬位于高约 21m 的火炬台顶端的圆盘中,假定雷波罗在地面以上 2m 距火炬台顶端圆盘约 70m 处的位置射出火箭,若火箭恰好在达到其最大

飞行高度 1s 后落入火炬圆盘中,试确定火箭的发射角 α 和初速度 v_0(假定火箭射出后在空中的运动过程中受到的阻力为零,且 $g=10\text{m/s}^2$,$\arctan\dfrac{22}{20.9}\approx 46.5°$,$\sin 46.5°\approx 0.725$).

解 建立如图 3-5-4 所示坐标系,根据题意,火箭在空中运动 t 秒后的位置为

$$\begin{cases} x(t)=(v_0\cos\alpha)t \\ y(t)=2+(v_0\sin\alpha)t-5t^2 \end{cases}$$

火箭在其竖直速度为零时达到最高点,故有 $t=\dfrac{v_0\sin\alpha}{10}$,于是可得到当火箭达到最高点 1s 后的时刻其位置为

$$x(t)\Big|_{t=\frac{v_0\sin\alpha}{10}+1}=v_0\cos\alpha\left(\dfrac{v_0\sin\alpha}{10}+1\right)=\sqrt{70^2-21^2},$$

$$y(t)\Big|_{t=\frac{v_0\sin\alpha}{10}+1}=2+v_0\sin\alpha\left(\dfrac{v_0\sin\alpha}{10}+1\right)-5\left(\dfrac{v_0\sin\alpha}{10}+1\right)^2=21,$$

图 3-5-4

解得 $v_0\sin\alpha\approx 22$,$v_0\cos\alpha\approx 20.9$,从而

$$\tan\alpha=\dfrac{22}{20.9}\Rightarrow\alpha\approx 46.5°,$$

又 $\qquad\qquad v_0\sin\alpha\approx 22,\quad \alpha\approx 46.5°\Rightarrow v_0\approx 30.3(\text{m/s}).$

所以火箭的发射角 α 和初速度 v_0 分别约为 $46.5°$ 和 30.3m/s.

注 以上我们所研究的均为理想情况下的抛射体,实际情况远较此复杂,事实上,抛射体的运动还受到空气阻力等因素的持续影响.

3.5.3 光的折射原理

下面我们再来介绍最大值与最小值方法在推导光的折射定律中的应用. 我们知道,光速依赖于光所经过的介质,在稠密介质中光速会慢下来. 在真空中,光行进的速度 $c=3\times 10^8\text{m/s}$,但在地球的大气层中它行进的速度稍慢于这个速度,而在玻璃中,光行进的速度只有 c 的 $\dfrac{2}{3}$ 左右.

光学中的费马定理表明:光永远以速度最快(时间最短)的路径行进. 这个结果使我们能预测光从一种介质(如空气)中的一点行进到另一种介质(如玻璃和水)中一点的路径.

例 7 求一条光线从光速为 c_1 的介质 n_1 中的点 A 穿过水平界面射入到光速为 c_2 的介质 n_2 中点 B 的路径. 示意图如图 3-5-5 所示,点 A 和点 B 位于 xOy 平面且两种介质的分界线为 x 轴,点 P 在介质分界线上,$(0,a)$、$(l,-b)$ 和 $(x,0)$ 分别表示点 A、点 B 和点 P 的坐标,θ_1 和 θ_2 分别表示入射角和折射角.

解 因为光线从 A 到 B 会以最快的路径行进,所以我们要寻求使行进时间最短的路径.

光线从点 A 到点 P 所需要的时间为 $t_1=\dfrac{AP}{c_1}$,从点

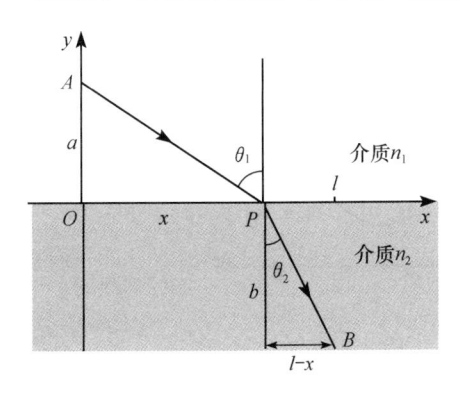

图 3-5-5

P 到点 B 所需要的时间为 $t_2 = \dfrac{PB}{c_2}$,故光线从点 A 到点 B 所需要的时间 t(目标函数)为

$$t = t_1 + t_2 = \frac{AP}{c_1} + \frac{PB}{c_2} = \frac{\sqrt{a^2+x^2}}{c_1} + \frac{\sqrt{b^2+(l-x)^2}}{c_2}.$$

函数 t 是 x 的一个可微函数,其定义区间 $[0,l]$. 下面我们要求的是函数 t 在该闭区间上的最小值. 由

$$t' = \frac{x}{c_1\sqrt{a^2+x^2}} - \frac{l-x}{c_2\sqrt{b^2+(l-x)^2}} = \frac{\sin\theta_1}{c_1} - \frac{\sin\theta_2}{c_2}$$

可知,在 $x=0$ 处,$t'<0$,在 $x=l$ 处,$t'>0$. 因为 t' 在 $[0,l]$ 上连续,所以在 $x=0$ 和 $x=l$ 之间必存在一点 x_0,使 $t'=0$. 又因 t' 是增函数,所以这样的点唯一. 故在 $x=x_0$ 处,有

$$\frac{\sin\theta_1}{c_1} = \frac{\sin\theta_2}{c_2}.$$

这个方程描述的就是**光的折射定律**.

3.5.4 在经济学中的应用

1. 平均成本最小化问题

设成本函数 $C=C(x)$(x 是产量),一个典型的成本函数的图像如图 3-5-6 所示,注意到在前一段区间上曲线呈上凸型,因而切线的斜率,也即边际成本函数在此区间上单调下降,这反映了生产规模的效益. 接着曲线上有一拐点,曲线随之变成下凸型,边际成本函数呈递增态势. 引起这种变化的原因可能是由于超时工作带来的高成本,或者是生产规模过大带来的低效性.

定义每单位产品所承担的成本费用为**平均成本函数**,即

$$\bar{C}(x) = \frac{C(x)}{x} \quad (x \text{ 是产量}).$$

注意到 $\dfrac{C(x)}{x}$ 正是图 3-5-6 曲线上纵坐标与横坐标之比,也正是曲线上一点与原点连线的斜率,据此可作出 $\bar{C}(x)$ 的图像(图 3-5-7). 易见 $\bar{C}(x)$ 在 $x=0$ 处无定义,说明生产数量为零时,不能讨论平均成本. 图 3-5-7 中的整个曲线呈下凸型,故有唯一的极小值. 又由

$$\bar{C}'(x) = \frac{xC'(x) - C(x)}{x^2} = 0,$$

得 $C'(x) = \dfrac{C(x)}{x}$,即当边际成本等于平均成本时,平均成本达到最小.

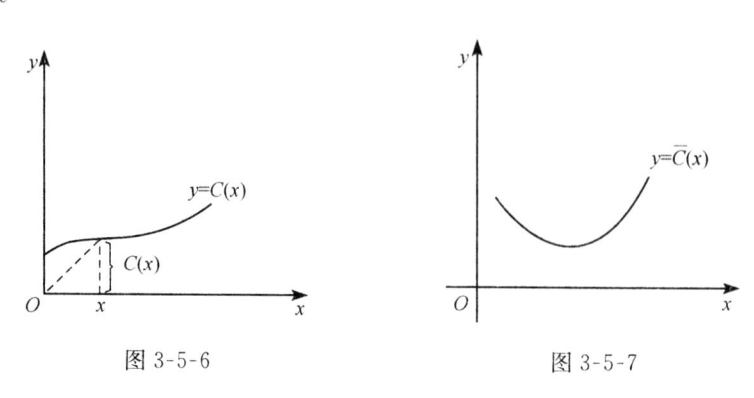

图 3-5-6

图 3-5-7

例8 设每月产量为 $x(t)$ 时,总成本函数为 $C(x) = \dfrac{1}{4}x^2 + 8x + 4\,900$(元),求最低平均成

本和相应产量的边际成本.

解 平均成本为
$$\bar{C}(x) = \frac{C(x)}{x} = \frac{1}{4}x + 8 + \frac{4\,900}{x}.$$

令 $\bar{C}'(x) = \frac{1}{4} - \frac{4\,900}{x^2} = 0$,解得唯一驻点 $x=140$.

又 $\bar{C}''(x) = \frac{9\,800}{x^3}$,所以 $\bar{C}''(140) > 0$. 故 $x=140$ 是 $\bar{C}(x)$ 的极小值点,也是最小值点. 因此,每月产量为 140t 时,平均成本最低,其最低平均成本为
$$\bar{C}(140) = \frac{1}{4} \cdot 140 + 8 + \frac{4\,900}{140} = 78(元).$$

边际成本函数为
$$C'(x) = \frac{1}{2}x + 8,$$

故当产量为 140t 时,边际成本为 $C'(140)=78$(元).

例9 某人利用原材料每天要制作 5 个储藏橱. 假设外来木材的运送成本为 6 000 元,而储存每个单位材料的成本为 8 元. 为使他在两次运送期间的制作周期内平均每天的成本最小,每次他应该订多少原材料以及多长时间订一次货?

解 设每 x 天订一次货,那么在运送周期内必须订 $5x$ 单位材料,而平均储存量大约为运送数量的一半,即 $\frac{5x}{2}$. 因此

$$每个周期的成本 = 运送成本 + 储存成本 = 6\,000 + \frac{5x}{2} \cdot x \cdot 8,$$

$$平均成本\ \bar{C}(x) = \frac{6\,000}{x} + 20x, \quad x > 0,$$

令 $\bar{C}'(x) = -\frac{6\,000}{x^2} + 20 = 0$,解得驻点

$$x_1 = 10\sqrt{3} \approx 17.32, \quad x_2 = -10\sqrt{3} \approx -17.32(舍去).$$

因 $\bar{C}''(x) = \frac{12000}{x^3}$,所以 $\bar{C}''(x_1) > 0$,故在 $x_1 = 10\sqrt{3} \approx 17.32$ 天处取得最小值.

因此,储藏橱制作者应该安排每隔 17 天运送外来木材 $5 \cdot 17 = 85$ 单位材料.

2. 存货成本最小化问题

商业的零售商店关心存货成本. 假定一个商店每年销售 360 台计算器,商店可能通过一次整批订购所有计算器来保证营业. 但是另一方面,店主将面临储存所有计算器所承担的持产成本(如保险、房屋面积等). 于是他可能分成几批较小的订货单,如 6 批,因而储存的最大数是 60. 但是每次再订货,却要为文书工作、送货费用、劳动力等支付成本. 因此,似乎在持产成本和再订购成本之间存在一个平衡点. 下面将展示微分学是怎样帮我们确定平衡点的. 我们最小化下述函数:

$$总存货成本 = (年度持产成本) + (年度再订购成本).$$

所谓批量 x 是指每个再订购期所订货物的最大量. 如果 x 是每期的订货量,则在那一时

段,现有存货量是在0到 x 台之间的某个整数. 为了得到一个关于在该期间的每个时刻的现有存货量的表达式,可以采用平均量 $\frac{x}{2}$ 来表示该年度的相应时段的平均存货量.

例如,如果该批量是360,则在前后两次订货之间的时段中,现有存货处在0~360台的某个位置,现存货物取平均存量为 $\frac{360}{2}$ 即180台. 如果批量是180,则在前后两次订货之间的时段中,现有存货处在0~180台的某个位置,现存货物取平均存量为 $\frac{180}{2}$ 即90台.

例10 某计算器零售商店每年销售360台计算器. 库存一台计算器一年的费用是8元. 为再订购,需付10元的固定成本,以及每台计算器另加8元. 为最小化存货成本,商店每年应订购计算器几次？每次批量是多少？

解 设 x 表示批量,则存货成本为

$$C(x) = （年度持产成本）+（年度再订购成本）.$$

下面分别讨论年度持产成本和年度再订购成本.

现有平均存货量是 $\frac{x}{2}$,并且每台库存花费10元. 因而

$$年度持产成本 = （每台年度成本）\cdot（平均台数）= 8 \cdot \frac{x}{2} = 4x.$$

已知 x 表示批量,则再订购次数为 $n=360/x$,因而

$$年度再订购成本 = （每次订购成本）\cdot（再订购次数）= (10+8x) \cdot \frac{360}{x}.$$

因此

$$C(x) = 4x + \frac{3\,600}{x} + 2\,880.$$

令 $C'(x) = 4 - \frac{3\,600}{x^2} = 0$,解得驻点 $x_1 = 30, x_2 = -30$（舍去）. 又 $C''(x) = \frac{7\,200}{x^3}$,所以 $C''(x_1) > 0$,故在 $x_1 = 30$ 处取得最小值.

因此,为了最小化存货成本,商店应每年订货 $\frac{360}{30} = 12$（次）.

注 在这类问题中,有时答案不是整数,对于这种情形,可以考虑与答案最接近的两个整数,然后将这两个数代入 $C(x)$,使 $C(x)$ 较小的值就是其批量.

3. 利润最大化问题

销售某商品的收入 R,等于产品的单位价格 P 乘以销售量 x,即 $R = P \cdot x$,而销售利润 L 等于收入 R 减去成本 C,即 $L = R - C$.

例11 某服装有限公司确定,为卖出 x 套服装,其单价应为 $p = 150 - 0.5x$. 同时还确定,生产 x 套服装的总成本可表示成 $C(x) = 4\,000 + 0.25x^2$.

(1) 求总收入 $R(x)$；
(2) 求总利润 $L(x)$；
(3) 为使利润最大化,公司必须生产并销售多少套服装？
(4) 最大利润是多少？
(5) 为实现这一最大利润,其服装的单价应定为多少？

解 (1) 总收入 $R(x) = p \cdot x = (150 - 0.5x)x = 150x - 0.5x^2$.

(2) 总利润 $L(x) = R(x) - C(x) = (150x - 0.5x^2) - (4\,000 + 0.25x^2)$
$$= -0.75x^2 + 150x - 4\,000.$$

(3) 因 $L'(x) = -1.5x + 150$，令 $L'(x) = 0$，解得唯一驻点 $x = 100$. 又 $L''(x) = -1.5 < 0$，所以在 $x = 100$ 处取得最大值.

(4) 最大利润是 $L(100) = -0.75 \cdot 100^2 + 150 \cdot 100 - 4\,000 = 3\,500$（元），由此公司必须生产并销售 100 套服装来实现 3 500 元的最大利润.

(5) 为实现最大利润，其服装的单价是 $p = 150 - 0.5 \cdot 100 = 100$（元）.

下面，我们来讨论一般的总利润函数以及与它有关的函数.

图 3-5-8 展示了一个总成本函数与总收入函数的例子. 根据观察，可以估计到最大利润可能是 $R(x)$ 与 $C(x)$ 之间的最宽差距，即 $C_0 R_0$. 点 B_1 和 B_2 是盈亏平衡点.

图 3-5-9 展示了一个总利润函数的例子. 注意到当产量太低（$< x_0$）时会出现亏损，这是因为高固定成本或高初始成本以及低收入所致；当产量太高（$> x_2$）时也会出现亏损，这是由于高边际成本和低边际收入所致（图 3-5-10）.

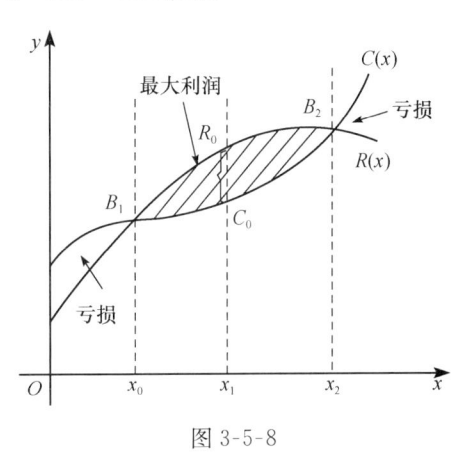

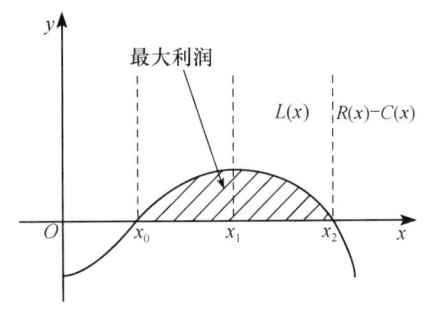

图 3-5-8

图 3-5-9

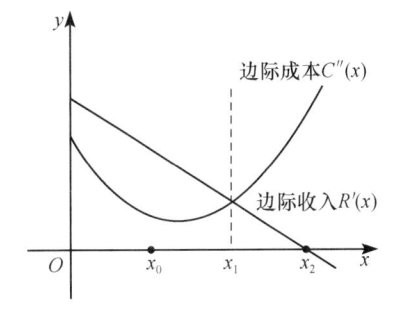

图 3-5-10

如图 3-5-9 所示，注意到最大利润出现在 $L(x)$ 的驻点 x_1 处. 如果假定对某个区间（通常取 $[0, \infty)$）的所有 x，$L'(x)$ 都存在，则这个驻点出现在使得 $L'(x) = 0$ 和 $L''(x) < 0$ 的某个数 x 处. 因为 $L(x) = R(x) - C(x)$，由此可得

$$L'(x) = R'(x) - C'(x), \quad L''(x) = R''(x) - C''(x).$$

因此，最大利润出现在使得

$$L'(x) = R'(x) - C'(x) = 0, \quad L''(x) = R''(x) - C''(x) < 0,$$

或
$$R'(x) = C'(x), \quad R''(x) < C''(x)$$

的某个数 x 处.

综上所述，有下面的定理.

定理 1 当边际收入等于边际成本且边际收入的变化率小于边际成本的变化率时，即

$$R'(x) = C'(x), \quad R''(x) < C''(x)$$

时，可以实现最大利润.

习 题 3-5

1. 求下列函数的最值:
(1) $y=x^4-8x^2+2,[-1,3]$;
(2) $y=\sin x+\cos x,[0,2\pi]$;
(3) $y=x+\sqrt{1-x},[-5,1]$;
(4) $y=\dfrac{x^2}{1+x},\left[-\dfrac{1}{2},1\right]$.

2. 求数列 $\{\sqrt[n]{n}\}$ 的最大项.

3. 问函数 $y=x^2-\dfrac{54}{x}(x<0)$ 在何处取得最小值?

4. 从一块边长为 a 的正方形铁皮的四角上截去同样大小的正方形,然后按虚线把四边折起来做成一个无盖的盒子(图 3-5-11),问要截去多大的小方块,才能使盒子的容量最大?

5. 光源 S 的光线射到平面镜 Ox 的哪一点在反射到点 A,光线所走的路径最短(图 3-5-12)?

图 3-5-11

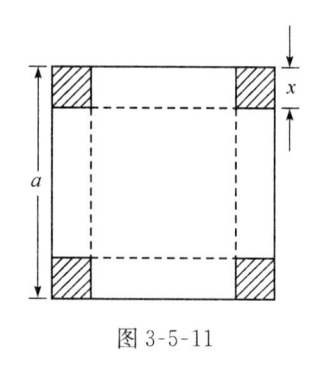

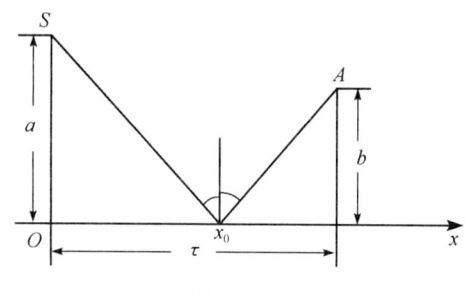

图 3-5-12

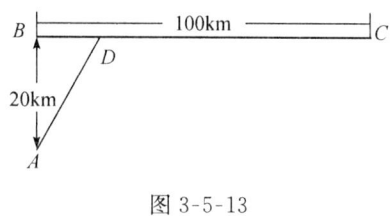

6. 设工厂 A 到铁路线的垂直距离为 20km,垂足为 B,铁路线上距离 B 为 100km 处有一原料供应站 C,如图 3-5-13 所示. 现在要在铁路 BC 段 D 处修建一个原料中转车站,再由车站 D 向工厂修一条公路. 如果已知每 km 的铁路运费与公路运费之比为 3∶5,那么,D 应选在何处,才能使从原料供应站 C 运货到工厂 A 所需运费省?

图 3-5-13

7. 甲船以每小时 20 浬(1 浬=1 852km)的速度向东行驶,同一时间乙船在甲船正北 82 浬处以每小时 16 浬的速度向南行驶,问经过多少时间两船距离最近?

8. 一抛射体以速度 840m/s 和抛射角 $\dfrac{\pi}{3}$ 发射. 它经过多长时间沿水平方向可行进 21km.

9. 求最大射程为 24.5km 的枪的枪口速度.

10. 假设高出地面 0.5m 的一个足球被踢出时,它的初速度 30m/s,并与水平线成 30°角. 假定足球被踢出后在空中的运动过程中受到的阻力为零,$g=10\text{m/s}^2$.
(1) 足球何时达到最大高度,且最大高度是多少?
(2) 求足球的飞行时间和射程.

11. 光学中的费马原理说光线从一点到另一点永远沿最短的路径行进. 如图 3-5-14 所示,从光源 A 出发,从一平面镜反射到一接受点 B. 试证明入射角一定等于发射角.

12. 设生产某产品时的固定成本为 10 000 元,可变成本与产品日产量 $x(t)$ 的立方成正比,已知日产量为 20t 时,总成本为 10 320 元,问:日产量为多少吨时,能使平均成本最低?并求最低平均成本(假定日最高

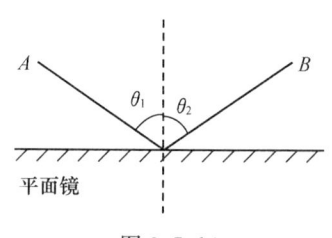

图 3-5-14

产量为 100t).

13. 某零售电器商店每年销售 2 500 台电视机. 库存一台电视机一年, 商店需要花费 10 元. 为了再订购, 需付 20 元的固定成本, 再每台另付 9 元. 为了最小化存货成本, 商店应按多大的批量再订购且每年应订购几次?

14. 某家电厂在生产一款新冰箱, 它确定, 为了卖出 x 台冰箱, 其单价应为 $p=280-0.4x$. 同时还确定, 生产 x 台冰箱的总成本可表示成 $C(x)=5\,000+0.6x^2$.

(1) 求总收入 $R(x)$; 　　　　　(2) 求总利润 $L(x)$;
(3) 为使利润最大化, 工厂必须生产并销售多少台冰箱?
(4) 最大利润是多少?
(5) 为实现这一最大利润, 其冰箱的单价应定为多少?

15. 根据连续记录, 某影院测定, 如果入场票是 20 元, 则影院取 1000 人为观影的平均人数. 但是每提价 1 元, 影院就从平均人数中失去 100 个顾客. 每位顾客在让价上平均花费 1.8 元. 为使总利润最大化, 影院应当确定的入场票价是多少?

3.6　曲线的凹凸性与拐点

在 3.4 节中, 我们研究了函数的单调性与极值. 函数的单调性反映在图形上, 就是曲线的上升或下降. 但是仅仅知道函数的单调性, 还不能准确地掌握函数的图形.

例如, 如图 3-6-1 中的两条曲线, 虽然都是单调上升, 但图形的形状却有明显不同. ACB 是(向上)凸的, ADB 则是(向上)凹的, 即它们的凹凸性是不同. 本节我们就来研究曲线的凹凸性及判定方法.

关于曲线凹凸性的定义, 我们结合图形来分析. 如图 3-6-2 所示, 曲线是凹的, 如果在曲线上任取两点, 则联结这两点的线段总位于这两点间的弧段的上方; 而在图 3-6-3 中, 曲线是凸的, 如果在曲线上任取两点, 则连接这两点的线段总位于这两点间的弧段的下方. 因此, 曲线的凹凸性可以用连接曲线上任意两点的线段的中点与曲线上相应点的位置关系来描述. 由此可引入曲线凹凸性的定义.

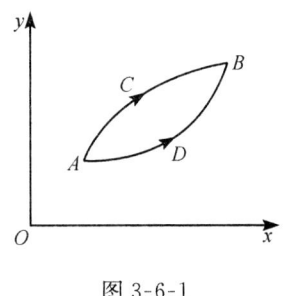

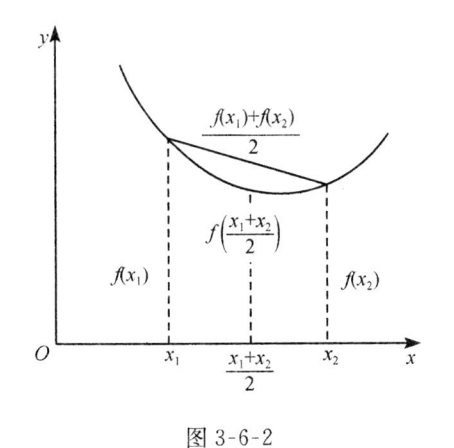

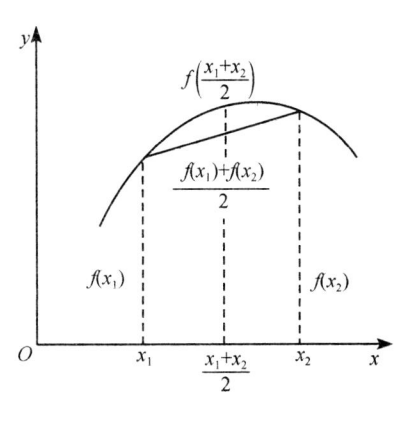

图 3-6-1

图 3-6-2　　　　　　　　　图 3-6-3

定义 1　设 $f(x)$ 在区间 I 内连续, 如果对 I 上任意两点 x_1, x_2, 恒有

$$f\left(\frac{x_1+x_2}{2}\right) < \frac{f(x_1)+f(x_2)}{2},$$

则称 $f(x)$ 在 I 上的图形是(**向上**)**凹的**,同时称 $f(x)$ 为 I 上的**凹函数**;如果恒有

$$f\left(\frac{x_1+x_2}{2}\right) > \frac{f(x_1)+f(x_2)}{2},$$

则称 $f(x)$ 在 I 上的图形是(**向上**)**凸的**,同时称 $f(x)$ 为 I 上的**凸函数**.

注 对于凹曲线(图 3-6-4),当 x 逐渐增大时,其上每一点的切线的斜率是逐渐增大的,即导函数 $f'(x)$ 是单调增加函数,即 $f''(x) \geqslant 0$;而对于凸曲线(图 3-6-5),其上每一点的切线的斜率是逐渐减小的,即导函数 $f'(x)$ 是单调减少函数,即 $f''(x) \leqslant 0$. 由此可见,曲线的凹凸性与函数二阶导数的符号有着密切联系.

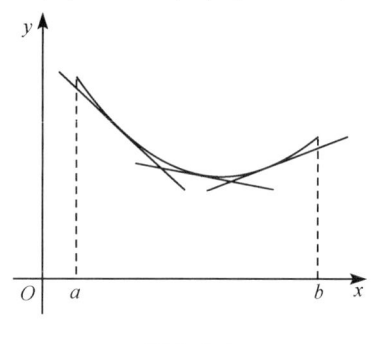

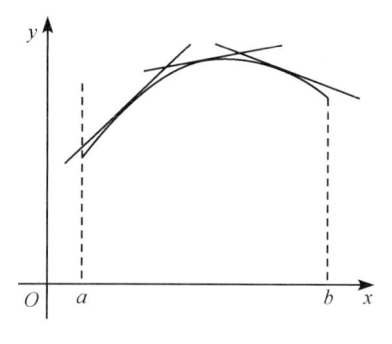

图 3-6-4 图 3-6-5

反过来,利用 $f''(x)$ 的符号也能判断曲线的凹凸性,于是有下述定理:

定理 1 设 $f(x)$ 在 $[a,b]$ 上连续,在 (a,b) 内具有一阶和二阶导数,则

(1) 若在 (a,b) 内,$f''(x) > 0$,则 $f(x)$ 在 $[a,b]$ 上的图形是凹的;

(2) 若在 (a,b) 内,$f''(x) < 0$,则 $f(x)$ 在 $[a,b]$ 上的图形是凸的.

证明 我们就情形(1)给出证明.

设 x_1 和 x_2 为 $[a,b]$ 内任意两点,且 $x_1 < x_2$,记 $\frac{x_1+x_2}{2} = x_0$,并记 $x_2 - x_0 = x_0 - x_1 = h$,则由拉格朗日中值定理,得

$$f(x_2) - f(x_0) = f'(\xi_2)h, \quad \xi_2 \in (x_0, x_2),$$
$$f(x_0) - f(x_1) = f'(\xi_1)h, \quad \xi_1 \in (x_1, x_0).$$

两式相减,得

$$f(x_2) + f(x_1) - 2f(x_0) = [f'(\xi_2) - f'(\xi_1)]h. \tag{3.6.1}$$

在 $[\xi_1, \xi_2]$ 上对 $f'(x)$ 再次应用拉格朗日中值定理,得

$$f'(\xi_2) - f'(\xi_1) = f''(\xi)(\xi_2 - \xi_1).$$

将上式代入式(3.6.1),得

$$f(x_2) + f(x_1) - 2f(x_0) = f''(\xi)(\xi_2 - \xi_1)h.$$

由题设条件知 $f''(\xi) > 0$,并注意到 $\xi_2 - \xi_1 > 0$,则有

$$f(x_2) + f(x_1) - 2f(x_0) > 0,$$

亦即

$$f\left(\frac{x_1+x_2}{2}\right) < \frac{f(x_1)+f(x_2)}{2},$$

所以 $f(x)$ 在 $[a,b]$ 上的图形是凹的.

类似地可证明情形(2).

注 将此定理中的闭区间换成其他各种区间(包括无穷区间),结论仍成立.

例1 判定 $y = x - \ln(1+x)$ 的凹凸性.

解 题设函数的定义域为 $(-1, +\infty)$,因为 $y' = 1 - \dfrac{1}{1+x}$,$y'' = \dfrac{1}{(1+x)^2} > 0$,所以,函数 $y = x - \ln(1+x)$ 在 $(-1, +\infty)$ 内是凹的.

例2 判断曲线 $y = x^3$ 的凹凸性.

解 因为 $y' = 3x^2$,$y'' = 6x$,当 $x < 0$ 时,$y'' < 0$,所以曲线 $y = x^3$ 在 $(-\infty, 0]$ 内为凸的;当 $x > 0$ 时,$y'' > 0$,所以曲线 $y = x^3$ 在 $[0, +\infty)$ 内为凹的(图 3-6-6).

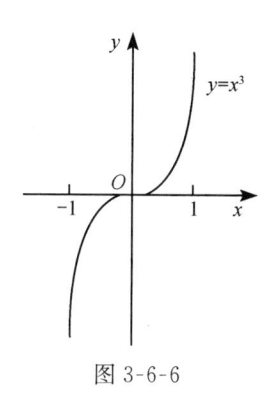

图 3-6-6

例3 判断曲线 $y = \sqrt[3]{x}$ 的凹凸性.

解 因为当 $x \neq 0$ 时,

$$y' = \frac{1}{3\sqrt[3]{x^2}}, \quad y'' = -\frac{2}{9x\sqrt[3]{x^2}},$$

当 $x = 0$ 时,y'' 不存在. 当 $x < 0$ 时,$y'' > 0$,所以曲线 $y = \sqrt[3]{x}$ 在 $(-\infty, 0]$ 内为凹的;当 $x > 0$ 时,$y'' < 0$,所以曲线 $y = \sqrt[3]{x}$ 在 $[0, +\infty)$ 内为凸的.

注 在例 2 和例 3 中,注意到点 $(0,0)$ 是使曲线凹凸性发生改变的分界点,此类分界点称为曲线的拐点. 一般地,有以下定义.

定义 2 对于连续曲线 $y = f(x)$ 上的点 $(x_0, f(x_0))$,如果此点两侧曲线的凹凸性发生改变,则称此点为该曲线的**拐点**.

注 从例 2 和例 3 可见,使二阶导数 $f''(x)$ 等于零的点以及使二阶导数 $f''(x)$ 不存在的点都有可能产生曲线的拐点.

那么,如何确定这两类点是否会产生曲线的拐点呢? 根据定理 1,二阶导数 $f''(x)$ 的符号是判断曲线凹凸性的依据. 因此,若 $f''(x)$ 在点 x_0 的左、右两侧邻近处异号,则点 $(x_0, f(x_0))$ 就是曲线的一个拐点. 由此可得到拐点判定的一个充分条件.

定理 2 设函数 $f(x)$ 在点 x_0 处可导,在 x_0 的某去心邻域内二阶可导,如果在 x_0 的左、右邻域内 $f''(x)$ 的符号相反,则点 $(x_0, f(x_0))$ 为曲线 $f(x)$ 的拐点;如果符号相同,则点 $(x_0, f(x_0))$ 不是拐点.

综上所述,判定曲线的凹凸性与求曲线的拐点的一般步骤为:

(1) 确定函数的定义域,并求其二阶导数 $f''(x)$;
(2) 令 $f''(x) = 0$,解出全部实根,并求出所有使二阶导数 $f''(x)$ 不存在的点;
(3) 对步骤(2)中求出的每一个点,检查其邻近左、右两侧 $f''(x)$ 的符号;
(4) 根据 $f''(x)$ 的符号确定曲线的凹凸区间和拐点.

例4 求曲线 $y = (x-1)x^{\frac{2}{3}}$ 的拐点及凹凸区间.

解 (1) 题设函数的定义域为 $(-\infty, +\infty)$,又

$$y' = \frac{2}{3}(x-1)x^{-\frac{1}{3}} + x^{\frac{2}{3}}, \quad y'' = \frac{2}{3}x^{-\frac{1}{3}} - \frac{2}{9}(x-1)x^{-\frac{4}{3}} + \frac{2}{3}x^{-\frac{1}{3}} = \frac{10x+2}{9x\sqrt[3]{x}}.$$

(2) 令 $y'' = 0$,解得 $x_1 = -\dfrac{1}{5}$. 在 $x_2 = 0$ 处,y'' 不存在.

(3) 列表讨论如下:

x	$(-\infty, -1/5)$	$-\dfrac{1}{5}$	$(-1/5, 0)$	0	$(0, +\infty)$
$f''(x)$	$-$	0	$+$	不存在	$+$
$f(x)$	凸的	拐点	凹的		凹的

(4) 曲线的凹区间为 $\left[-\dfrac{1}{5}, 0\right], [0, +\infty)$，凸区间为 $\left(-\infty, -\dfrac{1}{5}\right]$，拐点为 $\left(-\dfrac{1}{5}, -\dfrac{6}{5}\sqrt[3]{25}\right)$.

类似于函数的单调性，下面是判别拐点的另一个充分条件.

定理 3 设函数 $f(x)$ 在 x_0 处三阶可导，且 $f''(x_0)=0, f'''(x_0)\neq 0$，则点 $(x_0, f(x_0))$ 为曲线 $f(x)$ 的拐点.

例 5 求曲线 $f(x)=3x^4-4x^3+1$ 的拐点.

解 题设函数的定义域为 $(-\infty, +\infty)$，又

$$f'(x)=12x^3-12x^2, \quad f''(x)=36x^2-24x=36x\left(x-\dfrac{2}{3}\right),$$

令 $f''(x)=0$，解得 $x_1=0, x_2=\dfrac{2}{3}$. 又 $f'''(x)=72x-24$，因为

$$f'''(0)=-24\neq 0, \quad f'''\left(\dfrac{2}{3}\right)=24\neq 0,$$

所以，曲线的拐点为 $(0,1)$ 和 $\left(\dfrac{2}{3}, \dfrac{11}{27}\right)$.

下面，我们举一个利用曲线的凹凸性证明不等式的例子.

例 6 证明不等式 $2\arctan\left(\dfrac{a+b}{2}\right) > \arctan a + \arctan b \ (a>0, b>0, a\neq b)$.

证明 设 $f(x)=\arctan x, x\in(0, +\infty)$. 在 $(0, +\infty)$ 上，有

$$f'(x)=\dfrac{1}{1+x^2}, \quad f''(x)=-\dfrac{2x}{(1+x^2)^2}<0,$$

故函数 $f(x)=\arctan x$ 在 $(0, +\infty)$ 上是凸函数.

由凸函数的定义，对任意两点 $a, b\in(0, +\infty)$，且 $a\neq b$，有

$$\arctan\left(\dfrac{a+b}{2}\right) > \dfrac{\arctan a + \arctan b}{2},$$

即

$$2\arctan\left(\dfrac{a+b}{2}\right) > \arctan a + \arctan b.$$

习 题 3-6

1. 求下列函数的凹凸区间及拐点：

(1) $y=2x^3-3x^2-36x+25$；　　(2) $y=x+\dfrac{1}{x}(x>0)$；　　(3) $y=x+\dfrac{x}{x^2-1}$；

(4) $y=x\arctan x$；　　(5) $y=(x+1)^4+\mathrm{e}^x$；　　(6) $y=\ln(x^2+1)$.

2. 利用函数图形的凹凸性，证明不等式：

(1) $\dfrac{e^x+e^y}{2}>e^{\frac{x+y}{2}}$ ($x\neq y$);　　(2) $\cos\dfrac{x+y}{2}>\dfrac{\cos x+\cos y}{2}$, $\forall x,y\in\left(-\dfrac{\pi}{2},\dfrac{\pi}{2}\right)$;

(3) $x\ln x+y\ln y>(x+y)\ln\dfrac{x+y}{2}$ ($x>0,y>0,x\neq y$).

3. 试证明曲线 $y=\dfrac{x-1}{x^2+1}$ 有三个拐点位于同一直线上.

4. 问 a 及 b 为何值时,点 $(1,3)$ 为曲线 $y=ax^3+bx^2$ 的拐点?

5. 试确定曲线 $y=ax^3+bx^2+cx+d$ 中的 a,b,c,d,使得在 $x=-2$ 处曲线有水平切线,$(1,-10)$ 为拐点,且点 $(-2,44)$ 在曲线上.

3.7　函数图形的描绘

描点法作图是描绘函数图形的常用方法,但这样作出的图形往往不能准确地反映函数图形的形状. 为了确定函数图形的形状,我们还需要知道当沿图形往前走时它是上升或下降以及图形是如何弯曲的. 通过前面的学习,我们知道,借助于一阶导数可以确定函数图形的单调性和极值的位置;借助于二阶导数可以确定函数的凹凸性及拐点. 由此,就可以掌握函数的性态,并把函数的图形画得比较准确.

3.7.1　渐近线

有些函数的定义域和值域都是有限区间,其图形仅局限于一定的范围之内,如圆、椭圆等. 有些函数定义域或值域是无穷区间,其图形向无穷远处延伸,如双曲线、抛物线等. 为了把握曲线在无限变化中的趋势,我们先介绍曲线的渐近线的概念.

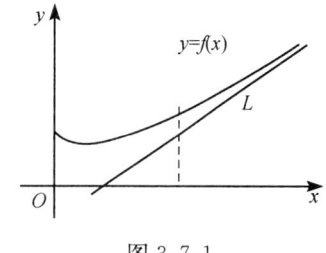

定义 1　如果当曲线 $y=f(x)$ 上的一动点沿着曲线无限远离坐标原点时,该点与某条定直线 L 的距离趋向于零,则直线 L 就称为曲线 $y=f(x)$ 的一条**渐近线**(图 3-7-1).

图 3-7-1

渐近线分为水平渐近线、铅直渐近线和斜渐近线三种.

1. 水平渐近线

若函数 $y=f(x)$ 的定义域是无穷区间,且 $\lim\limits_{x\to\infty}f(x)=C$,则称直线 $y=C$ 为曲线 $y=f(x)$ 当 $x\to\infty$ 时的**水平渐近线**,类似地,可以定义 $x\to+\infty$ 或 $x\to-\infty$ 时的水平渐近线.

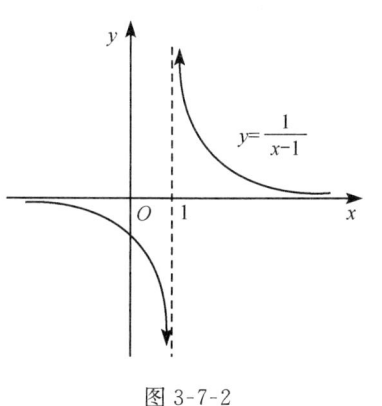

例如,对函数 $y=\dfrac{1}{x-1}$,因为 $\lim\limits_{x\to\infty}\dfrac{1}{x-1}=0$,所以直线 $y=0$ 为 $y=\dfrac{1}{x-1}$ 的水平渐近线(图 3-7-2).

对函数 $y=\arctan x$,因为 $\lim\limits_{x\to-\infty}\arctan x=-\dfrac{\pi}{2}$,所以直线 $y=-\dfrac{\pi}{2}$ 为 $y=\arctan x$ 的一条水平渐近线;又 $\lim\limits_{x\to+\infty}\arctan x=\dfrac{\pi}{2}$,所以直线 $y=\dfrac{\pi}{2}$ 也为 $y=\arctan x$ 的一条水平渐近线.

图 3-7-2

2. 铅直渐近线

若函数 $y=f(x)$ 在点 x_0 处间断,且 $\lim\limits_{x\to x_0^+}f(x)=\infty$ 或 $\lim\limits_{x\to x_0^-}f(x)=\infty$,则称直线 $x=x_0$ 为曲线 $y=f(x)$ 的**铅直渐近线**.

例如,对函数 $y=\dfrac{1}{x-1}$,因为 $\lim\limits_{x\to 1}\dfrac{1}{x-1}=\infty$,所以直线 $x=1$ 为 $y=\dfrac{1}{x-1}$ 的铅直渐近线(图 3-7-2).

对函数 $y=\tan x$,因为 $\lim\limits_{x\to k\pi+\frac{\pi}{2}}\tan x=\infty (k\in \mathbf{Z})$,所以直线 $x=k\pi+\dfrac{\pi}{2}(k\in\mathbf{Z})$ 为 $y=\tan x$ 的铅直渐近线.

3. 斜渐近线

设函数 $y=f(x)$,如果 $\lim\limits_{x\to\infty}[f(x)-(ax+b)]=0$,则称直线 $y=ax+b$ 为 $y=f(x)$ 当 $x\to\infty$ 时的**斜渐近线**,其中

$$a=\lim_{x\to\infty}\dfrac{f(x)}{x}(a\neq 0),\quad b=\lim_{x\to\infty}[f(x)-ax].$$

类似地,可以定义 $x\to+\infty$ 或 $x\to-\infty$ 时的斜渐近线.

注 如果 $\lim\limits_{x\to\infty}\dfrac{f(x)}{x}$ 不存在,或虽然它存在但 $\lim\limits_{x\to\infty}[f(x)-ax]$ 不存在,则可以断定 $y=f(x)$ 不存在斜渐近线.

例 1 求曲线 $f(x)=\dfrac{x^3}{x^2+2x-3}$ 的渐近线.

解 函数的定义域为 $(-\infty,-3)\cup(-3,1)\cup(1,+\infty)$,又 $f(x)=\dfrac{x^3}{(x+3)(x-1)}$,易见

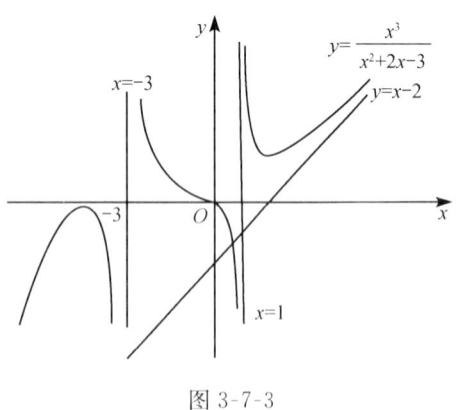

$$\lim_{x\to -3}f(x)=\infty,\quad \lim_{x\to 1}f(x)=\infty,$$

所以直线 $x=-3$ 和 $x=1$ 是曲线的铅直渐近线.

又因为

$$\lim_{x\to\infty}\dfrac{f(x)}{x}=\lim_{x\to\infty}\dfrac{x^2}{x^2+2x-3}=1,$$

$$\lim_{x\to\infty}[f(x)-ax]=\lim_{x\to\infty}\left[\dfrac{x^3}{x^2+2x-3}-x\right]$$

$$=\lim_{x\to\infty}\dfrac{-2x^2+3x}{x^2+2x-3}=-2,$$

所以直线 $y=x-2$ 是曲线的斜渐近线(图 3-7-3).

图 3-7-3

3.7.2 函数图形的描绘

一般地,我们利用导数描绘函数 $y=f(x)$ 的图形,其一般步骤如下:

(1) 确定函数 $f(x)$ 的定义域,研究函数的特性,如奇偶性、周期性、有界性等,并求出函数的一阶导数 $f'(x)$ 和二阶导数 $f''(x)$;

(2) 求出一阶导数 $f'(x)$ 和二阶导数 $f''(x)$ 在函数定义域内的全部零点,并求出函数 $f(x)$ 的间断点以及导数 $f'(x)$ 和 $f''(x)$ 不存在的点,用这些点把函数定义域划分成若干个部

分区间;

(3) 确定在这些部分区间内 $f'(x)$ 和 $f''(x)$ 的符号,并由此确定函数的增减性和凹凸性,极值点和拐点;

(4) 确定函数图形的渐近线以及其他变化趋势;

(5) 算出 $f'(x)$ 和 $f''(x)$ 的零点以及不存在时的点所对应的函数值,并在坐标平面上定出相应的点;有时还需适当补充一些辅助作图点(如与坐标轴的交点和曲线的端点等),然后根据(3),(4)中得到的结果,用平滑的曲线连接得到的点即可画出函数的图形.

例 2 作函数 $f(x)=\dfrac{x^3-2}{2(x-1)^2}$ 的图形.

解 (1) 函数的定义域为 $(-\infty,1)\cup(1,+\infty)$,是非奇非偶函数,而

$$f'(x)=\frac{(x-2)^2(x+1)}{2(x-1)^3}, \quad f''(x)=\frac{3(x-2)}{(x-1)^4}.$$

(2) 由 $f'(x)=0$,解得驻点 $x=-1,x=2$. 由 $f''(x)=0$,解得 $x=2$. 间断点及导数不存在的点为 $x=1$. 用这三点把定义域划分成下列四个部分区间:

$$(-\infty,-1], \quad [-1,1), \quad (1,2], \quad [2,+\infty).$$

(3) 列表确定函数的增减区间、凹凸区间及极值点和拐点:

x	$(-\infty,-1)$	-1	$(-1,1)$	1	$(1,2)$	2	$(2,+\infty)$
$f'(x)$	$+$	0	$-$	不存在	$+$	0	$+$
$f''(x)$	$-$		$-$	不存在	$-$	0	$+$
$f(x)$		极值点		间断点		拐点	

(4) 因为

$$\lim_{x\to 1}\frac{x^3-2}{2(x-1)^2}=-\infty,$$

所以直线 $x=1$ 为铅直渐近线;而

$$\lim_{x\to\infty}\frac{f(x)}{x}=\lim_{x\to\infty}\frac{x^3-2}{2x(x-1)^2}=\frac{1}{2},$$

$$\lim_{x\to\infty}[f(x)-ax]=\lim_{x\to\infty}\left[\frac{x^3-2}{2(x-1)^2}-\frac{1}{2}x\right]=\lim_{x\to\infty}\frac{2x^2-3}{2(x-1)^2}=1,$$

所以直线 $y=\dfrac{1}{2}x+1$ 是斜渐近线.

(5) 算出 $x=-1,x=2$ 处的函数值 $f(-1)=-\dfrac{3}{8},f(2)=3$,得到题设函数图形上的两点 $\left(-1,-\dfrac{3}{8}\right),(2,3)$,再补充下列辅助作图点:

$$(0,-1), \quad (\sqrt[3]{2},0), \quad A\left(-2,-\dfrac{5}{9}\right), \quad B\left(3,\dfrac{25}{8}\right).$$

根据(3),(4)中得到的结果,用平滑的曲线连接这些点,即可描绘出题设函数的图形(图 3-7-4).

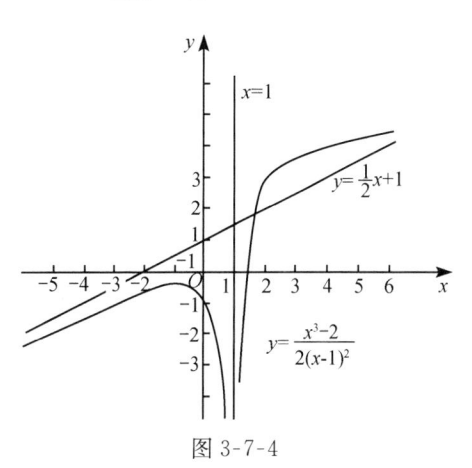

图 3-7-4

例 3 作函数 $\varphi(x)=\dfrac{1}{\sqrt{2\pi}}\mathrm{e}^{-\frac{x^2}{2}}$ 的图形.

解 (1) 函数的定义域为$(-\infty,+\infty)$,是偶函数,其图形关于y轴对称.因此只需讨论$[0,+\infty)$上函数的图形.而

$$\varphi'(x)=-\frac{x}{\sqrt{2\pi}}e^{-\frac{x^2}{2}}, \quad \varphi''(x)=\frac{(x+1)(x-1)}{\sqrt{2\pi}}e^{-\frac{x^2}{2}}.$$

(2) 在$[0,+\infty)$上,由$\varphi'(x)=0$,解得驻点$x=0$,由$\varphi''(x)=0$,解得$x=1$. 点$x=1$把$[0,+\infty)$划分为两个部分区间$[0,1]$,$[1,+\infty)$.

(3) 列表确定函数的增减区间、凹凸区间及极值点和拐点:

x	0	$(0,1)$	1	$(1,+\infty)$
$\varphi'(x)$	0	$-$		$-$
$\varphi''(x)$		$-$	0	$+$
$\varphi(x)$	极大值		拐点	

(4) 因为

$$\lim_{x\to\infty}\varphi(x)=\lim_{x\to\infty}\frac{1}{\sqrt{2\pi}}e^{-\frac{x^2}{2}}=0,$$

所以直线$y=0$为水平渐近线.

(5) 算出$x=0,x=1$处的函数值$\varphi(0)=\frac{1}{\sqrt{2\pi}}$,$\varphi(1)=\frac{1}{\sqrt{2\pi e}}$,得到题设函数图形上的两点$M_1\left(0,\frac{1}{\sqrt{2\pi}}\right)$, $M_2\left(1,\frac{1}{\sqrt{2\pi e}}\right)$,补充辅助作图点$M_3\left(2,\frac{1}{\sqrt{2\pi e^2}}\right)$.

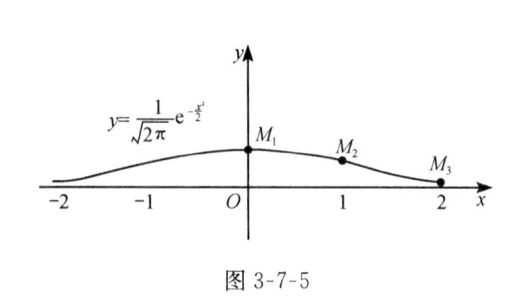

根据(3),(4)中得到的结果,用平滑的曲线连接这些点,即可得到函数在$[0,+\infty)$上的图形.最后,利用图形的对称性,便可描绘出题设函数的图形(图 3-7-5).

图 3-7-5

习 题 3-7

1. 求下列曲线的渐近线:

(1) $y=\dfrac{2x^3}{x^2+1}$;

(2) $y=e^{-\frac{1}{x}}$;

(3) $y=\dfrac{(1+x)^{\frac{3}{2}}}{\sqrt{x}}$;

(4) $y=x+e^{-x}$;

(5) $y=\dfrac{e^x}{1+x}$;

(6) $y=x\arctan x$.

2. 描绘下列函数的图形:

(1) $y=\dfrac{2x^2}{x^2-1}$;

(2) $y=\dfrac{x}{1+x^2}$;

(3) $y=\dfrac{(x-3)^2}{4(x-1)}$;

(4) $y=x\sqrt{3-x}$;

(5) $y=\dfrac{\ln x}{x}$.

总习题 三

1. 设 $f(x)$ 在 $[0,1]$ 可导,且 $0<f(x)<1$,对任何一个 $x\in(0,1)$ 都有 $f'(x)\neq 1$,试证:在 $(0,1)$ 内,有且仅有一个数 ζ,使 $f(\zeta)=\zeta$.

2. 设 $f(x),g(x)$ 在 $[a,b]$ 上连续,在 (a,b) 内可导,且 $f(a)=f(b)$,证明:在 (a,b) 内至少存在一点 ζ,使得 $f'(\zeta)+f(\zeta)g'(\zeta)=0$.

3. 设 $f(x)$ 在 $[1,2]$ 上具有二阶导数 $f''(x)$,且 $f(2)=f(1)=0$. 若 $F(x)=(x-1)f(x)$,证明:至少存在一点 $\zeta\in(1,2)$,使得 $F''(\zeta)=0$.

4. 设 $f(x)$ 在 $[a,b]$ 上可微,且 $f'_+(a)>0, f'_-(b)<0, f(a)=f(b)=A$,试证明: $f'(x)$ 在 (a,b) 内至少有两个零点.

5. 设 $f(x)$ 在 $[0,1]$ 上连接,在 $(0,1)$ 内可导,且 $f(0)=0, f(1)=1$,试证:对任意给定的正数 a,b,在 $(0,1)$ 内存在不同的 ζ,η,使

$$\frac{a}{f'(\zeta)}+\frac{b}{f'(\eta)}=a+b.$$

6. 设 $f(x)$ 在 $[a,b]$ 上连续,在 (a,b) 内可导,证明:在 (a,b) 内存在点 ζ 和 η,使

$$f'(\zeta)=\frac{a+b}{2\eta}f'(\eta).$$

7. 设 $f(x)$ 可导,试证 $f(x)$ 的两个零点之间一定有函数 $f(x)+f'(x)$ 的零点.

8. 设 $a_1-\dfrac{a_2}{3}+\cdots+(-1)^{n-1}\dfrac{a_n}{2n-1}=0$,证明方程

$$a_1\cos x+a_2\cos 3x+\cdots+a_n\cos(2n-1)x=0$$

在 $\left(0,\dfrac{\pi}{2}\right)$ 内至少有一个实根.

9. 设在 $[1,+\infty)$ 上处处有 $F''(x)\leqslant 0$,且 $f(1)=2, f'(1)=-3$,证明在 $(1,+\infty)$ 内方程 $f(x)=0$ 仅有一实根.

10. 设函数 $f(x)$ 在 $[a,b]$ 上可导,且 $f'_+(a)\cdot f'_-(b)<0$,则在 (a,b) 内存在一点 ζ,使得 $f'(\zeta)=0$.

11. 用洛必达法则求下列极限:

(1) $\lim\limits_{x\to 0}\dfrac{\ln(1+x^2)}{\sec x-\cos x}$;

(2) $\lim\limits_{x\to 0}\dfrac{\sqrt{1+\tan x}-\sqrt{1+\sin x}}{x\ln(1+x)-x^2}$;

(3) $\lim\limits_{x\to 1}(1-x)\tan\dfrac{\pi x}{2}$;

(4) $\lim\limits_{x\to -1}\left[\dfrac{1}{x+1}-\dfrac{1}{\ln(x+2)}\right]$;

(5) $\lim\limits_{x\to 0}\left(\dfrac{\sin x}{x}\right)^{\frac{1}{1-\cos x}}$;

(6) $\lim\limits_{x\to +\infty}\left(\dfrac{2}{\pi}\arctan x\right)^x$.

12. 设 $\lim\limits_{x\to\infty}f'(x)=k$,求 $\lim\limits_{x\to\infty}[f(x+a)-f(x)]$.

13. 当 a 与 b 为何值时, $\lim\limits_{x\to 0}\left(\dfrac{\sin 3x}{x^3}+\dfrac{a}{x^2}+b\right)=0$.

14. 设 $f(x)=\begin{cases}\dfrac{g(x)-\mathrm{e}^{-x}}{x}, & x\neq 0 \\ 0, & x=0\end{cases}$,其中 $g(x)$ 具有二阶连续导数,且 $g(0)=1, g'(0)=-1$,求 $f'(x)$.

15. 证明不等式:当 $0<x<\dfrac{\pi}{2}$ 时, $\dfrac{\pi}{2}<\dfrac{\sin x}{x}<1$.

16. 设 $f(x)$ 在 $x_0=0$ 的某个邻域内有二阶导数,且

$$\lim_{x\to 0}\left(1+x+\dfrac{f(x)}{x}\right)^{\frac{1}{x}}=\mathrm{e}^3,$$

求 $f(0), f'(0), f''(0)$.

17. 求 $f(x)=\ln(1+\sin x)$ 的四阶麦克劳林公式.

18. 证明不等式：当 $0<x<\dfrac{\pi}{2}$ 时，$\dfrac{x^2}{\pi}<1-\cos x<\dfrac{x^2}{2}$.

19. 利用函数的泰勒展开式求下列极限：

(1) $\lim\limits_{x\to\infty}\left[x-x^2\ln\left(1+\dfrac{1}{x}\right)\right]$;

(2) $\lim\limits_{x\to 0}\dfrac{\cos x-e^{-\frac{x^2}{2}}}{x^2[x+\ln(1-x)]}$.

20. 若 $\lim\limits_{x\to 0}\dfrac{\sin 6x+xf(x)}{x^3}=0$，求 $\lim\limits_{x\to 0}\dfrac{6+f(x)}{x^3}$.

21. 求一个二次多项式 $p_2(x)$，使 $2^x=p_2(x)+o(x^2)$，式中 $o(x^2)$ 代表 $x\to 0$ 时比 x^2 高阶的无穷小.

22. 求下列函数的单调区间：

(1) $y=\sqrt[3]{(2x-a)(a-x)^2}\ (a>0)$;

(2) $y=x^n e^{-x}\ (n>0, x\geq 0)$;

(3) $y=x+|\sin 2x|$.

23. 证明下列不等式：

(1) 当 $x>0$ 时，$1+x\ln(x+\sqrt{1+x^2})>\sqrt{1+x^2}$;

(2) 当 $x>4$ 时，$2^x>x^2$;

(3) 当 $x>0$ 时，$x-\dfrac{1}{3}x^3<\sin x<x$;

(4) 设 $0<x<\dfrac{\pi}{2}$，则 $\sin x+\tan x>2x$;

(5) 当 $x>0$ 时，$\arctan x+\dfrac{1}{x}>\dfrac{\pi}{2}$.

24. 证明下列不等式：

(1) 设 $b>a>0$，证明：$\ln\dfrac{b}{a}>\dfrac{2(b-a)}{a+b}$;

(2) 设 $b>a>e$，证明：$a^b>b^a$.

25. 求下列函数图形的拐点及凹凸区间：

(1) $y=x^4(12\ln x-7)$;   (2) $y=xe^{-x}$;   (3) $y=1+\sqrt[3]{x-2}$.

26. 利用函数图形的凹凸性，证明不等式：当 $0<x<\pi$ 时，有 $\sin\dfrac{x}{2}>\dfrac{x}{\pi}$.

27. 设 $f(x)=x^3+ax^2+bx$ 在 $x=1$ 处有极值 -2，试确定系数 a 与 b，并求出 $y=f(x)$ 的所有极值点及拐点.

28. 设逻辑斯谛函数 $f(x)\dfrac{c}{1+ae^{-bx}}$，其中 $a>0, abc\neq 0$.

(1) 证明：若 $abc>0$，则 f 在 $(-\infty,+\infty)$ 上是增函数；若 $abc<0$，则 f 在 $(-\infty,+\infty)$ 上是减函数；

(2) 证明：$x=\dfrac{\ln a}{b}$ 是 f 的拐点.

29. 求下列函数的极值：

(1) $y=\dfrac{1+3x}{\sqrt{4+5x^2}}$;

(2) $y=2e^x+e^{-x}$;

(3) $y=x+\tan x$;

(4) $y=|x|e^{-|x-1|}$.

30. 求下列函数的最大值、最小值：

(1) $y=\dfrac{x^2}{1+x},\ x\in\left[-\dfrac{1}{2},1\right]$;

(2) $y=x^{\frac{1}{x}},\ x\in(0,+\infty)$.

31. 设 $a>0$，求 $f(x)=\dfrac{1}{1+|x|}+\dfrac{1}{1+|x-a|}$ 的最大值.

32. 求数列 $\left\{\dfrac{(1+N)^3}{(1-n)^2}\right\}$ 的最小项的项数及该项的数值.

33. 证明：$\dfrac{1}{2^{p-1}}\leq x^p+(1-x)^p\leq 1\ (0\leq x\leq 1)$.

34. 以汽船拖载重相等的小船若干只，在两港之间来回运送货物. 已知每次拖 4 只小船一日能来回 16 次，每次拖 7 只小船则一日能来回 10 次. 如果小船增多的只数与来回减少的次数成正比，问每日来回多少次，每次拖多少只小船能使运货总量达到最大？

35. 求下列曲线的渐近线：

(1) $y = x\ln\left(e + \dfrac{1}{x}\right)$ $(x>0)$；

(2) $y = \dfrac{1+e^{-x^2}}{1-e^{-x^2}}$；

(3) $y = \sin\dfrac{1}{x}$ $(x>0)$；

(4) $y = \dfrac{1}{x} + \ln(1+e^x)$.

36. 求笛卡尔曲线 $x^3 + y^3 - 3axy = 0$ 的斜渐近线.

第 4 章 不定积分

由求物体的运动速度、曲线的切线和极值等问题产生了导数和微分,构成了微积分学的微分学部分;同时由已知速度求路程、已知切线求曲线以及求某些图形的面积与体积等问题,产生了不定积分和定积分,构成了微积分学的积分学部分.

前面已经介绍了已知函数求导数的问题,现在我们要考虑其反问题:已知导数求其函数,即求一个未知函数,使其导数恰好是某一已知函数.这种由导数或微分求原函数的逆运算称为不定积分.本章将介绍不定积分的概念及其计算方法.

4.1 不定积分的概念与性质

4.1.1 原函数的概念

为引入不定积分的概念,我们先介绍原函数的概念.

定义 1 设函数 $F(x)$ 与 $f(x)$ 在区间 I 上都有定义,若对任意 $x \in I$,均有
$$F'(x) = f(x),$$
则称函数 $F(x)$ 为 $f(x)$ 在区间 I 上的**原函数**.

例如,因为 $(\sin x)' = \cos x$,故 $\sin x$ 是 $\cos x$ 在 $(-\infty, +\infty)$ 上的一个原函数.因为 $(x^2)' = 2x$,故 x^2 是 $2x$ 在 $(-\infty, +\infty)$ 上的一个原函数;$(x^2+1)' = 2x$,故 x^2+1 也是 $2x$ 在 $(-\infty, +\infty)$ 上的一个原函数;……;依次类推.

由上面的例子可知,**一个函数的原函数不是唯一的**.

事实上,若 $F(x)$ 为 $f(x)$ 在区间 I 上的原函数,则有 $F'(x) = f(x)$,那么,对任意常数 C,显然也有
$$[F(x) + C]' = f(x),$$
从而,$F(x) + C$ 也是 $f(x)$ 在区间 I 上的原函数.这说明,如果 $f(x)$ 有一个原函数,那么 $f(x)$ 就有无穷多个原函数.

一个函数的任意两个原函数之间相差一个常数.

事实上,设 $F(x)$ 和 $G(x)$ 都是 $f(x)$ 的原函数,则
$$[F(x) - G(x)]' = F'(x) - G'(x) = f(x) - f(x) = 0,$$
即有
$$F(x) - G(x) = C(C \text{ 为任意常数}).$$

由此知道,若 $F(x)$ 为 $f(x)$ 在区间 I 上的一个原函数,则函数 $f(x)$ 的**全体原函数**为 $F(x) + C$(C 为任意常数).

关于原函数,还有一个问题:满足何种条件的函数必定存在原函数?原函数的存在性将在下一章讨论,这里先介绍一个结论.

定理 1 区间 I 上的连续函数一定有原函数.

注 求函数 $f(x)$ 的原函数,实质上就是问什么函数的导数是 $f(x)$. 而若求得 $f(x)$ 的一个原函数 $F(x)$,其全体原函数即为 $F(x) + C$(C 为任意常数).

4.1.2 不定积分的概念

由上述原函数的定义,我们引入不定积分的概念.

定义 2 在某区间 I 上的函数 $f(x)$,若存在原函数,则称 $f(x)$ 为**可积函数**,并将 $f(x)$ 的全体原函数称为函数 $f(x)$ 在区间 I 上的**不定积分**,记为

$$\int f(x) \mathrm{d}x,$$

其中,称 $\int$ 为积分符号,$f(x)$ 为被积函数,$f(x)\mathrm{d}x$ 为被积表达式,x 为积分变量.

由定义可知,不定积分与原函数是总体与个体的关系,即若 $F(x)$ 为 $f(x)$ 的一个原函数,则

$$\int f(x)\mathrm{d}x = F(x) + C \quad (C \text{ 称为积分常数}).$$

注 在 $\int f(x)\mathrm{d}x$ 中,积分号 $\int$ 表示对函数 $f(x)$ 进行求原函数的运算,故求不定积分的运算实质上是求导(或求微分)运算的逆运算.

例 1 求下列不定积分:

(1) $\int x^3 \mathrm{d}x$; (2) $\int \sin 2x \mathrm{d}x$; (3) $\int \dfrac{1}{1+x^2} \mathrm{d}x$.

解 (1) 因为 $\left(\dfrac{x^4}{4}\right)' = x^3$,所以 $\dfrac{x^4}{4}$ 是 x^3 的一个原函数,从而

$$\int x^3 \mathrm{d}x = \frac{x^4}{4} + C \quad (C \text{ 为任意常数}).$$

(2) 因为 $\left(-\dfrac{1}{2}\cos 2x\right)' = \sin 2x$,所以 $-\dfrac{1}{2}\cos 2x$ 是 $\sin 2x$ 的一个原函数,从而

$$\int \sin 2x \mathrm{d}x = -\frac{1}{2}\cos 2x + C \quad (C \text{ 为任意常数}).$$

(3) 因为 $(\arctan x)' = \dfrac{1}{1+x^2}$,所以 $\arctan x$ 是 $\dfrac{1}{1+x^2}$ 的一个原函数,从而

$$\int \frac{1}{1+x^2} \mathrm{d}x = \arctan x + C \quad (C \text{ 为任意常数}).$$

不定积分的几何意义 若 $F(x)$ 为 $f(x)$ 的一个原函数,则称 $y=F(x)$ 的图形为 $f(x)$ 的一条积分曲线. 于是,不定积分 $\int f(x)\mathrm{d}x$ 在几何上表示 $f(x)$ 的某一积分曲线沿 y 轴方向任意平移所得的一切积分曲线组成的曲线族(图 4-1-1). 显然,若在每一条积分曲线上横坐标相同的点处作切线,则这些切线互相平行.

在求原函数的具体问题中,往往先求出全体原函数,然后从中确定一个满足条件 $F(x_0)=y_0$(称为初始条件,它由具体问题规定)的原函数,也就是积分曲线族中通过点 (x_0, y_0) 的那一条积分曲线.

例 2 已知曲线 $y=f(x)$ 在任一点 x 处的切线斜率为 $2x$,且曲线通过点 $(1,2)$,求此曲线的方程.

解 根据题意知

$$f'(x) = 2x,$$

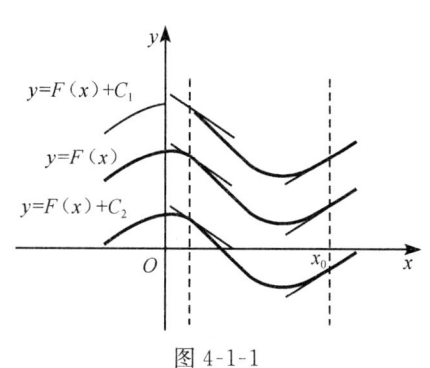

图 4-1-1

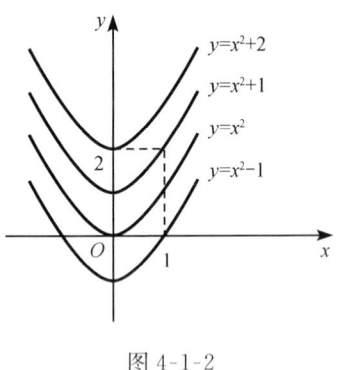

即 $f(x)$ 是 $2x$ 的一个原函数，从而
$$f(x) = \int 2x\mathrm{d}x = x^2 + C.$$
又曲线通过点 $(1,2)$，即 $f(1)=2$，得
$$1^2 + C = 2 \quad \Rightarrow \quad C = 1,$$
故所求曲线方程为 $y=x^2+1$（图 4-1-2）.

例 3 质点以初速度 v_0 铅直上抛，不计阻力，求它的运动规律.

解 所求质点的运动规律，实质上就是求其位置关于时间 t 的函数关系. 为此，按如下方式取一坐标系：将质点所在的铅直线取作坐标轴，指向朝上，轴与地面的交点取作坐标原点. 设质点抛出的时刻为 $t=0$，且此时质点所在位置为 x_0，质点在时刻 t 时的坐标为 x（图 4-1-3），于是 $x=x(t)$ 就是要求的函数.

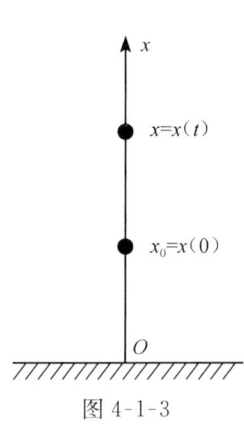

由导数的物理意义知，质点在时刻 t 时向上运动的速度为 $v(t)=\dfrac{\mathrm{d}x}{\mathrm{d}t}$（如果 $v(t)<0$，则实际运动方向朝下）. 又 $\dfrac{\mathrm{d}^2 x}{\mathrm{d}t^2}=\dfrac{\mathrm{d}v}{\mathrm{d}t}=a(t)$ 为质点在时刻 t 时向上运动的加速度，按题意有 $a(t)=-g$，即
$$\frac{\mathrm{d}v}{\mathrm{d}t} = -g \quad \text{或} \quad \frac{\mathrm{d}^2 x}{\mathrm{d}t^2} = -g.$$

先求 $v(t)$. 由 $\dfrac{\mathrm{d}v}{\mathrm{d}t}=-g$，即 $v(t)$ 是 $(-g)$ 的一个原函数，故
$$v(t) = \int (-g)\mathrm{d}t = -gt + C_1,$$
由 $v(0)=v_0$，得 $C_1=v_0$，于是 $v(t)=-gt+v_0$.

再求 $x(t)$. 由 $\dfrac{\mathrm{d}x}{\mathrm{d}t}=v(t)$，即 $x(t)$ 是 $v(t)$ 的一个原函数，故
$$x(t) = \int v(t)\mathrm{d}t = \int (-gt+v_0)\mathrm{d}t = -\frac{1}{2}gt^2 + v_0 t + C_2,$$
由 $x(0)=x_0$，得 $C_2=x_0$，于是，所求运动规律为
$$x = -\frac{1}{2}gt^2 + v_0 t + x_0, \quad t \in [0,T],$$
其中，T 为质点落地的时刻.

4.1.3 不定积分的性质

根据不定积分的定义，可推得如下四个性质：

性质 1 $\dfrac{\mathrm{d}}{\mathrm{d}x}\left[\int f(x)\mathrm{d}x\right] = f(x) \quad$ 或 $\quad \mathrm{d}\left[\int f(x)\mathrm{d}x\right] = f(x)\mathrm{d}x.$

证明 设 $F'(x)=f(x)$，则
$$\frac{\mathrm{d}}{\mathrm{d}x}\left[\int f(x)\mathrm{d}x\right] = (F(x)+C)' = F'(x) + 0 = f(x).$$

又由于 $f(x)$ 是 $f'(x)$ 的原函数，故有：

性质 2 $\displaystyle\int f'(x)\mathrm{d}x = f(x) + C \quad$ 或 $\quad \displaystyle\int \mathrm{d}f(x) = f(x) + C.$

注 由上可见,微分运算与积分运算是互逆的. 两个运算连在一起时, $d\int$ 完全抵消, $\int d$ 抵消后相差一个常数.

性质 3 两函数代数和的不定积分,等于它们各自积分的代数和,即
$$\int [f(x) \pm g(x)]dx = \int f(x)dx \pm \int g(x)dx.$$

证明 $\left[\int f(x)dx \pm \int g(x)dx\right]' = \left[\int f(x)dx\right]' \pm \left[\int f(x)dx\right]' = f(x) \pm g(x).$

注 此性质可推广到有限多个函数的情形.

性质 4 求不定积分时,非零常数因子可提到积分号外面,即
$$\int kf(x)dx = k\int f(x)dx \quad (k \neq 0).$$

证明 $\left[k\int f(x)dx\right]' = k\left[\int f(x)dx\right]' = kf(x).$

4.1.4 基本积分公式

既然积分运算是微分运算的逆运算,则由导数或微分基本公式,即可得到不定积分的基本公式,这里我们列出基本积分公式.

(1) $\int k dx = kx + C$ （k 是常数）;

(2) $\int x^\mu dx = \dfrac{x^{\mu+1}}{\mu+1} + C \quad (\mu \neq -1)$;

(3) $\int \dfrac{dx}{x} = \ln|x| + C$;

(4) $\int \dfrac{1}{1+x^2} dx = \arctan x + C$;

(5) $\int \dfrac{1}{\sqrt{1-x^2}} dx = \arcsin x + C$;

(6) $\int a^x dx = \dfrac{a^x}{\ln a} + C$;

(7) $\int e^x dx = e^x + C$;

(8) $\int \cos x dx = \sin x + C$;

(9) $\int \sin x dx = -\cos x + C$;

(10) $\int \sec^2 x dx = \tan x + C$;

(11) $\int \csc^2 x dx = -\cot x + C$;

(12) $\int \sec x \tan x dx = \sec x + C$;

(13) $\int \csc x \cot x dx = -\csc x + C$;

(14) $\int \text{sh} x dx = \text{ch} x + C$;

(15) $\int \text{ch} x dx = \text{sh} x + C.$

4.1.5 直接积分法

为了解决不定积分的计算问题,这里先介绍一种利用不定积分的运算性质和基本积分公式,直接求出不定积分的方法,即**直接积分法**.

例如,求不定积分 $\int (x^3 - 2x + 5)dx$,有
$$\int (x^3 - 2x + 5)dx = \int x^3 dx - \int 2x dx + \int 5 dx$$
$$= \dfrac{x^4}{4} + C_1 - (x^2 + C_2) + (5x + C_3)$$
$$= \dfrac{x^4}{4} - x^2 + 5x + C.$$

注 每个积分号都含有任意常数,但由于这些任意常数之和仍是任意常数,因此,只要总的写出一个任意常数 C 即可.

求一个不定积分有时是困难的,但检验起来却相对容易:首先检验积分常数,再对结果求导,其导数就应该是被积函数. 如上例,$\left(\dfrac{x^4}{4}-x^2+5x+C\right)'=x^3-2x+5$,故积分结果正确.

例 4 求不定积分 $\int(1-\sqrt[3]{x^2})^2\mathrm{d}x$.

解 $\int(1-\sqrt[3]{x^2})^2\mathrm{d}x = \int(1-2x^{\frac{2}{3}}+x^{\frac{4}{3}})\mathrm{d}x = \int 1\mathrm{d}x - 2\int x^{\frac{2}{3}}\mathrm{d}x + \int x^{\frac{4}{3}}\mathrm{d}x$

$$= x - 2 \cdot \dfrac{1}{\dfrac{2}{3}+1}x^{\frac{2}{3}+1} + \dfrac{1}{\dfrac{4}{3}+1}x^{\frac{4}{3}+1} + C$$

$$= x - \dfrac{6}{5}x^{\frac{5}{3}} + \dfrac{3}{7}x^{\frac{7}{3}} + C.$$

注 从例 4 可以看出,有时被积函数实际是幂函数,但用分式或根式表示,遇此情形,应先把它化为 x^μ 的形式,然后应用幂函数的积分公式求解.

例 5 求不定积分 $\int 2^x(\mathrm{e}^x-1)\mathrm{d}x$.

解 $\int 2^x(\mathrm{e}^x-1)\mathrm{d}x = \int 2^x \mathrm{e}^x\mathrm{d}x - \int 2^x\mathrm{d}x = \int(2\mathrm{e})^x\mathrm{d}x - \int 2^x\mathrm{d}x$

$$= \dfrac{(2\mathrm{e})^x}{\ln(2\mathrm{e})} - \dfrac{2^x}{\ln 2} + C = \dfrac{(2\mathrm{e})^x}{1+\ln 2} - \dfrac{2^x}{\ln 2} + C.$$

例 6 求不定积分 $\int \dfrac{\sqrt{1+x^2}}{\sqrt{1-x^4}}\mathrm{d}x$.

解 $\int \dfrac{\sqrt{1+x^2}}{\sqrt{1-x^4}}\mathrm{d}x = \int \dfrac{\sqrt{1+x^2}}{\sqrt{1-x^2}\sqrt{1+x^2}}\mathrm{d}x = \int \dfrac{1}{\sqrt{1-x^2}}\mathrm{d}x = \arcsin x + C.$

例 7 求不定积分 $\int \dfrac{x^4+1}{x^2+1}\mathrm{d}x$.

解 $\int \dfrac{x^4+1}{x^2+1}\mathrm{d}x = \int \dfrac{x^4-1+2}{x^2+1}\mathrm{d}x = \int \dfrac{(x^2-1)(x^2+1)+2}{x^2+1}\mathrm{d}x$

$$= \int\left(x^2-1+\dfrac{2}{1+x^2}\right)\mathrm{d}x = \dfrac{1}{3}x^3 - x + 2\arctan x + C.$$

例 8 求下列不定积分:

(1) $\int \tan^2 x\mathrm{d}x$; (2) $\int \sin^2 \dfrac{x}{2}\mathrm{d}x$;

(3) $\int \dfrac{1}{\cos^2 x \sin^2 x}\mathrm{d}x$; (4) $\int \dfrac{1+\cos^2 x}{1+\cos 2x}\mathrm{d}x$.

解 (1) $\int \tan^2 x\mathrm{d}x = \int(\sec^2 x - 1)\mathrm{d}x = \int \sec^2 x\mathrm{d}x - \int 1\mathrm{d}x = \tan x - x + C$;

(2) $\int \sin^2 \dfrac{x}{2}\mathrm{d}x = \int \dfrac{1}{2}(1-\cos x)\mathrm{d}x = \dfrac{1}{2}\int(1-\cos x)\mathrm{d}x$

$$= \dfrac{1}{2}\left[\int 1\mathrm{d}x - \int \cos x\mathrm{d}x\right] = \dfrac{1}{2}(x-\sin x) + C;$$

(3) $\int \dfrac{1}{\cos^2 x \sin^2 x} dx = \int \dfrac{\cos^2 x + \sin^2 x}{\cos^2 x \sin^2 x} dx = \int \left(\dfrac{1}{\sin^2 x} + \dfrac{1}{\cos^2 x}\right) dx$

$\qquad = \int (\csc^2 x + \sec^2 x) dx = -\cot x + \tan x + C;$

(4) $\int \dfrac{1 + \cos^2 x}{1 + \cos 2x} dx = \int \dfrac{1 + \cos^2 x}{2\cos^2 x} dx = \dfrac{1}{2} \int (\sec^2 x + 1) dx = \dfrac{1}{2}(\tan x + x) + C.$

例 9 已知 $f'(\ln x) = \begin{cases} 1, & 0 < x \leqslant 1 \\ x, & 1 < x < +\infty \end{cases}$，且 $f(0) = 0$，求 $f(x)$.

解 设 $t = \ln x$，即 $x = e^t$，则

$$f'(t) = \begin{cases} 1, & -\infty < t \leqslant 0 \\ e^t, & 0 < t < +\infty \end{cases},$$

即

$$f'(x) = \begin{cases} 1, & -\infty < x \leqslant 0 \\ e^x, & 0 < x < +\infty \end{cases}.$$

所以

$$f(x) = \begin{cases} x + C_1, & -\infty < x \leqslant 0 \\ e^x + C_2, & 0 < x < +\infty \end{cases}.$$

又 $f(0) = 0$，得 $C_1 = 0$，再由 $f(x)$ 在点 $x = 0$ 处连续，故有 $f(0) = \lim\limits_{x \to 0^+} f(x)$，得 $0 = 1 + C_2$，即 $C_2 = -1$. 所以

$$f(x) = \begin{cases} x, & -\infty < x \leqslant 0 \\ e^x - 1, & 0 < x < +\infty \end{cases}.$$

习 题 4-1

1. 求下列不定积分：

(1) $\int \left(1 - x + x^3 - \dfrac{1}{\sqrt[3]{x^2}}\right) dx;$
(2) $\int \left(x - \dfrac{1}{\sqrt{x}}\right)^2 dx;$
(3) $\int (2^x + x^2) dx;$

(4) $\int \dfrac{3x^4 + 3x^2 + 1}{x^2 + 1} dx;$
(5) $\int \dfrac{x^2}{x^2 + 1} dx;$
(6) $\int \left(\dfrac{3}{1 + x^2} - \dfrac{2}{\sqrt{1 - x^2}}\right) dx;$

(7) $\int \sqrt{x \sqrt{x \sqrt{x}}} dx;$
(8) $\int \dfrac{1}{x^2(x^2 + 1)} dx;$
(9) $\int (e^x + 3^x)(1 + 2^x) dx;$

(10) $\int (e^x - e^{-x})^3 dx;$
(11) $\int \dfrac{2 \cdot 3^x - 5 \cdot 2^x}{3^x} dx;$
(12) $\int \left(\sqrt{\dfrac{1-x}{1+x}} + \sqrt{\dfrac{1+x}{1-x}}\right) dx;$

(13) $\int \cot^2 x \, dx;$
(14) $\int \cos^2 \dfrac{x}{2} dx;$
(15) $\int \dfrac{\cos 2x}{\cos x - \sin x} dx;$

(16) $\int \dfrac{\cos 2x}{\cos^2 x \cdot \sin^2 x} dx.$

2. 设 $\int x f(x) dx = \arccos x + C$，求 $f(x)$.

3. 设 $f'(\ln x) = 1 + x$，求 $f(x)$.

4. 证明：函数 $\dfrac{1}{2} e^{2x}$，$e^x \operatorname{sh} x$ 和 $e^x \operatorname{ch} x$ 都是 $\dfrac{e^x}{\operatorname{ch} x - \operatorname{sh} x}$ 的原函数.

5. 一曲线通过点 $(e^2, 3)$，且在任一点处的切线斜率等于该点横坐标的倒数，求该曲线的方程.

6. 一质点做直线运动，已知其加速度 $\dfrac{d^2 s}{dt^2} = 3t^2 - \sin t$，如果初速度 $v_0 = 3$，初始位移 $s_0 = 2$，试求：

(1) v 与 t 间的函数关系； (2) s 与 t 间的函数关系.

4.2 换元积分法

利用直接积分法，所能计算的不定积分是十分有限的. 接下来的两节，我们将进一步介绍两种基本的不定积分的求解方法——换元积分法和分部积分法. 本节介绍的换元积分法，是将复合函数的求导法则反过来用于不定积分，通过适当的变量替换（换元），把某些不定积分化为可利用基本积分公式计算的形式，再计算出所求不定积分. 换元积分法通常分为两类，下面先介绍第一类换元积分法.

4.2.1 第一类换元积分法（凑微分法）

对不定积分 $\int f(x)dx$，如果被积函数 $f(x)$ 可分解为

$$f(x) = g[\varphi(x)]\varphi'(x),$$

由于 $\varphi'(x)dx = d\varphi(x)$，作变量代换 $u=\varphi(x)$，则可将关于变量 x 的积分转化为关于变量 u 的积分，于是有

$$\int f(x)dx = \int g[\varphi(x)]\varphi'(x)dx = \int g[\varphi(x)]d\varphi(x) = \int g(u)du.$$

如果 $\int g(u)du$ 容易求出，不定积分 $\int f(x)dx$ 的计算问题就解决了，这就是**第一类换元积分法（凑微分法）**.

定理 1（第一类换元积分法） 设 $g(u)$ 的原函数为 $F(u)$，$u=\varphi(x)$ 可导，则有换元公式

$$\int g[\varphi(x)]\varphi'(x)dx = \int g[\varphi(x)]d\varphi(x) = \int g(u)du = F(u) + C = F[\varphi(x)] + C.$$

证明 根据复合函数的求导法则，有

$$\{F[\varphi(x)]\}' = F'[\varphi(x)] \cdot \varphi'(x) = g[\varphi(x)] \cdot \varphi'(x),$$

即 $F[\varphi(x)]$ 是 $g[\varphi(x)]\varphi'(x)$ 的一个原函数，从而

$$\int g[\varphi(x)]\varphi'(x)dx = F[\varphi(x)] + C.$$

注 上述公式中，第二个等号表示换元 $\varphi(x)=u$，最后一个等号表示回代 $u=\varphi(x)$.

利用第一类换元积分法求不定积分 $\int f(x)dx$ 的关键是：根据被积函数 $f(x)$ 的特点，从中分出一部分与 dx 凑成微分式 $d\varphi(x)$，余下部分的是 $\varphi(x)$ 的函数，即 $f(x)dx = g[\varphi(x)]d\varphi(x)$，从而将 $\int f(x)dx$ 化为 $\int g(u)du$ 求解，且 $\int g(u)du$ 容易求出. 因此，第一类换元积分法又称为**凑微分法**.

例 1 求不定积分 $\int 2(2x+1)^{10}dx$.

解
$$\int 2(2x+1)^{10}dx = \int (2x+1)^{10}(2x+1)'dx = \int (2x+1)^{10}d(2x+1)$$
$$= \int u^{10}du = \frac{u^{11}}{11} + C = \frac{(2x+1)^{11}}{11} + C.$$

注 一般地，有 $\int f(ax+b)dx \xrightarrow{u=ax+b} \frac{1}{a}\int f(u)du$.

例 2 求不定积分 $\int xe^{x^2}dx$.

解 $\int x\mathrm{e}^{x^2}\mathrm{d}x = \frac{1}{2}\int \mathrm{e}^{x^2}(x^2)'\mathrm{d}x = \frac{1}{2}\int \mathrm{e}^{x^2}\mathrm{d}(x^2)$

$\qquad = \frac{1}{2}\int \mathrm{e}^u \mathrm{d}u = \frac{1}{2}\mathrm{e}^u + C = \frac{1}{2}\mathrm{e}^{x^2} + C.$

注 一般地,有 $\int x^{\mu-1}f(x^\mu)\mathrm{d}x \xrightarrow{u=x^\mu} \frac{1}{\mu}\int f(u)\mathrm{d}u.$

例 3 求不定积分 $\int \tan x \mathrm{d}x.$

解 $\int \tan x \mathrm{d}x = \int \frac{\sin x}{\cos x}\mathrm{d}x = -\int \frac{1}{\cos x}(\cos x)'\mathrm{d}x = -\int \frac{1}{\cos x}\mathrm{d}(\cos x)$

$\qquad = -\int \frac{1}{u}\mathrm{d}u = -\ln|u| + C = -\ln|\cos x| + C.$

类似地,可得 $\int \cot x \mathrm{d}x = \ln|\sin x| + C.$

注 一般地,有 $\int \sin x \cdot f(\cos x)\mathrm{d}x \xrightarrow{u=\cos x} -\int f(u)\mathrm{d}u.$

下面我们列出一些常用的凑微分公式(表 4-2-1).

表 4-2-1 常用凑微分公式

	积分类型	换元公式
第一类换元积分法	1. $\int f(ax+b)\mathrm{d}x = \frac{1}{a}\int f(ax+b)\mathrm{d}(ax+b)(a \neq 0)$	$u = ax+b$
	2. $\int f(x^\mu)x^{\mu-1}\mathrm{d}x = \frac{1}{\mu}\int f(x^\mu)\mathrm{d}(x^\mu)(\mu \neq -1)$	$u = x^\mu$
	3. $\int f(\ln x) \cdot \frac{1}{x}\mathrm{d}x = \int f(\ln x)\mathrm{d}(\ln x)$	$u = \ln x$
	4. $\int f(\mathrm{e}^x) \cdot \mathrm{e}^x \mathrm{d}x = \int f(\mathrm{e}^x)\mathrm{d}(\mathrm{e}^x)$	$u = \mathrm{e}^x$
	5. $\int f(a^x) \cdot a^x \mathrm{d}x = \frac{1}{\ln a}\int f(a^x)\mathrm{d}(a^x)$	$u = a^x$
	6. $\int f(\sin x) \cdot \cos x \mathrm{d}x = \int f(\sin x)\mathrm{d}(\sin x)$	$u = \sin x$
	7. $\int f(\cos x) \cdot \sin x \mathrm{d}x = -\int f(\cos x)\mathrm{d}(\cos x)$	$u = \cos x$
	8. $\int f(\tan x) \cdot \sec^2 x \mathrm{d}x = \int f(\tan x)\mathrm{d}(\tan x)$	$u = \tan x$
	9. $\int f(\cot x) \cdot \csc^2 x \mathrm{d}x = -\int f(\cot x)\mathrm{d}(\cot x)$	$u = \cot x$
	10. $\int f(\arctan x) \cdot \frac{1}{1+x^2}\mathrm{d}x = \int f(\arctan x)\mathrm{d}(\arctan x)$	$u = \arctan x$
	11. $\int f(\arcsin x) \cdot \frac{1}{\sqrt{1-x^2}}\mathrm{d}x = \int f(\arcsin x)\mathrm{d}(\arcsin x)$	$u = \arcsin x$

对变量代换比较熟练后,就可以省去书写中间变量的换元和回代过程.

例 4 求不定积分 $\int \frac{\mathrm{e}^{\sqrt[3]{x}}}{\sqrt{x}}\mathrm{d}x.$

解 $\int \frac{\mathrm{e}^{\sqrt[3]{x}}}{\sqrt{x}}\mathrm{d}x = 2\int \mathrm{e}^{\sqrt[3]{x}}\mathrm{d}(\sqrt{x}) = \frac{2}{3}\int \mathrm{e}^{\sqrt[3]{x}}\mathrm{d}(3\sqrt{x}) = \frac{2}{3}\mathrm{e}^{\sqrt[3]{x}} + C.$

例 5 求不定积分 $\int \frac{1}{a^2+x^2}\mathrm{d}x.$

解 $\int \dfrac{1}{a^2+x^2}\mathrm{d}x = \int \dfrac{1}{a^2} \cdot \dfrac{1}{1+\left(\dfrac{x}{a}\right)^2}\mathrm{d}x$

$\qquad\qquad\qquad = \dfrac{1}{a}\int \dfrac{1}{1+\left(\dfrac{x}{a}\right)^2}\mathrm{d}\left(\dfrac{x}{a}\right) = \dfrac{1}{a}\arctan\dfrac{x}{a} + C.$

类似地,可得 $\int \dfrac{1}{\sqrt{a^2-x^2}}\mathrm{d}x = \arcsin\dfrac{x}{a} + C\,(a>0).$

例 6 求不定积分 $\int \dfrac{1}{x^2-a^2}\mathrm{d}x.$

解 由于 $\dfrac{1}{x^2-a^2} = \dfrac{1}{2a}\left(\dfrac{1}{x-a} - \dfrac{1}{x+a}\right)$,所以

$\int \dfrac{1}{x^2-a^2}\mathrm{d}x = \dfrac{1}{2a}\int\left(\dfrac{1}{x-a} - \dfrac{1}{x+a}\right)\mathrm{d}x = \dfrac{1}{2a}\left[\int\dfrac{1}{x-a}\mathrm{d}x - \int\dfrac{1}{x+a}\mathrm{d}x\right]$

$\qquad\qquad\quad = \dfrac{1}{2a}\left[\int\dfrac{1}{x-a}\mathrm{d}(x-a) - \int\dfrac{1}{x+a}\mathrm{d}(x+a)\right]$

$\qquad\qquad\quad = \dfrac{1}{2a}[\ln|x-a| - \ln|x+a|] + C = \dfrac{1}{2a}\ln\left|\dfrac{x-a}{x+a}\right| + C.$

下面求一些被积函数中含有三角函数的不定积分,在计算这种积分的过程中,注意灵活应用三角恒等式.

例 7 求不定积分 $\int \sin 2x\,\mathrm{d}x.$

解 方法一. 原式 $= \dfrac{1}{2}\int \sin 2x\,\mathrm{d}(2x) = -\dfrac{1}{2}\cos 2x + C;$

方法二. 原式 $= 2\int \sin x\cos x\,\mathrm{d}x = 2\int \sin x\,\mathrm{d}(\sin x) = (\sin x)^2 + C;$

方法三. 原式 $= 2\int \sin x\cos x\,\mathrm{d}x = -2\int \cos x\,\mathrm{d}(\cos x) = -(\cos x)^2 + C.$

注 易检验,上述三个结果 $-\dfrac{1}{2}\cos 2x + C,(\sin x)^2 + C,-(\cos x)^2 + C$ 虽不相同,但都是正确的.容易验证,$-\dfrac{1}{2}\cos 2x,(\sin x)^2,-(\cos x)^2$ 之间只相差一个常数.

例 8 求不定积分 $\int \sec x\,\mathrm{d}x.$

解 $\int \sec x\,\mathrm{d}x = \int \dfrac{1}{\cos x}\mathrm{d}x = \int \dfrac{\cos x}{\cos^2 x}\mathrm{d}x = \int \dfrac{1}{1-\sin^2 x}\mathrm{d}(\sin x)$

$\qquad\qquad = \dfrac{1}{2}\ln\left|\dfrac{1+\sin x}{1-\sin x}\right| + C = \dfrac{1}{2}\ln\left|\dfrac{(1+\sin x)^2}{\cos^2 x}\right| + C$

$\qquad\qquad = \ln\left|\dfrac{1+\sin x}{\cos x}\right| + C = \ln|\sec x + \tan x| + C.$

例 9 求不定积分 $\int \csc x\,\mathrm{d}x.$

解 $\int \csc x\,\mathrm{d}x = \int \dfrac{\mathrm{d}x}{\sin x} = \int \dfrac{\mathrm{d}x}{2\sin\dfrac{x}{2}\cos\dfrac{x}{2}} = \int \dfrac{1}{\tan\dfrac{x}{2}\cos^2\dfrac{x}{2}}\mathrm{d}\left(\dfrac{x}{2}\right)$

$$= \int \frac{1}{\tan\frac{x}{2}} \sec^2\frac{x}{2} d\left(\frac{x}{2}\right) = \int \frac{1}{\tan\frac{x}{2}} d\left(\tan\frac{x}{2}\right) = \ln\left|\tan\frac{x}{2}\right| + C.$$

因为
$$\tan\frac{x}{2} = \frac{\sin\frac{x}{2}}{\cos\frac{x}{2}} = \frac{2\sin^2\frac{x}{2}}{\sin x} = \frac{1-\cos x}{\sin x} = \csc x - \cot x,$$

所以
$$\int \csc x dx = \ln|\csc x - \cot x| + C.$$

例 10 求不定积分 $\int \sin^2 x \cdot \cos^5 x dx$.

解
$$\int \sin^2 x \cdot \cos^5 x dx = \int \sin^2 x \cdot \cos^4 x \cdot \cos x dx = \int \sin^2 x \cdot \cos^4 x d(\sin x)$$
$$= \int \sin^2 x \cdot (1-\sin^2 x)^2 d(\sin x) = \int (\sin^2 x - 2\sin^4 x + \sin^6 x) d(\sin x)$$
$$= \frac{1}{3}\sin^3 x - \frac{2}{5}\sin^5 x + \frac{1}{7}\sin^7 x + C.$$

例 11 求不定积分 $\int \cos^2 x dx$.

解
$$\int \cos^2 x dx = \int \frac{1+\cos 2x}{2} dx = \frac{1}{2}\left(\int 1 dx + \int \cos 2x dx\right)$$
$$= \frac{1}{2}\int dx + \frac{1}{4}\int \cos 2x d(2x) = \frac{x}{2} + \frac{1}{4}\sin 2x + C.$$

例 12 求不定积分 $\int \tan x \sec^6 x dx$.

解
$$\int \tan x \sec^6 x dx = \int \tan x (\sec^2 x)^2 \sec^2 x dx = \int \tan x (1+\tan^2 x)^2 d(\tan x)$$
$$= \int (\tan x + 2\tan^3 x + \tan^5 x) d(\tan x)$$
$$= \frac{1}{2}\tan^2 x + \frac{1}{2}\tan^4 x + \frac{1}{6}\tan^6 x + C.$$

例 13 求不定积分 $\int \tan^5 x \sec^3 x dx$.

解
$$\int \tan^5 x \sec^3 x dx = \int \tan^4 x \sec^2 x \tan x \sec x dx = \int (\sec^2 x - 1)^2 \sec^2 x d(\sec x)$$
$$= \int (\sec^6 x - 2\sec^4 x + \sec^2 x) d(\sec x)$$
$$= \frac{1}{7}\sec^7 x - \frac{2}{5}\sec^5 x + \frac{1}{3}\sec^3 x + C.$$

例 14 求不定积分 $\int \sin 5x \sin 7x dx$.

解 由积化和差公式 $\sin A \sin B = \frac{1}{2}[\cos(A-B) - \cos(A+B)]$，得

$$\int \sin 5x \sin 7x dx = \frac{1}{2}\int (\cos 2x - \cos 12x) dx = \frac{1}{2}\left[\int \cos 2x dx - \frac{1}{12}\int \cos 12x d(12x)\right]$$
$$= \frac{1}{4}\sin 2x + \frac{1}{24}\sin 12x + C.$$

下面再给出几个不定积分计算的例题,请读者悉心体会其中的方法.

例 15 求不定积分 $\int \dfrac{1}{\sqrt{2x+3}+\sqrt{2x-1}}dx$.

解 $\int \dfrac{1}{\sqrt{2x+3}+\sqrt{2x-1}}dx = \int \dfrac{\sqrt{2x+3}-\sqrt{2x-1}}{(\sqrt{2x+3}+\sqrt{2x-1})(\sqrt{2x+3}-\sqrt{2x-1})}dx$

$= \dfrac{1}{4}\int \sqrt{2x+3}dx - \dfrac{1}{4}\int \sqrt{2x-1}dx$

$= \dfrac{1}{8}\int \sqrt{2x+3}d(2x+3) - \dfrac{1}{8}\int \sqrt{2x-1}d(2x-1)$

$= \dfrac{1}{12}(\sqrt{2x+3})^3 - \dfrac{1}{12}(\sqrt{2x-1})^3 + C.$

例 16 求不定积分 $\int \dfrac{\arctan\sqrt{x}}{\sqrt{x}(1+x)}dx$.

解 $\int \dfrac{\arctan\sqrt{x}}{\sqrt{x}(1+x)}dx = 2\int \dfrac{\arctan\sqrt{x}}{1+x}d(\sqrt{x}) = 2\int \arctan\sqrt{x}\,d(\arctan\sqrt{x})$

$= (\arctan\sqrt{x})^2 + C.$

例 17 求不定积分 $\int \dfrac{1}{1+e^x}dx$.

解 $\int \dfrac{1}{1+e^x}dx = \int \dfrac{1+e^x-e^x}{1+e^x}dx = \int \left(1 - \dfrac{e^x}{1+e^x}\right)dx = \int 1 dx - \int \dfrac{e^x}{1+e^x}dx$

$= \int dx - \int \dfrac{1}{1+e^x}d(1+e^x) = x - \ln(1+e^x) + C.$

4.2.2 第二类换元积分法

对于不定积分 $\int f(x)dx$,如果作适当的变量替换 $x=\varphi(t)$ 后,所得到的关于新积分变量 t 的不定积分

$$\int f[\varphi(t)]\varphi'(t)dt$$

可以求得,则可解决 $\int f(x)dx$ 的计算问题,这就是所谓的**第二类换元积分法**.

定理 2(第二类换元积分法) 设 $x=\varphi(t)$ 是单调、可导函数,且 $\varphi'(t)\neq 0$,又设 $f[\varphi(t)]\varphi'(t)$ 具有原函数 $F(t)$,则有换元公式

$$\int f(x)dx = \int f[\varphi(t)]\varphi'(t)dt = F(t)+C = F[\psi(x)]+C,$$

其中,$\psi(x)$ 为 $x=\varphi(t)$ 的反函数.

证明 记 $G(x)=F[\psi(x)]$,因为 $F(t)$ 是 $f[\varphi(t)]\varphi'(t)$ 的原函数,由复合函数求导法则及反函数的求导法则,得

$$G'(x) = \dfrac{dF}{dt}\cdot\dfrac{dt}{dx} = f[\varphi(t)]\varphi'(t)\cdot\dfrac{1}{\varphi'(t)} = f[\varphi(t)] = f(x),$$

即 $F[\psi(x)]$ 为 $f(x)$ 的一个原函数,从而结论得证.

注 由定理 2 可见,第二类换元积分法的换元与回代过程与第一类换元积分法的正好相

反. 从形式上看,后者是前者的逆行,但两者的目的相同,都是为了将不定积分化为容易求解的形式.

下面,我们举例说明第二类换元积分法的应用.

例 18 求不定积分 $\int \sqrt{a^2-x^2}\,dx\ (a>0)$.

解 令 $x=a\sin t, t\in\left(-\dfrac{\pi}{2},\dfrac{\pi}{2}\right)$,则 $\sqrt{a^2-x^2}=\sqrt{a^2\cos^2 t}=a|\cos t|=a\cos t, dx=a\cos t\,dt$,所以

$$\int \sqrt{a^2-x^2}\,dx=\int a\cos t\cdot a\cos t\,dt=a^2\int \cos^2 t\,dt=\dfrac{a^2}{2}\int(1+\cos 2t)\,dt$$

$$=\dfrac{a^2}{2}\left(t+\dfrac{1}{2}\sin 2t\right)+C=\dfrac{a^2}{2}(t+\sin t\cos t)+C.$$

为将变量 t 还原回原来的积分变量 x,由 $x=a\sin t$ 作直角三角形(图 4-2-1),可知 $\cos t=\dfrac{\sqrt{a^2-x^2}}{a}$,又 $t=\arcsin\dfrac{x}{a}$,代入上式,得

$$\int \sqrt{a^2-x^2}\,dx=\dfrac{a^2}{2}\left(\arcsin\dfrac{x}{a}+\dfrac{x}{a}\cdot\dfrac{\sqrt{a^2-x^2}}{a}\right)+C$$

$$=\dfrac{a^2}{2}\arcsin\dfrac{x}{a}+\dfrac{x}{2}\cdot\sqrt{a^2-x^2}+C.$$

注 若令 $x=a\cos t, t\in(0,\pi)$,同样可以计算.

例 19 求不定积分 $\int \dfrac{1}{\sqrt{x^2+a^2}}\,dx\ (a>0)$.

解 令 $x=a\tan t, t\in\left(-\dfrac{\pi}{2},\dfrac{\pi}{2}\right)$,则

$$\sqrt{x^2+a^2}=\sqrt{a^2\sec^2 t}=a\sec t, dx=a\sec^2 t\,dt,$$

所以

$$\int \dfrac{1}{\sqrt{x^2+a^2}}\,dx=\int \dfrac{1}{a\sec t}\cdot a\sec^2 t\,dt=\int \sec t\,dt=\ln|\sec t+\tan t|+C_1.$$

由 $x=a\tan t$ 作直角三角形(图 4-2-2),可知 $\sec t=\dfrac{\sqrt{x^2+a^2}}{a}$,代入上式,得

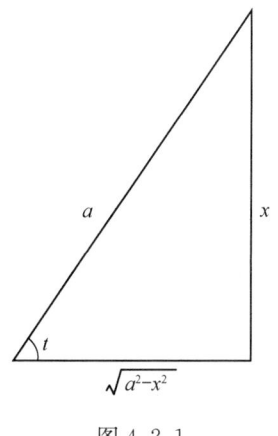

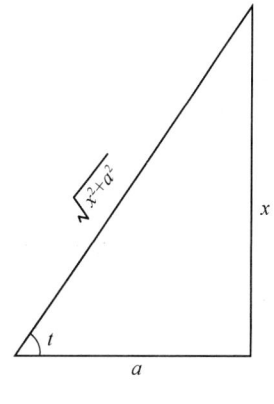

图 4-2-1 　　　　　　　　　　　图 4-2-2

$$\int \frac{1}{\sqrt{x^2+a^2}} dx = \ln|\sec t + \tan t| + C_1$$
$$= \ln\left|\frac{\sqrt{x^2+a^2}}{a} + \frac{x}{a}\right| + C_1 = \ln|x + \sqrt{x^2+a^2}| + C.$$

例20 求不定积分 $\int \frac{1}{\sqrt{x^2-a^2}} dx\ (a>0)$.

解 注意到被积函数的定义域是 $(-\infty,-a) \cup (a,+\infty)$，我们在两个区间上分别求不定积分．

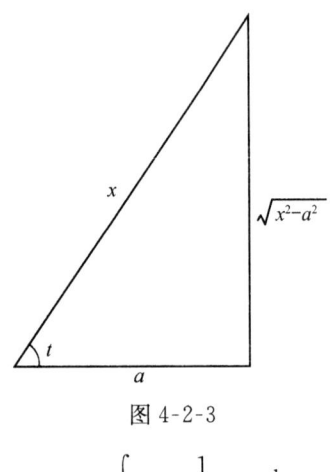

当 $x>a$ 时，令 $x=a\sec t, t\in\left(0,\frac{\pi}{2}\right)$，则 $\sqrt{x^2-a^2} = \sqrt{a^2\tan^2 t} = a\tan t$, $dx = a\sec t \tan t\, dt$，所以

$$\int \frac{1}{\sqrt{x^2-a^2}} dx = \int \frac{a\sec t \cdot \tan t}{a\tan t} dt$$
$$= \int \sec t\, dt = \ln|\sec t + \tan t| + C_1.$$

由 $x=a\sec t$ 作直角三角形（图4-2-3），可知 $\tan t = \frac{\sqrt{x^2-a^2}}{a}$，代入上式，得

图4-2-3

$$\int \frac{1}{\sqrt{x^2-a^2}} dx = \ln|\sec t + \tan t| + C_1$$
$$= \ln\left|\frac{x}{a} + \frac{\sqrt{x^2-a^2}}{a}\right| + C_1 = \ln|x + \sqrt{x^2-a^2}| + C.$$

当 $x<-a$ 时，令 $x=-u$，则 $u>a$. 由上述结果，有

$$\int \frac{1}{\sqrt{x^2-a^2}} dx = -\int \frac{1}{\sqrt{u^2-a^2}} du = -\ln|u + \sqrt{u^2-a^2}| + C_2$$
$$= -\ln|-x + \sqrt{x^2-a^2}| + C_2 = \ln\left|\frac{x+\sqrt{x^2-a^2}}{a^2}\right| + C_2$$
$$= \ln|x + \sqrt{x^2-a^2}| + C.$$

综上所述 $\int \frac{1}{\sqrt{x^2-a^2}} dx = \ln|x + \sqrt{x^2-a^2}| + C.$

注 例20中，对于 $x<-a$ 的情形也可采用下述方法：当 $x<-a$ 时，令 $x=-a\sec t, t\in\left(0,\frac{\pi}{2}\right)$，则

$$\int \frac{1}{\sqrt{x^2-a^2}} dx = \int \frac{-a\sec t \cdot \tan t}{a\tan t} dt = -\int \sec t\, dt = -\ln|\sec t + \tan t| + C_2.$$

由 $x=-a\sec t$ 作直角三角形（图4-2-4），可知 $\tan t = \frac{\sqrt{x^2-a^2}}{a}$，代入上式，得

$$\int \frac{1}{\sqrt{x^2-a^2}} dx = -\ln|\sec t + \tan t| + C_2$$
$$= -\ln\left|\frac{-x}{a} + \frac{\sqrt{x^2-a^2}}{a}\right| + C_2 = \ln\left|\frac{1}{-x+\sqrt{x^2-a^2}}\right| + \ln a + C_2$$

$$= \ln\left|\frac{x+\sqrt{x^2-a^2}}{a^2}\right| + \ln a + C_2 = \ln|x+\sqrt{x^2-a^2}| + C.$$

以上三例所使用的均为**三角代换**,三角代换的目的是化掉根式. 其一般规律如下: 如果被积函数中含有 $\sqrt{a^2-x^2}$ 时,可令 $x=a\sin t, t\in\left(-\frac{\pi}{2},\frac{\pi}{2}\right)$; 如果被积函数中含有 $\sqrt{x^2+a^2}$ 时,可令 $x=a\tan t, t\in\left(-\frac{\pi}{2},\frac{\pi}{2}\right)$; 如果被积函数中含有 $\sqrt{x^2-a^2}$ 时,可令 $x=\pm a\sec t, t\in\left(0,\frac{\pi}{2}\right)$.

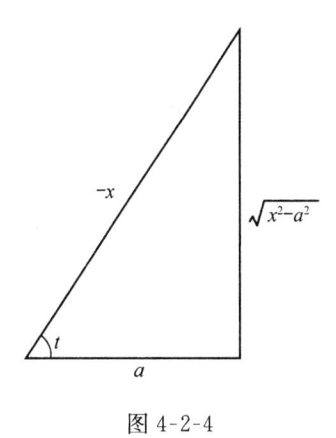

图 4-2-4

例 21 求不定积分 $\int\frac{1}{\sqrt{x^2+2x+3}}\mathrm{d}x$.

解 由 $\int\frac{1}{\sqrt{x^2+2x+3}}\mathrm{d}x = \int\frac{1}{\sqrt{(x+1)^2+2}}\mathrm{d}x$,令 $x+1=\sqrt{2}\tan t, t\in\left(-\frac{\pi}{2},\frac{\pi}{2}\right)$,则

$$\int\frac{1}{\sqrt{x^2+2x+3}}\mathrm{d}x = \int\frac{\sqrt{2}\sec^2 t}{\sqrt{2\sec^2 t}}\mathrm{d}t = \int\frac{\sqrt{2}\sec^2 t}{\sqrt{2}\sec t}\mathrm{d}t,$$

$$= \int\sec t\mathrm{d}t = \ln|\sec t+\tan t|+C_1$$

$$= \ln\left|\frac{x+1}{\sqrt{2}}+\frac{\sqrt{x^2+2x+3}}{\sqrt{2}}\right|+C_1$$

$$= \ln|\sqrt{x^2+2x+3}+x+1|+C.$$

下面,我们再介绍两种常见的变量代换方法.

当被积函数中含有根式 $\sqrt[n]{ax+b}$ 时,常作变量代换 $t=\sqrt[n]{ax+b}$.

例 22 求不定积分 $\int\frac{\mathrm{d}x}{1+\sqrt[3]{x+1}}$.

解 令 $t=\sqrt[3]{x+1}$,则 $x=t^3-1, \mathrm{d}x=3t^2\mathrm{d}t$,从而

$$\int\frac{\mathrm{d}x}{1+\sqrt[3]{x+1}} = \int\frac{3t^2}{1+t}\mathrm{d}t = 3\int\frac{t^2-1+1}{1+t}\mathrm{d}t$$

$$= 3\int\left(t-1+\frac{1}{1+t}\right)\mathrm{d}t = 3\left(\frac{t^2}{2}-t+\ln|1+t|\right)+C$$

$$= \frac{3}{2}(\sqrt[3]{x+1})^2 - 3\sqrt[3]{x+1} + 3\ln|1+\sqrt[3]{x+1}| + C.$$

当有理分式函数中分母(多项式)的次数较高时,常采用**倒代换** $x=\frac{1}{t}$.

例 23 求不定积分 $\int\frac{1}{x(x^7+2)}\mathrm{d}x$.

解 令 $x=\frac{1}{t}$,则 $\mathrm{d}x=-\frac{1}{t^2}\mathrm{d}t$,于是

$$\int\frac{1}{x(x^7+2)}\mathrm{d}x = \int\frac{t}{\left(\frac{1}{t}\right)^7+2}\cdot\left(-\frac{1}{t^2}\right)\mathrm{d}t = -\int\frac{t^6}{1+2t^7}\mathrm{d}t$$

$$=-\frac{1}{14}\ln|1+2t^7|+C=-\frac{1}{14}\ln|2+x^7|+\frac{1}{2}\ln|x|+C.$$

以上我们介绍了三种常用的变量代换方法,遇到实际问题时不能拘泥于具体形式,应灵活应用各种方法.

例 24 求不定积分 $\int \dfrac{x^5}{\sqrt{1+x^2}} dx$.

解 本例如果采用三角代换将相当繁琐. 令 $t=\sqrt{1+x^2}$,则 $x^2=t^2-1$, $x dx = t dt$,于是

$$\int \frac{x^5}{\sqrt{1+x^2}} dx = \int \frac{(t^2-1)^2}{t} t dt = \int (t^4-2t^2+1) dt$$

$$= \frac{1}{5}t^5 - \frac{2}{3}t^3 + t + C = \frac{1}{15}(8-4x^2+3x^4)\sqrt{1+x^2}+C.$$

例 25 求不定积分 $\int \dfrac{1}{x^2\sqrt{x^2-1}} dx \,(x>1)$.

解 方法一. 令 $x=\dfrac{1}{t}$,则

$$\int \frac{1}{x^2\sqrt{x^2-1}} dx = \int \frac{-t}{\sqrt{1-t^2}} dt = \sqrt{1-t^2}+C = \frac{\sqrt{x^2-1}}{x}+C.$$

方法二. 令 $x=\sec t$,则

$$\int \frac{1}{x^2\sqrt{x^2-1}} dx = \int \frac{\sec t \tan t}{\sec^2 t \tan t} dt = \int \cos t \, dt = \sin t + C = \frac{\sqrt{x^2-1}}{x}+C.$$

本节中一些结果以后会经常遇到,所以它们通常也被当作公式使用. 这样,常用的积分公式,除了基本积分表中的公式外,我们再补充下面几个(其中常数 $a>0$):

(1) $\int \tan x \, dx = -\ln|\cos x|+C;$ 　　(2) $\int \cot x \, dx = \ln|\sin x|+C;$

(3) $\int \sec x \, dx = \ln|\sec x+\tan x|+C;$ 　　(4) $\int \csc x \, dx = \ln|\csc x-\cot x|+C;$

(5) $\int \dfrac{1}{a^2+x^2} dx = \dfrac{1}{a}\arctan \dfrac{x}{a}+C;$ 　　(6) $\int \dfrac{1}{\sqrt{a^2-x^2}} dx = \arcsin \dfrac{x}{a}+C;$

(7) $\int \dfrac{1}{x^2-a^2} dx = \dfrac{1}{2a}\ln\left|\dfrac{x-a}{x+a}\right|+C;$ 　　(8) $\int \dfrac{1}{\sqrt{x^2\pm a^2}} dx = \ln|x+\sqrt{x^2\pm a^2}|+C;$

(9) $\int \sqrt{a^2-x^2} \, dx = \dfrac{a^2}{2}\arcsin \dfrac{x}{a} + \dfrac{x}{2}\cdot\sqrt{a^2-x^2}+C.$

习 题 4-2

1. 填空使下列等式成立:

(1) $dx = \underline{\qquad} d(7x-3);$ 　　(2) $x dx = \underline{\qquad} d(1-x^2);$ 　　(3) $x^3 dx = \underline{\qquad} d(3x^4-2);$

(4) $e^{2x} dx = \underline{\qquad} d(e^{2x});$ 　　(5) $\dfrac{1}{x} dx = \underline{\qquad} d(3-5\ln|x|);$ 　　(6) $\dfrac{1}{\sqrt{t}} dt = \underline{\qquad} d(\sqrt{t});$

(7) $\sin \dfrac{3}{2} x \, dx = \underline{\qquad} d\left(\cos \dfrac{3}{2}x\right);$ 　　(8) $\dfrac{dx}{\cos^2 2x} = \underline{\qquad} d(\tan 2x);$

(9) $\dfrac{dx}{1+9x^2} = \underline{\qquad} d(\arctan 3x).$

2. 求下列不定积分:

(1) $\int (3-5x)^4 \mathrm{d}x$;

(2) $\int \dfrac{\mathrm{d}x}{3+2x}$;

(3) $\int \dfrac{\mathrm{d}x}{\sqrt[3]{5-3x}}$;

(4) $\int \dfrac{\cos\sqrt{t}}{\sqrt{t}} \mathrm{d}t$;

(5) $\int \dfrac{x\mathrm{d}x}{\sqrt{2-7x^2}}$;

(6) $\int \dfrac{1}{x^2} \mathrm{e}^{\frac{3}{x}} \mathrm{d}x$;

(7) $\int \dfrac{\mathrm{d}x}{x\ln x}$;

(8) $\int \dfrac{\mathrm{d}x}{\mathrm{e}^x + \mathrm{e}^{-x}}$;

(9) $\int 2^{2x+3} \mathrm{d}x$;

(10) $\int \dfrac{\sin x}{\cos^5 x} \mathrm{d}x$;

(11) $\int \dfrac{\sec^2 x}{\sqrt{1-\tan^2 x}} \mathrm{d}x$;

(12) $\int \dfrac{10^{\arccos x}}{\sqrt{1-x^2}} \mathrm{d}x$;

(13) $\int \dfrac{\mathrm{d}x}{(\arcsin x)^2 \sqrt{1-x^2}}$;

(14) $\int \dfrac{\mathrm{d}x}{x^2 - 8x + 25}$;

(15) $\int \dfrac{x}{4+x^4} \mathrm{d}x$;

(16) $\int \dfrac{\mathrm{d}x}{2x^2 - 1}$;

(17) $\int \dfrac{x^2 \mathrm{d}x}{(x-1)^{100}}$;

(18) $\int \dfrac{1-x}{\sqrt{9-4x^2}} \mathrm{d}x$;

(19) $\int \cos^2 x \sin^3 x \mathrm{d}x$;

(20) $\int \sin^2(\omega t + \varphi) \mathrm{d}t$;

(21) $\int \sin 2x \cos 3x \mathrm{d}x$;

(22) $\int \cot^3 x \csc x \mathrm{d}x$;

(23) $\int \tan\sqrt{1+x^2} \cdot \dfrac{x \mathrm{d}x}{\sqrt{1+x^2}}$;

(24) $\int \dfrac{\ln\tan x}{\sin x \cos x} \mathrm{d}x$;

(25) $\int \dfrac{1+\ln x}{(x\ln x)^2} \mathrm{d}x$;

(26) $\int \dfrac{x\ln(1+x^2)}{1+x^2} \mathrm{d}x$;

(27) $\int \dfrac{\mathrm{d}x}{1-\mathrm{e}^x}$.

3. 求下列不定积分:

(1) $\int \dfrac{x}{\sqrt{9-x^2}} \mathrm{d}x$;

(2) $\int \dfrac{\mathrm{d}x}{\sqrt{(x^2+a^2)^3}}$;

(3) $\int \dfrac{\sqrt{x^2-4}}{x} \mathrm{d}x$;

(4) $\int \sqrt{5-4x-x^2} \mathrm{d}x$;

(5) $\int \dfrac{1}{x\sqrt{1+x^4}} \mathrm{d}x$;

(6) $\int \dfrac{\mathrm{d}x}{1+\sqrt{1+x}}$;

(7) $\int \dfrac{1}{\sqrt{1+\mathrm{e}^x}} \mathrm{d}x$;

(8) $\int \dfrac{\mathrm{d}x}{x(x^6+4)}$;

(9) $\int \dfrac{\mathrm{d}x}{x^8(1-x^2)}$.

4. 求下列不定积分:

(1) $\int [f(x)]^\alpha f'(x) \mathrm{d}x \ (\alpha \neq -1)$;

(2) $\int \dfrac{f'(x)}{1+[f(x)]^2} \mathrm{d}x$;

(3) $\int \dfrac{f'(x)}{f(x)} \mathrm{d}x$;

(4) $\int \mathrm{e}^{f(x)} f'(x) \mathrm{d}x$;

(5) $\int x f(x^2) f'(x^2) \mathrm{d}x$;

(6) $\int \dfrac{f'(\ln x)}{x\sqrt{f(\ln x)}} \mathrm{d}x$.

5. 设 $\int f(x) \mathrm{d}x = x^2 + C$, 求不定积分 $\int x f(1-x^2) \mathrm{d}x$.

6. 设 $f'(\cos x + 2) = \sin^2 x + \tan^2 x$, 求函数 $f(x)$.

7. $I_n = \int \tan^n x \mathrm{d}x$, 求证: $I_n = \dfrac{1}{n-1} \tan^{n-1} x - I_{n-2}$, 并求 $\int \tan^5 x \mathrm{d}x$.

4.3 分部积分法

前面所介绍的换元积分法虽然可以解决许多积分的计算问题, 但仍有些积分, 如 $\int x\mathrm{e}^x \mathrm{d}x$, $\int x\cos x \mathrm{d}x$ 等, 利用换元法无法解决. 本节我们介绍另一种基本的积分方法——**分部积分法**.

定理 1(分部积分法) 若函数 $u = u(x)$ 和 $v = v(x)$ 具有连续导数, 则有公式

$$\int u(x) v'(x) \mathrm{d}x = u(x) v(x) - \int u'(x) v(x) \mathrm{d}x. \tag{4.3.1}$$

证明 因为函数 $u=u(x)$ 和 $v=v(x)$ 具有连续导数,则根据两个函数乘积的求导法则,有
$$[u(x)v(x)]' = u'(x)v(x) + u(x)v'(x),$$
移项,得
$$u(x)v'(x) = [u(x)v(x)]' - u'(x)v(x).$$
对等式两边同时求不定积分,得
$$\int u(x)v'(x)\mathrm{d}x = u(x)v(x) - \int u'(x)v(x)\mathrm{d}x.$$

注 式(4.3.1)称为**分部积分公式**,常简写为
$$\int u\mathrm{d}v = uv - \int v\mathrm{d}u. \tag{4.3.2}$$

由证明过程可以看出,分部积分法实质上就是求两函数乘积的导数(或微分)的逆运算.

利用分部积分公式求不定积分的关键在于如何将所给积分 $\int f(x)\mathrm{d}x$ 化为 $\int u\mathrm{d}v$ 形式,即恰当地选取 u 与 $\mathrm{d}v$. 如果选择恰当,可以简化积分的计算;反之,选择不当,将会使积分的计算变得更加复杂.

例如,求不定积分 $\int x\mathrm{e}^x\mathrm{d}x$. 若令 $u=x$, $\mathrm{d}v = \mathrm{e}^x\mathrm{d}x = \mathrm{d}(\mathrm{e}^x)$,则
$$\int x\mathrm{e}^x\mathrm{d}x = \int x\mathrm{d}(\mathrm{e}^x) = x\mathrm{e}^x - \int \mathrm{e}^x\mathrm{d}x = x\mathrm{e}^x - \mathrm{e}^x + C = (x-1)\mathrm{e}^x + C.$$
而若令 $u=\mathrm{e}^x$, $\mathrm{d}v = x\mathrm{d}x = \mathrm{d}\left(\dfrac{x^2}{2}\right)$,则
$$\int x\mathrm{e}^x\mathrm{d}x = \int \mathrm{e}^x\mathrm{d}\left(\dfrac{x^2}{2}\right) = \dfrac{x^2}{2}\mathrm{e}^x - \int \dfrac{x^2}{2}\mathrm{d}(\mathrm{e}^x) = \dfrac{x^2}{2}\mathrm{e}^x - \int \dfrac{x^2}{2}\mathrm{e}^x\mathrm{d}x.$$
容易看出, $\int \dfrac{x^2}{2}\mathrm{e}^x\mathrm{d}x$ 比 $\int x\mathrm{e}^x\mathrm{d}x$ 更不容易积出.

注 选取 u 与 $\mathrm{d}v$ 一般要考虑下面两点:(1) $\mathrm{d}v$ 要容易凑出;(2) $\int v\mathrm{d}u$ 要比 $\int u\mathrm{d}v$ 容易积出.

下面将通过例题介绍分部积分法的应用.

例1 求不定积分 $\int x\cos x\mathrm{d}x$.

解 令 $u=x$, $\mathrm{d}v = \cos x\mathrm{d}x = \mathrm{d}(\sin x)$,则
$$\int x\cos x\mathrm{d}x = \int x\mathrm{d}(\sin x) = x\sin x - \int \sin x\mathrm{d}x = x\sin x + \cos x + C.$$

有些函数的积分需要连续多次应用分部积分法.

例2 求不定积分 $\int x^2\mathrm{e}^{2x}\mathrm{d}x$.

解 令 $u=x^2$, $\mathrm{d}v = \mathrm{e}^{2x}\mathrm{d}x = \mathrm{d}\left(\dfrac{1}{2}\mathrm{e}^{2x}\right)$,则
$$\int x^2\mathrm{e}^{2x}\mathrm{d}x = \int x^2\mathrm{d}\left(\dfrac{1}{2}\mathrm{e}^{2x}\right) = \dfrac{1}{2}x^2\mathrm{e}^{2x} - \dfrac{1}{2}\int \mathrm{e}^{2x}\mathrm{d}(x^2) = \dfrac{1}{2}x^2\mathrm{e}^{2x} - \int x\mathrm{e}^{2x}\mathrm{d}x$$
$$= \dfrac{1}{2}x^2\mathrm{e}^{2x} - \int x\mathrm{d}\left(\dfrac{1}{2}\mathrm{e}^{2x}\right) \quad (\text{再次应用分部积分法})$$
$$= \dfrac{1}{2}x^2\mathrm{e}^{2x} - \left(\dfrac{1}{2}x\mathrm{e}^{2x} - \dfrac{1}{2}\int \mathrm{e}^{2x}\mathrm{d}x\right) = \dfrac{1}{2}x^2\mathrm{e}^{2x} - \dfrac{1}{4}(2x-1)\mathrm{e}^{2x} + C.$$

注 若被积函数是幂函数（指数为正整数）与指数函数或正（余）弦函数的乘积，如 $x^n\sin mx$，$x^n\cos mx$，$x^n e^{mx}$．可设幂函数为 u，而将其余部分凑微分为 dv，使得应用一次分部积分公式后，幂函数的幂次降低一次．

例 3 求不定积分 $\int x^2 \ln x dx$．

解 令 $u = \ln x$，$dv = x^2 dx = d\left(\dfrac{x^3}{3}\right)$，则

$$\int x^2 \ln x dx = \int \ln x d\left(\dfrac{x^3}{3}\right) = \dfrac{x^3}{3}\ln x - \int \dfrac{x^3}{3}d(\ln x)$$
$$= \dfrac{x^3}{3}\ln x - \dfrac{1}{3}\int x^2 dx = \dfrac{1}{3}x^3 \ln x - \dfrac{1}{9}x^3 + C.$$

例 4 求不定积分 $\int x \arctan x dx$．

解 令 $u = \arctan x$，$dv = x dx = d\left(\dfrac{x^2}{2}\right)$，则

$$\int x \arctan x dx = \int \arctan x d\left(\dfrac{x^2}{2}\right) = \dfrac{x^2}{2}\arctan x - \int \dfrac{x^2}{2}d(\arctan x)$$
$$= \dfrac{x^2}{2}\arctan x - \int \dfrac{x^2}{2}\cdot\dfrac{1}{1+x^2}dx = \dfrac{x^2}{2}\arctan x - \dfrac{1}{2}\int\left(1 - \dfrac{1}{1+x^2}\right)dx$$
$$= \dfrac{x^2}{2}\arctan x - \dfrac{1}{2}(x - \arctan x) + C.$$

注 若被积函数是幂函数与对数函数或反三角函数的乘积，如 $x^n \ln mx$，$x^n \arcsin mx$，$x^n \arccos mx$，$x^n \arctan mx$，$x^n \text{arccot} mx$ 等，可设对数函数或反三角函数为 u，而将幂函数凑微分为 dv，使得应用分部积分公式后，对数函数或反三角函数消失．

例 5 求不定积分 $\int e^x \sin x dx$．

解
$$\int e^x \sin x dx = \int \sin x d(e^x) \quad (\text{取三角函数为 } u)$$
$$= e^x \sin x - \int e^x d(\sin x) = e^x \sin x - \int e^x \cos x dx$$
$$= e^x \sin x - \int \cos x d(e^x) \quad (\text{再取三角函数为 } u)$$
$$= e^x \sin x - \left[e^x \cos x - \int e^x d(\cos x)\right]$$
$$= e^x(\sin x - \cos x) - \int e^x \sin x dx,$$

解得
$$\int e^x \sin x dx = \dfrac{1}{2}e^x(\sin x - \cos x) + C.$$

注 若被积函数是指数函数与正（余）函数的乘积，如 $e^{mx}\sin mx$，$e^{mx}\cos mx$，u 与 dv 可随意选取．但在两次分部积分中，必须选用同类型的 u，以便经过两次分部积分后产生循环式，从而解出所求积分．

灵活应用分部积分公式，可以解决许多不定积分的计算问题．下面再举一些例子，请读者悉心体会其解题方法．

例6 求不定积分 $\int (x^2+2x)\sin x \mathrm{d}x$.

解 $\int (x^2+2x)\sin x \mathrm{d}x = -\int (x^2+2x)\mathrm{d}(\cos x) = -(x^2+2x)\cos x + \int \cos x \mathrm{d}(x^2+2x)$

$$= -(x^2+2x)\cos x + 2\int (x+1)\cos x \mathrm{d}x$$

$$= -(x^2+2x)\cos x + 2\int (x+1)\mathrm{d}(\sin x)$$

$$= -(x^2+2x)\cos x + 2(x+1)\sin x - 2\int \sin x \mathrm{d}x$$

$$= -(x^2+2x)\cos x + 2(x+1)\sin x + 2\cos x + C.$$

例7 求不定积分 $\int \sin(\ln x)\mathrm{d}x$.

解 $\int \sin(\ln x)\mathrm{d}x = x\sin(\ln x) - \int x\mathrm{d}[\sin(\ln x)] = x\sin(\ln x) - \int x\cos(\ln x)\frac{1}{x}\mathrm{d}x$

$$= x\sin(\ln x) - \left\{ x\cos(\ln x) - \int x\mathrm{d}[\cos(\ln x)] \right\}$$

$$= x\sin(\ln x) - x\cos(\ln x) - \int \sin(\ln x)\mathrm{d}x,$$

解得
$$\int \sin(\ln x)\mathrm{d}x = \frac{1}{2}x[\sin(\ln x) - \cos(\ln x)] + C.$$

例8 求不定积分 $\int \sec^3 x \mathrm{d}x$.

解 $\int \sec^3 x \mathrm{d}x = \int \sec x \cdot \sec^2 x \mathrm{d}x = \int \sec x \mathrm{d}(\tan x) = \sec x \tan x - \int \sec x \tan^2 x \mathrm{d}x$

$$= \sec x \tan x - \int \sec x (\sec^2 x - 1) \mathrm{d}x$$

$$= \sec x \tan x - \int \sec^3 x \mathrm{d}x + \int \sec x \mathrm{d}x$$

$$= \sec x \tan x + \ln|\sec x + \tan x| - \int \sec^3 x \mathrm{d}x,$$

解得
$$\int \sec^3 x \mathrm{d}x = \frac{1}{2}(\sec x \tan x + \ln|\sec x + \tan x|) + C.$$

例9 求不定积分 $I_n = \int \frac{\mathrm{d}x}{(x^2+a^2)^n}$,其中 n 为正整数.

解 当 $n=1$ 时,有 $I_1 = \int \frac{\mathrm{d}x}{x^2+a^2} = \frac{1}{a}\arctan\frac{x}{a} + C.$

当 $n>1$ 时,利用分部积分法,得

$$\int \frac{\mathrm{d}x}{(x^2+a^2)^{n-1}} = \frac{x}{(x^2+a^2)^{n-1}} + 2(n-1)\int \frac{x^2}{(x^2+a^2)^n}\mathrm{d}x$$

$$= \frac{x}{(x^2+a^2)^{n-1}} + 2(n-1)\int \left[\frac{1}{(x^2+a^2)^{n-1}} - \frac{a^2}{(x^2+a^2)^n}\right]\mathrm{d}x,$$

即
$$I_{n-1} = \frac{x}{(x^2+a^2)^{n-1}} + 2(n-1)(I_{n-1} - a^2 I_n).$$

于是
$$I_n = \frac{1}{2a^2(n-1)}\left[\frac{x}{(x^2+a^2)^{n-1}} + (2n-3)I_{n-1}\right].$$

以此作递推公式，则由 I_1 开始可计算出 $I_n(n>1)$.

在积分的过程中，往往需要兼用换元积分法和分部积分法，使积分计算更为简便.

例 10 求不定积分 $\int e^{\sqrt[3]{x}} dx$.

解 令 $t = \sqrt[3]{x}$，则 $x = t^3$，$dx = 3t^2 dt$，于是
$$\int e^{\sqrt[3]{x}} dx = 3\int t^2 e^t dt = 3\int t^2 d(e^t) = 3t^2 e^t - 6\int t e^t dt$$
$$= 3t^2 e^t - 6(te^t - e^t) + C = 3e^{\sqrt[3]{x}}(\sqrt[3]{x^2} - 2\sqrt[3]{x} + 2) + C.$$

例 11 已知 $f(x)$ 的一个原函数是 $x\ln x$，求 $\int x f'(x) dx$.

解 利用分部积分公式，得
$$\int x f'(x) dx = \int x d[f(x)] = x f(x) - \int f(x) dx,$$
根据题意，有 $f(x) = (x\ln x)' = \ln x + 1$，同时
$$\int f(x) dx = x\ln x + C,$$
所以
$$\int x f'(x) dx = x f(x) - \int f(x) dx = x(\ln x + 1) - x\ln x + C = x + C.$$

习 题 4-3

1. 求下列不定积分：

(1) $\int x\cos\frac{x}{2} dx$;　　(2) $\int x^2 e^{-x} dx$;　　(3) $\int \arcsin x dx$;

(4) $\int \ln(x^2+1) dx$;　　(5) $\int x^2 \arctan x dx$;　　(6) $\int x\ln(x-1) dx$;

(7) $\int \frac{\ln^2 x}{x^2} dx$;　　(8) $\int x^n \ln x dx (n \neq -1)$;　　(9) $\int (\arccos x)^2 dx$;

(10) $\int e^{-2x} \sin\frac{x}{2} dx$;　　(11) $\int \cos(\ln x) dx$;　　(12) $\int x\tan^2 x dx$;

(13) $\int \frac{\ln(\sin x)}{\cos^2 x} dx$;　　(14) $\int (x^2-1)\sin x\cos x dx$;　　(15) $\int x^2 \cos^2\frac{x}{2} dx$;

(16) $\int \frac{\ln(\ln x)}{x} dx$;　　(17) $\int e^x \sin^2 x dx$;　　(18) $\int \frac{\ln(1+x)}{\sqrt{x}} dx$;

(19) $\int \frac{\ln(1+e^x)}{e^x} dx$;　　(20) $\int x\ln\frac{1+x}{1-x} dx$;　　(21) $\int \ln(1+\sqrt{x}) dx$.

2. 已知 $\frac{\sin x}{x}$ 是 $f(x)$ 的原函数，求 $\int x f'(x) dx$.

3. 已知 $f(x) = \frac{e^x}{x}$，求 $\int x f''(x) dx$.

4. 求下列不定积分，其中 n 为自然数：

(1) $\int x^n e^x dx$;　　(2) $\int (\ln x)^n dx$.

4.4 有理函数与可化为有理函数的积分

至此我们已经学到了一些最基本的积分方法. 在此基础上,本节将进一步介绍几种比较简单的特殊类型函数的不定积分,包括有理函数的积分以及可化为有理函数的积分,如三角函数有理式、简单无理函数的积分等.

4.4.1 有理函数的积分

有理函数是指由两个多项式的商所表示的函数,其一般形式为
$$\frac{P(x)}{Q(x)} = \frac{a_0 x^n + a_1 x^{n-1} + \cdots + a_{n-1} x + a_n}{b_0 x^m + b_1 x^{m-1} + \cdots + b_{m-1} x + b_m},$$
其中,m,n 都为非负整数;$a_0, a_1, \cdots, a_n$ 及 $b_0, b_1, \cdots, b_m$ 都为实数,且 $a_0 \neq 0, b_0 \neq 0$. 当 $n < m$ 时,称为**真分式**;而当 $n \geq m$ 时,称为**假分式**.

利用多项式的除法可知,一个假分式总可以化成一个多项式与一个真分式之和的形式. 例如
$$\frac{x^3 + x + 1}{x^2 + 1} = x + \frac{1}{x^2 + 1},$$
多项式的积分容易求解,以下我们只讨论有理真分式的积分.

1. 最简分式的积分

下列四类分式称为最简分式,其中 n 为大于等于 2 的正整数,A, M, N, a, p, q 均为常数,且 $p^2 - 4q < 0$.

(1) $\dfrac{A}{x-a}$;   (2) $\dfrac{A}{(x-a)^n}$;   (3) $\dfrac{Mx+N}{x^2+px+q}$;   (4) $\dfrac{Mx+N}{(x^2+px+q)^n}$.

下面我们先来讨论这四类最简分式的不定积分.

前两类最简分式的不定积分可以由基本积分公式直接得到,即

(1) $\displaystyle\int \frac{A}{x-a} dx = A\ln|x-a| + C$;   (2) $\displaystyle\int \frac{A}{(x-a)^n} dx = \frac{A}{(1-n)(x-a)^{n-1}} + C$.

(3) 对第三类最简分式,将其分母配方得
$$x^2 + px + q = \left(x + \frac{p}{2}\right)^2 + q - \frac{p^2}{4},$$
令 $x + \dfrac{p}{2} = t$,并记 $x^2 + px + q = t^2 + a^2$,$Mx + N = Mt + b$,其中
$$a = q - \frac{p^2}{4}, \quad b = N - \frac{Mp}{2},$$
于是
$$\int \frac{Mx+N}{x^2+px+q} dx = \int \frac{Mt}{t^2+a^2} dt + \int \frac{b}{t^2+a^2} dt$$
$$= \frac{M}{2} \ln|x^2+px+q| + \frac{b}{a} \arctan \frac{x+\dfrac{p}{2}}{a} + C.$$

(4) 对第四类最简分式,则有
$$\int \frac{Mx+N}{(x^2+px+q)^n}\mathrm{d}x = \int \frac{Mt}{(t^2+a^2)^n}\mathrm{d}t + \int \frac{b}{(t^2+a^2)^n}\mathrm{d}t$$
$$= -\frac{M}{2(n-1)(t^2+a^2)^{n-1}} + b\int \frac{\mathrm{d}t}{(t^2+a^2)^n}.$$

上式中最后一个不定积分的求法在上节例 9 中已经给出.

综上所述,最简分式的不定积分都能被求出,且原函数都是初等函数.根据代数学的有关定理可知,任何有理真分式都可以分解为上述四类最简分式之和,因此,**有理函数的原函数都是初等函数**.

2. 化有理真分式为最简分式之和

求有理函数的不定积分的难点在于如何将所给有理真分式化为最简分式之和.下面我们来讨论这个问题.

设给定有理真分式 $\frac{P(x)}{Q(x)}$,要将它表示为最简分式之和,首先要把分母 $Q(x)$ 在实数范围内分解为一次因式与二次因式的乘积,再根据因式写出分解式,最后利用待定系数法确定分解式中的所有系数.

设多项式 $Q(x)$ 在实数范围内能分解为如下形式:
$$Q(x) = b_0(x-a)^\alpha \cdots (x-b)^\beta (x^2+px+q)^\lambda \cdots (x^2+rx+s)^\mu,$$
其中,$p^2-4q<0,\cdots,r^2-4s<0$,则有理真分式 $\frac{P(x)}{Q(x)}$ 可以分解成如下的形式:

$$\frac{P(x)}{Q(x)} = \frac{A_1}{(x-a)^\alpha} + \frac{A_2}{(x-a)^{\alpha-1}} + \cdots + \frac{A_\alpha}{x-a} + \cdots + \frac{B_1}{(x-b)^\beta} + \frac{B_2}{(x-b)^{\beta-1}} + \cdots$$
$$+ \frac{B_\beta}{x-b} + \frac{M_1 x+N_1}{(x^2+px+q)^\lambda} + \frac{M_2 x+N_2}{(x^2+px+q)^{\lambda-1}} + \cdots + \frac{M_\lambda x+N_\lambda}{x^2+px+q} + \cdots$$
$$+ \frac{R_1 x+S_1}{(x^2+rx+s)^\mu} + \frac{R_2 x+S_2}{(x^2+rx+s)^{\mu-1}} + \cdots + \frac{R_\lambda x+S_\lambda}{x^2+rx+s}.$$

其中,$A_i,\cdots,B_i,M_i,N_i,\cdots,R_i$ 及 S_i 等都为常数.

在上述分解式中,应注意到以下两点:

(1) 若分母 $Q(x)$ 中含有因式 $(x-a)^k$,则分解后含有下列 k 个最简分式之和:
$$\frac{A_1}{(x-a)^k} + \frac{A_2}{(x-a)^{k-1}} + \cdots + \frac{A_k}{x-a},$$
其中,$A_1,A_2,\cdots,A_k$ 都是常数.特别地,若 $k=1$,分解后有 $\frac{A_1}{x-a}$.

(2) 若分母 $Q(x)$ 中含有因式 $(x^2+px+q)^k$,其中 $p^2-4q<0$,则分解后含有下列 k 个最简分式之和:
$$\frac{M_1 x+N_1}{(x^2+px+q)^k} + \frac{M_2 x+N_2}{(x^2+px+q)^{k-1}} + \cdots + \frac{M_k x+N_k}{x^2+px+q},$$
其中,$M_i,N_i(i=1,2,\cdots,k)$ 都为常数.特别地,若 $k=1$,分解后有 $\frac{M_1 x+N_1}{x^2+px+q}$.

分解式中待定系数确定的一般方法为将分解式中的所有分式通分相加,所得分式的分母即为原分母 $Q(x)$,而其分子也应与原分子 $P(x)$ 恒等.于是,按同幂项系数必定相等,得到一个关于待定系数的方程组,这个方程组的解就是所要确定的系数.

例1 求不定积分 $\int \dfrac{x-2}{x^2-7x+12}\mathrm{d}x$.

解 因为 $x^2-7x+12=(x-3)(x-4)$,所以设

$$\dfrac{x-2}{x^2-7x+12}=\dfrac{A}{x-3}+\dfrac{B}{x-4},$$

其中,A,B 为待定系数.两端消去分母,得

$$x-2=A(x-4)+B(x-3)=(A+B)x-(4A+3B),$$

两端比较,得 $A+B=1, \quad 4A+3B=2,$

解得 $A=-1,B=2,$ 即

$$\dfrac{x-2}{x^2-7x+12}=\dfrac{-1}{x-3}+\dfrac{2}{x-4}.$$

所以 $\int \dfrac{x-2}{x^2-7x+12}\mathrm{d}x=\int \dfrac{-1}{x-3}\mathrm{d}x+\int \dfrac{2}{x-4}\mathrm{d}x=-\ln|x-3|+2\ln|x-4|+C.$

注 在恒等式 $x-2=A(x-4)+B(x-3)$ 中,代入特殊的 x 值,也可以求出待定系数的值.例如,在恒等式中,令 $x=3$,得 $A=-1$;令 $x=4$,得 $B=2$.

例2 求不定积分 $\int \dfrac{1}{x(x-1)^2}\mathrm{d}x$.

解 被积函数可分解为

$$\dfrac{1}{x(x-1)^2}=\dfrac{A}{x}+\dfrac{B}{(x-1)^2}+\dfrac{C}{x-1},$$

其中,A,B,C 为待定系数.两端消去分母,得

$$1=A(x-1)^2+Bx+Cx(x-1).$$

令 $x=0$,得 $A=1$;令 $x=1$,得 $B=1$;令 $x=2$,得 $C=-1$. 即

$$\dfrac{1}{x(x-1)^2}=\dfrac{1}{x}+\dfrac{1}{(x-1)^2}-\dfrac{1}{x-1},$$

所以
$$\int \dfrac{1}{x(x-1)^2}\mathrm{d}x=\int \dfrac{1}{x}\mathrm{d}x+\int \dfrac{1}{(x-1)^2}\mathrm{d}x-\int \dfrac{1}{x-1}\mathrm{d}x$$
$$=\ln|x|-\dfrac{1}{x-1}-\ln|x-1|+C.$$

例3 求不定积分 $\int \dfrac{1}{(x^2+1)(x^2+x)}\mathrm{d}x$.

解 因为 $(x^2+1)(x^2+x)=x(x+1)(x^2+1)$,所以被积函数可分解为

$$\dfrac{1}{(x^2+1)(x^2+x)}=\dfrac{A}{x}+\dfrac{B}{x+1}+\dfrac{Cx+D}{x^2+1},$$

其中,A,B,C,D 为待定系数.两端消去分母,得

$$1=A(x+1)(x^2+1)+Bx(x^2+1)+(Cx+D)x(x+1),$$

整理得

$$1=(A+B+C)x^3+(A+C+D)x^2+(A+B+D)x+A,$$

解得 $A=1,B=C=D=-\dfrac{1}{2},$ 即

$$\frac{1}{(x^2+1)(x^2+x)} = \frac{1}{x} - \frac{1}{2}\frac{1}{x+1} - \frac{1}{2}\frac{x+1}{x^2+1},$$

所以
$$\int \frac{1}{(x^2+1)(x^2+x)}\mathrm{d}x = \int \frac{1}{x}\mathrm{d}x - \frac{1}{2}\int\frac{1}{x+1}\mathrm{d}x - \frac{1}{2}\int\frac{x+1}{x^2+1}\mathrm{d}x$$
$$= \int\frac{1}{x}\mathrm{d}x - \frac{1}{2}\int\frac{1}{x+1}\mathrm{d}x - \frac{1}{2}\int\frac{x}{x^2+1}\mathrm{d}x - \frac{1}{2}\int\frac{1}{x^2+1}\mathrm{d}x$$
$$= \ln|x| - \frac{1}{2}\ln|x+1| - \frac{1}{4}\ln(x^2+1) - \frac{1}{2}\arctan x + C.$$

前面介绍的求有理函数的不定积分的方法虽然具有普遍性,但在具体积分时,不应拘泥于上述方法,而应根据被积函数的特点,灵活选用各种能简化积分计算的方法.

例 4 求不定积分 $\int\frac{2x^3+2x^2+5x+5}{x^4+5x^2+4}\mathrm{d}x$.

解
$$\int\frac{2x^3+2x^2+5x+5}{x^4+5x^2+4}\mathrm{d}x = \int\frac{2x^3+5x}{x^4+5x^2+4}\mathrm{d}x + \int\frac{2x^2+5}{x^4+5x^2+4}\mathrm{d}x$$
$$= \frac{1}{2}\int\frac{\mathrm{d}(x^4+5x^2+4)}{x^4+5x^2+4} + \int\frac{x^2+1+x^2+4}{(x^2+1)(x^2+4)}\mathrm{d}x$$
$$= \frac{1}{2}\ln|x^4+5x^2+4| + \int\frac{\mathrm{d}x}{x^2+4} + \int\frac{\mathrm{d}x}{x^2+1}$$
$$= \frac{1}{2}\ln|x^4+5x^2+4| + \frac{1}{2}\arctan\frac{x}{2} + \arctan x + C.$$

4.4.2 可化为有理函数的积分

1. 三角函数有理式的积分

所谓三角函数有理式是指由三角函数和常数经过有限次四则运算所构成的函数.由于各种三角函数都可用 $\sin x$ 及 $\cos x$ 的有理式表示,故三角函数有理式也就是 $\sin x, \cos x$ 的有理式,记作 $R(\sin x, \cos x)$.

求三角函数有理式的积分 $\int R(\sin x, \cos x)\mathrm{d}x$,其基本思路是通过适当的变换,将其化为有理函数的积分.

由三角函数理论知道,$\sin x$ 及 $\cos x$ 都可以用 $\tan\frac{x}{2}$ 的有理式来表示,即

$$\sin x = 2\sin\frac{x}{2}\cos\frac{x}{2} = \frac{2\tan\frac{x}{2}}{\sec^2\frac{x}{2}} = \frac{2\tan\frac{x}{2}}{1+\tan^2\frac{x}{2}},$$

$$\cos x = \cos^2\frac{x}{2} - \sin^2\frac{x}{2} = \frac{1-\tan^2\frac{x}{2}}{\sec^2\frac{x}{2}} = \frac{1-\tan^2\frac{x}{2}}{1+\tan^2\frac{x}{2}},$$

因此,若令 $u=\tan\frac{x}{2}$,则 $x=2\arctan u$,从而有

$$\sin x = \frac{2u}{1+u^2}, \quad \cos x = \frac{1-u^2}{1+u^2}, \quad \mathrm{d}x = \frac{2\mathrm{d}u}{1+u^2}.$$

由此可见,通过变换 $u=\tan\dfrac{x}{2}$,三角函数有理式的积分总是可以转化为有理函数的积分,即

$$\int R(\sin x,\cos x)\mathrm{d}x = \int R\left(\dfrac{2u}{1+u^2},\dfrac{1-u^2}{1+u^2}\right)\dfrac{2}{1+u^2}\mathrm{d}u,$$

这个变换公式又称为**万能置换公式**.

有些情况下(如三角函数有理式中 $\sin x$ 和 $\cos x$ 的幂次均为偶数),也常用变换 $u=\tan x$,此时易推出

$$\sin x = \dfrac{u}{\sqrt{1+u^2}}, \quad \cos x = \dfrac{1}{\sqrt{1+u^2}}, \quad \mathrm{d}x = \dfrac{\mathrm{d}u}{1+u^2},$$

从而有

$$\int R(\sin x,\cos x)\mathrm{d}x = \int R\left(\dfrac{u}{\sqrt{1+u^2}},\dfrac{1}{\sqrt{1+u^2}}\right)\dfrac{1}{1+u^2}\mathrm{d}u,$$

这个变换公式常称为**修改的万能置换公式**.

例 5 求不定积分 $\displaystyle\int\dfrac{1+\sin x}{\sin x(1+\cos x)}\mathrm{d}x$.

解 由万能置换公式,令 $u=\tan\dfrac{x}{2}$,则

$$\int\dfrac{1+\sin x}{\sin x(1+\cos x)}\mathrm{d}x = \int\dfrac{1+\dfrac{2u}{1+u^2}}{\dfrac{2u}{1+u^2}\left(1+\dfrac{1-u^2}{1+u^2}\right)}\cdot\dfrac{2}{1+u^2}\mathrm{d}u$$

$$= \dfrac{1}{2}\int\left(u+2+\dfrac{1}{u}\right)\mathrm{d}u = \dfrac{1}{2}\left(\dfrac{u^2}{2}+2u+\ln|u|\right)+C$$

$$= \dfrac{1}{4}\tan^2\dfrac{x}{2}+\tan\dfrac{x}{2}+\dfrac{1}{2}\ln\left|\tan\dfrac{x}{2}\right|+C.$$

例 6 求不定积分 $\displaystyle\int\dfrac{1}{\sin^4 x}\mathrm{d}x$.

解 方法一. 由万能置换公式,令 $u=\tan\dfrac{x}{2}$,则

$$\int\dfrac{1}{\sin^4 x}\mathrm{d}x = \int\dfrac{1}{\left(\dfrac{2u}{1+u^2}\right)^4}\cdot\dfrac{2}{1+u^2}\mathrm{d}u = \int\dfrac{1+3u^2+3u^4+u^6}{8u^4}\mathrm{d}u$$

$$= \dfrac{1}{8}\left[-\dfrac{1}{3u^3}-\dfrac{3}{u}+3u+\dfrac{u^3}{3}\right]+C$$

$$= -\dfrac{1}{24\left(\tan\dfrac{x}{2}\right)^3}-\dfrac{3}{8\tan\dfrac{x}{2}}+\dfrac{3}{8}\tan\dfrac{x}{2}+24\left(\tan\dfrac{x}{2}\right)^3+C.$$

方法二. 由修改的万能置换公式,令 $u=\tan x$,则

$$\int\dfrac{1}{\sin^4 x}\mathrm{d}x = \int\dfrac{1}{\left(\dfrac{u}{\sqrt{1+u^2}}\right)^4}\cdot\dfrac{1}{1+u^2}\mathrm{d}u = \int\dfrac{1+u^2}{u^4}\mathrm{d}u$$

$$=-\frac{1}{3u^3}-\frac{1}{u}+C=-\frac{1}{3}\cot^3 x-\cot x+C.$$

方法三． 不用万能置换公式．

$$\int\frac{1}{\sin^4 x}\mathrm{d}x=\int\csc^4 x\mathrm{d}x=\int\csc^2 x(1+\cot^2 x)\mathrm{d}x$$

$$=\int\csc^2 x\mathrm{d}x+\int\csc^2 x\cot^2 x\mathrm{d}x=-\cot x-\frac{1}{3}\cot^3 x+C.$$

注 由上例可知，利用万能置换化出的有理函数的积分往往比较繁琐，万能置换不一定是最简便的方法，故三角函数有理式积分的计算中应先考虑其他方法，不得已时再使用万能置换．

2. 简单无理函数的积分

这里只讨论 $R(x,\sqrt[n]{ax+b})$ 及 $R\left(x,\sqrt[n]{\dfrac{ax+b}{cx+d}}\right)$ 这两类函数的积分，其中 $R(u,v)$ 表示 u,v 两个变量的有理式．其基本思路是：通过变量代换 $t=\sqrt[n]{ax+b}$ 或 $t=\sqrt[n]{\dfrac{ax+b}{cx+d}}$，将被积函数中的根号去掉，转化为有理函数的积分．下面我们通过例子来说明．

例7 求不定积分 $\displaystyle\int\frac{x}{\sqrt[3]{3x+1}}\mathrm{d}x$.

解 令 $t=\sqrt[3]{3x+1}$，则 $x=\dfrac{t^3-1}{3}$，$\mathrm{d}x=t^2\mathrm{d}t$，所以

$$\int\frac{x}{\sqrt[3]{3x+1}}\mathrm{d}x=\int\frac{t^3-1}{3t}t^2\mathrm{d}t=\frac{1}{3}\int(t^4-t)\mathrm{d}t=\frac{1}{3}\left(\frac{t^5}{5}-\frac{t^2}{2}\right)+C$$

$$=\frac{1}{15}(3x+1)^{\frac{5}{3}}-\frac{1}{6}(3x+1)^{\frac{2}{3}}+C.$$

例8 求不定积分 $\displaystyle\int\frac{1}{x}\sqrt{\frac{x+2}{x-2}}\mathrm{d}x$.

解 令 $t=\sqrt{\dfrac{x+2}{x-2}}$，则 $x=\dfrac{2(t^2+1)}{t^2-1}$，$\mathrm{d}x=\dfrac{-8t}{(t^2-1)^2}\mathrm{d}t$，所以

$$\int\frac{1}{x}\sqrt{\frac{x+2}{x-2}}\mathrm{d}x=\int\frac{4t^2}{(1-t^2)(1+t^2)}\mathrm{d}t=2\int\left(\frac{1}{1-t^2}-\frac{1}{1+t^2}\right)\mathrm{d}t$$

$$=\ln\left|\frac{1+t}{1-t}\right|-2\arctan t+C$$

$$=\ln\left|\frac{1+\sqrt{(x+2)/(x-2)}}{1-\sqrt{(x+2)/(x-2)}}\right|-2\arctan\sqrt{\frac{x+2}{x-2}}+C.$$

例9 求不定积分 $\displaystyle\int\frac{1}{(1+\sqrt[3]{x})\sqrt{x}}\mathrm{d}x$.

解 为同时消去被积函数中的两个根号 $\sqrt[3]{x}$ 和 $\sqrt{x}$，可令 $x=t^6$，则 $\mathrm{d}x=6t^5\mathrm{d}t$，所以

$$\int\frac{1}{(1+\sqrt[3]{x})\sqrt{x}}\mathrm{d}x=6\int\frac{t^5}{(1+t^2)t^3}\mathrm{d}t=6\int\frac{t^2}{1+t^2}\mathrm{d}t=6\int\left(1-\frac{1}{1+t^2}\right)\mathrm{d}t$$

$$=6(t-\arctan t)+C=6(\sqrt[6]{x}-\arctan\sqrt[6]{x})+C.$$

本章介绍了不定积分的概念及计算方法. 必须指出的是：初等函数在其定义区间上的不定积分一定存在，但其不定积分却不一定都能用初等函数表示出来. 例如，不定积分 $\int e^{\pm x^2} dx$，$\int \frac{\sin x}{x} dx$，$\int \frac{dx}{\ln x}$，$\int \frac{dx}{\sqrt{1+x^4}}$ 等虽然都存在，但却无法用初等函数表示.

同时我们还应了解，求函数的不定积分与求函数的导数不同. 求一个函数的导数总可以遵循一定的规则和方法去做，而求一个函数的不定积分却没有统一的规则可循，需要具体问题具体分析，灵活应用各种积分方法和技巧.

在实际应用中也可利用积分表来计算不定积分. 求积分时，可根据被积函数的类型直接或经过简单的变形后，在表内查得所需的结果.

例 10 求不定积分 $\int \frac{1}{5+4\sin x} dx$.

解 被积函数中含有三角函数，在积分表中有公式

$$\int \frac{dx}{a+b\sin x} = \frac{2}{\sqrt{a^2-b^2}} \arctan \frac{a\tan \frac{x}{2}+b}{\sqrt{a^2-b^2}} + C \quad (a^2 > b^2).$$

将 $a=5, b=4$ 代入公式，得

$$\int \frac{dx}{5+4\sin x} = \frac{2}{3} \arctan \frac{1}{3}\left(5\tan \frac{x}{2}+4\right) + C.$$

例 11 求不定积分 $\int \frac{1}{x\sqrt{4x^2+9}} dx$.

解 这个积分不能在表中直接查到，需要先进行变量代换.

令 $2x = u$，则 $\sqrt{4x^2+9} = \sqrt{u^2+3^2}$，$x = \frac{u}{2}$，$dx = \frac{1}{2} du$，从而

$$\int \frac{1}{x\sqrt{4x^2+9}} dx = \int \frac{\frac{1}{2} du}{\frac{u}{2}\sqrt{u^2+3^2}} = \int \frac{1}{u\sqrt{u^2+3^2}} du.$$

在积分表中有公式

$$\int \frac{dx}{x\sqrt{x^2+a^2}} = \frac{1}{a} \ln \frac{\sqrt{x^2+a^2}-a}{|x|} + C.$$

所以
$$\int \frac{du}{u\sqrt{u^2+a^2}} = \frac{1}{a} \ln \frac{\sqrt{u^2+a^2}-a}{|u|} + C,$$

将 $u = 2x$ 代入，得

$$\int \frac{1}{x\sqrt{4x^2+9}} dx = \frac{1}{3} \ln \frac{\sqrt{4x^2+9}-3}{|2x|} + C.$$

习 题 4-4

1. 求下列不定积分：

(1) $\int \frac{x^3}{x-1} dx$；

(2) $\int \frac{2x+3}{x^2+3x-10} dx$；

(3) $\int \frac{x^5+x^4-8}{x^3-x} dx$；

(4) $\int \dfrac{3}{1+x^3}\mathrm{d}x$;

(5) $\int \dfrac{3x+2}{x(x+1)^3}\mathrm{d}x$;

(6) $\int \dfrac{x\mathrm{d}x}{(x+2)(x+3)^2}$;

(7) $\int \dfrac{1-x-x^2}{(x^2+1)^2}\mathrm{d}x$;

(8) $\int \dfrac{x\mathrm{d}x}{(x+1)(x+2)(x+3)}$;

(9) $\int \dfrac{1}{x(x^2+1)}\mathrm{d}x$;

(10) $\int \dfrac{1}{x^4+1}\mathrm{d}x$;

(11) $\int \dfrac{x\mathrm{d}x}{(x^2+1)(x^2+x+1)}$;

(12) $\int \dfrac{-x^2-2}{(x^2+x+1)^2}\mathrm{d}x$.

2. 求下列不定积分：

(1) $\int \dfrac{\mathrm{d}x}{3+\sin^2 x}$;

(2) $\int \dfrac{\mathrm{d}x}{5-3\cos x}$;

(3) $\int \dfrac{\mathrm{d}x}{2+\sin x}$;

(4) $\int \dfrac{\mathrm{d}x}{1+\tan x}$;

(5) $\int \dfrac{\sin x}{1+\sin x+\cos x}\mathrm{d}x$;

(6) $\int \dfrac{\mathrm{d}x}{(5+4\sin x)\cos x}$;

(7) $\int \dfrac{\mathrm{d}x}{1+\sqrt[3]{x+1}}$;

(8) $\int \dfrac{(\sqrt{x})^3+1}{\sqrt{x}+1}\mathrm{d}x$;

(9) $\int \dfrac{\sqrt{x+1}-1}{\sqrt{x+1}+1}\mathrm{d}x$;

(10) $\int \dfrac{\mathrm{d}x}{\sqrt{x}+\sqrt[4]{x}}$;

(11) $\int \dfrac{x^3\mathrm{d}x}{\sqrt{1+x^2}}$;

(12) $\int \dfrac{\mathrm{d}x}{\sqrt[3]{(x+1)^2(x-1)^4}}$.

总 习 题 四

1. 设 $\int xf(x)\mathrm{d}x = \arcsin x + C$，则 $\int \dfrac{\mathrm{d}x}{f(x)} = $ _____ .

2. 设 $f(x) = \mathrm{e}^{-x}$，则 $\int \dfrac{f'(\ln x)}{x}\mathrm{d}x = $ _____ .

3. 设 $f(x^2-1) = \ln \dfrac{x^2}{x^2-2}$，且 $f[\varphi(x)] = \ln x$，求 $\int \varphi(x)\mathrm{d}x$.

4. 设 $F(x)$ 为 $f(x)$ 的原函数，当 $x \geqslant 0$ 时，有 $f(x)F(x) = \sin^2 2x$，且 $F(0)=1, F(x) \geqslant 0$，试求 $f(x)$.

5. 求下列不定积分：

(1) $\int x\sqrt{2-5x}\mathrm{d}x$;

(2) $\int \dfrac{\mathrm{d}x}{x\sqrt{x^2-1}}\ (x>1)$;

(3) $\int \dfrac{2^x 3^x}{9^x - 4^x}\mathrm{d}x$;

(4) $\int \dfrac{x^2}{a^6-x^6}\mathrm{d}x\ (a>0)$;

(5) $\int \dfrac{\mathrm{d}x}{\sqrt{x(1+x)}}$;

(6) $\int \dfrac{\mathrm{d}x}{x(2+x^{10})}$;

(7) $\int \dfrac{x\mathrm{d}x}{x^8-1}$;

(8) $\int \dfrac{7\cos x - 3\sin x}{5\cos x + 2\sin x}\mathrm{d}x$;

(9) $\int \dfrac{\mathrm{e}^x(1+\sin x)}{1+\cos x}\mathrm{d}x$.

6. 已知 $f'(\cos x) = \sin x$，则 $f(\cos x) = $ _____ .

7. 求不定积分：$\int \left[\dfrac{f(x)}{f'(x)} - \dfrac{f^2(x)f''(x)}{f'^3(x)} \right]\mathrm{d}x$.

8. 求下列不定积分：

(1) $\int \dfrac{x^2+1}{x\sqrt{1+x^4}}\mathrm{d}x$;

(2) $\int \dfrac{x+1}{x^2\sqrt{x^2-1}}\mathrm{d}x$;

(3) $\int \dfrac{x+2}{x^2\sqrt{1-x^2}}\mathrm{d}x$;

(4) $\int \dfrac{\mathrm{d}x}{(1+x^2)\sqrt{1-x^2}}$;

(5) $\int \dfrac{\mathrm{d}x}{x\sqrt{4-x^2}}$;

(6) $\int \dfrac{\sqrt{x}}{\sqrt{(1-x)^5}}\mathrm{d}x$.

9. 求下列不定积分：

(1) $\int \ln(x+\sqrt{1+x^2})\mathrm{d}x$;

(2) $\int x\tan x \sec^4 x\,\mathrm{d}x$;

(3) $\int \dfrac{x^2}{1+x^2}\arctan x\,\mathrm{d}x$;

(4) $\int \dfrac{\ln(1+x^2)}{x^3}\mathrm{d}x$;

(5) $\int \dfrac{x}{\sqrt{1-x^2}}\arcsin x\,\mathrm{d}x$;

(6) $\int x^2(1+x^3)\mathrm{e}^{x^3}\mathrm{d}x$.

10. 设 $f(x)$ 的原函数为 $\dfrac{\sin x}{x}$，求不定积分 $\int xf'(2x)\mathrm{d}x$.

11. 求不定积分 $I_n = \int (\arcsin x)^n \mathrm{d}x$，其中 n 为正整数.

12. 设 $I_n = \int \dfrac{\mathrm{d}x}{\sin^n x}(2 \leqslant n)$，证明 $I_n = -\dfrac{1}{n-1} \cdot \dfrac{\cos x}{\sin^{n-1} x} + \dfrac{n-2}{n-1} I_{n-2}$.

13. 设 $f(x)$ 是单调连续函数，$f^{-1}(x)$ 是它的反函数，且 $\int f(x)\mathrm{d}x = F(x) + C$，求 $\int f^{-1}(x)\mathrm{d}x$.

14. 求下列不定积分：

(1) $\displaystyle\int \dfrac{x^{11}\mathrm{d}x}{x^8 + 3x^4 + 2}$;

(2) $\displaystyle\int \dfrac{1 - x^8}{x(1 + x^8)}\mathrm{d}x$;

(3) $\displaystyle\int \dfrac{x^3 - 2x + 1}{(x-2)^{100}}\mathrm{d}x$;

(4) $\displaystyle\int \dfrac{x}{(x^2+1)(x^2+4)}\mathrm{d}x$;

(5) $\displaystyle\int \dfrac{\sqrt[3]{x}}{x(\sqrt{x} + \sqrt[3]{x})}\mathrm{d}x$;

(6) $\displaystyle\int \dfrac{\sqrt{x(x+1)}}{\sqrt{x} + \sqrt{x+1}}\mathrm{d}x$;

(7) $\displaystyle\int \dfrac{\mathrm{d}x}{(x-1)\sqrt{x^2-2}}$;

(8) $\displaystyle\int \sqrt{\dfrac{\mathrm{e}^x - 1}{\mathrm{e}^x + 1}}\mathrm{d}x$;

(9) $\displaystyle\int \dfrac{x\mathrm{d}x}{\sqrt{1+x^2} + \sqrt{(1+x^2)^3}}$.

15. 求下列不定积分：

(1) $\displaystyle\int \dfrac{\mathrm{d}x}{\sin 2x + 2\sin x}$;

(2) $\displaystyle\int \dfrac{\tan \dfrac{x}{2}}{1 + \sin x + \cos x}\mathrm{d}x$;

(3) $\displaystyle\int \dfrac{\mathrm{d}x}{\sin^3 x \cos x}$;

(4) $\displaystyle\int \dfrac{\sin x \cos x}{\sin x + \cos x}\mathrm{d}x$;

(5) $\displaystyle\int \dfrac{\mathrm{d}x}{2\sin x - \cos x + 5}$;

(6) $\displaystyle\int \dfrac{\sin x \cos x}{\sin^4 x + \cos^4 x}\mathrm{d}x$;

(7) $\displaystyle\int \sin x \sin 2x \sin 3x\, \mathrm{d}x$;

(8) $\displaystyle\int \dfrac{4\sin x + 3\cos x}{\sin x + 2\cos x}\mathrm{d}x$.

16. 求 $\displaystyle\int \max\{1, |x|\}\mathrm{d}x$.

17. 设 $y(x-y)^2 = x$，求 $\displaystyle\int \dfrac{1}{x - 3y}\mathrm{d}x$.

第 5 章 定积分及其应用

一元函数积分学包括两个基本问题,不定积分是第一个基本问题,本章介绍的定积分是另一个基本问题.定积分在几何学、物理学和经济学等领域有着广泛的应用.定积分起源于求图形的面积和体积等实际问题,古希腊的阿基米德用"穷竭法",我国的刘徽用"割圆术",都曾计算过一些几何体的面积和体积,这些均为定积分的雏形.定积分的概念是作为某种和的极限引入的,表面上看起来定积分与不定积分是两类不同的问题,在历史上,它们的发展也是相互独立的.直到 17 世纪,牛顿和莱布尼茨先后发现了定积分与不定积分之间的内在联系,使定积分的计算成为可能,从而推动了积分学的发展.

本章先从几何问题与物体运动问题引入定积分的定义,然后讨论定积分的性质、计算方法以及定积分在几何学与经济学中的应用,最后将定积分推广到广义积分.

5.1 定积分的概念

5.1.1 引例

1. 曲边梯形的面积

在初等数学中,我们已经解决了以直线为边的多边形和规则图形的面积计算问题.但在实际应用中,往往需要求以曲线为边的图形(曲边形)的面积.

设曲线 $y=f(x)$ 在区间 $[a,b]$ 上是非负、连续的.在直角坐标系中,由曲线 $y=f(x)$、直线 $x=a$,$x=b$ 及 x 轴所围成的图形称为**曲边梯形**(图 5-1-1).

如何求曲边梯形的面积呢?

矩形的面积=底·高,而曲边梯形在底边上各点的高 $f(x)$ 在区间 $[a,b]$ 上是变化的,故它的面积不能直接按矩形的面积公式来计算(图 5-1-2).然而,由于 $f(x)$ 在区间 $[a,b]$ 上是连续变化的,根据连续的性质,当自变量的变化很小时,因变量的变化也很小.因此,若把区间 $[a,b]$ 划分为许多个小区间,在每个小区间上用其中某一点处的高来近似代替同一小区间上的**小曲边梯形**的高,则每个**小曲边梯形**就可以近似地看成**小矩形**,我们就以所有这些**小矩形**的面积之和作为曲边梯形的面积的近似值.当把区间 $[a,b]$ 无限细分,使得每个小区间的长度趋于零时,所有小矩形面积之和的极限就可以定义为**曲边梯形的面积**.这个定义同时也给出了计算曲边梯形面积的方法.

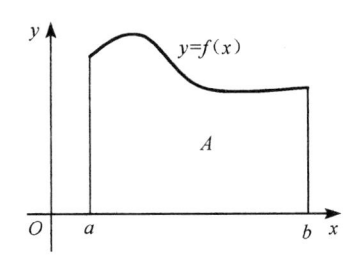

图 5-1-1

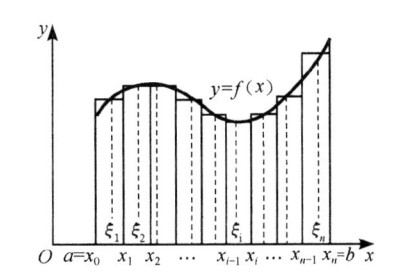

图 5-1-2

(1) **分割**. 在区间$[a,b]$中任意插入$n-1$个分点
$$a=x_0<x_1<x_2<\cdots<x_{n-1}<x_n=b,$$
把区间$[a,b]$分成n个小区间
$$[x_0,x_1],\ [x_1,x_2],\ \cdots,\ [x_{i-1},x_i],\ \cdots,\ [x_{n-1},x_n],$$
每个小区间的长度分别为
$$\Delta x_1=x_1-x_0,\ \Delta x_2=x_2-x_1,\ \cdots,\ \Delta x_i=x_i-x_{i-1},\ \cdots,\ \Delta x_n=x_n-x_{n-1}.$$
过每一个分点,作平行于y轴的直线段,将曲边梯形分成n小曲边梯形(图 5-1-2),其面积分别记为$\Delta S_1,\Delta S_2,\cdots,\Delta S_n$.

(2) **近似代替(以直代曲)**. 由于$f(x)$连续,当分割很细时,在小区间内$f(x)$的值变化不大,故在第i个小区间$[x_{i-1},x_i]$上任取一点ξ_i,将第i个小曲边梯形的面积用以Δx_i为底、$f(\xi_i)$为高的小矩形的面积近似代替,于是
$$\Delta S_i\approx f(\xi_i)\Delta x_i\quad (i=1,2,3,\cdots,n).$$

(3) **求和**. 将n个小矩形的面积之和作为所求曲边梯形的面积S的近似值,即
$$S=\Delta S_1+\Delta S_2+\cdots+\Delta S_n=\sum_{i=1}^{n}\Delta S_i.$$
$$\approx f(\xi_1)\Delta x_1+f(\xi_2)\Delta x_2+\cdots+f(\xi_n)\Delta x_n=\sum_{i=1}^{n}f(\xi_i)\Delta x_i.$$

(4) **取极限**. 为保证所有小区间的长度都趋于零,我们要求小区间长度中的最大值趋于零,若记
$$\lambda=\max\{\Delta x_1,\Delta x_2,\Delta x_3,\cdots,\Delta x_n\},$$
则上述条件可表示为$\lambda\to 0$. 当$\lambda\to 0$时(这时小区间的个数n无限增多,即$n\to\infty$),取上述和式的极限,便得到曲边梯形的面积
$$S=\lim_{\lambda\to 0}\sum_{i=1}^{n}f(\xi_i)\Delta x_i.$$

2. **变速直线运动的路程**

设质点沿直线作变速运动,已知速度为$v=v(t)$是时间间隔$[T_1,T_2]$上t的连续函数,且$v(t)\geq 0$,求质点在这段时间内所经过的路程s.

速度是随时间t而变化的,因此,所求路程不能直接按匀速直线运动的公式来计算. 但是,由于$v(t)$是连续变化的,在很短一段时间内,其速度的变化也很小,可近似看作匀速的情形. 因此若把时间间隔划分为许多个小时间段,在每个小时间段内,以匀速运动代替变速运动,则可以计算出在每个小时间段内路程的近似值;再对每个小时间段内路程的近似值求和,则得到整个路程的近似值;最后,利用求极限的方法算出路程的精确值.

(1) **分割**. 在时间间隔$[T_1,T_2]$中任意插入$n-1$个分点
$$T_1=t_0<t_1<t_2<\cdots<t_{n-1}<t_n=T_2,$$
把$[T_1,T_2]$分成n个小时间段
$$[t_0,t_1],\ [t_1,t_2],\ \cdots,\ [t_{n-1},t_n],$$
各小时间段内的长度分别为
$$\Delta t_1=t_1-t_0,\ \Delta t_2=t_2-t_1,\ \cdots,\ \Delta t_n=t_n-t_{n-1},$$
而各小时间段内质点经过的路程为$\Delta s_1,\Delta s_2,\cdots,\Delta s_n$.

(2) **近似代替(以不变代变)**. 在每个小时间段$[t_{i-1},t_i]$内任取一点τ_i,再以时刻τ_i的速度

$v(\tau_i)$ 近似代替 $[t_{i-1},t_i]$ 上各时刻的速度,得到小时间段 $[t_{i-1},t_i]$ 内质点经过的路程 Δs_i 的近似值,即
$$\Delta s_i \approx v(\tau_i)\Delta t_i \quad (i=1,2,3,\cdots,n).$$

(3) **求和**. 将 n 个小时间段上路程的近似值之和作为所求变速直线运动路程的近似值,即
$$s = \Delta s_1 + \Delta s_2 + \cdots + \Delta s_n = \sum_{i=1}^{n}\Delta s_i \approx \sum_{i=1}^{n}v(\tau_i)\Delta t_i.$$

(4) **取极限**. 记 $\lambda=\max\{\Delta t_1,\Delta t_2,\cdots,\Delta t_n\}$,当 $\lambda\to 0$ 时,取上述和式的极限,得到变速直线运动的路程
$$s = \lim_{\lambda\to 0}\sum_{i=1}^{n}v(\tau_i)\Delta t_i.$$

5.1.2 定积分的定义

从前述的两个引例可以看到,无论是求曲边梯形的面积问题,还是求变速直线运动的路程问题,实际背景完全不同,但通过"分割、近似代替、求和、取极限",都能转化为形如 $\sum_{i=1}^{n}f(\xi_i)\Delta x_i$ 和式的极限问题,由此抽象出定积分的定义.

定义 1 设 $y=f(x)$ 在 $[a,b]$ 上有界,在 $[a,b]$ 中任意插入若干个分点
$$a=x_0<x_1<x_2<\cdots<x_{n-1}<x_n=b,$$
把区间 $[a,b]$ 分成 n 个小区间
$$[x_0,x_1],\quad [x_1,x_2],\quad \cdots,\quad [x_{n-1},x_n],$$
各小区间的长度依次为
$$\Delta x_1=x_1-x_0,\quad \Delta x_2=x_2-x_1,\quad \cdots,\quad \Delta x_n=x_n-x_{n-1}.$$
在每个小区间 $[x_{i-1},x_i]$ 上任取一点 $\xi_i(x_{i-1}\leqslant\xi_i\leqslant x_i)$,作函数值 $f(\xi_i)$ 与小区间长度 Δx_i 的乘积 $f(\xi_i)\Delta x_i(i=1,2,3,\cdots,n)$,并作和式
$$S_n = \sum_{i=1}^{n}f(\xi_i)\Delta x_i.$$
记 $\lambda=\max\{\Delta x_1,\Delta x_2,\cdots\Delta x_n\}$,如果不论对 $[a,b]$ 采取怎样的分法,也不论在小区间 $[x_{i-1},x_i]$ 上的点 ξ_i 采取怎样的取法,只要当 $\lambda\to 0$ 时,和 S_n 总趋于确定的极限 I,我们就称这个极限 I 为函数 $f(x)$ 在区间 $[a,b]$ 上的**定积分**,记为
$$\int_a^b f(x)\mathrm{d}x = I = \lim_{\lambda\to 0}\sum_{i=1}^{n}f(\xi_i)\Delta x_i,$$
其中,$f(x)$ 称为**被积函数**,$f(x)\mathrm{d}x$ 称为**被积表达式**,x 称为**积分变量**,$[a,b]$ 称为**积分区间**,a 称为积分的**下限**,b 称为积分的**上限**.

关于定积分定义,我们作以下几点说明:

(1) 定积分 $\int_a^b f(x)\mathrm{d}x$ 是**积分和** $\sum_{i=1}^{n}f(\xi_i)\Delta x_i$ 的极限值,是一个确定的常数.

(2) 积分和 $\sum_{i=1}^{n}f(\xi_i)\Delta x_i$ 与区间 $[a,b]$ 的分割法、ξ_i 的取法有关,但其极限存在则要求与区间 $[a,b]$ 的分割法、ξ_i 的取法无关. 因此,定积分仅与被积函数 $f(x)$ 和积分区间 $[a,b]$ 有关,而与积分变量用什么字母表示无关,即有
$$\int_a^b f(x)\mathrm{d}x = \int_a^b f(t)\mathrm{d}t = \int_a^b f(u)\mathrm{d}u.$$

而且可知定义中区间$[a,b]$的分割法,ξ_i的取法都是任意的.

(3) 当函数$f(x)$在区间$[a,b]$上的定积分存在,则称$f(x)$在区间$[a,b]$上**可积**;否则称为**不可积**.

为计算和应用方便起见,我们先对定积分作两点补充规定:

(1) 当$a=b$时,$\int_a^b f(x)\mathrm{d}x = 0$;

(2) 当$a>b$时,$\int_a^b f(x)\mathrm{d}x = -\int_b^a f(x)\mathrm{d}x$.

由上式可知,交换定积分的上下限时,定积分的值变号.

关于定积分,还有一个重要的问题:函数$f(x)$在区间$[a,b]$上满足怎样的条件,$f(x)$在区间$[a,b]$上一定可积?这个问题本书不作深入讨论,只给出下面两个定理.

定理1 若函数$f(x)$在区间$[a,b]$上连续,则$f(x)$在区间$[a,b]$上可积.

定理2 若函数$f(x)$在区间$[a,b]$上有界,且只有有限个间断点,则$f(x)$在区间$[a,b]$上可积.

根据定积分的定义,本节的两个引例可以简述为:

(1) 由曲线$y=f(x)$、直线$x=a$、$x=b$和x轴所围成曲边梯形的面积S等于函数$f(x)$在区间$[a,b]$上的定积分,即

$$S = \int_a^b f(x)\mathrm{d}x.$$

(2) 以速度$v=v(t)(v(t)\geqslant 0)$作直线运动的质点,从时刻$t=T_1$到时刻$t=T_2$所经过的路程s等于$v(t)$在时间间隔$[T_1,T_2]$上的定积分,即

$$s = \int_{T_1}^{T_2} v(t)\mathrm{d}t.$$

例1 利用定积分的定义计算定积分$\int_0^1 x^2 \mathrm{d}x$.

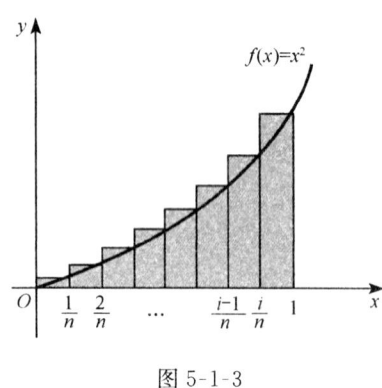

解 因$f(x)=x^2$在$[0,1]$上连续,故被积函数是可积的,从而定积分的值与区间$[0,1]$的分法及ξ_i的取法无关.不妨将区间$[0,1]$ n等分(图5-1-3),分点为

$$x_i = \frac{i}{n} \quad (i=1,2,\cdots,n-1),$$

每个小区间$[x_{i-1},x_i]$的长度为

$$\lambda = \Delta x_i = \frac{1}{n} \quad (i=1,2,\cdots,n),$$

ξ_i取每个小区间的右端点

$$\xi_i = x_i = \frac{i}{n} \quad (i=1,2,\cdots,n),$$

图5-1-3

则得到积分和式

$$\sum_{i=1}^n f(\xi_i)\Delta x_i = \sum_{i=1}^n \xi_i^2 \Delta x_i = \sum_{i=1}^n \left(\frac{i}{n}\right)^2 \frac{1}{n} = \frac{1}{n^3}\sum_{i=1}^n i^2$$

$$= \frac{1}{n^3}(1^2 + 2^2 + \cdots + n^2) = \frac{1}{n^3}\frac{n(n+1)(2n+1)}{6} = \frac{1}{6}\left(1+\frac{1}{n}\right)\left(2+\frac{1}{n}\right),$$

当$\lambda\to 0$时,即$n\to\infty$时,取上式右端的极限.由定积分的定义,即得所求的定积分为

$$\int_0^1 x^2 \mathrm{d}x = \lim_{\lambda \to 0} \sum_{i=1}^n \xi_i^2 \Delta x_i = \lim_{n \to \infty} \frac{1}{6}\left(1+\frac{1}{n}\right)\left(2+\frac{1}{n}\right) = \frac{1}{3}.$$

5.1.3 定积分的几何意义

由定积分的定义可知以下结论：

(1) 如果连续函数 $f(x)$ 在 $[a,b]$ 上非负，即 $f(x) \geqslant 0$，则定积分 $\int_a^b f(x)\mathrm{d}x$ 在几何上表示由曲线 $y=f(x)$、直线 $x=a$、$x=b$ 和 x 轴所围成曲边梯形的面积 S.

(2) 如果连续函数 $f(x)$ 在 $[a,b]$ 上非正，即 $f(x) \leqslant 0$，则由曲线 $y=f(x)$、直线 $x=a$、$x=b$ 和 x 轴所围成曲边梯形位于 x 轴的下方，定积分 $\int_a^b f(x)\mathrm{d}x$ 在几何上表示上述曲边梯形面积的负值.

(3) 如果连续函数 $f(x)$ 在 $[a,b]$ 上有正有负，则定积分 $\int_a^b f(x)\mathrm{d}x$ 在几何上表示 x 轴上方图形的面积减去 x 轴下方图形的面积(图 5-1-4).

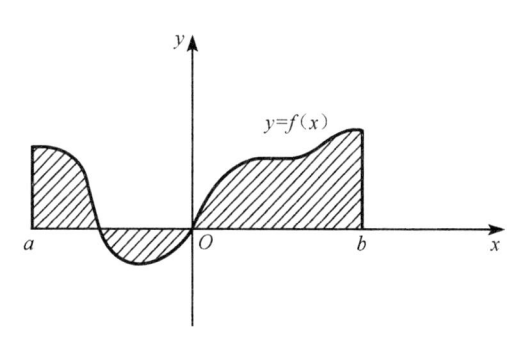

图 5-1-4

例 2 利用定积分的几何意义计算 $\int_0^a \sqrt{a^2-x^2}\mathrm{d}x (a>0)$.

解 由定积分的几何意义知，此定积分是以上半圆 $y=\sqrt{a^2-x^2}$ 为曲边，区间 $[0,a]$ 为底的曲边梯形的面积，即半径为 a 的 $\frac{1}{4}$ 圆的面积，故

$$\int_0^a \sqrt{a^2-x^2}\mathrm{d}x = \frac{1}{4}\pi a^2.$$

5.1.4 定积分的近似计算

下面我们就一般情形来讨论定积分的近似计算问题.

1. 矩形法

若 $f(x)$ 在 $[a,b]$ 上连续，则定积分 $\int_a^b f(x)\mathrm{d}x$ 存在，定积分与区间的分割和 ξ_i 的取法无关，因此我们取特殊的分割和点 ξ_i，求出定积分 $\int_a^b f(x)\mathrm{d}x$ 的近似值(图 5-1-5).

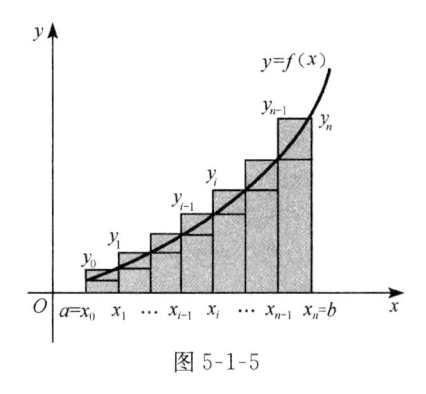

将区间 $[a,b]$ 分成 n 个长度相等的小区间

$$a=x_0<x_1<x_2<\cdots<x_{n-1}<x_n=b,$$

每个小区间 $[x_{i-1},x_i]$ 的长度均为 $\Delta x = \frac{b-a}{n}$，任取 $\xi_i \in [x_{i-1},x_i]$，则有

$$\int_a^b f(x)\mathrm{d}x = \lim_{n \to \infty} \frac{b-a}{n} \sum_{i=1}^n f(\xi_i),$$

从而对任意确定的自然数 n，有

图 5-1-5

$$\int_a^b f(x)\mathrm{d}x \approx \frac{b-a}{n}\sum_{i=1}^{n} f(\xi_i). \tag{5.1.1}$$

在式(5.1.1)中,若取 $\xi_i = x_{i-1}$,则得到

$$\int_a^b f(x)\mathrm{d}x \approx \frac{b-a}{n}\sum_{i=1}^{n} f(x_{i-1}),$$

记 $f(x_i) = y_i (i=0,1,2,\cdots,n)$,则上式可记为

$$\int_a^b f(x)\mathrm{d}x \approx \frac{b-a}{n}(y_0 + y_1 + y_2 + \cdots + y_{n-1}). \tag{5.1.2}$$

在式(5.1.1)中,若取 $\xi_i = x_i$,则可得到近似公式

$$\int_a^b f(x)\mathrm{d}x \approx \frac{b-a}{n}(y_1 + y_2 + y_3 + \cdots + y_n). \tag{5.1.3}$$

以上求定积分近似值的方法称为**矩形法**,(5.1.2)式称为**左矩形公式**,(5.1.3)式称为**右矩形公式**.

矩形法的几何意义是用窄条矩形的面积近似代替窄条曲边梯形面积,整体上用台阶形的面积近似代替曲边梯形的面积.

2. 梯形法公式

和矩形法一样,将区间 $[a,b]$ n 等分,设 $f(x_i) = y_i$,曲线 $y=f(x)$ 上的点 (x_i, y_i),记为 $M_i (i=0,1,2,\cdots,n)$. 将曲线 $y=f(x)$ 上的小弧段 $\overparen{M_{i-1}M_i}$ 用直线段 $\overline{M_{i-1}M_i}$ 代替,也就是把窄条曲边梯形用窄条梯形代替,如图 5-1-6,每个小梯形的面积分别是 $\frac{1}{2}(y_0+y_1)\Delta x, \frac{1}{2}(y_1+y_2)\Delta x, \cdots, \frac{1}{2}(y_{n-1}+y_n)\Delta x$. 由此得到定积分的近似值

$$\int_a^b f(x)\mathrm{d}x \approx \Delta x\left(\frac{y_0+y_1}{2} + \frac{y_1+y_2}{2} + \cdots + \frac{y_{n-1}+y_n}{2}\right),$$

即

$$\int_a^b f(x)\mathrm{d}x \approx \frac{b-a}{n}\left(\frac{y_0+y_n}{2} + y_1 + y_2 + \cdots + y_{n-1}\right). \tag{5.1.4}$$

上式称为计算定积分近似值的**梯形法公式**.

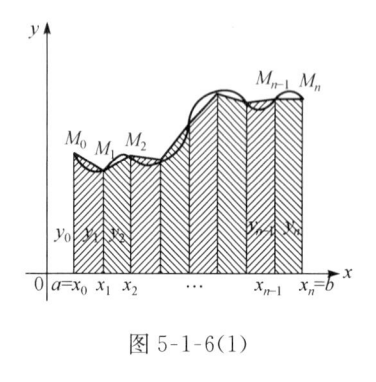

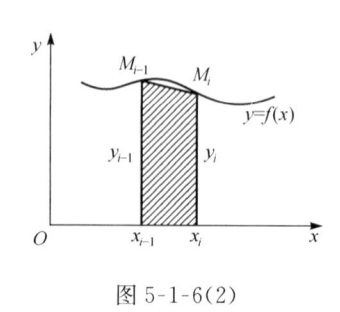

图 5-1-6(1)

图 5-1-6(2)

注 区间是 n 等分.

例 3 计算定积分 $\int_0^1 \mathrm{e}^{-x^2}\mathrm{d}x$ 的近似值.

解 把区间 10 等分,设分点为 $x_i(i=0,1,2,\cdots,10)$,并设相应的函数值为 $y_i=\mathrm{e}^{-x_i^2}$ ($i=0,1,2,\cdots,10$),列表如下:

i	0	1	2	3	4	5	6	7	8	9	10
x_i	0	0.1	0.2	0.3	0.4	0.5	0.6	0.7	0.8	0.9	1
y_i	1.00000	0.99005	0.96079	0.91393	0.85214	0.77880	0.69768	0.61263	0.52729	0.44486	0.36788

利用左矩形公式(5.1.2),得
$$\int_0^1 \mathrm{e}^{-x^2}\mathrm{d}x \approx (y_0+y_1+\cdots+y_9)\frac{1-0}{10}\approx 0.777\,82,$$
利用右矩形公式(5.1.3),得
$$\int_0^1 \mathrm{e}^{-x^2}\mathrm{d}x \approx (y_1+y_2+\cdots+y_{10})\frac{1-0}{10}\approx 0.714\,61,$$
利用梯形法公式(5.1.4),得
$$\int_0^1 \mathrm{e}^{-x^2}\mathrm{d}x \approx \frac{1-0}{10}\left[\frac{1}{2}(y_0+y_{10})+y_1+y_2+\cdots+y_9\right]\approx 0.746\,21.$$

例 4 在水利建设中,常常要估计河床截面积.设有一河床的截面(图 5-1-7),取截面与水平面的交线作 x 轴,y 轴垂直向下,已知河宽 $OB=40\mathrm{m}$,每隔 8m 测量一次深度 y,所得的数据如下表所示,试估算河床的截面积 S.

x_i	0	8	16	24	32	40
y_i	1.37	4.61	5.37	6.39	5.90	3.53

解 由题意 $\dfrac{b-a}{n}=\dfrac{40}{5}=8\mathrm{m}$,

$$y_0=1.37,\quad y_1=4.61,\quad y_2=5.37,$$
$$y_3=6.39,\quad y_4=5.90,\quad y_5=3.53.$$

应用公式(5.1.4),得
$$S\approx 8\left[\frac{1}{2}(1.37+3.53)+4.61+5.37+6.39+5.90\right]$$
$$=8\cdot 24.72=197.76(\mathrm{m}^2).$$

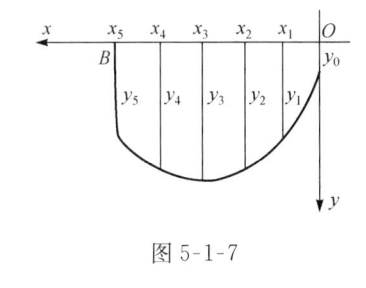

图 5-1-7

3. 抛物线法

梯形法是通过用许多直线段分别近似代替原来的各曲线段,即逐段地用线性函数近似代替被积函数,从而算出定积分的近似值.为了提高精确度,可以考虑在小范围内用二次函数 $y=px^2+qx+r$ 来近似代替被积函数,即用对称轴平行于 y 轴的抛物线上的一段弧来近似代替原来的曲线弧,从而算出定积分的近似值.这种方法称为**抛物线法**,也称为**辛普森(Simpson)法**.具体方法如下:

用分点 $a=x_0,x_1,x_2,\cdots,x_n=b$,将区间 $[a,b]$ 分为 n(偶数)个长度相等的小区间,各分点对应的函数值为 $y_0,y_1,y_2,\cdots,y_n$. 曲线 $=f(x)$ 也相应地被分为 n 个小弧段,设曲线上的分点为 $M_0,M_1,M_2,\cdots,M_n$.

我们知道,过三点可以确定一条抛物线 $y=px^2+qx+r$. 于是在每两个相邻的小区间上经过曲线上的三个相应的分点作一条抛物线,这样可以得到一个曲边梯形,把这些曲边梯形的面积相加,就可以得到所求定积分的一个近似值. 由于两个相邻区间决定一条抛物线,所以用这种方法时,必须将区间$[a,b]$分成偶数个小区间.

下面我们先来计算$[-h,h]$上以过点$M_0'(-h,y_0)$,$M_1'(0,y_1)$,$M_2'(h,y_2)$的抛物线$y=px^2+qx+r$为曲边的曲边梯形的面积.

首先,抛物线方程中的p,q,r可由下列方程组确定

$$\begin{cases} y_0 = ph^2 - qh + r \\ y_1 = r \\ y_2 = ph^2 + qh + r \end{cases},$$

由此得到 $\qquad 2ph^2 = y_0 - 2y_1 + y_2.$

于是所求面积为

$$A = \int_{-h}^{h} (px^2 + qx + r) dx = \left[\frac{1}{3}px^3 + \frac{1}{2}qx^2 + rx\right]_{-h}^{h}$$

$$= \frac{2}{3}ph^3 + 2rh = \frac{1}{3}h(2ph^2 + 6r)$$

$$= \frac{1}{3}h(y_0 - 2y_1 + y_2 + 6y_1) = \frac{1}{3}h(y_0 + 4y_1 + y_2).$$

注 这个曲边形的面积仅与纵坐标及底边所在区间的长度$2h$有关.

习 题 5-1

1. 填空题:

(1) 函数$f(x)$在区间$[a,b]$上的定积分是积分和的极限,即$\int_a^b f(x) dx = ($);

(2) 定积分的值只与( )及( )有关,而与( )的记法无关;

(3) 区间$[a,b]$的长度的定积分的表示是( );

(4) 被积函数$f(x)$在区间$[a,b]$上连续是定积分$\int_a^b f(x) dx$存在的( );

(5) 定积分的几何意义( ).

2. 利用定积分的定义计算下列积分:

(1) $\int_a^b 2x dx$; (2) $\int_0^1 e^x dx$.

3. 利用定积分的定义计算由抛物线$y=x^2+1$、直线$x=a$、$x=b(b>a)$及x轴所围成的图形的面积.

4. 利用定积分的几何意义,证明下列等式:

(1) $\int_{-1}^{1} x^3 dx = 0$; (2) $\int_{-\pi}^{\pi} \sin x dx = 0$;

(3) $\int_0^1 \sqrt{1-x^2} dx = \frac{\pi}{4}$; (4) $\int_{-1}^{1} \arctan x dx = 0$;

(5) $\int_{-1}^{1} |2x| dx = 4\int_0^1 x dx$; (6) $\int_{-\frac{\pi}{2}}^{\frac{\pi}{2}} \cos x dx = 2\int_0^{\frac{\pi}{2}} \cos x dx$.

5. 利用定积分的几何意义求$\int_a^b \sqrt{(x-a)(b-x)} dx (b>0)$的值.

6. 将下列极限表示成定积分:

(1) $\lim_{\lambda \to 0} \sum_{i=1}^{n} (\xi_i^2 - 3\xi_i) \Delta x_i$,$\lambda$是$[-7,5]$上的分割;

(2) $\lim\limits_{\lambda \to 0}\sum\limits_{i=1}^{n} \sqrt{4-\xi_i^2}\Delta x_i$，$\lambda$ 是 $[0,1]$ 上的分割．

7. 将下列和式的极限表示成定积分：

(1) $\lim\limits_{n\to\infty}\left(\dfrac{1}{n+1}+\dfrac{1}{n+2}+\cdots+\dfrac{1}{n+n}\right)$； (2) $\lim\limits_{n\to\infty}\dfrac{1^p+2^p+\cdots+n^p}{n^{p+1}}$ （$p>0$）；

(3) $\lim\limits_{n\to\infty}\dfrac{1}{n^2}(\sqrt{n}+\sqrt{2n}+\cdots+\sqrt{n^2})$； (4) $\lim\limits_{n\to\infty}\dfrac{1}{n}\sqrt[n]{(n+1)(n+2)\cdots(2n)}$．

8. 有一条河，宽为 200m，从一岸到正对岸每隔 20m 测量一次水深，测得数据如下（图 5-1-8）．试用梯形公式求此河横截面积的近似值．

x(宽)/m	0	20	40	60	80	100	120	140	160	180	200
y(深)/m	2	5	9	11	19	17	21	15	11	6	3

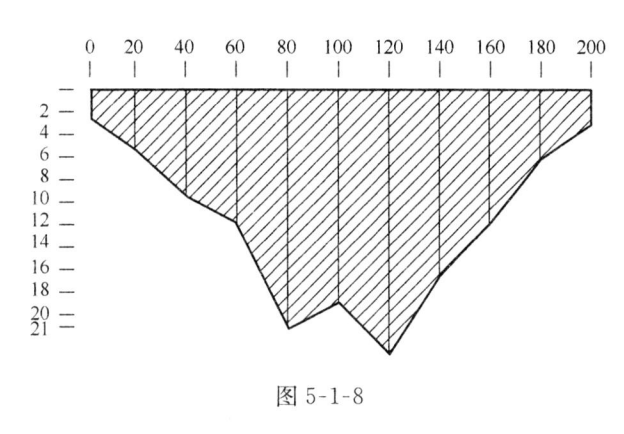

图 5-1-8

5.2 定积分的性质

本节将介绍定积分的一些性质，在下面的讨论中，总假设函数在所讨论的区间上都是可积的．无特别指出，对定积分的上、下限不加限制．

性质 1 代数和的积分等于积分的代数和，即
$$\int_a^b [f(x) \pm g(x)]\mathrm{d}x = \int_a^b f(x)\mathrm{d}x \pm \int_a^b g(x)\mathrm{d}x.$$

证明
$$\int_a^b [f(x) \pm g(x)]\mathrm{d}x = \lim_{\lambda\to 0}\sum_{i=1}^{n}[f(\xi_i) \pm g(\xi_i)]\Delta x_i$$
$$= \lim_{\lambda\to 0}\sum_{i=1}^{n}f(\xi_i)\Delta x_i \pm \lim_{\lambda\to 0}\sum_{i=1}^{n}g(\xi_i)\Delta x_i$$
$$= \int_a^b f(x)\mathrm{d}x \pm \int_a^b g(x)\mathrm{d}x.$$

注 此性质可以推广到有限多个函数的情形．

性质 2 常数因子可以提到积分符号之前，即
$$\int_a^b kf(x)\mathrm{d}x = k\int_a^b f(x)\mathrm{d}x \quad (k \text{ 为常数}).$$

证明 $\int_a^b kf(x)\mathrm{d}x = \lim\limits_{\lambda\to 0}\sum\limits_{i=1}^{n}kf(\xi_i)\Delta x_i = \lim\limits_{\lambda\to 0}k\sum\limits_{i=1}^{n}f(\xi_i)\Delta x_i$
$$= k\lim_{\lambda\to 0}\sum_{i=1}^{n}f(\xi_i)\Delta x_i = k\int_a^b f(x)\mathrm{d}x.$$

性质 3(定积分的区间可加性) 如果积分区间 $[a,b]$ 被 c 点分成两个小区间 $[a,c]$ 与 $[c,b]$, 则

$$\int_a^b f(x)\mathrm{d}x = \int_a^c f(x)\mathrm{d}x + \int_c^b f(x)\mathrm{d}x.$$

证明 若 $a<c<b$, 由被积函数 $f(x)$ 在 $[a,b]$ 上的可积性可知, 无论对 $[a,b]$ 怎样的划分, 积分和的极限总是不变的. 所以总是可以把 c 取作一个分点, 此时 $[a,b]$ 上的积分和可分为 $[a,c]$ 上的积分和与 $[c,b]$ 上的积分和, 即

$$\sum_{[a,b]} f(\xi_i)\Delta x_i = \sum_{[a,c]} f(\xi_i)\Delta x_i + \sum_{[c,b]} f(\xi_i)\Delta x_i \quad (i=1,2,\cdots,n).$$

令 $\lambda \to 0$, 上式两边同时取极限, 即得

$$\int_a^b f(x)\mathrm{d}x = \int_a^c f(x)\mathrm{d}x + \int_c^b f(x)\mathrm{d}x.$$

当 $a<b<c$ 时, 点 b 位于 a,c 之间, 所以

$$\int_a^c f(x)\mathrm{d}x = \int_a^b f(x)\mathrm{d}x + \int_b^c f(x)\mathrm{d}x,$$

即

$$\int_a^b f(x)\mathrm{d}x = \int_a^c f(x)\mathrm{d}x - \int_b^c f(x)\mathrm{d}x = \int_a^c f(x)\mathrm{d}x + \int_c^b f(x)\mathrm{d}x.$$

当 $c<a<b$ 时, 点 a 位于 c,b 之间, 所以

$$\int_c^b f(x)\mathrm{d}x = \int_c^a f(x)\mathrm{d}x + \int_a^b f(x)\mathrm{d}x,$$

即

$$\int_a^b f(x)\mathrm{d}x = \int_c^b f(x)\mathrm{d}x - \int_c^a f(x)\mathrm{d}x = \int_a^c f(x)\mathrm{d}x + \int_c^b f(x)\mathrm{d}x.$$

从而, 不论 a,b,c 的相对位置如何, 所证等式总成立.

这个性质称为定积分对积分区间的**可加性**.

性质 4 $\int_a^b 1\mathrm{d}x = \int_a^b \mathrm{d}x = b-a.$

证明 $\int_a^b \mathrm{d}x = \lim_{\lambda \to 0} \sum_{i=1}^n \Delta x_i = b-a.$

定积分 $\int_a^b 1\mathrm{d}x$ 在几何上表示以 $[a,b]$ 为底、$f(x) \equiv 1$ 为高的矩形的面积.

性质 5 若在区间 $[a,b]$ 上有 $f(x) \leqslant g(x)$, 则

$$\int_a^b f(x)\mathrm{d}x \leqslant \int_a^b g(x)\mathrm{d}x.$$

证明 由定积分的定义和性质知

$$\int_a^b g(x)\mathrm{d}x - \int_a^b f(x)\mathrm{d}x = \int_a^b [g(x)-f(x)]\mathrm{d}x = \lim_{\lambda \to 0} \sum_{i=1}^n [g(\xi_i)-f(\xi_i)]\Delta x_i.$$

由于 $g(\xi_i)-f(\xi_i) \geqslant 0, \Delta x_i \geqslant 0 (i=1,2,\cdots,n), \sum_{i=1}^n [g(\xi_i)-f(\xi_i)]\Delta x_i \geqslant 0.$ 于是, 由极限的保号性定理有

$$\int_a^b [g(x)-f(x)]\mathrm{d}x \geqslant 0,$$

即

$$\int_a^b f(x)\mathrm{d}x \leqslant \int_a^b g(x)\mathrm{d}x.$$

推论 1 若在区间 $[a,b]$ 上有 $f(x) \geqslant 0$, 则

$$\int_a^b f(x)\mathrm{d}x \geqslant 0 \quad (a<b).$$

推论 2 $\left|\int_a^b f(x)\mathrm{d}x\right| \leqslant \int_a^b |f(x)|\mathrm{d}x \quad (a<b).$

证明 因为 $-|f(x)| \leqslant f(x) \leqslant |f(x)|,$

所以 $-\int_a^b |f(x)|\mathrm{d}x \leqslant \int_a^b f(x)\mathrm{d}x \leqslant \int_a^b |f(x)|\mathrm{d}x,$

即 $\left|\int_a^b f(x)\mathrm{d}x\right| \leqslant \int_a^b |f(x)|\mathrm{d}x.$

注 $|f(x)|$ 在区间 $[a,b]$ 上的可积性是显然的.

例 1 比较 $\int_0^{\frac{\pi}{2}} x\mathrm{d}x$ 与 $\int_0^{\frac{\pi}{2}} \sin x\mathrm{d}x$ 的大小.

解 因为当 $x \in \left[0, \frac{\pi}{2}\right]$ 时,有 $\sin x \leqslant x$,所以

$$\int_0^{\frac{\pi}{2}} \sin x\mathrm{d}x \leqslant \int_0^{\frac{\pi}{2}} x\mathrm{d}x.$$

性质 6(估值定理) 设函数 $f(x)$ 在区间 $[a,b]$ 上有最大值 M 及最小值 m,则

$$m(b-a) \leqslant \int_a^b f(x)\mathrm{d}x \leqslant M(b-a).$$

证明 因为 $m \leqslant f(x) \leqslant M$,由性质 5 得

$$\int_a^b m\mathrm{d}x \leqslant \int_a^b f(x)\mathrm{d}x \leqslant \int_a^b M\mathrm{d}x,$$

再由性质 2 和性质 4 得

$$m(b-a) \leqslant \int_a^b f(x)\mathrm{d}x \leqslant M(b-a).$$

注 性质 6 的几何意义是以区间 $[a,b]$ 为底、$y=f(x)$ 为曲边的曲边梯形的面积 $\int_a^b f(x)\mathrm{d}x$ 介于同一底边,而高分别为 m 与 M 的矩形面积 $m(b-a)$ 与 $M(b-a)$ 之间(图 5-2-1).

例 2 估计积分 $\int_{\frac{\pi}{3}}^{\frac{\pi}{2}} \frac{\sin x}{x}\mathrm{d}x$ 的值.

解 设 $f(x) = \frac{\sin x}{x}, x \in \left[\frac{\pi}{3}, \frac{\pi}{2}\right]$,由

$$f'(x) = \frac{x\cos x - \sin x}{x^2} = \frac{\cos x(x - \tan x)}{x^2} < 0,$$

可知,$f(x)$ 在 $\left[\frac{\pi}{3}, \frac{\pi}{2}\right]$ 上单调递减,故函数在 $x = \frac{\pi}{3}$ 处取得最大值,在 $x = \frac{\pi}{2}$ 处取得最小值,即

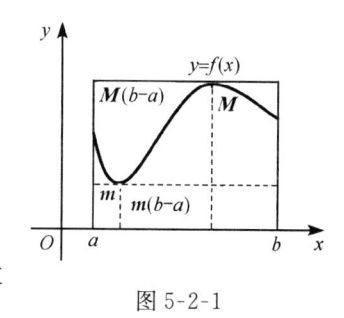

图 5-2-1

$$m = f\left(\frac{\pi}{2}\right) = \frac{2}{\pi}, \quad M = f\left(\frac{\pi}{3}\right) = \frac{3\sqrt{3}}{2\pi},$$

$$\frac{2}{\pi} \leqslant \frac{\sin x}{x} \leqslant \frac{3\sqrt{3}}{2\pi},$$

所以 $\frac{2}{\pi}\left(\frac{\pi}{2} - \frac{\pi}{3}\right) \leqslant \int_{\frac{\pi}{3}}^{\frac{\pi}{2}} \frac{\sin x}{x}\mathrm{d}x \leqslant \frac{3\sqrt{3}}{2\pi}\left(\frac{\pi}{2} - \frac{\pi}{3}\right),$

$$\frac{1}{3} \leqslant \int_{\frac{\pi}{3}}^{\frac{\pi}{2}} \frac{\sin x}{x}\mathrm{d}x \leqslant \frac{\sqrt{3}}{4}.$$

性质 7（定积分中值定理） 如果函数 $f(x)$ 在闭区间 $[a,b]$ 上连续，则在 $[a,b]$ 上至少存在一个点 ξ，使得

$$\int_a^b f(x)dx = f(\xi)(b-a) \quad (a \leqslant \xi \leqslant b).$$

证明 因函数 $f(x)$ 在闭区间 $[a,b]$ 上连续，由最值定理可知，$f(x)$ 在 $[a,b]$ 上一定存在最小值 m 与最大值 M，使得 $m \leqslant f(x) \leqslant M$，由性质 6 得

$$m(b-a) \leqslant \int_a^b f(x)dx \leqslant M(b-a),$$

从而有

$$m \leqslant \frac{1}{b-a}\int_a^b f(x)dx \leqslant M.$$

这表明数值 $\dfrac{1}{b-a}\int_a^b f(x)dx$ 介于函数 $f(x)$ 的最小值 m 与最大值 M 之间，根据闭区间上连续函数的介值定理，在 $[a,b]$ 上至少存在一点 ξ，使得

$$\frac{1}{b-a}\int_a^b f(x)dx = f(\xi),$$

即

$$\int_a^b f(x)dx = f(\xi)(b-a) \quad (a \leqslant \xi \leqslant b).$$

注 （1）积分中值定理可以加强为：如果函数 $f(x)$ 在闭区间 $[a,b]$ 上连续，则在开区间 (a,b) 内至少存在一点 ξ，使得

$$\int_a^b f(x)dx = f(\xi)(b-a) \quad (a < \xi < b).$$

其证明将在下节给出.

（2）积分中值定理在几何上表示，在闭区间 $[a,b]$ 上至少存在一点 ξ，使得以 $[a,b]$ 为底、$y=f(x)$ 为曲边的曲边梯形的面积 $\int_a^b f(x)dx$ 等于底边相同而高为 $f(\xi)$ 的矩形面积 $f(\xi)(b-a)$（图 5-2-2）.

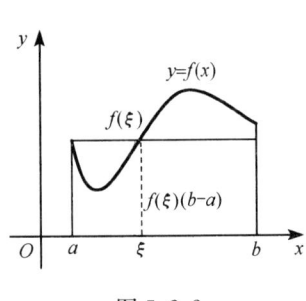

图 5-2-2

由上述几何解释可见，数值 $\dfrac{1}{b-a}\int_a^b f(x)dx$ 表示连续曲线 $f(x)$ 在闭区间 $[a,b]$ 上的平均高度，称其为**函数 $f(x)$ 在闭区间 $[a,b]$ 上的平均值**.

例 3 设 $f(x)$ 可导，且 $\lim\limits_{x\to+\infty}f(x)=1$，求 $\lim\limits_{x\to+\infty}\int_x^{x+3}t\sin\dfrac{5}{t}f(t)dt$.

解 由积分中值定理知，存在 $\xi\in[x,x+3]$，使得

$$\int_x^{x+3}t\sin\frac{5}{t}f(t)dt = \xi\sin\frac{5}{\xi}f(\xi)(x+3-x) = 3\xi\sin\frac{5}{\xi}f(\xi),$$

所以 $\lim\limits_{x\to+\infty}\int_x^{x+3}t\sin\dfrac{5}{t}f(t)dt = 3\lim\limits_{\xi\to+\infty}\xi\sin\dfrac{5}{\xi}f(\xi) = 3\lim\limits_{\xi\to+\infty}\dfrac{\xi}{5}\sin\dfrac{5}{\xi}\cdot\lim\limits_{\xi\to+\infty}5f(\xi) = 15.$

习 题 5-2

1. 证明定积分的性质：

(1) $\int_a^b kf(x)dx = k\int_a^b f(x)dx$（$k$ 为常数）；

(2) $\int_a^b 1\cdot dx = \int_a^b dx = b-a$.

2. 估计下列各积分值：

(1) $\int_1^4 (x^2+2)dx$；　　　　(2) $\int_{\frac{\pi}{4}}^{\frac{3\pi}{4}} (1+\sin^2 x)dx$；　　　　(3) $\int_{\frac{1}{\sqrt{3}}}^{\sqrt{3}} x\arctan x dx$；

(4) $\int_0^1 e^{x^2} dx$；　　　　(5) $\int_1^2 \frac{x}{x^2+1}dx$；　　　　(6) $\int_0^{\frac{\pi}{2}} \frac{\sin x}{x}dx$.

3. 设 $f(x)$ 及 $g(x)$ 在 $[a,b]$ 上连续,证明：

(1) 若在 $[a,b]$ 上, $f(x) \geqslant 0$, 且 $\int_a^b f(x)dx = 0$, 则在 $[a,b]$ 上, $f(x) \equiv 0$;

(2) 若在 $[a,b]$ 上, $f(x) \geqslant 0$, 且 $f(x)$ 不恒等于零, 则 $\int_a^b f(x)dx > 0$;

(3) 若在 $[a,b]$ 上, $f(x) \leqslant g(x)$, 且 $\int_a^b f(x)dx = \int_a^b g(x)dx$, 则在 $[a,b]$ 上, $f(x) \equiv g(x)$.

4. 根据定积分性质及第 3 题的结论,比较下列每组积分的大小:

(1) $\int_0^{\frac{\pi}{2}} \sin^3 x dx, \int_0^{\frac{\pi}{2}} \sin^2 x dx$；　　　　(2) $\int_1^2 x^2 dx, \int_1^2 x^3 dx$；

(3) $\int_1^2 \ln x dx, \int_1^2 (\ln x)^2 dx$；　　　　(4) $\int_0^1 e^x dx, \int_0^1 e^{x^2} dx$；

(5) $\int_0^1 e^x dx, \int_0^1 (1+x) dx$；　　　　(6) $\int_0^{\frac{\pi}{2}} x dx, \int_0^{\frac{\pi}{2}} \sin x dx$；

(7) $\int_0^{\frac{\pi}{2}} \sin x dx, \int_{-\frac{\pi}{2}}^0 \sin x dx$；　　　　(8) $\int_0^{\frac{\pi}{2}} \cos x dx, \int_0^{\frac{\pi}{2}} \cos x dx$；

(9) $\int_0^1 x dx, \int_0^1 \ln(1+x) dx$；　　　　(10) $\int_1^0 \ln(1+x) dx, \int_1^0 \frac{x}{1+x} dx$.

5. 利用积分中值定理求下列极限：

(1) $\lim_{n\to\infty} \int_n^{n+p} \frac{\sin x}{x} dx$；　　　　(2) $\lim_{n\to\infty} \int_0^{\frac{1}{2}} \frac{x^n}{1+x} dx$；　　　　(3) $\lim_{n\to\infty} \int_0^1 \frac{x^n e^x}{1+e^x} dx$.

6. 设 $f(x)$ 在 $[a,b]$ 上连续, $\int_a^b f(x)dx = 0$. 证明: $f(x)$ 在 $[a,b]$ 上至少存在一个零点.

7. 设 $f(x)$ 在 $[0,1]$ 上连续,在 $(0,1)$ 内可导,且 $3\int_{\frac{2}{3}}^1 f(x)dx = f(0)$. 证明:在 $(0,1)$ 内至少存在一点 ξ, 使得 $f'(\xi) = 0$.

8. 设 $f(x)$ 在 $[a,b]$ 上连续,在 (a,b) 内可导,且存在 $c \in (a,b)$, 使得
$$\int_a^c f(x)dx = f(b)(c-a).$$
证明:在 (a,b) 内至少存在一点 ξ, 使得 $f'(\xi) = 0$.

5.3　微积分基本公式

积分学要解决两个问题:第一个问题是原函数的求法问题,在第 4 章中已做了讨论;第二个问题就是定积分的计算问题. 如果要按定积分的定义来计算定积分,那将是十分困难的. 因此寻求一种计算定积分的有效方法便成为积分学发展的关键. 我们知道,不定积分作为原函数的概念与定积分作为积分和的极限的概念是完全不相干的两个概念. 但是,牛顿和莱布尼茨不仅发现而且找到了这两个概念之间存在着的深刻的内在联系. 即所谓的**"微积分基本定理"**,并由此巧妙地开辟了求定积分的新途径——**牛顿-莱布尼茨公式**. 从而使积分学与微分学一起构成变量数学的基础学科——微积分学.

5.3.1　引例

设有一物体在一直线上运动. 在这一直线上取定原点、正向以及单位长度,使其成为一数

轴.设时刻 t 时,物体所在的位置为 $s(t)$,速度为 $v(t)(v(t)\geqslant 0)$,则从本章 5.1 节可知,物体在时间间隔 $[T_1,T_2]$ 内经过的路程为

$$s(t) = \int_{T_1}^{T_2} v(t)\mathrm{d}t.$$

同时,这段路程又可表示为位置函数 $s(t)$ 在 $[T_1,T_2]$ 上的增量

$$s(T_2) - s(T_1).$$

从而,位置函数 $s(t)$ 和速度函数 $v(t)$ 有如下关系:

$$\int_{T_1}^{T_2} v(t)\mathrm{d}t = s(T_2) - s(T_1). \tag{5.3.1}$$

因为 $s'(t) = v(t)$,即位置函数 $s(t)$ 是速度函数 $v(t)$ 的原函数,所以,求速度函数 $v(t)$ 在时间间隔 $[T_1,T_2]$ 内所经过的路程就转化为求 $v(t)$ 的原函数在 $[T_1,T_2]$ 上的增量.

这个结论是否具有普遍性?一般地,函数 $f(x)$ 在区间 $[a,b]$ 上的定积分 $\int_a^b f(x)\mathrm{d}x$ 是否等于 $f(x)$ 的原函数 $F(x)$ 在 $[a,b]$ 上的增量呢?下面我们将具体讨论.

5.3.2 积分上限函数及其导数

设函数 $f(x)$ 在区间 $[a,b]$ 上连续,x 为 $[a,b]$ 上的一点,则 $f(x)$ 在部分区间 $[a,x]$ 上仍连续,从而 $f(x)$ 在区间 $[a,x]$ 上定积分 $\int_a^x f(x)\mathrm{d}x$ 存在.这时,x 既表示定积分的上限,又表示积分变量.因为定积分的值与积分变量的记法无关,所以,为明确起见,把积分变量改用其它符号,如用 t 表示,则上面的定积分可写为

$$\int_a^x f(t)\mathrm{d}t.$$

如果上限 x 在区间 $[a,b]$ 上任意变动,下限 a 是固定的,则对于每一个取定的 x 值,定积分 $\int_a^x f(t)\mathrm{d}t$ 都有一个确定的数值与之对应,所以 $\int_a^x f(t)\mathrm{d}t$ 是一个定义在 $[a,b]$ 上的函数.

定义 1 如果函数 $f(x)$ 在区间 $[a,b]$ 上连续,则称

$$\Phi(x) = \int_a^x f(t)\mathrm{d}t \quad (x \in [a,b]) \tag{5.3.2}$$

为积分上限函数或**变上限积分**.

(5.3.2) 式中积分变量和积分上限有时用 x 表示,但它们的含义并不相同,为了区别它们,常将积分变量改用 t 来表示,即

$$\Phi(x) = \int_a^x f(x)\mathrm{d}x = \int_a^x f(t)\mathrm{d}t.$$

$\Phi(x)$ 的几何意义是右侧直线可移动的曲边梯形的面积.如图 5-3-1 所示,曲边梯形的面积 $\Phi(x)$ 随 x 的位置的变动而变动,当 x 给定后,面积 $\Phi(x)$ 就随之确定.

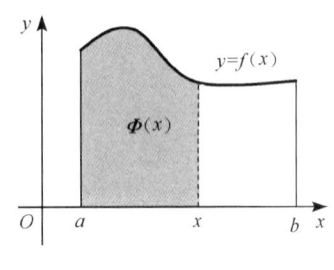

图 5-3-1

积分上限函数具有下面的重要性质.

定理 1 如果函数 $f(x)$ 在区间 $[a,b]$ 上连续,则积分上限函数

$$\Phi(x) = \int_a^x f(t)\mathrm{d}t, \quad x \in [a,b]$$

在 $[a,b]$ 上可导,且

$$\Phi'(x) = \frac{\mathrm{d}}{\mathrm{d}x} \int_a^x f(t)\mathrm{d}t = f(x) \quad (x \in [a,b]). \tag{5.3.3}$$

证明 设 $x \in [a,b]$, $\Delta x \neq 0$ 且 $x + \Delta x \in [a,b]$, 则有

$$\Delta \Phi = \Phi(x+\Delta x) - \Phi(x) = \int_a^{x+\Delta x} f(t)dt - \int_a^x f(t)dt$$

$$= \int_a^x f(t)dt + \int_x^{x+\Delta x} f(t)dt - \int_a^x f(t)dt$$

$$= \int_x^{x+\Delta x} f(t)dt = f(\xi)\Delta x \quad (\xi \in [x, x+\Delta x]),$$

由函数 $f(x)$ 在点 x 处的连续性,所以

$$\Phi'(x) = \lim_{\Delta x \to 0} \frac{\Delta \Phi}{\Delta x} = \lim_{\Delta x \to 0} f(\xi) = f(x),$$

即

$$\frac{d}{dx}\int_a^x f(t)dt = f(x) \quad (a \leqslant x \leqslant b).$$

注 定理 1 揭示了微分(或导数)与定积分这两个定义不相干的概念之间的内在联系,因而称为**微积分基本定理**.

利用复合函数的求导法则,进一步还可以得到下列公式

(1) $\dfrac{d}{dx}\int_a^{\varphi(x)} f(t)dt = f[\varphi(x)]\varphi'(x);$ \hfill (5.3.4)

(2) $\dfrac{d}{dx}\int_{\psi(x)}^{\varphi(x)} f(t)dt = f[\varphi(x)]\varphi'(x) - f[\psi(x)]\psi'(x).$ \hfill (5.3.5)

例 1 求 $y = \int_0^x e^{-t^3}dt$ 的导数.

解 $\dfrac{d}{dx}\left[\int_0^x e^{-t^3}dt\right] = e^{-x^3}.$

例 2 求 $y = \int_1^{\sqrt{x}} \sin t^2 dt$ 的导数.

解 由于 $\int_1^{\sqrt{x}} \sin t^2 dt$ 是 $\sqrt{x}$ 的函数,因而是 x 的复合函数. 令 $u = \sqrt{x}$, 则

$$\varphi(u) = \int_1^u \sin t^2 dt,$$

由复合函数的求导法则,有

$$\frac{d}{dx}\left[\int_1^u \sin t^2 dt\right] = \frac{d}{du}\left[\int_1^u \sin u dt\right] \cdot \frac{du}{dx} = \varphi'(u) \cdot \frac{1}{2\sqrt{x}} = \sin u^2 \cdot \frac{1}{2\sqrt{x}} = \frac{\sin x}{2\sqrt{x}}.$$

例 3 求 $y = \int_1^{x^2} xf(t)dt$ 的导数.

解 因为 $y = \int_1^{x^2} xf(t)dt = x\int_1^{x^2} f(t)dt,$

所以 $y' = \int_1^{x^2} f(t)dt + x\left(\int_1^{x^2} f(t)dt\right)' = \int_1^{x^2} f(t)dt + x \cdot f(x^2) \cdot (x^2)'$

$$= \int_1^{x^2} f(t)dt + 2x^2 f(x^2),$$

$$y'' = \left(\int_1^{x^2} f(t)dt\right)' + 2(x^2)'f(x^2) + 2x^2(f(x^2))'$$

$$= 2xf(x^2) + 2 \cdot 2x \cdot f(x^2) + 2x^2 \cdot f'(x^2) \cdot 2x = 6xf(x^2) + 4x^3 f'(x^2).$$

例 4 求 $\lim\limits_{x\to 0}\dfrac{\int_{\cos x}^{1}\mathrm{e}^{-t^2}\mathrm{d}t}{x^2}$ 极限.

解 题设极限式是 $\dfrac{0}{0}$ 型未定式, 可应用洛必达法. 由

$$\dfrac{\mathrm{d}}{\mathrm{d}x}\int_{\cos x}^{1}\mathrm{e}^{-t^2}\mathrm{d}t = -\dfrac{\mathrm{d}}{\mathrm{d}x}\int_{1}^{\cos x}\mathrm{e}^{-t^2}\mathrm{d}t = -\mathrm{e}^{-\cos^2 x}(\cos x)' = \sin x\cdot \mathrm{e}^{-\cos^2 x},$$

所以

$$\lim_{x\to 0}\dfrac{\int_{\cos x}^{1}\mathrm{e}^{-t^2}\mathrm{d}t}{x^2} = \lim_{x\to 0}\dfrac{\sin x\cdot \mathrm{e}^{-\cos^2 x}}{2x} = \dfrac{1}{2\mathrm{e}}.$$

例 5 设函数 $y = y(x)$ 由方程 $\int_{0}^{y^2}\mathrm{e}^{t^3}\mathrm{d}t + \int_{x}^{0}\cos t\,\mathrm{d}t = 0$ 所确定, 求 $\dfrac{\mathrm{d}y}{\mathrm{d}x}$.

解 在方程两边关于 x 求导数, 得

$$\dfrac{\mathrm{d}}{\mathrm{d}x}\int_{0}^{y^2}\mathrm{e}^{t^3}\mathrm{d}t + \dfrac{\mathrm{d}}{\mathrm{d}x}\int_{x}^{0}\cos t\,\mathrm{d}t = \mathrm{e}^{y^6}\cdot 2y\cdot\dfrac{\mathrm{d}y}{\mathrm{d}x} - \cos x = 0,$$

从而

$$\dfrac{\mathrm{d}y}{\mathrm{d}x} = \dfrac{\cos x}{2y\mathrm{e}^{y^6}}.$$

5.3.3 牛顿-莱布尼茨公式

定理 1 是在被积函数连续的条件下证得的, 因而, 这也证明了"连续函数必存在原函数"的结论. 故有如下原函数存在定理.

定理 2(原函数存在定理) 若函数 $f(x)$ 在区间 $[a,b]$ 上连续, 则函数

$$\Phi(x) = \int_{a}^{x}f(t)\mathrm{d}t$$

就是 $f(x)$ 在 $[a,b]$ 上的一个原函数.

注 定理 2 的意义: 一方面指出了连续函数的原函数的存在性, 另一方面初步揭示了积分学中定积分与原函数的联系. 所以, 我们可通过原函数来计算定积分.

定理 3 若函数 $F(x)$ 是连续函数 $f(x)$ 在区间 $[a,b]$ 上的一个原函数, 则

$$\int_{a}^{b}f(x)\mathrm{d}x = F(b) - F(a). \tag{5.3.6}$$

上式称为**牛顿-莱布尼茨公式**.

证明 已知函数 $F(x)$ 是连续函数 $f(x)$ 的一个原函数, 又根据定理 2 知,

$$\Phi(x) = \int_{a}^{x}f(t)\mathrm{d}t$$

也是 $f(x)$ 的一个原函数, 所以

$$F(x) - \Phi(x) = C, \quad x\in[a,b].$$

在上式中令 $x=a$, 得 $F(a) - \Phi(a) = C$. 而

$$\Phi(a) = \int_{a}^{a}f(t)\mathrm{d}t = 0,$$

所以 $F(a) = C$. 又 $F(x) - \Phi(x) = C$, 故

$$\Phi(x) = F(x) - C,$$

即

$$\int_{a}^{x}f(t)\mathrm{d}t = F(x) - F(a).$$

在上式中令 $x=b$, 得

$$\int_a^b f(x)\mathrm{d}x = F(b) - F(a).$$

注 (1) 牛顿-莱布尼茨公式也常记为

$$\int_a^b f(x)\mathrm{d}x = F(x)\Big|_a^b = F(b) - F(a),$$

或者

$$\int_a^b f(x)\mathrm{d}x = \big[F(x)\big]_a^b = F(b) - F(a).$$

(2) 当 $a > b$ 时,牛顿-莱布尼茨公式(5.3.6)仍然成立.

牛顿-莱布尼茨公式揭示了定积分与被积函数的原函数或不定积分之间的联系,提供了计算定积分的简便而有效的方法,先求被积函数的一个原函数,再求原函数在上、下限处的函数值之差,或等于被积函数的一个原函数在闭区间$[a,b]$上的增量.

牛顿-莱布尼茨公式也称为**微积分基本公式**.

例6 求定积分 $\int_0^1 \mathrm{e}^{-x}\mathrm{d}x$.

解 因为 $-\mathrm{e}^{-x}$ 是 e^{-x} 的一个原函数,所以

$$\int_0^1 \mathrm{e}^{-x}\mathrm{d}x = -\mathrm{e}^{-x}\Big|_0^1 = -\mathrm{e}^{-1} - (-\mathrm{e}^0) = 1 - \frac{1}{\mathrm{e}}.$$

例7 求定积分 $\int_{-2}^{-1} \frac{1}{x}\mathrm{d}x$.

解 $x<0$ 时,$\ln(-x)$ 是 $\frac{1}{x}$ 的一个原函数,所以

$$\int_{-2}^{-1} \frac{1}{x}\mathrm{d}x = \ln(-x)\Big|_{-2}^{-1} = \ln 1 - \ln 2 = -\ln 2.$$

注 对于定积分 $\int_{-1}^1 \frac{1}{x}\mathrm{d}x$,则不能使用牛顿-莱布尼茨公式,因为 $f(x)=\frac{1}{x}$ 在 $[-1,1]$ 上不连续,定积分不存在.在用牛顿-莱布尼茨公式求定积分时,被积函数在积分区间上必须连续.

例8 求定积分 $\int_{-2}^2 \max\{x, x^2\}\,\mathrm{d}x$.

解 如图 5-3-2 所示,有

$$f(x) = \max\{x, x^2\} = \begin{cases} x^2, & -2 \leqslant x \leqslant 0 \\ x, & 0 \leqslant x \leqslant 1 \\ x^2, & 1 \leqslant x \leqslant 2 \end{cases},$$

所以

$$\int_{-2}^2 \max\{x, x^2\}\,\mathrm{d}x = \int_{-2}^0 x^2\,\mathrm{d}x + \int_0^1 x\,\mathrm{d}x + \int_1^2 x^2\,\mathrm{d}x = \frac{11}{2}.$$

图 5-3-2

例9 求定积分 $\int_0^{\frac{\pi}{2}} \sqrt{1-\sin 2x}\,\mathrm{d}x$.

解 由于在 $\left[0, \frac{\pi}{2}\right]$ 上,有

$$\sqrt{1-\sin 2x} = \sqrt{\sin^2 x + \cos^2 x - 2\sin x \cos x} = \sqrt{(\sin x - \cos x)^2}$$

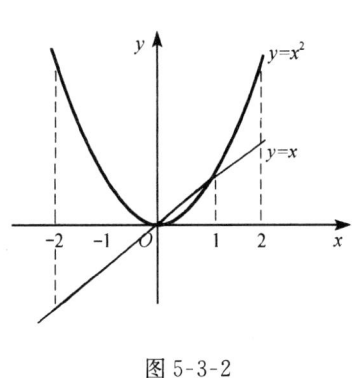

$$= |\sin x - \cos x| = \begin{cases} \cos x - \sin x, & 0 \leq x \leq \dfrac{\pi}{4} \\ \sin x - \cos x, & \dfrac{\pi}{4} \leq x \leq \dfrac{\pi}{2} \end{cases},$$

所以

$$\int_0^{\frac{\pi}{2}} \sqrt{1-\sin 2x}\, dx = \int_0^{\frac{\pi}{2}} |\sin x - \cos x|\, dx = \int_0^{\frac{\pi}{4}} (\cos x - \sin x)\, dx + \int_{\frac{\pi}{4}}^{\frac{\pi}{2}} (\sin x - \cos x)\, dx$$

$$= (\sin x + \cos x)\Big|_0^{\frac{\pi}{4}} - (\sin x + \cos x)\Big|_{\frac{\pi}{4}}^{\frac{\pi}{2}} = 2(\sqrt{2}-1).$$

例 10 如果函数 $f(x)$ 在闭区间 $[a,b]$ 上连续，证明：在开区间 (a,b) 内至少存在一点 ξ，使得

$$\int_a^b f(x)\, dx = f(\xi)(b-a) \quad (a < \xi < b).$$

证明 因为 $f(x)$ 在 $[a,b]$ 上连续，所以 $f(x)$ 在 $[a,b]$ 上存在原函数 $F(x)$，即在 $[a,b]$ 上，有 $F'(x)=f(x)$. 由牛顿-莱布尼茨公式，有

$$\int_a^b f(x)\, dx = F(b) - F(a).$$

又因为函数 $F(x)$ 在 $[a,b]$ 上满足微分中值定理的条件，因此，在开区间 (a,b) 内至少存在一点 ξ，使得

$$F(b) - F(a) = F'(\xi)(b-a) \quad (a < \xi < b),$$

故

$$\int_a^b f(x)\, dx = f(\xi)(b-a) \quad (a < \xi < b).$$

注 本例的结论是对积分中值定理的改进. 从其证明中不难看出积分中值定理与微分中值定理的联系.

习 题 5-3

1. 设 $\varphi(x) = \int_0^x t\cos t\, dt$，求 $\varphi'(0), \varphi'\left(\dfrac{\pi}{4}\right)$.

2. 求下列函数的一阶导数：

(1) $\varphi(x) = \int_0^x \sin e^t\, dt$;

(2) $\varphi(x) = \int_{x^2}^3 e^{-t^2}\, dt$;

(3) $\varphi(x) = \int_0^{x^2} \sqrt{1+t^2}\, dt$;

(4) $y = \int_{\sqrt{x}}^{x^2} \dfrac{t}{1+t^2}\, dt$;

(5) $y = \int_{x^2}^{x^3} \dfrac{1}{\sqrt{1+t^4}}\, dt$;

(6) $\varphi(x) = \int_{\sin x}^{\cos x} \cos(\pi t^2)\, dt$;

(7) $y = \int_x^{x^2} t^2 e^{-t}\, dt$;

(8) $y = \int_{x^2}^{e^x} f(t)\, dt$.

3. 求下列函数的二阶导数：

(1) $y = \int_0^x (t^3 - x^3)\sin t\, dt$;

(2) $f(x) = \int_5^x \left(\int_8^{y^2} \dfrac{\sin t}{t}\, dt\right) dy$.

4. 利用洛必达法则，求下列极限：

(1) $\lim\limits_{x \to 0} \dfrac{\int_0^x \cos t^2\, dt}{x}$;

(2) $\lim\limits_{x \to 0} \dfrac{1}{x^2} \int_0^x \arctan t\, dt$;

(3) $\lim\limits_{x \to 0} \dfrac{x - \int_0^x e^{t^2}\, dt}{x^2 \sin 2x}$;

(4) $\lim\limits_{x\to 0}\dfrac{\int_0^{x^2}\sin t^2\,\mathrm{d}t}{\int_0^x t[\ln(1+t^2)]^2\,\mathrm{d}t}$;

(5) $\lim\limits_{x\to 1}\dfrac{\int_1^x\dfrac{\ln t}{t+1}\,\mathrm{d}t}{(x-1)^2}$;

(6) $\lim\limits_{x\to 0}\dfrac{\int_0^{x^2} t^{\frac{3}{2}}\,\mathrm{d}t}{\int_0^x t(t-\sin t)\,\mathrm{d}t}$;

(7) $\lim\limits_{x\to +\infty}\dfrac{1}{x}\int_0^x(t+t^2)\mathrm{e}^{t^2-x^2}\,\mathrm{d}t$;

(8) $\lim\limits_{x\to 0}\dfrac{\left(\int_0^x\mathrm{e}^{t^2}\,\mathrm{d}t\right)^2}{\int_0^x t\mathrm{e}^{2t^2}\,\mathrm{d}t}$.

5. 设函数 $y=y(x)$ 由方程 $\int_0^y\mathrm{e}^t\,\mathrm{d}t+\int_0^x\cos t\,\mathrm{d}t=0$ 所确定，求 $\dfrac{\mathrm{d}y}{\mathrm{d}x}$.

6. 设函数 $y=y(x)$ 由方程 $x+y^2=\int_0^{y-x}\cos^2 t\,\mathrm{d}t$ 所确定，求 $\dfrac{\mathrm{d}y}{\mathrm{d}x}$.

7. 设 $x=\int_0^t\sin u\,\mathrm{d}u, y=\int_0^t\cos u\,\mathrm{d}u$，求 $\dfrac{\mathrm{d}y}{\mathrm{d}x}$.

8. 设 $f(x)=\int_0^x t(1-t)\mathrm{e}^{-2t}\,\mathrm{d}t$，问 x 为何值时， $f(x)$ 有极值？

9. 求函数 $F(x)=\int_0^x t(t-4)\,\mathrm{d}t$ 在 $[-1,5]$ 上的最大值与最小值.

10. 计算下列各定积分：

(1) $\int_1^2\left(x^4+\dfrac{1}{x^2}\right)\mathrm{d}x$;

(2) $\int_{-1}^1(x^3-3x^2)\,\mathrm{d}x$;

(3) $\int_{-2}^3(2x-1)^3\,\mathrm{d}x$;

(4) $\int_0^1(2\mathrm{e}^x+1)\,\mathrm{d}x$;

(5) $\int_{-1}^1\dfrac{1}{1+x^2}\,\mathrm{d}x$;

(6) $\int_0^{\frac{\pi}{4}}\tan^2 x\,\mathrm{d}x$;

(7) $\int_0^{\frac{1}{2}}\dfrac{1}{\sqrt{1-x^2}}\,\mathrm{d}x$;

(8) $\int_0^1\dfrac{x^2}{1+x^2}\,\mathrm{d}x$;

(9) $\int_0^\pi\cos^2\left(\dfrac{x}{2}\right)\mathrm{d}x$;

(10) $\int_4^9\sqrt{x}(1+\sqrt{x})\,\mathrm{d}x$;

(11) $\int_{-1}^0\dfrac{3x^4+3x^2+1}{x^2+1}\,\mathrm{d}x$;

(12) $\int_{-\mathrm{e}-1}^{-2}\dfrac{\mathrm{d}x}{x+1}$;

(13) $\int_0^{2\pi}|\sin x|\,\mathrm{d}x$;

(14) 设 $f(x)=\begin{cases}1+x^2,\ 0\leqslant x\leqslant 1\\ x+1,\ -1\leqslant x<0\end{cases}$ ，求 $\int_{-1}^1 f(x)\,\mathrm{d}x$.

11. 设 $f(x)$ 连续，若 $f(x)$ 满足 $\int_0^1 f(xt)\,\mathrm{d}t=f(x)+x\mathrm{e}^x$，求 $f(x)$.

12. 设 $f(x)=\dfrac{1}{1+x^2}+x^3\int_0^1 f(x)\,\mathrm{d}x$，求 $f(x)$ 与 $\int_0^1 f(x)\,\mathrm{d}x$.

13. 设 $f(x)=\int_1^x\dfrac{\ln(1+t)}{t}\,\mathrm{d}t\ (x>0)$，求 $f(x)+f\left(\dfrac{1}{x}\right)$.

14. 设 $f(x)=\begin{cases}\dfrac{1}{2}\sin x,\ 0\leqslant x\leqslant\pi\\ 0,\ x<0\ \text{或}\ x>\pi\end{cases}$ ，求 $\Phi(x)=\int_{-\infty}^x f(t)\,\mathrm{d}t$ 在 $(-\infty,+\infty)$ 内的表达式.

5.4 定积分的换元积分法与分部积分法

由牛顿-莱布尼茨公式可知，求定积分 $\int_a^b f(x)\,\mathrm{d}x$ 的问题可以转化为求被积函数的一个原函数在闭区间 $[a,b]$ 上的增量问题. 运用牛顿-莱布尼茨公式计算定积分关键在于找出被积函数的一个原函数，而被积函数的原函数一般是通过不定积分得到的，因此，与求不定积分的方法相对应，定积分的计算方法也有换元积分法和分部积分法.

5.4.1 定积分的换元积分法

定理 1 设函数 $f(x)$ 在闭区间 $[a,b]$ 上连续，函数 $x=\varphi(t)$ 满足条件：

(1) $\varphi(\alpha)=a$, $\varphi(\beta)=b$ 且 $a\leqslant\varphi(t)\leqslant b$;

(2) $\varphi(t)$ 在 $[\alpha,\beta]$（或 $[\beta,\alpha]$）上具有连续导数,

则有
$$\int_a^b f(x)\mathrm{d}x = \int_\alpha^\beta f[\varphi(t)]\varphi'(t)\mathrm{d}t. \tag{5.4.1}$$

式(5.4.1)称为定积分的**换元公式**.

证明 因为函数 $f(x)$ 在闭区间 $[a,b]$ 上连续,故在 $[a,b]$ 上可积,且原函数存在. 设 $F(x)$ 是 $f(x)$ 的一个原函数,则
$$\int_a^b f(x)\mathrm{d}x = F(b) - F(a);$$

又因为 $\Phi(t) = F[\varphi(t)]$,由复合函数求导法则,得
$$\Phi'(t) = \frac{\mathrm{d}F}{\mathrm{d}x} \cdot \frac{\mathrm{d}x}{\mathrm{d}t} = F'[\varphi(t)]\varphi'(t) = f[\varphi(t)]\varphi'(t),$$

即 $\Phi(t)$ 是 $f[\varphi(t)]\varphi'(t)$ 的一个原函数. 从而
$$\int_\alpha^\beta f[\varphi(t)]\varphi'(t)\mathrm{d}t = \Phi(\beta) - \Phi(\alpha).$$

因为 $\Phi(t) = F[\varphi(t)]$, $\varphi(\alpha) = a$, $\varphi(\beta) = b$,则
$$\Phi(\beta) - \Phi(\alpha) = F[\varphi(\beta)] - F[\varphi(\alpha)] = F(b) - F(a),$$
$$\int_a^b f(x)\mathrm{d}x = F(b) - F(a) = \Phi(\beta) - \Phi(\alpha) = \int_\alpha^\beta f[\varphi(t)]\varphi'(t)\mathrm{d}t.$$

定积分的换元积分公式与不定积分公式类似. 但是,使用定积分的换元积分公式时应注意以下两点:

(1) 换元必换限. 即用 $x = \varphi(t)$ 把原变量 x 换成新变量 t 时,积分限也要换成相应于新变量 t 的积分限;且上限对应上限,下限对应下限;换元后,下限 α 不一定小于上限 β.

(2) 换元不回代. 即求出 $f[\varphi(t)]\varphi'(t)$ 的一个原函数 $\Phi(t)$ 后,不必像计算不定积分那样再把 $\Phi(t)$ 变换成原变量 x 的函数,而只要把新变量 t 的上、下限代入 $\Phi(t)$ 相减即可.

例1 求定积分 $\int_0^{\frac{\pi}{2}} \cos^6 x \sin x \mathrm{d}x$.

解 令 $t = \cos x$,则 $\mathrm{d}t = -\sin x \mathrm{d}x$;当 $x = \frac{\pi}{2}$ 时,$t = 0$;当 $x = 0$ 时,$t = 1$. 所以
$$\int_0^{\frac{\pi}{2}} \cos^6 x \sin x \mathrm{d}x = -\int_1^0 t^6 \mathrm{d}t = \int_0^1 t^6 \mathrm{d}t = \frac{1}{7} t^7 \bigg|_0^1 = \frac{1}{7}.$$

注 在例1中,如果不明确写出新变量 t,则定积分的上、下限就不需改变,重新计算如下:
$$\int_0^{\frac{\pi}{2}} \cos^6 x \sin x \mathrm{d}x = -\int_0^{\frac{\pi}{2}} \cos^6 x \mathrm{d}(\cos x) = -\frac{1}{7} \cos^7 x \bigg|_0^{\frac{\pi}{2}} = -\left(0 - \frac{1}{7}\right) = \frac{1}{7}.$$

例2 求定积分 $\int_0^a \sqrt{a^2 - x^2} \mathrm{d}x \, (a > 0)$.

解 令 $x = a\sin t$,则 $\mathrm{d}x = a\cos t \mathrm{d}t$;当 $x = 0$ 时,$t = 0$;当 $x = a$ 时,$t = \frac{\pi}{2}$.
$$\sqrt{a^2 - x^2} = a\sqrt{1 - \sin^2 t} = a|\cos t| = a\cos t.$$

所以
$$\int_0^a \sqrt{a^2 - x^2} \mathrm{d}x = a^2 \int_0^{\frac{\pi}{2}} \cos^2 t \mathrm{d}t = a^2 \int_0^{\frac{\pi}{2}} \frac{1 + \cos 2t}{2} \mathrm{d}t = \frac{a^2}{2}\left(t + \frac{1}{2}\sin 2t\right)\bigg|_0^{\frac{\pi}{2}} = \frac{\pi a^2}{4}.$$

注 利用定积分的几何意义,求定积分 $\int_0^a \sqrt{a^2-x^2}\,dx\,(a>0)$ 更加简单(见本章 5.1 节例 2).

例 3 求定积分 $\int_{\frac{\sqrt{3}}{3}a}^{a} \dfrac{1}{x^2\sqrt{a^2+x^2}}\,dx\,(a>0)$.

解 设 $x=a\tan t$,则 $dx=a\sec^2 t\,dt$;当 $x=\dfrac{\sqrt{3}}{3}a$ 时,$t=\dfrac{\pi}{6}$;当 $x=a$ 时,$t=\dfrac{\pi}{4}$.
于是

$$\int_{\frac{\sqrt{3}}{3}a}^{a} \frac{1}{x^2\sqrt{a^2+x^2}}\,dx = \int_{\frac{\pi}{6}}^{\frac{\pi}{4}} \frac{1}{a^2\tan^2 t \cdot a\sec t}\cdot a\sec^2 t\,dt = \frac{1}{a^2}\int_{\frac{\pi}{6}}^{\frac{\pi}{4}} \frac{\cos t}{\sin^2 t}\,dt$$

$$= \frac{1}{a^2}\int_{\frac{\pi}{6}}^{\frac{\pi}{4}} \frac{1}{\sin^2 t}\,d(\sin t) = \frac{1}{a^2}\left(-\frac{1}{\sin t}\right)\bigg|_{\frac{\pi}{6}}^{\frac{\pi}{4}} = \frac{1}{a^2}(2-\sqrt{2}).$$

例 4 求定积分 $\int_{-\frac{\pi}{2}}^{\frac{\pi}{2}} \sqrt{\cos x - \cos^3 x}\,dx$.

解 由于 $\sqrt{\cos x - \cos^3 x} = \sqrt{\cos x}\,|\sin x|$,所以

$$\int_{-\frac{\pi}{2}}^{\frac{\pi}{2}} \sqrt{\cos x - \cos^3 x}\,dx = \int_{-\frac{\pi}{2}}^{\frac{\pi}{2}} \sqrt{\cos x}\,|\sin x|\,dx$$

$$= -\int_{-\frac{\pi}{2}}^{0} \sqrt{\cos x}\cdot\sin x\,dx + \int_{0}^{\frac{\pi}{2}} \sqrt{\cos x}\cdot\sin x\,dx$$

$$= -\int_{-\frac{\pi}{2}}^{0} \sqrt{\cos x}\,d(\cos x) + \int_{0}^{\frac{\pi}{2}} \sqrt{\cos x}\,d(\cos x)$$

$$= \frac{2}{3}(\cos x)^{\frac{3}{2}}\bigg|_{-\frac{\pi}{2}}^{0} - \frac{2}{3}(\cos x)^{\frac{3}{2}}\bigg|_{0}^{\frac{\pi}{2}} = \frac{4}{3}.$$

注 若忽略 $\sin x$ 在 $\left[-\dfrac{\pi}{2},\dfrac{\pi}{2}\right]$ 上的非正性,而按

$$\sqrt{\cos x - \cos^3 x} = (\cos x)^{\frac{1}{2}}\sin x$$

计算,将导致错误.

例 5 求定积分 $\int_0^4 \dfrac{x+1}{\sqrt{2x+1}}\,dx$.

解 $\int_0^4 \dfrac{x+1}{\sqrt{2x+1}}\,dx = \dfrac{1}{2}\int_0^4 \dfrac{2x+1+1}{\sqrt{2x+1}}\,dx = \dfrac{1}{2}\int_0^4 \left(\sqrt{2x+1}+\dfrac{1}{\sqrt{2x+1}}\right)dx$

$$= \frac{1}{2}\int_0^4 \sqrt{2x+1}\,dx + \frac{1}{2}\int_0^4 \frac{1}{\sqrt{2x+1}}\,dx$$

$$= \frac{1}{6}(2x+1)^{\frac{3}{2}}\bigg|_0^4 + \frac{1}{2}\sqrt{2x+1}\bigg|_0^4$$

$$= \frac{1}{6}(9^{\frac{3}{2}}-1) + \frac{1}{2}(3-1) = \frac{16}{3}.$$

例 6 设 $f(x)=\begin{cases} xe^{-x^2}, & x\geq 0 \\ \dfrac{1}{1+\cos x}, & -1<x<0 \end{cases}$,求定积分 $\int_1^4 f(x-2)\,dx$.

解 设 $t=x-2$,则 $dx=dt$;当 $x=1$ 时,$t=-1$;当 $x=4$ 时,$t=2$. 于是

$$\int_1^4 f(x-2)\,dx = \int_{-1}^{2} f(t)\,dt = \int_{-1}^{0} \frac{1}{1+\cos t}\,dt + \int_0^2 te^{-t^2}\,dt$$

$$= \int_{-1}^{0} \frac{1}{2\cos^2 \frac{t}{2}} dt - \frac{1}{2}\int_{0}^{2} e^{-t^2} \cdot (-2t)dt$$

$$= \int_{-1}^{0} \sec^2 \frac{t}{2} d\left(\frac{t}{2}\right) - \frac{1}{2}\int_{0}^{2} e^{-t^2} d(-t^2)$$

$$= \tan \frac{t}{2}\Big|_{-1}^{0} - \frac{1}{2}e^{-t^2}\Big|_{0}^{2} = \tan \frac{1}{2} - \frac{1}{2}e^{-4} + \frac{1}{2}.$$

例 7 若 $f(x)$ 在 $[-a,a]\,(a>0)$ 上连续,则

(1) 当 $f(x)$ 为偶函数时,有 $\int_{-a}^{a} f(x)dx = 2\int_{0}^{a} f(x)dx$;

(2) 当 $f(x)$ 为奇函数时,有 $\int_{-a}^{a} f(x)dx = 0$.

证明 因为 $\int_{-a}^{a} f(x)dx = \int_{-a}^{0} f(x)dx + \int_{0}^{a} f(x)dx$,

在 $\int_{-a}^{0} f(x)dx$ 中,令 $x = -t$,则 $dx = -dt$;当 $x = 0$ 时,$t = 0$;当 $x = -a$ 时,$t = a$. 故

$$\int_{-a}^{0} f(x)dx = -\int_{a}^{0} f(-t)dt = \int_{0}^{a} f(-t)dt = \int_{0}^{a} f(-x)dx,$$

所以 $\int_{-a}^{a} f(x)dx = \int_{0}^{a} f(-x)dx + \int_{0}^{a} f(x)dx = \int_{0}^{a} [f(x) + f(-x)]dx.$ (5.4.2)

(1) 当 $f(x)$ 为偶函数,即 $f(-x) = f(x)$ 时,有

$$\int_{-a}^{a} f(x)dx = 2\int_{0}^{a} f(x)dx.$$

(2) 当 $f(x)$ 为奇函数,即 $f(-x) = -f(x)$ 时,有

$$\int_{-a}^{a} f(x)dx = 0.$$

例 8 求定积分 $\int_{-\frac{\pi}{2}}^{\frac{\pi}{2}} [x^2 + \sin^2 x \ln(x + \sqrt{1+x^2})]dx.$

解 $\int_{-\frac{\pi}{2}}^{\frac{\pi}{2}} [x^2 + \sin^2 x \ln(x + \sqrt{1+x^2})]dx = \int_{-\frac{\pi}{2}}^{\frac{\pi}{2}} x^2 dx + \int_{-\frac{\pi}{2}}^{\frac{\pi}{2}} \sin^2 x \ln(x + \sqrt{1+x^2})dx,$

在对称区间 $\left[-\frac{\pi}{2}, \frac{\pi}{2}\right]$ 上,x^2 与 $\sin^2 x$ 都是偶函数,$\ln(x + \sqrt{1+x^2})$ 是奇函数(参看 1.1 节例 6),所以 $\sin^2 x \ln(x + \sqrt{1+x^2})$ 是奇函数. 从而

$$\int_{-\frac{\pi}{2}}^{\frac{\pi}{2}} [x^2 + \sin^2 x \ln(x + \sqrt{1+x^2})]dx = \int_{-\frac{\pi}{2}}^{\frac{\pi}{2}} x^2 dx = 2\int_{0}^{\frac{\pi}{2}} x^2 dx = \frac{2}{3}x^3 \Big|_{0}^{\frac{\pi}{2}} = \frac{\pi^3}{12}.$$

例 9 设 $f(x)$ 是以 $T(T > 0)$ 为周期的连续函数,证明:对任意常数 a,有

$$\int_{a}^{a+T} f(x)dx = \int_{0}^{T} f(x)dx. \tag{5.4.3}$$

证明 由定积分的区间可加性可知

$$\int_{a}^{a+T} f(x)dx = \int_{a}^{0} f(x)dx + \int_{0}^{T} f(x)dx + \int_{T}^{a+T} f(x)dx,$$

在 $\int_{T}^{a+T} f(x)dx$ 中,令 $x = t + T$,则 $dx = dt$;当 $x = T$ 时,$t = 0$;当 $x = a + T$ 时,$t = a$. 又因为 $f(x)$ 的周期为 T,即 $f(t+T) = f(t)$. 所以

$$\int_T^{a+T} f(x)\mathrm{d}x = \int_0^a f(t+T)\mathrm{d}t = \int_0^a f(t)\mathrm{d}t = \int_0^a f(x)\mathrm{d}x,$$

因此
$$\int_a^{a+T} f(x)\mathrm{d}x = \int_a^0 f(x)\mathrm{d}x + \int_0^T f(x)\mathrm{d}x + \int_0^a f(x)\mathrm{d}x,$$

由于
$$\int_a^0 f(x)\mathrm{d}x + \int_0^a f(x)\mathrm{d}x = 0,$$

所以
$$\int_a^{a+T} f(x)\mathrm{d}x = \int_0^T f(x)\mathrm{d}x.$$

例 10 设 $f(x)$ 是 $[0,1]$ 上的连续函数，证明：

(1) $\int_0^{\frac{\pi}{2}} f(\sin x)\mathrm{d}x = \int_0^{\frac{\pi}{2}} f(\cos x)\mathrm{d}x$；

(2) $\int_0^{\pi} xf(\sin x)\mathrm{d}x = \dfrac{\pi}{2}\int_0^{\pi} f(\sin x)\mathrm{d}x$，并由此计算

$$\int_0^{\pi} \frac{x\sin x}{1+\cos^2 x}\mathrm{d}x.$$

证明 (1) 令 $x = \dfrac{\pi}{2} - t$，则 $\mathrm{d}x = -\mathrm{d}t$；当 $x = 0$ 时，$t = \dfrac{\pi}{2}$；当 $x = \dfrac{\pi}{2}$ 时，$t = 0$. 所以

$$\int_0^{\frac{\pi}{2}} f(\sin x)\mathrm{d}x = -\int_{\frac{\pi}{2}}^0 f\left[\sin\left(\frac{\pi}{2}-t\right)\right]\mathrm{d}t = \int_0^{\frac{\pi}{2}} f(\cos t)\mathrm{d}t = \int_0^{\frac{\pi}{2}} f(\cos x)\mathrm{d}x.$$

(2) 令 $x = \pi - t$，则 $\mathrm{d}x = -\mathrm{d}t$；当 $x = 0$ 时，$t = \pi$；当 $x = \pi$ 时，$t = 0$. 所以

$$\int_0^{\pi} xf(\sin x)\mathrm{d}x = -\int_{\pi}^0 (\pi - t)f[\sin(\pi - t)]\mathrm{d}t = \int_0^{\pi} (\pi - t)f[\sin(\pi - t)]\mathrm{d}t$$
$$= \int_0^{\pi} (\pi - t)f(\sin t)\mathrm{d}t = \pi\int_0^{\pi} f(\sin t)\mathrm{d}t - \int_0^{\pi} tf(\sin t)\mathrm{d}t$$
$$= \pi\int_0^{\pi} f(\sin x)\mathrm{d}x - \int_0^{\pi} xf(\sin x)\mathrm{d}x,$$

所以
$$\int_0^{\pi} xf(\sin x)\mathrm{d}x = \frac{\pi}{2}\int_0^{\pi} f(\sin x)\mathrm{d}x.$$

利用上述结果，可得

$$\int_0^{\pi} \frac{x\sin x}{1+\cos^2 x}\mathrm{d}x = \frac{\pi}{2}\int_0^{\pi} \frac{\sin x}{1+\cos^2 x}\mathrm{d}x = -\frac{\pi}{2}\int_0^{\pi} \frac{1}{1+\cos^2 x}\mathrm{d}(\cos x)$$
$$= -\frac{\pi}{2}\arctan(\cos x)\Big|_0^{\pi} = -\frac{\pi}{2}\left(-\frac{\pi}{4}-\frac{\pi}{4}\right) = \frac{\pi^2}{4}.$$

5.4.2 定积分的分部积分法

设函数 $u = u(x)$，$v = v(x)$ 在区间 $[a,b]$ 上具有连续导数，则
$$\mathrm{d}(uv) = v\mathrm{d}u + u\mathrm{d}v,$$

移项得
$$u\mathrm{d}v = \mathrm{d}(uv) - v\mathrm{d}u,$$

于是
$$\int_a^b u\mathrm{d}v = \int_a^b \mathrm{d}(uv) - \int_a^b v\mathrm{d}u,$$

即
$$\int_a^b u\mathrm{d}v = uv\Big|_a^b - \int_a^b v\mathrm{d}u, \tag{5.4.4}$$

或
$$\int_a^b uv'\mathrm{d}x = uv\Big|_a^b - \int_a^b vu'\mathrm{d}u. \tag{5.4.5}$$

这就是**定积分的分部积分公式**. 与不定积分的分部积分公式不同的是，这里可将原函数已经积

出的部分 uv 先用上、下限代入.

例 11 求定积分 $\int_0^\pi x\sin x \,dx$.

解 $\int_0^\pi x\sin x \,dx = \int_0^\pi x\,d(-\cos x) = -x\cos x\Big|_0^\pi + \int_0^\pi \cos x \,dx = \pi + \sin x\Big|_0^\pi = \pi.$

例 12 求定积分 $\int_0^{\frac{1}{2}} \arcsin x \,dx$.

解 $\int_0^{\frac{1}{2}} \arcsin x \,dx = (x\arcsin x)\Big|_0^{\frac{1}{2}} - \int_0^{\frac{1}{2}} \dfrac{x}{\sqrt{1-x^2}}\,dx = \dfrac{1}{2}\cdot\dfrac{\pi}{6} + \dfrac{1}{2}\int_0^{\frac{1}{2}} \dfrac{1}{\sqrt{1-x^2}}\,d(1-x^2)$

$\qquad = \dfrac{\pi}{12} + \sqrt{1-x^2}\Big|_0^{\frac{1}{2}} = \dfrac{\pi}{12} + \dfrac{\sqrt{3}}{2} - 1.$

例 13 求定积分 $\int_0^1 \ln(x+\sqrt{1+x^2})\,dx$.

解 $\int_0^1 \ln(x+\sqrt{1+x^2})\,dx = \left[x\ln(x+\sqrt{1+x^2})\right]\Big|_0^1 - \int_0^1 x\,d\ln(x+\sqrt{1+x^2})$

$\qquad = \ln(1+\sqrt{2}) - \int_0^1 x\cdot\dfrac{1}{x+\sqrt{1+x^2}}\cdot\left(1+\dfrac{2x}{2\sqrt{1+x^2}}\right)dx$

$\qquad = \ln(1+\sqrt{2}) - \int_0^1 \dfrac{x}{\sqrt{1+x^2}}\,dx$

$\qquad = \ln(1+\sqrt{2}) - \sqrt{1+x^2}\Big|_0^1 = \ln(1+\sqrt{2}) - \sqrt{2} + 1.$

例 14 求定积分 $\int_{\frac{\pi}{4}}^{\frac{\pi}{2}} \dfrac{x}{1-\cos 2x}\,dx$.

解 $\int_{\frac{\pi}{4}}^{\frac{\pi}{2}} \dfrac{x}{1-\cos 2x}\,dx = \int_{\frac{\pi}{4}}^{\frac{\pi}{2}} \dfrac{x}{2\sin^2 x}\,dx = -\dfrac{1}{2}\int_{\frac{\pi}{4}}^{\frac{\pi}{2}} x\,d\cot x = -\dfrac{1}{2}x\cot x\Big|_{\frac{\pi}{4}}^{\frac{\pi}{2}} + \dfrac{1}{2}\int_{\frac{\pi}{4}}^{\frac{\pi}{2}} \cot x\,dx$

$\qquad = \dfrac{\pi}{8} + \dfrac{1}{2}\ln|\sin x|\,\Big|_{\frac{\pi}{4}}^{\frac{\pi}{2}} = \dfrac{\pi}{8} + \dfrac{1}{4}\ln 2.$

例 15 求定积分 $\int_{\frac{1}{2}}^1 e^{\sqrt{2x-1}}\,dx$.

解 令 $t = \sqrt{2x-1}$, $x = \dfrac{t^2+1}{2}$, 则 $dx = t\,dt$; 当 $x = \dfrac{1}{2}$ 时, $t = 0$; 当 $x = 1$ 时, $t = 1$. 所以

$$\int_{\frac{1}{2}}^1 e^{\sqrt{2x-1}}\,dx = \int_0^1 te^t\,dt = \int_0^1 t\,d(e^t) = te^t\Big|_0^1 - \int_0^1 e^t\,dt = e - e^t\Big|_0^1 = e - (e-1) = 1.$$

例 16 导出 $I_n = \int_0^{\frac{\pi}{2}} \sin^n x\,dx$ (n 为非负整数) 的递推公式.

证明 $I_0 = \int_0^{\frac{\pi}{2}} dx = \dfrac{\pi}{2}$, $I_1 = \int_0^{\frac{\pi}{2}} \sin x\,dx = 1.$

当 $n \geqslant 2$ 时, 有

$$I_n = \int_0^{\frac{\pi}{2}} \sin^n x\,dx = \int_0^{\frac{\pi}{2}} \sin^{n-1} x \cdot \sin x\,dx = -\int_0^{\frac{\pi}{2}} \sin^{n-1} x\,d\cos x$$

$$= -(\sin^{n-1} x \cdot \cos x)\Big|_0^{\frac{\pi}{2}} + (n-1)\int_0^{\frac{\pi}{2}} \sin^{n-2} x \cdot \cos^2 x\,dx$$

$$= (n-1)\int_0^{\frac{\pi}{2}} \sin^{n-2}x \cdot (1-\sin^2 x)dx$$

$$= (n-1)\int_0^{\frac{\pi}{2}} \sin^{n-2}x\,dx - (n-1)\int_0^{\frac{\pi}{2}} \sin^n x\,dx$$

$$= (n-1)I_{n-2} - (n-1)I_n,$$

得递推公式 $$I_n = \frac{n-1}{n} I_{n-2}.$$

当 n 为偶数时，设 $n=2m$，则有

$$I_{2m} = \frac{2m-1}{2m} \cdot \frac{2m-3}{2m-2} \cdot \frac{2m-5}{2m-4} \cdot \cdots \cdot \frac{3}{4} \cdot \frac{1}{2} \cdot I_0$$

$$= \frac{2m-1}{2m} \cdot \frac{2m-3}{2m-2} \cdot \frac{2m-5}{2m-4} \cdot \cdots \cdot \frac{3}{4} \cdot \frac{1}{2} \cdot \frac{\pi}{2};$$

当 n 为奇数时，设 $n=2m+1$，则有

$$I_{2m+1} = \frac{2m}{2m+1} \cdot \frac{2m-2}{2m-1} \cdot \frac{2m-4}{2m-3} \cdot \cdots \cdot \frac{4}{5} \cdot \frac{2}{3} \cdot I_1$$

$$= \frac{2m-1}{2m} \cdot \frac{2m-3}{2m-2} \cdot \frac{2m-5}{2m-4} \cdot \cdots \cdot \frac{4}{5} \cdot \frac{2}{3} \cdot 1.$$

注 根据本节例 7(1)，可知

$$\int_0^{\frac{\pi}{2}} \cos^n x\,dx = \int_0^{\frac{\pi}{2}} \sin^n x\,dx. \tag{5.4.6}$$

在计算定积分时，本例的结果可作为已知结果使用.

例如，计算定积分 $\int_0^\pi \sin^6 \frac{x}{2} dx$. 令 $t = \frac{x}{2}$，$x = 2t$，则 $dx = 2dt$. 当 $x = 0$ 时，$t=0$；当 $x = \pi$ 时，$t = \frac{\pi}{2}$.

所以 $$\int_0^\pi \sin^6 \frac{x}{2} dx = 2\int_0^{\frac{\pi}{2}} \sin^6 t\,dt = 2 \cdot \frac{5}{6} \cdot \frac{3}{4} \cdot \frac{1}{2} \cdot \frac{\pi}{2} = \frac{5\pi}{16}.$$

习 题 5-4

1. 用换元积分法求下列定积分：

(1) $\int_{-2}^{-1} \frac{dx}{(11+5x)^2}$;

(2) $\int_0^1 \frac{e^x}{1+e^x}dx$;

(3) $\int_0^{\frac{\pi}{2}} \sin^2 x \cos x\,dx$;

(4) $\int_{-2}^0 \frac{1}{x^2+2x+2}dx$;

(5) $\int_0^{\frac{1}{2}} \frac{\arcsin x}{\sqrt{1-x^2}}dx$;

(6) $\int_0^1 t e^{-\frac{t^2}{2}}dt$;

(7) $\int_1^2 \frac{e^{\frac{1}{x}}}{x^2}dx$;

(8) $\int_0^5 \frac{x^3}{x^2+1}dx$;

(9) $\int_0^5 \frac{2x^2+3x-5}{x+3}dx$;

(10) $\int_e^{e^6} \frac{\sqrt{3\ln x - 2}}{x}dx$;

(11) $\int_1^{e^2} \frac{dx}{2x\sqrt{1+\ln x}}$;

(12) $\int_0^{\frac{\pi}{2}} \sin\theta \cos^3\theta\,d\theta$;

(13) $\int_1^{\sqrt{3}} \frac{dx}{x^2\sqrt{1+x^2}}$;

(14) $\int_0^{\sqrt{2}} \sqrt{2-x^2}\,dx$;

(15) $\int_0^a x^2\sqrt{a^2-x^2}\,dx$;

(16) $\int_0^3 \frac{dx}{(x+1)\sqrt{x}}$;

(17) $\int_0^4 \frac{\sqrt{x}}{1+\sqrt{x}}dx$;

(18) $\int_0^{\sqrt{2}a} \frac{x}{\sqrt{3a^2-x^2}}dx$;

(19) $\int_0^1 \sqrt{2x-x^2}\,dx$;   (20) $\int_{-\sqrt{2}}^{\sqrt{2}} \sqrt{8-2x^2}\,dx$;   (21) $\int_0^1 (1+x^2)^{-\frac{3}{2}}\,dx$;

(22) $\int_{\frac{3}{4}}^1 \dfrac{1}{\sqrt{1-x}-1}\,dx$;   (23) $\int_1^4 \dfrac{1}{1+\sqrt{x}}\,dx$;   (24) $\int_{-1}^1 \dfrac{x}{\sqrt{5-4x}}\,dx$;

(25) $\int_0^1 \dfrac{\sqrt{e^{-x}}}{\sqrt{e^x+e^{-x}}}\,dx$;   (26) $\int_0^2 \dfrac{1}{\sqrt{x+1}+\sqrt{(x+1)^3}}\,dx$;   (27) $\int_{-3}^0 \dfrac{x+1}{\sqrt{x+4}}\,dx$;

(28) $\int_{-3}^2 \min(2,x^2)\,dx$;   (29) $\int_0^{\frac{\pi}{2}} \dfrac{\sin x}{\sin x+\cos x}\,dx$;   (30) $\int_0^{\pi} \sqrt{\sin^3 x - \sin^5 x}\,dx$.

2. 用分部积分法求下列定积分：

(1) $\int_0^{\ln 2} x e^x\,dx$;   (2) $\int_1^e x\ln x\,dx$;   (3) $\int_1^4 \dfrac{\ln x}{\sqrt{x}}\,dx$;

(4) $\int_0^1 x\arctan x\,dx$;   (5) $\int_0^{\frac{\pi}{2}} x^2 \sin x\,dx$;   (6) $\int_{\frac{\pi}{4}}^{\frac{\pi}{3}} \dfrac{x}{\sin^2 x}\,dx$;

(7) $\int_0^{2\pi} x\cos^2 x\,dx$;   (8) $\int_0^1 x^5 \ln^3 x\,dx$;   (9) $\int_0^{\sqrt{\ln 2}} x^3 e^{x^2}\,dx$;

(10) $\int_0^{\frac{1}{\sqrt{2}}} \dfrac{\arcsin x}{(1-x^2)^{\frac{3}{2}}}\,dx$;   (11) $\int_0^{\frac{\pi}{2}} e^{2x}\cos x\,dx$;   (12) $\int_1^e \sin(\ln x)\,dx$;

(13) $\int_e^{e^2} \dfrac{\ln x}{(x-1)^2}\,dx$;   (14) $\int_0^{e-1} (1+x)\ln^2(1+x)\,dx$;   (15) $\int_1^2 x\log_2 x\,dx$;

(16) $\int_0^{2\pi} |x\sin x|\,dx$;   (17) $\int_{\frac{1}{e}}^e |\ln x|\,dx$;   (18) $\int_0^{\frac{\pi}{4}} \dfrac{x\sec^2 x}{(1+\tan x)^2}\,dx$;

(19) $\int_1^{16} \arctan\sqrt{\sqrt{x}-1}\,dx$;   (20) $\int_0^1 (1-x^2)^{\frac{m}{2}}\,dx$ (m 为自然数).

3. 利用积分区间的对称性以及函数的奇偶性，计算下列定积分：

(1) $\int_{-\frac{\pi}{2}}^{\frac{\pi}{2}} \sin x\cos 2x\,dx$;   (2) $\int_{-\frac{\pi}{2}}^{\frac{\pi}{2}} \sqrt{\cos x-\cos^3 x}\,dx$;   (3) $\int_{-\pi}^{\pi} x^6 \sin x\,dx$;

(4) $\int_{-\frac{1}{2}}^{\frac{1}{2}} \dfrac{x\arcsin x}{\sqrt{1-x^2}}\,dx$;   (5) $\int_{-\sqrt{3}}^{\sqrt{3}} |\arctan x|\,dx$;   (6) $\int_{-\frac{\pi}{2}}^{\frac{\pi}{2}} \dfrac{x}{1+\cos x}\,dx$;

(7) $\int_{-\frac{\pi}{2}}^{\frac{\pi}{2}} \cos^5 x\,dx$;   (8) $\int_{-5}^5 \dfrac{x^3 \sin^2 x}{x^4+2x^2+1}\,dx$;   (9) $\int_{-\pi}^{\pi} (\sqrt{1-\cos 2x}+|x|\sin x)\,dx$;

(10) $\int_{-\frac{\pi}{4}}^{\frac{\pi}{4}} \dfrac{\cos^2 x}{1+e^{-x}}\,dx$.

4. 已知 $f(x)$ 是连续函数，证明

(1) $\int_a^b f(x)\,dx = (b-a)\int_0^1 f[a+(b-a)x]\,dx$;

(2) $\int_0^{2a} f(x)\,dx = \int_0^a [f(x)+f(2a-x)]\,dx$;

(3) $\int_0^a x^3 f(x^2)\,dx = \dfrac{1}{2}\int_0^{a^2} x f(x)\,dx$ ($a>0$).

5. 设 $f(x)$ 是连续函数，证明

(1) 当 $f(x)$ 是偶函数时，则 $\varphi(x)=\int_0^x f(t)\,dt$ 为奇函数；

(2) 当 $f(x)$ 是奇函数时，则 $\varphi(x)=\int_0^x f(t)\,dt$ 为偶函数.

6. 证明： $\int_{-a}^a \varphi(x^2)\,dx = 2\int_0^a \varphi(x^2)\,dx$，其中 $\varphi(x)$ 为连续函数.

7. 证明： $\int_0^1 x^m(1-x)^n\,dx = \int_0^1 x^n(1-x)^m\,dx$ ($m,n\in \mathbf{N}$).

8. 证明：$\int_0^\pi \sin^n x \, dx = 2\int_0^{\frac{\pi}{2}} \sin^n x \, dx$.

9. 证明：$\int_x^1 \frac{1}{1+x^2} dx = \int_1^{\frac{1}{x}} \frac{1}{1+x^2} dx \, (x > 0)$.

10. 设 $f(x) = \int_1^{x^3} \frac{\sin t}{t} dt$，求 $\int_0^1 x^2 f(x) dx$. 若 $f(x) = \int_1^{x^n} \frac{\sin t}{t} dt$，求 $\int_0^1 x^{n-1} f(x) dx$.

11. 若 $f''(x)$ 在 $[0,\pi]$ 连续，$f(0) = 2, f(\pi) = 1$，证明：
$$\int_0^\pi [f(x) + f''(x)] \sin x \, dx = 3.$$

12. 当 $x > 0$ 时，$f(x)$ 可导，且满足方程
$$f(x) = 1 + \int_1^x \frac{1}{x} f(t) dt,$$
求 $f(x)$.

5.5 广义积分

前面所讨论的定积分 $\int_a^b f(x) dx$，总是假定积分区间 $[a,b]$ 为有限区间，被积函数 $f(x)$ 在区间 $[a,b]$ 上是有界函数. 然而在实际问题中，所遇到的积分的积分区间并不总是有限的，被积函数也可能是无界函数. 因此，可将定积分的概念加以推广. 考虑无限区间的积分和无界函数的积分，前者称为**无穷限积分**，后者称为**无界函数的积分**，两者统称为**广义积分**或**反常积分**. 相对应地，前面的定积分则称为**正常积分**或**常义积分**.

5.5.1 无穷限的广义积分

定义 1 设函数 $f(x)$ 在区间 $[a, +\infty)$ 上连续，对任意实数 $b(b > a)$，如果极限
$$\lim_{b \to +\infty} \int_a^b f(x) dx$$
存在，则称此极限为函数 $f(x)$ 在无穷区间 $[a, +\infty)$ 上的广义积分，简称无穷限积分，记为 $\int_a^{+\infty} f(x) dx$，即
$$\int_a^{+\infty} f(x) dx = \lim_{b \to +\infty} \int_a^b f(x) dx,$$
此时称无穷限积分 $\int_a^{+\infty} f(x) dx$ **收敛**；如果上述极限不存在，则称无穷限积分 $\int_a^{+\infty} f(x) dx$ **发散**.

类似地，可定义**函数 $f(x)$ 在无穷区间 $(-\infty, b]$ 上的广义积分**
$$\int_{-\infty}^b f(x) dx = \lim_{a \to -\infty} \int_a^b f(x) dx,$$
其中，$a(a < b)$ 为任意实数.

定义 2 函数 $f(x)$ 在无穷区间 $(-\infty, +\infty)$ 上的广义积分定义为
$$\int_{-\infty}^{+\infty} f(x) dx = \int_{-\infty}^c f(x) dx + \int_c^{+\infty} f(x) dx,$$
其中 c 为任意实数，当上式右端两个无穷限积分都收敛时，则称无穷限积分 $\int_{-\infty}^{+\infty} f(x) dx$ 是**收敛**的；否则，称无穷限积分 $\int_{-\infty}^{+\infty} f(x) dx$ 是发散的.

上述广义积分统称为**无穷限的广义积分**.

设 $F(x)$ 是 $f(x)$ 在的一个原函数,且 $\lim\limits_{x\to+\infty}F(x)$,$\lim\limits_{x\to-\infty}F(x)$ 存在,记
$$F(+\infty)=\lim_{x\to+\infty}F(x),\quad F(-\infty)=\lim_{x\to-\infty}F(x),$$
则无穷限积分可以表示为
$$\int_a^{+\infty}f(x)\mathrm{d}x=F(x)\Big|_a^{+\infty}=F(+\infty)-F(a),$$
$$\int_{-\infty}^b f(x)\mathrm{d}x=F(x)\Big|_{-\infty}^b=F(b)-F(-\infty),$$
$$\int_{-\infty}^{+\infty}f(x)\mathrm{d}x=F(x)\Big|_{-\infty}^{+\infty}=F(+\infty)-F(-\infty).$$

例1 计算无穷限积分 $\int_0^{+\infty}\mathrm{e}^{-x}\mathrm{d}x$.

解 对任意的 $b>0$,有
$$\int_0^b \mathrm{e}^{-x}\mathrm{d}x=-\mathrm{e}^{-x}\big|_0^b=-\mathrm{e}^{-b}-(-1)=1-\mathrm{e}^{-b}.$$

故
$$\lim_{b\to+\infty}\int_0^b \mathrm{e}^{-x}\mathrm{d}x=\lim_{b\to+\infty}(1-\mathrm{e}^{-b})=1-0=1,$$

所以
$$\int_0^{+\infty}\mathrm{e}^{-x}\mathrm{d}x=\lim_{b\to+\infty}\int_0^b \mathrm{e}^{-x}\mathrm{d}x=1.$$

注 上述过程也可直接写成
$$\int_0^{+\infty}\mathrm{e}^{-x}\mathrm{d}x=-\mathrm{e}^{-x}\big|_0^{+\infty}=-\lim_{b\to+\infty}\mathrm{e}^{-x}-(-1)=0+1=1.$$

例2 判别无穷限积分 $\int_{-\infty}^0 \sin x\mathrm{d}x$ 的敛散性.

解 对任意的 $a<0$,有
$$\int_{-\infty}^0 \sin x\mathrm{d}x=-\cos x\big|_{-\infty}^0=-1+\lim_{x\to-\infty}\cos x,$$

因为 $\lim\limits_{x\to-\infty}\cos x$ 不存在,所以无穷限积分 $\int_{-\infty}^0 \sin x\mathrm{d}x$ 发散.

例3 计算无穷限积分 $\int_{-\infty}^{+\infty}\dfrac{\mathrm{d}x}{1+x^2}$.

解 $\int_{-\infty}^{+\infty}\dfrac{\mathrm{d}x}{1+x^2}=\arctan x\big|_{-\infty}^{+\infty}=\lim\limits_{x\to+\infty}\arctan x-\lim\limits_{x\to-\infty}\arctan x=\dfrac{\pi}{2}-\left(-\dfrac{\pi}{2}\right)=\pi.$

注 若无穷限积分收敛时,$\int_{-\infty}^{+\infty}\dfrac{\mathrm{d}x}{1+x^2}$ 几何意义是:当 $x\to\infty$ 时,图中阴影部分向左、向右无限延伸,但其面积有极限值 π. 简单地说,它是位于曲线 $\dfrac{1}{1+x^2}$ 的下方,x 轴上方的图形面积(图 5-5-1).

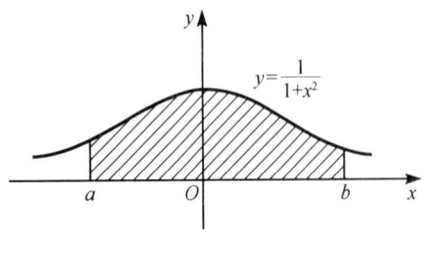

图 5-5-1

例4 计算无穷限积分 $\int_0^{+\infty}x\mathrm{e}^{-x}\mathrm{d}x$.

解 $\int_0^{+\infty}x\mathrm{e}^{-x}\mathrm{d}x=-\int_0^{+\infty}x\mathrm{d}(\mathrm{e}^{-x})=-x\mathrm{e}^{-x}\big|_0^{+\infty}+\int_0^{+\infty}\mathrm{e}^{-x}\mathrm{d}x=-\lim\limits_{x\to+\infty}x\mathrm{e}^{-x}+0-\mathrm{e}^{-x}\big|_0^{+\infty}$
$=0-\lim\limits_{x\to+\infty}\mathrm{e}^{-x}+1=0+1=1.$

注 其中未定式的极限
$$\lim_{x\to+\infty}x\mathrm{e}^{-x}=\lim_{x\to+\infty}\dfrac{x}{\mathrm{e}^x}=\lim_{x\to+\infty}\dfrac{1}{\mathrm{e}^x}=0.$$

例 5 讨论无穷限积分 $\int_a^{+\infty} \dfrac{1}{x^p} \mathrm{d}x (a > 0)$ 的敛散性.

解 当 $p \neq 1$ 时,
$$\int_a^{+\infty} \frac{1}{x^p} \mathrm{d}x = \frac{1}{1-p} x^{1-p} \Big|_a^{+\infty} = \begin{cases} +\infty, & p < 1 \\ \dfrac{a^{1-p}}{p-1}, & p > 1 \end{cases},$$

当 $p = 1$ 时,
$$\int_a^{+\infty} \frac{1}{x} \mathrm{d}x = \ln x \Big|_a^{+\infty} = +\infty.$$

因此,当 $p \leqslant 1$ 时,无穷限积分 $\int_a^{+\infty} \dfrac{1}{x^p} \mathrm{d}x$ 发散;当 $p > 1$ 时,无穷限积分 $\int_a^{+\infty} \dfrac{1}{x^p} \mathrm{d}x$ 收敛于 $\dfrac{a^{1-p}}{p-1}$.

例 6 计算无穷限积分 $\int_{\mathrm{e}}^{+\infty} \dfrac{\mathrm{d}x}{x (\ln x)^3}$.

解 $\int_{\mathrm{e}}^{+\infty} \dfrac{\mathrm{d}x}{x (\ln x)^3} = \int_{\mathrm{e}}^{+\infty} \dfrac{1}{(\ln x)^3} \mathrm{d}(\ln x) = -\dfrac{1}{2 \ln^2 x} \Big|_{\mathrm{e}}^{+\infty} = -\lim\limits_{x \to +\infty} \dfrac{1}{2 \ln^2 x} + \dfrac{1}{2 \ln^2 \mathrm{e}}$
$= 0 + \dfrac{1}{2} = \dfrac{1}{2}.$

注 此题可利用例 5 结论. 解法如下:

令 $t = \ln x$,则当 $x = \mathrm{e}$ 时,$t = 1$;当 $x \to +\infty$ 时,$t \to +\infty$. 则
$$\int_{\mathrm{e}}^{+\infty} \frac{\mathrm{d}x}{x (\ln x)^3} = \int_{\mathrm{e}}^{+\infty} \frac{1}{(\ln x)^3} \mathrm{d}(\ln x) = \int_1^{+\infty} \frac{1}{t^3} \mathrm{d}t.$$

由例 5 可知,$p = 3 > 1$,无穷限积分 $\int_1^{+\infty} \dfrac{1}{t^3} \mathrm{d}t$ 收敛于 $\dfrac{1}{2}$.

5.5.2 无界函数的广义积分

将定积分推广为被积函数是无界函数的情形,就得到无界函数的广义积分.

定义 3 设函数 $f(x)$ 在 $(a, b]$ 上连续,而在点 a 的右半邻域内 $f(x)$ 无界. 取 $\varepsilon > 0$,如果极限
$$\lim\limits_{\varepsilon \to 0^+} \int_{a+\varepsilon}^b f(x) \mathrm{d}x$$

存在,则称此极限为函数 $f(x)$ 在区间 $(a, b]$ 上的**广义积分**,简称为**无界函数的积分**(或**瑕积分**),记作 $\int_a^b f(x) \mathrm{d}x$,即
$$\int_a^b f(x) \mathrm{d}x = \lim\limits_{\varepsilon \to 0^+} \int_{a+\varepsilon}^b f(x) \mathrm{d}x,$$

此时称**瑕积分** $\int_a^b f(x) \mathrm{d}x$ **收敛**;如果上述极限不存在,则称**瑕积分** $\int_a^b f(x) \mathrm{d}x$ **发散**;点 a 是函数 $f(x)$ 的无穷间断点,称为瑕积分的**瑕点**.

类似地,可定义函数 $f(x)$ 在 $f(x)$ 在**区间** $[a, b)$ **上瑕积分**
$$\int_a^b f(x) \mathrm{d}x = \lim\limits_{\varepsilon \to 0^+} \int_a^{b-\varepsilon} f(x) \mathrm{d}x,$$

其中,点 b 是函数 $f(x)$ 的无穷间断点,称为瑕积分的**瑕点**.

定义 4 设函数 $f(x)$ 在 $[a,b]$ 上除 $c(c \in (a,b))$ 点外都连续,而在 c 点的某邻域内无界,则函数 $f(x)$ 在 $[a,b]$ 上的**瑕积分**定义为

$$\int_a^b f(x)\,dx = \int_a^c f(x)\,dx + \int_c^b f(x)\,dx.$$

当上式右端的两个瑕积分都收敛时,则称**瑕积分** $\int_a^b f(x)\,dx$ **是收敛的**;否则,称**瑕积分** $\int_a^b f(x)\,dx$ **是发散**. 其中,点 c 是函数 $f(x)$ 的无穷间断点,称为瑕积分的**瑕点**.

例 7 计算瑕积分 $\int_0^a \dfrac{dx}{\sqrt{a^2-x^2}}\,(a>0)$.

解 函数 $f(x) = \dfrac{1}{\sqrt{a^2-x^2}}$ 在 $[0,a)$ 上连续,且 $\lim\limits_{x \to a^-} \dfrac{1}{\sqrt{a^2-x^2}} = +\infty$,所以右端点 $x = a$ 是瑕点.

$$\int_0^a \dfrac{dx}{\sqrt{a^2-x^2}} = \lim_{\varepsilon \to 0^+} \int_0^{a-\varepsilon} \dfrac{dx}{\sqrt{a^2-x^2}} = \lim_{\varepsilon \to 0^+} \left(\arcsin \dfrac{x}{a}\right)\bigg|_0^{a-\varepsilon}$$

$$= \lim_{\varepsilon \to 0^+} \left(\arcsin \dfrac{a-\varepsilon}{a} - 0\right) = \arcsin 1 = \dfrac{\pi}{2}.$$

例 8 计算瑕积分 $\int_1^2 \dfrac{dx}{x\ln x}$.

解 函数 $f(x) = \dfrac{1}{x\ln x}$ 在 $(1,2]$ 上连续,且 $\lim\limits_{x \to 1^+} \dfrac{1}{x\ln x} = +\infty$,所以左端点 $x = 1$ 是瑕点.

$$\int_1^2 \dfrac{dx}{x\ln x} = \int_1^2 \dfrac{1}{\ln x}\,d(\ln x) = \ln|\ln x|\bigg|_1^2 = \ln\ln 2 - \lim_{x \to 1^+}\ln\ln x = +\infty.$$

例 9 讨论瑕积分 $\int_0^a \dfrac{1}{x^q}\,dx\,(a>0)$ 的敛散性.

解 函数 $f(x) = \dfrac{1}{x^q}$ 在 $(0,a]$ 上连续,且 $\lim\limits_{x \to 0^+} \dfrac{1}{x^q} = +\infty$,所以左端点 $x = 0$ 是瑕点.

当 $q \neq 1$ 时,有

$$\int_0^a \dfrac{1}{x^q}\,dx = \dfrac{1}{1-q}x^{1-q}\bigg|_0^a = \begin{cases} +\infty, & q > 1 \\ \dfrac{a^{1-q}}{1-q}, & q < 1 \end{cases}.$$

当 $q = 1$ 时,有

$$\int_0^a \dfrac{1}{x}\,dx = \ln x\bigg|_0^a = +\infty.$$

因此,当 $q < 1$ 时,瑕积分 $\int_0^a \dfrac{1}{x^q}\,dx$ 收敛于 $\dfrac{a^{1-q}}{1-q}$;当 $q \geqslant 1$ 时,瑕积分 $\int_0^a \dfrac{1}{x^q}\,dx$ 发散.

例 10 计算瑕积分 $\int_0^1 \dfrac{\arcsin\sqrt{x}}{\sqrt{x(1-x)}}\,dx$.

解 函数 $f(x) = \dfrac{\arcsin\sqrt{x}}{\sqrt{x(1-x)}}$ 在 $(0,1)$ 内连续,有两个可疑的瑕点 $x = 0$ 和 $x = 1$.

因为
$$\lim_{x \to 0^+} \frac{\arcsin\sqrt{x}}{\sqrt{x(1-x)}} = 1, \quad \lim_{x \to 1^-} \frac{\arcsin\sqrt{x}}{\sqrt{x(1-x)}} = +\infty,$$
所以左端点 $x=0$ 不是瑕点,而右端点 $x=1$ 是瑕点.
$$\int_0^1 \frac{\arcsin\sqrt{x}}{\sqrt{x(1-x)}} dx = (\arcsin\sqrt{x})^2 \Big|_0^1 = \frac{\pi^2}{4}.$$

例 11 计算瑕积分 $\int_0^1 \frac{dx}{(2-x)\sqrt{1-x}}$.

解 函数 $f(x) = \frac{1}{(2-x)\sqrt{1-x}}$ 在 $[0,1)$ 上连续,且 $\lim\limits_{x \to 1^-} \frac{1}{(2-x)\sqrt{1-x}} = +\infty$,所以左端点 $x=1$ 是瑕点. 令 $t = \sqrt{1-x}$,则 $x = 1-t^2$,$dx = -2t dt$;当 $x=0$ 时,$t=1$;当 $x \to 1$ 时,$t \to 0$. 于是
$$\int_0^1 \frac{dx}{(2-x)\sqrt{1-x}} = \int_1^0 \frac{-2t}{t(1+t^2)} dt = 2\int_0^1 \frac{1}{1+t^2} dt = 2\arctan t \Big|_0^1 = 2 \cdot \frac{\pi}{4} = \frac{\pi}{2}.$$

注 由上例可知,通过换元,有时广义积分和正常积分可以相互转化.

例 12 计算广义积分 $\int_0^{+\infty} \frac{dx}{\sqrt{x(x+1)^3}}$.

解 广义积分既是无穷限积分,又是瑕积分,$x=0$ 和 $x=-1$ 都是瑕点.
令 $\frac{1}{x+1} = t$,则 $x = \frac{1}{t} - 1$,$dx = -\frac{1}{t^2} dt$;当 $x \to 0$ 时,$t \to 1$;当 $x \to +\infty$ 时,$t \to 0$.
于是
$$\int_0^{+\infty} \frac{dx}{\sqrt{x(x+1)^3}} = \int_1^0 \frac{1}{\sqrt{\frac{1}{t}-1} \cdot \sqrt{\frac{1}{t^3}}} \left(-\frac{1}{t^2}\right) dt = \int_0^1 \frac{dt}{\sqrt{1-t}} = -2\sqrt{1-t} \Big|_0^1 = 2.$$

5.5.3 Γ 函数

Γ 函数是一个在概率论与数理统计中经常用到的含参变量的无穷限积分.

1. Γ 函数的定义

定义 5 无穷限积分 $\int_0^{+\infty} x^{s-1} e^{-x} dx (s>0)$ 作为参变量 s 的函数称为 Γ(**Gamma**) 函数,记作
$$\Gamma(s) = \int_0^{+\infty} x^{s-1} e^{-x} dx.$$

下面证明无穷限积分 $\int_0^{+\infty} x^{s-1} e^{-x} dx$ 是收敛的.

证明 $\int_0^{+\infty} x^{s-1} e^{-x} dx = \int_0^1 x^{s-1} e^{-x} dx + \int_1^{+\infty} x^{s-1} e^{-x} dx = I_1 + I_2.$

当 $s \geq 1$ 时,I_1 是正常积分;
当 $s < 1$ 时,I_1 是瑕积分,$x=0$ 是瑕点,且
$$x^{s-1} e^{-x} = \frac{1}{x^{1-s}} \cdot \frac{1}{e^x} < \frac{1}{x^{1-s}};$$
当 $1-s < 1$ 时,即 $s > 0$ 时,I_1 是收敛的.

I_2 是无穷限积分,由

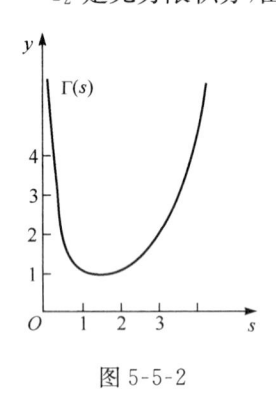

$$\lim_{x\to+\infty} x^2(x^{s-1}e^{-x}) = \lim_{x\to+\infty}\frac{x^{s+1}}{e^x} = 0,$$

所以,当 $s>0$ 时,I_1,I_2 都收敛.

注 Γ 函数图形如图 5-5-2 所示.

2. Γ 函数的性质

Γ 函数具有以下基本性质:

性质 1 (1) 递推公式: $\Gamma(s+1) = s\Gamma(s)$ $(s>0)$;

(2) $\Gamma(1) = 1$;

(3) $\Gamma(n+1) = n!$ $(n \in \mathbf{N})$.

证明 (1) 由分部积分法,得

$$\Gamma(s+1) = \int_0^{+\infty} x^{(s+1)-1}e^{-x}dx = \int_0^{+\infty} x^s e^{-x}dx = -\int_0^{+\infty} x^s de^{-x}$$
$$= -(x^s e^{-x})\Big|_0^{+\infty} + s\int_0^{+\infty} x^{s-1}e^{-x}dx = s\int_0^{+\infty} x^{s-1}e^{-x}dx = s\Gamma(s).$$

(2) $\Gamma(1) = \int_0^{+\infty} e^{-x}dx = -e^{-x}\Big|_0^{+\infty} = 1.$

(3) 当 $n \in \mathbf{N}$ 时,由递推公式可得

$\Gamma(n+1) = n\Gamma(n) = n(n-1)\Gamma(n-1) = \cdots = n(n-1)\cdots 2 \cdot 1 \cdot \Gamma(1) = n!\Gamma(1) = n!.$

性质 2 当 $s \to 0^+$ 时,$\Gamma(s) \to +\infty$.

证明 因为 $\Gamma(s) = \frac{\Gamma(s+1)}{s}$,$\Gamma(1)=1$,所以,当 $s\to 0^+$ 时,$\Gamma(s) \to +\infty$.

性质 3 (1) 余元公式: $\Gamma(s) \cdot \Gamma(1-s) = \frac{\pi}{\sin\pi s}(0<s<1)$;

(2) $\Gamma\left(\frac{1}{2}\right) = \sqrt{\pi}$;

(3) $\int_0^{+\infty} e^{-x^2}dx = \frac{\sqrt{\pi}}{2}.$

证明 (1) 余元公式不予证明.

(2) 当 $s = \frac{1}{2}$ 时,由余元公式得

$$\Gamma\left(\frac{1}{2}\right) = \sqrt{\pi}.$$

(3) 令 $t = \sqrt{x}$,则 $x = t^2$,$dx = 2tdt$. 所以

$$\Gamma\left(\frac{1}{2}\right) = \int_0^{+\infty} x^{-\frac{1}{2}}e^{-x}dx = \int_0^{+\infty} t^{-1}e^{-t^2} \cdot 2tdt = 2\int_0^{+\infty} e^{-t^2}dt = 2\int_0^{+\infty} e^{-x^2}dx,$$

所以
$$\int_0^{+\infty} e^{-x^2}dx = \frac{1}{2}\Gamma\left(\frac{1}{2}\right) = \frac{\sqrt{\pi}}{2}.$$

积分 $\int_0^{+\infty} e^{-x^2}dx$ 是概率论中经常用到的有名的**泊松(Poisson) 积分**.

例 13 计算广义积分 $\int_0^{+\infty} x^4 e^{-x}dx$.

解 该广义积分是参变量 $s = 5$ 的 Γ 函数,所以

$$\int_0^{+\infty} x^4 \mathrm{e}^{-x} \mathrm{d}x = \Gamma(5) = 4! = 24.$$

习 题 5-5

1. 计算下列广义积分.

(1) $\int_1^{+\infty} \dfrac{\mathrm{d}x}{x^4}$; (2) $\int_0^{+\infty} \mathrm{e}^{-\sqrt{x}} \mathrm{d}x$; (3) $\int_{-\infty}^{+\infty} \dfrac{1}{x^2+2x+2} \mathrm{d}x$;

(4) $\int_1^{+\infty} \dfrac{1}{x(1+x^2)} \mathrm{d}x$; (5) $\int_1^{+\infty} \dfrac{\mathrm{d}x}{\sqrt{x}}$; (6) $\int_0^{+\infty} \mathrm{e}^{-px} \sin\omega x \, \mathrm{d}x \quad (p>0, \omega>0)$;

(7) $\int_1^{+\infty} \dfrac{\arctan x}{x^2} \mathrm{d}x$; (8) $\int_0^1 \dfrac{x \mathrm{d}x}{\sqrt{1-x^2}}$; (9) $\int_1^e \dfrac{\mathrm{d}x}{x\sqrt{1-(\ln x)^2}}$;

(10) $\int_0^1 \dfrac{1}{(2-x)\sqrt{1-x}} \mathrm{d}x$; (11) $\int_1^2 \dfrac{x}{\sqrt{x-1}} \mathrm{d}x$; (12) $\int_0^2 \dfrac{1}{(1-x)^2} \mathrm{d}x$.

2. 求当 k 为何值时,广义积分 $\int_2^{+\infty} \dfrac{1}{x(\ln x)^k} \mathrm{d}x$ 收敛?当 k 为何值时,该广义积分发散?又当 k 为何值时,该广义积分取得最小值?

3. 计算广义积分 $I_n = \int_0^{+\infty} x^n \mathrm{e}^{-x} \mathrm{d}x$ (n 为自然数).

4. 求 c 为何值时,使

$$\lim_{x \to +\infty} \left(\dfrac{x+c}{x-c}\right)^x = \int_{-\infty}^c t \mathrm{e}^{2t} \mathrm{d}t.$$

5. 求 $\int_2^{+\infty} \dfrac{1}{(x+7)\sqrt{x-2}} \mathrm{d}x$.

6. 计算下列式子:

(1) $\dfrac{\Gamma(7)}{2\Gamma(4)\Gamma(3)}$; (2) $\dfrac{\Gamma(3)\Gamma\left(\dfrac{3}{2}\right)}{\Gamma\left(\dfrac{9}{2}\right)}$; (3) $\int_0^{+\infty} x^4 \mathrm{e}^{-x} \mathrm{d}x$; (4) $\int_0^{+\infty} x^2 \mathrm{e}^{-2x^2} \mathrm{d}x$.

7. 用 Γ 函数表示下列积分,并指出积分的收敛范围.

(1) $\int_0^{+\infty} \mathrm{e}^{-x^n} \mathrm{d}x (n>0)$; (2) $\int_0^1 \left(\ln \dfrac{1}{x}\right)^p \mathrm{d}x (p>-1)$; (3) $\int_{-\infty}^{+\infty} \dfrac{1}{\sqrt{2\pi}} \mathrm{e}^{-\frac{x^2}{2}} \mathrm{d}x$;

(4) $\int_0^{+\infty} x^n \mathrm{e}^{-x^m} \mathrm{d}x$; (5) $\int_0^1 \dfrac{\mathrm{d}x}{\sqrt[n]{1-x^n}}$; (6) $\int_0^{+\infty} \dfrac{1}{1+x^3} \mathrm{d}x$.

5.6 定积分的几何应用

定积分是求总量的数学模型,虽然根据定积分的定义求定积分不方便,但我们可以根据定积分的定义总结出的四步法建立求总体的模型. 用定积分表示所求的总量,而后运用牛顿-莱布尼茨公式计算其总量. 现在介绍比四步法实用更简便的求总量的**微元法**,并运用微元法解决定积分在几何、经济等方面的简单应用问题.

5.6.1 微元法

定积分的所有应用问题,一般总可按"分割、近似代替、求和、取极限"四个步骤把所求的量表示为定积分的形式. 为了更好的说明这种方法,我们先来回顾本章中讨论过的求曲边梯形面积的问题.

假设一曲边梯形由连续曲线 $y=f(x)(f(x)\geqslant 0)$、直线 $x=a$、$x=b$ 和 x 轴所围成,求其面积 S.

(1) **分割**. 用任意一组分点把区间 $[a,b]$ 分成 n 个小区间 $[x_{i-1},x_i]$,每个小区间长度为 $\Delta x_i (i=1,2,3,\cdots,n)$,相应地将曲边梯形分成 n 个小曲边梯形.

(2) **近似代替**. 第 i 个小曲边梯形的面积 ΔS_i 用以 Δx_i 为底、$f(\xi_i)$ 为高的小矩形的面积近似代替,则
$$\Delta S_i \approx f(\xi_i)\Delta x_i \quad (x_{i-1}\leqslant \xi_i \leqslant x_i).$$

(3) **求和**. 曲边梯形面积 S 的近似值
$$S = \sum_{i=1}^{n}\Delta S_i \approx \sum_{i=1}^{n}f(\xi_i)\cdot \Delta x_i.$$

(4) **取极限**. 曲边梯形面积 S 的精确值
$$S = \lim_{\lambda \to 0}\sum_{i=1}^{n}f(\xi_i)\cdot \Delta x_i = \int_a^b f(x)\mathrm{d}x,$$
其中 $\lambda = \max\{\Delta x_1, \Delta x_2, \Delta x_3, \cdots, \Delta x_n\}$.

从上述过程可见,当把区间 $[a,b]$ 分成 n 个小区间时,所求面积 S(**总量**)也被相应地分割成 n 个小曲边梯形的面积 ΔS_i(**部分量**),而所求总量等于各部分量之和(即 $S = \sum_{i=1}^{n}\Delta S_i$),这一性质称为所求总量对于区间 $[a,b]$ 具有**可加性**. 此外,以 $f(\xi_i)\cdot \Delta x_i$ 近似代替部分量 ΔS_i 时,其误差是一个比 Δx_i 更高阶的无穷小量. 这两点保证了求和、取极限后能得到所求总量的精确值.

对上述分析过程,在其实际应用中可省略其下标,改写为如下:

(1) **分割**. 把区间 $[a,b]$ 分割成 n 个小区间,任取其中的一个小区间 $[x,x+\mathrm{d}x]$(**区间微元**),用 ΔS 表示 $[x,x+\mathrm{d}x]$ 上小曲边梯形的面积.

(2) **近似代替**. 取 $[x,x+\mathrm{d}x]$ 的左端点 x 为 ξ,以 x 点处的函数值 $f(x)$ 为高,$\mathrm{d}x$ 为底的小矩形的面积 $f(x)\mathrm{d}x$(面积微元,记为 $\mathrm{d}S$)作为 ΔS 的近似值(图 5-6-1),即
$$\Delta S \approx \mathrm{d}S = f(x)\mathrm{d}x.$$

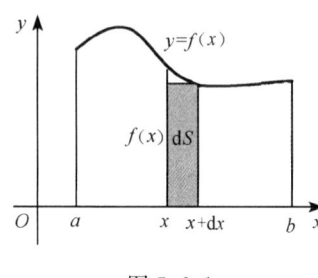

图 5-6-1

(3) **求和**. 面积 S 的近似值
$$S = \sum \Delta S \approx \sum \mathrm{d}S = \sum f(x)\mathrm{d}x.$$

(4) **求极限**. 面积 S 的精确值
$$S = \lim \sum f(x)\mathrm{d}x = \int_a^b f(x)\mathrm{d}x.$$

将上述分析过程再进一步抽象,我们在实际中应用的将所求总量 U 表达为定积分的简化方法——**微元法**. 这个方法的主要步骤如下:

(1) **由分割写出微元**. 根据实际问题,选取合适的一个积分变量,例如 x 为积分变量,并确定它的变化区间 $[a,b]$,任取 $[a,b]$ 的一个微元区间 $[x,x+\mathrm{d}x]$,求出相应于这个区间微元上的部分量 ΔU 的近似值,即求出所求总量 U 的**微元**
$$\mathrm{d}U = f(x)\mathrm{d}x;$$

(2) **由微元写出积分**. 根据 $\mathrm{d}U = f(x)\mathrm{d}x$ 写出表示总量 U 的定积分

$$U = \int_a^b dU = \int_a^b f(x)dx.$$

应用微元法解决实际问题时,应注意如下三点:

(1) **相关性**. 总量 U 是变量 x 的变化区间 $[a,b]$ 上的相关量;

(2) **可加性**. 总量 U 对于区间 $[a,b]$ 具有可加性,即如果把区间 $[a,b]$ 分成许多部分区间,则 U 相应地分成许多部分量,而 U 等于所有部分量之和;

(3) **近似性**. 部分量 ΔU 的近似值表达式为 $f(x)dx$,即 $\Delta U \approx dU = f(x)dx$,那么,就可以考虑用定积分表示这个量 U.

微元法在几何学、物理学、经济学和社会学等领域中具有广泛的应用,我们主要介绍微元法在几何学与经济学中的应用.

5.6.2 平面图形的面积

1. 直角坐标系下平面图形的面积

根据定积分的几何意义可知,由连续曲线 $y=f(x)$($f(x) \geqslant 0$)、直线 $x=a$、$x=b$ 以及 x 轴所围成的曲边梯形的面积 S 为

$$S = \int_a^b f(x)dx,$$

被积表达式 $f(x)dx$ 就是面积微元 dS(图 5-6-1).

下面我们分三种情况来讨论如何用定积分求平面图形的面积. 以下设曲线在 $[a,b]$ 上都是连续的.

(1) 由曲线 $y=f(x)$、直线 $x=a$、$x=b$ 以及 x 轴所围成的平面图形的面积.

考虑到 $f(x)$ 在 $[a,b]$ 可能有正有负,而面积总是非负的,这是定积分 $\int_a^b f(x)dx$ 就未必是所求的面积,但是由直线 $x=a, x=b, x$ 轴及曲线 $y=|f(x)|$ 所围成的平面图形面积与所求的面积是相等的(因为绝对值可以使位于 x 轴下方的部分关于 x 轴对称地变到 x 轴上方且保持 x 轴上方的部分不变(图 5-6-2),因此,所求的面积为

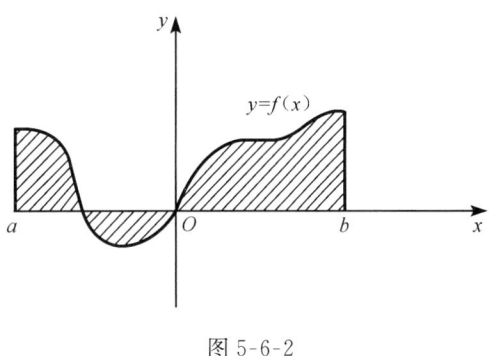

图 5-6-2

$$S = \int_a^b |f(x)| dx.$$

(2) 由曲线 $y=f(x)$ 与 $y=g(x)$,直线 $x=a$ 与 $x=b$ 所围成的平面图形(图 5-6-3)的面积.

由情形 1 易知所求平面图形的面积,可由对 x 的积分表示为

$$S = \int_a^b |f(x) - g(x)| dx.$$

注 对于曲线曲线 $y=f(x)$ 与曲线 $y=g(x)$ 所围封闭图形(图 5-6-3(1) 中 $[c,b]$ 上的部分)的面积,应该先确定出两曲线的交点坐标,其中的横坐标就是表示面积的定积分的上、下限.

(3) 由曲线 $x=\varphi(y)$ 与 $x=\phi(y)$,直线 $y=c$ 与 $y=d$ 所围成的平面图形(图 5-6-4)的

面积,可由对 y 的积分表示为

$$S = \int_c^d |\varphi(y) - \phi(y)| \, dy.$$

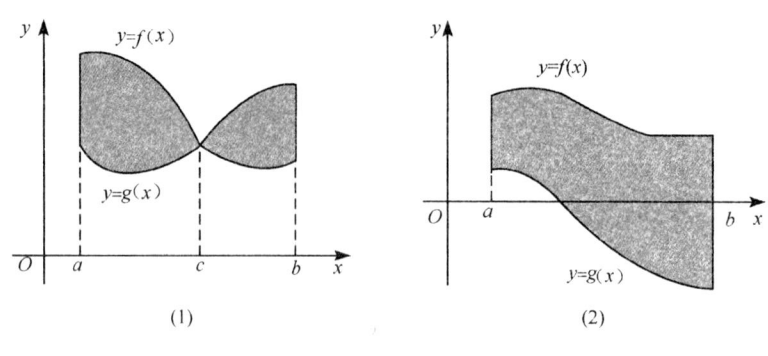

图 5-6-3

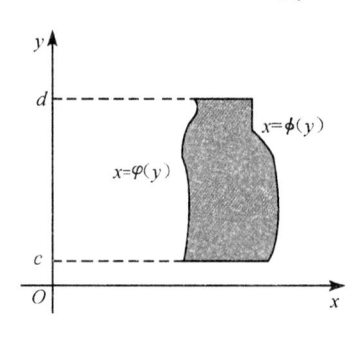

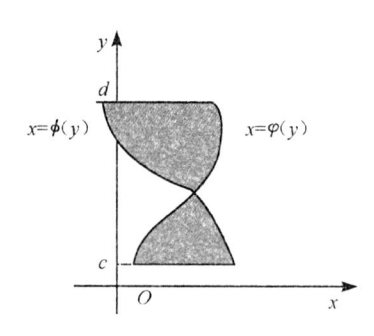

图 5-6-4

例1 求由 $y^2 = x$ 和 $y = x^2$ 所围成的图形的面积.

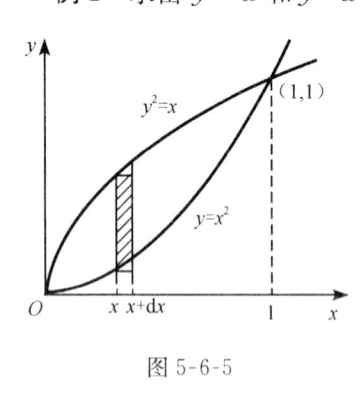

解 先画出图形(图 5-6-5),并由方程组

$$\begin{cases} y^2 = x \\ y = x^2 \end{cases},$$

解得它们的交点为 $(0,0), (1,1)$.

选 x 为积分变量,积分区间为 $[0,1]$,任取其上的一个区间微元 $[x, x+dx]$,则得到相应于 $[x, x+dx]$ 的面积微元

$$dS = (\sqrt{x} - x^2) dx,$$

从而,所求面积为

$$S = \int_0^1 (\sqrt{x} - x^2) dx = \frac{1}{3}.$$

图 5-6-5

例2 求由 $y+1 = x^2$ 和 $y = 1+x$ 所围成的图形的面积.

解 先画出图形(图 5-6-6),并由方程组

$$\begin{cases} y+1 = x^2 \\ y = 1+x \end{cases},$$

解得它们的交点为 $(-1, 0), (2, 3)$.

选 x 为积分变量,积分区间为 $[-1, 2]$,任取其上的一个区间微元 $[x, x+dx]$,则得到相应于 $[x, x+dx]$ 的面积微元,

$$dS = [(1+x) - (x^2-1)] dx,$$

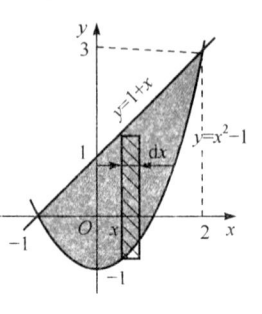

图 5-6-6

从而,所求面积为
$$S = \int_{-1}^{2} [(1+x) - (x^2-1)] dx = \frac{9}{2}.$$

例 3 求由 $y^2 = 2x$ 和 $y = x-4$ 所围成的图形的面积.

解 先画出图形(图 5-6-7),并由方程组
$$\begin{cases} y^2 = 2x, \\ y = x-4, \end{cases}$$
解得它们的交点为 $(2,-2)$,$(8,4)$.

选 y 为积分变量,积分区间为 $[-2,4]$,任取其上的一个区间微元 $[y, y+dy]$,则得到相应于 $[y, y+dy]$ 的面积微元
$$dS = \left(y + 4 - \frac{y^2}{2}\right) dy,$$

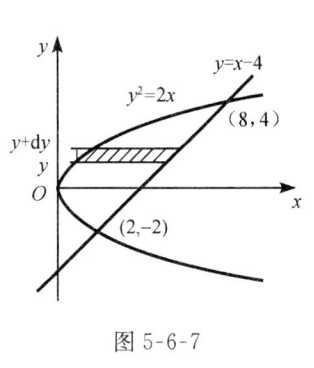

图 5-6-7

从而,所求面积为
$$S = \int_{-2}^{4} \left(y + 4 - \frac{y^2}{2}\right) dy = 18.$$

注 本例如果选 x 为积分变量,则计算过程将会复杂许多. 因此,在实际应用中,应根据具体情况合理选择积分变量,以达到简化计算的目的.

例 4 求椭圆 $\frac{x^2}{a^2} + \frac{y^2}{b^2} = 1 (a>0, b>0)$ 所围成的面积.

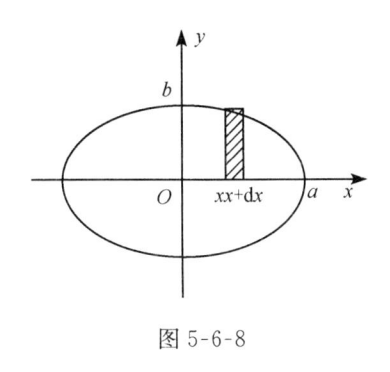

解 如图 5-6-8 所示,由于椭圆关于两坐标轴对称,整个椭圆的面积是第一象限部分面积的 4 倍.

选 x 为积分变量,积分区间为 $[0,a]$,任取其上的一个区间微元 $[x, x+dx]$. 则得到相应于 $[x, x+dx]$ 的面积微元
$$dS = \frac{b}{a}\sqrt{a^2-x^2} dx,$$

而所求面积为
$$S = 4\int_0^a \frac{b}{a}\sqrt{a^2-x^2} dx = -4ab\int_{\frac{\pi}{2}}^0 \sin^2 t dt$$
$$= 4ab\int_0^{\frac{\pi}{2}} \sin^2 t dt = \pi ab.$$

图 5-6-8

本例还可用椭圆的参数方程
$$\begin{cases} x = a\cos t \\ y = b\sin t \end{cases} \left(0 \leqslant t \leqslant \frac{\pi}{2}\right),$$

则 $dx = -a\sin t dt$,当 $x = a$ 时,$t = 0$;当 $x = 0$ 时,$t = \frac{\pi}{2}$;所以
$$S = 4\int_0^a y dx = 4\int_{\frac{\pi}{2}}^0 b\sin t \cdot (-a\sin t) dt = 4ab\int_0^{\frac{\pi}{2}} \sin^2 t dt = 4ab \cdot \frac{1}{2} \cdot \frac{\pi}{2} = \pi ab.$$

由于平面图形的面积不随坐标轴的旋转、平移而改变,从本例可知,椭圆 $\frac{x^2}{a^2} + \frac{y^2}{b^2} \leqslant 1$ 的面积为 $S = \pi ab$,椭圆 $\frac{(x-x_0)^2}{a^2} + \frac{(y-y_0)^2}{b^2} \leqslant 1$ 的面积也为 $S = \pi ab$. 另外当 $a = b$ 时,椭圆 $\frac{x^2}{a^2} +$

$\frac{y^2}{b^2} \leqslant 1$ 就是圆 $x^2+y^2 \leqslant a^2$，它的面积就是我们所熟知的 $S=\pi a^2$.

2. 极坐标下平面图形的面积

设曲线的方程由极坐标形式给出

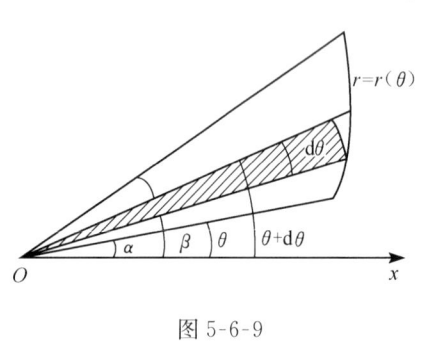

$$r=r(\theta) \quad (\alpha \leqslant \theta \leqslant \beta),$$

求由曲线 $r=r(\theta)$，射线 $\theta=\alpha$，$\theta=\beta$ 所围成的**曲边扇形**（图 5-6-9）的面积 S.

利用微元法，选取 θ 为积分变量，其变化范围为 $[\alpha,\beta]$. 任取其一个微元区间 $[\theta,\theta+\mathrm{d}\theta]$，则相应于 $[\theta,\theta+\mathrm{d}\theta]$ 区间的小曲边扇形的面积可以用半径为 $r=r(\theta)$、中心角为 $\mathrm{d}\theta$ 的圆扇形的面积来近似代替，从而曲边扇形的面积微元

$$\mathrm{d}S = \frac{1}{2}[r(\theta)]^2 \mathrm{d}\theta,$$

图 5-6-9

所求曲边扇形的面积

$$S = \int_\alpha^\beta \frac{1}{2}[r(\theta)]^2 \mathrm{d}\theta.$$

例 5 求双纽线 $r^2=a^2\cos 2\theta$ 所围平面图形的面积.

解 如图 5-6-10 所示，因 $r^2 \geqslant 0$，所以 θ 的变化范围为 $\left[-\frac{\pi}{4},\frac{\pi}{4}\right]$，$\left[\frac{3\pi}{4},\frac{5\pi}{4}\right]$. 又因图形关于极点与极轴都对称，所以只需计算 $\left[0,\frac{\pi}{4}\right]$ 上的图形的面积，再乘以 4 倍即可. 任取其上的一个区间微元 $[\theta,\theta+\mathrm{d}\theta]$，相应地面积微元为

$$\mathrm{d}S = \frac{1}{2}a^2\cos 2\theta \mathrm{d}\theta,$$

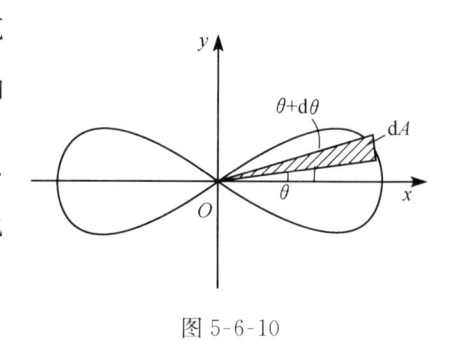

图 5-6-10

从而，所求面积为

$$S = 4\int_0^{\frac{\pi}{4}} \mathrm{d}S = 4 \cdot \frac{1}{2}\int_0^{\frac{\pi}{4}} a^2\cos 2\theta \mathrm{d}\theta = a^2\sin 2\theta \Big|_0^{\frac{\pi}{4}} = a^2.$$

例 6 求心形线 $r=a(1+\cos\theta)$ 所围平面图形的面积（$a>0$）.

解 心形线所围成的图形如图 5-6-11 所示，该图形关于极轴对称，因此，所求面积 S 为 $[0,\pi]$ 上的图形面积的 2 倍. 任取其上的一个区间微元 $[\theta,\theta+\mathrm{d}\theta]$，相应地面积微元为

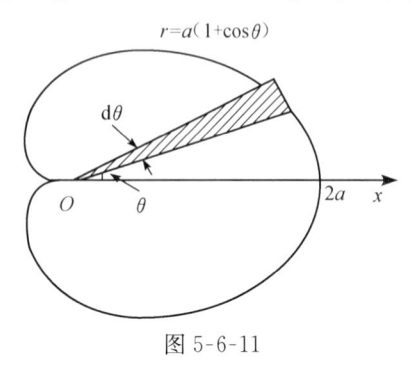

$$\mathrm{d}S = \frac{1}{2}a^2(1+\cos\theta)^2 \mathrm{d}\theta,$$

从而，所求面积为

$$\begin{aligned} S &= 2\int_0^\pi \mathrm{d}S = 2 \cdot \frac{1}{2}a^2 \int_0^\pi (1+\cos\theta)^2 \mathrm{d}\theta \\ &= a^2 \int_0^\pi (1+2\cos\theta+\cos^2\theta)\mathrm{d}\theta \\ &= a^2 \left[\theta+2\sin\theta+\frac{1}{2}\left(\theta+\frac{1}{2}\sin 2\theta\right)\right]\Big|_0^\pi = \frac{3\pi a^2}{2}. \end{aligned}$$

图 5-6-11

5.6.3 旋转体

旋转体就是由一个平面图形绕此平面内一条直线旋转一周而成的立体. 这条直线称为旋转体的**旋转轴**.

常见的立体如圆柱体、圆锥体、圆台体和球体等可以分别看成是由矩形绕它的一条边、直角三角形绕它的一直角边、直角梯形绕它的直角边、半圆绕它的直径旋转一周而成.

我们主要考虑以 x 轴和 y 轴为旋转轴的旋转体,下面利用微元法来推导求旋转体的体积公式.

设有一旋转体如图 5-6-12 所示,是由连续曲线 $y=f(x)$、直线 $x=a$、$x=b$ 及 x 轴所围成的平面图形绕 x 轴旋转一周而成的立体. 现在用定积分计算它的体积.

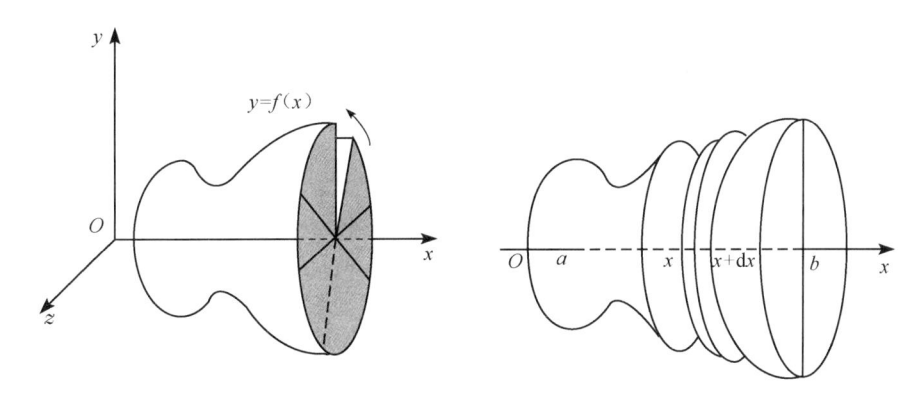

图 5-6-12

取横坐标 x 为积分变量,它的变化范围是 $[a,b]$. 设用垂直于 x 轴的平面将旋转体分成 n 个小的薄片,即把 $[a,b]$ 分成 n 个区间微元,其中任一区间微元 $[x,x+\mathrm{d}x]$ 所对应的小薄片的体积可以近似地看作以 $f(x)$ 为底面半径、以 $\mathrm{d}x$ 为高的小圆柱体的体积,即该旋转体的体积微元为

$$\mathrm{d}V = \pi [f(x)]^2 \mathrm{d}x.$$

所求旋转体的体积
$$V = \pi \int_a^b [f(x)]^2 \mathrm{d}x.$$

类似地可得到,由连续曲线 $x=\varphi(y)$、直线 $y=c$、$y=d$ 及 y 轴所围成的曲边梯形绕 y 轴旋转一周而成的旋转体(图 5-6-13)的体积为

$$V = \pi \int_c^d [\varphi(y)]^2 \mathrm{d}y.$$

例 7 由直线 $y=\dfrac{r}{h}x$、直线 $x=h$ 及 x 轴围成一个直角三角形. 将它绕 x 轴旋转构成一个底半径为 r,高为 h 的圆锥体,计算圆锥体的体积.

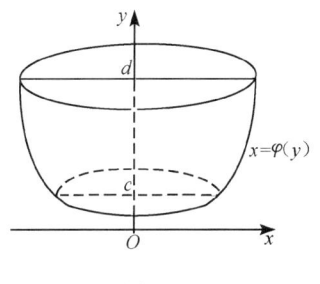

图 5-6-13

解 如图 5-6-14 所示,取 x 为自变量,其变化区间为 $[0,h]$,任取其上的一个微元区间 $[x,x+\mathrm{d}x]$,相应地体积微元为

$$\mathrm{d}V = \pi \left(\dfrac{r}{h}x\right)^2 \mathrm{d}x,$$

所求旋转体的体积

图 5-6-14

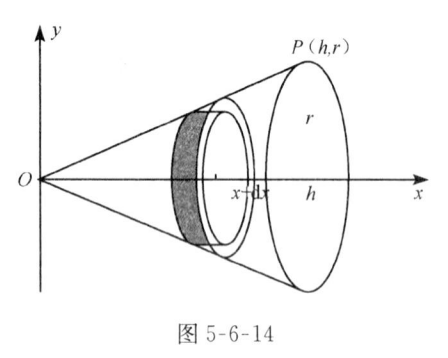

$$V = \pi \int_0^h \left(\frac{r}{h}x\right)^2 dx = \pi \frac{1}{3}\left(\frac{r}{h}\right)^2 x^3 \bigg|_0^h = \frac{\pi h r^2}{3}.$$

例 8 计算由椭圆 $\dfrac{x^2}{a^2} + \dfrac{y^2}{b^2} = 1$ 围成的平面图形绕 x 轴旋转而成的旋转椭球体的体积.

解 如图 5-6-15 所示,该旋转体可看作由上半椭圆 $y = \dfrac{b}{a}\sqrt{a^2 - x^2}$ 及 x 轴所围成的图形绕 x 轴旋转而成的立体.

取 x 为自变量,其范围为 $[-a, a]$,任取一微元区间 $[x, x+dx]$,相应于该微元区间的小薄片的体积,近似等于底半径为 $\dfrac{b}{a}\sqrt{a^2 - x^2}$、高为 dx 的小圆柱体的体积,即体积微元为

$$dV = \pi \frac{b^2}{a^2}(a^2 - x^2) dx,$$

故所求旋转椭球体的体积为

$$\begin{aligned} V &= \int_{-a}^{a} dV = \pi \frac{b^2}{a^2} \int_{-a}^{a} (a^2 - x^2) dx \\ &= 2\pi \frac{b^2}{a^2} \int_{0}^{a} (a^2 - x^2) dx \\ &= 2\pi \frac{b^2}{a^2} \left(a^2 x - \frac{x^3}{3}\right) \bigg|_0^a = \frac{4}{3}\pi a b^2. \end{aligned}$$

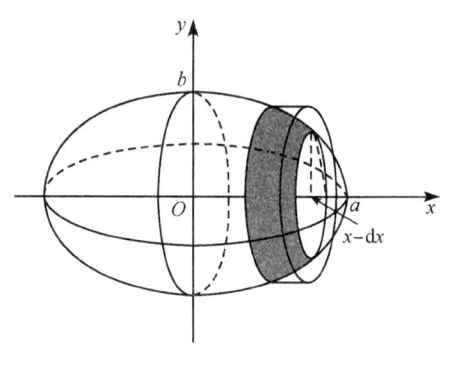

图 5-6-15

例 9 求曲线 $xy = 2, y \geq 1, x > 0$ 所围成的图形绕 y 轴旋转而成旋转体的体积.

解 如图 5-6-16 所示,易见体积微元

$$dV = \pi x^2 dy = \pi \frac{4}{y^2} dy,$$

故所求体积为

$$V = \int_1^{+\infty} \pi x^2 dy = 4\pi \int_1^{+\infty} \frac{1}{y^2} dy = 4\pi \left(-\frac{1}{y}\right) \bigg|_1^{+\infty} = 4\pi.$$

图 5-6-16

例 10 求由曲线 $y = 4 - x^2$ 及 $y = 0$ 所围成的图形绕直线 $x = 3$ 旋转而成的旋转体的体积.

解 如图 5-6-17 所示,解方程组

$$\begin{cases} y = 4 - x^2, \\ y = 0, \end{cases}$$

得交点为 $(-2, 0), (2, 0)$. 取 y 为自变量,其变化区间为 $[0, 4]$,任取一微元区间 $[y, y+dy]$,相应于该微元区间的小薄片的体积,近似地等于内半径 $\overline{QM}$、外半径为 $\overline{PM}$、高为 dy 的扁圆环柱体的体积,即体积微元

$$\begin{aligned} dV &= [\pi \overline{PM}^2 - \pi \overline{QM}^2] dy \\ &= \pi [(3 + \sqrt{4-y})^2 - (3 - \sqrt{4-y})^2] dy \\ &= 12\pi \sqrt{4-y} dy. \end{aligned}$$

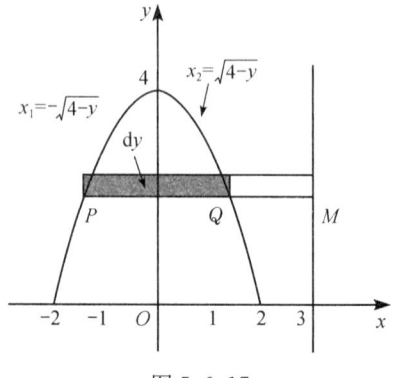

图 5-6-17

故所求旋转体的体积为

$$V = 12\pi \int_0^4 \sqrt{4-y}\,dy = 64\pi.$$

5.6.4 平行截面面积为已知的立体的体积

从计算旋转体体积的过程中可以看出：如果一个立体不是旋转体，但却知道该立体上垂直于一定轴的各个截面的面积，那么，这个立体的体积也可用定积分来计算.

如图 5-6-18 所示，取定轴为 x 轴，设该立体在过点 $x=a$、$x=b$ 且垂直于 x 轴的两平面之间，以 $A(x)$ 表示过点 x 且垂直于 x 轴的截面的面积，且 $A(x)$ 是 x 的连续函数.

取 x 为积分变量，其中任取一微元区间 $[x, x+dx]$，相应该微元区间的小薄片的体积可以近似地等于底面积为 $A(x)$、高为 dx 的扁圆柱体的体积，即体积微元为

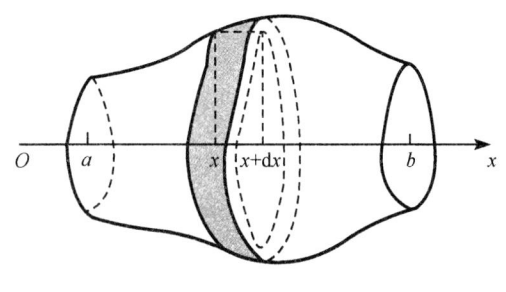

图 5-6-18

$$dV = A(x)dx,$$

所求立体的体积

$$V = \int_a^b A(x)dx.$$

例 11 求椭球 $\dfrac{x^2}{a^2} + \dfrac{y^2}{b^2} + \dfrac{z^2}{c^2} \leqslant 1$ $(a>0, b>0, c>0)$ 的体积.

解 如图 5-6-19 所示，取 x 为自变量，则其范围为 $[-a, a]$，椭球的垂直于 x 轴的截面为椭圆

$$\frac{y^2}{b^2\left(1-\dfrac{x^2}{a^2}\right)} + \frac{z^2}{c^2\left(1-\dfrac{x^2}{a^2}\right)} = 1,$$

图 5-6-19

其面积为 $A(x) = \pi bc\left(1 - \dfrac{x^2}{a^2}\right),$

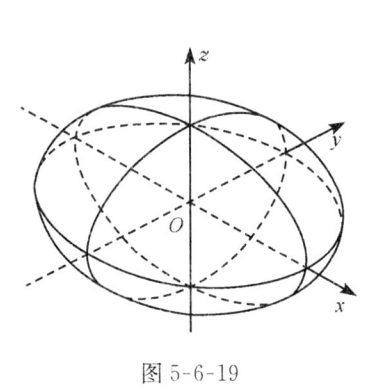

则所求的体积为

$$\int_{-a}^a A(x)dx = \int_{-a}^a \pi bc\left(1-\frac{x^2}{a^2}\right)dx = \pi bc\left(x - \frac{x^3}{3a^2}\right)\bigg|_{-a}^a = \frac{4\pi abc}{3}.$$

例 12 一平面经过半径为 R 的圆柱体的底面圆中心，并与底面交成 α 角 $\left(0<\alpha<\dfrac{\pi}{2}\right)$（图 5-6-20），计算这平面截圆柱体所得立体的体积.

解 取该平面与圆柱体底面的交线为 x 轴，底面上的过圆的中心且垂直于 x 轴的直线为 y 轴，则底圆的方程为

$$x^2 + y^2 = R^2,$$

立体中过点 x 且垂直于 x 轴的截面是一个直角三角形. 它的两条直角边的边长分别为 y 及 $y\tan\alpha$，即 $\sqrt{R^2-x^2}$ 及 $\sqrt{R^2-x^2}\tan\alpha$，于是，截面面积为

$$A(x) = \frac{1}{2}(R^2-x^2)\tan\alpha,$$

所求立体的体积为

$$V = \int_{-R}^{R} A(x) dx = \int_{-R}^{R} \frac{1}{2}(R^2 - x^2)\tan\alpha \, dx$$
$$= \frac{1}{2}\tan\alpha \int_{-R}^{R}(R^2 - x^2) dx,$$
$$= \frac{1}{2}\tan\alpha \left(R^2 x - \frac{x^3}{3}\right)\Big|_{-R}^{R} = \frac{2}{3}R^3 \tan\alpha.$$

例 13 求以半径为 R 的圆为底、平行且等于底圆直径的线段为顶，高为 h 的正劈锥体的体积．

解 取底圆所在的平面为 xOy 平面，圆心 O 为原点，并使 x 轴与正劈锥的顶平行(图5-6-21)．底圆的方程为
$$x^2 + y^2 = R^2.$$

过 x 轴上的点 $x(-R \leqslant x \leqslant R)$ 作垂直于 x 轴的平面，截正劈锥体得等腰三角形．该截面的面积为
$$A(x) = h \cdot y = h\sqrt{R^2 - x^2},$$
所以，所求正劈锥体的体积为
$$V = \int_{-R}^{R} A(x) dx = h\int_{-R}^{R}\sqrt{R^2 - x^2}\, dx$$
$$= 2R^2 h \int_{0}^{\frac{\pi}{2}} \cos^2\theta \, d\theta = \frac{\pi}{2}R^2 h.$$

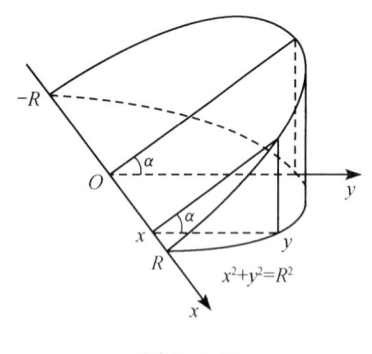

图 5-6-20

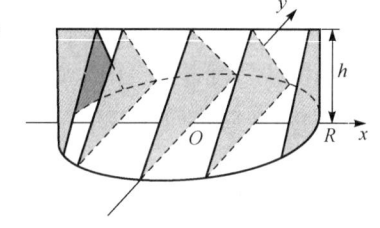

图 5-6-21

即正劈锥体的体积等于同底同高的圆柱体体积的一半．

习 题 5-6

1. 求由下列各组曲线所围成平面图形的面积：
(1) $xy = 1, y = x, x = 2$；
(2) $y = e^x, y = e^{-x}, x = 1$；
(3) $y = x^2, x + y = 2$；
(4) $y = x^3, y = 1, y = 2, x = 0$；
(5) $y = 0, y = 1, y = \ln x, x = 0$；
(6) $y = \frac{x^2}{2}, x^2 + y^2 = 8$；
(7) $y = \ln x, y$ 轴，$y = \ln a, y = \ln b(b > a > 0)$；
(8) $y = 2x + 3, y = x^2$．

2. 直线 $x = k$ 平分由 $y = x^2, y = 0, x = 1$ 所围之面积，求 k 之值．

3. 求抛物线 $y = -x^2 + 4x - 3$ 及在点 $(0, -3)$ 和 $(3, 0)$ 处切线所围成图形的面积．

4. 求抛物线 $y^2 = 2px$ 及其在点 $\left(\frac{p}{2}, p\right)$ 处的法线所围成的图形的面积．

5. 求曲线 $x = a\cos^3 t, y = a\sin^3 t (a > 0)$ 所围成图形的面积．

6. 求曲线 $r = 2a\cos\theta (a > 0)$ 所围成图形的面积．

7. 求曲线 $r = 2a(2 + \cos\theta)(a > 0)$ 所围成图形的面积．

8. 求对数螺线 $r = ae^\theta (a > 0, -\pi \leqslant \theta \leqslant \pi)$ 及射线 $\theta = \pi$ 所围成图形的面积．

9. 计算阿基米德螺线
$$r = a\theta \quad (a > 0)$$
上相应于 θ 从 0 到 2π 的一段弧与极轴所围成的图形(图5-6-22)的面积．

10. 求由下列各曲线所围成图形的公共部分的面积：
(1) $r = 3\cos\theta$ 及 $r = 1 + \cos\theta$；

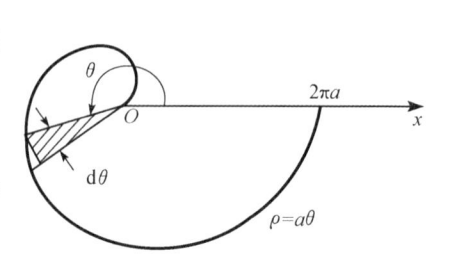

图 5-6-22

(2) $r=\sqrt{2}\sin\theta$ 及 $r^2=\cos2\theta$.

11. 圆 $r=1$ 被心形线 $r=1+\cos\theta$ 分割成两部分,求这两部分的面积.

12. 设 $y=\sin x, 0 \leqslant x \leqslant \dfrac{\pi}{2}$ 问:为 t 何值,图 5-6-23 中阴影部分的面积 s_1 与 s_2 之和最小? 最大?

13. 求由下列已知曲线围成的平面图形绕指定的轴旋转而成的旋转体的体积:

(1) $xy=a^2, y=0, x=a, x=2a(a>0)$,绕 x 轴;
(2) $x^2+(y-2)^2=1$,绕 x 轴;
(3) $y=\ln x, y=0, x=e$,绕 x 轴和 y 轴;
(4) $x^2+y^2=4, x^2=-4(y-1), y>0$,绕 x 轴;
(5) $xy=5, x+y=6$,绕 x 轴;
(6) $y=\cos x, x=0, x=\pi$,绕 y 轴.

图 5-6-23

14. 求摆线 $\begin{cases} x=a(t-\sin t) \\ y=a(1-\cos t) \end{cases}(0 \leqslant t \leqslant 2\pi, a>0)$ 的一拱与 $y=0$ 所围成的图形绕直线 $y=2a$ 旋转而成的旋转体的体积.

15. 由心形线 $\rho=4(1+\cos\theta)$ 和直线 $\theta=0$ 及 $\theta=\dfrac{\pi}{2}$ 所围成图形绕极轴旋转而成的旋转体的体积.

16. 一个棱锥体的底面是长为 $2a$ 的正方形,高为 h,求此棱锥体的体积(图 5-6-24).

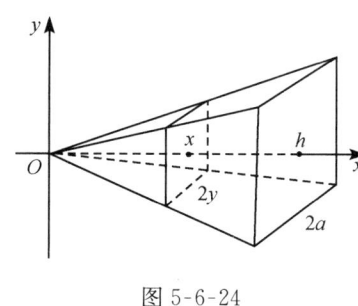

17. 设直线 $y=ax+b(a>0, b>0)$ 与直线 $x=0, x=1$ 及 $y=0$ 所围成的梯形面积等于 A,试求 a,b,使这个梯形绕 x 轴旋转所得旋转体的体积最小.

18. 在由椭圆域 $x^2+\dfrac{y^2}{4} \leqslant 1$ 绕 y 轴旋转而成的椭球体上,以 y 轴为中心轴打一个圆孔,使剩下的部分的体积恰好等于椭球体体积的一半,求圆孔的直径.

19. 设有一锥体,其高为 h,上、下底都为椭圆,椭圆的轴长分别为 $2a,2b$ 与 $2A,2B$,求这锥体的体积.

图 5-6-24

20. 作半径为 r 的球的外切正圆锥,问此圆锥的高 h 为何值时,其体积 V 最小? 求出此最小值(图 5-6-25).

21. 把星形线 $x^{\frac{2}{3}}+y^{\frac{2}{3}}=a^{\frac{2}{3}}$ 所围成的图形绕 x 轴旋转(图 5-6-26),计算所得旋转体的体积.

22. 用积分的方法证明图 5-6-27 所示球缺的体积为

$$V=\pi H^2\left(R-\dfrac{H}{3}\right).$$

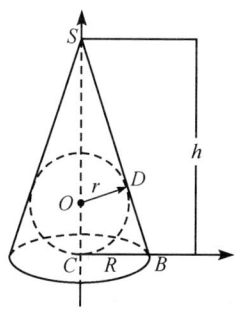

图 5-6-25

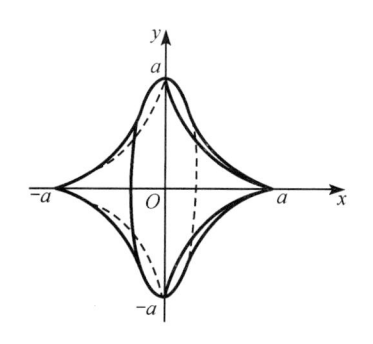

图 5-6-26

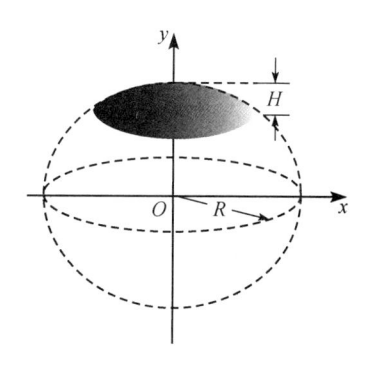

图 5-6-27

23. 求圆盘 $x^2+y^2 \leqslant a^2$ 绕 $x=-b(b>a>0)$ 旋转而成的旋转体的体积.

24. 证明:由平面图形 $x=a, x=b, 0 \leqslant a<b, 0 \leqslant y \leqslant f(x)$ 绕 y 轴旋转而成的旋转体的体积为
$$V = 2\pi \int_a^b x f(x) \mathrm{d}x.$$

25. 利用 24 题的结论,计算 $y=\sin x(0 \leqslant x \leqslant \pi)$ 和 x 轴所围成的图形绕 y 轴旋转所成的旋转体的体积.

5.7 定积分在经济分析中的应用

5.7.1 由边际函数求总函数

总成本函数为 $C=C(q)$,总收益函数 $R=R(q)$,由微分学可得

边际成本函数 $$MC = \frac{\mathrm{d}C}{\mathrm{d}q}.$$

边际收益函数 $$MR = \frac{\mathrm{d}R}{\mathrm{d}q}.$$

因此,总成本函数可以表示为
$$C(q) = \int_0^q (MC)\mathrm{d}q + C_0.$$

总收益函数 $$R(q) = \int_0^q (MR)\mathrm{d}q.$$

总利润函数 $$L(q) = \int_0^q (MR - MC)\mathrm{d}q - C_0,$$

其中 C_0 为固定成本.

例 1 生产某产品的固定成本为 50 万元,边际成本与边际收益分别为
$$MC = q^2 - 14q + 111(万元/单位), \quad MR = 100 - 2q(万元/单位),$$
试确定厂商的最大利润.

解 先确定获得最大利润的产出水平 q_0.

由极值存在的必要条件 $MR=MC$,即
$$q^2 - 14q + 111 = 100 - 2q,$$

解方程可得 $q_1=1, q_2=11$.

由极值存在的充分条件 $$\frac{\mathrm{d}(MR-MC)}{\mathrm{d}q} < 0,$$

即 $$\frac{\mathrm{d}(MR)}{\mathrm{d}q} - \frac{\mathrm{d}(MC)}{\mathrm{d}q} = -2q + 12 < 0,$$

显然,$q_2=11$ 满足充分条件,即获得最大利润的产出水平 $q_0=11$.

最大利润为
$$\begin{aligned}
L &= \int_0^{q_0} (MR - MC)\mathrm{d}q - C_0 \\
&= \int_0^{11} [(100 - 2q) - (q^2 - 14q + 111)]\mathrm{d}q - 50 \\
&= \frac{334}{3}(万元).
\end{aligned}$$

例 1 是利润关于产出水平的最大化问题,还有与此相似的利润关于时间的最大化问题,它是具有特别性质的开发模型,如石油钻探、矿物开采等有耗竭性开发. 收益率一般是时间的减函数,即开始收益率较高,过一段时间就会降低. 另一方面,开发成本率随时间逐渐上升,它是时间的增函数.

作为开发者,面临的问题是如何定出 t^*,使 $L(t)$ 利润最大.

由于 $L(t)=R(t)-C(t)$,当 $L'(t)=R'(t)-C'(t)=0$ 时,L 取最大,故 t^* 满足
$$R'(t^*)=C'(t^*),$$
而利润
$$L(t)=\int_0^t[R'(t)-C'(t)]dt-C_0,$$
当 $t=t^*$ 时,$L(t)$ 最大.

例 2 某煤矿投资 2 000 万元建成,在 t 时刻的追加成本和增加收益分别为
$$C'(t)=6+2t^{\frac{2}{3}} \quad (\text{百万元/年}), \quad R'(t)=18-t^{\frac{2}{3}} \quad (\text{百万元/年})$$
试确定该矿何时停止生产方可获得最大利润?最大利润是多少?

解 由极值存在的必要条件 $L'(t)=R'(t)-C'(t)=0$,即
$$18-t^{\frac{2}{3}}-(6+2t^{\frac{2}{3}})=0,$$
可解得 $t=8$.

又 $\qquad R''(t)-C''(t)=-\frac{2}{3}t^{-\frac{1}{3}}-\frac{4}{3}t^{-\frac{1}{3}},\quad R''(8)-C''(8)<0.$

故 $t^*=8$ 是最佳终止时间. 此时利润为
$$\begin{aligned}L(t)&=\int_0^8[R'(t)-C'(t)]dt-C_0\\&=\int_0^8[(18-t^{\frac{2}{3}})-(6+2t^{\frac{2}{3}})]dt-20\\&=\left[12t-\frac{9}{5}t^{\frac{5}{3}}\right]_0^8-20=38.4-20=18.4(\text{百万元}).\end{aligned}$$

由前面我们知道,需求量 Q 是价格 P 的函数 $Q=Q(P)$. 一般地,价格 $P=0$ 时,需求量最大,设最大需求量为 Q_0,则有
$$Q_0=Q(P)|_{P=0}.$$
若边际需求为 $Q'(P)$,则**总需求函数**为
$$Q(P)=\int Q'(P)dP, \tag{5.7.1}$$
其中,积分常数 C 可由条件 $Q_0=Q(P)|_{P=0}$ 确定.

$Q(P)$ 也可用积分上限函数表示为
$$Q(P)=\int_0^P Q'(t)dt+Q_0. \tag{5.7.2}$$

例 3 已知对某商品的需求量是价格 P 的函数,且边际需求 $Q'(P)=-2$,该商品的最大需求为 60(即 $P=0$ 时,$Q=60$),求需求量与价格的函数关系.

解 由边际需求的不定积分公式(5.7.1),可得需求量为
$$Q(P)=\int Q'(P)dP=\int(-2)dP=-2P+C.$$
将 $Q(P)|_{P=0}=60$ 代入上式,得 $C=60$,于是,需求量与价格的函数关系为
$$Q=-2P+60.$$
此例也可由变上限的定积分公式(5.7.2)直接求得
$$Q(P)=\int_0^P Q'(t)dt+Q_0=\int_0^P(-2)dt+60=-2P+60.$$

5.7.2 其他经济问题中的应用

1. 广告策划

例 4 某出口公司每月销售额是 1 000 000 美元,平均利润是销售额的 10%. 根据公司以

往的经验,广告宣传期间每月销售额的变化近似地服从增长曲线 $1\,000\,000e^{0.02t}$(t 以月为单位),公司现在需要决定是否举行一次类似地总成本为 130 000 美元的广告活动. 按惯例,对于超过 100 000 美元的广告活动,如果新增销售额产生的利润超过投资广告的 10%,则决定做广告. 试问该公司按惯例是否应该做此广告?

解 由题意知,12 个月后总销售额是当 $t=12$ 时的定积分,即

$$总销售额 = \int_0^{12} 1\,000\,000e^{0.02t} dt = \frac{1\,000\,000e^{0.02t}}{0.02}\bigg|_0^{12}$$
$$= 50\,000\,000(e^{0.24}-1) \approx 13\,560\,000 (美元),$$

公司的利润是销售额的 10%,所以新增销售额产生的利润是

$$0.10 \cdot (13\,560\,000 - 12\,000\,000) = 156\,000 (美元),$$

156 000 美元利润是由于花费 130 000 美元的广告费而取得的,因此,广告所产生的实际利润是

$$156\,000 - 130\,000 = 26\,000 (美元),$$

这表明盈利大于广告成本 10%,故该公司该做此广告.

2. 消费者剩余和生产者剩余

在市场经济中,生产并销售某一商品的数量可由这一商品的供给曲线与需求曲线来描述. 供给曲线描述的是生产者根据不同的价格水平所提供的商品数量,一般假定价格上涨时,供应量将会增加. 因此,把供给量看成价格的函数 $P=S(Q)$,这是一个增函数,即供给曲线单调递增. 需求曲线则反映了顾客购买行为,通过假定价格上涨,购买的数量下降,即需求曲线 $P=D(Q)$ 随价格的上升而单调递减(图 5-7-1).

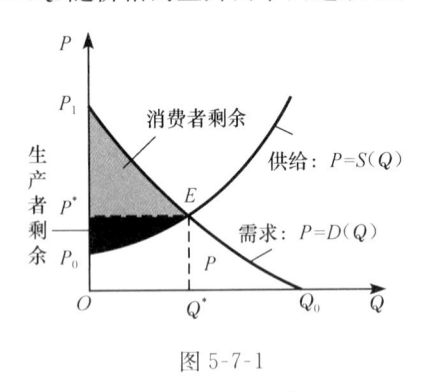

需求量与供给量都是价格的函数,但经济学中习惯用纵坐标表示价格,横坐标表示需求量或供给量. 在市场经济下,价格和数量在不断调整,最后趋向于平衡价格和平衡数量,分别用 P^* 和 Q^* 表示,**平衡点**(P^*, Q^*) 是供给曲线和需求曲线的交点,此时,经营者和消费者之间真正发生了购买与销售活动.

消费者剩余是经济学中的重要概念,它的具体定义就是:消费者对某种商品愿意付出的代价超过实际付出的代价的余额. 即

消费者剩余=愿意付出的金额-实际付出的金额.

图 5-7-1

由此可见,消费者剩余可以衡量消费者所得到的额外满足.

在图 5-7-1 中,P_0 是供给曲线在价格坐标轴上的截距,也就是当价格为 P_0 时,供给量为零,只有价格高于 P_0 时,才有供给量. 而 P_1 是需求曲线在价格坐标轴上的截距,当价格为 P_1 时,需求量为零,只有价格低于 P_1 时,才有需求. Q_0 则是表示当商品免费赠送时的最大需求量.

在市场经济中,有时一些消费者愿意对某种商品付出比他们实际所付出的市场价格 P^* 更高的价格,由此他们所得到的好处称为**消费者剩余(CS)**. 由图 5-7-1 可以看出

$$CS = \int_0^{Q^*} D(Q) dQ - P^* Q^*,$$

$\int_0^{Q^*} D(Q) dQ$ 表示由一些愿意付出比 P^* 更高价格的消费者的总消费量,而 $P^* Q^*$ 表示实际的

消费额,两者之差为消费者省下来的钱,即消费者剩余.

同理,对生产者来说,有时也有一些生产者愿意以比市场价格 P^* 低的价格出售他们的商品,由此他们所得到的好处称为**生产者剩余(PS)**,由图 5-7-1 所示,有

$$PS = P^* Q^* - \int_0^{Q^*} S(Q) dQ.$$

例 5 已知需求函数为 $D(Q)=(Q-5)^2$ 和消费函数 $S(Q)=Q^2+Q+3$,如图 5-7-2 所示.

(1) 求平衡点;
(2) 求平衡点处的消费者剩余;
(3) 求平衡点处的生产者剩余.

解 (1) 为了求平衡点,令

$$D(Q)=S(Q),$$

并求解如下方程

$$(Q-5)^2=Q^2+Q+3,$$

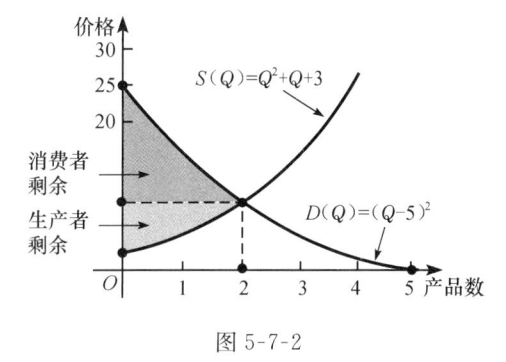

解之得 $Q=2$,即 $Q^*=2$. 把 $Q=2$ 代入到 $D(Q)$,则

$$P^* = (2-5)^2 = 9,$$

因此,平衡点是 $(2,9)$.

图 5-7-2

(2) 平衡点处的消费者剩余是

$$CS = \int_0^{Q^*} D(Q) dQ - P^* Q^* = \int_0^2 (Q-5)^2 dQ - 2 \cdot 9$$
$$= \frac{1}{3}(Q-5)^3 \Big|_0^2 - 18 = \frac{44}{3} \approx 14.67.$$

(3) 平衡点处的生产者剩余是

$$PS = P^* Q^* - \int_0^{Q^*} S(Q) dQ = 2 \cdot 9 - \int_0^2 (Q^2+Q+3) dQ$$
$$= 18 - \left(\frac{1}{3}Q^3 + \frac{1}{2}Q^2 + 3Q\right)\Big|_0^2 = \frac{22}{3} \approx 7.33.$$

3. 资本现值和投资问题

设有 P 元货币,若按每年利率 r 作连续复利计算,则 t 年后的价值为 Pe^{rt} 元;反之,若 t 年后要有货币 P 元,则按连续复利计算,现在应有 Pe^{-rt} 元,称此为**资本现值**.

我们设在时间区间 $[0,T]$ 内 t 时刻的单位时间收入为 $f(t)$,称此为**收入率**,若按年利率为 r 的连续复利计算,则在时间区间 $[t,t+dt]$ 内的收入现值为 $f(t)e^{-rt}dt$. 按照定积分微元法的思想,则在 $[0,T]$ 内得到的总收入现值为

$$y = \int_0^T f(t) e^{-rt} dt.$$

若收入率 $f(t)=a$(a 为常数),称其为**均匀收入率**;如果年利率 r 也为常数,则总收入现值为

$$y = \int_0^T a e^{-rt} dt = a \cdot \frac{-1}{r} \cdot e^{-rt} \Big|_0^T = \frac{a}{r}(1 - e^{-rT}).$$

例 6 现给予某企业一笔投资 A,经测算,该企业在 T 年中可以按每年 a 元的均匀收入率获得收入,若年利率为 r,试求:

(1) 该投资纯收入贴现值;

(2) 收回该笔投资的时间为多久？

解 (1) 求投资纯收入贴现值. 因收入率为 a, 年利率为 r, 故投资后的 T 年中获得的总收入的现值为

$$y = \int_0^T a\mathrm{e}^{-rt}\mathrm{d}t = \frac{a}{r}(1-\mathrm{e}^{-rT}),$$

从而,投资所获得的纯收入的贴现值为

$$R = y - A = \frac{a}{r}(1-\mathrm{e}^{-rT}) - A.$$

(2) 求收回投资的时间. 收回投资,即为总收入的现值等于投资,故有

$$\frac{a}{r}(1-\mathrm{e}^{-rT}) = A,$$

由此解得

$$T = \frac{1}{r}\ln\frac{a}{a-Ar},$$

即收回投资的时间为

$$T = \frac{1}{r}\ln\frac{a}{a-Ar}.$$

例 7 有一大型投资项目,投资成本为 $A=10\,000$(万元),投资年利率为 5%,每年的均匀收入率为 $a=2\,000$(万元),求该投资为无限期时的纯收入的贴现值(或称为投资的资本现值).

解 按题设条件,收入率为 $a=2\,000$(万元),年利率为 $r=5\%$,故无限期投资的总收入的贴现值为

$$y = \int_0^{+\infty} a\mathrm{e}^{-rt}\mathrm{d}t = \int_0^{+\infty} 2\,000\mathrm{e}^{-0.05t}\mathrm{d}t = \frac{-2\,000}{0.05} \cdot \mathrm{e}^{-0.05t}\Big|_0^{+\infty} = 40\,000(万元),$$

从而投资为无限期时的纯收入贴现值为

$$R = y - A = 40\,000 - 10\,000 = 30\,000(万元) = 3(亿元).$$

即投资为无限期是的纯收入的贴现值为 3 亿元.

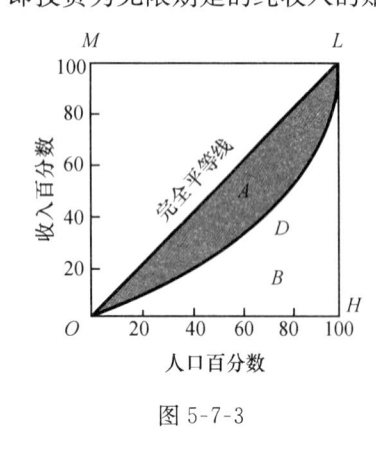

4. 国民收入分配

现在,我们讨论国民收入分配不平等的问题. 观察图 5-7-3 中的**洛伦兹曲线**.

横轴 OH 表示人口(按收入由低到高分组)的累计百分比,纵轴 OM 表示收入的累计百分比. 当**收入完全平等**时,人口累计百分比等于收入累计百分比,洛伦兹曲线为通过原点、倾角为 $45°$ 的直线；当**收入完全不平等**时,极少部分的人口(例如 1%)的人口却占有几乎全部的收入(100%),洛伦兹曲线为折线 OHL. 实际上,一般国家的收入分配,既不会是完全平等,也不会是完全不平等,而是在两者之间,即**洛伦兹曲线**是图中的凹曲线 ODL.

图 5-7-3

易见洛伦兹曲线与完全平等线的偏离程度的大小(即图示阴影面积),决定了该国国民收入分配不平等的程度.

为了方便计算,取横轴 OH 为 x 轴、纵轴 OM 为 y 轴,再假定该国某一时期国民收入分配的洛伦兹曲线可近似表示为 $y=f(x)$,则

$$A = \int_0^1 [x - f(x)]\mathrm{d}x = \frac{1}{2}x^2 \Big|_0^1 - \int_0^1 f(x)\mathrm{d}x = \frac{1}{2} - \int_0^1 f(x)\mathrm{d}x,$$

即

不平等面积 $A =$ **最大不平等面积**$(A+B) - B = \frac{1}{2} - \int_0^1 f(x)\mathrm{d}x.$

系数 $\dfrac{A}{A+B}$ 表示一个国家国民收入的在国民之间分配的不平等程度,经济学上,称为**基尼(Gini) 系数**,记作 G.

$$G = \frac{A}{A+B} = \frac{\frac{1}{2} - \int_0^1 f(x)\mathrm{d}x}{\frac{1}{2}} = 1 - 2\int_0^1 f(x)\mathrm{d}x$$

显然,$G=0$ 时,是完全平等情形;$G=1$ 时,是完全不平等情形.

例 8 某国某年国民收入在国民之间的分配的洛伦兹曲线可近似地由 $y = x^2 (0 \leqslant x \leqslant 1)$ 表示,试求该国的基尼系数.

解 如图 5-7-4 所示,有

$$A = \frac{1}{2} - \int_0^1 f(x)\mathrm{d}x = \frac{1}{2} - \int_0^1 x^2 \mathrm{d}x$$
$$= \frac{1}{2} - \frac{1}{3}x^3 \Big|_0^1 = \frac{1}{2} - \frac{1}{3} = \frac{1}{6},$$

故所求基尼系数

$$\frac{A}{A+B} = \frac{\frac{1}{6}}{\frac{1}{2}} = \frac{1}{3} \approx 0.33.$$

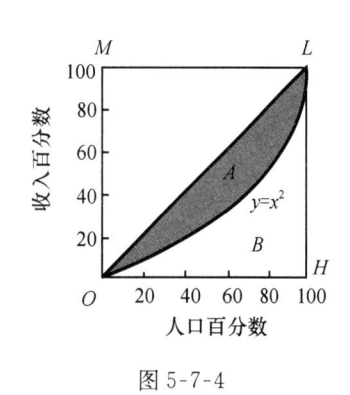

图 5-7-4

习 题 5-7

1. 已知边际成本 $C'(q) = 25 + 30q - 9q^2$,固定成本为 55,试求总成本 $C(q)$,平均成本与变动成本.

2. 已知边际收入为 $R'(q) = 3 - 0.2q$,q 为销售量,求总收入函数 $R(q)$,并确定最高收入的大小.

3. 某产品生产 q 个单位是总收入 R 的变化率为 $R'(q) = 200 - \dfrac{q}{100}$,求:

(1) 生产 50 个单位时的总收入;

(2) 在生产 100 个单位的基础上,再生产 100 个单位时总收入的增量.

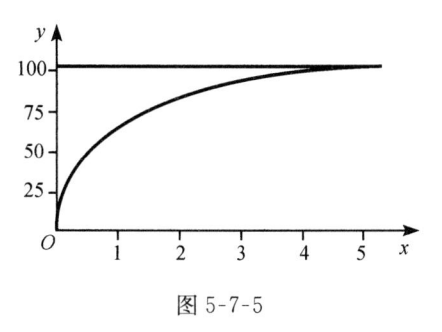

4. 已知某商品每周生产 q 个单位时,总成本变化率为 $C'(q) = 0.4q - 12$(元/单位),固定成本 500,求总成本 $C(q)$. 如果这种商品的销售单价是 20 元,求总利润 $L(q)$,并问每周生产多少单位时才能获得最大利润?

5. 某新产品的销售率由下式给出

$$f(x) = 100 - 90\mathrm{e}^{-x},$$

式中 x 是产品上市的天数,前四天的销售总数是曲线 $y = f(x)$ 与 x 轴在 $[0,4]$ 之间的面积(图 5-7-5),求前四天总的销售量.

图 5-7-5

6. 设某城市人口总数为 F,已知 F 关于时间 t(年)的变化率

为 $\dfrac{dF}{dt}=\dfrac{1}{\sqrt{t}}$,假设在计算的初始时间($t=0$),城市人口数为100(万),试求 t 年中该城市人口总数.

7. 若边际消费倾向在收入为 Y 时为 $\dfrac{3}{2}Y^{-\frac{1}{2}}$,且当收入为零时总消费支出 $c_0=70$.

(1) 求消费函数 $c(Y)$;

(2) 求收入由 100 增加到 196 时消费支出的增加数.

8. 设储蓄边际倾向(即储蓄额 S 的变化率)是收入 y 的函数
$$S'(y)=0.3-\dfrac{1}{10\sqrt{y}},$$
求收入从 100 元增加到 900 元时储蓄的增加额.

9. 如果需求曲线为 $D(q)=50-0.025q^2$,并已知需求量为 20 个单位,试求消费者剩余 CS.

10. 假设某国某年洛伦兹曲线近似地由 $y=x^3(0\leqslant x\leqslant 1)$ 表示,试求该国的基尼系数.

11. 某投资项目的成本为 100 万元,在 10 年中每年可收益 25 万元,投资率为 5%,试求这 10 年中该项投资的纯收入的贴现值.

12. 一位居民准备购买一栋别墅,现价为 300 万元,如果以分期付款的方式,要求每年付款 21 万元,且 20 年付清,而银行贷款的年利率为 4%,按连续复利计息,请你帮这位购房者作一决定:是采用一次付款合算还是分期付款合算?

总 习 题 五

1. 求下列极限:

(1) $\lim\limits_{n\to\infty}\sum\limits_{k=1}^{n}\sqrt{\dfrac{(n+k)(n+k+1)}{n^4}}$;

(2) $\lim\limits_{n\to\infty}\sum\limits_{i=1}^{n}\dfrac{e^{\frac{i}{n}}}{n+ne^{\frac{2i}{n}}}$;

(3) $\lim\limits_{n\to\infty}\dfrac{1}{n}\sum\limits_{i=1}^{n}\sqrt{1+\dfrac{i}{n}}$;

(4) $\lim\limits_{n\to\infty}\dfrac{1^p+2^p+\cdots+n^p}{n^{p+1}}\ (p>0)$;

(5) $\lim\limits_{n\to\infty}\ln\dfrac{\sqrt[n]{n!}}{n^n}$.

2. 利用积分中值定理求下列极限:

(1) $\lim\limits_{n\to\infty}\int_{n}^{n+p}\dfrac{\sin x}{x}dx$;

(2) $\lim\limits_{n\to\infty}\int_{n}^{n+2}\dfrac{x^2}{e^{x^2}}dx$.

3. 求下列极限:

(1) $\lim\limits_{x\to 0}\dfrac{1}{x}\int_{0}^{x}(1+\sin 2t)^{\frac{1}{t}}dt$;

(2) $\lim\limits_{x\to a}\dfrac{x}{x-a}\int_{a}^{x}f(t)dt$(其中 $f(x)$ 连续);

(3) $\lim\limits_{x\to+\infty}\dfrac{\int_{0}^{x}(\arctan t)^2 dt}{\sqrt{x^2+1}}$;

(4) $\lim\limits_{x\to+\infty}\left(\int_{0}^{x}e^{t^2}dt\right)^{\frac{1}{x^2}}$.

4. 已知 $\int_{0}^{x}[2f(t)-1]dt=f(x)-1$,求 $f'(0)$.

5. 已知 $f(x)=\begin{cases}\dfrac{\int_{0}^{x}(e^{t^2}-1)dt}{x^2}, & x\neq 0 \\ 0, & x=0\end{cases}$,求 $f'(0)$.

6. 设 $f(t)$ 在 $0\leqslant t\leqslant +\infty$ 上连续,若 $\int_{0}^{x^2}f(t)dt=x^2(1+x)$,求 $f(2)$.

7. 求函数 $F(x)=\int_{0}^{x}t(t-4)dt$ 在 $[-1,5]$ 上的最大值与最小值.

8. 证明:$\ln(1+n)<1+\dfrac{1}{2}+\dfrac{1}{3}+\cdots+\dfrac{1}{n}<1+\ln n$.

9. 设 $f(x),g(x)$ 在区间 $[a,b]$ 上均连续,证明:

(1) $\left(\int_a^b f(x)g(x)\mathrm{d}x\right)^2 \leqslant \int_a^b f^2(x)\mathrm{d}x \cdot \int_a^b g^2(x)\mathrm{d}x$ (柯西 - 施瓦茨不等式);

(2) $\left(\int_a^b [f(x)+g(x)]^2\mathrm{d}x\right)^{\frac{1}{2}} \leqslant \left(\int_a^b f^2(x)\mathrm{d}x\right)^{\frac{1}{2}} + \left(\int_a^b g^2(x)\mathrm{d}x\right)^{\frac{1}{2}}$ (闵可夫斯基不等式).

10. 设函数 $f(x)$ 在区间 $[a,b]$ 上连续,且 $f(x)>0$,证明:
$$\ln\left[\dfrac{1}{b-a}\int_a^b f(x)\mathrm{d}x\right] \geqslant \dfrac{1}{b-a}\int_a^b \ln f(x)\mathrm{d}x.$$

11. 设 $f(x)$ 在 $[0,a]\,(a>0)$ 上有连续导数,且 $f(0)=0$,证明:
$$\left|\int_0^a f(x)\mathrm{d}x\right| \leqslant \dfrac{Ma^2}{2},$$
其中 $M=\max\limits_{0\leqslant x\leqslant a}|f'(x)|$.

12. 设 $f(x)$ 在 $[0,1]$ 上连续且单调减少,试证:对任何 $a\in(0,1)$,有
$$\int_0^a f(x)\mathrm{d}x \geqslant a\int_0^1 f(x)\mathrm{d}x.$$

13. 设 $\varphi(x)$ 在 $[a,b]$ 上连续,$f(x)=(x-b)\int_a^x \varphi(t)\mathrm{d}t$,证明:必存在 $\xi\in(a,b)$,使得 $f'(\xi)=0$.

14. 设 $f(x)$ 在区间 $[a,b]$ 上连续,$g(x)$ 在区间 $[a,b]$ 上连续且不变号. 证明至少存在一点 $\xi\in[a,b]$,使下式成立
$$\int_a^b f(x)g(x)\mathrm{d}x = f(\xi)\int_a^b g(x)\mathrm{d}x \quad (\text{积分第一中值定理}).$$

15. 计算下列定积分:

(1) $\int_0^\pi (1-\sin^3 x)\mathrm{d}x$;

(2) $\int_{\sqrt{e}}^e \dfrac{1}{x\sqrt{\ln x(1-\ln x)}}\mathrm{d}x$;

(3) $\int_0^1 \dfrac{\sqrt{x}}{2-\sqrt{x}}\mathrm{d}x$;

(4) $\int_0^a x^2\sqrt{a^2-x^2}\mathrm{d}x\,(a>0)$;

(5) $\int_0^{\frac{\pi}{2}} \dfrac{x+\sin x}{1+\cos x}\mathrm{d}x$;

(6) $\int_0^{\frac{\pi}{4}} \ln(1+\tan x)\mathrm{d}x$;

(7) $\int_0^a \dfrac{1}{x+\sqrt{a^2-x^2}}\mathrm{d}x\,(a>0)$;

(8) $\int_0^{\frac{\pi}{2}} \sqrt{1-\sin 2x}\,\mathrm{d}x$;

(9) $\int_{-1}^1 (2x+|x|+1)^2\mathrm{d}x$;

(10) $\int_{-\pi}^{\pi} (\sqrt{1+\cos 2x}+|x|\sin x)\mathrm{d}x$;

(11) $\int_{-2}^4 \left(x^2-3|x|+\dfrac{1}{|x|+1}\right)\mathrm{d}x$;

(12) 设 $f(x)=\begin{cases}x^2, & 0\leqslant x\leqslant 1\\ 2-x, & 1<x<2\end{cases}$,求 $\int_0^2 f(x)\mathrm{d}x$.

16. 利用函数的奇偶性计算定积分 $\int_{-1}^1 (x+\sqrt{1-x^2})^2\mathrm{d}x$.

17. 利用函数的周期性计算定积分 $\int_{100}^{100+\pi} (\sin 2x)^2(\tan x+1)\mathrm{d}x$.

18. 设函数 $f(x)$ 在 $(-\infty,+\infty)$ 内连续,并满足条件
$$\int_0^x f(x-u)e^u\mathrm{d}u = \sin x,$$
求 $f(x)$.

19. 计算下列各题:

(1) 设 $f(5)=2$,$\int_0^5 f(x)\mathrm{d}x=3$,求 $\int_0^5 xf'(x)\mathrm{d}x$.

(2) 已知 $f(x) = \tan^2 x$，求 $\int_0^{\frac{\pi}{4}} f'(x) f''(x) \mathrm{d}x$.

20. 证明 $\int_{-a}^{a} f(x) \mathrm{d}x = \int_0^a [f(x) + f(-x)] \mathrm{d}x$，并求下列定积分：

(1) $\int_{-\frac{\pi}{4}}^{\frac{\pi}{4}} \frac{\mathrm{d}x}{1 + \sin x}$；　　(2) $\int_{-\frac{\pi}{4}}^{\frac{\pi}{4}} \frac{\sin^2 x}{1 + \mathrm{e}^{-x}} \mathrm{d}x$；　　(3) $\int_{-\frac{\pi}{4}}^{\frac{\pi}{4}} \frac{\cos^{2n} x}{1 + \mathrm{e}^{-x}} \mathrm{d}x$（$n$ 为正整数）.

21. 设 $f(x)$ 在区间 $[a, b]$ 上连续，且 $f(x)$ 关于 $x = \frac{a+b}{2}$ 对称的点处取相同的值. 证明：

$$\int_a^b f(x) \mathrm{d}x = 2 \int_a^{\frac{a+b}{2}} f(x) \mathrm{d}x.$$

22. 证明：$\int_x^1 \frac{1}{1+t^2} \mathrm{d}t = \int_1^{\frac{1}{x}} \frac{1}{1+t^2} \mathrm{d}t (x > 0)$.

23. 判断下列瑕积分的敛散性：

(1) $\int_1^{+\infty} \frac{\sin x}{\sqrt{x^3}} \mathrm{d}x$；　　　　　　　(2) $\int_2^{+\infty} \frac{1}{x \cdot \sqrt[3]{x^2 - 3x + 2}} \mathrm{d}x$；

(3) $\int_2^{+\infty} \frac{\cos x}{\ln x} \mathrm{d}x$；　　　　　　　　(4) $\int_0^{+\infty} \frac{1}{\sqrt[3]{x^2 (x-1)(x-2)}} \mathrm{d}x$；

(5) $\int_3^{+\infty} \frac{\mathrm{d}x}{x(x-1)(x-2)}$；　　　　(6) $\int_1^{+\infty} \frac{2x \arctan x}{\sqrt{x+1}} \mathrm{d}x$；

(7) $\int_0^1 \frac{\ln x}{1 - x^2} \mathrm{d}x$；　　　　　　　　(8) $\int_{\frac{1}{e}}^{e} \frac{\ln|x - 1|}{x - 1} \mathrm{d}x$.

24. 已知 $\int_0^{+\infty} \frac{\sin x}{x} \mathrm{d}x = \frac{\pi}{2}$，求 $\int_0^{+\infty} \frac{\sin^2 x}{x^2} \mathrm{d}x$.

25. 求介于直线 $x = 0$，$x = 2\pi$ 之间、由曲线 $y = \sin x$ 和 $y = \cos x$ 所围成的平面图形的面积.

26. 求椭圆 $x^2 + \frac{1}{3} y^2 = 1$ 和 $\frac{1}{3} x^2 + y^2 = 1$ 的公共部分的面积.

27. 求曲线 $y = \mathrm{e}^x$ 及该曲线的过原点的切线和 x 轴的负半轴所围成的平面图形的面积.

28. 设曲线 $L_1 : y = 1 - x^2 (0 \leqslant x \leqslant 1)$ 与 x 轴，y 轴所围成的区域被曲线 $L_1 : y = ax^2 (a > 0)$ 分为面积相等的两部分，试确定 a 的值.

29. 求由柱体 $x^2 + y^2 \leqslant a^2$ 与 $x^2 + z^2 \leqslant a^2 (a > 0)$ 的公共部分所围成图形的体积.

30. 将曲线 $y = \frac{\sqrt{x}}{1 + x^2}$ 绕 x 轴旋转而成的旋转体的体积.

31. 将抛物线 $y = x^2 - ax$ 在横坐标 0 与 $c(c > a > 0)$ 之间的弧段绕 x 轴旋转，问 c 为何值时，所得旋转体积 V 等于弦 OP（P 为抛物线与 $x = c$ 的交点）绕 x 轴旋转所得锥体体积.

32. 设抛物线 $y = ax^2 + bx + c$ 通过点 $(0, 0)$，且当 $x \in [0, 1]$ 时，$y \geqslant 0$. 试确定 a、b、c 的值，使得该抛物线与直线 $x = 1$、$y = 0$ 所围成图形的面积为 $\frac{1}{3}$，且使该图形绕 x 轴旋转而成的旋转体的体积最小.

33. 一位居民准备购买一栋别墅价值为 300 万元，若首付为 50 万元，以后分期付款，每年付款数目相同，10 年付清，而银行贷款的年利率为 6%，按连续复利计息，每年应付款多少？（$\mathrm{e}^{-0.6} \approx 0.544\,8$）

34. 某公司投资 2 000 万建成一条生产线，投产后，在 t 时刻的追加成本和追加收益分别为

$$g(t) = 5 + 2t^{\frac{2}{3}} \quad (\text{百万/年}), \qquad \varphi(t) = 17 - t^{\frac{2}{3}} \quad (\text{百万/年}).$$

试确定该生产线在何时停产可获得最大利润？最大利润是多少？

35. 生产某种产品的固定成本为 50 万元，边际成本与边际收益分别为

$$MC = Q^2 - 16Q + 100 \quad (\text{万元/单位产品}), \qquad MR = 89 - 4Q \quad (\text{万元/单位产品}).$$

试确定工厂应将产量定为多少个单位时，才能获得最大利润. 并求最大利润.

第 6 章 多元函数微积分学

在前面各章的学习中,讨论的函数都只依赖于一个自变量,这种函数称为一元函数.我们已经研究了一元函数的微积分学,但在很多实际问题中,往往需要研究多个变量之间的关系,反映到数学上,就是要考虑一个变量(因变量)与另外多个变量(自变量)之间的相互依赖关系,由此引入了多元函数以及多元函数的微积分问题.本章将在一元函数微积分学的基础上,讨论多元函数的微积分方法及其应用.讨论中将以二元函数为主要对象,这不仅因为二元函数的有关概念和方法大多有比较直观的解释,便于理解,而且二元函数的结论大多能自然推广到二元以上的多元函数.

6.1 空间解析几何

如同平面解析几何的知识对学习一元函数微积分是不可缺少的一样,空间解析几何的知识对学习多元函数微积分也是必要的.本节简单介绍一些空间解析几何的知识,为学习多元微积分做准备.

在平面解析几何中,通过坐标法把平面上的点与一对有次序的数对应起来,把平面上的图形和方程对应起来,从而可以用代数方法来研究几何问题.空间解析几何也是按照类似的方法建立起来数与形之间的关系.

6.1.1 空间直角坐标系

在平面解析几何中建立了平面直角坐标系,并通过平面直角坐标系,将平面中的点与有序数组(即点的坐标(x,y))对应起来.同样,为了把空间中的任一点与有序数组对应起来,建立了**空间直角坐标系**.

过空间中一定点 O,作三个两两垂直的单位向量 i,j,k,就确定了三条都以 O 为原点的两两垂直的数轴,依次记为 **x 轴(横轴)**,**y 轴(纵轴)**,**z 轴(竖轴)**,统称为**坐标轴**.它们构成一个空间直角坐标系 $Oxyz$,点 O 称为**坐标原点**(图 6-1-1).

空间直角坐标系有右手系和左手系两种.我们通常采用右手系(图 6-1-2),其坐标轴的正向按如下方式规定:首先选定 x 轴和 y 轴的正向,然后以右手握住 z 轴,当右手的四个手指从 x 轴正向以 $\frac{\pi}{2}$ 角度转向 y 轴正向时,大拇指的指向就是 z 轴的正向.

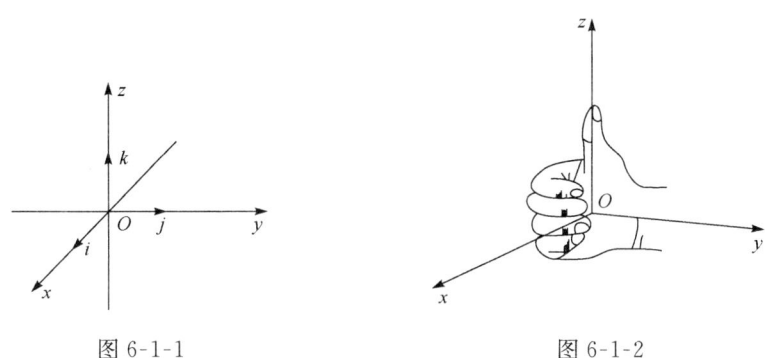

图 6-1-1　　　　　　　图 6-1-2

三条坐标轴中的任意两条可以确定一个平面,这样定出的三个平面统称为**坐标面**. x 轴及 y 轴所确定的坐标面称为 xOy 面,另两个由 y 轴及 z 轴和由 z 轴及 x 轴所确定的坐标面,分别称为 yOz 面及 zOx 面. 三个坐标面把空间分成八个部分,每一个部分称为一个**卦限**,共八个卦限. 其中,$x>0,y>0,z>0$ 部分为第 I 卦限,第 II、III、IV 卦限在 xOy 面的上方,按逆时针方向确定. 第 V、VI、VII、VIII 卦限在 xOy 面的下方,由第 I 卦限正下方的第 V 卦限,按逆时针方向确定(图 6-1-3).

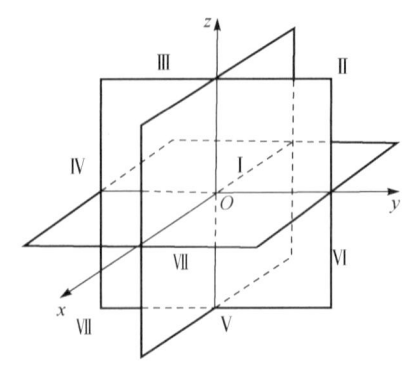

图 6-1-3

定义了空间直角坐标系后,就可以用一组有序数来确定空间中点的位置. 设 M 为空间中任意一点(图 6-1-4),过点 M 分别作垂直于 x 轴、y 轴、z 轴的平面,它们与 x 轴、y 轴、z 轴分别交于 P,Q,R 三点,这三点在 x 轴、y 轴、z 轴上的坐标分别为 x,y,z. 这样,空间的一点 M 就唯一确定了一个有序数组 (x,y,z). 反之,若给定一有序数组 (x,y,z),就可以分别在 x 轴、y 轴、z 轴找到坐标分别为 x,y,z 的三个点 P,Q,R,过这三点分别垂直于 x 轴、y 轴、z 轴的平面,这三个平面的交点就是有序数组 (x,y,z) 所确定的唯一的点 M. 这样就建立了空间的点 M 和有序数组 (x,y,z) 之间的一一对应关系. 这组数 (x,y,z) 称为**点 M 的坐标**,并依次称 x,y 和 z 为点 M 的**横坐标**、**纵坐标**、**竖坐标**,记为 $M(x,y,z)$.

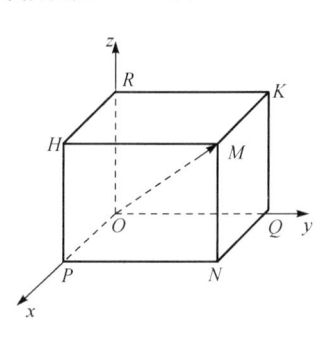

图 6-1-4

坐标面和坐标轴上的点,其坐标各有一定的特征. 例如,x 轴上的点,其纵坐标 $y=0$,竖坐标 $z=0$,于是,其坐标为 $(x,0,0)$. 同理,y 轴上的点的坐标为 $(0,y,0)$;z 轴上的点的坐标为 $(0,0,z)$. xOy 面上的点的坐标为 $(x,y,0)$;yOz 面上的点的坐标为 $(0,y,z)$;zOx 面上的点的坐标为 $(x,0,z)$.

设点 $M(x,y,z)$ 为空间一点,则点 M 关于坐标面 xOy 的对称点为 $M_1(x,y,-z)$;关于 x 轴的对称点为 $M_2(x,-y,-z)$;关于原点的对称点为 $M_3(-x,-y,-z)$.

6.1.2 空间两点距离公式

平面上任意两点 $M_1(x_1,y_1),M_2(x_2,y_2)$ 的距离公式为

$$|M_1M_2|=\sqrt{(x_1-x_2)^2+(y_1-y_2)^2}.$$

空间中两点间的距离公式

$$|M_1M_2|=\sqrt{(x_1-x_2)^2+(y_1-y_2)^2+(z_1-z_2)^2}.$$

设空间直角坐标系中的任意两点 $M_1(x_1,y_1,z_1),M_2(x_2,y_2,z_2)$,过这两点分别作与三个坐标面垂直的平面,六个平面围成一个长方体,以 M_1M_2 为对角线(图 6-1-5).

在直角三角形 M_1PN 中

$$|PM_1|^2+|PN|^2=|M_1N|^2,$$

在直角三角形 M_1NM_2 中

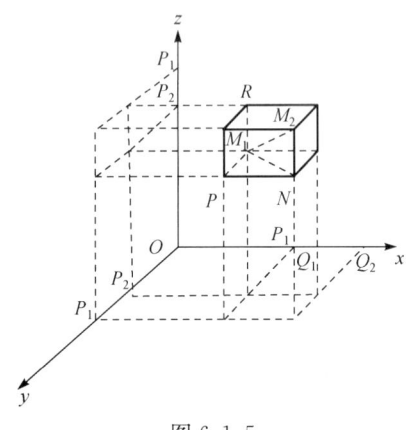

图 6-1-5

$$|M_1N|^2 + |M_2N|^2 = |M_1M_2|^2,$$

则
$$|M_1M_2|^2 = |PM_1|^2 + |PN|^2 + |M_2N|^2 = |P_1P_2|^2 + |Q_1Q_2|^2 + |R_1R_2|^2$$
$$= |x_1 - x_2|^2 + |y_1 - y_2|^2 + |z_1 - z_2|^2,$$

因此
$$|M_1M_2| = \sqrt{(x_1-x_2)^2 + (y_1-y_2)^2 + (z_1-z_2)^2}. \tag{6.1.1}$$

特别地，任意点 $M(x,y,z)$ 到原点的距离为
$$|OM| = \sqrt{x^2 + y^2 + z^2}. \tag{6.1.2}$$

例1 设点 M 在 x 轴上，它到点 $M_1(0,\sqrt{2},3)$ 的距离为到点 $M_2(0,1,-1)$ 的距离的 2 倍，求点 M 的坐标.

解 因为点 M 在 x 轴上，故可设点 M 的坐标为 $(x,0,0)$，依题意有
$$|MM_1| = 2|MM_2|,$$

又
$$|MM_1| = \sqrt{x^2 + (\sqrt{2})^2 + 3^2} = \sqrt{x^2 + 11},$$
$$|MM_2| = \sqrt{x^2 + (-1)^2 + 1^2} = \sqrt{x^2 + 2},$$

因为
$$|MM_1| = 2|MM_2|,$$

则有
$$\sqrt{x^2+11} = 2\sqrt{x^2+2},$$

从而解得 $x = \pm 1$，所求点为 $(1,0,0)$，$(-1,0,0)$.

6.1.3 空间曲面及其方程

1. 曲面方程的概念

在日常生活中，经常会遇到各种曲面，例如，反光镜的镜面、管道的外表面以及球面等. 与在平面解析几何中把平面曲线看作是动点的轨迹类似，在空间解析几何中，任何曲面都可看作是具有某种性质的动点的轨迹.

定义1 在空间直角坐标系中，如果曲面 S 与三元方程 $F(x,y,z) = 0$ 有下述关系：

(1) 曲面 S 上任一点的坐标都满足方程 $F(x,y,z) = 0$；

(2) 不在曲面 S 上的点的坐标都不满足该方程，则方程 $F(x,y,z) = 0$ 称为曲面 S 的方程，而曲面 S 就称为方程 $F(x,y,z) = 0$ 的图形(图 6-1-6).

建立了空间曲面与其方程的联系后，就可以通过研究方程的解析性质来研究曲面的几何性质.

空间曲面研究的两个基本问题是：

(1) 已知曲线上的点所满足的几何条件，建立曲面的方程；

(2) 已知曲面的方程，研究曲面的几何形状.

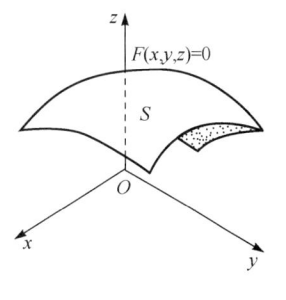

图 6-1-6

例2 建立球心在点 $M_0(x_0, y_0, z_0)$、半径为 R 的球面的方程.

解 设 $M(x,y,z)$ 是球面上任一点(图 6-1-7)，根据题意，有
$$|MM_0| = R,$$

即
$$\sqrt{(x-x_0)^2 + (y-y_0)^2 + (z-z_0)^2} = R,$$

所以
$$(x-x_0)^2 + (y-y_0)^2 + (z-z_0)^2 = R^2.$$

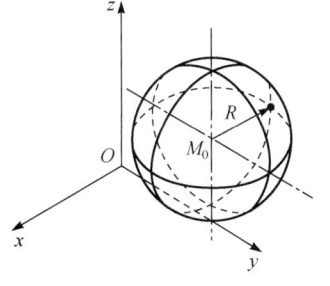

图 6-1-7

特别地，当球心在原点时，球面的方程为

$$x^2+y^2+z^2=R^2.$$

例 3 方程 $x^2+y^2+z^2-2x+4y-4z-7=0$ 表示怎样的曲面?

解 对原方程配方,得
$$(x-1)^2+(y+2)^2+(z-2)^2=16,$$
所以,原方程表示球心在点 $M_0(1,-2,2)$,半径为 $R=4$ 的球面.

6.1.4 柱面

定义 2 平行于定直线并沿定曲线 C 移动的直线 L 所形成的轨迹称为**柱面**,这条定曲线 C 称为柱面的**准线**,动直线 L 称为柱面的**母线**.

例 4 方程 $x^2+y^2=R^2$ 在空间中表示怎样的曲面?

解 易知,方程 $x^2+y^2=R^2$ 在 xOy 面上表示圆心在原点 O、半径为 R 的圆.在空间直角坐标系中,注意到方程不含竖坐标 z,因此对于空间中的点,不论其竖坐标 z 怎样,只要它的横坐标 x 和纵坐标 y 能满足这方程,那么这一点就在这曲面上.这就是说,凡是通过 xOy 面内圆 $x^2+y^2=R^2$ 上一点 $M(x,y,0)$,且平行于 z 轴的直线 l 都在这曲面上.因此,这曲面可以看作是由平行于 z 轴的直线 l 沿 xOy 面上的圆 $x^2+y^2=R^2$ 移动而形成的,称此曲面为**圆柱面**(图 6-1-8),xOy 面上的圆 $x^2+y^2=R^2$ 称为它的准线,平行于 z 轴的直线 l 称为它的母线.

一般地,在空间直角坐标系中,不含 z 的方程 $x^2+y^2=R^2$ 表示母线平行于 z 轴、准线为 xOy 面上的圆 $x^2+y^2=R^2$ 的柱面,称为**圆柱面**.

一般地,在空间解析几何中,不含 z 而仅含 x,y 的方程 $F(x,y)=0$ 表示母线平行于 z 轴的柱面,其准线为 xOy 面上的曲线 $F(x,y)=0$(图 6-1-9).

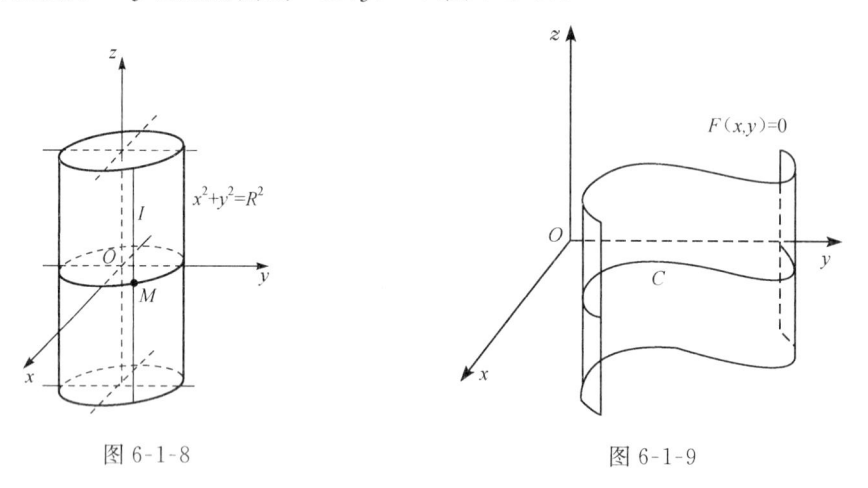

图 6-1-8

图 6-1-9

同理,不含 y 而仅含 x,z 的方程 $G(x,z)=0$ 表示母线平行于 y 轴的柱面,其准线为 xOz 面上的曲线 $G(x,z)=0$;不含 x 而仅含 y,z 的方程 $H(y,z)=0$ 表示母线平行于 x 轴的柱面,其准线为 yOz 面上的曲线 $H(y,z)=0$.

例如,方程 $y=1-z$ 表示母线平行于 x 轴、准线为 yOz 面上的直线 $y=1-z$ 的柱面,这个柱面是一个平面.

方程 $y^2=2x$ 表示母线平行于 z 轴、准线为 xOy 面上的抛物线 $y^2=2x$ 的柱面,这个柱面称为**抛物柱面**.

6.1.5 平面

平面是空间中重要的一类特殊曲面,可以证明空间中任一平面都可以用一个一次方程

$$Ax+By+Cz+D=0 \tag{6.1.3}$$

来表示,其中 A,B,C,D 是常数,A,B,C 是不全为零的. 方程(6.1.3)我们称之为**平面的一般方程**.

平面的一般方程的几种特殊情形:

(1) 若 $D=0$,则方程为 $Ax+By+Cz=0$,该平面通过坐标原点.

(2) 方程 $Ax+By+D=0$,表示一个平行于 z 轴的平面.

方程 $Ax+Cz+D=0$ 和 $By+Cz+D=0$ 分别表示一个平行于 y 轴和 x 轴的平面.

(3) $Ax+D=0$,表示一个平行于 yOz 面的平面或垂直于 x 轴的平面.

同理,方程 $By+D=0$ 和 $Cz+D=0$ 分别表示一个平行于 zOx 面和 xOy 面的平面.

特别地,三个坐标平面分别 $x=0,y=0,z=0$.

例 5 求通过 x 轴和点 $(4,-3,-1)$ 的平面方程.

解 设所求平面的一般方程为
$$Ax+By+Cz+D=0,$$
因为所求平面通过 x 轴,则一定平行于 x 轴,所以 $A=0$,又平面通过坐标原点,所以 $D=0$,从而方程为
$$By+Cz=0,$$
又因平面过点 $(4,-3,-1)$,因此有
$$-3B-C=0, 即 C=-3B,$$
将 $C=-3B$ 代入方程 $By+Cz=0$,再除以 B ($B\neq 0$),便得到所求方程为 $y-3z=0$.

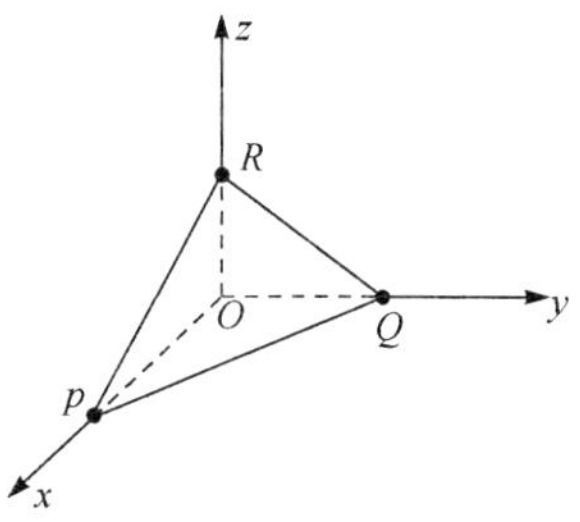

同二维直角坐标系下截距式直线方程 $\dfrac{x}{a}+\dfrac{y}{b}=1$ 类似,在三维空间直角坐标系下我们如果知道一个平面通过三个点:$P(a,0,0), Q(0,b,0), R(0,0,c)$(图 6-1-10),其中 $a\neq 0, b\neq 0, c\neq 0$,带入平面一般方程,我们就得到**平面的截距式方程**
$$\dfrac{x}{a}+\dfrac{y}{b}+\dfrac{z}{c}=1,$$

图 6-1-10

其中,a,b,c 称为平面在三坐标轴上的**截距**.

6.1.6 常用二次曲面

6.1.5 节中已经介绍了曲面的概念,并且知道曲面可以用直角坐标 x,y,z 的一个三元方程 $F(x,y,z)=0$ 来表示. 如果方程左端是关于 x,y,z 的多项式,方程所表示的曲面称为**代数曲面**. 多项式的次数称为代数曲面的次数. 一次方程所表示的曲面称为**一次曲面**,即**平面**;二次方程所表示的曲面称为**二次曲面**. 这里我们简单介绍几种常见曲面.

1. 椭球面

由方程
$$\dfrac{x^2}{a^2}+\dfrac{y^2}{b^2}+\dfrac{z^2}{c^2}=1 \quad (a>0,b>0,c>0)$$
所表示的曲面称为**椭球面**(图 6-1-11).

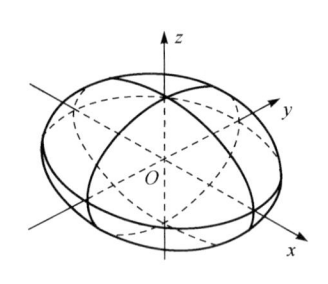

特别地，当 $a=b=c$ 时，方程变成
$$x^2+y^2+z^2=a^2,$$
这个方程表示一个球心在圆心、半径为 a 的球面.

2. 椭圆抛物面

由方程

$$z=\frac{x^2}{2p}+\frac{y^2}{2q} \quad (p 与 q 同号)$$

图 6-1-11

所确定的曲面称为**椭圆抛物面**(图 6-1-12).

3. 双曲抛物面

由方程

$$-\frac{x^2}{2p}+\frac{y^2}{2q}=z \quad (p 与 q 同号)$$

所确定的曲面称为**双曲抛物面**(图 6-1-13).

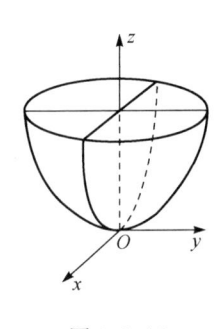

图 6-1-12 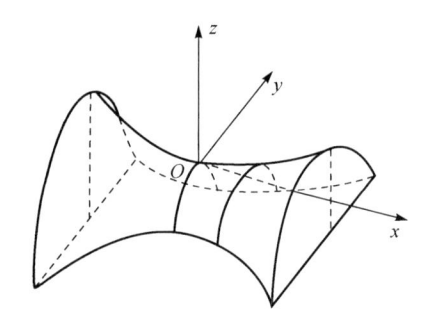　　　　　　　　图 6-1-13

4. 单叶双曲面

由方程

$$\frac{x^2}{a^2}+\frac{y^2}{b^2}-\frac{z^2}{c^2}=1 \quad (a>0, b>0, c>0)$$

所表示的曲面称为**单叶双曲面**(图 6-1-14).

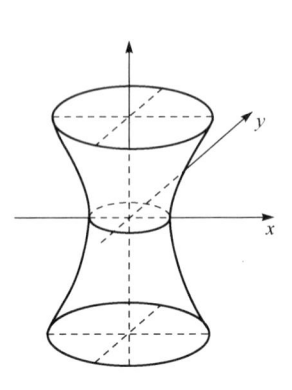

5. 双叶双曲面

由方程

$$\frac{x^2}{a^2}+\frac{y^2}{b^2}-\frac{z^2}{c^2}=-1 \quad (a>0, b>0, c>0)$$

所表示的曲面称为**双叶双曲面**(图 6-1-15).

图 6-1-14

6. 二次锥面

由方程

$$\frac{x^2}{a^2}+\frac{y^2}{b^2}-\frac{z^2}{c^2}=0 \quad (a>0, b>0, c>0)$$

所表示的曲面称为**二次锥面**(图 6-1-16).

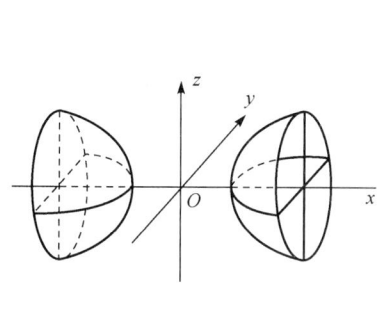

图 6-1-15　　　　　　　　　　　　图 6-1-16

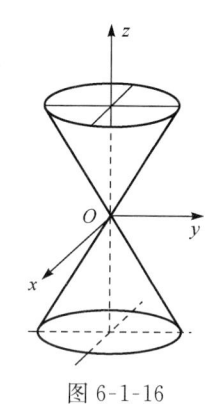

常见的一种形式为：$x^2+y^2-z^2=0$. 用平面 $z=h$ 去截它时，所得截痕是圆.

习　题　6-1

1. 在空间直角坐标系中，指出下列各点所在的卦限：
$A(-2,2,3)$;　　　$B(6,-2,4)$;　　　$C(1,5,-3)$;　　　$D(-3,-2,-4)$;
$E(-4,-3,2)$;　　$F(2,-3,-1)$;　　$G(-3,3,-5)$;　　$H(1,2,3)$.
2. 写出坐标面上和坐标轴上的点的坐标的特征，并指出下列各点的位置：
$A(-2,0,3)$;　　　$B(0,-2,4)$;　　　$C(0,0,-3)$;　　　$D(0,2,0)$.
3. 求点 $M(a,b,c)$ 关于：(1)各坐标面；(2)各坐标轴；(3)坐标原点的对称点的坐标.
4. 求以点 $O(1,3,-2)$ 为球心，且通过坐标原点的球面方程.
5. 求与原点和 $M_0(2,3,4)$ 的距离之比为 1：2 的点的全体所构成的曲面的方程，它表示怎样的曲面？
6. 指出下列方程组所表示的曲面
(1) $x=3$;　　　　　(2) $y=2x-5$;　　　　(3) $x^2+y^2=16$;
(4) $x^2-y^2=4$;　　(5) $\frac{x^2}{4}+\frac{y^2}{9}=1$;　　(6) $y^2=4x$.

6.2　多元函数的基本概念

6.2.1　平面区域的概念

讨论一元函数时，经常用到点集、邻域和区间等概念. 为了讨论多元函数，需要将上述概念加以推广.

1. 邻域

与数轴上邻域的概念类似，我们引入平面上点的邻域的概念.

设 $P_0(x_0,y_0)$ 为直角坐标平面上一点，δ 为一正数，则与点 P_0 距离小于 δ 的点 $P(x,y)$ 的全体，称为**点 P_0 的 δ 邻域**，记为 $U(P_0,\delta)$ 或 $U_\delta(P_0)$，或简称邻域，记作 $U(P_0)$，即

$$U(P_0,\delta)=\{P\mid |PP_0|<\delta\},$$

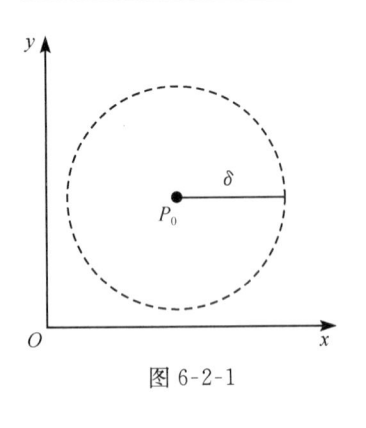

即
$$U(P_0,\delta) = \{(x,y) \mid \sqrt{(x-x_0)^2+(y-y_0)^2} < \delta\}.$$

根据这一定义, $U(P_0,\delta)$ 实际上是以点 P_0 为圆心、δ 为半径的圆的内部(图 6-2-1).

而点集 $U(P_0,\delta) - \{P_0\}$ 称为点 P_0 **的去心 δ 邻域**, 记为 $\mathring{U}(P_0,\delta)$ 或 $\mathring{U}_\delta(P_0)$, 即
$$\mathring{U}(P_0,\delta) = \{(x,y) \mid 0 < \sqrt{(x-x_0)^2+(y-y_0)^2} < \delta\}.$$

图 6-2-1

2. 区域

下面利用邻域来描述平面上点和点集之间的关系.

设 E 是平面上的一个点集, P 是平面上的一点, 则点 P 与点集 E 之间必存在以下三种关系之一:

(1) 如果存在点 P 的某一邻域 $U(P)$, 使得 $U(P) \subset E$, 则称 P 为 E 的**内点**(图 6-2-2 中的点 P_1);

(2) 如果存在点 P 的某一邻域 $U(P)$, 使得 $U(P) \cap E = \varnothing$, 则称 P 为 E 的**外点**(图 6-2-2 中的点 P_2);

(3) 如果点 P 的任一邻域内既有属于 E 的点, 也有不属于 E 的点, 则称 P 为 E 的**边界点**(图 6-2-2 中的点 P_3). 点集 E 的边界点的全体称为 E 的**边界**.

根据上述定义可知, 点集 E 的内点必属于 E; E 的外点必不属于 E; 而 E 的边界点则可能属于 E 也可能不属于 E.

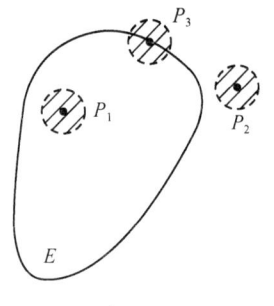

图 6-2-2

例如, 对于点集 $E = \{(x,y) \mid 1 \leqslant x^2+y^2 < 4\}$, 满足 $1 < x^2+y^2 < 4$ 的一切点都是 E 的内点; 圆周 $x^2+y^2 = 1$ 上的点是 E 的边界点, 且都属于 E; 圆周 $x^2+y^2 = 4$ 上的点也是 E 的边界点, 但不属于 E.

平面上点 P 与点集 E 之间除了上述三种关系之外, 还可按在点 P 的附近是否密集着 E 中无穷多个点而构成如下关系:

(1) 如果对于任意给定的 $\delta > 0$, 点 P 的去心邻域 $\mathring{U}(P_0,\delta)$ 内总有点集 E 的点, 即 $\mathring{U}(P_0,\delta) \cap E \neq \varnothing$, 则称 P 为 E 的**聚点**.

(2) 设点 $P \in E$, 如果存在点 P 的某一邻域 $U(P)$, 使得 $U(P) \cap E = \{P\}$, 则称 P 为 E 的**孤立点**.

显然, 孤立点一定是边界点; 内点和非孤立的边界点一定是聚点; 既不是聚点, 又不是孤立点, 则必为外点.

根据上述定义, 可进一步定义一些重要的平面点集:

(1) 如果点集 E 内任意一点均为 E 的内点, 则称 E 为**开集**;

(2) 如果点集 E 的余集 $\bar{E}$ 为开集, 则称 E 为**闭集**;

例如, 点集 $E_1 = \{(x,y) \mid 1 < x^2+y^2 < 4\}$ 是开集; 点集 $E_2 = \{(x,y) \mid 1 \leqslant x^2+y^2 \leqslant 4\}$ 是闭集; 点集 $E_3 = \{(x,y) \mid 1 \leqslant x^2+y^2 < 4\}$ 既非开集, 也非闭集.

(3) 如果点集 E 内任意两点都可用折线连接起来, 且该折线上的点都属于 E, 则称 E 为**连通集**(图 6-2-3);

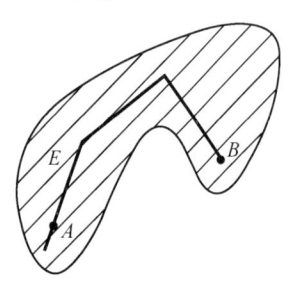

图 6-2-3

(4) 连通的开集称为**区域**或**开区域**;

(5) 开区域连同它的边界一起称为**闭区域**；

(6) 对于点集 E，如果存在正数 K，使得 $E \subset U_K(O)$，则称 E 为**有界集**，其中 O 为坐标原点. 否则，称 E 为**无界集**.

例如，点集 $E_1 = \{(x,y) \mid 1 < x^2 + y^2 < 4\}$ 是一开区域，并且是有界开区域（图 6-2-4）；点集 $E_2 = \{(x,y) \mid 1 \leqslant x^2 + y^2 \leqslant 4\}$ 是一闭区域，并且是有界闭区域（图 6-2-5）；点集 $E_4 = \{(x,y) \mid x+y \geqslant 0\}$ 是一无界闭区域（图 6-2-6）.

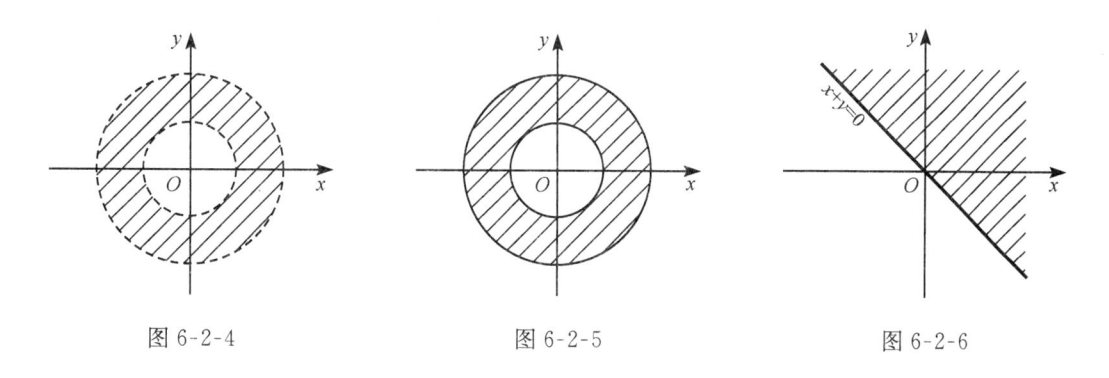

图 6-2-4　　　　图 6-2-5　　　　图 6-2-6

6.2.2　n 维空间的概念

众所周知，数轴上的点与实数一一对应，实数的全体记为 $\mathbf{R}$；平面上的点与二元有序数组 (x,y) 一一对应，二元有序数组 (x,y) 的全体记为 $\mathbf{R}^2$；空间中的点与三元有序数组 (x,y,z) 一一对应，三元有序数组 (x,y,z) 的全体记为 $\mathbf{R}^3$. 这样，$\mathbf{R},\mathbf{R}^2,\mathbf{R}^3$ 就分别对应于数轴、平面和空间.

一般地，设 n 为取定的一个自然数，则称 n 元有序数组 $(x_1,x_2,\cdots,x_n)$ 的全体为 n **维空间**，记为 $\mathbf{R}^n$，而每个 n 元有序数组 $(x_1,x_2,\cdots,x_n)$ 称为 n **维空间的点**，$\mathbf{R}^n$ 中的点 $(x_1,x_2,\cdots,x_n)$ 有时也用单个字母 $\boldsymbol{x}$ 来表示 $\boldsymbol{x} = (x_1,x_2,\cdots,x_n)$，数 x_i 称为点 $\boldsymbol{x}$ 的**第 i 个坐标**. 当所有的 $x_i (i = 1,2,\cdots,n)$ 都为零时，这个点称为 $\mathbf{R}^n$ 的**坐标原点**，记为 O.

n 维空间 $\mathbf{R}^n$ 中任意两点 $P(x_1,x_2,\cdots,x_n)$ 和 $Q(y_1,y_2,\cdots,y_n)$ 之间的距离规定为

$$|PQ| = \sqrt{(x_1-y_1)^2 + (x_2-y_2)^2 + \cdots + (x_n-y_n)^2}.$$

显然，当 $n=1,2,3$ 时，由上式便得数轴上、平面上及空间中两点间的距离公式.

前面就平面点集所引入的一系列概念，可推广到 n 维空间 $\mathbf{R}^n$ 中去. 例如，设点 $P_0 \in \mathbf{R}^n$，δ 为一正数，则 n 维空间内的点集

$$U(P_0,\delta) = \{P \mid |PP_0| < \delta, P \in \mathbf{R}^n\}$$

就称为 $\mathbf{R}^n$ 中**点 P_0 的 δ 域**. 以邻域为基础，可以进一步定义点集的内点、外点、边界点和聚点，以及开集、闭集、区域等一系列概念.

6.2.3　二元函数的概念

定义 1　设 D 是平面上的一个非空点集，如果对于 D 内的任一点 (x,y)，按照某种法则 f，都有唯一确定的实数 z 与之对应，则称 f 是 D 上的**二元函数**，记为

$$z = f(x,y) \quad (x,y) \in D.$$

其中，点集 D 称为该函数的**定义域**，x,y 称为**自变量**，z 称为**因变量**.

上述定义中,与(x,y)对应的z的值也称为f在(x,y)处的函数值,记为$f(x,y)$,即$z=f(x,y)$.函数值$f(x,y)$的全体所构成的集合称为函数f的**值域**,记为$f(D)$,即$f(D)=\{z|z=f(x,y),(x,y)\in D\}$.

注 关于二元函数的定义域,我们仍作如下约定:如果函数没有明确指出定义域,则往往取使函数的表达式有意义的阶有点(x,y)阶构成的集合作为该函数的定义域,并称其为**自然定义域**.

类似地,可定义三元及三元以上的函数.当$n \geq 2$时,n元函数统称为**多元函数**.

例 1 求二元函数$f(x,y)=\dfrac{\sqrt{4x-y^2}}{\ln(1-x^2-y^2)}$的定义域.

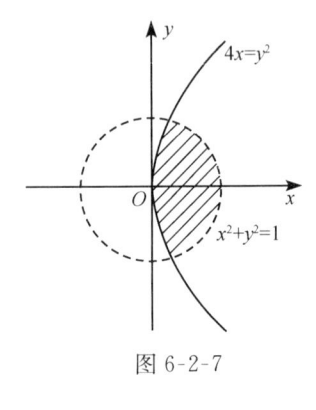

解 要使表达式有意义,必须

$$\begin{cases} 4x-y^2 \geq 0 \\ 1-x^2-y^2 > 0, \\ 1-x^2-y^2 \neq 1 \end{cases}$$

即$\begin{cases} 4x \geq y^2 \\ x^2+y^2 < 1, \\ x^2+y^2 \neq 0 \end{cases}$,故所求定义域(图 6-2-7)为

$$D=\{(x,y) \mid 4x \geq y^2, 0 < x^2+y^2 < 1\}.$$

图 6-2-7

例 2 已知函数$f(x+y,x-y)=\dfrac{x^2-y^2}{x^2+y^2}$,求$f(x,y)$.

解 设$u=x+y,v=x-y$,则

$$x=\dfrac{u+v}{2}, \quad y=\dfrac{u-v}{2},$$

所以

$$f(u,v)=\dfrac{\left(\dfrac{u+v}{2}\right)^2-\left(\dfrac{u-v}{2}\right)^2}{\left(\dfrac{u+v}{2}\right)^2+\left(\dfrac{u-v}{2}\right)^2}=\dfrac{2uv}{u^2+v^2},$$

即

$$f(x,y)=\dfrac{2xy}{x^2+y^2}.$$

二元函数的几何意义:

设$z=f(x,y)$是定义在区域D上的一个二元函数,则空间点集

$$S=\{(x,y,z) \mid z=f(x,y),(x,y) \in D\}$$

称为二元函数$z=f(x,y)$的图形.易见,属于S的点$P(x_0,y_0,z_0)$满足三元方程

$$F(x,y,z)=z-f(x,y)=0,$$

故二元函数$z=f(x,y)$的图形就是空间区域D上的一张曲面(图 6-2-8),定义域D就是该曲面在xOy面上的投影.

例如,二元函数$z=\sqrt{a^2-x^2-y^2}$表示以原点为中心、a为半径的上半球面(图 6-2-9),它的定义域D是xOy面上以原

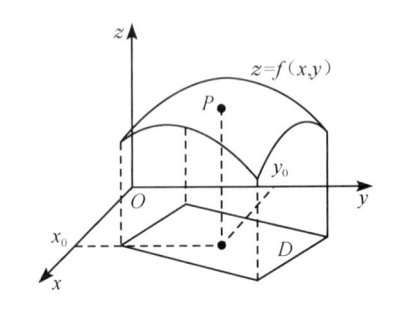

图 6-2-8

点为圆心、a 为半径的圆.

例如,二元函数 $z=\sqrt{x^2+y^2}$ 表示顶点在原点的圆锥面(图 6-2-10),它的定义域 D 是整个 xOy 面.

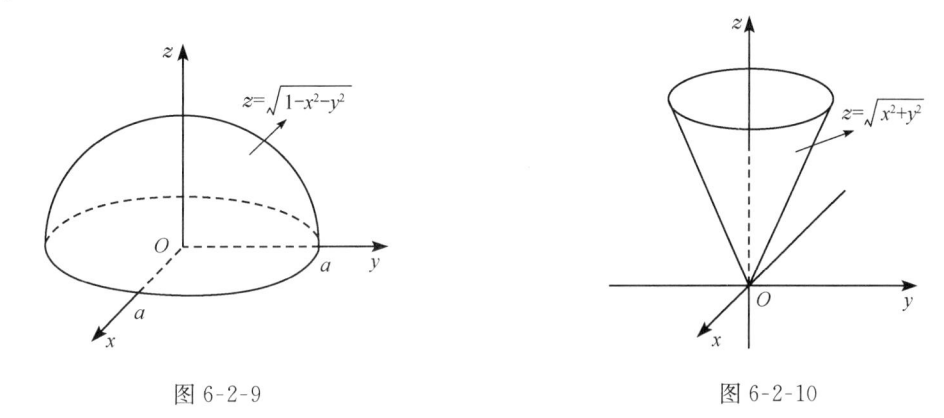

图 6-2-9

图 6-2-10

6.2.4 二元函数的极限

与一元函数的极限概念类似,如果在 $P(x,y)$ 趋于点 $P_0(x_0,y_0)$ 的过程中,对应的函数值 $f(x,y)$ 无限接近于一个确定的常数 A,则称 A 为函数 $f(x,y)$ 当 $P(x,y)$ 趋于点 $P_0(x_0,y_0)$ 时的极限. 下面用"$\varepsilon\text{-}\delta$"语言描述这个极限概念.

定义 2 设函数 $z=f(x,y)$ 在点 $P_0(x_0,y_0)$ 的某一去心邻域内有定义,若对于任意给定的正数 ε,总存在正数 δ,使得当点 $P(x,y) \in E \bigcap \mathring{U}(P_0,\delta)$ 时,即 $0<|PP_0|=\sqrt{(x-x_0)^2+(y-y_0)^2}<\delta$ 时,恒有

$$|f(P)-A|=|f(x,y)-A|<\varepsilon,$$

则称常数 A 为**函数** $f(x,y)$ **当** $(x,y)\to(x_0,y_0)$ **时的极限**,记为

$$\lim_{\substack{x\to x_0\\y\to y_0}}f(x,y)=A \quad \text{或} \quad f(x,y)\to A \quad ((x,y)\to(x_0,y_0)),$$

也记为

$$\lim_{P\to P_0}f(P)=A \quad \text{或} \quad f(P)\to A(P\to P_0).$$

为了区别于一元函数的极限,称二元函数的极限为**二重极限**. 二重极限与一元函数的极限具有相同的性质和运算法则,读者可以类似推得.

注 在定义 2 中,动点 P 在平面上趋于定点 P_0 的方式是任意的. 即 $\lim\limits_{P\to P_0}f(P)=A$ 是指 P 以不同方式趋于 P_0 时,函数 $f(x,y)$ 都无限接近于 A. 因此,如果当 P 以某一特殊方式趋于 P_0 时,即使函数无限接近于某一确定值,也不能由此断定函数的极限存在. 相反,如果当 P 以不同方式趋于 P_0 时,函数趋于不同的值,或 P 以某种方式趋于 P_0 时,函数的极限不存在,那么此函数的极限一定不存在.

例 3 求下列极限:

(1) $\lim\limits_{\substack{x\to 0\\y\to 0}}\sqrt{1-x^2-y^2}$;   (2) $\lim\limits_{\substack{x\to 0\\y\to 0}}(x^2+y^2)\sin\dfrac{1}{x^2+y^2}$;   (3) $\lim\limits_{(x,y)\to(6,0)}\dfrac{\sin(xy)}{y}$.

解 (1) $\lim\limits_{\substack{x\to 0\\y\to 0}}\sqrt{1-x^2-y^2}=1.$

(2) 令 $u=x^2+y^2$,则

$$\lim_{\substack{x\to 0\\y\to 0}}(x^2+y^2)\sin\dfrac{1}{x^2+y^2}=\lim_{u\to 0}u\sin\dfrac{1}{u}=0.$$

(3) 当 $(x,y) \to (6,0)$ 时，$xy \to 0$，因此，
$$\lim_{(x,y) \to (6,0)} \frac{\sin(xy)}{y} = \lim_{xy \to 0} \frac{\sin(xy)}{xy} \cdot \lim_{x \to 6} x = 1 \cdot 6 = 6.$$

例 4 求极限 $\lim\limits_{\substack{x \to \infty \\ y \to \infty}} \dfrac{x+y}{x^2+y^2}$.

解 因为当 $xy \neq 0$ 时，有
$$0 \leqslant \left|\frac{x+y}{x^2+y^2}\right| \leqslant \frac{|x|+|y|}{x^2+y^2} \leqslant \frac{|x|+|y|}{2|xy|} = \frac{1}{2|y|} + \frac{1}{2|x|},$$

当 $x \to \infty, y \to \infty$ 时，有 $\dfrac{1}{2|y|} + \dfrac{1}{2|x|} \to 0$，故 $\lim\limits_{\substack{x \to \infty \\ y \to \infty}} \dfrac{x+y}{x^2+y^2} = 0$.

例 5 证明 $\lim\limits_{\substack{x \to 0 \\ y \to 0}} \dfrac{xy}{x^2+y^2}$ 不存在.

证明 令点 (x,y) 沿直线 $y = kx$（k 为常数）趋于点 $(0,0)$，则
$$\lim_{\substack{x \to 0 \\ y \to 0}} \frac{xy}{x^2+y^2} = \lim_{\substack{x \to 0 \\ y = kx}} \frac{x \cdot kx}{x^2 + k^2 x^2} = \frac{k}{1+k^2}.$$

易见，当 k 取不同值，即点 (x,y) 沿不同直线 $y = kx$（k 为常数）趋于点 $(0,0)$ 时，函数的极限不同，故题设极限不存在.

6.2.5 二元函数的连续性

下面，在极限概念的基础上，引入二元函数连续性的概念.

定义 3 设二元函数 $z = f(x,y)$ 在点 (x_0, y_0) 的某一邻域内有定义，如果
$$\lim_{\substack{x \to x_0 \\ y \to y_0}} f(x,y) = f(x_0, y_0),$$

则称函数 $z = f(x,y)$ 在点 (x_0, y_0) 处**连续**. 如果函数 $z = f(x,y)$ 在点 (x_0, y_0) 处不连续，则称函数 $z = f(x,y)$ 在点 (x_0, y_0) 处**间断**.

例如，对于函数 $f(x,y) = \begin{cases} \dfrac{xy}{x^2+y^2}, & (x,y) \neq (0,0) \\ 0, & (x,y) = (0,0) \end{cases}$，由例 5 可知，极限 $\lim\limits_{\substack{x \to 0 \\ y \to 0}} \dfrac{xy}{x^2+y^2}$ 不存在，所以函数 $f(x,y)$ 在点 $(0,0)$ 处间断.

如果函数 $z = f(x,y)$ 在区域 D 内的每一点都连续，则称该函数在**区域 D 上连续**，或称函数 $z = f(x,y)$ 是区域 D 上的**连续函数**. 区域 D 上连续的二元函数的图形是区域 D 上的一张连续曲面.

容易验证，二元连续函数经过四则运算和复合运算后仍为二元连续函数.

与一元函数类似，将由常数及 x 和 y 的基本初等函数经过有限次的四则运算，或有限次的复合运算构成的可用一个式子表示的二元函数称为**二元初等函数**.

由基本初等函数的连续性，进一步可以得到如下结论：**一切二元初等函数在其定义区域内都是连续的**. 这里所说的定义区域是指包含在定义域内的区域或闭区域. 利用这个结论，当求二元初等函数在其定义区域内一点的极限时，只要计算出函数在该点的函数值即可.

例 6 讨论二元函数 $f(x,y) = \begin{cases} \dfrac{x^3+y^3}{x^2+y^2}, & (x,y) \neq (0,0) \\ 0, & (x,y) = (0,0) \end{cases}$ 的连续性.

解 函数 $f(x,y)$ 的定义域为整个 xOy 面.

当 $(x,y) \neq (0,0)$ 时, $f(x,y) = \dfrac{x^3+y^3}{x^2+y^2}$ 为初等函数, 故函数在 $(x,y) \neq (0,0)$ 的点处连续.

由 $f(x,y)$ 表达式的特点, 利用极坐标变换. 令 $x = \rho\cos\theta, y = \rho\sin\theta$, 则
$$\lim_{(x,y)\to(0,0)} f(x,y) = \lim_{\rho\to 0}\rho(\sin^3\theta + \cos^3\theta) = 0 = f(0,0),$$
故函数在点 $(0,0)$ 处也连续. 因此, 函数 $f(x,y)$ 在其定义域 xOy 面上连续.

例 7 求下列极限 $\lim\limits_{\substack{x\to 0\\y\to 1}}\left[\ln(y-x) + \dfrac{y}{\sqrt{1-x^2}}\right]$.

解 (1) 函数 $f(x,y) = \ln(y-x) + \dfrac{y}{\sqrt{1-x^2}}$ 是初等函数, 其定义域为
$$D = \{(x,y) \mid y > x, -1 < x < 1\},$$
是一个区域, 且 $(0,1) \in D$, 故
$$\lim_{\substack{x\to 0\\y\to 1}}\left[\ln(y-x) + \dfrac{y}{\sqrt{1-x^2}}\right] = \ln(1-0) + \dfrac{1}{\sqrt{1-0}} = 1.$$

与闭区间上一元连续函数的性质相类似, 在有界闭区域 D 上连续的二元函数具有如下性质.

定理 1(最大值和最小值定理) 在有界闭区域 D 上的二元连续函数在 D 上一定有最大值和最小值.

定理 2(有界性定理) 在有界闭区域 D 上的二元连续函数在 D 上一定有界.

定理 3(介值定理) 在有界闭区域 D 上的二元连续函数, 如果在 D 上取得两个不同的函数值, 则它在 D 上必取得介于这两个值之间的任何值.

习 题 6-2

1. 设 $f\left(x+y, \dfrac{y}{x}\right) = x^2 - y^2$, 求 $f(x,y)$.

2. 已知函数 $f(u,v,w) = u^w + w^{u+v}$, 试求 $f(x-y, x+y, xy)$.

3. 求下列各函数的定义域:

(1) $z = \ln(y^2 - 2x + 1)$;　　(2) $z = \sqrt{x - \sqrt{y}}$;　　(3) $z = \dfrac{\arcsin(3 - x^2 - y^2)}{\sqrt{x - y^2}}$;

(4) $z = \sqrt{4 - x^2 - y^2} + \dfrac{1}{\sqrt{x^2 + y^2 - 1}}$;　　(5) $z = \ln(y-x) + \dfrac{\sqrt{x}}{\sqrt{1 - x^2 - y^2}}$;

(6) $u = \arccos\dfrac{z}{\sqrt{x^2 + y^2}}$.

4. 求下列各极限:

(1) $\lim\limits_{\substack{x\to 1\\y\to 0}}\dfrac{\ln(x+e^y)}{\sqrt{x^2+y^2}}$;　　(2) $\lim\limits_{(x,y)\to(0,0)}\dfrac{3 - \sqrt{xy+9}}{xy}$;　　(3) $\lim\limits_{\substack{x\to +\infty\\y\to +\infty}}(x^2+y^2)e^{-(x+y)}$;

(4) $\lim\limits_{\substack{x\to 0\\y\to 0}}\dfrac{xy^2}{x^2+y^2}$;　　(5) $\lim\limits_{\substack{x\to 0\\y\to 0}}\dfrac{\sqrt{x^2+y^2} - \sin\sqrt{x^2+y^2}}{\sqrt{(x^2+y^2)^3}}$;　　(6) $\lim\limits_{\substack{x\to 0\\y\to 0}}\dfrac{1 - \cos(x^2+y^2)}{(x^2+y^2)e^{x^2+y^2}}$.

5. 证明下列极限不存在:

(1) $\lim\limits_{(x,y)\to(0,0)}\dfrac{2x^2 - y^2}{3x^2 + 2y^2}$;　　(2) $\lim\limits_{\substack{x\to 0\\y\to 0}}(1+xy)^{\frac{1}{x+y}}$;　　(3) $\lim\limits_{(x,y)\to(0,0)}\dfrac{\sqrt{xy+1} - 1}{x+y}$.

6. 研究下列函数的连续性:

(1) $f(x,y)=\dfrac{y^2+4x}{y^2-4x}$; (2) $f(x,y)=xy\ln(x^2+y^2)$.

7. 设 $f(x,y)=\begin{cases}\dfrac{y\mathrm{e}^{\frac{1}{x^2}}}{y^2\mathrm{e}^{\frac{2}{x^2}}+1},&x\neq0,y\text{任意}\\0,&x=0,y\text{任意}\end{cases}$, 讨论 $f(x,y)$ 在 $(0,0)$ 处的连续性.

6.3 偏 导 数

6.3.1 偏导数的定义及其计算法

在研究一元函数时,本书从研究函数的变化率引入了导数的概念. 对于多元函数同样需要讨论它的变化率,但多元函数的自变量不止一个,因变量与自变量的关系要比一元函数复杂得多. 在这一节里,首先考虑多元函数关于其中一个自变量的变化率问题,即就是多元函数在其他自变量固定不变时,函数随一个自变量变化的变化率问题,这就是偏导数.

以二元函数 $z=f(x,y)$ 为例,如果固定自变量 $y=y_0$,这时函数 $z=f(x,y_0)$ 就是 x 的一元函数,这函数对 x 的导数,就称为二元函数 $z=f(x,y)$ 对 x 的偏导数,即有如下定义.

定义 1 设函数 $z=f(x,y)$ 在点 (x_0,y_0) 的某一邻域内有定义,当 y 固定在 y_0,而 x 在 x_0 处有增量 Δx 时,相应地,函数有增量

$$f(x_0+\Delta x,y_0)-f(x_0,y_0).$$

如果极限 $\lim\limits_{\Delta x\to0}\dfrac{f(x_0+\Delta x,y_0)-f(x_0,y_0)}{\Delta x}$ 存在,则称此极限为函数 $z=f(x,y)$ 在点 (x_0,y_0) 处对 x 的偏导数,记为

$$\left.\dfrac{\partial z}{\partial x}\right|_{\substack{x=x_0\\y=y_0}},\quad \left.\dfrac{\partial f}{\partial x}\right|_{\substack{x=x_0\\y=y_0}},\quad z_x\left|_{\substack{x=x_0\\y=y_0}}\right.\quad \text{或} f_x(x_0,y_0).$$

例如,有

$$f_x(x_0,y_0)=\lim_{\Delta x\to0}\dfrac{f(x_0+\Delta x,y_0)-f(x_0,y_0)}{\Delta x}.$$

类似地,函数 $z=f(x,y)$ 在点 (x_0,y_0) 处对 y 的偏导数为

$$\lim_{\Delta y\to0}\dfrac{f(x_0,y_0+\Delta y)-f(x_0,y_0)}{\Delta y},$$

记为

$$\left.\dfrac{\partial z}{\partial y}\right|_{\substack{x=x_0\\y=y_0}},\quad \left.\dfrac{\partial f}{\partial y}\right|_{\substack{x=x_0\\y=y_0}},\quad z_y\left|_{\substack{x=x_0\\y=y_0}}\right.\quad \text{或} f_y(x_0,y_0).$$

如果函数 $z=f(x,y)$ 在区域 D 内任一点 (x,y) 处对 x 的偏导数都存在,则这个偏导数就是 x,y 的函数,并称为函数 $z=f(x,y)$ **对自变量 x 的偏导函数**(简称为**偏导数**),记为

$$\dfrac{\partial z}{\partial x},\quad \dfrac{\partial f}{\partial x},\quad z_x\quad \text{或} f_x(x,y).$$

同理,可以定义函数 $z=f(x,y)$ **对自变量 y 的偏导数**,记为

$$\dfrac{\partial z}{\partial y},\quad \dfrac{\partial f}{\partial y},\quad z_y\quad \text{或} f_y(x,y).$$

注 函数 $z=f(x,y)$ 在点 (x_0,y_0) 处对 x 的偏导数 $f_x(x_0,y_0)$ 就是偏导函数 $f_x(x,y)$ 在点 (x_0,y_0) 处的函数值,即 $f_x(x_0,y_0)=f_x(x,y)|_{\substack{x=x_0\\y=y_0}}$. 同理,有 $f_y(x_0,y_0)=f_y(x,y)|_{\substack{x=x_0\\y=y_0}}$.

偏导数的记号 z_x, f_x 也记为 z'_x, f'_x,后面的高阶导数也有类似的情形.

偏导数的概念还可以推广到二元以上的函数. 例如,三元函数 $u=f(x,y,z)$ 在点 (x,y,z) 处的偏导数分别为

$$f_x(x,y,z) = \lim_{\Delta x \to 0} \frac{f(x+\Delta x, y, z) - f(x,y,z)}{\Delta x},$$

$$f_y(x,y,z) = \lim_{\Delta y \to 0} \frac{f(x, y+\Delta y, z) - f(x,y,z)}{\Delta y},$$

$$f_z(x,y,z) = \lim_{\Delta z \to 0} \frac{f(x, y, z+\Delta z) - f(x,y,z)}{\Delta z}.$$

实际中,在求多元函数对某个自变量的偏导数时,只需把其余自变量看成是常数,然后直接利用一元函数的求导公式及法则来计算.

例 1 求 $z=f(x,y)=\sin(x+y)\mathrm{e}^{xy}$ 在点 $(1,-1)$ 处的偏导数.

解 把 y 看成常数,对 x 求导,得

$$f_x(x,y)|_{(1,-1)} = \frac{\mathrm{d}}{\mathrm{d}x}[\sin(x-1)\mathrm{e}^{-x}]|_{x=1} = \mathrm{e}^{-x}[\cos(x-1)-\sin(x-1)]|_{x=1} = \mathrm{e}^{-1},$$

把 x 看成常数,对 y 求导,得

$$f_y(x,y)|_{(1,-1)} = \frac{\mathrm{d}}{\mathrm{d}x}[\sin(1+y)\mathrm{e}^y]|_{y=-1} = \mathrm{e}^y[\sin(1+y)+\cos(1+y)]|_{y=-1} = \mathrm{e}^{-1}.$$

例 2 求函数 $z=x^y+\ln(xy)$ 的偏导数.

解 把 y 看成是常数,对 x 求导,得

$$\frac{\partial z}{\partial x} = yx^{y-1} + \frac{1}{xy}y = yx^{y-1} + \frac{1}{x},$$

同理

$$\frac{\partial z}{\partial y} = x^y \ln x + \frac{1}{xy}x = x^y \ln x + \frac{1}{y}.$$

例 3 求 $r=\sqrt{x^2+y^2+z^2}$ 的偏导数.

解 把 y 和 z 看成是常数,对 x 求导,得

$$\frac{\partial r}{\partial x} = \frac{x}{\sqrt{x^2+y^2+z^2}} = \frac{x}{r}.$$

利用函数关于自变量的对称性,得

$$\frac{\partial r}{\partial y} = \frac{y}{r}, \quad \frac{\partial r}{\partial z} = \frac{z}{r}.$$

关于多元函数的偏导数,补充以下几点,说明:

(1) 对一元函数而言,导数 $\dfrac{\mathrm{d}y}{\mathrm{d}x}$ 可看成是函数的微分 $\mathrm{d}y$ 与自变量的微分 $\mathrm{d}x$ 的商,但偏导数的记号 $\dfrac{\partial z}{\partial x}$ 是一个整体;

(2) 与一元函数类似,对于分段函数在分段点处的偏导数要利用偏导数的定义来求;

(3) 在一元函数微分学中,如果函数在某点的导数存在,则它在该点必定连续. 但对于多元函数而言,即使函数在某点的各个偏导数都存在,也不能保证函数在该点连续.

例如,二元函数 $f(x,y)=\begin{cases}\dfrac{xy}{x^2+y^2}, & (x,y)\neq(0,0)\\ 0, & (x,y)=(0,0)\end{cases}$ 在点$(0,0)$处的偏导数为

$$f_x(0,0)=\lim_{\Delta x\to 0}\frac{f(0+\Delta x,0)-f(0,0)}{\Delta x}=\lim_{\Delta x\to 0}\frac{0}{\Delta x}=0,$$

$$f_y(0,0)=\lim_{\Delta y\to 0}\frac{f(0,0+\Delta y)-f(0,0)}{\Delta y}=\lim_{\Delta y\to 0}\frac{0}{\Delta y}=0.$$

但从 6.2 节中已经知道此函数在点$(0,0)$处不连续.

偏导数的几何意义 设 $M_0(x_0,y_0,f(x_0,y_0))$ 为曲面 $z=f(x,y)$ 上一点,过点 M_0 作平面 $y=y_0$,截此曲面得一条曲线,其方程为 $\begin{cases}z=f(x,y)\\ y=y_0\end{cases}$,则偏导数 $f_x(x_0,y_0)$ 作为一元函数 $f(x,y_0)$ 在 $x=x_0$ 的导数,即 $\dfrac{\mathrm{d}}{\mathrm{d}x}f(x,y_0)\Big|_{x=x_0}$,就是这条曲线在点 M_0 处的切线 M_0T_x 对 x 轴正向的斜率(图 6-3-1).同理,偏导数 $f_y(x_0,y_0)$ 就是曲面被平面 $x=x_0$ 所截得的曲线在点 M_0 处的切线 M_0T_y 对 y 轴正向的斜率.

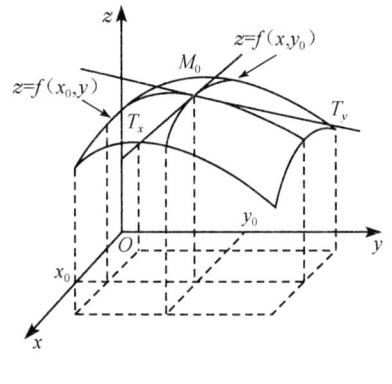

图 6-3-1

6.3.2 高阶偏导数

设函数 $z=f(x,y)$ 在区域 D 内具有偏导数

$$\frac{\partial z}{\partial x}=f_x(x,y),\quad \frac{\partial z}{\partial y}=f_y(x,y),$$

则在 D 内 $f_x(x,y)$ 和 $f_y(x,y)$ 都是 x,y 的函数. 如果这两个函数的偏导数也存在,则称它们是函数 $z=f(x,y)$ 的**二阶偏导数**. 按照对变量求导次序的不同,共有下列 4 个二阶偏导数:

$$\frac{\partial}{\partial x}\left(\frac{\partial z}{\partial x}\right)=\frac{\partial^2 z}{\partial x^2}=f_{xx}(x,y),\quad \frac{\partial}{\partial y}\left(\frac{\partial z}{\partial x}\right)=\frac{\partial^2 z}{\partial x\partial y}=f_{xy}(x,y),$$

$$\frac{\partial}{\partial x}\left(\frac{\partial z}{\partial y}\right)=\frac{\partial^2 z}{\partial y\partial x}=f_{yx}(x,y),\quad \frac{\partial}{\partial y}\left(\frac{\partial z}{\partial y}\right)=\frac{\partial^2 z}{\partial y^2}=f_{yy}(x,y),$$

其中,第 2 个、第 3 个偏导数称为**混合偏导数**.

类似地,也可以定义三阶、四阶、……以及 n 阶偏导数. 把二阶及二阶以上的偏导数统称为**高阶偏导数**.

例 4 求函数 $z=x^3y^2+3x^2y-2xy^2-xy+3$ 的所有二阶偏导数和 $\dfrac{\partial^3 z}{\partial y\partial x^2}$.

解 由于

$$\frac{\partial z}{\partial x}=3x^2y^2+6xy-2y^2-y,\quad \frac{\partial z}{\partial y}=2x^3y+3x^2-4xy-x.$$

因此

$$\frac{\partial^2 z}{\partial x^2}=\frac{\partial}{\partial x}\left(\frac{\partial z}{\partial x}\right)=6xy^2+6y,\quad \frac{\partial^2 z}{\partial x\partial y}=\frac{\partial}{\partial y}\left(\frac{\partial z}{\partial x}\right)=6x^2y+6x-4y-1,$$

$$\frac{\partial^2 z}{\partial y\partial x}=\frac{\partial}{\partial x}\left(\frac{\partial z}{\partial y}\right)=6x^2y+6x-4y-1,\quad \frac{\partial^2 z}{\partial y^2}=\frac{\partial}{\partial y}\left(\frac{\partial z}{\partial y}\right)=2x^3-4x,$$

$$\frac{\partial^3 z}{\partial y \partial x^2} = \frac{\partial}{\partial x}\left(\frac{\partial^2 z}{\partial y \partial x}\right) = 12xy + 6.$$

例 5　求函数 $z = \arctan\dfrac{y}{x}$ 的所有二阶偏导数.

解　由于

$$\frac{\partial z}{\partial x} = \frac{1}{1+\left(\dfrac{y}{x}\right)^2} \cdot \left(-\frac{y}{x^2}\right) = -\frac{y}{x^2+y^2}, \quad \frac{\partial z}{\partial y} = \frac{1}{1+\left(\dfrac{y}{x}\right)^2} \cdot \frac{1}{x} = \frac{x}{x^2+y^2}.$$

因此

$$\frac{\partial^2 z}{\partial x^2} = \frac{\partial}{\partial x}\left(\frac{\partial z}{\partial x}\right) = \frac{2xy}{(x^2+y^2)^2},$$

$$\frac{\partial^2 z}{\partial x \partial y} = \frac{\partial}{\partial y}\left(\frac{\partial z}{\partial x}\right) = -\frac{x^2+y^2-2y^2}{(x^2+y^2)^2} = \frac{y^2-x^2}{(x^2+y^2)^2},$$

$$\frac{\partial^2 z}{\partial y \partial x} = \frac{\partial}{\partial x}\left(\frac{\partial z}{\partial y}\right) = \frac{x^2+y^2-2x^2}{(x^2+y^2)^2} = \frac{y^2-x^2}{(x^2+y^2)^2},$$

$$\frac{\partial^2 z}{\partial y^2} = \frac{\partial}{\partial y}\left(\frac{\partial z}{\partial y}\right) = -\frac{2xy}{(x^2+y^2)^2}.$$

容易看出,例 4 和例 5 中两个二阶混合偏导数均相等,即

$$\frac{\partial^2 z}{\partial x \partial y} = \frac{\partial^2 z}{\partial y \partial x},$$

这种现象并不是偶然的. 事实上,有下述定理.

定理 1　如果函数 $z = f(x, y)$ 的两个二阶混合偏导数 $\dfrac{\partial^2 z}{\partial x \partial y}$ 及 $\dfrac{\partial^2 z}{\partial y \partial x}$ 在区域 D 内连续,则在该区域内有 $\dfrac{\partial^2 z}{\partial x \partial y} = \dfrac{\partial^2 z}{\partial y \partial x}$.

证明　略.

注　定理 1 表明,二阶混合偏导数在连续的条件下与求偏导的次序无关,这给混合偏导数的计算带来了方便.

对于二元以上的多元函数,我们也可以类似地定义高阶偏导数,而且高阶混合偏导数在连续的条件下也与求偏导的次序无关.

例 6　证明函数 $u = \dfrac{1}{r}$ 满足拉普拉斯方程

$$\frac{\partial^2 u}{\partial x^2} + \frac{\partial^2 u}{\partial y^2} + \frac{\partial^2 u}{\partial z^2} = 0,$$

其中,$r = \sqrt{x^2+y^2+z^2}$.

证明

$$\frac{\partial u}{\partial x} = -\frac{1}{r^2}\frac{\partial r}{\partial x} = -\frac{1}{r^2} \cdot \frac{x}{r} = -\frac{x}{r^3}, \quad \frac{\partial^2 u}{\partial x^2} = -\frac{1}{r^3} + \frac{3x}{r^4} \cdot \frac{\partial r}{\partial x} = -\frac{1}{r^3} + \frac{3x^2}{r^5}.$$

由函数关于自变量的对称性,有

$$\frac{\partial^2 u}{\partial y^2} = -\frac{1}{r^3} + \frac{3y^2}{r^5}, \quad \frac{\partial^2 u}{\partial z^2} = -\frac{1}{r^3} + \frac{3z^2}{r^5}.$$

因此

$$\frac{\partial^2 u}{\partial x^2} + \frac{\partial^2 u}{\partial y^2} + \frac{\partial^2 u}{\partial z^2} = -\frac{3}{r^3} + \frac{3x^2}{r^5} + \frac{3y^2}{r^5} + \frac{3z^2}{r^5} = -\frac{3}{r^3} + \frac{3(x^2+y^2+z^2)}{r^5} = 0.$$

习 题 6-3

1. 求下列函数的偏导数：

(1) $z=x^3y+3x^2y^2-xy^3$；

(2) $z=\dfrac{x^2+y^2}{xy}$；

(3) $z=\sqrt{\ln(xy)}$；

(4) $z=x^{\sin y}$；

(5) $z=(1+xy)^y$；

(6) $z=e^x(\cos y+x\sin y)$；

(7) $z=\sin(xy)+\cos^2(xy)$；

(8) $z=\ln\tan\dfrac{x}{y}$；

(9) $u=\sin(x^2+y^2+z^2)$；

(10) $u=\left(\dfrac{x}{y}\right)^z$.

2. 设 $z=e^{-\left(\frac{1}{x}+\frac{1}{y}\right)}$，证明 $x^2\dfrac{\partial z}{\partial x}+y^2\dfrac{\partial z}{\partial y}=2z$.

3. 设 $f(x,y)=x+(y-1)\arcsin\sqrt{\dfrac{x}{y}}$，求 $f_x(x,1)$.

4. 设 $f(x,y)=\begin{cases}(x^2+y)\sin\dfrac{1}{\sqrt{x^2+y^2}}, & (x,y)\neq(0,0)\\ 0, & (x,y)=(0,0)\end{cases}$，求 $f'_x(x,y),f'_y(x,y)$.

5. 曲线 $\begin{cases}z=\dfrac{x^2+y^2}{4}\\ y=4\end{cases}$ 在点 $(2,4,5)$ 处的切线与 x 轴正向所成的倾角是多少？

6. 求下列函数的 $\dfrac{\partial^2 z}{\partial x^2},\dfrac{\partial^2 z}{\partial y^2}$ 和 $\dfrac{\partial^2 z}{\partial x\partial y}$：

(1) $z=x\ln(x+y)$； (2) $z=y^x$.

7. 设 $f(x,y,z)=xy^2+yz^2+zx^2$，求 $f_{xx}(0,0,1),f_{xz}(1,0,2),f_{yz}(0,-1,0)$ 及 $f_{zz}(2,0,1)$.

8. 设 $z=\dfrac{y^2}{3x}+\varphi(xy)$，其中函数 $\varphi(u)$ 可导，证明 $x^2\dfrac{\partial z}{\partial x}+y^2=xy\dfrac{\partial z}{\partial y}$.

9. 设 $z=x\ln(xy)$，求 $\dfrac{\partial^3 z}{\partial x^2\partial y}$ 及 $\dfrac{\partial^3 z}{\partial x\partial y^2}$.

6.4 全微分及其应用

6.4.1 全微分的概念

现在已经知道，二元函数对某个自变量的偏导数表示当另一个自变量固定时，因变量对该自变量的变化率. 根据一元函数微分学中增量与微分的关系，可得

$$f(x_0+\Delta x,y_0)-f(x_0,y_0)\approx f_x(x_0,y_0)\Delta x,$$

$$f(x_0,y_0+\Delta y)-f(x_0,y_0)\approx f_y(x_0,y_0)\Delta y.$$

上面两式的左端分别称为二元函数 $z=f(x,y)$ 在点 (x_0,y_0) 处对 x 和对 y 的**偏增量**，分别记为 $\Delta_x z$ 和 $\Delta_y z$. 而两式的右端分别称为二元函数 $z=f(x,y)$ 在点 (x_0,y_0) 处对 x 和对 y 的**偏微分**.

在实际问题中，有时需要研究多元函数中各个自变量都取得增量时因变量所取得的增量，即所谓全增量的问题. 下面以二元函数为例进行讨论.

如果函数 $z=f(x,y)$ 在点 $P(x,y)$ 的某邻域内有定义，并设 $P'(x+\Delta x,y+\Delta y)$ 为该邻域内任意一点，则称

$$f(x+\Delta x,y+\Delta y)-f(x,y)$$

为函数 $z=f(x,y)$ 在点 $P(x,y)$ 处相应于自变量增量 $\Delta x, \Delta y$ 的**全增量**,记为 Δz,即
$$\Delta z = f(x+\Delta x, y+\Delta y) - f(x,y). \tag{6.4.1}$$

一般来说,全增量的计算比较复杂.与一元函数的情形类似,也希望用自变量增量 $\Delta x, \Delta y$ 的线性函数来近似代替函数的全增量 Δz,由此引入二元函数全微分的定义.

定义 1 如果函数 $z=f(x,y)$ 在点 (x,y) 处的全增量
$$\Delta z = f(x+\Delta x, y+\Delta y) - f(x,y)$$
可以表示为
$$\Delta z = A\Delta x + B\Delta y + o(\rho), \tag{6.4.2}$$
其中,A,B 不依赖于 $\Delta x, \Delta y$,而仅与 x,y 有关,$\rho = \sqrt{(\Delta x)^2 + (\Delta y)^2}$,则称函数 $z=f(x,y)$ 在点 (x,y) 处**可微分**,$A\Delta x + B\Delta y$ 称为函数 $z=f(x,y)$ 在点 (x,y) 处的**全微分**,记为 $\mathrm{d}z$,即
$$\mathrm{d}z = A\Delta x + B\Delta y. \tag{6.4.3}$$

例如,函数 $z=f(x,y)=x^2+y^2$ 在点 $(1,2)$ 处可微.事实上,
$$\Delta z = f(1+\Delta x, 2+\Delta y) - f(1,2) = (1+\Delta x)^2 + (2+\Delta y)^2 - 5$$
$$= 2\Delta x + 4\Delta y + (\Delta x)^2 + (\Delta y)^2.$$

其中,$(\Delta x)^2 + (\Delta y)^2 = o(\rho)$,$\mathrm{d}z = 2\Delta x + 4\Delta y$.

若函数在区域 D 内各点处都可微分,则称该函数**在 D 内可微分**.

注 从上节知道,多元函数在某点的偏导数存在,并不能保证函数在该点连续.但由上述定义可知,如果函数 $z=f(x,y)$ 在点 (x,y) 处可微分,则函数在该点必定连续.事实上,若函数 $z=f(x,y)$ 在点 (x,y) 处可微分,有
$$\lim_{(\Delta x, \Delta y) \to (0,0)} \Delta z = \lim_{(\Delta x, \Delta y) \to (0,0)} [A\Delta x + B\Delta y + o(\rho)] = 0,$$
从而 $\lim_{(\Delta x, \Delta y) \to (0,0)} f(x+\Delta x, y+\Delta y) = \lim_{(\Delta x, \Delta y) \to (0,0)} [f(x,y) + \Delta z] = f(x,y)$,
所以函数 $z=f(x,y)$ 在点 (x,y) 处连续.

6.4.2 函数可微分的条件

下面根据全微分与偏导数的定义来讨论函数在一点可微分的条件.

定理 1(必要条件) 如果函数 $z=f(x,y)$ 在点 (x,y) 处可微分,则该函数在点 (x,y) 处的偏导数 $\dfrac{\partial z}{\partial x}, \dfrac{\partial z}{\partial y}$ 必存在,且函数 $z=f(x,y)$ 在点 (x,y) 处的全微分为
$$\mathrm{d}z = \frac{\partial z}{\partial x}\Delta x + \frac{\partial z}{\partial y}\Delta y. \tag{6.4.4}$$

证明 设函数 $z=f(x,y)$ 在点 (x,y) 处可微分,则对于点 P 的某个邻域内的任意一点 $P'(x+\Delta x, y+\Delta y)$,恒有
$$\Delta z = A\Delta x + B\Delta y + o(\rho)$$
成立.特别地,当 $\Delta y = 0$ 时上式仍成立(此时 $\rho = |\Delta x|$),从而有
$$f(x+\Delta x, y) - f(x,y) = A\Delta x + o(|\Delta x|).$$
上式两端除以 Δx,令 $\Delta x \to 0$,并取极限,得
$$\frac{\partial z}{\partial x} = \lim_{\Delta x \to 0} \frac{f(x+\Delta x, y) - f(x,y)}{\Delta x} = \lim_{\Delta x \to 0} \left[A + \frac{o(|\Delta x|)}{\Delta x} \right] = A.$$

同理可证 $\dfrac{\partial z}{\partial y} = B$,故定理 1 得证.

众所周知，一元函数在某点可导是在该点可微的充分必要条件，但对多元函数则不然．当函数的各偏导数存在时，虽然能形式地写出 $\frac{\partial z}{\partial x}\Delta x+\frac{\partial z}{\partial y}\Delta y$，但它与 Δz 之差并不一定是较 ρ 高阶的无穷小，因此它不一定是函数的全微分．换句话说，二元函数的各偏导数存在只是全微分存在的必要条件而不是充分条件．

例如，二元函数 $f(x,y)=\begin{cases}\dfrac{xy}{\sqrt{x^2+y^2}}, & x^2+y^2\neq 0\\ 0, & x^2+y^2=0\end{cases}$ 在点 $(0,0)$ 处的偏导数为 $f_x(0,0)=0$，$f_y(0,0)=0$，所以

$$\Delta z-[f_x(0,0)\Delta x+f_y(0,0)\Delta y]=\frac{\Delta x\Delta y}{\sqrt{(\Delta x)^2+(\Delta y)^2}},$$

即考虑

$$\frac{\Delta z-[f_x(0,0)\Delta x+f_y(0,0)\Delta y]}{\rho}=\frac{\Delta x\Delta y}{(\Delta x)^2+(\Delta y)^2}.$$

若令点 $P'(\Delta x,\Delta y)$ 沿直线 $y=x$ 趋于 $(0,0)$，则有

$$\frac{\Delta z-[f_x(0,0)\Delta x+f_y(0,0)\Delta y]}{\rho}=\frac{\Delta x\Delta y}{(\Delta x)^2+(\Delta y)^2}=\frac{\Delta x\Delta x}{(\Delta x)^2+(\Delta x)^2}=\frac{1}{2}.$$

它不随着 $\rho\to 0$ 而趋于 0，即 $\Delta z-[f_x(0,0)\Delta x+f_y(0,0)\Delta y]$ 不是较 ρ 高阶的无穷小．故函数 $f(x,y)$ 在点 $(0,0)$ 处不可微分．

由此可见，对于多元函数而言，偏导数存在并不一定可微．因为函数的偏导数仅描述了函数在一点处沿坐标轴的变化率，而全微分描述的是函数沿各个方向的变化情况．但如果再假定各偏导数连续，就可以保证函数是可微分的．

定理 2（充分条件） 如果函数 $z=f(x,y)$ 的偏导数 $\dfrac{\partial z}{\partial x}$，$\dfrac{\partial z}{\partial y}$ 在点 (x,y) 处连续，则函数在该点处可微分．

证明 函数的全增量为

$$\Delta z=f(x+\Delta x,y+\Delta y)-f(x,y)$$
$$=[f(x+\Delta x,y+\Delta y)-f(x,y+\Delta y)]+[f(x,y+\Delta y)-f(x,y)],$$

对上面两个中括号内的表达式，分别应用拉格朗日中值定理，有

$$f(x+\Delta x,y+\Delta y)-f(x,y+\Delta y)=f_x(x+\theta_1\Delta x,y+\Delta y)\Delta x,$$
$$f(x,y+\Delta y)-f(x,y)=f_y(x,y+\theta_2\Delta y)\Delta y,$$

其中 $0<\theta_1,\theta_2<1$．根据题设条件，$f_x(x,y)$ 在点 (x,y) 处连续，故

$$\lim_{\substack{\Delta x\to 0\\ \Delta y\to 0}}f_x(x+\theta_1\Delta x,y+\Delta y)=f_x(x,y),$$

从而有 $\quad f_x(x+\theta_1\Delta x,y+\Delta y)\Delta x=f_x(x,y)\Delta x+\varepsilon_1\Delta x,$

其中，ε_1 为 $\Delta x,\Delta y$ 的函数，且当 $\Delta x\to 0,\Delta y\to 0$ 时，$\varepsilon_1\to 0$．

同理有 $\quad f_y(x,y+\theta_2\Delta y)\Delta y=f_y(x,y)\Delta y+\varepsilon_2\Delta y,$

其中，ε_2 为 $\Delta x,\Delta y$ 的函数，且当 $\Delta y\to 0$ 时，$\varepsilon_2\to 0$．于是

$$\Delta z=f_x(x,y)\Delta x+f_y(x,y)\Delta y+\varepsilon_1\Delta x+\varepsilon_2\Delta y.$$

而

$$\lim_{\substack{\Delta x\to 0\\ \Delta y\to 0}}\frac{\varepsilon_1\Delta x+\varepsilon_2\Delta y}{\rho}=\lim_{\substack{\Delta x\to 0\\ \Delta y\to 0}}\left(\varepsilon_1\frac{\Delta x}{\rho}+\varepsilon_2\frac{\Delta y}{\rho}\right)=0,$$

其中,$\rho=\sqrt{(\Delta x)^2+(\Delta y)^2}$. 所以,由可微的定义知函数 $z=f(x,y)$ 在点 (x,y) 处可微分.

习惯上,常将自变量的增量 Δx, Δy 分别记为 $\mathrm{d}x$, $\mathrm{d}y$,并分别称为自变量的微分. 这样,函数 $z=f(x,y)$ 的全微分就表示为

$$\mathrm{d}z = \frac{\partial z}{\partial x}\mathrm{d}x + \frac{\partial z}{\partial y}\mathrm{d}y. \tag{6.4.5}$$

显然,二元函数的全微分实际上等于它的两个偏微分之和.

上述关于二元函数全微分的定义及可微的必要和充分条件,可以完全类似地推广到三元及三元以上的多元函数. 例如,三元函数 $u=f(x,y,z)$ 的全微分为

$$\mathrm{d}u = \frac{\partial u}{\partial x}\mathrm{d}x + \frac{\partial u}{\partial y}\mathrm{d}y + \frac{\partial u}{\partial z}\mathrm{d}z. \tag{6.4.6}$$

例 1 求函数 $z=(x-y)\mathrm{e}^{xy}$ 的全微分.

解 因为 $\dfrac{\partial z}{\partial x}=\mathrm{e}^{xy}(1+xy-y^2)$, $\dfrac{\partial z}{\partial y}=\mathrm{e}^{xy}(x^2-xy-1)$,

且这两个偏导数连续,所以

$$\mathrm{d}z = \mathrm{e}^{xy}(1+xy-y^2)\mathrm{d}x + \mathrm{e}^{xy}(x^2-xy-1)\mathrm{d}y.$$

例 2 求函数 $z=x^2+\mathrm{e}^{xy}$ 在点 $(1,2)$ 处的全微分.

解 因为 $f_x(x,y)=2x+y\mathrm{e}^{xy}$, $f_y(x,y)=x\mathrm{e}^{xy}$,所以

$$f_x(1,2)=2+2\mathrm{e}^2=2(1+\mathrm{e}^2), \quad f_y(1,2)=\mathrm{e}^2.$$

从而所求全微分为

$$\mathrm{d}z = 2(1+\mathrm{e}^2)\mathrm{d}x + \mathrm{e}^2\mathrm{d}y.$$

例 3 求函数 $u=x^{y^z}$ 的全微分.

解 因为

$$\frac{\partial u}{\partial x}=y^z \cdot x^{y^z-1}=x^{y^z} \cdot \frac{y^z}{x},$$

$$\frac{\partial u}{\partial y}=x^{y^z} \cdot z \cdot y^{z-1} \cdot \ln x = x^{y^z} \cdot \frac{z \cdot y^z \cdot \ln x}{y},$$

$$\frac{\partial u}{\partial z}=x^{y^z} \cdot \ln x \cdot y^z \cdot \ln y = x^{y^z} \cdot y^z \cdot \ln x \cdot \ln y,$$

所以 $\mathrm{d}u=\dfrac{\partial u}{\partial x}\mathrm{d}x+\dfrac{\partial u}{\partial y}\mathrm{d}y+\dfrac{\partial u}{\partial z}\mathrm{d}z=x^{y^z}\left(\dfrac{y^z}{x}\mathrm{d}x+\dfrac{zy^z\ln x}{y}\mathrm{d}y+y^z\ln x\ln y\mathrm{d}z\right).$

6.4.3 二元函数的线性化

与一元函数的线性化类似,也可以研究二元函数的线性化近似问题.

由前面的讨论可知,当函数 $z=f(x,y)$ 在点 (x_0,y_0) 处可微,且 $|\Delta x|$, $|\Delta y|$ 都较小时,有 $\Delta z \approx \mathrm{d}z$,即

$$f(x_0+\Delta x, y_0+\Delta y)-f(x_0,y_0) \approx f_x(x_0,y_0)\Delta x + f_y(x_0,y_0)\Delta y.$$

如果令 $x=x_0+\Delta x$, $y=y_0+\Delta y$,则 $\Delta x=x-x_0$, $\Delta y=y-y_0$,从而有

$$f(x,y)-f(x_0,y_0) \approx f_x(x_0,y_0)(x-x_0) + f_y(x_0,y_0)(y-y_0),$$

即

$$f(x,y) \approx f(x_0,y_0) + f_x(x_0,y_0)(x-x_0) + f_y(x_0,y_0)(y-y_0).$$

若记上式右端的线性函数为

$$L(x,y) = f(x_0,y_0) + f_x(x_0,y_0)(x-x_0) + f_y(x_0,y_0)(y-y_0),$$

其图形为通过点 $(x_0,y_0,f(x_0,y_0))$ 处的一个平面,即所谓曲面 $z=f(x,y)$ 在点 $(x_0,y_0,f(x_0,y_0))$

处的切平面.

定义 2 如果函数 $z=f(x,y)$ 在点 (x_0,y_0) 处可微,那么函数
$$L(x,y)=f(x_0,y_0)+f_x(x_0,y_0)(x-x_0)+f_y(x_0,y_0)(y-y_0) \tag{6.4.7}$$
就称为函数 $z=f(x,y)$ 在点 (x_0,y_0) 处的**线性化**. 近似式 $f(x,y)\approx L(x,y)$ 称为函数 $z=f(x,y)$ 在点 (x_0,y_0) 处的**标准线性近似**.

从几何上看,二元函数线性化的实质就是曲面上某点邻近的一小块曲面被相应的一小块平面近似代替(图 6-4-1).

例 4 求函数 $f(x,y)=x^2-xy+\dfrac{1}{2}y^2+6$ 在点 $(3,2)$ 处的线性化.

解 因为 $f_x(x,y)=2x-y,f_y(x,y)=-x+y$,所以
$$f(3,2)=11,\quad f_x(3,2)=4,\quad f_y(3,2)=-1,$$

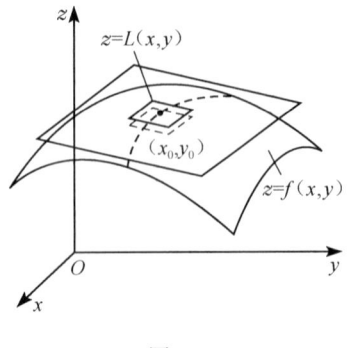

图 6-4-1

从而函数 $f(x,y)$ 在点 $(3,2)$ 处的线性化为
$$\begin{aligned}L(x,y)&=f(x_0,y_0)+f_x(x_0,y_0)(x-x_0)+f_y(x_0,y_0)(y-y_0)\\&=11+4(x-3)-(y-2)=4x-y+1.\end{aligned}$$

例 5 计算 $(1.04)^{2.02}$ 的近似值.

解 设函数 $f(x,y)=x^y$,则要计算的近似值就是该函数在 $x=1.04,y=2.02$ 时的函数值的近似值. 令 $x_0=1,y_0=2$,由
$$f_x(x,y)=yx^{y-1},\quad f_y(x,y)=x^y\ln x,$$
$$f(1,2)=1,\quad f_x(1,2)=2,\quad f_y(1,2)=0,$$
可得函数 $f(x,y)=x^y$ 在点 $(1,2)$ 处的线性化为
$$L(x,y)=1+2(x-1),$$
所以 $(1.04)^{2.02}=(1+0.04)^{2+0.02}\approx 1+2\cdot 0.04=1.08.$

对二元函数 $z=f(x,y)$,如果自变量 x,y 的绝对误差分别为 δ_x,δ_y,即
$$|\Delta x|\leqslant\delta_x,\quad |\Delta y|\leqslant\delta_y,$$
则因变量 z 的误差为
$$|\Delta z|\approx|\mathrm{d}z|=\left|\dfrac{\partial z}{\partial x}\Delta x+\dfrac{\partial z}{\partial y}\Delta y\right|\leqslant\left|\dfrac{\partial z}{\partial x}\right|\cdot|\Delta x|+\left|\dfrac{\partial z}{\partial y}\right|\cdot|\Delta y|\leqslant\left|\dfrac{\partial z}{\partial x}\right|\delta_x+\left|\dfrac{\partial z}{\partial y}\right|\delta_y,$$
从而因变量 z 的绝对误差约为
$$\delta_z=\left|\dfrac{\partial z}{\partial x}\right|\delta_x+\left|\dfrac{\partial z}{\partial y}\right|\delta_y.$$

因变量 z 的相对误差约为 $\dfrac{\delta_z}{|z|}$.

例 6 测得矩形盒的各边长分别为 75cm,60cm 及 40cm,且可能的最大测量误差为 0.2cm. 试用全微分估计利用这些测量值计算盒子体积时可能带来的最大误差.

解 以 x,y,z 为边长的矩形盒的体积为 $V=xyz$,所以
$$\mathrm{d}V=\dfrac{\partial V}{\partial x}\mathrm{d}x+\dfrac{\partial V}{\partial y}\mathrm{d}y+\dfrac{\partial V}{\partial z}\mathrm{d}z=yz\,\mathrm{d}x+xz\,\mathrm{d}y+xy\,\mathrm{d}z.$$

由于已知 $|\Delta x|\leqslant 0.2,|\Delta y|\leqslant 0.2,|\Delta z|\leqslant 0.2$,为了求体积的最大误差,取 $\mathrm{d}x=\mathrm{d}y=\mathrm{d}z=0.2$,再结合 $x=75,y=60,z=40$,得

$$\Delta V \approx dV = 60 \cdot 40 \cdot 0.2 + 75 \cdot 40 \cdot 0.2 + 75 \cdot 60 \cdot 0.2 = 1980(\text{cm}^3),$$

即每边仅 0.2cm 的误差可以导致体积的计算误差达到 1980 cm³.

习 题 6-4

1. 求下列函数的全微分：

(1) $z = 3x^2 y + \dfrac{x}{y}$；　　(2) $z = \sin(x\cos y)$；　　(3) $z = \dfrac{y}{\sqrt{x^2+y^2}}$；　　(4) $u = x^{yz}$.

2. 求函数 $z = \ln(2+x^2+y^2)$ 在 $x=2, y=1$ 时的全微分.

3. 设 $f(x,y,z) = \sqrt[z]{\dfrac{x}{y}}$，求 $df(1,1,1)$.

4. 求函数 $z = \dfrac{y}{x}$ 在 $x=2, y=1, \Delta x=0.1, \Delta y=-0.2$ 时的全增量 Δz 和全微分 dz.

5. 求下列函数在各点的线性化.

(1) $f(x,y) = x^2 + y^2 + 1, (1,1)$；　　(2) $f(x,y) = e^x \cos y, \left(0, \dfrac{\pi}{2}\right)$.

6. 计算 $\sqrt{(1.02)^3 + (1.97)^3}$ 的近似值.

7. 计算 $(1.007)^{2.98}$ 的近似值.

8. 已知边长为 $x=6$m 与 $y=8$m 的矩形，如果 x 边增加 2cm，而 y 边减少 5cm，问这个矩形的对角线的近似值怎样变化？

9. 用某种材料做一个开口长方体容器，其外形长 5m，宽 4m，高 3m，厚 20cm，求所需材料的近似值与精确值.

10. 由欧姆定律，电流 I、电压 U 及电阻 R 有关系 $R = \dfrac{U}{I}$. 若测得 $U=110$V，测量的最大绝对误差为 2V，测得 $I=20$A，测量的最大绝对误差为 0.5A. 问由此计算所得到的最大绝对误差和最大相对误差是多少？

6.5 复合函数微分法

在一元函数微分学中，已学过用"链式法则"对复合函数求导，这一法则可以推广到多元复合函数的情形. 多元复合函数的求导法则在多元函数微分学中也起着重要作用. 下面根据外层函数和内层函数的不同情况来讨论.

6.5.1 复合函数的中间变量为一元函数的情形

设函数 $z = f(u,v), u = u(t), v = v(t)$ 构成复合函数 $z = f[u(t), v(t)]$，其变量间的相互依赖关系可用图 6-5-1 来表达. 这种函数关系图以后还会经常用到.

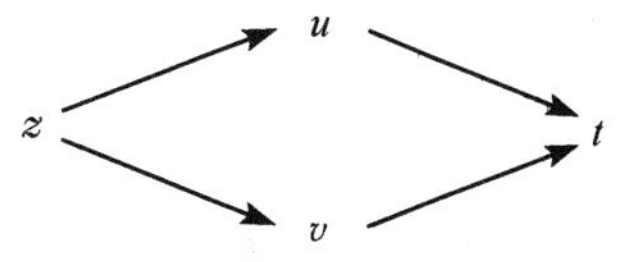

定理 1　如果函数 $u = u(t)$ 及 $v = v(t)$ 都在点 t 处可导，函数 $z = f(u,v)$ 在对应点 (u,v) 处具有连续偏导数，则复合函数 $z = f[u(t), v(t)]$ 在对应点 t 处可导，且其导数可用下列公式计算：

$$\dfrac{dz}{dt} = \dfrac{\partial z}{\partial u}\dfrac{du}{dt} + \dfrac{\partial z}{\partial v}\dfrac{dv}{dt}. \tag{6.5.1}$$

图 6-5-1

证明　设给 t 以增量 Δt，则函数 u, v 相应得到增量

$$\Delta u = u(t+\Delta t) - u(t), \quad \Delta v = v(t+\Delta t) - v(t).$$

由于函数 $z=f(u,v)$ 在点 (u,v) 处具有连续偏导数,于是根据 6.4 节定理 2 的证明过程,有

$$\Delta z = \frac{\partial z}{\partial u}\Delta u + \frac{\partial z}{\partial v}\Delta v + \varepsilon_1 \Delta u + \varepsilon_2 \Delta v,$$

其中,当 $\Delta u \to 0, \Delta v \to 0$ 时,$\varepsilon_1 \to 0, \varepsilon_2 \to 0$.

在上式两端除以 Δt,得

$$\frac{\Delta z}{\Delta t} = \frac{\partial z}{\partial u} \cdot \frac{\Delta u}{\Delta t} + \frac{\partial z}{\partial v} \cdot \frac{\Delta v}{\Delta t} + \varepsilon_1 \frac{\Delta u}{\Delta t} + \varepsilon_2 \frac{\Delta v}{\Delta t},$$

因为当 $\Delta t \to 0$ 时,$\Delta u \to 0, \Delta v \to 0$,且 $\frac{\Delta u}{\Delta t} \to \frac{du}{dt}, \frac{\Delta v}{\Delta t} \to \frac{dv}{dt}$,所以

$$\frac{dz}{dt} = \lim_{\Delta t \to 0} \frac{\Delta z}{\Delta t} = \frac{\partial z}{\partial u}\frac{du}{dt} + \frac{\partial z}{\partial v}\frac{dv}{dt}.$$

定理 1 的结论可推广到中间变量多于两个的情形. 例如,设 $z=f(u,v,w), u=u(t), v=v(t), w=w(t)$ 构成复合函数 $z=f[u(t),v(t),w(t)]$,其变量间的相互依赖关系可用图 6-5-2 来表达,则在满足与定理 1 相类似的条件下,有

$$\frac{dz}{dt} = \frac{\partial z}{\partial u}\frac{du}{dt} + \frac{\partial z}{\partial v}\frac{dv}{dt} + \frac{\partial z}{\partial w}\frac{dw}{dt}. \tag{6.5.2}$$

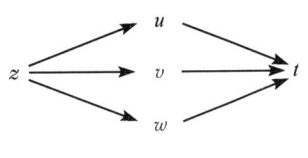

图 6-5-2

式(6.5.1)和式(6.5.2)中的导数称为**全导数**.

例 1 设 $z=u^2 v^3$,而 $u=\sin t, v=\cos t$,求全导数 $\frac{dz}{dt}$.

解 $\frac{dz}{dt} = \frac{\partial z}{\partial u}\frac{du}{dt} + \frac{\partial z}{\partial v}\frac{dv}{dt} = 2uv^3 \cos t + 3u^2 v^2(-\sin t) = \sin t \cos^2 t(2\cos^2 t - 3\sin^2 t)$.

6.5.2 复合函数的中间变量为多元函数的情形

定理 1 可推广到中间变量为多元函数的情形. 例如,对中间变量为二元函数的情形,设函数 $z=f(u,v), u=u(x,y), v=v(x,y)$ 构成复合函数 $z=f[u(x,y),v(x,y)]$,其变量间的相互依赖关系可用图 6-5-3 来表达. 此时,有以下结论.

定理 2 如果函数 $u=u(x,y)$ 及 $v=v(x,y)$ 都在点 (x,y) 处具有对 x 及对 y 的偏导数,函数 $z=f(u,v)$ 在对应点 (u,v) 处具有连续偏导数,则复合函数 $z=f[u(x,y),v(x,y)]$ 在对应点 (x,y) 处的两个偏导数存在,且其偏导数可用下列公式计算:

图 6-5-3

$$\frac{\partial z}{\partial x} = \frac{\partial z}{\partial u}\frac{\partial u}{\partial x} + \frac{\partial z}{\partial v}\frac{\partial v}{\partial x}, \tag{6.5.3}$$

$$\frac{\partial z}{\partial y} = \frac{\partial z}{\partial u}\frac{\partial u}{\partial y} + \frac{\partial z}{\partial v}\frac{\partial v}{\partial y}. \tag{6.5.4}$$

定理 2 的结论也可推广到中间变量多于两个的情形. 例如,设 $z=f(u,v,w)$,则 $u=u(x,y), v=v(x,y), w=w(x,y)$ 构成复合函数

$$z = f[u(x,y), v(x,y), w(x,y)],$$

其变量间的相互依赖关系如图 6-5-4 所示,则在满足与定理 2 相类似的条件下,有

$$\frac{\partial z}{\partial x} = \frac{\partial z}{\partial u}\frac{\partial u}{\partial x} + \frac{\partial z}{\partial v}\frac{\partial v}{\partial x} + \frac{\partial z}{\partial w}\frac{\partial w}{\partial x}, \tag{6.5.5}$$

$$\frac{\partial z}{\partial y} = \frac{\partial z}{\partial u}\frac{\partial u}{\partial y} + \frac{\partial z}{\partial v}\frac{\partial v}{\partial y} + \frac{\partial z}{\partial w}\frac{\partial w}{\partial y}. \tag{6.5.6}$$

例 2 设 $z = e^u \sin v$,而 $u = xy, v = x + y$,求 $\dfrac{\partial z}{\partial x}$ 和 $\dfrac{\partial z}{\partial y}$.

图 6-5-4

解 $\dfrac{\partial z}{\partial x} = \dfrac{\partial z}{\partial u}\dfrac{\partial u}{\partial x} + \dfrac{\partial z}{\partial v}\dfrac{\partial v}{\partial x} = e^u \sin v \cdot y + e^u \cos v \cdot 1 = e^{xy}[y\sin(x+y) + \cos(x+y)],$

$\dfrac{\partial z}{\partial y} = \dfrac{\partial z}{\partial u}\dfrac{\partial u}{\partial y} + \dfrac{\partial z}{\partial v}\dfrac{\partial v}{\partial y} = e^u \sin v \cdot x + e^u \cos v \cdot 1 = e^{xy}[x\sin(x+y) + \cos(x+y)].$

6.5.3 复合函数的中间变量既有一元函数也有多元函数的情形

下面,再来讨论中间变量既有一元函数也有多元函数的情形. 例如,设函数 $z = f(u, v), u = u(x, y), v = v(y)$ 构成复合函数 $z = f[u(x, y), v(y)]$,其变量间的相互依赖关系如图 6-5-5 所示. 此时,有以下定理.

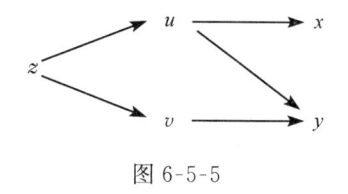

定理 3 如果函数 $u = u(x, y)$ 在点 (x, y) 处具有对 x 及对 y 的偏导数,函数 $v = v(y)$ 在点 y 处可导,函数 $z = f(u, v)$ 在对应点 (u, v) 处具有连续偏导数,则复合函数 $z = f[u(x, y), v(y)]$ 在对应点 (x, y) 处的两个偏导数存在,且其偏导数可用下列公式计算

$$\frac{\partial z}{\partial x} = \frac{\partial z}{\partial u}\frac{\partial u}{\partial x}, \tag{6.5.7}$$

$$\frac{\partial z}{\partial y} = \frac{\partial z}{\partial u}\frac{\partial u}{\partial y} + \frac{\partial z}{\partial v}\frac{\mathrm{d}v}{\mathrm{d}y}. \tag{6.5.8}$$

显然,这类情形实际上是第二种情形的一种特例,即变量 v 与 x 无关,从而 $\dfrac{\partial v}{\partial x} = 0$,而 v 是 y 的一元函数,所以 $\dfrac{\partial v}{\partial y}$ 换成 $\dfrac{\mathrm{d}v}{\mathrm{d}y}$,从而有上述结果.

在第三种情况中,一种常见的情况是:复合函数的某些中间变量本身又是复合函数的自变量的情形.

例如,设函数 $z = f(u, x, y), u = u(x, y)$ 构成复合函数 $z = f[u(x, y), x, y]$,其变量间的相互依赖关系如图 6-5-6 所示. 则此类情形可视为第二种情形的式(6.5.5)和式(6.5.6)中 $v = x$, $w = y$ 的情况,从而有

图 6-5-6

$$\frac{\partial z}{\partial x} = \frac{\partial f}{\partial u}\frac{\partial u}{\partial x} + \frac{\partial f}{\partial x}, \tag{6.5.9}$$

$$\frac{\partial z}{\partial y} = \frac{\partial f}{\partial u}\frac{\partial u}{\partial y} + \frac{\partial f}{\partial y}. \tag{6.5.10}$$

注 这里 $\dfrac{\partial z}{\partial x}$ 和 $\dfrac{\partial f}{\partial x}$ 是不同的, $\dfrac{\partial z}{\partial x}$ 是把复合函数中的 y 看成是不变而对 x 的偏导数, $\dfrac{\partial f}{\partial x}$ 是把函数 $z = f(u, x, y)$ 中的 u 及 y 看成是不变而对 x 的偏导数. $\dfrac{\partial z}{\partial y}$ 和 $\dfrac{\partial f}{\partial y}$ 也有类似的区别.

例 3 设 $z=f(u,x,y)=\mathrm{e}^{x^2+y^2+u^2}$,而 $u=x^2\sin y$,求 $\dfrac{\partial z}{\partial x}$ 和 $\dfrac{\partial z}{\partial y}$.

解
$$\frac{\partial z}{\partial x}=\frac{\partial f}{\partial u}\frac{\partial u}{\partial x}+\frac{\partial f}{\partial x}=\mathrm{e}^{x^2+y^2+u^2}\cdot 2u\cdot 2x\sin y+\mathrm{e}^{x^2+y^2+u^2}\cdot 2x$$
$$=2x\mathrm{e}^{x^2+y^2+x^4\sin^2 y}(1+2x^2\sin^2 y),$$
$$\frac{\partial z}{\partial y}=\frac{\partial f}{\partial u}\frac{\partial u}{\partial y}+\frac{\partial f}{\partial y}=\mathrm{e}^{x^2+y^2+u^2}\cdot 2u\cdot x^2\cos y+\mathrm{e}^{x^2+y^2+u^2}\cdot 2y$$
$$=2\mathrm{e}^{x^2+y^2+x^4\sin^2 y}(y+x^4\sin y\cos y).$$

例 4 设 $z=uv+\sin t$,而 $u=\mathrm{e}^t,v=\cos t$,求全导数 $\dfrac{\mathrm{d}z}{\mathrm{d}t}$.

解 $\dfrac{\mathrm{d}z}{\mathrm{d}t}=\dfrac{\partial z}{\partial u}\dfrac{\mathrm{d}u}{\mathrm{d}t}+\dfrac{\partial z}{\partial v}\dfrac{\mathrm{d}v}{\mathrm{d}t}+\dfrac{\partial z}{\partial t}=v\mathrm{e}^t-u\sin t+\cos t=\mathrm{e}^t(\cos t-\sin t)+\cos t.$

在多元函数的复合求导中,为了简便起见,常采用以下记号:
$$f'_1=\frac{\partial f(u,v)}{\partial u},\quad f'_2=\frac{\partial f(u,v)}{\partial v},\quad f''_{11}=\frac{\partial^2 f(u,v)}{\partial u^2},\quad f''_{12}=\frac{\partial^2 f(u,v)}{\partial u\partial v},\quad \cdots,$$

这里下标 1 表示对第一个变量 u 求偏导数,下标 2 表示对第二个变量 v 求偏导数.

例 5 设 $w=f(x+y+z,xyz)$,其中函数 f 具有二阶连续偏导数,求 $\dfrac{\partial w}{\partial x}$ 和 $\dfrac{\partial^2 w}{\partial x\partial z}$.

解 令 $u=x+y+z,v=xyz$,则根据复合函数求导法则,有
$$\frac{\partial w}{\partial x}=\frac{\partial f}{\partial u}\frac{\partial u}{\partial x}+\frac{\partial f}{\partial v}\frac{\partial v}{\partial x}=f'_1+yzf'_2,$$

则
$$\frac{\partial^2 w}{\partial x\partial z}=\frac{\partial}{\partial z}(f'_1+yzf'_2)=\frac{\partial f'_1}{\partial z}+yf'_2+yz\frac{\partial f'_2}{\partial z}.$$

求 $\dfrac{\partial f'_1}{\partial z}$ 和 $\dfrac{\partial f'_2}{\partial z}$ 时,应注意 f'_1 和 f'_2 仍旧是复合函数,故有

$$\frac{\partial f'_1}{\partial z}=\frac{\partial f'_1}{\partial u}\frac{\partial u}{\partial z}+\frac{\partial f'_1}{\partial v}\frac{\partial v}{\partial z}=f''_{11}+xyf''_{12},$$
$$\frac{\partial f'_2}{\partial z}=\frac{\partial f'_2}{\partial u}\frac{\partial u}{\partial z}+\frac{\partial f'_2}{\partial v}\frac{\partial v}{\partial z}=f''_{21}+xyf''_{22},$$

所以
$$\frac{\partial^2 w}{\partial x\partial z}=f''_{11}+xyf''_{12}+yf'_2+yz(f''_{21}+xyf''_{22})=f''_{11}+y(x+z)f''_{12}+xy^2zf''_{22}+yf'_2.$$

例 6 设函数 $u=u(x,y)$ 可微,在极坐标变换 $x=r\cos\theta,y=r\sin\theta$ 下,证明
$$\left(\frac{\partial u}{\partial x}\right)^2+\left(\frac{\partial u}{\partial y}\right)^2=\left(\frac{\partial u}{\partial r}\right)^2+\frac{1}{r^2}\left(\frac{\partial u}{\partial \theta}\right)^2.$$

证明 因为 $u=u(x,y),x=r\cos\theta,y=r\sin\theta$,则 u 即为 A,θ 的复合函数,即 $u=u(r\cos\theta,r\sin\theta)$,则

$$\frac{\partial u}{\partial r}=\frac{\partial u}{\partial x}\frac{\partial x}{\partial r}+\frac{\partial u}{\partial y}\frac{\partial y}{\partial r}=\frac{\partial u}{\partial x}\cos\theta+\frac{\partial u}{\partial y}\sin\theta,$$

$$\frac{\partial u}{\partial \theta} = \frac{\partial u}{\partial x}\frac{\partial x}{\partial \theta} + \frac{\partial u}{\partial y}\frac{\partial y}{\partial \theta} = \frac{\partial u}{\partial x}(-r\sin\theta) + \frac{\partial u}{\partial y}r\cos\theta,$$

所以

$$\left(\frac{\partial u}{\partial r}\right)^2 + \frac{1}{r^2}\left(\frac{\partial u}{\partial \theta}\right)^2 = \left(\frac{\partial u}{\partial x}\cos\theta + \frac{\partial u}{\partial y}\sin\theta\right)^2 + \frac{1}{r^2}\left[\frac{\partial u}{\partial x}(-r\sin\theta) + \frac{\partial u}{\partial y}r\cos\theta\right]^2$$
$$= \left(\frac{\partial u}{\partial x}\right)^2 + \left(\frac{\partial u}{\partial y}\right)^2.$$

6.5.4 全微分形式的不变性

根据复合函数求导的链式法则,可得到重要的**全微分形式不变性**. 以二元函数为例,设 $z = f(u,v)$, $u = u(x,y)$, $v = v(x,y)$ 是可微函数,则由全微分定义和链式法则,有

$$dz = \frac{\partial z}{\partial x}dx + \frac{\partial z}{\partial y}dy = \left(\frac{\partial z}{\partial u}\cdot\frac{\partial u}{\partial x} + \frac{\partial z}{\partial v}\cdot\frac{\partial v}{\partial x}\right)dx + \left(\frac{\partial z}{\partial u}\cdot\frac{\partial u}{\partial y} + \frac{\partial z}{\partial v}\cdot\frac{\partial v}{\partial y}\right)dy$$
$$= \frac{\partial z}{\partial u}\left(\frac{\partial u}{\partial x}dx + \frac{\partial u}{\partial y}dy\right) + \frac{\partial z}{\partial v}\left(\frac{\partial v}{\partial x}dx + \frac{\partial v}{\partial y}dy\right) = \frac{\partial z}{\partial u}du + \frac{\partial z}{\partial v}dv.$$

由此可见,尽管现在的 u,v 是中间变量,但全微分 dz 与 x,y 是自变量时的表达式在形式上完全一致,这个性质称为**全微分形式不变性**. 在解题时适当应用这个性质,会收到很好的效果.

例 7 利用全微分形式的不变性求解本节例 2.

解 因为 $dz = d(e^u \sin v) = e^u \sin v \, du + e^u \cos v \, dv$,又

$$du = d(xy) = ydx + xdy, \quad dv = d(x+y) = dx + dy,$$

代入合并含 dx 和 dy 的项,得

$$dz = e^u(y\sin v + \cos v)dx + e^u(x\sin v + \cos v)dy$$
$$= e^{xy}[y\sin(x+y) + \cos(x+y)]dx + e^{xy}[x\sin(x+y) + \cos(x+y)]dy.$$

又因为 $dz = \frac{\partial z}{\partial x}dx + \frac{\partial z}{\partial y}dy$,所以

$$\frac{\partial z}{\partial x} = e^{xy}[y\sin(x+y) + \cos(x+y)], \quad \frac{\partial z}{\partial y} = e^{xy}[x\sin(x+y) + \cos(x+y)].$$

例 8 利用一阶全微分形式的不变性求函数 $u = \dfrac{x}{x^2+y^2+z^2}$ 的偏导数.

解

$$du = \frac{(x^2+y^2+z^2)dx - xd(x^2+y^2+z^2)}{(x^2+y^2+z^2)^2}$$
$$= \frac{(x^2+y^2+z^2)dx - x(2xdx + 2ydy + 2zdz)}{(x^2+y^2+z^2)^2}$$
$$= \frac{(y^2+z^2-x^2)dx - 2xydy - 2xzdz}{(x^2+y^2+z^2)^2}.$$

所以

$$\frac{\partial u}{\partial x} = \frac{y^2+z^2-x^2}{(x^2+y^2+z^2)^2}, \quad \frac{\partial u}{\partial y} = \frac{-2xy}{(x^2+y^2+z^2)^2}, \quad \frac{\partial u}{\partial z} = \frac{-2xz}{(x^2+y^2+z^2)^2}.$$

习 题 6-5

1. 设 $z=\dfrac{y}{x}$，而 $x=e^t, y=1-e^{2t}$，求 $\dfrac{dz}{dt}$.

2. 设 $z=e^{x-2y}$，而 $x=\sin t, y=t^3$，求 $\dfrac{dz}{dt}$.

3. 设 $z=u^2\ln v$，而 $u=\dfrac{x}{y}, v=3x-2y$，求 $\dfrac{\partial z}{\partial x}, \dfrac{\partial z}{\partial y}$.

4. 设 $z=(x^2+y^2)^{xy}$，求 $\dfrac{\partial z}{\partial x}, \dfrac{\partial z}{\partial y}$.

5. 设 $z=\arctan(xy), y=e^x$，求 $\dfrac{dz}{dx}$.

6. 求下列函数的一阶偏导数（其中 f 具有一阶连续偏导数）：

(1) $u=f(x^2-y^2, xy)$； (2) $u=f\left(\dfrac{x}{y}, \dfrac{y}{z}\right)$； (3) $u=f(x, xy, xyz)$.

7. 设 $z=\dfrac{y}{f(x^2-y^2)}$，其中 f 为可导函数，验证 $\dfrac{1}{x}\dfrac{\partial z}{\partial x}+\dfrac{1}{y}\dfrac{\partial z}{\partial y}=\dfrac{z}{y^2}$.

8. 设函数 $u=f(x+y+z, x^2+y^2+z^2)$，其中 f 具有二阶连续偏导数，求
$$\Delta u=\dfrac{\partial^2 u}{\partial x^2}+\dfrac{\partial^2 u}{\partial y^2}+\dfrac{\partial^2 u}{\partial z^2}.$$

9. 设 $z=f(2x-y, y\sin x)$，其中 f 具有二阶连续偏导数，求 $\dfrac{\partial^2 z}{\partial x \partial y}$.

10. 求下列函数的 $\dfrac{\partial^2 z}{\partial x^2}, \dfrac{\partial^2 z}{\partial x \partial y}, \dfrac{\partial^2 z}{\partial y^2}$（其中 f 具有二阶连续偏导数）.

(1) $u=f(xy, y)$； (2) $u=f\left(\dfrac{y}{x}, x^2 y\right)$.

11. 设 $z=f(x,y)$ 二次可微，且 $x=e^u\cos v, y=e^u\sin v$，试证：
$$\dfrac{\partial^2 z}{\partial x^2}+\dfrac{\partial^2 z}{\partial y^2}=e^{-2u}\left(\dfrac{\partial^2 z}{\partial u^2}+\dfrac{\partial^2 z}{\partial v^2}\right).$$

12. 设 $u=x\varphi(x+y)+y\phi(x+y)$，其中函数 φ, ϕ 具有二阶连续导数，验证：
$$\dfrac{\partial^2 u}{\partial x^2}-2\dfrac{\partial^2 u}{\partial x \partial y}+\dfrac{\partial^2 u}{\partial y^2}=0.$$

6.6 隐函数微分法

6.6.1 一个方程的情形

在一元函数微分学中，引入了隐函数的概念，并介绍了不经过显化而直接由方程 $F(x,y)=0$ 来求它所确定的隐函数的导数的方法. 本节将进一步从理论上阐明隐函数的存在性，并通过多元复合函数的求导法则建立隐函数的求导公式.

定理 1 设函数 $F(x,y)$ 在点 $P(x_0, y_0)$ 的某一邻域内具有连续的偏导数，且 $F_y(x_0, y_0)\neq 0$, $F(x_0, y_0)=0$，则方程 $F(x,y)=0$ 在点 $P(x_0, y_0)$ 的某一邻域内恒能唯一确定一个连续且具有连续导数的函数 $y=f(x)$，它满足条件 $y_0=f(x_0)$，并有

$$\dfrac{dy}{dx}=-\dfrac{F_x}{F_y}. \tag{6.6.1}$$

式(6.6.1)就是隐函数的求导公式.

这个定理此处不做严格证明,下面仅对式(6.6.1)给出推导.

将方程 $F(x,y)=0$ 所确定的函数 $y=f(x)$ 代入该方程,得
$$F[x,f(x)]=0.$$
利用复合函数求导法则,在上述等式两端对 x 求导,得
$$\frac{\partial F}{\partial x}+\frac{\partial F}{\partial y}\cdot\frac{\mathrm{d}y}{\mathrm{d}x}=0,$$
由于 F_y 连续,且 $F_y(x_0,y_0)\neq 0$,故存在 (x_0,y_0) 的一个邻域,在这个邻域内 $F_y\neq 0$,所以
$$\frac{\mathrm{d}y}{\mathrm{d}x}=-\frac{F_x}{F_y}.$$

将上式两端视为 x 的函数,继续利用复合函数求导法则在上式两边求导,可求得隐函数的二阶导数
$$\begin{aligned}\frac{\mathrm{d}^2 y}{\mathrm{d}x^2}&=\frac{\partial}{\partial x}\left(-\frac{F_x}{F_y}\right)+\frac{\partial}{\partial y}\left(-\frac{F_x}{F_y}\right)\frac{\mathrm{d}y}{\mathrm{d}x}\\ &=-\frac{F_{xx}F_y-F_{yx}F_x}{F_y^2}-\frac{F_{xy}F_y-F_{yy}F_x}{F_y^2}\left(-\frac{F_x}{F_y}\right)\\ &=-\frac{F_{xx}F_y^2-2F_{xy}F_xF_y+F_{yy}F_x^2}{F_y^3}.\end{aligned} \quad (6.6.2)$$

例1 验证方程 $x^2+y^2-1=0$ 在点 $(0,1)$ 的某一邻域内能唯一确定一个有连续导数,且当 $x=0$ 时 $y=1$ 的隐函数 $y=f(x)$,求该函数的一阶和二阶导数在 $x=0$ 处的值.

解 设 $F(x,y)=x^2+y^2-1$,则
$$F_x=2x,\quad F_y=2y,\quad F_x(0,1)=0,\quad F_y(0,1)=2\neq 0,$$
故根据定理1知,方程 $x^2+y^2-1=0$ 在点 $(0,1)$ 的某邻域内能唯一确定一个有连续导数,且当 $x=0$ 时 $y=1$ 的隐函数 $y=f(x)$.

下面再求该函数的一阶和二阶导数.
$$\frac{\mathrm{d}y}{\mathrm{d}x}=-\frac{F_x}{F_y}=-\frac{x}{y},\quad \left.\frac{\mathrm{d}y}{\mathrm{d}x}\right|_{x=0}=0,$$
$$\frac{\mathrm{d}^2 y}{\mathrm{d}x^2}=-\frac{y-xy'}{y^2}=-\frac{y-x\left(-\dfrac{x}{y}\right)}{y^2}=-\frac{1}{y^3},\quad \left.\frac{\mathrm{d}^2 y}{\mathrm{d}x^2}\right|_{x=0}=-1.$$

隐函数存在定理也可以推广到多元函数.既然一个二元方程可以确定一个一元隐函数,那么一个三元方程 $F(x,y,z)=0$ 就有可能确定一个二元隐函数.此时有下面的定理.

定理2 设函数 $F(x,y,z)$ 在点 $P(x_0,y_0,z_0)$ 的某一邻域内具有连续的偏导数,且
$$F(x_0,y_0,z_0)=0,\quad F_z(x_0,y_0,z_0)\neq 0,$$
则方程 $F(x,y,z)=0$ 在点 $P(x_0,y_0,z_0)$ 的某一邻域内恒能唯一确定一个连续且具有连续偏导数的函数 $z=f(x,y)$,它满足条件 $z_0=f(x_0,y_0)$,并有
$$\frac{\partial z}{\partial x}=-\frac{F_x}{F_z},\quad \frac{\partial z}{\partial y}=-\frac{F_y}{F_z}. \quad (6.6.3)$$

下面仅给出隐函数求导公式(6.6.3)的推导.

将方程 $F(x,y,z)=0$ 所确定的函数 $z=f(x,y)$ 代入该方程,得

$$F[x,y,f(x,y)]=0,$$

利用复合函数求导法则,在上述等式两端分别对 x、y 求导,得

$$F_x + F_z \cdot \frac{\partial z}{\partial x} = 0, \quad F_y + F_z \cdot \frac{\partial z}{\partial y} = 0.$$

由于 F_z 连续,且 $F_z(x_0,y_0,z_0) \neq 0$,故存在点 (x_0,y_0,z_0) 的一个邻域,在这个邻域内 $F_z \neq 0$,所以

$$\frac{\partial z}{\partial x} = -\frac{F_x}{F_z}, \quad \frac{\partial z}{\partial y} = -\frac{F_y}{F_z}.$$

例 2 求由方程 $\dfrac{x}{z} = \ln \dfrac{z}{y}$ 所确定的隐函数 $z = f(x,y)$ 的偏导数 $\dfrac{\partial z}{\partial x}$ 和 $\dfrac{\partial z}{\partial y}$.

解 令 $F(x,y,z) = \dfrac{x}{z} - \ln \dfrac{z}{y}$,则

$$F_x = \frac{1}{z}, \quad F_y = -\frac{y}{z} \cdot \left(-\frac{z}{y^2}\right) = \frac{1}{y}, \quad F_z = -\frac{x}{z^2} - \frac{y}{z} \cdot \frac{1}{y} = -\frac{x+z}{z^2},$$

所以

$$\frac{\partial z}{\partial x} = -\frac{F_x}{F_z} = -\frac{\dfrac{1}{z}}{-\dfrac{x+z}{z^2}} = \frac{z}{x+z}, \quad \frac{\partial z}{\partial y} = -\frac{F_y}{F_z} = -\frac{\dfrac{1}{y}}{-\dfrac{x+z}{z^2}} = \frac{z^2}{y(x+z)}.$$

注 求方程所确定的多元函数的偏导数也可以直接求偏导数. 对于例 2,可以在方程两边分别对 x,y 求偏导,求导过程中将 z 看成是 x,y 的函数,从而得到关于 $\dfrac{\partial z}{\partial x}$ 和 $\dfrac{\partial z}{\partial y}$ 的等式,从中可直接解出 $\dfrac{\partial z}{\partial x}$ 和 $\dfrac{\partial z}{\partial y}$.

例 3 设 $x^2 + y^2 + z^2 - 4z = 0$,求 $\dfrac{\partial^2 z}{\partial x^2}$.

解 令 $F(x,y,z) = x^2 + y^2 + z^2 - 4z$,则

$$F_x = 2x, \quad F_z = 2z - 4,$$

所以

$$\frac{\partial z}{\partial x} = -\frac{F_x}{F_z} = \frac{x}{2-z},$$

$$\frac{\partial^2 z}{\partial x^2} = \frac{\partial}{\partial x}\left(\frac{x}{2-z}\right) = \frac{(2-z) + x \dfrac{\partial z}{\partial x}}{(2-z)^2} = \frac{(2-z) + x \dfrac{x}{2-z}}{(2-z)^2} = \frac{(2-z)^2 + x^2}{(2-z)^3}.$$

注 在实际应用中,求方程所确定的多元函数的偏导数时,若方程中含有抽象函数时,利用求偏导或求微分的过程进行推导更为清楚.

例 4 设 $z = f(x+y+z, xyz)$,求 $\dfrac{\partial z}{\partial x}, \dfrac{\partial x}{\partial y}, \dfrac{\partial y}{\partial z}$.

解 令 $u = x+y+z$,$v = xyz$,则 $z = f(u,v)$. 把 z 看成是 x,y 的函数对 x 求偏导数,得

$$\frac{\partial z}{\partial x} = f_u \cdot \left(1 + \frac{\partial z}{\partial x}\right) + f_v \cdot \left(yz + xy \frac{\partial z}{\partial x}\right),$$

所以

$$\frac{\partial z}{\partial x} = \frac{f_u + yz f_v}{1 - f_u - xy f_v}.$$

把 x 看成是 z,y 的函数对 y 求偏导数,得

$$0 = f_u \cdot \left(\frac{\partial x}{\partial y} + 1\right) + f_v \cdot \left(xz + yz\frac{\partial x}{\partial y}\right),$$

所以
$$\frac{\partial x}{\partial y} = -\frac{f_u + xzf_v}{f_u + yzf_v}.$$

把 y 看成是 z,x 的函数对 z 求偏导数,得
$$1 = f_u \cdot \left(\frac{\partial y}{\partial z} + 1\right) + f_v \cdot \left(xy + xz\frac{\partial y}{\partial z}\right),$$

所以
$$\frac{\partial y}{\partial z} = \frac{1 - f_u - xyf_v}{f_u + xzf_v}.$$

例 5 设 $F(x-y, y-z, z-x) = 0$,其中 F 具有连续偏导数,且 $F_2' - F_3' \neq 0$,求证:
$$\frac{\partial z}{\partial x} + \frac{\partial z}{\partial y} = 1.$$

证明 由题意知,方程确定函数 $z = z(x, y)$. 在题设方程两边求微分,得
$$\mathrm{d}F(x-y, y-z, z-x) = 0,$$

即
$$F_1' \mathrm{d}(x-y) + F_2' \mathrm{d}(y-z) + F_3' \mathrm{d}(z-x) = 0.$$

根据微分运算,得
$$F_1'(\mathrm{d}x - \mathrm{d}y) + F_2'(\mathrm{d}y - \mathrm{d}z) + F_3'(\mathrm{d}z - \mathrm{d}x) = 0,$$

合并同类项,得
$$(F_1' - F_3')\mathrm{d}x + (F_2' - F_1')\mathrm{d}y = (F_2' - F_3')\mathrm{d}z,$$

两边同除以 $F_2' - F_3'$,得
$$\mathrm{d}z = \frac{F_1' - F_3'}{F_2' - F_3'}\mathrm{d}x + \frac{F_2' - F_1'}{F_2' - F_3'}\mathrm{d}y.$$

从而
$$\frac{\partial z}{\partial x} = \frac{F_1' - F_3'}{F_2' - F_3'}, \quad \frac{\partial z}{\partial y} = \frac{F_2' - F_1'}{F_2' - F_3'},$$

所以
$$\frac{\partial z}{\partial x} + \frac{\partial z}{\partial y} = 1.$$

6.6.2 方程组的情形

下面将隐函数存在定理进一步推广到方程组的情形.

设方程组
$$\begin{cases} F(x, y, u, v) = 0 \\ G(x, y, u, v) = 0 \end{cases},$$

隐函数组 $u = u(x, y)$ 和 $v = v(x, y)$,下面来推导函数 u, v 的偏导数的公式.

将 $u = u(x, y), v = v(x, y)$ 代入上述方程组中,得
$$\begin{cases} F(x, y, u(x, y), v(x, y)) \equiv 0 \\ G(x, y, u(x, y), v(x, y)) \equiv 0 \end{cases}.$$

等式两边分别对 x 求偏导,得
$$\begin{cases} F_x + F_u \dfrac{\partial u}{\partial x} + F_v \dfrac{\partial v}{\partial x} = 0 \\ G_x + G_u \dfrac{\partial u}{\partial x} + G_v \dfrac{\partial v}{\partial x} = 0 \end{cases}.$$

解此方程组,得

$$\frac{\partial u}{\partial x}=-\frac{\begin{vmatrix} F_x & F_v \\ G_x & G_v \end{vmatrix}}{\begin{vmatrix} F_u & F_v \\ G_u & G_v \end{vmatrix}}, \quad \frac{\partial v}{\partial x}=-\frac{\begin{vmatrix} F_u & F_x \\ G_u & G_x \end{vmatrix}}{\begin{vmatrix} F_u & F_v \\ G_u & G_v \end{vmatrix}}, \tag{6.6.4}$$

其中,行列式 $\begin{vmatrix} F_u & F_v \\ G_u & G_v \end{vmatrix}$ 称为函数 F,G 的雅可比行列式,记为

$$J=\frac{\partial(F,G)}{\partial(u,v)}=\begin{vmatrix} F_u & F_v \\ G_u & G_v \end{vmatrix}.$$

利用这种记法,式(6.6.4)可写成

$$\frac{\partial u}{\partial x}=-\frac{\dfrac{\partial(F,G)}{\partial(x,v)}}{\dfrac{\partial(F,G)}{\partial(u,v)}}, \quad \frac{\partial v}{\partial x}=-\frac{\dfrac{\partial(F,G)}{\partial(u,x)}}{\dfrac{\partial(F,G)}{\partial(u,v)}}. \tag{6.6.5}$$

同理可得

$$\frac{\partial u}{\partial y}=-\frac{\dfrac{\partial(F,G)}{\partial(y,v)}}{\dfrac{\partial(F,G)}{\partial(u,v)}}, \quad \frac{\partial v}{\partial y}=-\frac{\dfrac{\partial(F,G)}{\partial(u,y)}}{\dfrac{\partial(F,G)}{\partial(u,v)}}. \tag{6.6.6}$$

上述求导公式,虽然形式复杂,但其中有规律可循,每个偏导数的表达式都是一个分式,前面都带有负号,分母都是函数 F,G 的雅可比行列式 $\dfrac{\partial(F,G)}{\partial(u,v)}$,$\dfrac{\partial u}{\partial x}$ 的分子是在 $\dfrac{\partial(F,G)}{\partial(u,v)}$ 中把 u 换成 x 的结果,$\dfrac{\partial v}{\partial x}$ 的分子是在 $\dfrac{\partial(F,G)}{\partial(u,v)}$ 中把 v 换成 x 的结果. 类似地,$\dfrac{\partial u}{\partial y}$,$\dfrac{\partial v}{\partial y}$ 也符合这样的规律.

在实际计算中,可以不必直接套用公式,而是依照推导上述公式的方法来求解.

定理 3 设函数 $F(x,y,u,v)$ 和 $G(x,y,u,v)$ 在点 $P(x_0,y_0,u_0,v_0)$ 的某一邻域内有对各个变量的连续偏导数,又 $F(x_0,y_0,u_0,v_0)=0$,$G(x_0,y_0,u_0,v_0)=0$,且函数 F,G 的雅可比行列式 $\dfrac{\partial(F,G)}{\partial(u,v)}$ 在点 $P(x_0,y_0,u_0,v_0)$ 处不等于零,则方程组 $\begin{cases} F(x,y,u,v)=0 \\ G(x,y,u,v)=0 \end{cases}$ 在点 $P(x_0,y_0,u_0,v_0)$ 的某一邻域内恒能唯一确定一组连续且具有连续偏导数的函数 $u=u(x,y)$,$v=v(x,y)$,它们满足条件 $u_0=u(x_0,y_0)$,$v_0=v(x_0,y_0)$,其偏导数公式由式(6.6.5)和式(6.6.6)给出.

例 6 设 $\begin{cases} xu-yv=0 \\ yu+xv=1 \end{cases}$,求 $\dfrac{\partial u}{\partial x},\dfrac{\partial v}{\partial x},\dfrac{\partial u}{\partial y}$ 及 $\dfrac{\partial v}{\partial y}$.

解 在题设方程组两边对 x 求偏导,得

$$\begin{cases} u+x\dfrac{\partial u}{\partial x}-y\dfrac{\partial v}{\partial x}=0 \\ y\dfrac{\partial u}{\partial x}+v+x\dfrac{\partial v}{\partial x}=0 \end{cases}.$$

解此方程组,得

$$\frac{\partial u}{\partial x}=-\frac{xu+yv}{x^2+y^2}, \quad \frac{\partial v}{\partial x}=\frac{yu-xv}{x^2+y^2}.$$

同理可得
$$\frac{\partial u}{\partial y}=\frac{xv-yu}{x^2+y^2}, \quad \frac{\partial v}{\partial y}=-\frac{xu+yv}{x^2+y^2}.$$

例7 在坐标变换中,常常要研究一种坐标(x,y)与另一种坐标(u,v)之间的关系. 设方程组

$$\begin{cases} x=x(u,v) \\ y=y(u,v) \end{cases}, \tag{6.6.7}$$

可确定隐函数组 $u=u(x,y), v=v(x,y)$,称其为方程组(6.6.7)的**反方程组**. 若 $x(u,v), y(u,v), u(x,y), v(x,y)$ 具有连续的偏导数,试证明

$$\frac{\partial(u,v)}{\partial(x,y)} \cdot \frac{\partial(x,y)}{\partial(u,v)}=1.$$

证明 将 $u=u(x,y), v=v(x,y)$ 代入方程组(6.6.7)中,得

$$\begin{cases} x-x[u(x,y),v(x,y)] \equiv 0 \\ y-y[u(x,y),v(x,y)] \equiv 0 \end{cases}.$$

在方程组两端分别对 x 和 y 求偏导,得

$$\begin{cases} 1-x'_u u'_x - x'_v v'_x = 0 \\ 0-y'_u u'_x - y'_v v'_x = 0 \end{cases} \quad 和 \quad \begin{cases} 0-x'_u u'_y - x'_v v'_y = 0 \\ 1-y'_u u'_y - y'_v v'_y = 0 \end{cases},$$

即

$$\begin{cases} x'_u u'_x + x'_v v'_x = 1 \\ y'_u u'_x + y'_v v'_x = 0 \end{cases} \quad 和 \quad \begin{cases} x'_u u'_y + x'_v v'_y = 0 \\ y'_u u'_y + y'_v v'_y = 1 \end{cases}.$$

由

$$\begin{vmatrix} u'_x & v'_x \\ u'_y & v'_y \end{vmatrix} \cdot \begin{vmatrix} x'_u & y'_u \\ x'_v & y'_v \end{vmatrix} = \begin{vmatrix} x'_u u'_x + x'_v v'_x & y'_u u'_x + y'_v v'_x \\ x'_u u'_y + x'_v v'_y & y'_u u'_y + y'_v v'_y \end{vmatrix} = \begin{vmatrix} 1 & 0 \\ 0 & 1 \end{vmatrix} = 1,$$

知

$$\frac{\partial(u,v)}{\partial(x,y)} \cdot \frac{\partial(x,y)}{\partial(u,v)} = 1.$$

这个结果与一元函数的反函数的导数公式 $\dfrac{dy}{dx} \cdot \dfrac{dx}{dy}=1$ 是类似的. 上述结果还可推广到三维以上空间的坐标变换中去.

例如,若函数组 $x=x(u,v,w), y=y(u,v,w), z=z(u,v,w)$ 确定反函数组 $u=u(x,y,z), v=v(x,y,z), w=w(x,y,z)$,则在一定条件下,有

$$\frac{\partial(u,v,w)}{\partial(x,y,z)} \cdot \frac{\partial(x,y,z)}{\partial(u,v,w)}=1.$$

习 题 6-6

1. 已知 $\ln\sqrt{x^2+y^2}=\arctan\dfrac{y}{x}$,求 $\dfrac{dy}{dx}$.

2. 设 $x+2y+z-2\sqrt{xyz}=0$,求 $\dfrac{\partial z}{\partial x}, \dfrac{\partial z}{\partial y}$.

3. 设函数 $z(x,y)$ 由方程 $F\left(x+\dfrac{z}{y}, y+\dfrac{z}{x}\right)=0$ 所确定,证明

$$x\dfrac{\partial z}{\partial x}+y\dfrac{\partial z}{\partial y}=z-xy.$$

4. 设 $x^2+y^2+z^2=yf\left(\dfrac{z}{y}\right)$,其中 f 可导,求 $\dfrac{\partial z}{\partial x}, \dfrac{\partial z}{\partial y}$.

5. 设 $\Phi(u,v)$ 具有连续偏导数,证明由方程 $\Phi(cx-az,cy-bz)=0$ 所确定的隐函数 $z=f(x,y)$ 满足 $a\dfrac{\partial z}{\partial x}+b\dfrac{\partial z}{\partial y}=c$.

6. 设 $z^3-2xz+y=0$,求 $\dfrac{\partial^2 z}{\partial x^2}, \dfrac{\partial^2 z}{\partial y^2}$.

7. 设 $z^5-xz^4+yz^3=1$,求 $\dfrac{\partial^2 z}{\partial x \partial y}\bigg|_{(0,0)}$.

8. 设 $\begin{cases} x+y+z=0 \\ x^2+y^2+z^2=1 \end{cases}$,求 $\dfrac{\mathrm{d}x}{\mathrm{d}z}, \dfrac{\mathrm{d}y}{\mathrm{d}z}$.

9. 设 $\begin{cases} x+y+z+z^2=0 \\ x+y^2+z+z^3=0 \end{cases}$,求 $\dfrac{\mathrm{d}z}{\mathrm{d}x}, \dfrac{\mathrm{d}y}{\mathrm{d}x}$.

10. 设 $\begin{cases} x=\mathrm{e}^u-u\sin v \\ y=\mathrm{e}^u-u\cos v \end{cases}$,求 $\dfrac{\partial u}{\partial x}, \dfrac{\partial v}{\partial x}, \dfrac{\partial u}{\partial y}, \dfrac{\partial v}{\partial y}$.

11. 设 $\mathrm{e}^{x+y}=xy$,证明:$\dfrac{\mathrm{d}^2 y}{\mathrm{d}x^2}=-\dfrac{y[(x-1)^2+(y-1)^2]}{x^2(y-1)^3}$.

6.7 多元函数的极值及其求法

在实际问题中,会遇到大量求多元函数最大值和最小值的问题.与一元函数的情形类似,多元函数的最大值、最小值与极大值、极小值有着密切的联系.下面以二元函数为例来讨论多元函数的极值问题.

6.7.1 二元函数极值的概念

定义 1 设函数 $z=f(x,y)$ 在点 (x_0,y_0) 的某一邻域内有定义,对于该邻域内异于 (x_0,y_0) 的任意一点 (x,y),如果

$$f(x,y)<f(x_0,y_0),$$

则称函数在 (x_0,y_0) 处有**极大值**;如果

$$f(x,y)>f(x_0,y_0),$$

则称函数在 (x_0,y_0) 处有**极小值**;极大值、极小值统称为**极值**.使函数取得极值的点称为**极值点**.

例 1 函数 $z=2x^2+3y^2$ 在点 $(0,0)$ 处有极小值.因为对于点 $(0,0)$ 的任一邻域内异于 $(0,0)$ 的点,函数值都为正,而在 $(0,0)$ 点的函数值为 0. 从几何上看,$z=2x^2+3y^2$ 表示一开口向上的椭圆抛物面,点 $(0,0,0)$ 是它的顶点(图 6-7-1).

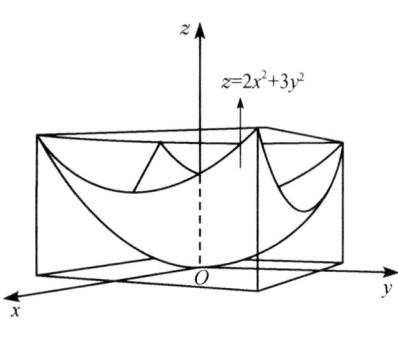

图 6-7-1

例 2 函数 $z=-\sqrt{x^2+y^2}$ 在点 $(0,0)$ 处有极大值. 因为在点 $(0,0)$ 处的函数值为 0, 而对于点 $(0,0)$ 的任一邻域内异于 $(0,0)$ 的点, 函数值都为负, 从几何上看, 点 $(0,0,0)$ 是位于 xOy 面下方的锥面 $z=-\sqrt{x^2+y^2}$ 的顶点 (图 6-7-2).

例 3 函数 $z=y^2-x^2$ 在点 $(0,0)$ 处无极值. 从几何上看, 它表示双曲抛物面 (马鞍面) (图 6-7-3).

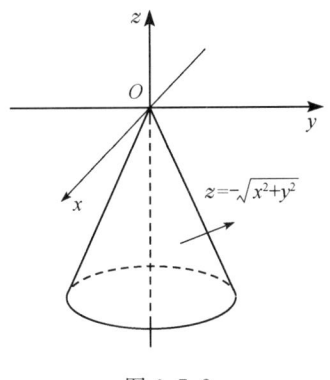

图 6-7-2

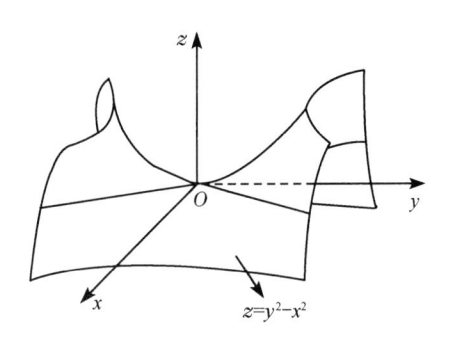

图 6-7-3

以上关于二元函数极值的概念, 可推广到 n 元函数. 设 n 元函数 $u=f(P)$ 在点 P_0 的某一邻域内有定义, 如果对于该邻域内异于 P_0 的任何点 P 都适合不等式

$$f(P) < f(P_0) \quad (f(P) > f(P_0)),$$

则称函数 $u=f(P)$ 在点 P_0 处有极大值 (极小值) $f(P_0)$.

与导数在一元函数极值研究中的作用一样, 偏导数也是研究多元函数极值的主要手段.

如果二元函数 $z=f(x,y)$ 在点 (x_0,y_0) 处取得极值, 那么固定 $y=y_0$, 一元函数 $z=f(x,y_0)$ 在 $x=x_0$ 点处必取得相同的极值; 同理, 固定 $x=x_0, z=f(x_0,y)$ 在 $y=y_0$ 点处也取得相同的极值. 因此, 由一元函数极值的必要条件, 可以得到二元函数极值的必要条件.

定理 1 (必要条件) 设函数 $z=f(x,y)$ 在点 (x_0,y_0) 处具有偏导数, 且在点 (x_0,y_0) 处有极值, 则它在该点的偏导数必然为零, 即

$$f_x(x_0,y_0)=0, \quad f_y(x_0,y_0)=0.$$

类似地, 如果三元函数 $z=f(x,y,z)$ 在点 $P(x_0,y_0,z_0)$ 处具有偏导数, 则它在点 $P(x_0,y_0,z_0)$ 处有极值的必要条件为

$$f_x(x_0,y_0,z_0)=0, \quad f_y(x_0,y_0,z_0)=0, \quad f_z(x_0,y_0,z_0)=0.$$

与一元函数的情形类似, 对于多元函数, 凡是能使一阶偏导数同时为零的点称为函数的**驻点**.

根据定理 1, 具有偏导数的函数的极值点必定是驻点. 但是函数的驻点不一定是极值点. 例如, 点 $(0,0)$ 是函数 $z=y^2-x^2$ 的驻点, 但函数在该点并无极值.

如何判定一个驻点是否为极值点?

定理 2 (充分条件) 设函数 $z=f(x,y)$ 在点 (x_0,y_0) 的某邻域内有直到二阶的连续偏导数, 又 $f_x(x_0,y_0)=0, f_y(x_0,y_0)=0$. 令

$$f_{xx}(x_0,y_0)=A, \quad f_{xy}(x_0,y_0)=B, \quad f_{yy}(x_0,y_0)=C.$$

(1) 当 $AC-B^2>0$ 时, 函数 $f(x,y)$ 在点 (x_0,y_0) 处有极值, 且当 $A>0$ 时有极小值 $f(x_0,y_0)$; 当 $A<0$ 时有极大值 $f(x_0,y_0)$;

(2) 当 $AC-B^2<0$ 时, 函数 $f(x,y)$ 在点 (x_0,y_0) 处没有极值;

(3) 当 $AC-B^2=0$ 时,函数 $f(x,y)$ 在点 (x_0,y_0) 处可能有极值,也可能没有极值,需另作讨论.

证明 略.

根据定理 1 与定理 2,如果函数 $f(x,y)$ 具有二阶连续偏导数,则求 $z=f(x,y)$ 的极值的一般步骤为:

(1) 解方程组 $f_x(x,y)=0, f_y(x,y)=0$,求出 $f(x,y)$ 的所有驻点;

(2) 求出函数 $f(x,y)$ 的二阶偏导数,依次确定各驻点处 A,B,C 的值,并根据 $AC-B^2$ 的正负号判定驻点是否为极值点;

(3) 求出函数 $f(x,y)$ 在极值点处的函数值,就得到 $f(x,y)$ 的全部极值.

例 4 求函数 $f(x,y)=x^3-y^3+3x^2+3y^2-9x$ 的极值.

解 解方程组 $\begin{cases} f_x(x,y)=3x^2+6x-9=0 \\ f_y(x,y)=-3y^2+6y=0 \end{cases}$,

得驻点 $(1,0),(1,2),(-3,0),(-3,2)$.再求出二阶偏导数

$$f_{xx}(x,y)=6x+6, \quad f_{xy}(x,y)=0, \quad f_{yy}(x,y)=-6y+6.$$

在点 $(1,0)$ 处,$AC-B^2=12\cdot 6>0$,又 $A>0$,故函数在该点处有极小值 $f(1,0)=-5$;

在点 $(1,2)$ 和 $(-3,0)$ 处,$AC-B^2=-12\cdot 6<0$,故函数在这两点处没有极值;

在点 $(-3,2)$ 处,$AC-B^2=(-12)\cdot(-6)>0$,又 $A<0$,故函数在该点处有极大值 $f(-3,2)=31$.

注 在讨论一元函数的极值问题时,函数的极值既可能在驻点处取得,也可能在导数不存在的点处取得.同样,多元函数的极值也可能在个别偏导数不存在的点处取得.例如,在例 2 中,函数 $z=-\sqrt{x^2+y^2}$ 在点 $(0,0)$ 处有极大值,但该函数在点 $(0,0)$ 处的偏导数不存在.因此,在考虑函数的极值问题时,除了考虑函数的驻点外,还要考虑那些使偏导数不存在的点.

与一元函数类似,可以利用多元函数的极值来求多元函数的最大值和最小值.在 6.2 节中已经指出,如果函数 $f(x,y)$ 在有界闭区域 D 上连续,则 $f(x,y)$ 在 D 上必定能取得最大值和最小值,且函数最大值点或最小值点必在函数的极值点或在 D 的边界点上.因此,只需求出 $f(x,y)$ 在各驻点和不可导点的函数值及在边界上的最大值和最小值,然后加以比较即可.

我们假定函数 $f(x,y)$ 在 D 上连续、偏导数存在且驻点只有有限个,则求函数 $f(x,y)$ 在 D 上的最大值和最小值的一般步骤如下:

(1) 求函数 $f(x,y)$ 在 D 内所有驻点处的函数值;

(2) 求函数 $f(x,y)$ 在 D 的边界上的最大值和最小值;

(3) 将前两步得到的所有函数值进行比较,其中最大者即为最大值,最小者即为最小值.

这种求最大值最小值的方法,由于要求 $f(x,y)$ 在 D 的边界上的最大值和最小值,往往相当复杂,所以在通常遇到的实际问题中,如果根据问题的性质,可以判断出函数 $f(x,y)$ 的最大值(最小值)一定在 D 的内部取得,而函数 $f(x,y)$ 在 D 内只有一个驻点,则可以肯定该驻点处的函数值就是函数 $f(x,y)$ 在 D 上的最大值(最小值).

例 5 某厂要用铁板做成一个体积为 $2m^3$ 的有盖长方体水箱.问长、宽、高各取怎样的尺寸时,才能使用料最省.

解 设水箱的长为 x m,宽为 y m,则其高应为 $\dfrac{2}{xy}$ m,于是此水箱所用材料的面积为

$$S = 2\left(xy + y \cdot \frac{2}{xy} + x \cdot \frac{2}{xy}\right) = 2\left(xy + \frac{2}{x} + \frac{2}{y}\right) \quad (x>0, y>0).$$

可见材料面积 S 是 x 和 y 的二元函数（目标函数）. 按题意，下面求这个函数的最小值点. 解方程组

$$\frac{\partial S}{\partial x} = 2\left(y - \frac{2}{x^2}\right) = 0, \quad \frac{\partial S}{\partial y} = 2\left(x - \frac{2}{y^2}\right) = 0,$$

得唯一的驻点 $x = \sqrt[3]{2}, y = \sqrt[3]{2}$.

根据题意可以断定，水箱所用材料面积的最小值一定存在，并在区域 $D = \{(x,y) | x>0, y>0\}$ 内取得. 又函数在 D 内只有唯一的驻点，因此该驻点即为所求最小值点. 从而当水箱的长为 $\sqrt[3]{2}$ m，宽为 $\sqrt[3]{2}$ m，高为 $\sqrt[3]{2}$ m 时，水箱所用的材料最省.

注 本例的结论表明：体积一定的长方体中，立方体的表面积最小.

6.7.2 条件极值　拉格朗日乘数法

上面所讨论的极值问题，对于函数的自变量，除了限制在函数的定义域内以外，并无其他限制条件，这类极值称为**无条件极值**. 但在实际问题中，常会遇到对函数的自变量还有附加条件的极值问题.

例如，求表面积为 a^2 而体积最大的长方体的体积问题. 设长方体的长、宽、高分别为 x, y, z, 则体积 $V = xyz$. 因为长方体的表面积是定值，所以自变量 x, y, z 还需满足附加条件 $2(xy + yz + xz) = a^2$. 像这样对自变量有附加条件的极值称为**条件极值**.

有些实际问题，可将条件极值问题转化为无条件极值问题，如在上述问题中，可以从 $2(xy + yz + xz) = a^2$ 中解出变量 z 关于变量 x, y 的表达式，并代入体积 $V = xyz$ 的表达式中，即可将上述条件极值问题转化为无条件极值问题. 但在更多的情况下，这样转化很不方便. 下面介绍求解一般条件极值问题的拉格朗日乘数法.

拉格朗日乘数法：在所给条件

$$G(x, y, z) = 0 \tag{6.7.1}$$

下，求目标函数

$$u = f(x, y, z) \tag{6.7.2}$$

的极值.

设 f 和 G 具有连续的偏导数，且 $G_z \neq 0$. 由隐函数存在定理，方程(6.7.1)确定了一个隐函数 $z = z(x, y)$, 且它的偏导数为

$$\frac{\partial z}{\partial x} = -\frac{G_x}{G_z}, \quad \frac{\partial z}{\partial y} = -\frac{G_y}{G_z}.$$

于是所求条件极值问题可以化为求函数

$$u = f[x, y, z(x, y)] \tag{6.7.3}$$

的无条件极值问题.

设 (x_0, y_0) 为方程(6.7.3)的极值点，$z_0 = z(x_0, y_0)$, 由必要条件知，极值点 (x_0, y_0) 必须满足条件

$$\frac{\partial u}{\partial x} = 0, \quad \frac{\partial u}{\partial y} = 0.$$

应用复合函数求导法则以及上式，得

$$\begin{cases} \dfrac{\partial u}{\partial x} = f_x + f_z \dfrac{\partial z}{\partial x} = f_x - \dfrac{G_x}{G_z} f_z = 0 \\ \dfrac{\partial u}{\partial y} = f_y + f_z \dfrac{\partial z}{\partial y} = f_y - \dfrac{G_y}{G_z} f_z = 0 \end{cases},$$

即所求问题的解 (x_0, y_0, z_0) 必须满足关系式

$$\frac{f_x(x_0, y_0, z_0)}{G_x(x_0, y_0, z_0)} = \frac{f_y(x_0, y_0, z_0)}{G_y(x_0, y_0, z_0)} = \frac{f_z(x_0, y_0, z_0)}{G_z(x_0, y_0, z_0)}.$$

若将上式的公共比值记为 $-\lambda$，则 (x_0, y_0, z_0) 必须满足

$$\begin{cases} f_x + \lambda G_x = 0 \\ f_y + \lambda G_y = 0. \\ f_z + \lambda G_z = 0 \end{cases} \tag{6.7.4}$$

因此，(x_0, y_0, z_0) 除了应满足约束条件 (6.7.1) 外，还应满足方程组 (6.7.4)。换句话说，函数 $u = f(x, y, z)$ 在约束条件 $G(x, y, z) = 0$ 下的极值点 (x_0, y_0, z_0) 是下列方程组：

$$\begin{cases} f_x + \lambda G_x = 0 \\ f_y + \lambda G_y = 0 \\ f_z + \lambda G_z = 0 \\ G(x, y, z) = 0 \end{cases} \tag{6.7.5}$$

的解。容易看到，方程组 (6.7.5) 恰好是四个独立变量 x, y, z, λ 的函数

$$L(x, y, z, \lambda) = f(x, y, z) + \lambda G(x, y, z) \tag{6.7.6}$$

取到极值的必要条件。这里引进的函数 $L(x, y, z, \lambda)$ 称为**拉格朗日函数**，它将有约束条件的极值问题转化为普通的无条件的极值问题。通过解方程组 (6.7.5)，得 x, y, z, λ，然后再研究相应的 (x, y, z) 是否真是问题的极值点，这种方法即所谓的**拉格朗日乘数法**。

利用拉格朗日乘数法求函数 $u = f(x, y, z)$ 在条件 $G(x, y, z) = 0$ 下的极值的一般步骤如下：

(1) 构造拉格朗日函数 $L(x, y, z, \lambda) = f(x, y, z) + \lambda G(x, y, z)$，其中 λ 为某一常数；

(2) 求其对 x, y, z 的一阶偏导数，令之为零，并与 $G(x, y, z) = 0$ 联立成方程组

$$\begin{cases} L_x = f_x + \lambda G_x = 0 \\ L_y = f_y + \lambda G_y = 0 \\ L_z = f_z + \lambda G_z = 0 \\ G(x, y, z) = 0 \end{cases},$$

解出 x, y, z，即为所求条件极值的可能极值点。

注 拉格朗日乘数法只给出函数取极值的必要条件，因此，按照这种方法求出来的点是否为极值点，还需要加以讨论。不过，在实际问题中，往往可以根据问题本身的性质来判定所求的点是不是极值点。

拉格朗日乘数法可推广到自变量多于两个而条件多于一个的情形。例如，求函数 $u = f(x, y, z, t)$ 在条件 $\varphi(x, y, z, t) = 0, \psi(x, y, z, t) = 0$ 下的极值。可构造拉格朗日函数

$$L(x, y, z, t, \lambda, \mu) = f(x, y, z, t) + \lambda \varphi(x, y, z, t) + \mu \psi(x, y, z, t),$$

其中，λ, μ 均为常数。由 $L(x, y, z, t, \lambda, \mu)$ 关于变量 x, y, z, t 的偏导数为零的方程组，并联立条件中的两个方程解出 x, y, z, t，即得所求条件极值的可能极值点。

例6 求表面积为 a^2 而体积最大的长方体的体积。

解 设长方体的长、宽、高分别为 x,y,z,则题设问题归结为在约束条件
$$\varphi(x,y,z) = 2xy + 2yz + 2xz - a^2 = 0$$
下,求函数 $V=xyz(x>0,y>0,z>0)$ 的最大值.

作拉格朗日函数
$$L(x,y,z,\lambda) = xyz + \lambda(2xy + 2yz + 2xz - a^2),$$
由方程组
$$\begin{cases} L_x = yz + 2\lambda(y+z) = 0 \\ L_y = xz + 2\lambda(x+z) = 0 \\ L_z = xy + 2\lambda(x+y) = 0 \\ 2xy + 2yz + 2xz - a^2 = 0 \end{cases}$$
解得唯一的可能极值点 $x=y=z=\dfrac{\sqrt{6}}{6}a$.

由问题本身的意义及驻点的唯一性可知,该点就是所求的最大值点,即表面积为 a^2 的长方体中,以棱长为 $\dfrac{\sqrt{6}}{6}a$ 的立方体的体积最大,且最大体积为 $V=\dfrac{\sqrt{6}}{36}a^3$.

例 7 设销售收入 R(单位:万元)与花费在两种广告宣传上的费用 x,y(单位:万元)之间的关系为
$$R = \frac{200x}{x+5} + \frac{100y}{10+y},$$
利润额相当于 $\dfrac{1}{5}$ 的销售收入,并要扣除广告费用. 已知广告费用总预算金是 25 万元,试问如何分配两种广告费用可使利润最大.

解 设利润为 L,则
$$L = \frac{1}{5}R - x - y = \frac{40x}{x+5} + \frac{20y}{10+y} - x - y,$$
题设问题归结为求 L 在条件 $x+y=25$ 下的最大值.

作拉格朗日函数
$$L(x,y,z,\lambda) = \frac{40x}{x+5} + \frac{20y}{10+y} - x - y + \lambda(x+y-25),$$
由方程组
$$\begin{cases} L_x = \dfrac{200}{(x+5)^2} - 1 + \lambda = 0 \\ L_y = \dfrac{200}{(y+10)^2} - 1 + \lambda = 0 \\ x+y-25 = 0 \end{cases}$$
解得唯一的可能极值点 $x=15,y=10$. 由问题本身的意义及驻点的唯一性可知,当投入两种广告的费用分别为 15 万元和 10 万元时,可使利润最大.

6.7.3 最小二乘法

在自然科学和经济分析中,往往要用实验或调查得到的数据,建立各个量之间的相依变化关系. 这种关系用数学方程给出,称为**经验公式**. 建立经验公式的一个常用方法就是最小二乘法. 下面用两个变量有线性关系的情形来说明.

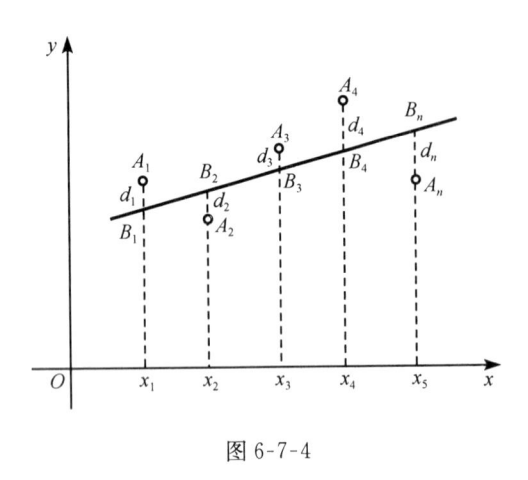

为了确定一对变量 x 与 y 的相依关系,对它们进行 n 次测量(实验或调查),得到 n 对数据:
$$(x_1,y_1),\quad (x_2,y_2),\quad \cdots,\quad (x_n,y_n),$$
将这些数据看作直角坐标系 xOy 中的点 $A_1(x_1,y_1),A_2(x_2,y_2),\cdots,A_n(x_n,y_n)$,并把它们画在坐标平面上,如图 6-7-4 所示. 如果这些点几乎分布在一条直线上,就认为 x 与 y 之间存在着线性关系,设其方程为
$$y=ax+b,$$
其中,a 与 b 为待定参数.

设在直线上与点 $A_i(i=1,2,\cdots,n)$ 横坐标相同的点为
$$B_1(x_1,ax_1+b),\quad B_2(x_2,ax_2+b),\quad \cdots,\quad B_n(x_n,ax_n+b).$$
A_i 与 $B_i(i=1,2,\cdots,n)$ 的距离
$$d=|ax_i+b-y_i|$$
称为实测值与理论值的误差. 现在要求一组数 a 与 b,使误差的平方和
$$S=\sum_{i=1}^{n}(ax_i+b-y_i)^2$$
为最小,这种方法称为**最小二乘法**.

下面用求二元函数极值的方法,求 a 与 b 的值.

因为 S 是 a,b 的二元函数,所以由极值存在的必要条件应有
$$S'_a=2\sum_{i=1}^{n}(ax_i+b-y_i)x_i=0,$$
$$S'_b=2\sum_{i=1}^{n}(ax_i+b-y_i)=0.$$
将上式整理,得出关于 a,b 的方程组
$$\begin{cases}a\sum_{i=1}^{n}x_i^2+b\sum_{i=1}^{n}x_i=\sum_{i=1}^{n}x_iy_i\\ a\sum_{i=1}^{n}x_i+nb=\sum_{i=1}^{n}y_i\end{cases}\quad (6.7.7)$$

式(6.7.7)称为最小二乘法标准方程组. 由它解出 a 与 b,再代入线性方程,即得所求的经验公式:
$$y=ax+b.$$

例 8 两个相依的量 x 与 y,y 由 x 确定,经过 6 次测试,得数据如下表:

x	8	10	12	14	16	18
y	8	10	10.43	12.78	14.4	16

试利用表中测试数据,建立变量 y 依赖于变量 x 的线性关系.

解 计算方程组(6.7.7)中有关系数,列表如下:

i	x_i	y_i	x_i^2	x_iy_i
1	8	8	64	64
2	10	10	100	100
3	12	10.43	144	125.16
4	14	12.78	196	178.92
5	16	14.4	256	230.4
6	18	16	324	288
$\sum$	78	71.61	1084	986.48

将表中数字代入(6.7.7),得

$$\begin{cases} 1084a + 78b = 986.48 \\ 78a + 6b = 71.61 \end{cases}.$$

解此方程组,得 $a=0.7936, b=1.6186$,则变量 y 依赖于变量 x 的线性关系为

$$y = 0.7936x + 1.6186.$$

习 题 6-7

1. 求函数 $f(x,y) = x^3 + y^3 - 3xy$ 的极值.
2. 求函数 $f(x,y) = (x^2+y^2)^2 - 2(x^2-y^2)$ 的极值.
3. 求函数 $f(x,y) = e^{2x}(x+y^2+2y)$ 的极值.
4. 求函数 $f(x,y) = \sin x + \cos y + \cos(x-y), 0 \leqslant x, y \leqslant \dfrac{\pi}{2}$ 的极值.
5. 求由方程 $x^2+y^2+z^2-2x+2y-4z-10=0$ 确定的函数 $z=f(x,y)$ 的极值.
6. 欲围一个面积为 60m² 的矩形场地,正面所用材料每米造价 10 元,其余三面每米造价 5 元,求场地的长、宽各为多少米时,所用材料费最少?
7. 将周长为 $2p$ 的矩形绕它的一边旋转构成一个圆柱体,问矩形的边长各为多少时,才能使圆柱体的体积最大?
8. 抛物面 $z=x^2+y^2$ 被平面 $x+y+z=1$ 截成一椭圆,求原点到此椭圆的最长与最短距离.
9. 某工厂生产两种产品 A 与 B,出售单价分别为 10 元与 9 元,生产 x 单位的产品 A 与生产 y 单位的产品 B 的总费用是

$$400 + 2x + 3y + 0.01(3x^2+xy+3y^2)(元).$$

求取得最大利润时两种产品的产量.

10. 为了测定刀具的磨损速度,按每隔一小时测量一次刀具厚变的方式,得如下表所示的实测数据:

顺序编号 i	0	1	2	3	4	5	6	7
时间 t_i/h	0	1	2	3	4	5	6	7
刀具厚度 y_i/mm	27	26.8	26.5	26.3	26.1	25.7	25.3	24.8

试根据这组实测数据,建立变量 y 和 t 之间的经验公式 $y=f(t)$.

6.8 二重积分的概念与性质

在前面的章节已经学习了一元函数定积分的定义与计算,与一元函数定积分的概念类似,多元函数积分的概念也依然是"特殊和式的极限",并且也是从实践中抽象出来的;不同

的是:定积分的被积函数是一元函数,积分区间是一个区间,而二重积分的被积函数是二元函数,积分范围是平面或空间区域.它们之间存在着密切的联系,二重积分可通过定积分来计算.

6.8.1 二重积分的概念

例1(曲顶柱体的体积) 设有一立体,它的底是 xOy 面上的闭区域 D,它的侧面是以 D 的边界曲线为准线,而母线平行于 z 轴的柱面,它的顶是曲面 $z=f(x,y)$,其中 $f(x,y) \geqslant 0$,而且是 D 上的连续函数,称这种立体为**曲顶柱体**(图6-8-1),现在来讨论如何计算上述曲顶柱体的体积.

如果 $f(x,y)$ 是常数,曲顶柱体就转化为平顶柱体,它的体积可以用公式:"体积=高×底面积"来定义和计算.关于曲顶柱体,当点 (x,y) 在区域 D 上变动时,高度 $f(x,y)$ 是个变量,因此它的体积不能直接用上式来定义和计算.在一元函数定积分一章中求曲边梯形面积的问题的思想可以加以借鉴,用来解决目前的问题.

(1) **分割**.首先,用一组曲线网把 D 分成 n 个小闭区域 $\Delta\sigma_1, \Delta\sigma_2, \cdots, \Delta\sigma_n$,分别以这些小闭区域的边界曲线为准线,作母线平行于 z 轴的柱面,这些柱面把原来的曲顶柱体分为 n 个小曲顶柱体.当这些小闭区域的直径很小时,由于 $f(x,y)$ 连续,对同一个小闭区域来说,$f(x,y)$ 变化很小,这时小曲顶柱体可看成是平顶柱体.在每个 $\Delta\sigma_i$(这小闭区域的面积也记为 $\Delta\sigma_i$)中任取一点 (ξ_i, η_i),以 $f(\xi_i, \eta_i)$ 为高,而以 $\Delta\sigma_i$ 为底的平顶柱体(图6-8-2)的体积为

$$\Delta V_i \approx f(\xi_i, \eta_i)\Delta\sigma_i \quad (i=1,2,\cdots,n).$$

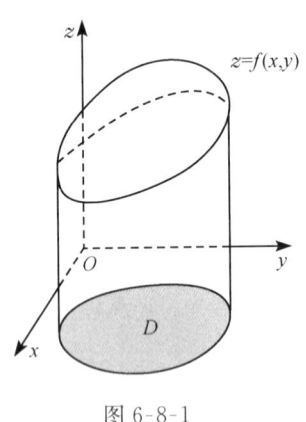

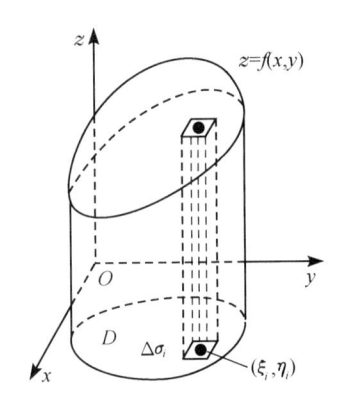

图 6-8-1　　　　　　　　图 6-8-2

(2) **求和**.这 n 个平顶柱体体积之和为所求平顶柱体的体积 V 的近似值

$$V = \sum_{i=1}^{n}\Delta V_i \approx \sum_{i=1}^{n} f(\xi_i, \eta_i)\Delta\sigma_i.$$

(3) **取极限**.当分割越来越细,令 n 个小闭区域的直径中的最大值(记为 λ)趋于零,取上述和式的极限,所得的极限便自然地定义成为曲顶柱体体积 V,即

$$V = \lim_{\lambda \to 0}\sum_{i=1}^{n} f(\xi_i, \eta_i)\Delta\sigma_i. \tag{6.8.1}$$

例2(非均匀平面薄片的质量) 设有一个平面薄片占有 xOy 面上的闭区域 D,它在点 (x,y) 处的面密度为 $\rho(x,y)$,其中 $\rho(x,y)>0$,且在 D 上连续.现在要计算该薄片的质量 M.

如果薄片是均匀的,即面密度是常数,那么薄片的质量可以用公式"质量=面密度×面积"来计算.现在面密度 $\rho(x,y)$ 是变量,薄片的质量就不能直接用上式来计算.但是可用处理曲顶

柱体体积问题的微元方法来解决这个问题.

(1) **分割**. 用任意一组网线把区域 D 划分成 n 个小闭区域 $\Delta\sigma_i$, 如图 6-8-3 所示, 把薄片分成许多小块后, 其面积仍为 $\Delta\sigma_i$, 在 $\Delta\sigma_i$ 上任取一点 (ξ_i,η_i), 由于 $\rho(x,y)$ 连续, 当小闭区域 $\Delta\sigma_i$ 的直径很小, 可将小薄片看作均匀质量的, 其密度近似等于 $\rho(\xi_i,\eta_i)$, 从而 $\Delta\sigma_i$ 对应的平面小薄片的质量近似等于
$$\rho(\xi_i,\eta_i)\Delta\sigma_i \quad (i=1,2,\cdots,n).$$

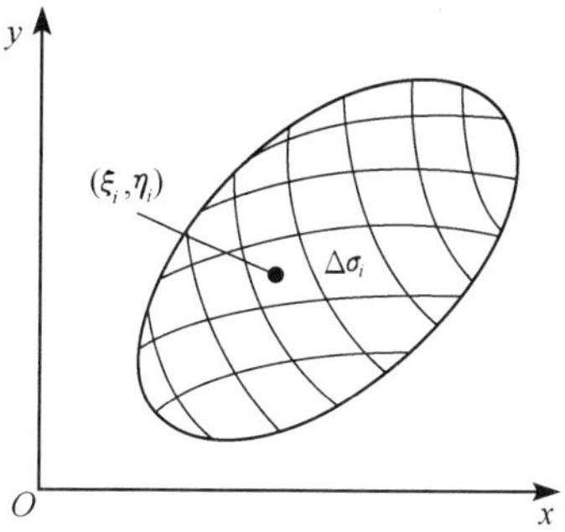

(2) **求和**. 对 i 求和, 得所求平面薄片质量近似值为
$$M \approx \sum_{i=1}^{n} \rho(\xi_i,\eta_i)\Delta\sigma_i.$$

图 6-8-3

(3) **取极限**. 得所求平面薄片质量 M 的精确值
$$M = \lim_{\lambda \to 0} \sum_{i=1}^{n} \rho(\xi_i,\eta_i)\Delta\sigma_i.$$
其中, λ 为各小闭区域 $\Delta\sigma_i(i=1,2,\cdots,n)$ 的直径最大值.

上面两个问题的实际意义虽然不同, 但所求量都归结为同一形式的和的极限. 在物理、力学、几何和工程技术中, 有许多物理量或几何量都可归结为同一形式的和的极限. 下面抽象出下述二重积分的定义:

定义 1 设 $f(x,y)$ 是有界闭区域 D 上的有界函数. 将闭区域 D 任意分成 n 个小闭区域 $\Delta\sigma_1,\Delta\sigma_2,\cdots,\Delta\sigma_n$, 其中 $\Delta\sigma_i$ 表示第 i 个小闭区域, 也表示它的面积. 在每个 $\Delta\sigma_i$ 上任取一点 (ξ_i,η_i), 作乘积 $f(\xi_i,\eta_i)\Delta\sigma_i$, 并求和 $\sum_{i=1}^{n} f(\xi_i,\eta_i)\Delta\sigma_i$. 如果当小闭区域的直径中的最大值 λ 趋于零时, 这和的极限存在, 则称此极限为函数 $f(x,y)$ 在闭区域 D 上的**二重积分**, 记为 $\iint\limits_{D} f(x,y)\mathrm{d}\sigma$, 即

$$\iint\limits_{D} f(x,y)\mathrm{d}\sigma = \lim_{\lambda \to 0} \sum_{i=1}^{n} f(\xi_i,\eta_i)\Delta\sigma_i. \tag{6.8.2}$$

其中, $f(x,y)$ 称为**被积函数**, $f(x,y)\mathrm{d}\sigma$ 称为**被积表达式**, $\mathrm{d}\sigma$ 称为**面积微元**, x 与 y 称为**积分变量**, D 称为**积分区域**, $\sum_{i=1}^{n} f(\xi_i,\eta_i)\Delta\sigma_i$ 称为**积分和**.

根据二重积分定义, 例 1 中的曲顶柱体体积为 $V = \iint\limits_{D} f(x,y)\mathrm{d}\sigma$, 其中 σ 表示积分区域 D 的面积; 例 2 中的平面薄片质量为 $M = \iint\limits_{D} \rho(x,y)\mathrm{d}\sigma$.

二重积分的**几何意义**: 一般地, $f(x,y) \geqslant 0$, 被积函数看作 (x,y) 处的竖坐标, 所以二重积分的几何意义为曲顶柱体体积; 若 $f(x,y) < 0$, 柱体位于 xOy 平面下方, 二重积分值为负, 其绝对值等于曲顶柱体体积; 若 $f(x,y)$ 在区域 D 若干部分为正, 其余为负, 通常可以把 xOy 面上方体积取正, 下方取负, $f(x,y)$ 在 D 上的二重积分就等于这些区域上柱体体积代数和.

对二重积分的说明:

(1) 若二重积分 $\iint\limits_{D} f(x,y)\mathrm{d}\sigma$ 存在, 称 $f(x,y)$ 在 D 上**可积**, 可以证明, 若函数 $f(x,y)$ 在区域 D 上连续, 则 $f(x,y)$ 为 D 上的**可积函数**, 今后都假定被积函数 $f(x,y)$ 在积分区域 D

上连续.

(2) 根据定义,二重积分的存在与区域 D 的分割方法无关,因此在直角坐标系中通常取平行于两坐标轴的网线来划分 D,那么除了包含边界点的一些小闭区域外,其余的小闭区域都是矩形闭区域,设矩形闭区域 $\Delta\sigma_i,\Delta\sigma_i$ 的边长为 Δx_i 和 Δy_i,则 $\Delta\sigma_i = \Delta x_i \Delta y_i$,因此在直角坐标系中,有时也把面积元素 $\mathrm{d}\sigma$ 记作 $\mathrm{d}x\mathrm{d}y$,而把二重积分记为

$$\iint\limits_D f(x,y)\mathrm{d}x\mathrm{d}y,$$

其中,$\mathrm{d}x\mathrm{d}y$ 称为**直角坐标系中的面积元素**.

6.8.2 二重积分的性质

比较一元函数定积分与二重积分的的定义可以想到,二重积分与定积分有类似的性质,现在不加证明的叙述如下:

性质 1 设 α,β 为常数,则被积函数的常数因子可以提到二重积分号的外面,即

$$\iint\limits_D [\alpha f(x,y) \pm \beta g(x,y)]\mathrm{d}\sigma = \alpha\iint\limits_D f(x,y)\mathrm{d}\sigma \pm \beta\iint\limits_D g(x,y)\mathrm{d}\sigma. \tag{6.8.3}$$

这条性质说明二重积分满足线性运算.

性质 2 如果闭区域 D 被有限条曲线分为有限个部分闭区域,则在 D 上的二重积分等于在各部分闭区域上的二重积分的和.例如,D 分为两个闭区域 D_1 与 D_2,则

$$\iint\limits_D f(x,y)\mathrm{d}\sigma = \iint\limits_{D_1} f(x,y)\mathrm{d}\sigma + \iint\limits_{D_2} f(x,y)\mathrm{d}\sigma. \tag{6.8.4}$$

这个性质表示**二重积分对于积分区域具有可加性**.

性质 3 如果在 D 上,$f(x,y)=1$,σ 为 D 的面积,则

$$\iint\limits_D 1 \cdot \mathrm{d}\sigma = \iint\limits_D \mathrm{d}\sigma = \sigma. \tag{6.8.5}$$

这性质的几何意义是很明显的,因为高为 1 的柱体的体积在数值上就等于柱体的底面积.

性质 4 如果在 D 上,$f(x,y) \leqslant g(x,y)$,则有不等式

$$\iint\limits_D f(x,y)\mathrm{d}\sigma \leqslant \iint\limits_D g(x,y)\mathrm{d}\sigma. \tag{6.8.6}$$

特殊地,有不等式

$$\left|\iint\limits_D f(x,y)\mathrm{d}\sigma\right| \leqslant \iint\limits_D |f(x,y)|\mathrm{d}\sigma. \tag{6.8.7}$$

性质 5 设 M,m 分别是 $f(x,y)$ 在闭区域 D 上的最大值和最小值,σ 是 D 的面积,则有

$$m\sigma \leqslant \iint\limits_D f(x,y)\mathrm{d}\sigma \leqslant M\sigma.$$

上述不等式是对于**二重积分估值的不等式**.

因为 $m \leqslant f(x,y) \leqslant M$,所以由性质 5 有

$$\iint\limits_D m\mathrm{d}\sigma \leqslant \iint\limits_D f(x,y)\mathrm{d}\sigma \leqslant \iint\limits_D M\mathrm{d}\sigma.$$

性质 6(二重积分的中值定理) 设函数 $f(x,y)$ 在闭区域 D 上连续,σ 是 D 的面积,则在 D 上至少存在一点 (ξ,η) 使得下式成立:

$$\iint\limits_D f(x,y)\mathrm{d}\sigma = f(\xi,\eta)\sigma.$$

其几何意义为:区域 D 上的曲顶柱体体积等于区域 D 内某一点 (ξ,η) 的函数值 $f(\xi,\eta)$ 为高的平顶柱体体积.

注 把性质 6 中的不等式同时除以 σ,有

$$\frac{1}{\sigma}\iint_D f(x,y)\mathrm{d}\sigma = f(\xi,\eta), \tag{6.8.8}$$

通常把数值 $\frac{1}{\sigma}\iint_D f(x,y)\mathrm{d}\sigma$ 称为 $f(x,y)$ 在闭区域 D 上的**平均值**.

习 题 6-8

1. 设 $I_1 = \iint_{D_1}(x^2+y^2)\mathrm{d}\sigma$,其中 $D_1 = \{(x,y)\mid -1 \leqslant x \leqslant 1, -2 \leqslant y \leqslant 2\}$,又 $I_2 = \iint_{D_2}(x^2+y^2)^3\mathrm{d}\sigma$, $D_2 = \{(x,y)\mid 0 \leqslant x \leqslant 1, 0 \leqslant y \leqslant 2\}$;试用二重积分几何意义说明 I_1 与 I_2 的关系.

2. 利用二重积分定义证明:

(1) $\iint_D \mathrm{d}\sigma = \sigma$($\sigma$ 为 D 的面积);

(2) $\iint_D kf(x,y)\mathrm{d}\sigma = k\iint_D f(x,y)\mathrm{d}\sigma$($k$ 为常数);

(3) $\iint_D f(x,y)\mathrm{d}\sigma = \iint_{D_1} f(x,y)\mathrm{d}\sigma + \iint_{D_2} f(x,y)\mathrm{d}\sigma$($D = D_1 \cup D_2$,$D_1$,$D_2$ 为两个无公共内点的闭区域).

3. 根据二重积分性质比较下列积分大小:

(1) $\iint_D (x+y)^2 \mathrm{d}\sigma$ 与 $\iint_D (x+y)^3 \mathrm{d}\sigma$,其中积分区域是由 x 轴,y 轴与直线 $x+y=1$ 所围成;

(2) $\iint_D (x+y)^2 \mathrm{d}\sigma$ 与 $\iint_D (x+y)^3 \mathrm{d}\sigma$,其中积分区域是由圆周 $(x-2)^2 + (y-1)^2 = 2$ 所围成;

(3) $\iint_D \ln(x+y)\mathrm{d}\sigma$ 和 $\iint_D \ln(x+y)^3 \mathrm{d}\sigma$,其中 $D = \{(x,y)\mid x+y \geqslant \mathrm{e}\}$.

4. 利用二重积分的性质估计下列积分的值:

(1) $I = \iint_D xy(x+y)\mathrm{d}\sigma$,其中 $D = \{(x,y)\mid 0 \leqslant x \leqslant 1, 0 \leqslant y \leqslant 1\}$;

(2) $I = \iint_D \sin^2 x \sin^2 y \mathrm{d}\sigma$,其中 $D = \{(x,y)\mid 0 \leqslant x \leqslant \pi, 0 \leqslant y \leqslant \pi\}$;

(3) $I = \iint_D (x+y+1)\mathrm{d}\sigma$,其中 $D = \{(x,y)\mid 0 \leqslant x \leqslant 1, 0 \leqslant y \leqslant 2\}$;

(4) $I = \iint_D (x^2+4y^2+9)\mathrm{d}\sigma$,其中 $D = \{(x,y)\mid x^2+y^2 \leqslant 4\}$.

6.9 二重积分的计算(一)

按照二重积分的定义来计算二重积分,对少数特别简单的被积函数和积分区域来说是可行的,但对一般的函数和区域来说,这不是一种切实可行的方法.本节和下一节介绍计二重积分的方法,这种方法是把二重积分化为两次定积分来计算,称为**二次积分**.

在介绍二重积分前,先介绍平面区域 D 的类型:图 6-9-1、图 6-9-2 中分别给出:

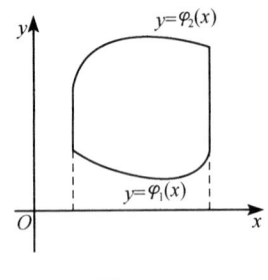

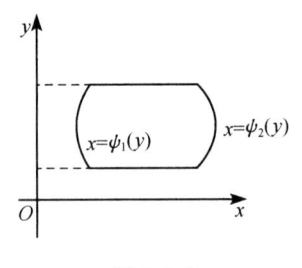

图 6-9-1　　　　　　　　　　图 6-9-2

X-型区域：$\{(x,y)|a\leqslant x\leqslant b,\varphi_1(x)\leqslant y\leqslant\varphi_2(x)\}$，其中函数 $\varphi_1(x),\varphi_2(x)$ 在 $[a,b]$ 区间上连续，区域的特点是：穿过 D 内部且平行于 y 轴的直线与 D 的边界相交不多于两点.

Y-型区域：$\{(x,y)|c\leqslant y\leqslant d,\psi_1(y)\leqslant x\leqslant\psi_2(y)\}$，其中函数 $\psi_1(x),\psi_2(x)$ 在 $[c,d]$ 区间上连续，区域的特点是：穿过 D 内部且平行于 x 轴的直线与 D 的边界相交不多于两点.

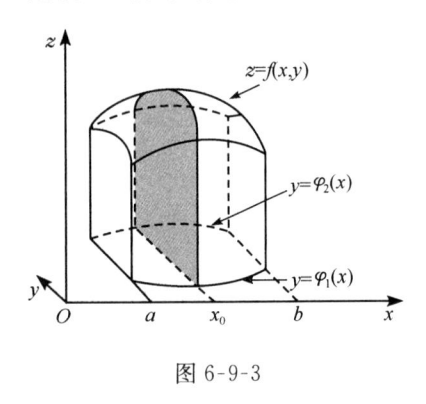

下面用几何观点来讨论二重积分 $\iint\limits_D f(x,y)\mathrm{d}\sigma$ 的计算问题，在讨论中假定 $f(x,y)\geqslant 0$，且积分区域为 X-型区域：$\{(x,y)|a\leqslant x\leqslant b,\varphi_1(x)\leqslant y\leqslant\varphi_2(x)\}$.

按照二重积分的几何意义，$\iint\limits_D f(x,y)\mathrm{d}\sigma$ 的值等于以 D 为底，以曲面 $z=f(x,y)$ 为顶的曲顶柱体（图 6-9-3）的体积. 下面应用第 5 章中计算"平行截面面积为已知的立体的体积"的方法，来计算这个曲顶柱体的体积.

图 6-9-3

先计算截面面积. 为此，在区间 $[a,b]$ 上任取一点 x，作平行于 yOz 面的平面，这平面截曲顶柱体所得截面是一个以区间 $[\varphi_1(x),\varphi_2(x)]$，为底、曲线 $z=f(x,y)$ 为曲边的曲边梯形（图 6-9-3 中的阴影部分），所以这截面的面积为

$$A(x)=\int_{\varphi_1(x)}^{\varphi_2(x)}f(x,y)\mathrm{d}y.$$

于是，应用计算平行截面面积为已知的立体体积的方法，得曲顶柱体体积为

$$\iint\limits_D f(x,y)\mathrm{d}x\mathrm{d}y=\int_a^b A(x)\mathrm{d}x=\int_a^b\left[\int_{\varphi_1(x)}^{\varphi_2(x)}f(x,y)\mathrm{d}y\right]\mathrm{d}x. \tag{6.9.1}$$

上式右端称为先对 y 后对 x 的二次积分，习惯上其中的括号省略不计，而记为

$$\int_a^b\mathrm{d}x\int_{\varphi_1(x)}^{\varphi_2(x)}f(x,y)\mathrm{d}y.$$

因此式(6.9.1)又写为

$$\iint\limits_D f(x,y)\mathrm{d}\sigma=\int_a^b\mathrm{d}x\int_{\varphi_1(x)}^{\varphi_2(x)}f(x,y)\mathrm{d}y. \tag{6.9.2}$$

注　在上面的讨论中假定了 $f(x,y)\geqslant 0$，只是为几何上方便说明，事实上式(6.9.2)的成立不受这个条件限制.

类似地，如果积分区域 D 为 Y-型，$\{(x,y)|c\leqslant y\leqslant d,\psi_1(y)\leqslant x\leqslant\psi_2(y)\}$，则有

$$\iint\limits_D f(x,y)\mathrm{d}\sigma=\int_c^d\mathrm{d}y\int_{\psi_1(y)}^{\psi_2(y)}f(x,y)\mathrm{d}x. \tag{6.9.3}$$

如果积分区域（图 6-9-4），其中一部分，过 D 内部且平行于 y 轴的直线与 D 的边界相交多于两点，又有一部分，使穿过 D 内部且平行于 x 轴的直线与 D 的边界相交多于两点，即 D

既不是 X-型区域,又不是 Y-型区域,对于这种情形,可以把 D 分成几部分,使每个部分是 X-型区域或 Y-型区域,在各个区域上使用公式,再根据二重积分可加性计算出所求值.

如果积分区域 D 既是 X-型又是 Y-型(图 6-9-5)$a \leqslant x \leqslant b, \varphi_1(x) \leqslant y \leqslant \varphi_2(x)$ 表示也可以用 $c \leqslant y \leqslant d, \psi_1(y) \leqslant x \leqslant \psi_2(y)$ 表示,则有

$$\iint\limits_{D} f(x,y) \mathrm{d}\sigma = \int_c^d \mathrm{d}x \int_{\psi_1(y)}^{\psi_2(y)} f(x,y) \mathrm{d}y = \int_c^d \mathrm{d}y \int_{\psi_1(y)}^{\psi_2(y)} f(x,y) \mathrm{d}x.$$

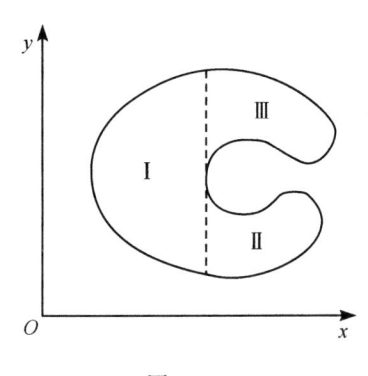

图 6-9-4

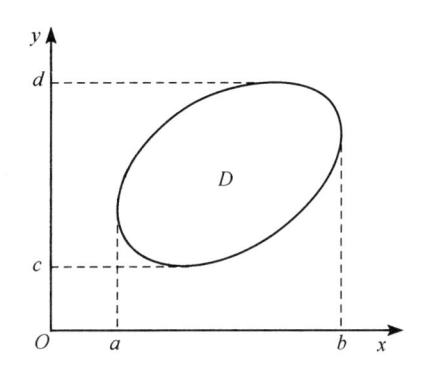

图 6-9-5

计算二重积分的步骤:先画出积分区域,判断积分区域 D 的类型,写出区域 D 的不等式表达式;再确定积分次序,二重积分化为二次积分. 其中,如果积分区域是 X-型的,就在区间 $[a,b]$ 上任意取定一个 x 值(图 6-9-6),过该点作平行于 y 轴的直线,与区域 D 的边界交于点 $\varphi_1(x), \varphi_2(x)$,这时把 x 看成是常数,把 $f(x,y)$ 只看成是 y 的函数,先 y 计算从 $\varphi_1(x)$ 到 $\varphi_2(x)$ 的定积分;然后把算得的结果(关于 x 的函数)再对 x 计算在区域 $[a,b]$ 上的定积分.

下面,通过具体例题进一步说明二重积分的计算.

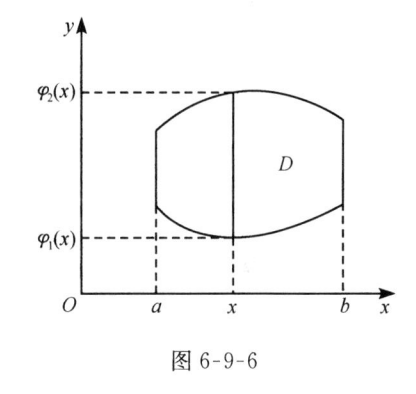

图 6-9-6

例 1 计算 $\iint\limits_{D} xy \mathrm{d}\sigma$,其中 D 为由直线 $y=1, x=2$ 及 $y=x$ 所围成的闭区域.

解 方法一. 首先画出积分区域 D. D 既是 X-型的,又是 Y-型的. 把 D 看成是 X-型的(图 6-9-7),D 上的点的横坐标的变动范围是区间 $[1,2]$.

在区间 $[1,2]$ 上任意取定一个 x 值,D 则上以这个 x 值为横坐标的点在一段直线上,这段直线平行于 y 轴,该线段上点的纵坐标从 $y=1$ 变到 $y=x$. 利用式 (6.9.1) 得

$$\iint\limits_{D} xy \mathrm{d}\sigma = \int_1^2 \left(\int_1^x xy \mathrm{d}y\right) \mathrm{d}x = \int_1^2 \left[x \cdot \frac{y^2}{2}\right]_1^x \mathrm{d}x = \int_1^2 \left(\frac{x^3}{2} - \frac{x}{2}\right) \mathrm{d}x = \left[\frac{x^4}{8} - \frac{x^2}{4}\right]_1^2 = \frac{9}{8}.$$

解 方法二. 将积分区域看成是 Y-型的(图 6-9-8),积分区域为 $1 \leqslant y \leqslant 2, y \leqslant x \leqslant 2$,所以

$$\iint\limits_{D} xy \mathrm{d}\sigma = \int_1^2 \left(\int_y^2 xy \mathrm{d}x\right) \mathrm{d}y = \int_1^2 \left[y \cdot \frac{x^2}{2}\right]_y^2 \mathrm{d}y = \int_1^2 \left(2y - \frac{y^3}{2}\right) \mathrm{d}y = \left[y^2 - \frac{y^4}{8}\right]_1^2 = \frac{9}{8}.$$

例 2 计算 $\iint\limits_{D} xy \mathrm{d}\sigma$,其中 D 为由抛物线 $y^2 = x$ 及直线 $y = x-2$ 所围成的闭区域.

解 画出积分区域 D(图 6-9-9). 既是 X-型的,又是 Y-型的. 若将区域视为 Y-型的,则区

图 6-9-7

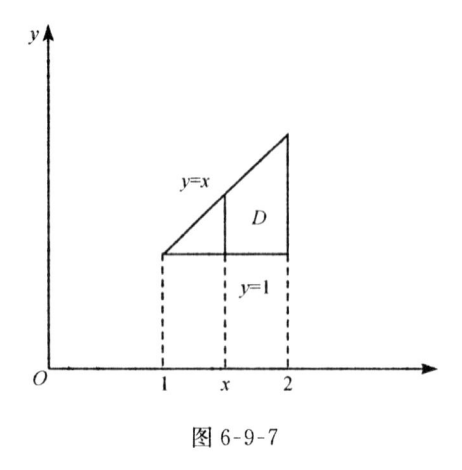

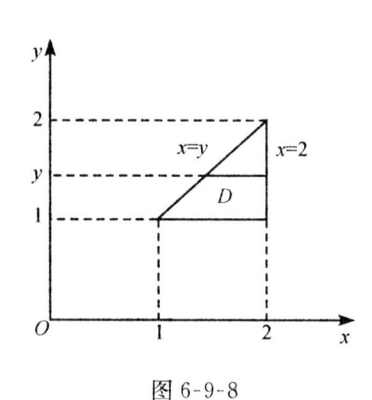

图 6-9-8

域 D 的积分限为 $-1 \leqslant y \leqslant 2, y^2 \leqslant x \leqslant y+2$，利用式(6.9.2)，得

$$\iint_D xy\,d\sigma = \int_{-1}^{2}\left(\int_{y^2}^{y+2} xy\,dx\right)dy = \int_{-1}^{2}\left(\frac{x^2}{2}y\right)_{y^2}^{y+2}dy = \int_{-1}^{2}\left[y(y+2)^2 - y^5\right]dy$$

$$= \frac{1}{2}\left[\frac{y^4}{4} + \frac{4}{3}y^3 + 2y^2 - \frac{y^6}{6}\right]_{-1}^{2} = 5\frac{5}{8}.$$

若利用公式(6.9.1)来计算，则由于在区间[0,1]及[1,4]上表示 $\varphi_1(x)$ 的式子不同，所以要用经过交点 $(-1,1)$ 且平行于 y 轴的直线 $x=1$ 把区域 D 分成 D_1 和 D_2 两部分(图 6-9-10)，其中

$$D_1 = \{(x,y) \mid -\sqrt{x} \leqslant y \leqslant \sqrt{x}, 0 \leqslant x \leqslant 1\};$$
$$D_2 = \{(x,y) \mid x-2 \leqslant y \leqslant \sqrt{x}, 1 \leqslant x \leqslant 4\}.$$

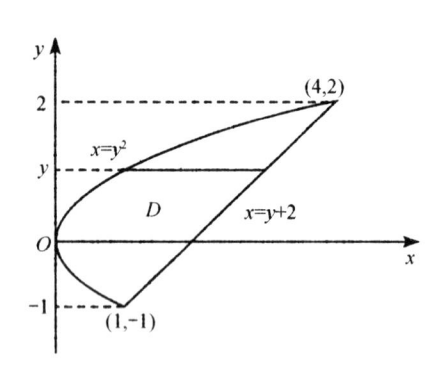

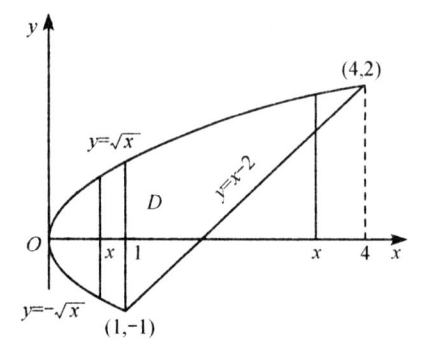

图 6-9-9

图 6-9-10

因此，根据二重积分的性质 2，就有

$$\iint_D xy\,d\sigma = \iint_{D_1} xy\,d\sigma + \iint_{D_2} xy\,d\sigma = \int_0^1\left(\int_{-\sqrt{x}}^{\sqrt{x}} xy\,dy\right)dx + \int_1^4\left(\int_{x-2}^{\sqrt{x}} xy\,dy\right)dx.$$

很显然，这里用 X-型来计算比较麻烦，可见选择积分的次序是我们必须考虑的问题，为了计算简便，要考虑到积分区域的形状和被积函数的特点合理进行计算.

例 3 求两个底圆半径都等于 R 的直交圆柱面所围成的立体的体积.

解 设这两个圆柱面的方程分别为

$$x^2 + y^2 = R^2, \quad x^2 + z^2 = R^2.$$

利用立体关于坐标平面的对称性，只要算出它在第一卦限部分(图 6-9-11(a))的体积 V_1，然后再乘以 8 即可.

所求立体在第一卦限部分可以看成是一个曲顶柱体，如图 6-9-11(b).

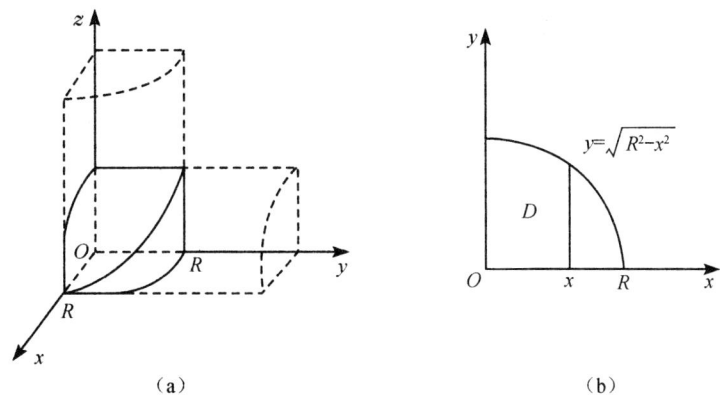

图 6-9-11

它的底为
$$D = \{(x,y) \mid 0 \leqslant y \leqslant \sqrt{R^2-x^2}, 0 \leqslant x \leqslant R\}.$$

它的顶是柱面 $z=\sqrt{R^2-x^2}$. 于是
$$V_1 = \iint\limits_D \sqrt{R^2-x^2}\,d\sigma = \int_0^R \left(\int_0^{\sqrt{R^2-x^2}} \sqrt{R^2-x^2}\,dy\right)dx$$
$$= \int_0^R \sqrt{R^2-x^2}\,y\Big|_0^{\sqrt{R^2-x^2}}\,dx = \int_0^R (R^2-x^2)\,dx = \frac{2}{3}R^3.$$

从而所求立体体积为
$$V = 8V_1 = \frac{16R^3}{3}.$$

例 4 交换二次积分 $\int_0^1 dx \int_{x^2}^x f(x,y)\,dy$ 的次序.

解 根据题设写出二次积分的积分限:$0 \leqslant x \leqslant 1, x^2 \leqslant y \leqslant x$,画出积分区域 D 的图形(图 6-9-12).

重新确定积分 $0 \leqslant y \leqslant 1, y \leqslant x \leqslant \sqrt{y}$,所以
$$\int_0^1 dx \int_{x^2}^x f(x,y)\,dy = \int_0^1 dy \int_y^{\sqrt{y}} f(x,y)\,dx.$$

例 5 计算 $\iint\limits_D x^2 y^2\,dxdy$,其中区域 $D: |x|+|y| \leqslant 1$.

解 积分区域图(图 6-9-13),因为 D 关于 x 轴和 y 轴对称,且 $f(x,y) = x^2 y^2$ 为关于 x

图 6-9-12

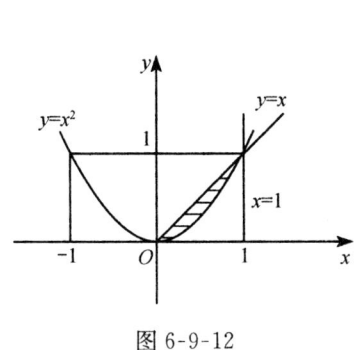

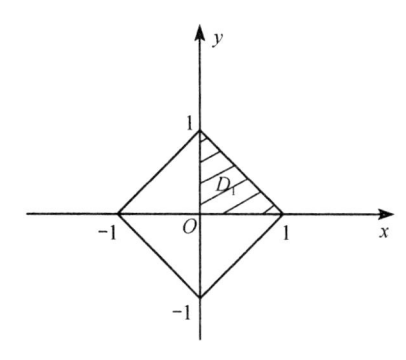

图 6-9-13

或 y 均为偶函数,所以题设积分等于在积分区域 D_1 上的积分的 4 倍:

$$\iint_D x^2 y^2 \mathrm{d}x\mathrm{d}y = 4\iint_{D_1} x^2 y^2 \mathrm{d}x\mathrm{d}y = 4\int_0^1 \mathrm{d}x \int_0^{1-x} x^2 y^2 \mathrm{d}y = \frac{4}{3}\int_0^1 x^2(1-x)^3 \mathrm{d}x = \frac{1}{45}.$$

习 题 6-9

1. 计算下列二重积分.

(1) $\iint_D (x^2 + y^2)\mathrm{d}\sigma$,其中 D: $|x| \leqslant 1$, $|y| \leqslant 1$;

(2) $\iint_D (3x + 2y)\mathrm{d}\sigma$,其中区域 D 由坐标轴以及 $x + y = 2$ 围成;

(3) $\iint_D (x^3 + 3x^2 y + y^3)\mathrm{d}\sigma$,其中 D: $0 \leqslant x \leqslant 1, 0 \leqslant y \leqslant 1$;

(4) $\iint_D x\cos(x + y)\mathrm{d}\sigma$ 其中 D 为顶点分别为 $(0,0), (\pi,0)$ 和 (π,π) 的三角区域.

2. 画出积分区域并计算二重积分:

(1) $\iint_D x\sqrt{y}\mathrm{d}\sigma$,其中 D 为由 $y = x^2, y = \sqrt{x}$ 围成的闭区域;

(2) $\iint_D xy^2\mathrm{d}\sigma$,其中 D 为圆周 $x^2 + y^2 = 4$ 及 y 轴所围成的右半闭区域;

(3) $\iint_D (x^2 - y^2)\mathrm{d}\sigma$,其中 D: $0 \leqslant y \leqslant \sin x, 0 \leqslant x \leqslant \pi$;

(4) $\iint_D e^{x+y}\mathrm{d}\sigma$,其中 D: $|x| + |y| \leqslant 1$;

(5) $\iint_D (x^2 + y^2 - x)\mathrm{d}\sigma$,其中 D 为由 $y = 2, y = x$ 及 $y = 2x$ 所围成的闭区域;

(6) $\iint_D \frac{\sin x}{x}\mathrm{d}\sigma$,其中 D 由 $y = x, y = \frac{x}{2}, x = 2$ 所围成;

(7) $\iint_D \frac{x}{y+1}\mathrm{d}\sigma$,其中 D 由 $y = x^2 + 1, y = 2x, x = 0$ 围成;

(8) $\iint_D \frac{x^2}{y^2}\mathrm{d}\sigma$,其中 D 由 $xy = 2, y = 1 + x^2, x = 2$ 围成;

(9) $\iint_D 6x^2 y^2 \mathrm{d}x\mathrm{d}y$,其中 D 由 $y = x, y = -x, y = 2 - x^2$ 围成的在 x 轴上方的区域.

3. 改变下列二次积分的次序:

(1) $\int_0^1 \mathrm{d}y \int_0^y f(x,y)\mathrm{d}x$; (2) $\int_0^2 \mathrm{d}y \int_{y^2}^{2y} f(x,y)\mathrm{d}x$; (3) $\int_0^1 \mathrm{d}y \int_{-\sqrt{1-y^2}}^{\sqrt{1-y^2}} f(x,y)\mathrm{d}x$;

(4) $\int_1^2 \mathrm{d}x \int_{2-x}^{\sqrt{2x-x^2}} f(x,y)\mathrm{d}y$; (5) $\int_1^e \mathrm{d}x \int_0^{\ln x} f(x,y)\mathrm{d}y$; (6) $\int_0^\pi \mathrm{d}x \int_{-\sin\frac{x}{2}}^{\sin x} f(x,y)\mathrm{d}y$;

(7) $\int_0^1 \mathrm{d}x \int_0^x f(x,y)\mathrm{d}y + \int_1^2 \mathrm{d}x \int_0^{2-x} f(x,y)\mathrm{d}y$.

4. 证明 $\int_0^1 \mathrm{d}y \int_0^{\sqrt{y}} e^y f(x)\mathrm{d}x = \int_0^1 (e - e^{x^2}) f(x)\mathrm{d}x$.

5. 如果二重积分 $\iint_D f(x,y)\mathrm{d}x\mathrm{d}y$ 的被积函数 $f(x,y)$ 是两个函数 $f_1(x)$ 及 $f_2(y)$ 的乘积,即 $f(x,y) = f_1(x) \cdot f_2(y)$,积分区域 $D = \{(x,y) \mid a \leqslant x \leqslant b, c \leqslant y \leqslant d\}$,证明:此二重积分恰为两个单积分的乘积

$$\iint_D f_1(x) \cdot f_2(y) \mathrm{d}x\mathrm{d}y = \left[\int_a^b f_1(x)\mathrm{d}x\right] \cdot \left[\int_c^d f_2(y)\mathrm{d}y\right].$$

6. 设 $f(x,y)$ 在 D 上连续，其中 D 为由直线 $y=x, y=a, x=b(b>a)$ 围成的区域，证明 $\int_a^b \mathrm{d}x \int_a^x f(x,y)\mathrm{d}y = \int_a^b \mathrm{d}y \int_y^b f(x,y)\mathrm{d}x$.

7. 设 $f(x)$ 在 $[0,1]$ 上连续，并且 $\int_0^1 f(x)\mathrm{d}x = A$，求 $\int_0^1 \mathrm{d}x \int_x^1 f(x)f(y)\mathrm{d}y$.

8. 用二重积分表示由曲面 $z=0, x+y+z=1, x^2+y^2=1$ 所围成的立体体积.

9. 计算由四个平面 $x=0, y=0, x+y=1$ 所围成的柱面被平面 $z=0$ 及抛物面 $x^2+y^2=6-z$ 所截得的立体体积.

10. 求由曲面 $z=x^2+2y^2, z=6-2x^2-y^2$ 围成的立体体积.

6.10 二重积分的计算(二)

6.10.1 在极坐标下计算二重积分

有些二重积分，积分区域 D 的边界曲线用极坐标方程来表示比较方便. 例如，圆形或者扇形区域的边界等，而且此时被积函数用极坐标表达比较简单. 这时，就可以考虑利用极坐标计算二重积分 $\iint_D f(x,y)\mathrm{d}\sigma$ 按二重积分的定义——特殊和式的极限，下面来研究这个和式的极限在极坐标系中的形式.

假定从极点 O 出发且穿过闭区域 D 内部的射线与 D 的边界曲线相交不多于两点. 用以极点为中心的一族同心圆：$r=$ 常数，以及从极点出发的一族射线：$\theta=$ 常数，把 D 分成 n 个小闭区域(图 6-10-1).

设其中一个小闭区域 $\Delta\sigma$ ($\Delta\sigma$ 同时表示该小闭区域的面积)，它由半径为 $r, r+\Delta r$ 的同心圆和极角分别为 $\theta, \theta+\Delta\theta$ 的射线所决定，则

$$\Delta\sigma = \frac{1}{2}(r+\Delta r)^2 \cdot \Delta\theta - \frac{1}{2}r^2 \cdot \Delta\theta$$
$$= \frac{r+(r+\Delta r)}{2} \cdot \Delta r \cdot \Delta\theta \approx r \cdot \Delta r \cdot \Delta\theta.$$

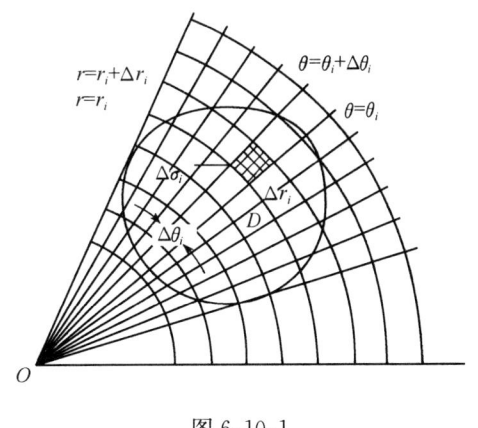

图 6-10-1

于是，根据微元法可以得到**极坐标下的面积微元** $\mathrm{d}\sigma = r\mathrm{d}r\mathrm{d}\theta$. 同时注意到直角坐标与极坐标的转换关系：$x=r\cos\theta, y=r\sin\theta$，从而得到直角坐标系与极坐标系之间的转换公式

$$\iint_D f(x,y)\mathrm{d}x\mathrm{d}y = \iint_D f(r\cos\theta, r\sin\theta) r\mathrm{d}r\mathrm{d}\theta. \tag{6.10.1}$$

极坐标中的二重积分，同样可以化为二次积分来计算. 下面就几种情况来讨论具体计算方法，其中假定被积函数在指定积分区域上均为连续的.

(1) 积分区域 D 介于两条射线 $\theta=\alpha, \theta=\beta$ 之间，而对于 D 内任意一点 (r,θ)，其极径总是介于 $r=\varphi_1(\theta), r=\varphi_2(\theta)$ 之间(图 6-10-2)，则积分区域可用不等式 $\varphi_1(\theta) \leqslant r \leqslant \varphi_2(\theta), \alpha \leqslant \theta \leqslant \beta$ 来表示，具体计算时可先从极点出发在区间 $[\alpha, \beta]$ 上任意作一条极角为 θ 的射线，则穿入点从 $\varphi_1(\theta)$ 变到穿出点 $\varphi_2(\theta)$，分别定为内层积分的下限与上限：

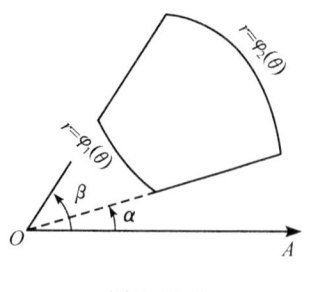

$$\iint_D f(x,y)\mathrm{d}x\mathrm{d}y = \iint_D f(r\cos\theta, r\sin\theta)r\mathrm{d}r\mathrm{d}\theta$$
$$= \int_\alpha^\beta \left(\int_{\varphi_1(\theta)}^{\varphi_2(\theta)} f(r\cos\theta, r\sin\theta)r\mathrm{d}r\right)\mathrm{d}\theta. \quad (6.10.2)$$

（2）如果积分区域 D 是如图 6-10-3 所示的曲边扇形，那么可以把它看成是第一种情形中当 $\varphi_1(\theta)=0$，$\varphi_2(\theta)=\varphi(\theta)$ 时的特例．

这时区域 D 可以用不等式 $\alpha\leqslant\theta\leqslant\beta$，$0\leqslant r\leqslant\varphi(\theta)$ 来表示，从而
$$\iint_D f(x,y)\mathrm{d}x\mathrm{d}y = \int_\alpha^\beta \mathrm{d}\theta \int_0^{\varphi(\theta)} f(r\cos\theta, r\sin\theta)r\mathrm{d}r.$$

（3）如果积分区域 D 如图 6-10-4 所示，极点在 D 的内部，那么可以把它看成是图 6-10-3 中 $\alpha=0$，$\beta=2\pi$ 中时的情况．

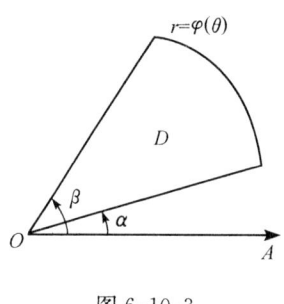

图 6-10-3

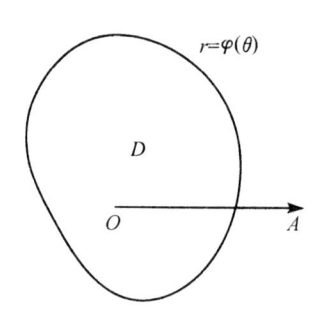

图 6-10-4

这时闭区域 D 可以用不等式 $0\leqslant\theta\leqslant 2\pi$，$0\leqslant r\leqslant\varphi(\theta)$ 来表示，则
$$\iint_D f(x,y)\mathrm{d}x\mathrm{d}y = \int_0^{2\pi}\mathrm{d}\theta\int_0^{\varphi(\theta)} f(r\cos\theta, r\sin\theta)r\mathrm{d}r.$$

由二重积分的性质 3，闭区域 D 面积 σ 在极坐标下可以表示为
$$\sigma = \iint_D \mathrm{d}\sigma = \iint_D r\mathrm{d}r\mathrm{d}\theta.$$

如果闭区域 D，如图 6-10-4 所示，则有
$$\sigma = \iint_D r\mathrm{d}r\mathrm{d}\theta = \int_\alpha^\beta \mathrm{d}\theta \int_0^{\varphi(\theta)} r\mathrm{d}r = \frac{1}{2}\int_\alpha^\beta \varphi^2(\theta)\mathrm{d}\theta.$$

下面，通过具体实例来说明极坐标下二重积分的计算．

例1 计算 $\iint_D \mathrm{e}^{-x^2-y^2}\mathrm{d}x\mathrm{d}y$，其中 D 为由中心在原点、半径为 R 的圆周所围成的闭区域如图 6-10-5 所示．

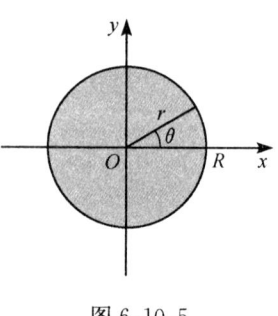

解 在极坐标系中，闭区域 D 可表示为 $0\leqslant\theta\leqslant 2\pi$，$0\leqslant r\leqslant R$，于是，
$$\iint_D \mathrm{e}^{-x^2-y^2}\mathrm{d}x\mathrm{d}y = \iint_D \mathrm{e}^{-r^2}r\mathrm{d}r\mathrm{d}\theta = \int_0^{2\pi}\left(\int_0^R \mathrm{e}^{-r^2}r\mathrm{d}r\right)\mathrm{d}\theta$$
$$= -\pi\int_0^R \mathrm{e}^{-r^2}\mathrm{d}(-r^2) = -\pi(\mathrm{e}^{-r^2}\big|_0^R) = \pi(1-\mathrm{e}^{-R^2}).$$

图 6-10-5

本题如果用直角坐标计算，由于积分 $\int \mathrm{e}^{-x^2}\mathrm{d}x$ 不能用初等函数来表示，所以算不出来．

例 2 计算 $\iint\limits_{D} \dfrac{\sin(\pi\sqrt{x^2+y^2})}{\sqrt{x^2+y^2}}\mathrm{d}x\mathrm{d}y$,其中积分区域由 $1\leqslant x^2+y^2\leqslant 4$ 所确定的圆环.

解 积分区域如图 6-10-6 所示,被积区域,被积函数都关于原点对称,所以只需计算所求积分在第一象限 D_1 上的值再乘以 4 即可.

在极坐标下,D_1 的积分限为 $1\leqslant r\leqslant 2, 0\leqslant \theta\leqslant \dfrac{\pi}{2}$,所以,

$$\iint\limits_{D}\dfrac{\sin(\pi\sqrt{x^2+y^2})}{\sqrt{x^2+y^2}}\mathrm{d}x\mathrm{d}y = 4\iint\limits_{D_1}\dfrac{\sin(\pi\sqrt{x^2+y^2})}{\sqrt{x^2+y^2}}\mathrm{d}x\mathrm{d}y = 4\int_0^{\frac{\pi}{2}}\mathrm{d}\theta\int_1^2 \dfrac{\sin\pi r}{r}r\mathrm{d}r = -4.$$

例 3 计算 $\iint\limits_{D}\dfrac{y^2}{x^2}\mathrm{d}x\mathrm{d}y$,其中 D 为由曲线 $x^2+y^2=2x$ 所围成的平面区域.

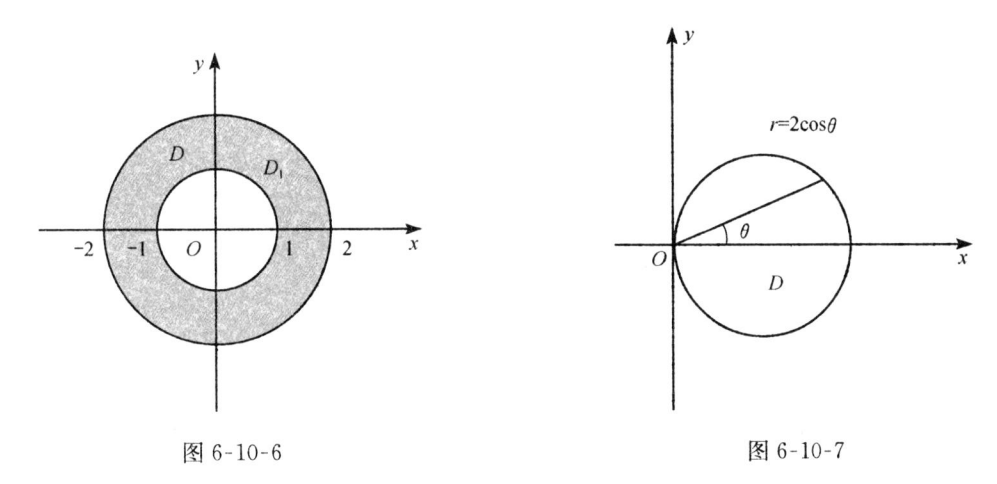

图 6-10-6   图 6-10-7

解 积分区域 D 如图 6-10-7 所示,其边界曲线 $x^2+y^2=2x$ 的极坐标方程为 $r=2\cos\theta$,于是积分区域 D 的积分限为

$$-\dfrac{\pi}{2}\leqslant \theta\leqslant \dfrac{\pi}{2}, \quad 0\leqslant r\leqslant 2\cos\theta.$$

所以 $$\iint\limits_{D}\dfrac{y^2}{x^2}\mathrm{d}x\mathrm{d}y = \int_{-\frac{\pi}{2}}^{\frac{\pi}{2}}\mathrm{d}\theta\int_0^{2\cos\theta}\dfrac{\sin^2\theta}{\cos^2\theta}r\mathrm{d}r = \int_{-\frac{\pi}{2}}^{\frac{\pi}{2}}2\sin^2\theta\mathrm{d}\theta = \pi.$$

例 4 求球体 $x^2+y^2+z^2\leqslant 4a^2$ 被圆柱面 $x^2+y^2=2ax(a>0)$ 所截得的(含在圆柱面内的部分)立体的体积(图 6-10-8).

(a)   (b)

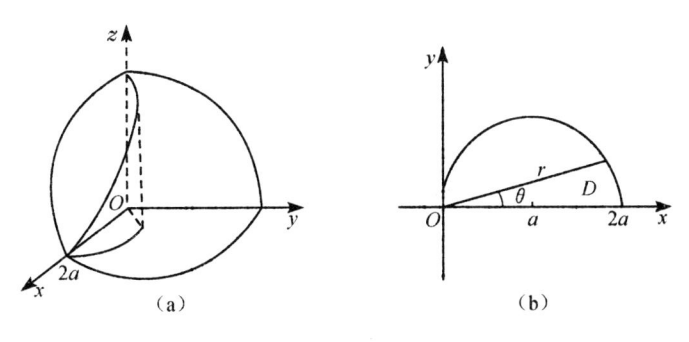

图 6-10-8

解 由于立体关于 xOy 面和 zOx 面和对称性,故所求立体体积 V 等于该立体在第 I 卦

限部分 V_1 的 4 倍,再注意到 V_1 是由曲面 $z=\sqrt{4a^2-x^2-y^2}$ 为顶,以区域 D 为底的曲顶柱体,其中,区域 D 为由半圆周 $y=\sqrt{2ax-x^2}$ 及 x 轴所围成的闭区域,

它在极坐标系下的积分限为

$$0\leqslant r\leqslant 2a\cos\theta,\quad 0\leqslant\theta\leqslant\frac{\pi}{2}.$$

所以
$$V=4\iint\limits_{D}\sqrt{4a^2-x^2-y^2}\,dxdy.$$

其中,D 为由半圆周 $y=\sqrt{2ax-x^2}$ 及 x 轴所围成的闭区域. 在极坐标系中,闭区域 D 可用不等式

$$0\leqslant r\leqslant 2a\cos\theta,\quad 0\leqslant\theta\leqslant\frac{\pi}{2}$$

来表示. 于是

$$V=4\iint\limits_{D}\sqrt{4a^2-r^2}\,rdrd\theta=4\int_0^{\frac{\pi}{2}}\left(\int_0^{2a\cos\theta}\sqrt{4a^2-r^2}\,rdr\right)d\theta$$

$$=\frac{32}{3}a^3\int_0^{\frac{\pi}{2}}(1-\sin^3\theta)d\theta=\frac{32}{3}a^3\left(\frac{\pi}{2}-\frac{2}{3}\right).$$

例 5 计算概率积分 $\int_0^{+\infty}e^{-x^2}dx.$

解 这是一个广义积分,由于 e^{-x^2} 的原函数不能用初等函数表示,因此利用广义积分无法计算,现在用二重积分来计算,其思想与广义积分一样.

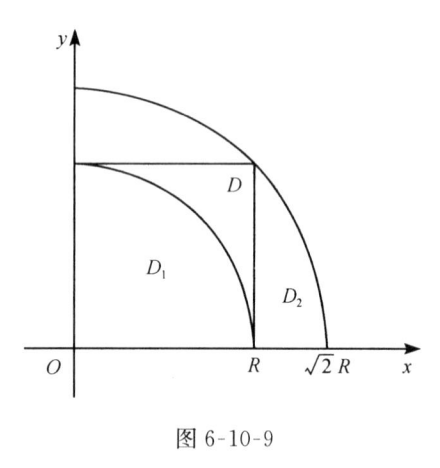

设 $I(R)=\int_0^R e^{-x^2}dx$,其平方为

$$I^2(R)=\int_0^R e^{-x^2}dx\int_0^R e^{-x^2}dx=\int_0^R e^{-x^2}dx\int_0^R e^{-y^2}dy$$

$$=\iint\limits_{\substack{0\leqslant x\leqslant R \\ 0\leqslant y\leqslant R}}e^{-(x^2+y^2)}dxdy.$$

记区域 D 为 $0\leqslant x\leqslant R, 0\leqslant y\leqslant R$,设 D_1, D_2 分别表示圆域 $x^2+y^2\leqslant R^2, x^2+y^2\leqslant 2R^2$ 位于第一象限的两个扇形(图 6-10-9).

因为 $\iint\limits_{D_1}e^{-(x^2+y^2)}d\sigma\leqslant I^2(R)\leqslant\iint\limits_{D_2}e^{-(x^2+y^2)}d\sigma$,由例 1 的计算结果可知

图 6-10-9

$$\frac{\pi}{4}(1-e^{-R^2})\leqslant I^2(R)\leqslant\frac{\pi}{4}(1-e^{-2R^2}).$$

当 $R\to\infty$ 时,上式两端都以 $\frac{\pi}{4}$ 为极限,由夹逼定理知

$$\left(\int_0^{+\infty}e^{-x^2}dx\right)^2=\left[\lim_{R\to+\infty}I^2(R)\right]=\lim_{R\to+\infty}I^2(R)=\frac{\pi}{4}.$$

因此,$I=\frac{\sqrt{\pi}}{2}$,即

$$\int_0^{+\infty} e^{-x^2} dx = \frac{\sqrt{\pi}}{2}.$$

6.10.2 一般曲线坐标中二重积分的计算

在实际问题中，仅用直角坐标和极坐标来计算二重积分是不够的，下面来看看一般曲线坐标系下的二重积分计算．

设函数 $f(x,y)$ 在 xOy 平面上的闭区域连续，变换 $x=x(u,v), y=y(u,v)$，将 uOv 平面上的闭区域 D' 一一对应地变成 xOy 平面上的闭区域 D，其中函数 $x=x(u,v), y=y(u,v)$ 在 D' 上有一阶连续偏导数，且在 D' 上雅可比为

$$\frac{\partial(x,y)}{\partial(u,v)} = \begin{vmatrix} \frac{\partial x}{\partial u} & \frac{\partial x}{\partial v} \\ \frac{\partial y}{\partial u} & \frac{\partial y}{\partial v} \end{vmatrix} \neq 0.$$

则有

$$\iint\limits_{D} f(x,y) d\sigma = \iint\limits_{D'} f[x(u,v), y(u,v)] \left|\frac{\partial(x,y)}{\partial(u,v)}\right| dudv.$$

这个公式称为**二重积分的一般换元公式**，其中记号 $d\sigma = \begin{vmatrix} \frac{\partial x}{\partial u} & \frac{\partial x}{\partial v} \\ \frac{\partial y}{\partial u} & \frac{\partial y}{\partial v} \end{vmatrix} dudv$ 表示曲线坐标下的**面积微元**．

证明 略．

利用上述公式，验证极坐标下的变换公式

$$x = r\cos\theta, \quad y = r\sin\theta.$$

因为

$$\frac{\partial(x,y)}{\partial(r,\theta)} = \begin{vmatrix} \cos\theta & -r\sin\theta \\ \sin\theta & r\cos\theta \end{vmatrix} = r,$$

所以

$$\iint\limits_{D} f(x,y) d\sigma = \iint\limits_{D'} f(r\cos\theta, r\sin\theta) r\, dr d\theta.$$

一般地，如果区域 D 能用某种曲线坐标表示，使得积分更简单就可以利用一般换元公式化简积分的计算．

例 6 求椭球体 $\frac{x^2}{a^2} + \frac{y^2}{b^2} + \frac{z^2}{c^2} \leq 1$ 的体积．

解 由对称性知，所求体积为

$$V = 8\iint\limits_{D} c\sqrt{1 - \frac{x^2}{a^2} - \frac{y^2}{b^2}} d\sigma,$$

其中，积分区域 $D: \frac{x^2}{a^2} + \frac{y^2}{b^2} \leq 1, x \geq 0, y \geq 0$．

令 $x = ar\cos\theta, y = br\sin\theta$，称其为**广义极坐标变换**，则积分限为

$$0 \leq \theta \leq \frac{\pi}{2}, \quad 0 \leq r \leq 1.$$

又因为

$$J = \frac{\partial(x,y)}{\partial(r,\theta)} = \begin{vmatrix} a\cos\theta & -ar\sin\theta \\ b\sin\theta & br\cos\theta \end{vmatrix} = abr,$$

于是
$$V = 8abc \int_0^{\frac{\pi}{2}} d\theta \int_0^1 \sqrt{1-r^2}\, r\, dr = 8abc\, \frac{\pi}{2}\left(-\frac{1}{2}\right)\int_0^1 \sqrt{1-r^2}\, d(1-r^2) = \frac{4}{3}\pi abc.$$

特别地,当 $a=b=c$ 时,则得到的球体的体积为 $\frac{4}{3}\pi a^3$.

习 题 6-10

1. 把 $\iint\limits_D f(x,y)dxdy$ 化为极坐标形式的二次积分,其中积分区域 D 为

(1) $x^2 + y^2 \leqslant a^2 (a>0)$;
(2) $a^2 \leqslant x^2 + y^2 \leqslant b^2 (0<a<b)$;
(3) $x^2 + y^2 \leqslant 2x$;
(4) $0 \leqslant y \leqslant 1-x, 0 \leqslant x \leqslant 1$.

2. 化下列二次积分为极坐标形式的二次积分:

(1) $\int_0^1 dx \int_0^1 f(x,y)dy$;
(2) $\int_0^2 dx \int_x^{\sqrt{3}x} f(x,y)dy$;
(3) $\int_0^1 dx \int_{1-x}^{\sqrt{1-x^2}} f(x,y)dy$;
(4) $\int_0^1 dx \int_0^{x^2} f(x,y)dy$.

3. 化下列积分为极坐标形式并计算积分值:

(1) $\int_0^{2a} dx \int_0^{\sqrt{2ax-x^2}} (x^2+y^2)dy$;
(2) $\int_0^1 dx \int_{x^2}^x (x^2+y^2)^{-\frac{1}{2}} dy$;
(3) $\int_0^a dy \int_0^{\sqrt{a^2-y^2}} (x^2+y^2)dx$.

4. 计算:

(1) $\iint\limits_D e^{x^2+y^2} d\sigma$,其中 D 为由 $x^2+y^2=4$ 所围成的闭区域;

(2) $\iint\limits_D \ln(1+x^2+y^2)d\sigma$,其中 D 为由圆周 $x^2+y^2=1$ 及坐标轴所围成的在第一象限内的闭区域;

(3) $\iint\limits_D \arctan \frac{y}{x} d\sigma$,其中 D 为由 $x^2+y^2=4, x^2+y^2=1$ 及直线 $y=0, y=x$ 所围成的在第一象限内的闭区域;

(4) $\iint\limits_D \sqrt{x^2+y^2} d\sigma$,其中 D 为由 $x=a, y=x(a>0)$ 及 x 轴围成;

(5) $\iint\limits_{x^2+y^2 \leqslant x+y} (x+y)dxdy$.

5. 选用适当坐标计算下列各题:

(1) $\iint\limits_D \frac{x^2}{y^2} d\sigma$,其中 D 为由 $x=2, y=x, xy=1$ 所围成的闭区域;

(2) $\iint\limits_D \sqrt{\frac{1-x^2-y^2}{1+x^2+y^2}} d\sigma$,其中 D 为由圆周 $x^2+y^2=1$ 及坐标轴围成的在第一象限的闭区域;

(3) $\iint\limits_D (x^2+y^2)d\sigma$,其中 D 为由直线 $y=x, y=x+a, y=a, y=3a(a>0)$ 所围成的闭区域;

(4) $\iint\limits_D \sqrt{x^2+y^2} d\sigma$,其中 D 为由圆环形闭区域: $a^2 \leqslant x^2+y^2 \leqslant b^2$;

(5) $\iint\limits_D (x+y)d\sigma$,其中 $D: x^2+y^2-2Rx \leqslant 0$;

(6) $\iint\limits_D (x+y)d\sigma$,其中 D 为由 $y^2=2x, x+y=4, x+y=12$ 所围成的区域;

(7) $\iint\limits_{D} \dfrac{\mathrm{d}\sigma}{(a^2+x^2+y^2)^{\frac{3}{2}}}$,其中 D 为 $0 \leqslant x \leqslant a; j \leqslant y \leqslant a$.

6. 进行适当变量代换,化二重积分 $\iint\limits_{D} f(xy)\mathrm{d}x\mathrm{d}y$ 为单积分,其中 D 为由曲线 $xy=1, xy=2, y=x, y=4x(x>0, y>0)$ 所围成的闭区域.

7. 做适当变量代换证明等式: $\iint\limits_{D} f(x+y)\mathrm{d}x\mathrm{d}y = \int_{-1}^{1} f(u)\mathrm{d}u$,其中闭区域 $D: |x|+|y| \leqslant 1$.

总 习 题 六

1. 求函数 $z=\sqrt{(x^2+y^2-a^2)(2a^2-x^2-y^2)}(a>0)$ 的定义域.

2. 求下列极限:

(1) $\lim\limits_{\substack{x \to \infty \\ y \to \infty}} \left(1+\dfrac{1}{x}\right)^{\frac{x^2}{x+y}}$; (2) $\lim\limits_{\substack{x \to \infty \\ y \to \infty}} \dfrac{x+y}{x^2-xy+y^2}$.

3. 试判断极限 $\lim\limits_{\substack{x \to 0 \\ y \to 0}} \dfrac{x^2 y}{x^4+y^2}$ 是否存在.

4. 讨论二元函数 $f(x,y) = \begin{cases} (x+y)\cos\dfrac{1}{x}, & x \neq 0 \\ 0, & x=0 \end{cases}$ 在点 $(0,0)$ 处的连续性.

5. 求下列函数的偏导数:

(1) $z = \int_{0}^{xy} \mathrm{e}^{-t^2}\mathrm{d}t$; (2) $u = \arctan(x-y)^z$.

6. 设 $r = \sqrt{x^2+y^2+z^2}$,证明: $\dfrac{\partial^2 r}{\partial x^2} + \dfrac{\partial^2 r}{\partial y^2} + \dfrac{\partial^2 r}{\partial z^2} = \dfrac{2}{r}$.

7. 求函数 $u = \arcsin\dfrac{z}{\sqrt{x^2+y^2}}$ 的全微分.

8. 求 $u(x,y,z) = x^y y^z z^x$ 的全微分.

9. 设 $z = (x^2+y^2)\mathrm{e}^{-\arctan\frac{y}{x}}$,求 $\mathrm{d}z, \dfrac{\partial^2 z}{\partial x \partial y}$.

10. 设 $f(x,y) = \begin{cases} \dfrac{x^2 y}{x^2+y^2}, & x^2+y^2 \neq 0 \\ 0, & x^2+y^2 = 0 \end{cases}$,求 $f_x(x,y)$ 及 $f_y(x,y)$.

11. 设 $f(x,y) = \begin{cases} \dfrac{\sqrt{|xy|}}{x^2+y^2}\sin(x^2+y^2), & x^2+y^2 \neq 0 \\ 0, & x^2+y^2 = 0 \end{cases}$,讨论 $f(x,y)$ 在点 $(0,0)$ 处的可微性.

12. 设 $f(x,y) = \begin{cases} (x^2+y^2)\sin\dfrac{1}{x^2+y^2}, & x^2+y^2 \neq 0 \\ 0, & x^2+y^2 = 0 \end{cases}$,问在点 $(0,0)$ 处,

(1) 偏导数是否存在? (2) 偏导数是否连续? (3) 是否可微? 说明理由.

13. 设 $u = \dfrac{\mathrm{e}^{ax}(y-z)}{a^2+1}, y = a\sin x, z = \cos x$,求 $\dfrac{\mathrm{d}u}{\mathrm{d}x}$.

14. 设 $z = xy + xF(u)$,而 $u = \dfrac{y}{x}, F(u)$ 为可导函数,证明 $x\dfrac{\partial z}{\partial x} + y\dfrac{\partial z}{\partial y} = z + xy$.

15. 设 $z = f(u, x, y), u = x\mathrm{e}^y$,其中 f 具有连续的二阶偏导数,求 $\dfrac{\partial^2 z}{\partial x \partial y}$.

16. 设 $u = \dfrac{x+y}{x-y}(x \neq y)$,求 $\dfrac{\partial^{m+n} z}{\partial x^m \partial y^n}(m, n$ 为自然数$)$.

17. 设 $z=z(x,y)$ 为由方程 $xyz+\sqrt{x^2+y^2+z^2}=\sqrt{2}$ 所确定的隐函数,求 $\dfrac{\partial z}{\partial x}$ 和 $\dfrac{\partial z}{\partial y}$.

18. 设方程 $F\left(\dfrac{x}{z},\dfrac{y}{z}\right)=0$ 确定了函数 $z=z(x,y)$,求 $\dfrac{\partial z}{\partial x},\dfrac{\partial z}{\partial y}$.

19. 设 z 为由方程 $f(x+y,y+z)=0$ 所确定的函数,求 $\mathrm{d}z,\dfrac{\partial^2 z}{\partial x^2}$.

20. 设 $z^3-3xyz=a^3$,求 $\dfrac{\partial^2 z}{\partial x \partial y}$.

21. 设 $\begin{cases} z=x^2+y^2 \\ x^2+2y^2+3z^2=20 \end{cases}$,求 $\dfrac{\mathrm{d}y}{\mathrm{d}x},\dfrac{\mathrm{d}z}{\mathrm{d}x}$.

22. 求函数 $f(x,y)=\ln(1+x^2+y^2)+1-\dfrac{x^3}{15}-\dfrac{y^3}{4}$ 的极值.

23. 将正数 a 分成三个正数 x,y,z,使 $f=x^m y^n z^p$ 最大,其中 m,n,p 均为已知数.

24. 某厂家生产的一种产品同时在两个市场销售,售价分别为 p_1 和 p_2,销售量分别为 q_1 和 q_2,需求函数分别为 $q_1=24-0.2p_1$ 和 $q_2=10-0.05p_2$,总成本函数为 $C=35+40(q_1+q_2)$.试问:厂家如何确定商品在两个市场的售价,才能使获得的总利润最大?最大总利润为多少?

25. 某公司可通过电台及报纸两种方式做销售某种产品的广告.根据统计资料,销售收入 R(万元)与电台广告费用 x_1(万元)及报纸广告费用 x_2(万元)之间的关系有如下的经验公式:

$$R=15+14x_1+32x_2-8x_1 x_2-2x_1^2-10x_2^2.$$

(1) 在广告费用不限的情况下,求最优广告策略;

(2) 若广告费用为 1.5 万元,求相应的最优广告策略.

26. 计算二重积分:

(1) $\iint\limits_{D}(1+x)\sin y\,\mathrm{d}\sigma$,其中 D 是顶点分别为 $(0,0),(1,0),(1,2)$ 和 $(0,1)$ 的梯形闭区域;

(2) $\iint\limits_{D}(x^2-y^2)\mathrm{d}\sigma$,其中 $D=\{(x,y)\mid 0\leqslant y\leqslant \sin x,0\leqslant x\leqslant \pi\}$;

(3) $\iint\limits_{D}\sqrt{R^2-x^2-y^2}\,\mathrm{d}\sigma$,其中 D 是圆周 $x^2+y^2=Rx$ 所围成的闭区域;

(4) $\iint\limits_{D}(y^2+3x-6y+9)\mathrm{d}\sigma$,其中 $D=\{(x,y)\mid x^2+y^2\leqslant R^2\}$.

27. 交换二次积分的次序:

(1) $\int_0^4 \mathrm{d}y \int_{-\sqrt{4-y}}^{\frac{1}{2}(y-4)} f(x,y)\mathrm{d}x$;   (2) $\int_0^1 \mathrm{d}x \int_{\sqrt{x}}^{1+\sqrt{1-x^2}} f(x,y)\mathrm{d}y$;

(3) $\int_0^1 \mathrm{d}y \int_0^{2y} f(x,y)\mathrm{d}x + \int_1^3 \mathrm{d}y \int_0^{3-y} f(x,y)\mathrm{d}x$.

28. 证明: $\int_0^a \mathrm{d}y \int_0^y e^{m(a-x)} f(x)\mathrm{d}x = \int_0^a (a-x)e^{m(a-x)} f(x)\mathrm{d}x$;

29. 把积分 $\iint\limits_{D} f(x,y)\mathrm{d}x\mathrm{d}y$ 表示为极坐标形式的二次积分,其中积分区域

$$D=\{(x,y)\mid x\leqslant y\leqslant 1,-1\leqslant x\leqslant 1\}.$$

30. 计算二重积分:

(1) $\iint\limits_{D}\dfrac{x^2}{y^2}\mathrm{d}\sigma$,其中 D 是由 $xy=2,y=1+x^2$ 和 $x=2$ 所围成的闭区域;

(2) $\iint\limits_{D} 6x^2 y^2 \mathrm{d}\sigma$,其中 D 是由 $y=x,y=-x$ 和 $y=2-x^2$ 所围成的在 x 轴上方的闭区域;

(3) $\iint\limits_{D}\dfrac{y^3}{x}\mathrm{d}\sigma$,其中 $D:x^2+y^2\leqslant 1,0\leqslant y\leqslant\sqrt{\dfrac{3}{2}x}$;

(4) $\iint_D \dfrac{1}{\sqrt{2a-x}}\mathrm{d}\sigma$,其中 D 是由圆心在点 (a,a),半径为 a 且与坐标轴相切的圆周的较短一段弧和坐标轴所围成的闭区域;

(5) $I = \iint\limits_{x^2+y^2 \leqslant a^2} (x^2 + 2\sin x + 3y + 4)\mathrm{d}x\mathrm{d}y$.

31. 交换二次积分的次序:

(1) $\int_0^{2\pi}\mathrm{d}x\int_0^{\sin x} f(x,y)\mathrm{d}y$; (2) $\int_0^{2a}\mathrm{d}x\int_{\sqrt{2ax-x^2}}^{\sqrt{2ax}} f(x,y)\mathrm{d}y$ $(a>0)$.

32. 证明:$\int_0^a \mathrm{d}y \int_0^y e^{m(a-x)} f(x)\mathrm{d}x = \int_0^a (a-x)e^{m(a-x)} f(x)\mathrm{d}x$.

33. 证明:$\int_a^b \mathrm{d}x \int_a^x (x-y)^{n-2} f(y)\mathrm{d}y = \dfrac{1}{n-1}\int_a^b (b-y)^{n-2} f(y)\mathrm{d}y$.

34. 证明:$\int_0^x \left[\int_0^v \left(\int_0^u f(t)\mathrm{d}t\right)\mathrm{d}u\right]\mathrm{d}v = \dfrac{1}{2}\int_0^x (x-t)^2 f(t)\mathrm{d}t$.

35. 计算 $I = \iint\limits_D x[1 + yf(x^2+y^2)]\mathrm{d}x\mathrm{d}y$,其中 D 由 $x=1, y=1, y=x^3$ 围成,f 是连续函数.

第7章 无穷级数

无穷级数是《高等数学》的一个重要组成部分,本质上它是一种特殊数列的极限.由于它结构上的特殊形式,通常是表示函数、研究函数的性质以及进行数值计算的最有力的工具.在实际问题中有广泛应用.研究无穷级数及其和,可以说是研究数列及其极限的另一种形式,而且在这方面表现出巨大的优越性.

本章介绍无穷级数的基本知识,然后讨论函数项级数,主要介绍幂级数的性质和函数的幂级数展开.

7.1 常数项级数的概念和性质

7.1.1 常数项级数的概念

人们认识事物在数量方面的特性,往往有一个由近似到精确的过程.在这种认识过程中,会遇到由有限个数量相加到无穷多个数量相加的问题,刘徽的"割圆术"就是这种思想的体现.

例如,求圆面积问题.在古代,人们就知道用圆内接正多边形的面积来逼近圆的面积.

如图 7-1-1 所示,要计算半径为 R 的圆的面积 S,先作圆的内接正六边形,其面积为 u_1,它是圆面积 S 的一个粗糙的近似值.为了得到 S 比较准确的值,以这个正六边形的每条边为底,分别作顶点在圆周上的等腰三角形,记这六个等腰三角形的面积之和为 u_2,那么 u_1+u_2(即圆内接正十二边形的面积)是 S 的比 u_1 较好的近似值.同样地,在这正十二边形的每一边上分别作顶点在圆周上的等腰三角形,算出这十二个等腰三角形的面积之和 u_3,那么 $u_1+u_2+u_3$(即内接正二十四边形的面积)是 S 的比 u_1+u_2 较好的近似值.如果要在提高 S 的近似值的精确值,可用上述方法,作出圆内接正四十八边形,$\cdots$,设其面积依次增加 $u_4,u_5,\cdots$. 这样圆内接正 3×2^n 边形的面积就越来越逼近圆面积 S:

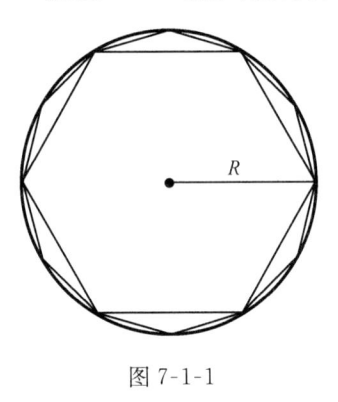

图 7-1-1

$$S\approx u_1, \quad S\approx u_1+u_2, \quad S\approx u_1+u_2+u_3, \quad \cdots, \quad S\approx u_1+u_2+\cdots+u_n.$$

如果圆内接正多边形的边数无限增多,即 $n\to\infty$ 时,则和 $u_1+u_2+\cdots+u_n$ 的极限就是所要求的圆面积 S.而此时,和式中的项数无限增多,于是就出现了无穷多个数依次相加的数学式子,即

$$S=\lim_{n\to\infty}(u_1+u_2+\cdots+u_n)=u_1+u_2+\cdots+u_n+\cdots.$$

由具体抽象出一般,就得到无穷级数的概念.

定义 1 设有数列 $\{u_n\}$

$$u_1, \quad u_2, \quad \cdots, \quad u_n, \quad \cdots,$$

把数列 $\{u_n\}$ 各项按照下标的大小依次相加所得的和

$$u_1+u_2+\cdots+u_n+\cdots$$

称为**常数项无穷级数**,简称为**级数**,记为 $\sum_{n=1}^{\infty} u_n$,即

$$\sum_{n=1}^{\infty} u_n = u_1 + u_2 + \cdots + u_n + \cdots, \tag{7.1.1}$$

式中每一个数称为该常数项级数的一个**项**,其中 u_n 称为级数(7.1.1)的**通项**或**一般项**.

级数(7.1.1)的前 n 项之和 $u_1 + u_2 + \cdots + u_n$ 称为级数(7.1.1)的级数的前 n 项**部分和**,简称为**部分和**,记为 S_n,即

$$s_n = u_1 + u_2 + \cdots + u_n = \sum_{i=1}^{n} u_i. \tag{7.1.2}$$

当 n 依次取 $1,2,3,\cdots$ 时,它们构成了一个新的数列 $\{S_n\}$,即

$$S_1 = u_1, \quad S_2 = u_1 + u_2, \quad \cdots, \quad S_n = u_1 + u_2 + \cdots + u_n, \quad \cdots,$$

数列 $\{S_n\}$ 称为**部分和数列**.

根据数列 $\{S_n\}$ 是否存在极限,我们引进级数(7.1.1)的收敛与发散的概念.

定义 2 如果级数 $\sum_{n=1}^{\infty} u_n$ 的部分和数列 $\{S_n\}$ 存在极限 S(S 是有限常数),即

$$\lim_{n \to \infty} S_n = S,$$

则称无穷级数 $\sum_{n=1}^{\infty} u_n$ **收敛**,极限 S 称为级数 $\sum_{n=1}^{\infty} u_n$ 的**和**,写为

$$S = \sum_{n=1}^{\infty} u_n = u_1 + u_2 + \cdots + u_n + \cdots.$$

如果 $\{S_n\}$ 的极限不存在,则称无穷级数 $\sum_{n=1}^{\infty} u_n$ **发散**.

如果级数 $\sum_{n=1}^{\infty} u_n$ 收敛于 S,则部分和 $S_n \approx S$,它们之间的差

$$r_n = S - S_n = u_{n+1} + u_{n+2} + \cdots$$

称为级数的**余项**. 显然有

$$\lim_{n \to \infty} r_n = 0,$$

而 $|r_n|$ 是用 S_n 近似代替 S 所产生的**误差**.

例 1 判别级数 $\sum_{n=1}^{\infty} \dfrac{1}{n(n+1)} = \dfrac{1}{1 \cdot 2} + \dfrac{1}{2 \cdot 3} + \cdots + \dfrac{1}{n \cdot (n+1)} + \cdots$ 的敛散性.

解 由于

$$u_n = \frac{1}{n \cdot (n+1)} = \frac{1}{n} - \frac{1}{n+1},$$

所以,级数的部分和

$$\begin{aligned} S_n &= \frac{1}{1 \cdot 2} + \frac{1}{2 \cdot 3} + \cdots + \frac{1}{n \cdot (n+1)} \\ &= \left(1 - \frac{1}{2}\right) + \left(\frac{1}{2} - \frac{1}{3}\right) + \cdots + \left(\frac{1}{n} - \frac{1}{n+1}\right) \\ &= 1 - \frac{1}{n+1}, \end{aligned}$$

从而

$$\lim_{n \to \infty} S_n = \lim_{n \to \infty} \left(1 - \frac{1}{n+1}\right) = 1,$$

即题设该级数收敛,其和为 1.

例 2 判别级数

$$\sum_{n=1}^{\infty} \ln\frac{n+1}{n} = \ln\frac{2}{1} + \ln\frac{3}{2} + \cdots + \ln\frac{n+1}{n} + \cdots$$

的敛散性.

解 由于 $\ln\frac{n+1}{n} = \ln(n+1) - \ln n$,

所以,级数的部分和
$$S_n = \ln\frac{2}{1} + \ln\frac{3}{2} + \cdots + \ln\frac{n+1}{n}$$
$$= (\ln 2 - \ln 1) + (\ln 3 - \ln 2) + \cdots + [\ln(n+1) - \ln n]$$
$$= \ln(n+1),$$

从而 $\lim_{n\to\infty} S_n = \lim_{n\to\infty} \ln(n+1) = +\infty$,

所以该级数发散.

例3 讨论公比为 q 的**等比级数**(又称为**几何级数**)
$$\sum_{n=1}^{\infty} aq^{n-1} = a + aq + aq^2 + \cdots + aq^{n-1} + \cdots (a \neq 0)$$

的敛散性.

解 当 $|q| \neq 1$ 时,其部分和
$$S_n = a + aq + aq^2 + \cdots aq^{n-1} = \frac{a(1-q^n)}{1-q} = \frac{a}{1-q} - \frac{aq^n}{1-q}.$$

当 $|q| < 1$ 时,因为 $\lim_{n\to\infty} q^n = 0$,则
$$\lim_{n\to\infty} S_n = \lim_{n\to\infty}\left(\frac{a}{1-q} - \frac{aq^n}{1-q}\right) = \frac{a}{1-q} - \frac{a}{1-q}\lim_{n\to\infty} q^n = \frac{a}{1-q},$$

此时级数收敛,和为 $S = \frac{a}{1-q}$.

当 $|q| > 1$ 时,因为 $\lim_{n\to\infty} q^n = \infty$,则
$$\lim_{n\to\infty} S_n = \frac{a}{1-q} - \frac{a}{1-q}\lim_{n\to\infty} q^n = \infty,$$

此时级数发散.

当 $q = 1$ 时,级数变为
$$a + a + a + a + \cdots,$$

其部分和为
$$S_n = a + a + \cdots + a = na,$$

从而 $\lim_{n\to\infty} S_n = \lim_{n\to\infty} na = \infty$,

此时级数发散.

当 $q = -1$ 时,级数变为 $a - a + a - a + \cdots + (-1)^n a + \cdots$,

其部分和为
$$S_n = \frac{1}{2}a[1-(-1)^n] = \begin{cases} 0, & n \text{ 为偶数} \\ a, & n \text{ 为奇数} \end{cases},$$

从而 $\lim_{n\to\infty} S_n$ 不存在,此时级数发散.

综上所述,当 $|q| < 1$,等比级数 $\sum_{n=1}^{\infty} aq^{n-1}$ 收敛,其和为 $S = \frac{a}{1-q}$,即
$$a + aq + aq^2 + \cdots + aq^{n-1} + \cdots = \frac{a}{1-q};$$

当 $|q| \geqslant 1$ 时,等比级数 $\sum_{n=1}^{\infty} aq^{n-1}$ 发散.

注 几何级数是收敛级数中最著名的一个级数.阿贝尔曾经指出"除了几何级数之外,数学中不存在任何一种它的和已被严格确定的无穷级数".几何级数在判断无穷级数的收敛性、求无穷级数的和以及将一个函数展开为无穷级数等方面都有广泛而重要的应用.

例 4 判别级数 $\sum_{n=1}^{\infty} \dfrac{1}{3^{n-1}}$ 的敛散性.

解 因为级数

$$\sum_{n=1}^{\infty} \frac{1}{3^{n-1}} = 1 + \frac{1}{3} + \frac{1}{9} + \frac{1}{27} + \cdots + \frac{1}{3^{n-1}} + \cdots$$

是公比 $q=\dfrac{1}{3}$ 的等比级数,满足 $|q|=\dfrac{1}{3}<1$,所以,该级数收敛于其和

$$s = \frac{a}{1-q} = \frac{1}{1-\dfrac{1}{3}} = \frac{3}{2}.$$

例 5 证明**调和级数**

$$\sum_{n=1}^{\infty} \frac{1}{n} = 1 + \frac{1}{2} + \frac{1}{3} + \cdots + \frac{1}{n} + \cdots$$

是发散的.

证明 因为 $y=\ln x$ 在 $[n, n+1]$ 上连续,$(n, n+1)$ 内可导,由拉格朗日中值定理,得

$$\ln(n+1) - \ln n = \frac{1}{\xi_n} \quad (\xi_n \in (n, n+1)),$$

因为 $n<\xi_n$,所以 $\dfrac{1}{\xi_n} < \dfrac{1}{n}$. 从而

$$\ln(n+1) - \ln n < \frac{1}{n}.$$

因此,部分和为

$$\begin{aligned} S_n &= 1 + \frac{1}{2} + \frac{1}{3} + \cdots + \frac{1}{n} \\ &> (\ln 2 - \ln 1) + (\ln 3 - \ln 2) + \cdots + [\ln(n+1) - \ln n] \\ &= \ln(n+1), \end{aligned}$$

于是

$$\lim_{n \to \infty} S_n = +\infty,$$

故调和级数发散.

7.1.2 收敛级数的基本性质

性质 1 如果级数 $\sum_{n=1}^{\infty} u_n$ 收敛于和 S,k 为非零常数,则级数 $\sum_{n=1}^{\infty} u_n$ 与级数 $\sum_{n=1}^{\infty} ku_n$ 同时收敛或同时发散,且同时收敛时,有

$$\sum_{n=1}^{\infty} ku_n = kS.$$

证明 设级数 $\sum_{n=1}^{\infty} u_n$ 与级数 $\sum_{n=1}^{\infty} ku_n$ 的部分和分别为 S_n 与 σ_n,则

$$\sigma_n = ku_1 + ku_2 + \cdots + ku_n = k(u_1 + u_2 + \cdots + u_n) = kS_n,$$

因为，级数 $\sum_{n=1}^{\infty} u_n$ 收敛于和 S，则 $\lim_{n \to \infty} S_n = S$. 于是有

$$\lim_{n \to \infty} \sigma_n = \lim_{n \to \infty} kS_n = k \lim_{n \to \infty} S_n = kS,$$

故级数 $\sum_{n=1}^{\infty} ku_n$ 收敛，且

$$\sum_{n=1}^{\infty} ku_n = k \sum_{n=1}^{\infty} u_n = kS.$$

例 6 判断级数 $5 + \dfrac{5}{2} + \dfrac{5}{4} + \dfrac{5}{8} + \cdots + \dfrac{5}{2^{n-1}} + \cdots$ 的敛散性.

解 因为级数

$$1 + \frac{1}{2} + \frac{1}{4} + \frac{1}{8} + \cdots + \frac{1}{2^{n-1}} + \cdots = \sum_{n=1}^{\infty} \frac{1}{2^{n-1}}$$

是公比 $q = \dfrac{1}{2}$ 的等比级数，满足 $|q| < 1$，所以收敛，其和为

$$S = \frac{a}{1-q} = \frac{1}{1 - \dfrac{1}{2}} = 2.$$

由性质 1，级数

$$5 + \frac{5}{2} + \frac{5}{4} + \frac{5}{8} + \cdots + \frac{5}{2^{n-1}} + \cdots = \sum_{n=1}^{\infty} \frac{5}{2^{n-1}} = 5 \sum_{n=1}^{\infty} \frac{1}{2^{n-1}} = 5 \cdot 2 = 10,$$

即题设级数收敛，其和为 10.

性质 2 如果级数 $\sum_{n=1}^{\infty} u_n$ 与级数 $\sum_{n=1}^{\infty} v_n$ 分别收敛于和 S 与 K，则级数 $\sum_{n=1}^{\infty} (u_n \pm v_n)$ 也收敛，且

$$\sum_{n=1}^{\infty} (u_n \pm v_n) = S \pm K.$$

证明 设级数 $\sum_{n=1}^{\infty} u_n$，$\sum_{n=1}^{\infty} v_n$ 及 $\sum_{n=1}^{\infty} (u_n \pm v_n)$ 的部分和分别为 S_n，K_n 及 M_n，则

$$\begin{aligned} M_n &= (u_1 \pm v_1) + (u_2 \pm v_2) + \cdots + (u_n \pm v_n) \\ &= (u_1 + u_2 + \cdots + u_n) \pm (v_1 + v_2 + \cdots + v_n) \\ &= S_n \pm K_n. \end{aligned}$$

又因为级数 $\sum_{n=1}^{\infty} u_n$ 收敛于和 S，则 $\lim_{n \to \infty} S_n = S$；级数 $\sum_{n=1}^{\infty} v_n$ 收敛于和 K，则 $\lim_{n \to \infty} K_n = K$.

于是，有 $\lim_{n \to \infty} M_n = \lim_{n \to \infty} (S_n \pm K_n) = \lim_{n \to \infty} S_n \pm \lim_{n \to \infty} K_n = S \pm K = \sum_{n=1}^{\infty} u_n \pm \sum_{n=1}^{\infty} v_n.$

所以，级数 $\sum_{n=1}^{\infty} (u_n \pm v_n)$ 也收敛，且

$$\sum_{n=1}^{\infty} (u_n \pm v_n) = \sum_{n=1}^{\infty} u_n \pm \sum_{n=1}^{\infty} v_n = S \pm K.$$

由性质 1 与性质 2 可知：

性质 1′ 如果级数 $\sum_{n=1}^{\infty} u_n$ 与级数 $\sum_{n=1}^{\infty} v_n$ 分别收敛于和 S 与 K，则对任意常数 α, β，级数

$\sum_{n=1}^{\infty}(\alpha u_n \pm \beta v_n)$ 也收敛,且

$$\sum_{n=1}^{\infty}(\alpha u_n \pm \beta v_n) = \alpha\sum_{n=1}^{\infty}u_n \pm \beta\sum_{n=1}^{\infty}v_n = \alpha S \pm \beta K.$$

例 7 判断级数 $\sum_{n=1}^{\infty}\left[\dfrac{7}{2^n} + \dfrac{3}{n(n+1)}\right]$ 的敛散性,如果收敛,求其和.

解 因为级数

$$\sum_{n=1}^{\infty}\frac{7}{2^n} = 7\sum_{n=1}^{\infty}\frac{1}{2^n}$$

是公比 $q = \dfrac{1}{2}$ 的等比级数,故收敛,且其和为 $S_1 = 7 \cdot \dfrac{\frac{1}{2}}{1-\frac{1}{2}} = 7.$

由例 1 可知,级数

$$\sum_{n=1}^{\infty}\frac{3}{n(n+1)} = 3\sum_{n=1}^{\infty}\frac{1}{n(n+1)},$$

收敛且其和 $S_2 = 3.$

由性质 $1'$,级数 $\sum_{n=1}^{\infty}\left(\dfrac{7}{2^n} + \dfrac{3}{n(n+1)}\right)$ 也收敛,且

$$\sum_{n=1}^{\infty}\left[\frac{7}{2^n} + \frac{3}{n(n+1)}\right] = \sum_{n=1}^{\infty}\frac{7}{2^n} + \sum_{n=1}^{\infty}\frac{3}{n(n+1)} = 7\sum_{n=1}^{\infty}\frac{1}{2^n} + 3\sum_{n=1}^{\infty}\frac{1}{n(n+1)}$$
$$= 7 + 3 = 10,$$

即题设级数的和为 10.

性质 3 在级数中去掉、加上或改变有限项,不会改变级数的敛散性.

证明 这里只证明"改变级数前面有限项,不会改变级数的敛散性",其他两种情况类似可证.

设级数

$$\sum_{n=1}^{\infty}u_n = u_1 + u_2 + \cdots + u_k + u_{k+1} + \cdots + u_n + \cdots \tag{7.1.3}$$

改变它的前 k 个有限项,得到一个新的级数

$$v_1 + v_2 + \cdots + v_k + u_{k+1} + \cdots + u_n + \cdots. \tag{7.1.4}$$

设级数(7.1.3)的前 n 项和为 A_n,且

$$u_1 + u_2 + \cdots + u_k = a,$$

则
$$A_n = u_1 + u_2 + \cdots + u_k + u_{k+1} + \cdots + u_n$$
$$= a + u_{k+1} + \cdots + u_n,$$

设级数(7.1.4)的前 n 项和为 B_n,且

$$v_1 + v_2 + \cdots + v_k = b,$$

则
$$B_n = v_1 + v_2 + \cdots + v_k + u_{k+1} + \cdots + u_n$$
$$= b + u_{k+1} + \cdots + u_n$$
$$= b + u_1 + u_2 + \cdots + u_k + u_{k+1} + \cdots + u_n - a$$
$$= b + A_n - a.$$

而
$$\lim_{n\to\infty}B_n = \lim_{n\to\infty}A_n - a + b.$$

因为 $\lim\limits_{n\to\infty}B_n$ 与 $\lim\limits_{n\to\infty}A_n$ 同时存在或同时不存在,所以级数(7.1.3)与(7.1.4)同时收敛或同时发散.

注 虽然在级数中去掉、加上或改变有限项,不会改变级数的敛散性,但是,有限项的变动,使得收敛级数的和改变.

例 8 判断级数 $\dfrac{1}{4\cdot 5}+\dfrac{1}{5\cdot 6}+\cdots+\dfrac{1}{n(n+1)}+\cdots$ 的敛散性.

解 由例 1 可知,题设级数

$$\frac{1}{4\cdot 5}+\frac{1}{5\cdot 6}+\cdots+\frac{1}{n(n+1)}+\cdots$$

是收敛级数,

$$\sum_{n=1}^{\infty}\frac{1}{n(n+1)}=\frac{1}{1\cdot 2}+\frac{1}{2\cdot 3}+\cdots+\frac{1}{n(n+1)}+\cdots$$

中去掉前 3 项,由性质 3 可知,题设级数是收敛的,且其和为

$$\sum_{n=1}^{\infty}\frac{1}{n(n+1)}-\left(\frac{1}{1\cdot 2}+\frac{1}{2\cdot 3}+\frac{1}{3\cdot 4}\right)=1-\left(\frac{1}{1\cdot 2}+\frac{1}{2\cdot 3}+\frac{1}{3\cdot 4}\right)=1-\frac{3}{4}=\frac{1}{4}.$$

性质 4 收敛级数加括号后所成的级数也收敛,且和不变.

证明 设级数 $\sum\limits_{n=1}^{\infty}u_n$ 的前 n 项部分和为 S_n,和为 S,则 $\lim\limits_{n\to\infty}S_n=S$. 此级数任意加括号后所得的级数为

$$(u_1+\cdots+u_{n_1})+(u_{n_1+1}+\cdots+u_{n_2})+\cdots+(u_{n_{k-1}+1}+\cdots+u_{n_k})+\cdots,$$

记为 $\sum\limits_{k=1}^{\infty}v_k$,它的前 k 项和为 A_k,则

$A_1=u_1+\cdots+u_{n_1}=S_{n_1}$,
$A_2=(u_1+\cdots+u_{n_1})+(u_{n_1+1}+\cdots+u_{n_2})=S_{n_2}$,
……,
$A_k=(u_1+\cdots+u_{n_1})+(u_{n_1+1}+\cdots+u_{n_2})+\cdots+(u_{n_{k-1}+1}+\cdots+u_{n_k})=S_{n_k}$,
…….

易见,数列 $\{A_k\}$ 是数列 $\{S_n\}$ 的一个子数列. 因为数列 $\{S_n\}$ 收敛,所以它的子数列 $\{A_k\}$ 也收敛,且

$$\lim_{k\to\infty}A_k=\lim_{n\to\infty}S_n=S,$$

即加括号后所成的级数 $\sum\limits_{k=1}^{\infty}v_k$ 也收敛,且和不变.

注 (1)对于收敛级数,可以对它的任意项加括号,但是级数各项的顺序不能改变.

(2)性质 4 的逆命题不一定成立,即加括号后的级数收敛,但是原级数不一定收敛.

例如,对于级数 $\sum\limits_{n=1}^{\infty}(-1)^{n-1}$,加括号后的级数

$$(1-1)+(1-1)+(1-1)+\cdots$$

收敛,且其和为 0.

但是,原级数

$$\sum_{n=1}^{\infty}(-1)^{n-1}=1-1+1-1+\cdots+(-1)^{n-1}+\cdots,$$

当 n 是偶数时,部分和 $S_n=0$;当 n 是奇数时,部分和 $S_n=1$. 所以,原级数 $\sum\limits_{n=1}^{\infty}(-1)^{n-1}$ 发散.

由性质 4 的逆否命题可得下面的推论.

推论 1 如果加括号后所成的级数发散,则原级数也发散.

注 该推论的逆命题不一定成立,即如果级数发散,加括号后所成的级数不一定发散.

性质 5(级数收敛的必要条件) 若级数 $\sum_{n=1}^{\infty} u_n$ 收敛,则 $\lim_{n \to \infty} u_n = 0$.

证明 设 $\sum_{n=1}^{\infty} u_n$ 收敛于 S,其部分和为 S_n,则
$$u_n = S_n - S_{n-1},$$
从而
$$\lim_{n \to \infty} u_n = \lim_{n \to \infty} (S_n - S_{n-1}) = \lim_{n \to \infty} S_n - \lim_{n \to \infty} S_{n-1} = S - S = 0.$$

注 $\lim_{n \to \infty} u_n = 0$ 只是级数 $\sum_{n=1}^{\infty} u_n$ 收敛的必要条件,而非充分条件. 即若 $\lim_{n \to \infty} u_n = 0$,但级数 $\sum_{n=1}^{\infty} u_n$ 不一定收敛.

例如,调和级数 $\sum_{n=1}^{\infty} \frac{1}{n}$,虽然 $\lim_{n \to \infty} u_n = \lim_{n \to \infty} \frac{1}{n} = 0$,但它是发散的.

由性质 5 的逆否命题,有下面的推论.

推论 2 若 $\lim_{n \to \infty} u_n \neq 0$,则级数 $\sum_{n=1}^{\infty} u_n$ 发散.

注 此推论是一个判别级数发散的非常快捷简便的方法.

例 9 判断级数
$$5 + \sqrt{5} + \sqrt[3]{5} + \sqrt[4]{5} + \cdots + \sqrt[n]{5} + \cdots$$
的敛散性.

解 因为 $u_n = 5^{\frac{1}{n}}$,且
$$\lim_{n \to \infty} u_n = \lim_{n \to \infty} 5^{\frac{1}{n}} = 1 \neq 0,$$
由推论 2 可知,该级数发散.

下面利用级数收敛与发散的性质和判断,给出调和级数发散的另一种证明.

例 10 证明调和级数
$$\sum_{n=1}^{\infty} \frac{1}{n} = 1 + \frac{1}{2} + \frac{1}{3} + \cdots + \frac{1}{n} + \cdots$$
是发散的.

证明 对题设级数 $\sum_{n=1}^{\infty} \frac{1}{n}$ 按下列方式加括号:
$$1 + \frac{1}{2} + \left(\frac{1}{3} + \frac{1}{4} \right) + \left(\frac{1}{5} + \frac{1}{6} + \frac{1}{7} + \frac{1}{8} \right) + \cdots + \left(\frac{1}{2^m + 1} + \frac{1}{2^m + 2} + \cdots + \frac{1}{2^{m+1}} \right) + \cdots,$$
即从第三项起,依次按 2 项、2^2 项、2^3 项、$\cdots$、2^m 项、$\cdots$ 加括号,设所得新级数为 $\sum_{m=1}^{\infty} v_m$,则
$$v_1 = 1, \quad v_2 = \frac{1}{2}, \quad v_3 = \frac{1}{3} + \frac{1}{4} > \frac{1}{2}, \quad v_4 = \frac{1}{5} + \frac{1}{6} + \frac{1}{7} + \frac{1}{8} > \frac{1}{2}, \quad \cdots,$$
$$v_m = \frac{1}{2^m + 1} + \frac{1}{2^m + 2} + \cdots + \frac{1}{2^{m+1}} > \underbrace{\frac{1}{2^{m+1}} + \frac{1}{2^{m+1}} + \cdots + \frac{1}{2^{m+1}}}_{2^m \text{个}} = 2^m \cdot \frac{1}{2^{m+1}} = \frac{1}{2},$$
$$\cdots\cdots,$$

易见当 $m \to \infty$，v_m 不趋于零，由推论 2 可知，$\sum\limits_{m=1}^{\infty} v_m$ 发散；再由推论 1 可知，调和级数发散．

习 题 7-1

1. 写出下列级数的一般项：

(1) $\dfrac{2}{1} - \dfrac{3}{2} + \dfrac{4}{3} - \dfrac{5}{4} + \dfrac{6}{5} - \dfrac{7}{6} + \cdots$；

(2) $-\dfrac{3}{1} + \dfrac{4}{4} - \dfrac{5}{9} + \dfrac{6}{16} - \dfrac{7}{25} + \dfrac{8}{36} - \cdots$；

(3) $\dfrac{\sqrt{x}}{2} + \dfrac{x}{2 \cdot 4} + \dfrac{x\sqrt{x}}{2 \cdot 4 \cdot 6} + \dfrac{x^2}{2 \cdot 4 \cdot 6 \cdot 8} + \cdots$；

(4) $\dfrac{a^2}{3} - \dfrac{a^3}{5} + \dfrac{a^4}{7} - \dfrac{a^5}{9} + \cdots$；

(5) $1 + \dfrac{1}{2} + 3 + \dfrac{1}{4} + 5 + \dfrac{1}{6} + \cdots$；

(6) $\dfrac{2}{2}x + \dfrac{2^2}{5}x^2 + \dfrac{2^3}{10}x^3 + \dfrac{2^4}{17}x^4 + \cdots$．

2. 根据级数收敛或发散的定义判别下列级数的敛散性：

(1) $\sum\limits_{n=1}^{\infty} \dfrac{1}{(5n-4)(5n+1)}$；

(2) $\sum\limits_{n=1}^{\infty} \dfrac{1}{\sqrt{n+1}+\sqrt{n}}$；

(3) $\sum\limits_{n=1}^{\infty} (\sqrt{n+2} - 2\sqrt{n+1} + \sqrt{n})$．

3. 用性质判别下列级数的敛散性：

(1) $-\dfrac{5}{7} + \dfrac{5^2}{7^2} - \dfrac{5^3}{7^3} + \cdots + (-1)^n \dfrac{5^n}{7^n} + \cdots$；

(2) $\dfrac{1}{3} + \dfrac{1}{6} + \dfrac{1}{9} + \cdots + \dfrac{1}{3n} + \cdots$；

(3) $\sum\limits_{n=1}^{\infty} \dfrac{5}{2n}$；

(4) $\sum\limits_{n=1}^{\infty} \left(\dfrac{5}{8^n} + \dfrac{1}{3^n} \right)$；

(5) $3 + \sqrt{3} + \sqrt[3]{3} + \sqrt[4]{3} + \cdots + \sqrt[n]{3} + \cdots$；

(6) $\sum\limits_{n=1}^{\infty} n^2 \left(1 - \cos \dfrac{1}{n} \right)$；

(7) $\sum\limits_{n=1}^{\infty} \dfrac{3n^n}{(1+n)^n}$；

(8) $\sum\limits_{n=1}^{\infty} \left(\dfrac{\ln^n 2}{2^n} + \dfrac{1}{5^n} \right)$．

4. 求级数 $\sum\limits_{n=1}^{\infty} \dfrac{1}{n(n+1)(n+2)}$ 的和．

5. 求下列常数项级数的和：

(1) $\sum\limits_{n=1}^{\infty} \dfrac{n}{3^n}$；

(2) $\sum\limits_{n=1}^{\infty} \dfrac{1}{1+2+\cdots+n}$．

6. 设级数 $\sum\limits_{n=1}^{\infty} a_n$ 的前 n 项和为 $S_n = \dfrac{1}{n+1} + \cdots + \dfrac{1}{n+n}$，求级数的一般项 a_n 及和 S．

7.2 比较判别法

7.1 节讨论的都是一般的常数项级数，其特点是，级数中各项可以是正数、负数或者零．本节将讨论一类特殊的级数，即各项都是非负的级数，通常称为**正项级数**．许多级数的敛散性都可以归结为正项级数的敛散性问题．

7.2.1 比较判别法

定义 1 如果级数

$$\sum_{n=1}^{\infty} u_n = u_1 + u_2 + \cdots + u_n + \cdots$$

满足条件 $u_n \geqslant 0 (n=1,2,\cdots)$，则称级数 $\sum\limits_{n=1}^{\infty} u_n$ 为**正项级数**．

显然，正项级数的部分和数列$\{S_n\}$是单调增加数列，即
$$S_1 \leqslant S_2 \leqslant \cdots \leqslant S_n \leqslant \cdots.$$
由数列极的单调有界准则知，数列$\{S_n\}$收敛的充分必要条件是$\{S_n\}$有界．因此得到如下重要的定理．

定理 1 正项级数$\sum\limits_{n=1}^{\infty} u_n$收敛的充分必要条件是：它的部分和数列$\{S_n\}$有界．

上述定理的重要性主要不在于利用它来直接判别正项级数的敛散性，而在于根据该定理证明下面一系列判别法的基础．

定理 2（比较判别法） 如果级数$\sum\limits_{n=1}^{\infty} u_n$与$\sum\limits_{n=1}^{\infty} v_n$都是正项级数，且$u_n \leqslant v_n (n=1,2,\cdots)$，则

(1) 当级数$\sum\limits_{n=1}^{\infty} v_n$收敛时，级数$\sum\limits_{n=1}^{\infty} u_n$收敛；

(2) 当级数$\sum\limits_{n=1}^{\infty} u_n$发散时，级数$\sum\limits_{n=1}^{\infty} v_n$发散．

证明 设级数$\sum\limits_{n=1}^{\infty} u_n$和$\sum\limits_{n=1}^{\infty} v_n$的部分和分别是$A_n, B_n$，则
$$A_n = u_1 + u_2 + \cdots + u_n \leqslant v_1 + v_2 + \cdots + v_n = B_n.$$

(1) 若级数$\sum\limits_{n=1}^{\infty} v_n$收敛，则其部分和数列$\{B_n\}$有界，从而级数$\sum\limits_{n=1}^{\infty} u_n$的部分和数列$\{A_n\}$有界，由定理 1 可知，级数$\sum\limits_{n=1}^{\infty} u_n$收敛．

(2) 反证法．假设级数$\sum\limits_{n=1}^{\infty} v_n$收敛，且$u_n \leqslant v_n$，则由(1)可知，级数$\sum\limits_{n=1}^{\infty} u_n$收敛．与条件级数$\sum\limits_{n=1}^{\infty} u_n$发散相矛盾．故级数$\sum\limits_{n=1}^{\infty} v_n$发散．

由级数的每一项都乘以一个不为零的常数后或去掉前面有限项，不会改变级数的敛散性，可得下述推论．

推论 1 如果级数$\sum\limits_{n=1}^{\infty} u_n$与$\sum\limits_{n=1}^{\infty} v_n$都是正项级数，若存在常数$k>0$，使得$u_n \leqslant kv_n$（从某一项起），则

(1) 当级数$\sum\limits_{n=1}^{\infty} v_n$收敛时，级数$\sum\limits_{n=1}^{\infty} u_n$收敛；

(2) 当级数$\sum\limits_{n=1}^{\infty} u_n$发散时，级数$\sum\limits_{n=1}^{\infty} v_n$发散．

例 1 判定级数
$$\sum_{n=1}^{\infty} \frac{1}{n^n} = 1 + \frac{1}{2^2} + \frac{1}{3^3} + \cdots + \frac{1}{n^n} + \cdots$$
的敛散性．

解 当$n \geqslant 2$时，$\frac{1}{n^n} \leqslant \frac{1}{2^{n-1}}$，且等比级数$\sum\limits_{n=1}^{\infty} \frac{1}{2^{n-1}}$收敛于 2，由比较判别法可知，级数$\sum\limits_{n=1}^{\infty} \frac{1}{n^n}$收敛．

例 2 讨论p-级数

$$\sum_{n=1}^{\infty} \frac{1}{n^p} = 1 + \frac{1}{2^p} + \frac{1}{3^p} + \cdots + \frac{1}{n^p} + \cdots$$

的敛散性,其中常数 $p>0$.

解 当 $p\leqslant 1$ 时,因为 $\frac{1}{n^p} \geqslant \frac{1}{n}$,而调和级数 $\sum_{n=1}^{\infty} \frac{1}{n}$ 是发散的,所以由比较判别法可知,此时 p-级数是发散的.

当 $p>1$ 时,由 $n-1\leqslant x<n$,有 $\frac{1}{n^p}<\frac{1}{x^p}$,所以

$$\frac{1}{n^p} = \int_{n-1}^{n} \frac{1}{n^p} dx < \int_{n-1}^{n} \frac{1}{x^p} dx \ (n=2,3,\cdots),$$

从而级数 $\sum_{n=1}^{\infty} \frac{1}{n^p}$ 的部分和

$$S_n = 1 + \frac{1}{2^p} + \frac{1}{3^p} + \cdots + \frac{1}{n^p}$$
$$< 1 + \int_1^2 \frac{1}{x^p} dx + \int_2^3 \frac{1}{x^p} dx + \cdots + \int_{n-1}^n \frac{1}{x^p} dx$$
$$= 1 + \int_1^n \frac{1}{x^p} dx = 1 + \frac{1}{p-1}\left(1 - \frac{1}{n^{p-1}}\right) < 1 + \frac{1}{p-1},$$

即部分和数列 $\{S_n\}$ 有界,故此时 p-级数是收敛的.

综上所述,当 $p>1$ 时,p-数级收敛;当 $0<p\leqslant 1$ 时,p-级数发散(图 7-2-1).

注 比较判别法是判别正项级数收敛性的一个重要方法.对于给定的正项级数,如果要用比较判别法来判别其收敛性,则首先要通过观察,找到另一个已知级数与其进行比较,并应用定理 2 进行判断.只有知道一些重要级数的收敛性,并加以灵活应用,才能熟练掌握.至今为止,我们熟悉的重要级数包括等比级数、调和级数以及 p-级数等.

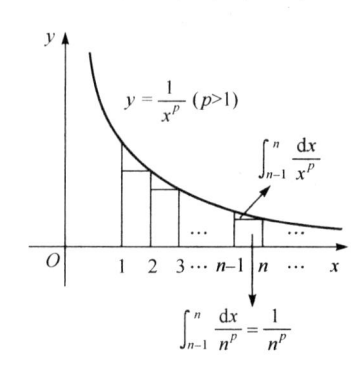

图 7-2-1

例 3 判定级数 $\sum_{n=1}^{\infty} \frac{1}{(n+1)^2}$ 的敛散性.

解 因为 $\frac{1}{(n+1)^2} \leqslant \frac{1}{n^2}$,而 p-级数 $\sum_{n=1}^{\infty} \frac{1}{n^2}$ 收敛(此时 $p=2>1$),由比较判别法,级数 $\sum_{n=1}^{\infty} \frac{1}{(n+1)^2}$ 收敛.

例 4 判定级数 $\sum_{n=1}^{\infty} \frac{1}{\sqrt{n(n+1)}}$ 的敛散性.

解 因为 $\frac{1}{\sqrt{n(n+1)}} > \frac{1}{\sqrt{(n+1)^2}} = \frac{1}{n+1}$,而调和级数 $\sum_{n=1}^{\infty} \frac{1}{n+1}$ 发散,由比较判别法,级数 $\sum_{n=1}^{\infty} \frac{1}{\sqrt{n(n+1)}}$ 发散.

例 5 判定级数 $\sum_{n=1}^{\infty} \frac{2n+1}{(n+1)^2 (n+2)^2}$ 的敛散性.

解 因为

$$\frac{2n+1}{(n+1)^2(n+2)^2} < \frac{2n+2}{(n+1)^2(n+2)^2} < \frac{2}{(n+1)^3} < \frac{2}{n^3},$$

而 p-级数 $\sum\limits_{n=1}^{\infty}\dfrac{1}{n^3}$ 收敛(此时 $p=3>1$),由比较判别法,级数 $\sum\limits_{n=1}^{\infty}\dfrac{2n+1}{(n+1)^2(n+2)^2}$ 收敛.

要应用比较判别法来判别给定级数的收敛性,就必须建立级数的一般项与某一已知级数的一般项之间的不等式.但由例 5 看到有时直接建立这样的不等式相当困难,为应用方便,现给出**比较判别法的极限形式**.

定理 3 如果级数 $\sum\limits_{n=1}^{\infty}u_n$ 与 $\sum\limits_{n=1}^{\infty}v_n$ 都是正项级数,且 $\lim\limits_{n\to\infty}\dfrac{u_n}{v_n}=l$,

(1) 当 $0<l<+\infty$ 时,$\sum\limits_{n=1}^{\infty}u_n$ 与 $\sum\limits_{n=1}^{\infty}v_n$ 有相同的敛散性;

(2) 当 $l=0$ 时,若 $\sum\limits_{n=1}^{\infty}v_n$ 收敛,则 $\sum\limits_{n=1}^{\infty}u_n$ 收敛;

(3) 当 $l=+\infty$ 时,若 $\sum\limits_{n=1}^{\infty}v_n$ 发散,则 $\sum\limits_{n=1}^{\infty}u_n$ 发散.

证明 (1) 由 $\lim\limits_{n\to\infty}\dfrac{u_n}{v_n}=l>0$,取 $\varepsilon=\dfrac{l}{2}>0$,则存在正数 N,当 $n>N$ 时,有

$$\left|\frac{u_n}{v_n}-l\right|<\frac{l}{2},$$

即
$$l-\frac{l}{2}<\frac{u_n}{v_n}<l+\frac{l}{2},$$

从而
$$\frac{l}{2}v_n<u_n<\frac{3l}{2}v_n.$$

所以,由比较判别法知 $\sum\limits_{n=1}^{\infty}u_n$ 与 $\sum\limits_{n=1}^{\infty}v_n$ 具有相同的敛散性.

(2) 当 $l=0$,取 $\varepsilon=1$,则存在正数 N,当 $n>N$ 时,有

$$\left|\frac{u_n}{v_n}\right|<1,$$

得 $\dfrac{u_n}{v_n}<1$,即 $u_n<v_n$,由比较判别法即可得证.

(3) 当 $l=+\infty$,取 $M=1$,则存在正数 N,当 $n>N$ 时,有 $\dfrac{u_n}{v_n}>1$,即 $u_n>v_n$,由比较判别法即可得证.

注 在情形(1)中,当 $0<l<+\infty$ 时,可表述为:若 u_n 与 lv_n 是 $n\to\infty$ 时的等价无穷小,则 $\sum\limits_{n=1}^{\infty}u_n$ 与 $\sum\limits_{n=1}^{\infty}v_n$ 有相同的敛散性.

如果将所给级数与 p-级数比较,即可得到下列常用结论.

推论 2 设 $\sum\limits_{n=1}^{\infty}u_n$ 是正项级数.

(1) 若 $\lim\limits_{n\to\infty}\dfrac{u_n}{\dfrac{1}{n}}=l>0$ 或 $\lim\limits_{n\to\infty}\dfrac{u_n}{\dfrac{1}{n}}=+\infty$,则级数 $\sum\limits_{n=1}^{\infty}u_n$ 发散;

(2) 若 $p>1$,而 $\lim\limits_{n\to\infty}\dfrac{u_n}{\dfrac{1}{n^p}}$ 存在,则级数 $\sum\limits_{n=1}^{\infty}u_n$ 收敛.

例6 判定级数 $\sum_{n=1}^{\infty} \dfrac{n+1}{n^2+5n+2}$ 的敛散性.

解 因为
$$\lim_{n\to\infty}\dfrac{\dfrac{n+1}{n^2+5n+2}}{\dfrac{1}{n}}=\lim_{n\to\infty}\dfrac{n^2+n}{n^2+5n+2}=1,$$

且级数 $\sum_{n=1}^{\infty}\dfrac{1}{n}$ 发散. 所以, 级数 $\sum_{n=1}^{\infty}\dfrac{n+1}{n^2+5n+2}$ 发散.

例7 判定下列级数的的敛散性:

(1) $\sum_{n=1}^{\infty}\ln\left(1+\dfrac{1}{n^2}\right)$;   (2) $\sum_{n=1}^{\infty} 2^n \cdot \tan\dfrac{\pi}{3^n}$.

解 (1) 当 $n\to\infty$ 时, $\ln\left(1+\dfrac{1}{n^2}\right)\sim\dfrac{1}{n^2}$, 所以

$$\lim_{n\to\infty}\dfrac{\ln\left(1+\dfrac{1}{n^2}\right)}{\dfrac{1}{n^2}}=\lim_{n\to\infty}\dfrac{\dfrac{1}{n^2}}{\dfrac{1}{n^2}}=1,$$

且 p-级数 $\sum_{n=1}^{\infty}\dfrac{1}{n^2}$ 收敛(此时 $p=2>1$), 故推论 2 知, 级数 $\sum_{n=1}^{\infty}\ln\left(1+\dfrac{1}{n^2}\right)$ 收敛.

(2) 当 $n\to\infty$ 时, $\tan\dfrac{\pi}{3^n}\sim\dfrac{\pi}{3^n}$, 所以

$$\lim_{n\to\infty}\dfrac{2^n\cdot\tan\dfrac{\pi}{3^n}}{2^n\cdot\dfrac{\pi}{3^n}}=\lim_{n\to\infty}\dfrac{\dfrac{\pi}{3^n}}{\dfrac{\pi}{3^n}}=1,$$

且级数 $\sum_{n=1}^{\infty}2^n\cdot\dfrac{\pi}{3^n}=\pi\sum_{n=1}^{\infty}\left(\dfrac{2}{3}\right)^n$ 是公比 $|q|=\dfrac{2}{3}<1$ 的等比级数, 所以收敛. 故由定理 3 知, 级数 $\sum_{n=1}^{\infty}2^n\cdot\tan\dfrac{\pi}{3^n}$ 收敛.

使用比较判别法或其极限形式, 都需要找一个已知级数来进行比较, 这多少有些困难, 下面学习的判别法, 是利用级数自身特点进行判断, 使用起来相对方便些.

7.2.2 比值判别法

定理 4(比值判别法) 如果 $\sum_{n=1}^{\infty}u_n$ 是正项级数, 且 $\lim_{n\to\infty}\dfrac{u_{n+1}}{u_n}=\rho$(或 $\rho=+\infty$), 则

(1) 当 $\rho<1$ 时, 级数收敛;
(2) 当 $\rho>1$(包括 $\rho=+\infty$)时, 级数发散;
(3) 当 $\rho=1$ 时, 本判别法失效.

证明 当 ρ 为有限数时, 对任意的 $\varepsilon>0$, 存在正整数 N, 当 $n>N$ 时, 有
$$\left|\dfrac{u_{n+1}}{u_n}-\rho\right|<\varepsilon,$$

即
$$\rho-\varepsilon<\dfrac{u_{n+1}}{u_n}<\rho+\varepsilon.$$

(1) 当 $\rho<1$ 时, 取 $0<\varepsilon<1-\rho$, 使 $r=\rho+\varepsilon<1$, 则当 $n>N$ 时,
$$u_{N+2}<ru_{N+1},$$
$$u_{N+3}<ru_{N+2}<r^2u_{N+1},$$

$$u_{N+4} < r u_{N+3} < r^3 u_{N+1},$$
$$\cdots\cdots,$$
$$u_{N+m} < r u_{N+m-1} < r^2 u_{N+m-2} < \cdots < r^{m-1} u_{N+1},$$
$$\cdots\cdots.$$

而级数 $\sum_{m=1}^{\infty} r^{m-1} u_{N+1}$ 收敛，由比较判别法，知级数 $\sum_{m=1}^{\infty} u_{N+m} = \sum_{m=N+1}^{\infty} u_n$ 收敛，由性质 3，级数 $\sum_{n=1}^{\infty} u_n$ 收敛.

(2) 当 $\rho > 1$ 时，取 $0 < \varepsilon < \rho - 1$，使 $r = \rho - \varepsilon > 1$，则当 $n > N$ 时，有 $\frac{u_{n+1}}{u_n} > r$，$u_{n+1} > r u_n > u_n$，即当 $n > N$ 时，级数 $\sum_{n=1}^{\infty} u_n$ 的一般项逐渐增大，从而 $\lim_{n \to \infty} u_n \neq 0$，由性质 5，得级数 $\sum_{n=1}^{\infty} u_n$ 发散.

类似地，可以证明当 $\lim_{n \to \infty} \frac{u_{n+1}}{u_n} = \infty$ 时，级数 $\sum_{n=1}^{\infty} u_n$ 发散.

(3) 当 $\rho = 1$ 时，比值判别法失效.

例如，对于级数 $\sum_{n=1}^{\infty} \frac{1}{n}$，有

$$\lim_{n \to \infty} \frac{u_{n+1}}{u_n} = \lim_{n \to \infty} \frac{\frac{1}{n+1}}{\frac{1}{n}} = \lim_{n \to \infty} \frac{n}{n+1} = 1;$$

对于级数 $\sum_{n=1}^{\infty} \frac{1}{n^2}$，有

$$\lim_{n \to \infty} \frac{u_{n+1}}{u_n} = \lim_{n \to \infty} \frac{\frac{1}{(n+1)^2}}{\frac{1}{n^2}} = \lim_{n \to \infty} \frac{n^2}{(n+1)^2} = 1.$$

而调和级数 $\sum_{n=1}^{\infty} \frac{1}{n}$ 发散，级数 $\sum_{n=1}^{\infty} \frac{1}{n^2}$ 收敛. 因此，在 $\rho = 1$ 时，就要用其他判别法进行判别.

例 8 判断下列级数的敛散性：

(1) $\sum_{n=1}^{\infty} \frac{1}{n!}$； (2) $\sum_{n=1}^{\infty} \frac{(2n)!}{10^n}$.

解 (1) $u_n = \frac{1}{n!}$，由于

$$\lim_{n \to \infty} \frac{u_{n+1}}{u_n} = \lim_{n \to \infty} \frac{\frac{1}{(n+1)!}}{\frac{1}{n!}} = \lim_{n \to \infty} \frac{1}{n+1} = 0 < 1,$$

根据比值判别法可知，级数 $\sum_{n=1}^{\infty} \frac{1}{n!}$ 收敛.

(2) 因为 $u_n = \frac{(2n)!}{10^n}$，由于

$$\lim_{n \to \infty} \frac{u_{n+1}}{u_n} = \lim_{n \to \infty} \frac{\frac{(2n+2)!}{10^{n+1}}}{\frac{(2n)!}{10^n}} = \lim_{n \to \infty} \frac{(2n+2)(2n+1)}{10} = +\infty,$$

根据比值判别法可知,级数 $\sum\limits_{n=1}^{\infty} \dfrac{(2n)!}{10^n}$ 发散.

例 9 判定级数 $\sum\limits_{n=1}^{\infty} \dfrac{n\cos^2 \dfrac{n}{3}\pi}{2^n}$ 的敛散性.

解 因为 $\cos^2 \dfrac{n}{3}\pi \leqslant 1$,所以

$$\dfrac{n\cos^2 \dfrac{n}{3}\pi}{2^n} \leqslant \dfrac{n}{2^n}.$$

对于正项级数 $\sum\limits_{n=1}^{\infty} \dfrac{n}{2^n}$,由于

$$\lim_{n\to\infty} \dfrac{u_{n+1}}{u_n} = \lim_{n\to\infty} \dfrac{\dfrac{n+1}{2^{n+1}}}{\dfrac{n}{2^n}} = \lim_{n\to\infty} \dfrac{n+1}{2n} = \dfrac{1}{2} < 1,$$

根据比值判别法知,级数 $\sum\limits_{n=1}^{\infty} \dfrac{n}{2^n}$ 收敛,再由比较判别法知,级数 $\sum\limits_{n=1}^{\infty} \dfrac{n\cos^2 \dfrac{n}{3}\pi}{2^n}$ 收敛.

7.2.3 根值判别法

定理 5(根值判别法) 如果 $\sum\limits_{n=1}^{\infty} u_n$ 是正项级数,且 $\lim\limits_{n\to\infty} \sqrt[n]{u_n} = \rho$(或 $\rho = +\infty$),则

(1) 当 $\rho < 1$ 时,级数收敛;

(2) 当 $\rho > 1$(包括 $\rho = +\infty$)时,级数发散;

(3) 当 $\rho = 1$ 时,本判别法失效.

证明 当 ρ 为有限数时,对任意的 $\varepsilon > 0$,存在正整数 $N > 0$,当 $n > N$ 时,有

$$\left| \sqrt[n]{u_n} - \rho \right| < \varepsilon,$$

即

$$\rho - \varepsilon < \sqrt[n]{u_n} < \rho + \varepsilon.$$

(1) 当 $\rho < 1$ 时,取 $0 < \varepsilon < 1 - \rho$,使 $r = \rho + \varepsilon < 1$,则当 $n > N$ 时,有

$$\sqrt[n]{u_n} < r, \quad 即 \quad u_n < r^n.$$

因为级数 $\sum\limits_{n=1}^{\infty} r^n$ 收敛,所以由比较判别法知,级数 $\sum\limits_{n=1}^{\infty} u_n$ 收敛.

(2) 当 $\rho > 1$(或 $\rho = +\infty$)时,取 $0 < \varepsilon < \rho - 1$,使 $r = \rho - \varepsilon > 1$,则当 $n > N$ 时,有

$$\sqrt[n]{u_n} > r, \quad 即 \quad u_n > r^n,$$

从而,当 $n > N$ 时,级数 $\sum\limits_{n=1}^{\infty} u_n$ 的一般项逐渐增大,从而 $\lim\limits_{n\to\infty} u_n \neq 0$,由性质 5 可知,级数 $\sum\limits_{n=1}^{\infty} u_n$ 发散.

(3) 当 $\rho = 1$ 时,本判别法失效.

例如,对于级数 $\sum\limits_{n=1}^{\infty} \dfrac{1}{n}$,因为

$$\lim_{n\to\infty} \sqrt[n]{n} = \lim_{n\to\infty} n^{\frac{1}{n}} = \lim_{x\to+\infty} x^{\frac{1}{x}} = \lim_{x\to+\infty} e^{\frac{1}{x}\ln x} = e^{\lim\limits_{x\to+\infty} \frac{1}{x}} = e^0 = 1,$$

所以
$$\lim_{n\to\infty}\sqrt[n]{u_n}=\lim_{n\to\infty}\sqrt[n]{\frac{1}{n}}=\lim_{n\to\infty}\frac{1}{\sqrt[n]{n}}=1.$$

对于级数 $\sum_{n=1}^{\infty}\frac{1}{n^2}$，因为
$$\lim_{n\to\infty}\sqrt[n]{n^2}=\lim_{n\to\infty}n^{\frac{2}{n}}=\lim_{x\to+\infty}x^{\frac{2}{x}}=\lim_{x\to+\infty}e^{\frac{2}{x}\ln x}=e^{\lim_{x\to+\infty}\frac{2}{x}}=e^0=1,$$

所以
$$\lim_{n\to\infty}\sqrt[n]{u_n}=\lim_{n\to\infty}\sqrt[n]{\frac{1}{n^2}}=\lim_{n\to\infty}\frac{1}{\sqrt[n]{n^2}}=1.$$

而调和级数 $\sum_{n=1}^{\infty}\frac{1}{n}$ 发散，p-级数 $\sum_{n=1}^{\infty}\frac{1}{n^2}$ 收敛．因此，在 $\rho=1$ 时就要用其他判别法进行判别．

例 10 判别下列级数的敛散性：

(1) $\sum_{n=1}^{\infty}\left(\frac{n}{2n+1}\right)^n$； (2) $\sum_{n=1}^{\infty}\left(1-\frac{1}{n}\right)^{n^2}$.

解 (1) 因为
$$\lim_{n\to\infty}\sqrt[n]{u_n}=\lim_{n\to\infty}\sqrt[n]{\left(\frac{n}{2n+1}\right)^n}=\lim_{n\to\infty}\frac{n}{2n+1}=\frac{1}{2}<1,$$

由根值判别法知，级数 $\sum_{n=1}^{\infty}\left(\frac{n}{2n+1}\right)^n$ 收敛．

(2) 因为
$$\lim_{n\to\infty}\sqrt[n]{u_n}=\lim_{n\to\infty}\sqrt[n]{\left(1-\frac{1}{n}\right)^{n^2}}=\lim_{n\to\infty}\left(1-\frac{1}{n}\right)^n=\frac{1}{e}<1,$$

由根值判别法知，级数 $\sum_{n=1}^{\infty}\left(1-\frac{1}{n}\right)^{n^2}$ 收敛．

以上介绍了几种有关正项级数敛散性判别的常见方法，应用时应注意以下几点：

(1) 先验证级数的一般项是否收敛于零，如果不收敛于零，则级数必发散；
(2) 如果级数的一般项中含有阶乘、幂函数时，应考虑使用比值判别法；
(3) 如果级数的一般项中含有 n 次幂因子时，应考虑使用根值判别法；
(4) 如果比值判别法或根值判别法中的 $\rho=1$ 时，必须改用其他方法（如比较判别法或其极限形式）进行判别．

习　题　7-2

1. 用比较判别法或其极限形式判别下列级数的敛散性：

(1) $\sum_{n=1}^{\infty}\frac{1+n}{2n^2-1}$； (2) $\sum_{n=1}^{\infty}\frac{1}{n^2+1}$； (3) $\sum_{n=1}^{\infty}\frac{1}{(n+1)(n+4)}$；

(4) $\sum_{n=1}^{\infty}\frac{1}{n\sqrt{n+1}}$； (5) $\sum_{n=1}^{\infty}\frac{1}{\ln(n+1)}$； (6) $\sum_{n=1}^{\infty}\ln\left(1+\frac{1}{n}\right)$；

(7) $\sum_{n=1}^{\infty}\frac{n^{n-1}}{(n+1)^{n+1}}$； (8) $\sum_{n=1}^{\infty}\frac{1}{\sqrt{n}}\sin\frac{1}{\sqrt{n}}$； (9) $\sum_{n=1}^{\infty}\sin\frac{\pi}{2^n}$.

2. 用比值判别法判别下列级数的敛散性：

(1) $\sum_{n=1}^{\infty}\frac{5^n}{n\cdot 2^n}$； (2) $\frac{1}{2}+\frac{3}{2^2}+\frac{5}{2^3}+\frac{7}{2^4}+\cdots$； (3) $\sum_{n=1}^{\infty}\frac{1}{2^{2n-1}(2n-1)}$；

(4) $\frac{3}{1\,000}+\frac{3^2}{2\,000}+\frac{3^3}{3\,000}+\frac{3^4}{4\,000}+\cdots$； (5) $1+\frac{7}{2!}+\frac{7^2}{3!}+\frac{7^3}{4!}+\cdots$； (6) $\sum_{n=1}^{\infty}\frac{(n!)^2}{(2n)!}$；

(7) $\sum_{n=1}^{\infty} \frac{2^n}{n(n+1)}$; (8) $\sum_{n=1}^{\infty} \frac{2^n n!}{n^n}$; (9) $\sum_{n=1}^{\infty} \frac{3^n}{7^n - 3^n}$;

(10) $\sum_{n=1}^{\infty} \frac{a^n}{n^k} (a > 0)$.

3. 用根值判别法判别下列级数的敛散性：

(1) $\sum_{n=1}^{\infty} \left(\frac{n}{5n+1}\right)^n$; (2) $\sum_{n=1}^{\infty} \frac{1}{[\ln(n+1)]^n}$; (3) $\sum_{n=1}^{\infty} \left(\frac{n}{3n-1}\right)^{2n-1}$;

(4) $\sum_{n=1}^{\infty} \frac{n^2}{\left(n+\frac{1}{n}\right)^n}$; (5) $\sum_{n=1}^{\infty} \frac{3^n}{\left(\frac{n+1}{n}\right)^{n^2}}$; (6) $\sum_{n=1}^{\infty} \left(\frac{3n^2}{n^2+1}\right)^n$;

(7) $\sum_{n=1}^{\infty} \frac{1}{2^{n+(-1)^n}}$; (8) $\sum_{n=1}^{\infty} \frac{3^n}{1+e^n}$.

4. 若级数 $\sum_{n=1}^{\infty} a_n^2$ 与 $\sum_{n=1}^{\infty} b_n^2$ 都收敛，证明下列级数也收敛：

(1) $\sum_{n=1}^{\infty} |a_n b_n|$; (2) $\sum_{n=1}^{\infty} (a_n + b_n)^2$; (3) $\sum_{n=1}^{\infty} \frac{|a_n|}{n}$.

5. 判别级数 $\sum_{n=1}^{\infty} \left(\frac{b}{a_n}\right)^n$ 的敛散性，其中 $a_n \to \alpha (n \to \infty)$，且 a_n, b, α 均为正数．

6. 证明级数 $\sum_{n=2}^{\infty} \frac{1}{\ln(n!)}$ 发散．

7. 设 $u_n > 0, v_n > 0 (n=1,2,\cdots)$，且 $\frac{u_{n+1}}{u_n} \leqslant \frac{v_{n+1}}{v_n}$，证明：若 $\sum_{n=1}^{\infty} v_n$ 收敛，则 $\sum_{n=1}^{\infty} u_n$ 也收敛．

7.3 一般常数项级数

本节继续讨论关于一般常数项级数收敛性的判别法，这里所谓的"一般常数项级数"是指级数的各项可以是正数、负数或零．下面先讨论一种特殊的级数——交错级数，然后再讨论一般常数项级数．

7.3.1 交错级数

定义 1 如果 $u_n > 0 (n=1,2,\cdots)$，则称级数

$$\sum_{n=1}^{\infty} (-1)^{n-1} u_n = u_1 - u_2 + \cdots + (-1)^{n-1} u_n + \cdots$$

为**交错级数**．

对于交错级数，有下面的判别法：

定理 1(莱布尼茨定理) 若交错级数 $\sum_{n=1}^{\infty} (-1)^{n-1} u_n$ 满足条件：

(1) $u_n \geqslant u_{n+1}$ $(n=1,2,\cdots)$;

(2) $\lim_{n \to \infty} u_n = 0$,

则级数 $\sum_{n=1}^{\infty} (-1)^{n-1} u_n$ 收敛，其和 $S \leqslant u_1$.

证明 设题设级数的部分和为 S_n，把它的前 $2k$ 项和表示成下面两种形式：

$$S_{2k} = u_1 - u_2 + u_3 - u_4 + \cdots + u_{2k-1} + u_{2k}$$
$$= (u_1 - u_2) + (u_3 - u_4) + \cdots + (u_{2k-1} - u_{2k}) \tag{7.3.1}$$
$$= u_1 - (u_2 - u_3) - (u_4 - u_5) - \cdots - (u_{2k-2} - u_{2k-1}) - u_{2k}. \tag{7.3.2}$$

因为 $u_n \geqslant u_{n+1}(n=1,2,\cdots)$,所以两式中,所有括号内的差都非负的. 由式(7.3.1)知, $\{S_{2k}\}$ 单调增加;由式(7.3.2)知,$S_{2k} \leqslant u_1$,即 $\{S_{2k}\}$ 有界,由单调有界准则,得
$$\lim_{k\to\infty} S_{2k} = S \leqslant u_1.$$

又因为 $S_{2k+1} = S_{2k} + u_{2k+1}$,且 $\lim_{n\to\infty} u_n = 0$,则
$$\lim_{k\to\infty} S_{2k+1} = \lim_{k\to\infty} S_{2k} + \lim_{k\to\infty} u_{2k+1} = S + 0 = S,$$

所以,$\lim_{n\to\infty} S_n = S$,于是交错级数 $\sum_{n=1}^{\infty}(-1)^{n-1} u_n$ 收敛.

推论 1 若交错级数满足莱布尼茨定理的条件,则以部分和 S_n 作为级数和 S 的近似值时,其误差 r_n 不超过 u_{n+1},即
$$|r_n| = |S - S_n| \leqslant u_{n+1}.$$

证明 交错级数 $\sum_{n=1}^{\infty}(-1)^{n-1} u_n$ 的余项的绝对值
$$|r_n| = |(-1)^n u_{n+1} + (-1)^{n+1} u_{n+2} + (-1)^{n+2} u_{n+3} + (-1)^{n+3} u_{n+4} + \cdots|$$
$$= u_{n+1} - u_{n+2} + u_{n+3} - u_{n+4} + \cdots \leqslant u_{n+1}.$$

例 1 判定级数 $\sum_{n=1}^{\infty}(-1)^{n-1} \frac{1}{\sqrt{n}}$ 的敛散性.

解 题设级数是交错级数,因为 u_n 满足

(1) $u_n = \frac{1}{\sqrt{n}} > \frac{1}{\sqrt{n+1}} = u_{n+1}$,

(2) $\lim_{n\to\infty} u_n = \lim_{n\to\infty} \frac{1}{\sqrt{n}} = 0$,

所以,级数 $\sum_{n=1}^{\infty}(-1)^{n-1} \frac{1}{\sqrt{n}}$ 收敛. 又因为 $u_1 = 1$,则其和 $S < 1$.

例 2 断级数 $\sum_{n=2}^{\infty}(-1)^{n-1} \frac{\ln n}{n}$ 的敛散性.

解 级数为交错级数. 令 $f(x) = \frac{\ln x}{x}$,则
$$f'(x) = \frac{1-\ln x}{x^2} < 0 \quad (x \geqslant 3),$$

即当 $x \geqslant 3$ 时,$f'(x) < 0$,所以在 $[3, +\infty)$ 上,$f(x)$ 单调减少. 于是当 $n \geqslant 3$ 时,$f(n) > f(n+1)$,即 $u_n \geqslant u_{n+1}(n=3,4,\cdots)$,又利用洛必达法则,有
$$\lim_{n\to\infty} \frac{\ln n}{n} = \lim_{x\to+\infty} \frac{\ln x}{x} = \lim_{x\to+\infty} \frac{1}{x} = 0.$$

所以,由莱布尼茨定理知,级数 $\sum_{n=2}^{\infty}(-1)^{n-1} \frac{\ln n}{n}$ 收敛.

注 判别交错级数 $\sum_{n=1}^{\infty}(-1)^{n-1} f(n)$(其中 $f(n) > 0$)的收敛性时,如果数列 $\{f(n)\}$ 单调减少不易判断,可通过讨论 x 充分大时 $f'(x)$ 的符号,来判断当 n 充分大时数列 $\{f(n)\}$ 是否单调减少;如果直接求极限 $\lim_{n\to\infty} f(n)$ 有困难,亦可通过求极限 $\lim_{x\to+\infty} f(x)$(假定它存在)来求 $\lim_{n\to\infty} f(n)$.

7.3.2 一般常数项级数

级数
$$\sum_{n=1}^{\infty} u_n = u_1 + u_2 + \cdots + u_n + \cdots \tag{7.3.3}$$

是**一般的常数项级数**,其中 u_n 可以是正数、负数或零. 对这个级数各项取绝对值后,得到下面的正项级数:

$$\sum_{n=1}^{\infty} |u_n| = |u_1| + |u_2| + \cdots + |u_n| + \cdots, \tag{7.3.4}$$

称级数(7.3.4)为原级数(7.3.3)的**绝对值级数**.

上述两个级数的收敛性有下述关系.

定理 2 如果 $\sum_{n=1}^{\infty} |u_n|$ 收敛,则 $\sum_{n=1}^{\infty} u_n$ 收敛.

证明 因为 $0 \leqslant u_n + |u_n| \leqslant 2|u_n|$,且级数 $\sum_{n=1}^{\infty} 2|u_n|$ 收敛,故由比较判别法知 $\sum_{n=1}^{\infty} (u_n + |u_n|)$ 收敛,又

$$\sum_{n=1}^{\infty} u_n = \sum_{n=1}^{\infty} [(u_n + |u_n|) - |u_n|],$$

所以,级数 $\sum_{n=1}^{\infty} u_n$ 收敛.

注 上述定理的逆命题不一定成立. 即如果级数 $\sum_{n=1}^{\infty} u_n$ 收敛,不一定有 $\sum_{n=1}^{\infty} |u_n|$ 收敛.

例如,由莱布尼茨定理可知,级数 $\sum_{n=1}^{\infty} (-1)^{n-1} \frac{1}{n}$ 收敛,但它的绝对值级数为调和级数 $\sum_{n=1}^{\infty} \left| (-1)^{n-1} \frac{1}{n} \right| = \sum_{n=1}^{\infty} \frac{1}{n}$ 是发散的.

由此定理,可以把部分一般常数项级数的敛散性判别问题转化为正项级数敛散性判别问题. 即当一个一般常数项级数所对应的绝对值级数收敛时,这个一般常数项级数必收敛. 对于级数的这种收敛性,给出以下定义.

定义 2 设 $\sum_{n=1}^{\infty} u_n$ 为一般常数项级数,则

(1) 当 $\sum_{n=1}^{\infty} |u_n|$ 收敛时,称 $\sum_{n=1}^{\infty} u_n$ 为**绝对收敛**;

(2) 当 $\sum_{n=1}^{\infty} |u_n|$ 发散,且 $\sum_{n=1}^{\infty} u_n$ 收敛时,称 $\sum_{n=1}^{\infty} u_n$ 为**条件收敛**.

根据以上定义,对于一般常数项级数,应当判别它是绝对收敛、条件收敛还是发散. 而判断一般常数项级数绝对收敛时,可以借助正项级数的判别法来讨论.

例 3 判别级数 $\sum_{n=1}^{\infty} \frac{\sin n}{n^2}$ 的敛散性.

解 因为 $|u_n| = \left| \frac{\sin n}{n^2} \right| \leqslant \frac{1}{n^2}$,且 $\sum_{n=1}^{\infty} \frac{1}{n^2}$ 收敛,根据比较判别法可知,$\sum_{n=1}^{\infty} \left| \frac{\sin n}{n^2} \right|$ 收敛,从

而，原级数 $\sum_{n=1}^{\infty} \frac{\sin n}{n^2}$ 绝对收敛.

例 4 判断级数 $\sum_{n=1}^{\infty} (-1)^{n-1} \frac{1}{n^p}$ 的敛散性.

解 由于
$$\sum_{n=1}^{\infty} \left| (-1)^{n-1} \frac{1}{n^p} \right| = \sum_{n=1}^{\infty} \frac{1}{n^p}.$$

当 $p \leqslant 0$ 时，$\lim_{n \to \infty} \frac{1}{n^p} \neq 0$，所以 $\lim_{n \to \infty} (-1)^{n-1} \frac{1}{n^p} \neq 0$，由性质 5 知，题设级数发散.

当 $0 < p \leqslant 1$ 时，p-级数 $\sum_{n=1}^{\infty} \frac{1}{n^p}$ 发散，由莱布尼茨定理知，$\sum_{n=1}^{\infty} (-1)^{n-1} \frac{1}{n^p}$ 收敛，故题设级数条件收敛.

当 $p > 1$ 时，p-级数 $\sum_{n=1}^{\infty} \frac{1}{n^p}$ 收敛，故题设级数绝对收敛.

综上所述，交错级数 $\sum_{n=1}^{\infty} (-1)^{n-1} \frac{1}{n^p}$，当 $p \leqslant 0$ 时，发散；当 $0 < p \leqslant 1$ 时，条件收敛；当 $p > 1$ 时，绝对收敛.

例 5 判别级数 $\sum_{n=1}^{\infty} (-1)^n \frac{n^{n+1}}{(n+1)!}$ 的敛散性.

解 这是一个交错级数，其一般项为 $u_n = (-1)^n \frac{n^{n+1}}{(n+1)!}$. 先判断级数 $\sum_{n=1}^{\infty} |u_n|$ 是否收敛. 利用比值判别法，因为

$$\lim_{n \to \infty} \frac{|u_{n+1}|}{|u_n|} = \lim_{n \to \infty} \frac{(n+1)^{n+2}}{[(n+1)+1]!} \cdot \frac{(n+1)!}{n^{n+1}}$$

$$= \lim_{n \to \infty} \left(\frac{n+1}{n} \right)^n \cdot \frac{(n+1)^2}{n(n+2)}$$

$$= \lim_{n \to \infty} \left(1 + \frac{1}{n} \right)^n = e > 1,$$

由比值判别法，级数 $\sum_{n=1}^{\infty} |u_n|$ 发散，从而题设级数不是绝对收敛.

又因为 $\lim_{n \to \infty} \frac{|u_{n+1}|}{|u_n|} > 1$，所以当 n 充分大时，$|u_{n+1}| > |u_n|$，故 $\lim_{n \to \infty} u_n \neq 0$，从而题设级数发散.

例 6 判别级数 $\sum_{n=1}^{\infty} (-1)^n \frac{1}{2^n} \left(1 + \frac{1}{n} \right)^{n^2}$ 的敛散性.

解 因为
$$\lim_{n \to \infty} \sqrt[n]{|u_n|} = \lim_{n \to \infty} \frac{1}{2} \left(1 + \frac{1}{n} \right)^n = \frac{e}{2} > 1,$$

由比值判别法，级数 $\sum_{n=1}^{\infty} |u_n|$ 发散，从而 $\lim_{n \to \infty} |u_n| \neq 0$，所以 $\lim_{n \to \infty} u_n \neq 0$，故题设级数发散.

习 题 7-3

1. 判别下列级数的敛散性，若收敛，是条件收敛还是绝对收敛？

(1) $\sum_{n=1}^{\infty}(-1)^{n-1}\frac{1}{\sqrt[3]{n}}$;   (2) $\sum_{n=1}^{\infty}(-1)^{n}\frac{1}{(2n+1)^{2}}$;   (3) $\sum_{n=1}^{\infty}\frac{\sin na}{(n+1)^{2}}$;

(4) $\sum_{n=1}^{\infty}(-1)^{n-1}\sin\frac{1}{n^{2}}$;   (5) $\sum_{n=1}^{\infty}(-1)^{n+1}\frac{1}{\ln(n+1)}$;   (6) $\sum_{n=1}^{\infty}(-1)^{n}\frac{\ln n}{n}$;

(7) $\sum_{n=1}^{\infty}(-1)^{n+1}\frac{3^{n^2}}{n!}$;   (8) $\sum_{n=1}^{\infty}(-1)^{n+1}\frac{(n+1)^{n}}{2n^{n+1}}$;   (9) $\sum_{n=1}^{\infty}(-1)^{n}\frac{n}{5^{n-1}}$;

(10) $\sum_{n=1}^{\infty}\frac{(-1)^{n}}{na^{n}}(a>0)$;   (11) $\frac{1}{2}+\sum_{n=1}^{\infty}(-1)^{\frac{n(n-1)}{2}}\frac{(2n+1)^{2}}{2^{n+1}}$;

(12) $\frac{1}{3}-\frac{7}{10}+\frac{1}{3^{2}}-\frac{7}{10^{2}}+\frac{1}{3^{3}}-\frac{7}{10^{3}}+\cdots$.

2. 判别级数 $\sum_{n=1}^{\infty}\frac{(-1)^{n-1}\sqrt{n}}{n+1}$ 是绝对收敛,条件收敛,还是发散的?

3. 判别级数 $\sum_{n=2}^{\infty}\sin\left(n\pi+\frac{1}{\ln n}\right)$ 的敛散性.

4. 判别级数 $\sum_{n=2}^{\infty}\frac{(-1)^{n-1}}{[n+(-1)^{n}]^{p}}(p>0)$ 的敛散性.

5. 若级数 $\sum_{n=1}^{\infty}a_{n}$ 与 $\sum_{n=1}^{\infty}b_{n}$ 都绝对收敛,证明下列级数也绝对收敛:

(1) $\sum_{n=1}^{\infty}(a_{n}+b_{n})$;   (2) $\sum_{n=1}^{\infty}(a_{n}-b_{n})$;   (3) $\sum_{n=1}^{\infty}ka_{n}$.

7.4 幂 级 数

7.4.1 函数项级数的概念

定义 1 设 $\{u_{n}(x)\}_{n=1}^{\infty}$ 是定义在区间 I 上的**函数列**,则称

$$\sum_{n=1}^{\infty}u_{n}(x)=u_{1}(x)+u_{2}(x)+\cdots+u_{n}(x)+\cdots \tag{7.4.1}$$

为定义在区间 I 上的**函数项无穷级数**,简称**函数项级数**.

对于区间 I 上每一个确定的值 $x_{0}\in I$,函数项级数(7.4.1)成为常数项级数

$$\sum_{n=1}^{\infty}u_{n}(x_{0})=u_{1}(x_{0})+u_{2}(x_{0})+\cdots+u_{n}(x_{0})+\cdots. \tag{7.4.2}$$

级数(7.4.2)可能收敛也可能发散.如果级数(7.4.2)收敛,则称点 x_{0} 是函数项级数(7.4.1)的**收敛点**;如果(7.4.2)发散,则称点 x_{0} 是函数项级数(7.4.1)的**发散点**.函数项级数(7.4.1)的所有收敛点的全体称为它的**收敛域**;所有发散点的全体称为它的**发散域**.

对于收敛域中每一个点 x,函数项级数 $\sum_{n=1}^{\infty}u_{n}(x)$ 成为一个收敛的常数项级数,因而有一个唯一确定的和与之对应,记为 $S(x)$,即有

$$S(x)=u_{1}(x)+u_{2}(x)+\cdots+u_{n}(x)+\cdots=\sum_{n=1}^{\infty}u_{n}(x).$$

通常称 $S(x)$ 为定义在收敛域上的函数项级数 $\sum_{n=1}^{\infty}u_{n}(x)$ 的**和函数**,这个函数的定义域就是级数的**收敛域**.如果把函数项级数 $\sum_{n=1}^{\infty}u_{n}(x)$ 的**前 n 项的部分和**记为 $S_{n}(x)$,则在收敛域上有

$$\lim_{n\to\infty}S_{n}(x)=S(x).$$

称

$$r_{n}(x)=S(x)-S_{n}(x)$$

为函数项级数的**余项**(当然,只有 x 在收敛域上 $r_n(x)$ 才有意义),于是有
$$\lim_{n\to\infty} r_n(x)=0.$$

例1 公比是 x 的等比级数
$$\sum_{n=0}^{\infty} 3x^n = 3\sum_{n=0}^{\infty} x^n = 3(1+x+x^2+\cdots+x^n+\cdots).$$
当 $|x|<1$ 时,级数收敛;当 $|x|\geqslant 1$ 时,级数发散.因此,它的收敛域是 $(-1,1)$,发散域是 $(-\infty,-1]\cup[1,+\infty)$.

在收敛域内有
$$\sum_{n=0}^{\infty} 3x^n = 3\sum_{n=0}^{\infty} x^n = \frac{3}{1-x},$$
即级数 $\sum_{n=0}^{\infty} 3x^n$ 在 $(-1,1)$ 内有和函数 $S(x)=\dfrac{3}{1-x}$.

注 函数 $\dfrac{3}{1-x}$ 的定义域是 $(-\infty,1)\cup(1,+\infty)$,但在 $(-1,1)$ 内,它才是级数 $\sum_{n=0}^{\infty} 3x^n$ 的和函数,两者是不同的函数.

7.4.2 幂级数及其收敛性

级数中各项都是幂函数的函数项级数就是幂级数.

定义2 形如
$$\sum_{n=0}^{\infty} a_n x^n = a_0 + a_1 x + a_2 x^2 + \cdots + a_n x^n + \cdots. \tag{7.4.3}$$
或
$$\sum_{n=0}^{\infty} a_n(x-x_0)^n = a_0 + a_1(x-x_0) + a_2(x-x_0)^2 + \cdots + a_n(x-x_0)^n + \cdots \tag{7.4.4}$$
的函数项级数称为**幂级数**,其中常数 $a_0,a_1,a_2,\cdots,a_n,\cdots$ 称为幂级数的**系数**.

注 对于形如 $\sum_{n=0}^{\infty} a_n(x-x_0)^n$ 的幂级数,可通过变量代换 $t=x-x_0$ 转化为 $\sum_{n=0}^{\infty} a_n t^n$ 的形式,所以,以后主要针对形如(7.4.3)的级数展开讨论.

首先讨论幂级数收敛域的问题.

幂级数 $\sum_{n=0}^{\infty} a_n x^n$ 在点 $x=0$ 处总是收敛的,且收敛于 a_0.因此需讨论的是在 $x\neq 0$ 时的敛散性问题.

由例1可以看到,幂级数 $3\sum_{n=0}^{\infty} x^n$ 的收敛域是一个区间 $(-1,1)$.事实上,这个结论对于一般的幂级数也是成立的.得到如下定理:

定理1(阿贝尔定理) 如果级数 $\sum_{n=0}^{\infty} a_n x^n$ 在点 $x_0(x_0\neq 0)$ 处收敛,则对于满足不等式 $|x|<|x_0|$ 的一切 x,级数 $\sum_{n=0}^{\infty} a_n x^n$ 绝对收敛;如果级数 $\sum_{n=0}^{\infty} a_n x^n$ 在点 x_0 处发散,则对于满足不等式 $|x|>|x_0|$ 的一切 x,级数 $\sum_{n=0}^{\infty} a_n x^n$ 发散.

证明 (1) 设幂级数 $\sum_{n=0}^{\infty} a_n x^n$ 在点 x_0 处收敛，即级数 $\sum_{n=0}^{\infty} a_n x_0^n$ 收敛．根据级数收敛的必要条件，有

$$\lim_{n\to\infty} a_n x_0^n = 0,$$

于是存在常数 M，使得

$$|a_n x_0^n| \leqslant M \quad (n=0,1,2,\cdots),$$

对于满足不等式 $|x| < |x_0|$ 的一切 x，都有

$$|a_n x^n| = \left|a_n x_0^n \cdot \frac{x^n}{x_0^n}\right| = |a_n x_0^n|\left|\frac{x^n}{x_0^n}\right| \leqslant M\left|\frac{x}{x_0}\right|^n,$$

而当 $\left|\frac{x}{x_0}\right| < 1$ 时，等比级数 $\sum_{n=0}^{\infty} M\left|\frac{x}{x_0}\right|^n$ 收敛，由比较判别法可知，级数 $\sum_{n=0}^{\infty} |a_n x^n|$ 收敛，即级数 $\sum_{n=0}^{\infty} a_n x^n$ 绝对收敛．

(2) 可采用反证法来证明．设级数 $\sum_{n=0}^{\infty} a_n x^n$ 在点 x_0 处发散，而另有一点 x_1，满足 $|x_1| > |x_0|$，并使得级数 $\sum_{n=0}^{\infty} a_n x_1^n$ 收敛，则根据(1)的结论，级数在点 x_0 处也应该收敛，这与假设矛盾．定理得证．

由定理 1 可知，如果幂级数在点 x_0 处收敛，则对于开区间 $(-|x_0|, |x_0|)$ 内的任意点 x，幂级数都收敛；如果幂级数在点 x_0 处发散，则对于闭区间 $[-|x_0|, |x_0|]$ 外的任意点 x，幂级数都发散．

如果幂级数在数轴上既有收敛点(不仅是原点)也有发散点．现在从原点沿数轴向右方走，最初只遇到收敛点，然后就只遇到发散点．这两部分的分界点可能是收敛点也可能是发散点．从原点沿数轴向左方走情形也是如此．这两个分界点 P 与 P' 在原点的两侧，且由定理 1 可以证明它们关于原点对称(图 7-4-1)．

图 7-4-1

从上面的分析，可以得到重要的推论：

推论 1 如果幂级数 $\sum_{n=0}^{\infty} a_n x^n$ 不是仅在 $x=0$ 一点收敛，也不是在整个数轴上都收敛，则必存在一个完全确定的正数 R，使得

(1) 当 $|x| < R$ 时，幂级数绝对收敛；

(2) 当 $|x| > R$ 时，幂级数发散；

(3) 当 $x = R$ 与 $x = -R$ 时，幂级数可能收敛也可能发散．

正数 R 称为幂级数的**收敛半径**，开区间 $(-R, R)$ 称为幂级数的**收敛区间**，由于幂级数在端点 $x = R$ 及 $x = -R$ 处的收敛性单独讨论，因此**收敛域**可能是 $(-R, R)$，$[-R, R)$，$(-R, R]$，$[-R, R]$ 中之一．

如果幂级数只在 $x=0$ 处收敛，这时收敛域只有一点 $x=0$，但为了方便起见，规定这时收敛半径 $R = 0$；如果幂级数对一切 x 都收敛，则规定收敛半径 $R = +\infty$，这时收敛域是 $(-\infty, +\infty)$．

关于幂级数的收敛半径求法，有下面的定理．

定理 2 设幂级数 $\sum_{n=0}^{\infty} a_n x^n$ 的所有系数 $a_n \neq 0$，如果 $\lim_{n\to\infty}\left|\frac{a_{n+1}}{a_n}\right| = \rho$，则

(1) 当 $\rho \neq 0$ 时,此幂级数的收敛半径 $R = \dfrac{1}{\rho}$;

(2) 当 $\rho = 0$ 时,此幂级数的收敛半径 $R = +\infty$;

(3) 当 $\rho = +\infty$ 时,此幂级数的收敛半径 $R = 0$.

证明 对绝对值级数 $\sum\limits_{n=0}^{\infty} |a_n x^n|$ 应用比值判别法,得

$$\lim_{n \to \infty} \left| \frac{a_{n+1} x^{n+1}}{a_n x^n} \right| = \lim_{n \to \infty} \left| \frac{a_{n+1}}{a_n} \right| |x| = \rho |x|.$$

(1) 如果 $\lim\limits_{n \to \infty} \left| \dfrac{a_{n+1}}{a_n} \right| = \rho (\rho \neq 0)$ 存在,则当 $\rho |x| < 1$ 时,即 $|x| < \dfrac{1}{\rho}$ 时,级数 $\sum\limits_{n=0}^{\infty} |a_n x^n|$ 收敛,从而 $\sum\limits_{n=0}^{\infty} a_n x^n$ 绝对收敛;当 $\rho |x| > 1$ 时,即 $|x| > \dfrac{1}{\rho}$ 时,级数 $\sum\limits_{n=0}^{\infty} |a_n x^n|$ 发散,且当 n 充分大时,有

$$|a_{n+1} x^{n+1}| > |a_n x^n|,$$

故一般项 $|a_n x^n|$ 不趋于零,从而题设级数发散,即收敛半径 $R = \dfrac{1}{\rho}$.

(2) 如果 $\lim\limits_{n \to \infty} \left| \dfrac{a_{n+1}}{a_n} \right| = \rho = 0$,则对任意实数 x,都有

$$\lim_{n \to \infty} \left| \frac{a_{n+1} x^{n+1}}{a_n x^n} \right| = \rho |x| = 0 < 1,$$

所以级数 $\sum\limits_{n=0}^{\infty} |a_n x^n|$ 在 $(-\infty, +\infty)$ 上都收敛,于是级数 $\sum\limits_{n=0}^{\infty} a_n x^n$ 绝对收敛,从而收敛半径 $R = +\infty$.

(3) 如果 $\lim\limits_{n \to \infty} \left| \dfrac{a_{n+1}}{a_n} \right| = \rho = +\infty$,则对于任何非零的 x,都有

$$\lim_{n \to \infty} \left| \frac{a_{n+1} x^{n+1}}{a_n x^n} \right| = \rho |x| = +\infty > 1,$$

所以级数 $\sum\limits_{n=0}^{\infty} |a_n x^n|$ 发散,于是级数 $\sum\limits_{n=0}^{\infty} a_n x^n$ 发散,从而收敛半径 $R = 0$.

注 根据幂级数系数的形式,有时也可用根值判别法来求收敛半径,此时有

$$\lim_{n \to \infty} \sqrt[n]{|a_n|} = \rho.$$

在定理 2 中,假设幂级数 $\sum\limits_{n=0}^{\infty} a_n x^n$ 的所有系数 $a_n \neq 0$,这时,幂级数的各项是依幂次连续的,不缺项;如果幂级数有缺项,如缺少奇数次幂,该定理中结论此时失效. 应直接利用比值判别法或根值判别法来判定幂级数的敛散性.

求幂级数 $\sum\limits_{n=0}^{\infty} a_n x^n$ 的收敛域的基本步骤:

(1) 求出收敛半径 R;

(2) 判别常数项级数 $\sum\limits_{n=0}^{\infty} a_n R^n, \sum\limits_{n=0}^{\infty} a_n (-R)^n$ 的敛散性;

(3) 写出幂级数 $\sum\limits_{n=0}^{\infty} a_n x^n$ 的收敛域.

例 2 求下列幂级数的收敛域:

(1) $\sum_{n=1}^{\infty}(-1)^n\dfrac{x^n}{n}$; (2) $\sum_{n=1}^{\infty}\dfrac{x^n}{n!}$; (3) $\sum_{n=1}^{\infty}(-nx)^n$.

解 (1) 因为

$$\rho=\lim_{n\to\infty}\left|\dfrac{a_{n+1}}{a_n}\right|=\lim_{n\to\infty}\dfrac{\dfrac{1}{n+1}}{\dfrac{1}{n}}=\lim_{n\to\infty}\dfrac{n}{n+1}=1,$$

所以,收敛半径 $R=\dfrac{1}{\rho}=1$.

当 $x=1$ 时,题设级数成为 $\sum_{n=1}^{\infty}(-1)^n\dfrac{1}{n}$,该级数收敛;当 $x=-1$ 时,题设级数成为

$$\sum_{n=1}^{\infty}(-1)^n\cdot\dfrac{(-1)^n}{n}=\sum_{n=1}^{\infty}(-1)^{2n}\cdot\dfrac{1}{n}=\sum_{n=1}^{\infty}\dfrac{1}{n},$$

为调和级数,该级数发散. 从而所求收敛域为 $(-1,1]$.

(2) 因为 $\rho=\lim_{n\to\infty}\left|\dfrac{a_{n+1}}{a_n}\right|=\lim_{n\to\infty}\dfrac{\dfrac{1}{(n+1)!}}{\dfrac{1}{n!}}=\lim_{n\to\infty}\dfrac{1}{n+1}=0,$

所以收敛半径 $R=\dfrac{1}{\rho}=+\infty$. 因此,题设收敛域是 $(-\infty,+\infty)$.

(3) 因为 $\rho=\lim_{n\to\infty}\sqrt[n]{|a_n|}=\lim_{n\to\infty}\sqrt[n]{|(-n)^n|}=\lim_{n\to\infty}n=+\infty,$

所以收敛半径 $R=\dfrac{1}{\rho}=0$. 因此,题设级数仅在 $x=0$ 处收敛.

例 3 求幂级数 $\sum_{n=0}^{\infty}\dfrac{(-1)^n}{(n+1)\cdot 3^n}x^n$ 的收敛半径、收敛区间和收敛域.

解 因为

$$\rho=\lim_{n\to\infty}\left|\dfrac{a_{n+1}}{a_n}\right|=\left|\dfrac{\dfrac{(-1)^{n+1}}{(n+2)\cdot 3^{n+1}}}{\dfrac{(-1)^n}{(n+1)\cdot 3^n}}\right|=\lim_{n\to\infty}\left|-\dfrac{n+1}{3(n+2)}\right|=\dfrac{1}{3},$$

所以收敛半径 $R=\dfrac{1}{\rho}=3$,收敛区间为 $(-3,3)$.

当 $x=3$ 时,题设级数成为

$$\sum_{n=0}^{\infty}\dfrac{(-1)^n}{(n+1)\cdot 3^n}\cdot 3^n=\sum_{n=0}^{\infty}(-1)^n\dfrac{1}{n+1},$$

该级数是交错级数,由莱布尼茨定理可知,该级数收敛.

当 $x=-3$ 时,题设级数成为

$$\sum_{n=0}^{\infty}\dfrac{(-1)^n}{(n+1)\cdot 3^n}\cdot(-3)^n=\sum_{n=0}^{\infty}(-1)^{2n}\dfrac{1}{n+1}=\sum_{n=0}^{\infty}\dfrac{1}{n+1}=\sum_{n=1}^{\infty}\dfrac{1}{n},$$

为调和级数,该级数发散. 从而所求收敛域为 $(-3,3]$.

例 4 求幂级数 $\sum_{n=1}^{\infty}\dfrac{x^{2n-1}}{2^n}$ 的收敛半径、收敛区间和收敛域.

解 题设级数是缺少偶数次幂的级数,此时不能用定理 2 中的方法求收敛半径,但可直接利用比值判别法来求. 由于

$$\lim_{n\to\infty}\left|\frac{u_{n+1}(x)}{u_n(x)}\right|=\lim_{n\to\infty}\left|\frac{\frac{1}{2^{n+1}}x^{2n+1}}{\frac{1}{2^n}x^{2n-1}}\right|=\frac{1}{2}|x|^2,$$

当 $\frac{1}{2}x^2<1$ 时，即 $|x|<\sqrt{2}$ 时，级数 $\sum_{n=1}^{\infty}\left|\frac{x^{2n-1}}{2^n}\right|$ 收敛，题设级数 $\sum_{n=1}^{\infty}\frac{x^{2n-1}}{2^n}$ 绝对收敛.

当 $\frac{1}{2}x^2>1$ 时，即 $|x|>\sqrt{2}$ 时，题设级数 $\sum_{n=1}^{\infty}\frac{x^{2n-1}}{2^n}$ 发散. 所以，收敛半径 $R=\sqrt{2}$，收敛区间为 $(-\sqrt{2},\sqrt{2})$.

当 $x=\sqrt{2}$ 时，题设级数成为

$$\sum_{n=1}^{\infty}\frac{(\sqrt{2})^{2n-1}}{2^n}=\sum_{n=1}^{\infty}\frac{(\sqrt{2})^{2n}(\sqrt{2})^{-1}}{2^n}=\sum_{n=1}^{\infty}\frac{1}{\sqrt{2}},$$

该级数发散.

当 $x=-\sqrt{2}$ 时，题设级数成为

$$\sum_{n=1}^{\infty}\frac{(-\sqrt{2})^{2n-1}}{2^n}=\sum_{n=1}^{\infty}\frac{(-\sqrt{2})^{2n}(-\sqrt{2})^{-1}}{2^n}=\sum_{n=1}^{\infty}\left(-\frac{1}{\sqrt{2}}\right),$$

该级数发散. 故所求收敛域为 $(-\sqrt{2},\sqrt{2})$.

例5 求幂级数 $\sum_{n=1}^{\infty}\frac{(-1)^n}{2n-1}(2x-3)^n$ 的收敛域.

解 令 $t=2x-3$，原级数成为 $\sum_{n=1}^{\infty}\frac{(-1)^n}{2n-1}t^n$. 对于此级数，因为

$$\rho=\lim_{n\to\infty}\left|\frac{a_{n+1}}{a_n}\right|=\left|\frac{\frac{(-1)^{n+1}}{2n+1}}{\frac{(-1)^n}{2n-1}}\right|=\lim_{n\to\infty}\left|-\frac{2n-1}{2n+1}\right|=1,$$

所以，收敛半径 $R=\frac{1}{\rho}=1$，收敛区间为 $-1<t<1$.

当 $t=1$ 时，级数 $\sum_{n=1}^{\infty}\frac{(-1)^n}{2n-1}t^n$ 成为 $\sum_{n=1}^{\infty}\frac{(-1)^n}{2n-1}$，该级数是交错级数，由莱布尼茨定理可知，该级数收敛.

当 $t=-1$ 时，级数 $\sum_{n=1}^{\infty}\frac{(-1)^n}{2n-1}t^n$ 成为

$$\sum_{n=1}^{\infty}\frac{(-1)^n}{2n-1}\cdot(-1)^n=\sum_{n=1}^{\infty}\frac{1}{2n-1},$$

该级数发散. 从而级数 $\sum_{n=1}^{\infty}\frac{(-1)^n}{2n-1}t^n$ 的收敛域为 $(-1,1]$. 因为

$$-1<t\leqslant 1,\quad 即 -1<2x-3\leqslant 1,$$

解此不等式得 $1<x\leqslant 2$. 从而题设级数的收敛域为 $(1,2]$.

7.4.3 幂级数的运算

设幂级数 $\sum_{n=0}^{\infty}a_n x^n$ 和 $\sum_{n=0}^{\infty}b_n x^n$ 的收敛半径分别为 R_1 和 R_2，令

$$R=\min\{R_1,R_2\},$$

则由常数项级数的相应运算性质可知,这两个幂级数可进行下列代数运算:

(1) **加减法**.
$$\sum_{n=0}^{\infty} a_n x^n \pm \sum_{n=0}^{\infty} b_n x^n = \sum_{n=0}^{\infty} c_n x^n,$$
其中 $c_n = a_n \pm b_n, x \in (-R, R)$.

(2) **乘法**.
$$\left(\sum_{n=0}^{\infty} a_n x^n\right) \cdot \left(\sum_{n=0}^{\infty} b_n x^n\right) = \sum_{n=0}^{\infty} c_n x^n,$$
其中 $c_n = a_0 \cdot b_n + a_1 \cdot b_{n-1} + \cdots + a_n \cdot b_0, x \in (-R, R)$.

例 6 求幂级数 $\sum_{n=1}^{\infty} \left[\frac{(-1)^n}{n} + \frac{1}{2^n}\right] x^n$ 的收敛半径与收敛域.

解 从例 2 的(1)可知,级数 $\sum_{n=1}^{\infty} (-1)^n \frac{x^n}{n}$ 的收敛域是 $(-1, 1]$.

对级数 $\sum_{n=1}^{\infty} \frac{x^n}{2^n}$,有
$$\rho = \lim_{n \to \infty} \left| \frac{a_{n+1}}{a_n} \right| = \lim_{n \to \infty} \frac{\frac{1}{2^{n+1}}}{\frac{1}{2^n}} = \frac{1}{2},$$
所以,收敛半径 $R = \frac{1}{\rho} = 2$,收敛区间为 $(-2, 2)$.

当 $x = 2$ 时,级数 $\sum_{n=1}^{\infty} \frac{x^n}{2^n}$ 成为 $\sum_{n=1}^{\infty} \frac{2^n}{2^n} = \sum_{n=1}^{\infty} 1, \lim_{n \to \infty} u_n = \lim_{n \to \infty} 1 = 1 \neq 0$,所以发散.

当 $x = -2$ 时,级数 $\sum_{n=1}^{\infty} \frac{x^n}{2^n}$ 成为 $\sum_{n=1}^{\infty} \frac{(-2)^n}{2^n} = \sum_{n=1}^{\infty} (-1), \lim_{n \to \infty} u_n = \lim_{n \to \infty} (-1) = -1 \neq 0$,所以发散.所以,级数 $\sum_{n=1}^{\infty} \frac{x^n}{2^n}$ 的收敛域为 $(-2, 2)$.

因为 $(-1, 1] \cap (-2, 2) = (-1, 1]$,所以原级数 $\sum_{n=1}^{\infty} \left[\frac{(-1)^n}{n} + \frac{1}{2^n}\right] x^n$ 的收敛域是 $(-1, 1]$.

幂级数的和函数是在其收敛域内定义的一个函数,关于这类函数的连续性、可导性及可积性,有如下定理:

定理 3 设幂级数 $\sum_{n=0}^{\infty} a_n x^n$ 的收敛半径为 R,则

(1) 幂级数的和函数 $S(x)$ 在其收敛域 D 上连续;

(2) 幂级数的和函数 $S(x)$ 在其收敛域 D 上可积,并在 D 上有逐项积分公式
$$\int_0^x S(x) \mathrm{d}x = \int_0^x \left(\sum_{n=0}^{\infty} a_n x^n\right) \mathrm{d}x = \sum_{n=0}^{\infty} \int_0^x a_n x^n \mathrm{d}x = \sum_{n=0}^{\infty} \frac{a_n}{n+1} x^{n+1}, \quad (7.4.5)$$
且逐项积分后得到的幂级数和原级数有相同的收敛半径;

(3) 幂级数的和函数 $S(x)$ 在其收敛区间 $(-R, R)$ 内可导,并在 $(-R, R)$ 内有逐项求导公式
$$S'(x) = \left(\sum_{n=0}^{\infty} a_n x^n\right)' = \sum_{n=0}^{\infty} (a_n x^n)' = \sum_{n=1}^{\infty} n a_n x^{n-1}, \quad (7.4.6)$$
且逐项求导后得到的幂级数和原级数有相同的收敛半径.

注 反复应用结论(3)可得,幂级数的和函数 $S(x)$ 在其收敛区间 $(-R,R)$ 内具有任意阶导数.

上述运算性质称为幂级数的**分析运算性质**. 它常用来求幂级数的和函数. 另外,等比级数的和函数

$$\sum_{n=0}^{\infty} x^n = 1 + x + x^2 + \cdots + x^n + \cdots = \frac{1}{1-x} \quad (x \in (-1,1))$$

是幂级数求和时的一个基本的结论. 将来讨论的许多级数求和的问题都可以利用幂级数的运算性质转化为等比级数的求和问题来解决. 例如,

$$\sum_{n=0}^{\infty} x^{2n} = 1 + x^2 + x^4 + \cdots + x^{2n} + \cdots = \frac{1}{1-x^2},$$

$$\sum_{n=0}^{\infty} (-x)^n = 1 - x + x^2 - x^3 + \cdots + (-1)^n x^n + \cdots = \frac{1}{1+x}.$$

但需注意它们的收敛区间不变,但收敛域可能会改变.

例 7 求幂级数 $\sum_{n=1}^{\infty} n x^{n-1}$ 的收敛域与和函数.

解 因为幂级数

$$\sum_{n=1}^{\infty} x^n = x + x^2 + \cdots + x^n + \cdots = \sum_{n=0}^{\infty} x^n - 1 = \frac{1}{1-x} - 1 = \frac{x}{1-x} \quad (x \in (-1,1)),$$

所以 $\sum_{n=1}^{\infty} n x^{n-1}$ 是级数 $\sum_{n=1}^{\infty} x^n = \frac{x}{1-x}$ 逐项求导后得到的幂级数,故其收敛区间也为 $(-1,1)$,收敛半径 $R=1$.

当 $x=1$ 时,原级数成为 $\sum_{n=1}^{\infty} n$,有 $\lim_{n \to \infty} u_n = \lim_{n \to \infty} n = +\infty \neq 0$,此级数发散.

当 $x=-1$ 时,原级数成为 $\sum_{n=1}^{\infty} (-1)^{n-1} n$,有 $\lim_{n \to \infty} u_n \neq 0$,此级数发散.

因此,所求级数 $\sum_{n=1}^{\infty} n x^{n-1}$ 的收敛域是 $(-1,1)$.

设在 $(-1,1)$ 内,$\sum_{n=1}^{\infty} n x^{n-1}$ 的和函数为 $S(x)$,即 $\sum_{n=1}^{\infty} n x^{n-1} = S(x)$,则其和函数

$$S(x) = \sum_{n=1}^{\infty} n x^{n-1} = \sum_{n=1}^{\infty} (x^n)' = \left(\sum_{n=1}^{\infty} x^n\right)' = \left(\frac{x}{1-x}\right)' = \frac{1}{(1-x)^2} \quad (x \in (-1,1)).$$

例 8 求幂级数 $\sum_{n=1}^{\infty} \frac{x^n}{n}$ 的收敛域与和函数.

解 因为幂级数

$$\sum_{n=0}^{\infty} x^n = 1 + x + x^2 + \cdots + x^n + \cdots = \sum_{n=1}^{\infty} x^{n-1} = \frac{1}{1-x} \quad (x \in (-1,1)),$$

所以 $\sum_{n=1}^{\infty} \frac{x^n}{n}$ 是等比级数 $\sum_{n=1}^{\infty} x^{n-1}$ 逐项求积分后得到的幂级数,故其收敛区间也为 $(-1,1)$,收敛半径 $R=1$.

当 $x=1$ 时,原级数成为调和级数 $\sum_{n=1}^{\infty} \frac{1}{n}$,故此级数发散.

当 $x=-1$ 时,原级数成为交错级数 $\sum_{n=1}^{\infty} \frac{(-1)^n}{n}$,此级数收敛. 因此,所求级数 $\sum_{n=1}^{\infty} \frac{x^n}{n}$ 的收

敛域是 $[-1,1)$.

设在 $[-1,1)$ 内，$\sum\limits_{n=1}^{\infty}\dfrac{x^n}{n}$ 的和函数为 $S(x)$，即 $\sum\limits_{n=1}^{\infty}\dfrac{x^n}{n}=S(x)$，则其和函数

$$S(x)=\sum_{n=1}^{\infty}\dfrac{x^n}{n}=\sum_{n=1}^{\infty}\left(\int_0^x x^{n-1}\mathrm{d}x\right)=\int_0^x\left(\sum_{n=1}^{\infty}x^{n-1}\right)\mathrm{d}x=\int_0^x\left(\sum_{n=0}^{\infty}x^n\right)\mathrm{d}x$$

$$=\int_0^x\dfrac{1}{1-x}\mathrm{d}x=-\ln(1-x)\quad(x\in[-1,1)).$$

例9 求幂级数 $\sum\limits_{n=1}^{\infty}(-1)^n nx^n$ 的收敛域与和函数.

解 因为

$$\rho=\lim_{n\to\infty}\left|\dfrac{a_{n+1}}{a_n}\right|=\lim_{n\to\infty}\left|\dfrac{(-1)^{n+1}(n+1)}{(-1)^n n}\right|=\lim_{n\to\infty}\dfrac{n+1}{n}=1,$$

所以，收敛半径 $R=\dfrac{1}{\rho}=1$，收敛区间为 $(-1,1)$.

当 $x=1$ 时，题设级数成为 $\sum\limits_{n=1}^{\infty}(-1)^n n$，显然该级数发散.

当 $x=-1$ 时，题设级数成为 $\sum\limits_{n=1}^{\infty}n$，显然该级数发散. 从而所求收敛域为 $(-1,1)$.

设在 $(-1,1)$ 内，$\sum\limits_{n=1}^{\infty}(-1)^n nx^n$ 的和函数为 $S(x)$，即 $\sum\limits_{n=1}^{\infty}(-1)^n nx^n=S(x)$，则其和函数

$$S(x)=\sum_{n=1}^{\infty}(-1)^n nx^n=x\sum_{n=1}^{\infty}(-1)^n nx^{n-1}=x\sum_{n=1}^{\infty}\left[(-1)^n x^n\right]'=x\left[\sum_{n=1}^{\infty}(-1)^n x^n\right]'$$

$$=x\left[\sum_{n=0}^{\infty}(-1)^n x^n-1\right]'=x\left(\dfrac{1}{1+x}-1\right)'=-\dfrac{x}{(1+x)^2}\quad(x\in(-1,1)).$$

例10 求幂级数 $\sum\limits_{n=1}^{\infty}n^2 x^{n-1}$ 的收敛域与和函数.

解 因为

$$\rho=\lim_{n\to\infty}\left|\dfrac{a_{n+1}}{a_n}\right|=\lim_{n\to\infty}\left|\dfrac{(n+1)^2}{n^2}\right|=\lim_{n\to\infty}\left(\dfrac{n+1}{n}\right)^2=1,$$

所以，收敛半径 $R=\dfrac{1}{\rho}=1$，收敛区间为 $(-1,1)$.

当 $x=1$ 时，题设级数成为 $\sum\limits_{n=1}^{\infty}n^2$，因为 $\lim\limits_{n\to\infty}u_n=\lim\limits_{n\to\infty}n^2=+\infty\neq 0$，故该级数发散.

当 $x=-1$ 时，题设级数成为 $\sum\limits_{n=1}^{\infty}(-1)^{n-1}n^2$，有 $\lim\limits_{n\to\infty}u_n\neq 0$，故该级数发散. 因此，所求级数 $\sum\limits_{n=1}^{\infty}n^2 x^{n-1}$ 的收敛域是 $(-1,1)$.

设在 $(-1,1)$ 内，$\sum\limits_{n=1}^{\infty}n^2 x^{n-1}$ 的和函数为 $S(x)$，即 $\sum\limits_{n=1}^{\infty}n^2 x^{n-1}=S(x)$，则其和函数

$$S(x)=\sum_{n=1}^{\infty}n^2 x^{n-1}=\sum_{n=1}^{\infty}[(n+1)-1]nx^{n-1}=\sum_{n=1}^{\infty}n(n+1)x^{n-1}-\sum_{n=1}^{\infty}nx^{n-1}$$

$$=\left(\sum_{n=1}^{\infty}x^{n+1}\right)''-\left(\sum_{n=1}^{\infty}x^n\right)'=\left(\sum_{n=0}^{\infty}x^n-x-1\right)''-\left(\sum_{n=0}^{\infty}x^n-1\right)'$$

$$= \left(\frac{1}{1-x} - x - 1\right)'' - \left(\frac{1}{1-x} - 1\right)' = \left[\frac{1}{(1-x)^2} - 1\right]' - \left(\frac{x}{1-x}\right)'$$

$$= \frac{2}{(1-x)^3} - \frac{1}{(1-x)^2} = \frac{1+x}{(1-x)^3} \quad (x \in (-1,1)).$$

习　题　7-4

1. 求下列幂级数的收敛域：

(1) $\sum_{n=1}^{\infty} (-1)^{n-1} \frac{x^n}{n^2}$；

(2) $\sum_{n=1}^{\infty} \frac{x^n}{n \cdot 3^n}$；

(3) $\sum_{n=1}^{\infty} \frac{x^n}{2 \cdot 4 \cdots (2n)}$；

(4) $\sum_{n=1}^{\infty} \frac{2^n}{n^2+1} x^n$；

(5) $\sum_{n=0}^{\infty} (-1)^n \frac{x^n}{5^n \sqrt{n+1}}$；

(6) $\sum_{n=1}^{\infty} \frac{\ln(n+1)}{n+1} x^{n+1}$；

(7) $\sum_{n=1}^{\infty} \frac{(x-2)^n}{n^2}$；

(8) $\sum_{n=1}^{\infty} \frac{(x-5)^n}{\sqrt{n}}$；

(9) $\sum_{n=1}^{\infty} (-1)^n \frac{x^{2n+1}}{2n+1}$；

(10) $\sum_{n=1}^{\infty} \frac{2n-1}{2^n} x^{2n-2}$.

2. 求下列幂级数的收敛半径：

(1) $\sum_{n=1}^{\infty} \frac{(n+1)^n}{n!} x^n$；

(2) $\sum_{n=1}^{\infty} \frac{(-1)^n}{\sqrt[n]{n!}} x^n$.

3. 求下列幂级数的和函数：

(1) $\sum_{n=1}^{\infty} (-1)^{n-1} \frac{x^n}{n}$；

(2) $\sum_{n=0}^{\infty} \frac{x^n}{n+1}$；

(3) $\sum_{n=1}^{\infty} \frac{x^{2n-1}}{2n-1}$；

(4) $\sum_{n=0}^{\infty} \frac{(-1)^n}{2n+1} x^{2n+1}$；

(5) $\sum_{n=1}^{\infty} \frac{x^n}{n(n+1)}$；

(6) $\sum_{n=1}^{\infty} n(n+1) x^n$.

4. 求常数项级数 $\sum_{n=1}^{\infty} \frac{n}{2^n}$ 的和.

5. 求幂级数 $\sum_{n=1}^{\infty} \frac{x^{2n+1}}{n!}$ 的和函数，并求常数项级数 $\sum_{n=1}^{\infty} \frac{2n+1}{n!}$ 的和.

6. 试求极限 $\lim_{n \to \infty} \left(\frac{1}{a} + \frac{2}{a^2} + \cdots + \frac{n}{a^n}\right)$，其中 $a > 1$.

7.5　函数展开成幂级数

前面已经讨论了幂级数的收敛域及其在收敛域上的和函数. 但在许多应用中, 要考虑相反的问题, 即对给定的函数 $f(x)$, 要确定它能否在某个区间上表示成幂级数. 或者说, 能否找到一个幂级数, 它在某区间内收敛, 且其和恰好就是给定的函数 $f(x)$. 如果这样的幂级数存在, 则称函数 $f(x)$ 在该区间内能**展开成幂级数**.

7.5.1　泰勒级数

由泰勒公式知, 如果函数 $f(x)$ 在点 x_0 的某邻域内有 $n+1$ 阶导数, 则对于该邻域内任意一点, 有

$$f(x) = f(x_0) + f'(x_0)(x-x_0) + \frac{f''(x_0)}{2!}(x-x_0)^2$$

$$+ \cdots + \frac{f^{(n)}(x_0)}{n!}(x-x_0)^n + R_n(x),$$

其中 $R_n(x) = \dfrac{f^{(n+1)}(\xi)}{(n+1)!}(x-x_0)^{n+1}$，这里 ξ 是介于 x_0 与 x 之间的某个值.

如果 $f(x)$ 存在任意阶导数，且 $\sum\limits_{n=0}^{\infty} \dfrac{f^{(n)}(x_0)}{n!}(x-x_0)^n$ 的收敛半径为 R，则

$$f(x) = \lim_{n\to\infty}\Big[f(x_0) + f'(x_0)(x-x_0) + \dfrac{f''(x_0)}{2!}(x-x_0)^2 \\ + \cdots + \dfrac{f^{(n)}(x_0)}{n!}(x-x_0)^n + R_n(x)\Big].$$

于是，有下面的定理.

定理 1 如果 $f(x)$ 在区间 $|x-x_0|<R$ 内存在任意阶导数，幂级数

$$\sum_{n=0}^{\infty} \dfrac{f^{(n)}(x_0)}{n!}(x-x_0)^n$$

的收敛区间为 $|x-x_0|<R$，则在区间 $|x-x_0|<R$ 内，

$$f(x) = \sum_{n=0}^{\infty} \dfrac{f^{(n)}(x_0)}{n!}(x-x_0)^n \tag{7.5.1}$$

成立的充分必要条件是：在该区间内

$$\lim_{n\to\infty} R_n(x) = \lim_{n\to\infty} \dfrac{f^{(n+1)}(\xi)}{(n+1)!}(x-x_0)^{n+1} = 0. \tag{7.5.2}$$

称级数

$$\sum_{n=0}^{\infty} \dfrac{f^{(n)}(x_0)}{n!}(x-x_0)^n$$

为 $f(x)$ 在点 $x=x_0$ 处的**泰勒级数**. 而

$$\sum_{i=0}^{n} \dfrac{f^{(i)}(x_0)}{i!}(x-x_0)^i$$

称为由函数 f 在 $x=x_0$ 处生成的 **n 阶泰勒多项式**.

当 $x_0 = 0$ 时，泰勒级数为

$$\sum_{n=0}^{\infty} \dfrac{f^{(n)}(0)}{n!} x^n = f(0) + f'(0)x + \dfrac{f''(0)}{2!}x^2 + \cdots + \dfrac{f^{(n)}(0)}{n!}x^n + \cdots, \tag{7.5.3}$$

称其为 $f(x)$ 的**麦克劳林级数**.

注 如果函数 $f(x)$ 能在某个区间内展开成幂级数，则它必定在这个区间内的每一点处具有任意阶的导数，即没有任意阶导数的函数不可能展开成幂级数的.

7.5.2 函数展开成幂级数的方法

1. 直接展开法

把函数 $f(x)$ 在点 $x=x_0$ 处展开成泰勒级数的步骤：

(1) 计算各阶导数 $f^{(n)}(x_0), n=0,1,2,\cdots$；

(2) 写出对应的泰勒级数 $\sum\limits_{n=0}^{\infty} \dfrac{f^{(n)}(x_0)}{n!}(x-x_0)^n$，并求出收敛半径 R；

(3) 验证在 $|x-x_0|<R$ 内，余项 $R_n(x)$ 的极限

$$\lim_{n\to\infty} R_n(x) = \lim_{n\to\infty} \dfrac{f^{(n+1)}(\xi)}{(n+1)!}(x-x_0)^{n+1};$$

是否为零；

(4) 如果是零,则在 $|x-x_0|<R$ 内,函数可以展开成幂级数,写出展开式

$$f(x) = \sum_{n=0}^{\infty} \frac{f^{(n)}(x_0)}{n!}(x-x_0)^n.$$

例 1 把函数 $f(x)=e^x$ 展开成 x 的幂级数(麦克劳林级数).

解 由 $f^{(n)}(x)=e^x$,得 $f^{(n)}(0)=e^0=1(n=0,1,2,\cdots)$,则 $f(x)$ 的麦克劳林级数为

$$\sum_{n=0}^{\infty} \frac{1}{n!}x^n = 1+x+\frac{1}{2!}x^2+\cdots+\frac{1}{n!}x^n+\cdots.$$

该级数收敛半径 $R=+\infty$.

对于任何有限的数 $x,\xi(\xi$ 介于 0 与 x 之间),余项的绝对值为

$$|R_n(x)| = \left|\frac{f^{(n+1)}(\xi)}{(n+1)!}x^{n+1}\right| = \left|\frac{e^\xi}{(n+1)!}x^{n+1}\right| < \frac{e^{|x|}}{(n+1)!}|x|^{n+1}.$$

对于级数 $\sum_{n=0}^{\infty} \frac{e^{|x|}}{(n+1)!}|x|^{n+1}$,因为

$$\lim_{n\to\infty}\left|\frac{u_{n+1}(x)}{u_n(x)}\right| = \lim_{n\to\infty}\frac{\frac{e^{|x|}}{(n+2)!}|x|^{n+2}}{\frac{e^{|x|}}{(n+1)!}|x|^{n+1}} = \lim_{n\to\infty}\frac{|x|}{n+2}=0<1.$$

由比值判别法知,级数 $\sum_{n=0}^{\infty} \frac{e^{|x|}}{(n+1)!}|x|^{n+1}$ 收敛,由级数收敛的必要条件,其一般项趋于零,即

$$\lim_{n\to\infty}\frac{e^{|x|}}{(n+1)!}|x|^{n+1}=0 \quad (x\in(-\infty,+\infty)),$$

从而 $\lim_{n\to\infty} R_n(x)=0$,于是,函数 $f(x)=e^x$ 可以展开成麦克劳林级数

$$e^x = 1+x+\frac{1}{2!}x^2+\cdots+\frac{1}{n!}x^n+\cdots \sum_{n=0}^{\infty}\frac{1}{n!}x^n \quad x\in(-\infty,+\infty). \qquad (7.5.4)$$

例 2 把函数 $f(x)=\sin x$ 展开成 x 的幂级数(麦克劳林级数).

解 函数的各阶导数

$$f^{(n)}(x) = \sin\left(x+\frac{n}{2}\pi\right) \quad (n=1,2,\cdots),$$

因为 $\quad f(0)=0,\quad f'(0)=1,\quad f''(0)=0,\quad f'''(0)=-1,\quad \cdots,$

则 $\quad f^{(2k)}(0)=0 \quad (k=1,2,\cdots),$

$$f^{(2k+1)}(0)=(-1)^k \quad (k=0,1,2,\cdots).$$

于是,$\sin x$ 的麦克劳林级数为

$$\sum_{n=0}^{\infty}(-1)^n\frac{x^{2n+1}}{(2n+1)!} = x-\frac{x^3}{3!}+\frac{x^5}{5!}+\cdots+(-1)^n\frac{x^{2n+1}}{(2n+1)!}+\cdots.$$

该级数收敛半径 $R=+\infty$.

对于任何有限的数 $x,\xi(\xi$ 在 0 与 x 之间),余项的绝对值为

$$|R_n(x)| = \left|\frac{f^{(n+1)}(\xi)}{(n+1)!}x^{n+1}\right| = \left|\frac{\sin\left(\xi+\frac{n+1}{2}\pi\right)}{(n+1)!}x^{n+1}\right| < \frac{|x|^{n+1}}{(n+1)!}.$$

对于级数 $\sum_{n=0}^{\infty}\frac{|x|^{n+1}}{(n+1)!}$,因为

$$\lim_{n\to\infty}\left|\frac{u_{n+1}(x)}{u_n(x)}\right| = \lim_{n\to\infty}\frac{\frac{1}{(n+2)!}|x|^{n+2}}{\frac{1}{(n+1)!}|x|^{n+1}} = \lim_{n\to\infty}\frac{|x|}{n+2}=0<1.$$

由比值判别法可知,级数 $\sum\limits_{n=0}^{\infty}\dfrac{|x|^{n+1}}{(n+1)!}$ 收敛,由级数收敛的必要条件,故其一般项趋于零,即
$$\lim_{n\to\infty}\dfrac{1}{(n+1)!}|x|^{n+1}=0\quad(x\in(-\infty,+\infty)),$$
从而 $\lim\limits_{n\to\infty}R_n(x)=0$,于是,函数 $f(x)=\sin x$ 可以展开成麦克劳林级数

$$\sin x=\sum_{n=0}^{\infty}(-1)^n\dfrac{x^{2n+1}}{(2n+1)!}=x-\dfrac{x^3}{3!}+\dfrac{x^5}{5!}+\cdots+(-1)^n\dfrac{x^{2n+1}}{(2n+1)!}+\cdots\quad(x\in(-\infty,+\infty)).$$
(7.5.5)

例 3 把函数 $f(x)=\cos x$ 展开成 x 的幂级数.

解 利用幂级数的运算性质,对展开式(7.5.5)逐项求导,得
$$\cos x=\sum_{n=0}^{\infty}(-1)^n\dfrac{x^{2n}}{(2n)!}=1-\dfrac{x^2}{2!}+\dfrac{x^4}{4!}+\cdots+(-1)^n\dfrac{x^{2n}}{(2n)!}+\cdots,(x\in(-\infty,+\infty)).$$
(7.5.6)

例 4 把函数 $f(x)=\ln(1+x)$ 展开成 x 的幂级数.

解 因为 $$f'(x)=\dfrac{1}{1+x},$$
且 $$\dfrac{1}{1+x}=1-x+x^2-x^3+\cdots+(-x)^n+\cdots,\quad x\in(-1,1).$$
在上式两端从 0 到 x 逐项积分,得
$$\ln(1+x)=x-\dfrac{x^2}{2}+\dfrac{x^3}{3}-\cdots+(-1)^n\dfrac{x^{n+1}}{n+1}+\cdots,x\in(-1,1].\tag{7.5.7}$$

例 5 利用直接展开法和幂级数的性质,可得函数
$$f(x)=(1+x)^\alpha\quad(\alpha\in R)$$
的麦克劳林展开式
$$(1+x)^\alpha=1+\alpha x+\dfrac{\alpha(\alpha-1)}{2!}x^2+\cdots+\dfrac{\alpha(\alpha-1)\cdots(\alpha-n+1)}{n!}x^n+\cdots,\tag{7.5.8}$$
其中 $x\in(-1,1)$.

在区间端点 $x=\pm1$ 处,展开式能否成立与 α 的取值有关. 可以证明:

(1) 当 $\alpha\leqslant-1$ 时,收敛域是 $(-1,1)$;

(2) 当 $-1<\alpha<0$ 时,收敛域是 $(-1,1]$;

(3) 当 $\alpha>0$ 时,收敛域是 $[-1,1]$.

公式(7.5.8)称为**牛顿二项展开式**. 特别地,当 α 是正整数时,级数成为 x 的 α 次多项式,它便是初等代数中的二项式定理.

例 6 当 $\alpha=\dfrac{1}{2}$ 时,可得
$$\sqrt{1+x}=1+\dfrac{1}{2}x-\dfrac{1}{2\cdot4}x^2+\dfrac{1\cdot3}{2\cdot4\cdot6}x^3+\cdots\quad(x\in[-1,1]).$$

当 $\alpha=-\dfrac{1}{2}$ 时,可得
$$\dfrac{1}{\sqrt{1+x}}=1-\dfrac{1}{2}x+\dfrac{1\cdot3}{2\cdot4}x^2-\dfrac{1\cdot3\cdot5}{2\cdot4\cdot6}x^3+\cdots\quad(x\in(-1,1]).$$

常用的麦克劳林展开式如下所述:

$$\frac{1}{1-x} = \sum_{n=0}^{\infty} x^n = 1+x+x^2+\cdots+x^n+\cdots, \quad x\in(-1,1);$$

$$\frac{1}{1+x} = \sum_{n=0}^{\infty} (-x)^n = 1-x+x^2-x^3+\cdots+(-x)^n+\cdots, \quad x\in(-1,1);$$

$$\frac{x}{1-x} = \sum_{n=1}^{\infty} x^n = x+x^2+\cdots+x^n+\cdots, \quad x\in(-1,1);$$

$$\frac{1}{1-x^2} = \sum_{n=0}^{\infty} x^{2n} = 1+x^2+x^4+\cdots+x^{2n}+\cdots, \quad x\in(-1,1);$$

$$e^x = \sum_{n=0}^{\infty} \frac{1}{n!}x^n = 1+x+\frac{1}{2!}x^2+\cdots+\frac{1}{n!}x^n+\cdots, \quad x\in(-\infty,+\infty);$$

$$\sin x = \sum_{n=0}^{\infty} (-1)^n \frac{x^{2n+1}}{(2n+1)!} = x-\frac{x^3}{3!}+\frac{x^5}{5!}+\cdots+(-1)^n\frac{x^{2n+1}}{(2n+1)!}+\cdots, \quad x\in(-\infty,+\infty);$$

$$\cos x = \sum_{n=0}^{\infty} (-1)^n \frac{x^{2n}}{(2n)!} = 1-\frac{x^2}{2!}+\frac{x^4}{4!}+\cdots+(-1)^n\frac{x^{2n}}{(2n)!}+\cdots, \quad x\in(-\infty,+\infty);$$

$$\ln(1+x) = x-\frac{x^2}{2}+\frac{x^3}{3}-\cdots+(-1)^n\frac{x^{n+1}}{n+1}+\cdots, \quad x\in(-1,1];$$

$$(1+x)^\alpha = 1+\alpha x+\frac{\alpha(\alpha-1)}{2!}x^2+\cdots+\frac{\alpha(\alpha-1)\cdots(\alpha-n+1)}{n!}x^n+\cdots, \quad x\in(-1,1), \alpha\in(-\infty,\infty).$$

由上面例子可以看出,用直接展开法展开幂级数时,首先要计算幂级数的系数,其次还要考察余项 $R_n(x)$ 是否趋于零. 这种方法计算量较大,而且研究余项即使在初等函数中也不是件容易的事,其实更多的情况是利用一些已知的函数展开式,通过变量代换、恒等变形、幂级数的四则运算、逐项求导或逐项积分等方法间接地求得幂级数的展开式. 这种方法称为**间接展开法**. 实质上函数的幂级数展开就是求幂级数和函数的逆过程.

2. 间接展开法

例 7 把函数 $f(x)=\dfrac{1}{3-x}$ 展开成 x 的幂级数.

解 因为 $\dfrac{1}{1-x}=1+x+x^2+x^3+\cdots+x^n+\cdots, \quad x\in(-1,1),$

所以

$$\frac{1}{1-\frac{x}{3}} = 1+\frac{x}{3}+\left(\frac{x}{3}\right)^2+\left(\frac{x}{3}\right)^3+\cdots+\left(\frac{x}{3}\right)^n+\cdots = \sum_{n=0}^{\infty}\left(\frac{x}{3}\right)^n,$$

则

$$f(x)=\frac{1}{3-x}=\frac{1}{3\left(1-\frac{x}{3}\right)}=\frac{1}{3}\sum_{n=0}^{\infty}\left(\frac{x}{3}\right)^n, -1<\frac{x}{3}<1,$$

即 $-3<x<3$.

例 8 把函数 $f(x)=\arctan x$ 展开成麦克劳林级数.

解 因为

$$\frac{1}{1+x^2}=1-x^2+x^4-\cdots+(-1)^n x^{2n}+\cdots, \quad x\in(-1,1),$$

所以

$$f(x)=\arctan x=\int_0^x \frac{1}{1+x^2}\mathrm{d}x=\int_0^x[1-x^2+x^4-\cdots+(-1)^n x^{2n}+\cdots]\mathrm{d}x$$
$$=x-\frac{1}{3}x^3+\frac{1}{5}x^5-\cdots+(-1)^n\frac{x^{2n+1}}{2n+1}+\cdots,\quad x\in(-1,1).$$

当 $x=1$ 时，级数 $\sum_{n=0}^{\infty}\frac{(-1)^n}{2n+1}$ 收敛；当 $x=-1$ 时，级数 $\sum_{n=0}^{\infty}\frac{(-1)^{n+1}}{2n+1}$ 也收敛．且当 $x=\pm 1$ 时，函数 $\arctan x$ 连续，所以

$$\arctan x=x-\frac{1}{3}x^3+\frac{1}{5}x^5-\cdots+(-1)^n\frac{x^{2n+1}}{2n+1}+\cdots,\quad x\in[-1,1].$$

例 9 求初等函数 $f(x)=\mathrm{e}^{-x^2}$ 的一个原函数．

解 因为
$$\mathrm{e}^x=\sum_{n=0}^{\infty}\frac{1}{n!}x^n=1+x+\frac{1}{2!}x^2+\cdots+\frac{1}{n!}x^n+\cdots,\quad x\in(-\infty,+\infty),$$
所以
$$\mathrm{e}^{-x^2}=\sum_{n=0}^{\infty}\frac{1}{n!}(-x^2)^n=1-\frac{x^2}{1}+\frac{x^4}{2!}-\frac{x^6}{3!}+\cdots+\frac{(-1)^n x^{2n}}{n!}+\cdots,\quad x\in(-\infty,+\infty),$$
再逐项积分，就得到 $f(x)=\mathrm{e}^{-x^2}$ 在 $(-\infty,+\infty)$ 上的一个原函数
$$F(x)=\int_0^x f(x)\mathrm{d}x=\int_0^x \mathrm{e}^{-x^2}\mathrm{d}x$$
$$=x-\frac{x^3}{3}+\frac{1}{2!}\frac{x^5}{5}-\frac{1}{3!}\frac{x^7}{7}+\cdots+\frac{(-1)^n}{n!}\frac{x^{2n+1}}{2n+1}+\cdots,\quad x\in(-\infty,+\infty).$$

注 掌握了函数展开成麦克劳林级数的方法后，当要把函数展开成 $x-x_0$ 的幂级数时，只需把 $f(x)$ 转化成 $x-x_0$ 的表达式，把 $x-x_0$ 看做变量 t，展开成 t 的幂级数，即得 $x-x_0$ 的幂级数．

例 10 把函数 $f(x)=\dfrac{1}{3-x}$ 展开成 $x-1$ 的幂级数．

解 因为
$$\frac{1}{1-x}=\sum_{n=0}^{\infty}x^n=1+x+x^2+x^3+\cdots+x^n+\cdots,\quad x\in(-1,1),$$
所以
$$f(x)=\frac{1}{3-x}=\frac{1}{2-(x-1)}=\frac{1}{2}\cdot\frac{1}{1-\dfrac{x-1}{2}}$$
$$=\frac{1}{2}\left[1+\frac{x-1}{2}+\left(\frac{x-1}{2}\right)^2+\cdots+\left(\frac{x-1}{2}\right)^n+\cdots\right]$$
$$=\frac{1}{2}\sum_{n=0}^{\infty}\left(\frac{x-1}{2}\right)^n=\sum_{n=0}^{\infty}\frac{(x-1)^n}{2^{n+1}},$$

因为 $-1<\dfrac{x-1}{2}<1$，所以 $-1<x<3$．从而

$$\frac{1}{3-x}=\sum_{n=0}^{\infty}\frac{(x-1)^n}{2^{n+1}}\quad(-1<x<3).$$

例 11 把函数 $f(x)=\dfrac{1}{x^2-3x-4}$ 展开成 $x-1$ 的幂级数．

解 因为

$$f(x)=\frac{1}{x^2-3x-4}=\frac{1}{(x-4)(x+1)}=\frac{1}{5}\left(\frac{1}{x-4}-\frac{1}{x+1}\right),$$

将上式右端的两个的分式展开,有

$$\frac{1}{x-4}=\frac{1}{(x-1)-3}=-\frac{1}{3}\cdot\frac{1}{1-\frac{x-1}{3}}=-\frac{1}{3}\sum_{n=0}^{\infty}\left(\frac{x-1}{3}\right)^n,$$

因为 $-1<\frac{x-1}{3}<1$,所以 $-2<x<4$.

又因为

$$\frac{1}{1+x}=\sum_{n=0}^{\infty}(-x)^n=1-x+x^2-x^3+\cdots+(-x)^n+\cdots,x\in(-1,1),$$

所以

$$\frac{1}{1+x}=\frac{1}{(x-1)+2}=\frac{1}{2}\cdot\frac{1}{1+\frac{x-1}{2}}=\frac{1}{2}\sum_{n=0}^{\infty}\left(-\frac{x-1}{2}\right)^n,$$

因为 $-1<\frac{x-1}{2}<1$,所以 $-1<x<3$. 从而

$$\frac{1}{x^2-3x-4}=\frac{1}{5}\left[-\frac{1}{3}\sum_{n=0}^{\infty}\left(\frac{x-1}{3}\right)^n-\frac{1}{2}\sum_{n=0}^{\infty}\left(-\frac{x-1}{2}\right)^n\right]$$

$$=-\frac{1}{5}\left[\sum_{n=0}^{\infty}\frac{1}{3^{n+1}}+\sum_{n=0}^{\infty}(-1)^n\frac{1}{2^{n+1}}\right](x-1)^n \quad (-1<x<3).$$

例 12 把函数 $f(x)=\sin x$ 展开成 $x-\frac{\pi}{4}$ 的幂级数.

解 因为

$$f(x)=\sin x=\sin\left[\frac{\pi}{4}+\left(x-\frac{\pi}{4}\right)\right]=\sin\frac{\pi}{4}\cos\left(x-\frac{\pi}{4}\right)+\cos\frac{\pi}{4}\sin\left(x-\frac{\pi}{4}\right)$$

$$=\frac{1}{\sqrt{2}}\left[\cos\left(x-\frac{\pi}{4}\right)+\sin\left(x-\frac{\pi}{4}\right)\right].$$

又因为

$$\sin\left(x-\frac{\pi}{4}\right)=\sum_{n=0}^{\infty}(-1)^n\frac{\left(x-\frac{\pi}{4}\right)^{2n+1}}{(2n+1)!}=\left(x-\frac{\pi}{4}\right)-\frac{\left(x-\frac{\pi}{4}\right)^3}{3!}+\frac{\left(x-\frac{\pi}{4}\right)^5}{5!}$$

$$+\cdots+(-1)^n\frac{\left(x-\frac{\pi}{4}\right)^{2n+1}}{(2n+1)!}+\cdots,\quad x\in(-\infty,+\infty).$$

$$\cos\left(x-\frac{\pi}{4}\right)=\sum_{n=0}^{\infty}(-1)^n\frac{\left(x-\frac{\pi}{4}\right)^{2n}}{(2n)!}=1-\frac{\left(x-\frac{\pi}{4}\right)^2}{2!}+\frac{\left(x-\frac{\pi}{4}\right)^4}{4!}$$

$$+\cdots+(-1)^n\frac{\left(x-\frac{\pi}{4}\right)^{2n}}{(2n)!}+\cdots,\quad x\in(-\infty,+\infty).$$

所以

$$\sin x = \frac{1}{\sqrt{2}}\left[\cos\left(x-\frac{\pi}{4}\right)+\sin\left(x-\frac{\pi}{4}\right)\right]$$

$$= \frac{1}{\sqrt{2}}\left[1+\left(x-\frac{\pi}{4}\right)-\frac{\left(x-\frac{\pi}{4}\right)^2}{2!}-\frac{\left(x-\frac{\pi}{4}\right)^3}{3!}+\frac{\left(x-\frac{\pi}{4}\right)^4}{4!}+\cdots\right], \quad x\in(-\infty,+\infty).$$

7.5.3 幂级数展开式的应用

1. 函数值的近似计算

在函数的幂级数展开式中,用泰勒多项式代替泰勒级数,就可以得到函数的近似公式,这对于计算复杂函数的函数值是非常方便的,即可以把函数近似表示为 x 的多项式,而多项式的计算只需用到四则运算,非常简便.

例如,当 $|x|$ 很小时,由正弦函数的幂级数展开式

$$\sin x = \sum_{n=0}^{\infty}(-1)^n\frac{x^{2n+1}}{(2n+1)!} = x-\frac{x^3}{3!}+\frac{x^5}{5!}+\cdots+(-1)^n\frac{x^{2n+1}}{(2n+1)!}+\cdots, \quad x\in(-\infty,+\infty).$$

可得到下列近似计算公式:

$$\sin x \approx x, \quad \sin x \approx x-\frac{x^3}{3!}, \quad \sin x \approx x-\frac{x^3}{3!}+\frac{x^5}{5!}.$$

级数的一个主要应用就是利用它来进行数值的计算,常用的三角函数表、对数表等,都是利用级数计算出来的. 如果将未知数 A 表示成级数

$$A = a_1+a_2+\cdots+a_n+\cdots, \tag{7.5.9}$$

而取其部分和 $A_n=a_1+a_2+\cdots+a_n$ 作为 A 的近似值,此时所产生的误差来源于两个方面,一是级数的余项

$$r_n = A-A_n = a_{n+1}+a_{n+2}+\cdots, \tag{7.5.10}$$

称为**截断误差**;二是在计算 A_n 时,由于四舍五入所产生的误差,称为**舍入误差**.

如果级数(7.5.9)是交错级数,并且满足莱布尼茨定理,则

$$|r_n| \leqslant |a_{n+1}|.$$

如果级数(7.5.9)不是交错级数,一般可通过适当放大余和中的各项,设法找出一个比原级数稍大且容易估计余项的新级数(如等比级数等),从而可取新级数余项 r'_n 的数值,作为原级数的截断误差 r_n 的估计值,且有 $r_n \leqslant r'_n$.

例 13 利用 $\sin x \approx x-\frac{x^3}{3!}$,求 $\sin 9°$ 的近似值,并估计误差.

解 利用所给近似公式

$$\sin 9° = \sin\frac{\pi}{20} \approx \frac{\pi}{20}-\frac{1}{3!}\left(\frac{\pi}{20}\right)^3,$$

因为 $\sin x$ 的展开式是收敛的交错级数,且各项的绝对值单调减少,所以

$$|r_2| \leqslant \frac{1}{5!}\left(\frac{\pi}{20}\right)^5 < \frac{1}{120}(0.2)^5 < \frac{1}{300\,000} < 10^{-5},$$

因此,若取
$$\frac{\pi}{20}\approx 0.157\,080, \quad \left(\frac{\pi}{20}\right)^3\approx 0.003\,876,$$
则
$$\sin 9°=\sin\frac{\pi}{20}\approx\frac{\pi}{20}-\frac{1}{3!}\left(\frac{\pi}{20}\right)^3\approx 0.157\,080-\frac{1}{6}\times 0.003\,876\approx 0.156\,434.$$
误差不超过 10^{-5}.

2. 计算定积分

许多函数,如 $e^{-x^2}, \frac{\sin x}{x}, \frac{1}{\ln x}$ 等,其原函数都不能用初等函数表示,但若被积函数在积分区间上能展开成幂级数,则可以通过幂级数展开式的逐项积分,用积分后的级数近似计算所给定的积分.

例 14 计算定积分 $\int_0^1 \frac{\sin x}{x}dx$ 的近似值,精确到 10^{-4}.

解 利用 $\sin x$ 的麦克劳林展开式,得
$$\frac{\sin x}{x}=1-\frac{1}{3!}x^2+\frac{1}{5!}x^4-\frac{1}{7!}x^6+\cdots, \quad x\in(-\infty,+\infty),$$
所以
$$\int_0^1\frac{\sin x}{x}dx = 1-\frac{1}{3\cdot 3!}+\frac{1}{5\cdot 5!}-\frac{1}{7\cdot 7!}+\cdots.$$

这是一个收敛的交错级数,因其第 4 项中
$$\frac{1}{7\cdot 7!}<\frac{1}{30\,000}<10^{-4},$$
故取前三项作为积分的近似值,得
$$\int_0^1\frac{\sin x}{x}dx\approx 1-\frac{1}{3\cdot 3!}+\frac{1}{5\cdot 5!}\approx 0.946\,1.$$

3. 求常数项级数的和

在本章的前三节中,已熟悉了常数项级数求和的几种常用方法,包括利用定义和已知公式直接求和,对所给级数拆项重新组合后再求和,利用推导得到的递推公式求和等方法.

这里,再介绍一种借助幂级数的和函数来求常数项级数和的方法即所谓的阿贝尔方法,其具体步骤如下:

(1) 对所给的常数项级数 $\sum_{n=0}^{\infty}a_n$,构造幂级数 $\sum_{n=0}^{\infty}a_n x^n$;

(2) 利用幂级数的运算性质,求出 $\sum_{n=0}^{\infty}a_n x^n$ 的和函数 $S(x)$;

(3) 所求的常数项级数 $\sum_{n=0}^{\infty}a_n = \lim_{x\to 1^-}S(x)$.

例 15 求级数 $\sum_{n=1}^{\infty}\frac{2n-1}{2^n}$ 的和.

解 构造幂级数 $\sum_{n=1}^{\infty}\frac{2n-1}{2^n}x^{2n-2}$,利用比值判别法知,该级数的收敛区间为 $(-\sqrt{2},\sqrt{2})$,设

$$S(x) = \sum_{n=1}^{\infty} \frac{2n-1}{2^n} x^{2n-2}, x \in (-\sqrt{2}, \sqrt{2}),\text{因为}$$

$$S(x) = \left(\sum_{n=1}^{\infty} \int_0^x \frac{2n-1}{2^n} x^{2n-2} \mathrm{d}x\right)' = \left(\sum_{n=1}^{\infty} \frac{x^{2n-1}}{2^n}\right)' = \left[\frac{1}{x} \sum_{n=1}^{\infty} \left(\frac{x^2}{2}\right)^n\right]'$$

$$= \left(\frac{1}{x} \cdot \frac{x^2}{2-x^2}\right)' = \left(\frac{x}{2-x^2}\right)' = \frac{x^2+2}{(2-x^2)^2}, \quad x \in (-\sqrt{2}, \sqrt{2}),$$

所以
$$\sum_{n=1}^{\infty} \frac{2n-1}{2^n} = \lim_{x \to 1^-} S(x) = \lim_{x \to 1^-} \frac{x^2+2}{(2-x^2)^2} = 3.$$

例 16 求级数 $\sum_{n=1}^{\infty} \frac{n^2}{n! \, 2^n}$ 的和.

解 构造幂级数 $\sum_{n=1}^{\infty} \frac{n^2}{n!} x^n$, 利用比值判别法知, 该级数的收敛区间为 $(-\infty, +\infty)$.

设
$$S(x) = \sum_{n=1}^{\infty} \frac{n^2}{n!} x^n, \quad x \in (-\infty, +\infty).$$

因为
$$S(x) = \sum_{n=1}^{\infty} \frac{n^2}{n!} x^n = \sum_{n=1}^{\infty} \frac{n(n-1)+n}{n!} x^n = \sum_{n=1}^{\infty} \frac{n(n-1)}{n!} x^n + \sum_{n=1}^{\infty} \frac{1}{(n-1)!} x^n,$$

而 $\sum_{n=1}^{\infty} \frac{n(n-1)}{n!} x^n$ 和 $\sum_{n=1}^{\infty} \frac{1}{(n-1)!} x^n$ 的收敛区间都为 $(-\infty, +\infty)$, 则

$$S(x) = \sum_{n=1}^{\infty} \frac{n(n-1)+n}{n!} x^n = \sum_{n=1}^{\infty} \frac{n(n-1)}{n!} x^n + \sum_{n=1}^{\infty} \frac{1}{(n-1)!} x^n$$

$$= x^2 \sum_{n=1}^{\infty} \left(\frac{x^n}{n!}\right)'' + x \sum_{n=0}^{\infty} \frac{x^n}{n!} = x^2 (\mathrm{e}^x - 1)'' + x \mathrm{e}^x = x \mathrm{e}^x (x+1).$$

所以
$$\sum_{n=1}^{\infty} \frac{n^2}{n! \, 2^n} = S\left(\frac{1}{2}\right) = \frac{1}{2} \mathrm{e}^{\frac{1}{2}} \left(1 + \frac{1}{2}\right) = \frac{3}{4} \sqrt{\mathrm{e}}.$$

习 题 7-5

1. 将下列函数展开成 x 的幂级数, 并求其成立的区间:

(1) $f(x) = \ln(7+x)$;   (2) $f(x) = a^x$;   (3) $f(x) = 3^{\frac{x+1}{2}}$;

(4) $f(x) = \cos^2 x$;   (5) $f(x) = \dfrac{x}{\sqrt{1+x^2}}$;   (6) $f(x) = \dfrac{1}{\sqrt{1-x^2}}$;

(7) $f(x) = \dfrac{1}{x^2-3x+2}$;   (8) $f(x) = \ln(1+x-2x^2)$;   (9) $f(x) = \dfrac{x}{x^2-2x-3}$;

(10) $f(x) = \ln(4-3x-x^2)$.

2. 将下列函数展开成 $x-1$ 的幂级数, 并求其成立的区间:

(1) $f(x) = \dfrac{1}{x^2+3x+2}$;   (2) $f(x) = \dfrac{1}{6-x^2+x}$;   (3) $f(x) = \ln(3x-x^2)$.

3. 将函数 $f(x) = \dfrac{1}{x+1}$ 展开成 $x-3$ 的幂级数.

4. 将函数 $f(x) = \cos x$ 展开成 $x + \dfrac{\pi}{3}$ 的幂级数.

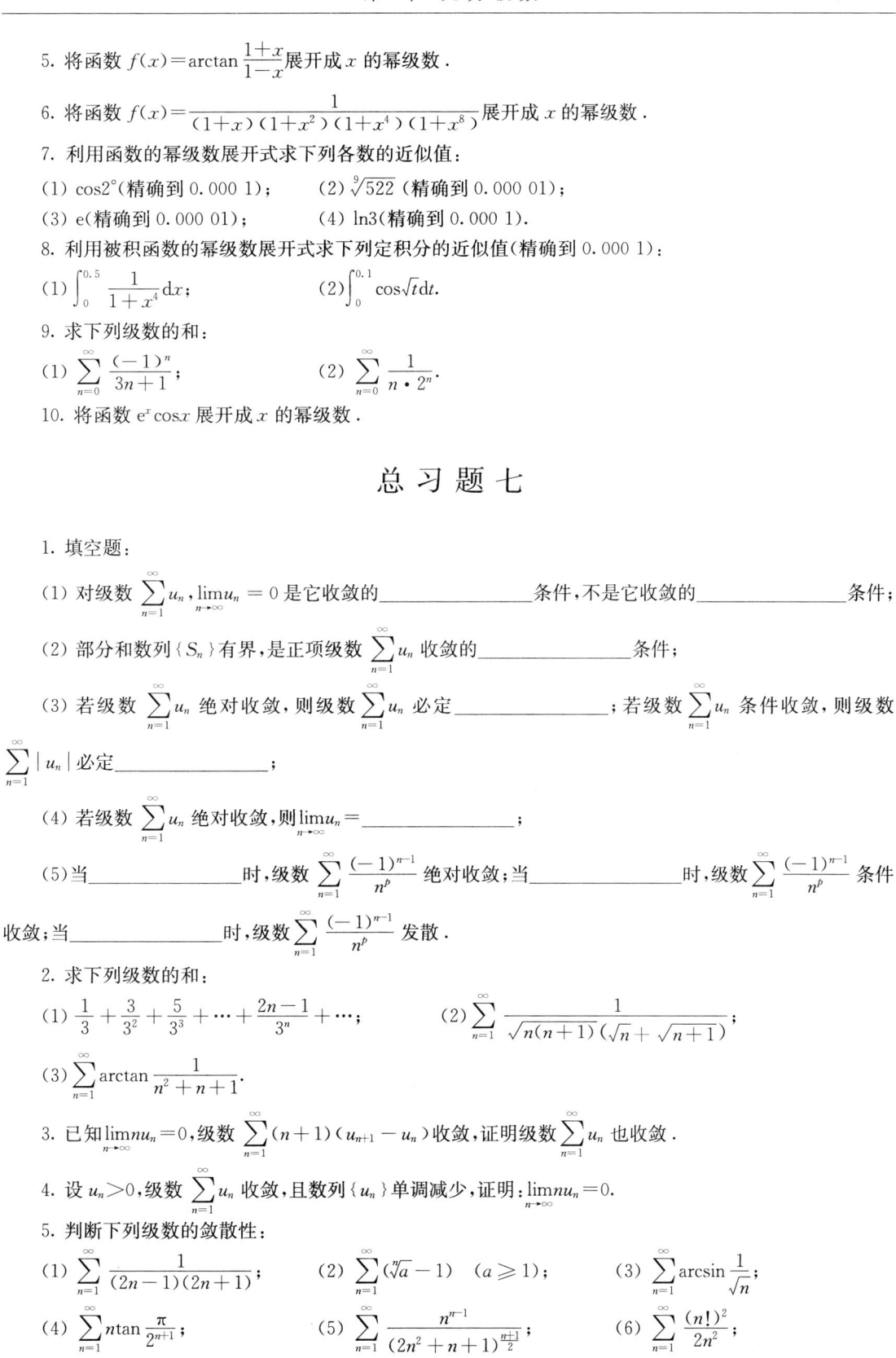

5. 将函数 $f(x)=\arctan\dfrac{1+x}{1-x}$ 展开成 x 的幂级数.

6. 将函数 $f(x)=\dfrac{1}{(1+x)(1+x^2)(1+x^4)(1+x^8)}$ 展开成 x 的幂级数.

7. 利用函数的幂级数展开式求下列各数的近似值：

(1) $\cos 2°$（精确到 0.000 1）；   (2) $\sqrt[9]{522}$（精确到 0.000 01）；

(3) e（精确到 0.000 01）；   (4) $\ln 3$（精确到 0.000 1）.

8. 利用被积函数的幂级数展开式求下列定积分的近似值（精确到 0.000 1）：

(1) $\displaystyle\int_0^{0.5}\dfrac{1}{1+x^4}dx$；   (2) $\displaystyle\int_0^{0.1}\cos\sqrt{t}\,dt$.

9. 求下列级数的和：

(1) $\displaystyle\sum_{n=0}^{\infty}\dfrac{(-1)^n}{3n+1}$；   (2) $\displaystyle\sum_{n=1}^{\infty}\dfrac{1}{n\cdot 2^n}$.

10. 将函数 $e^x\cos x$ 展开成 x 的幂级数.

总 习 题 七

1. 填空题：

(1) 对级数 $\displaystyle\sum_{n=1}^{\infty}u_n$，$\displaystyle\lim_{n\to\infty}u_n=0$ 是它收敛的 _____ 条件，不是它收敛的 _____ 条件；

(2) 部分和数列 $\{S_n\}$ 有界，是正项级数 $\displaystyle\sum_{n=1}^{\infty}u_n$ 收敛的 _____ 条件；

(3) 若级数 $\displaystyle\sum_{n=1}^{\infty}u_n$ 绝对收敛，则级数 $\displaystyle\sum_{n=1}^{\infty}u_n$ 必定 _____；若级数 $\displaystyle\sum_{n=1}^{\infty}u_n$ 条件收敛，则级数 $\displaystyle\sum_{n=1}^{\infty}|u_n|$ 必定 _____；

(4) 若级数 $\displaystyle\sum_{n=1}^{\infty}u_n$ 绝对收敛，则 $\displaystyle\lim_{n\to\infty}u_n=$ _____；

(5) 当 _____ 时，级数 $\displaystyle\sum_{n=1}^{\infty}\dfrac{(-1)^{n-1}}{n^p}$ 绝对收敛；当 _____ 时，级数 $\displaystyle\sum_{n=1}^{\infty}\dfrac{(-1)^{n-1}}{n^p}$ 条件收敛；当 _____ 时，级数 $\displaystyle\sum_{n=1}^{\infty}\dfrac{(-1)^{n-1}}{n^p}$ 发散.

2. 求下列级数的和：

(1) $\dfrac{1}{3}+\dfrac{3}{3^2}+\dfrac{5}{3^3}+\cdots+\dfrac{2n-1}{3^n}+\cdots$；   (2) $\displaystyle\sum_{n=1}^{\infty}\dfrac{1}{\sqrt{n(n+1)}(\sqrt{n}+\sqrt{n+1})}$；

(3) $\displaystyle\sum_{n=1}^{\infty}\arctan\dfrac{1}{n^2+n+1}$.

3. 已知 $\displaystyle\lim_{n\to\infty}nu_n=0$，级数 $\displaystyle\sum_{n=1}^{\infty}(n+1)(u_{n+1}-u_n)$ 收敛，证明级数 $\displaystyle\sum_{n=1}^{\infty}u_n$ 也收敛.

4. 设 $u_n>0$，级数 $\displaystyle\sum_{n=1}^{\infty}u_n$ 收敛，且数列 $\{u_n\}$ 单调减少，证明：$\displaystyle\lim_{n\to\infty}nu_n=0$.

5. 判断下列级数的敛散性：

(1) $\displaystyle\sum_{n=1}^{\infty}\dfrac{1}{(2n-1)(2n+1)}$；   (2) $\displaystyle\sum_{n=1}^{\infty}(\sqrt[n]{a}-1)\ (a\geqslant 1)$；   (3) $\displaystyle\sum_{n=1}^{\infty}\arcsin\dfrac{1}{\sqrt{n}}$；

(4) $\displaystyle\sum_{n=1}^{\infty}n\tan\dfrac{\pi}{2^{n+1}}$；   (5) $\displaystyle\sum_{n=1}^{\infty}\dfrac{n^{n-1}}{(2n^2+n+1)^{\frac{n+1}{2}}}$；   (6) $\displaystyle\sum_{n=1}^{\infty}\dfrac{(n!)^2}{2^{n^2}}$；

(7) $\displaystyle\sum_{n=1}^{\infty}\dfrac{[(n+1)!]^n}{2!4!\cdots(2n)!}$；   (8) $\displaystyle\sum_{n=1}^{\infty}\dfrac{n^2}{\left(n+\dfrac{1}{n}\right)^n}$；   (9) $\displaystyle\sum_{n=1}^{\infty}\dfrac{a^n}{n^s}\ (a>0,s>0)$；

(10) $\sum_{n=1}^{\infty} \frac{2^n n!}{n^n}$;   (11) $\sum_{n=1}^{\infty} \frac{n^{n+\frac{1}{n}}}{\left(n+\frac{1}{n}\right)^n}$;

(12) $\frac{1}{\sqrt{2}-1} - \frac{1}{\sqrt{2}+1} + \frac{1}{\sqrt{3}-1} - \frac{1}{\sqrt{3}+1} + \cdots + \frac{1}{\sqrt{n}-1} - \frac{1}{\sqrt{n}+1} + \cdots$.

6. 证明：$\lim_{n\to\infty} \frac{n^n}{(n!)^2} = 0$.

7. 设 $u_n > 0$，证明级数 $\sum_{n=1}^{\infty} \frac{u_n}{(1+u_1)(1+u_2)\cdots(1+u_n)}$ 收敛.

8. 设 $u_n > 0$，且 $\lim_{n\to\infty} \frac{\ln \frac{1}{u_n}}{\ln n} = q < +\infty$，证明：

(1) 当 $q > 1$ 时，级数 $\sum_{n=1}^{\infty} u_n$ 收敛；(2) 当 $q < 1$ 时，级数 $\sum_{n=1}^{\infty} u_n$ 发散.

9. 讨论级数 $\sum_{n=1}^{\infty} \frac{\sqrt{n+2}-\sqrt{n-2}}{n^a}$ 的收敛性.

10. 设数列 $S_1 = 1, S_2, S_3, \cdots$，由公式 $2S_{n+1} = S_n + \sqrt{S_n^2 + u_n}$ 所确定，级数 $\sum_{n=1}^{\infty} u_n$ 的的一般项 $u_n > 0$，证明：级数 $\sum_{n=1}^{\infty} u_n$ 收敛的充分必要条件是数列 $\{S_n\}$ 也收敛.

11. 判别下列级数是否收敛，若收敛，是绝对收敛还是条件收敛.

(1) $\sum_{n=1}^{\infty} (-1)^n \ln \frac{n+1}{n}$;   (2) $\sum_{n=1}^{\infty} (-1)^{n+1} \frac{2^{n^2}}{n!}$;

(3) $\sum_{n=1}^{\infty} (-1)^{n+1} \frac{(n+1)^n}{2n^{n+1}}$;   (4) $\sum_{n=1}^{\infty} \frac{(-1)^n}{n - \ln n}$.

12. 求下列幂级数的收敛域：

(1) $\sum_{n=1}^{\infty} n! \left(\frac{x}{n}\right)^n$;   (2) $\sum_{n=1}^{\infty} \frac{n}{2^n} x^{2n}$;

(3) $\sum_{n=1}^{\infty} \frac{(x-1)^n}{n \cdot 9^n}$;   (4) $\sum_{n=1}^{\infty} (-1)^n \frac{(x-2)^{2n+1}}{2n+1}$.

13. 求下列幂级数的和函数：

(1) $\sum_{n=1}^{\infty} \frac{1}{n \cdot 2^n} x^{n-1}$;   (2) $\sum_{n=0}^{\infty} \frac{n^2+1}{2^n n!} x^n$;   (3) $\sum_{n=1}^{\infty} \frac{x^{4n+1}}{4n+1}$.

14. 将下列函数展开成 x 的幂级数：

(1) $f(x) = \frac{1}{(2-x)^2}$;   (2) $f(x) = \ln(4 - 3x - x^2)$;

(3) $f(x) = \ln(1 + x + x^2 + x^3)$;   (4) $f(x) = x \arctan x - \ln \sqrt{1+x^2}$.

15. 将函数 $f(x) = \frac{1}{x^2 + 3x + 2}$ 展开成 $x + 4$ 的幂级数.

16. 用幂级数计算下列极限：

(1) $\lim_{x\to 0} \frac{\sin x - \tan x}{x^3}$;   (2) $\lim_{x\to 0} \left(\frac{1}{\sin x} - \frac{1}{x}\right)$.

17. 求幂级数 $\sum_{n=0}^{\infty} (n+1)(x-1)^n$ 的收敛域与和函数.

18. 设 $a_0, a_1, a_2, \cdots$ 为等差数列，公差为 $d, a_0 \neq 0$. 求级数 $\sum_{n=0}^{\infty} \frac{a_n}{2^n}$ 的和.

19. 利用幂级数求数项级数 $\sum_{n=0}^{\infty} \frac{1}{2^n} \cdot \frac{2n+1}{n!}$ 的和.

* 20. 利用函数的幂级数展开式求下列各数的近似值.

(1) $\sqrt{e}$(精确到 0.001);   (2) $\int_0^{0.5} \frac{\arctan x}{x} dx$ (精确到 0.000 1).

*21. 已知 $\sum_{n=0}^{\infty} \frac{1}{n^2} = \frac{\pi^2}{6}$, 求积分 $\int_0^1 \frac{\ln x}{1+x} dx$.

22. 已知级数 $\sum_{n=1}^{\infty} u_n^2$ 收敛, 且 $u_n > 0$, 证明: $\sum_{n=1}^{\infty} \frac{u_n}{n}$ 也收敛.

23. 设 $f(x)$ 在 $x=0$ 的某一邻域内存在二阶连续导数, 且 $\lim_{x \to 0} \frac{f(x)}{x} = 0$, 证明: 级数 $\sum_{n=1}^{\infty} f\left(\frac{1}{n}\right)$ 绝对收敛.

24. (1) 若 $\lim_{n \to \infty} n^{-n \sin \frac{1}{n}} \cdot u_n = 1$, 则正项级数 $\sum_{n=1}^{\infty} u_n$ 发散;

(2) 若 $\lim_{n \to \infty} n^{2n \sin \frac{1}{n}} \cdot u_n = 1$, 则级数 $\sum_{n=1}^{\infty} u_n$ 收敛.

25. 求极限 $\lim_{n \to \infty} \frac{(a+1)(2a+1) \cdots (na+1)}{(b+1)(2b+1) \cdots (nb+1)}, b > a > 0$.

26. 求极限 $\lim_{n \to \infty} \frac{1}{n} \sum_{k=1}^{n} \frac{1}{3^k} \left(1 + \frac{1}{k}\right)^{k^2}$.

27. 设函数 $f(x) = \begin{cases} \frac{\sin x}{x}, & x \neq 0 \\ 1, & x = 0 \end{cases}$, 求 $f^{(n)}(0), n = 1, 2, \cdots$.

28. 证明函数 $f(x) = \begin{cases} e^{-\frac{1}{x^2}} & x \neq 0 \\ 0 & x = 0 \end{cases}$ 在任何区间 $(-R, R)(R > 0)$ 上不能展开成幂级数 $\sum_{n=0}^{\infty} a_n x^n$.

第 8 章 微 分 方 程

微积分研究的对象是函数关系,但在实际问题中,往往很难直接得到所研究的变量之间的函数关系,却很容易建立这些变量和它们的导数或微分之间的联系.这种联系着自变量、未知函数及它的导数(或微分)的关系式,数学上称为**微分方程**.通过求解微分方程,同样可以找出未知函数.

微分方程是数学联系实际,并应用于实际的重要途径和桥梁,是各个学科进行科学研究的强有力的工具.微分方程源于生产实际,研究微分方程的目的就在于掌握它所反映的客观规律,能动的解释所出现的各种现象并预测未来的可能情况.但微分方程的解的问题是非常复杂的,作为一门独立的数学学科,它有完备的理论体系.

本章主要介绍微分方程的一些基本概念,几种常用的微分方程的解法.

8.1 微分方程的基本概念

8.1.1 微分方程的定义

下面通过几个实际问题的举例来说明微分方程的基本概念.

例 1 一曲线过点$(0,1)$,且在该曲线上任一点处$M(x,y)$处的切线的斜率为$3x^2$,求此曲线方程.

解 设所求曲线方程为$y=f(x)$,根据导数的几何意义,可知为未知函数$y=f(x)$满足关系式

$$\frac{dy}{dx}=3x^2, \tag{8.1.1}$$

对上式两端分别积分,得
$$y=\int 3x^2 dx,$$

即
$$y=x^3+C, \tag{8.1.2}$$

其中C是任意常数.

此外曲线$y=f(x)$满足
$$f(0)=1, \tag{8.1.3}$$

代入(8.1.2)式,得
$$C=1, \tag{8.1.4}$$

即得所求曲线方程为
$$y=x^3+1. \tag{8.1.5}$$

例 2 列车在平直路上以20m/s的速度行驶,当制动时列车获得加速度-0.4m/s^2.问开始制动后多少时间列车才能停住,以及列车在这段时间里行驶了多少路程?

解 设列车开始制动后t秒行驶了S米,路程关于时间的函数$S=S(t)$满足关系式

$$\frac{d^2 S}{dt^2}=-0.4, \tag{8.1.6}$$

对上式两端积分,得
$$v=\frac{dS}{dt}=-0.4t+C_1, \tag{8.1.7}$$

上式两端再积分,得
$$S=-0.2t^2+C_1t+C_2, \tag{8.1.8}$$
其中 C_1,C_2 是任意常数.

此外,未知函数 $S=S(t)$ 还应满足以下条件:
$$\text{当 } t=0 \text{ 时}, \quad S=0, \quad v=\frac{dS}{dt}=20, \tag{8.1.9}$$

把条件"当 $t=0$ 时,$v=20$"代入(8.1.7)式,得 $C_1=20$;把条件"当 $t=0$ 时,$S=0$"代入(8.1.8)式,得 $C_2=0$. 把 $C_1=20$,$C_2=0$ 代入(8.1.7)式,(8.1.8)式,得
$$v=-0.4t+20, \tag{8.1.10}$$
$$S=-0.2t^2+20t. \tag{8.1.11}$$

在(8.1.10)式中令 $v=0$,得到列车从开始制动到停止所需的时间为 $t=50\text{s}$. 再把 $t=50$ 代入(8.1.11)式,得到列车在制动时段行驶的路程为
$$S=-0.2\cdot 50^2+20\cdot 50=500(\text{m}).$$

上述两个例子中的关系式(8.1.1)和式(8.1.6)都含有未知函数的导数,把它们都称为微分方程.

定义 1 含有自变量、未知函数以及未知函数的导数(或微分)的方程称为**微分方程**. 微分方程中未知函数的最高阶导数的阶数,称为**微分方程的阶**.

定义 2 未知函数是一元函数的微分方程,称为**常微分方程**. 未知函数是多元函数的微分方程称为**偏微分方程**.

例 1 中的微分方程(8.1.1)是一阶常微分方程,例 2 中的微分方程(8.1.6)是二阶常微分方程. 而微分方程
$$x\frac{\partial z}{\partial x}+y^2\frac{\partial z}{\partial y}=z, \quad x\,dx+y\,dy+z\,dz=0, \quad \frac{\partial^2 u}{\partial x^2}+\frac{\partial u}{\partial y}+\frac{\partial u}{\partial z}=x,$$
分别是一阶和二阶偏微分方程.

由于经济学、管理科学中遇到的大部分是常微分方程. 因此,本章我们只讨论常微分方程. n 阶常微分方程的一般形式可表示为
$$F(x,y,y',y'',\cdots,y^{(n)})=0, \tag{8.1.12}$$
其中 x 是自变量,y 是未知函数,$F(x,y,y',y'',\cdots,y^{(n)})$ 是 $n+2$ 个变量的函数. 需要指出的是在方程(8.1.12)中,$y^{(n)}$ 必须出现,而 $x,y,y',\cdots,y^{(n-1)}$ 等变量可以不出现.

例如,在 n 阶微分方程 $y^{(n)}+1=0$ 中,除 $y^{(n)}$ 外,其余变量都没有出现.

如果能从(8.1.12)式中解出最高阶导数,得到微分方程
$$y^{(n)}=f(x,y,y'\cdots,y^{(n-1)}). \tag{8.1.13}$$

本章主要讨论形如(8.1.13)的微分方程,并且假设(8.1.13)式右端的函数 f 在所讨论的范围内连续.

如果(8.1.13)式可表示为如下形式:
$$y^{(n)}+a_1(x)y^{(n-1)}+\cdots+a_{n-1}(x)y'+a_n(x)y=g(x), \tag{8.1.14}$$
则称方程(8.1.14)为 **n 阶线性微分方程**. 其中 $a_1(x),a_2(x),\cdots,a_n(x)$ 和 $g(x)$ 均为自变量 x 的已知函数.

不能表示成形如(8.1.14)式的微分方程,统称为非线性微分方程.

例 3 指出下列方程是什么方程,并指出微分方程的阶数.

(1) $x^3y'''+x^2y''-2xy'=3x^2$;   (2) $x\left(\dfrac{dy}{dx}\right)^2-2\dfrac{dy}{dx}+4x=0$;

(3) $xy'' - 3(y')^3 + 2xy = 0$; (4) $\cos(y'') + \ln y = x + 1$.

解 方程(1)是三阶线性微分方程；方程(2)是一阶非线性微分方程；方程(3)是二阶非线性微分方程；方程(4)是二阶非线性微分方程。

8.1.2 微分方程的解

由例1、例2可以看出,在研究某些实际问题时,首先要建立属于该问题的微分方程,然后找出满足该微分方程的函数(即解微分方程),也就是说,找出这样的函数,把此函数代入微分方程能使该方程成为恒等式. 这个函数就称为该**微分方程的解**. 确切地说,设函数 $y = \varphi(x)$ 在区间 I 上有 n 阶连续导数,如果在区间 I 上,有
$$F(x, \varphi(x), \varphi'(x), \cdots, \varphi^{(n)}(x)) \equiv 0,$$
则称函数 $y = \varphi(x)$ 为微分方程(8.1.12)在区间 I 上的解.

在例1中,函数 $y = x^3 + C$ 和 $y = x^3 + 1$ 都是微分方程 $\dfrac{dy}{dx} = 3x^2$ 的解,其中 C 是任意常数；而在例2中,函数 $S = -0.2t^2 + C_1 t + C_2$ 和 $S = -0.2t^2 + 20t$ 是微分方程 $\dfrac{d^2 S}{dt^2} = -0.4$ 的解,其中 C_1, C_2 都是任意常数.

从上述例子可知,微分方程的解可能含有也可能不含有任意常数.

定义 3 如果微分方程的解中含有相互独立的任意常数,且任意常数的个数与微分方程的阶数相同,这样的解称为微分方程的**通解(一般解)**. 如果微分方程中不含有任意常数的解称为微分方程的**特解**.

所谓**通解**的意思是指,当其中的任意常数取遍所有实数时,就可以得到微分方程的所有解(至多有个别例外).

式(8.1.2)是微分方程(8.1.1)的通解,方程(8.1.1)是一阶微分方程,它的通解含有一个任意常数. 式(8.1.8)是微分方程(8.1.6)的通解,方程(8.1.6)是二阶微分方程,它的通解中含有两个任意常数,且这两个任意常数是相互独立的. 而式(8.1.5)和式(8.1.11)分别是微分方程(8.1.1)和方程(8.1.6)的特解,它们不含有任意常数.

由于通解中含有任意常数,有时候不能反映客观事物的规律性,需要确定这些常数的值. 为此,要根据问题的实际情况,提出确定这些常数的附加条件,这类附加条件称为**初始条件**,也称为**定解条件**. 例如,条件(8.1.3)和(8.1.9)分别是微分方程(8.1.1)和方程(8.1.6)的初始条件.

设微分方程中的未知函数为 $y = y(x)$,如果微分方程是一阶的,则用来确定任意常数的条件为：
$$x = x_0 \text{ 时}, y = y_0, \quad \text{或写成} \quad y|_{x=x_0} = y_0,$$
其中 x_0, y_0 都是给定的值；如果微分方程是二阶的,则用来确定任意常数的条件为：
$$x = x_0 \text{ 时}, y = y_0, y' = y_0', \text{或写成} \quad y|_{x=x_0} = y_0, y'|_{x=x_0} = y_0',$$
其中 x_0, y_0 和 y_0' 都是给定的值.

把初始条件代入通解,确定出任意常数,就得到了微分方程的特解. 例如,(8.1.5)式是方程(8.1.1)满足条件(8.1.3)的特解;(8.1.11)式是方程(8.1.6)满足条件(8.1.9)的特解.

带有初始条件的微分方程称为微分方程的**初值问题**.

例如,一阶微分方程的初值问题,记为
$$\begin{cases} y' = f(x, y) \\ y|_{x=x_0} = y_0 \end{cases}, \tag{8.1.15}$$

其解的图形是一条曲线,称为微分方程的**积分曲线**. 初值问题(8.1.15)的几何意义是:求微分方程通过点(x_0,y_0)的那条积分曲线.

二阶微分方程的初值问题,记为:
$$\begin{cases} y''=f(x,y,y') \\ y|_{x=x_0}=y_0, y'|_{x=x_0}=y_0', \end{cases} \quad (8.1.16)$$

其几何意义是:求微分方程的通过点(x_0,y_0)且在该点处的切线斜率为y_0'的那条积分曲线.

例 4 验证:函数$x=C_1\cos kt+C_2\sin kt$是微分方程$\dfrac{d^2x}{dt^2}+k^2x=0$的通解,并求满足初始条件$x|_{t=0}=2,\dfrac{dx}{dt}\bigg|_{t=0}=0$的特解.

证明 要验证函数是否是方程的解,只要将函数代入方程,验证是否恒等,再看函数中所含的独立的任意常数的个数是否与方程的阶数相同.

对函数$x=C_1\cos kt+C_2\sin kt$分别求一阶、二阶导数,得
$$\frac{dx}{dt}=-kC_1\sin kt+kC_2\cos kt,$$
$$\frac{d^2x}{dt^2}=-k^2C_1\cos kt-k^2C_2\sin kt=-k^2(C_1\cos kt+C_2\sin kt),$$

把$\dfrac{d^2x}{dt^2}$及x代入方程中,得
$$-k^2(C_1\cos kt+C_2\sin kt)+k^2(C_1\cos kt+C_2\sin kt)\equiv 0.$$

因方程两边恒等,且x中含有两个独立的任意常数C_1,C_2,故$x=C_1\cos kt+C_2\sin kt$是方程$\dfrac{d^2x}{dt^2}+k^2x=0$的通解.

将"$t=0,x=2$"代入x中,得
$$C_1=2.$$

将"$t=0,\dfrac{dx}{dt}=0$"代入$\dfrac{dx}{dt}$中,得
$$C_2=0.$$

把C_1,C_2代入x中,得方程的特解
$$x=2\cos kt.$$

习 题 8-1

1. 试说明下列各微分方程的阶:

   (1) $\left(\dfrac{dy}{dx}\right)^2+x\dfrac{dy}{dx}-y=0$;

   (2) $\dfrac{d^3y}{dx^3}-y=0$;

   (3) $x(y')^2-2yy'+x=0$;

   (4) $x^2y''-xy'+y=0$;

   (5) $\dfrac{d\rho}{d\theta}+\rho=\sin^2\theta$;

   (6) $xy'''+(y'')^2-2xy=0$;

   (7) $(7x-6y)dx+(x+y)dy=0$;

   (8) $L\dfrac{d^2Q}{dt^2}+R\dfrac{dQ}{dt}+\dfrac{Q}{C}=0$.

2. 指出下列各题中的函数是否为所给微分方程的解,若是解,指出是不是通解.

   (1) $xy'=2y,y=5x^2$;

   (2) $y''+y=0,y=3\sin x-4\cos x$;

(3) $y''-2y'+y=0, y=x^2 e^x$;
(4) $y''-(\lambda_1+\lambda_2)y'+\lambda_1\lambda_2 y=0, y=C_1 e^{\lambda_1 x}+C_2 e^{\lambda_2 x}$.

3. 下列各题中,验证所给二元方程所确定的函数为所给微分方程的解.
(1) $(x-2y)y'=2x-y, x^2-xy+y^2=C$;
(2) $(xy-x)y''+xy'^2+yy'-2y'=0, y=\ln(xy)$.

4. 下列各题中,确定函数关系式中所含的参数,使函数满足所给的初始条件.
(1) $x^2-xy+y^2=C^2, y|_{x=0}=1$;
(2) $y=(C_1+C_2 x)e^x, y|_{x=0}=0, y'|_{x=0}=1$;
(3) $y=C_1\cos\theta t+C_2\sin\theta t, y|_{t=0}=1, y'|_{t=0}=\theta$.

5. 下列各题中,验证所给函数为微分方程的通解,并求满足初始条件的特解.
(1) $xy''-yy'+1=0, y=Cx+\dfrac{1}{C}, y|_{x=0}=2 (C$ 是任意常数$)$;
(2) $y''+2y'+y=0, y=(C_1+C_2 x)e^{-x}, y|_{x=0}=4, y'|_{x=0}=-2 (C_1,C_2$ 是任意常数$)$.

6. 确定函数关系式 $y=C_1\sin(x-C_2)$ 所含的参数,使其满足初始条件
$$y|_{x=\pi}=1, y'|_{x=\pi}=0.$$

7. 设函数 $y=(1+x)^2 u(x)$ 是方程 $y'-\dfrac{2}{x+1}y=(x+1)^3$ 的通解,求 $u(x)$.

8. 写出由下列条件确定的曲线所满足的微分方程:
(1) 曲线在点 (x,y) 处的切线的斜率等于该点横坐标的平方;
(2) 曲线上点 $P(x,y)$ 处的法线与 x 轴的交点为 Q,且线段 PQ 被 y 轴平分.

9. 求连续函数 $f(x)$,使它满足 $\int_0^1 f(tx)\mathrm{d}t=f(x)+x\sin x$.

8.2 可分离变量的微分方程

一阶微分方程的一般形式是
$$G(x,y,y')=0,$$
其中 $G(x,y,y')$ 是 x,y,y' 的已知函数.以后仅讨论已解出导数的一阶微分方程
$$y'=F(x,y). \tag{8.2.1}$$
这种方程还可以表示成微分形式
$$P(x,y)\mathrm{d}x+Q(x,y)\mathrm{d}y=0.$$
写成这种形式时,两个变量 x,y 在方程中具有平等的地位,可以根据具体情况灵活选择 y 或 x 来作为求的未知函数.

从本节开始将根据微分方程的不同类型,给出相应的解法.

8.2.1 可分离变量的微分方程

如果一阶微分方程 $y'=F(x,y)$ 右端函数能分解成 $F(x,y)=f(x)g(y)$,即有
$$\frac{\mathrm{d}y}{\mathrm{d}x}=f(x)g(y), \tag{8.2.2}$$
则称(8.2.2)式为**可分离变量的微分方程**,其中 $f(x),g(y)$ 分别是 x,y 的连续函数.

设 $g(y)\neq 0$,方程两边同除以 $g(y)$,乘以 $\mathrm{d}x$,就可以把方程写成一端只含 y 的函数和 $\mathrm{d}y$,另一端只含 x 的函数和 $\mathrm{d}x$,即
$$\frac{\mathrm{d}y}{g(y)}=f(x)\mathrm{d}x,$$

再对上式两边分别积分,即得
$$\int \frac{\mathrm{d}y}{g(y)} = \int f(x)\mathrm{d}x.$$

如果 $g(y_0)=0$,则 $y=y_0$ 也是方程(8.2.2)的解.

上述求解可分离变量的微分方程的方法称为**分离变量法**.

例1 求解微分方程 $\dfrac{\mathrm{d}y}{\mathrm{d}x}=4xy$ 的通解.

解 题设方程是可分离变量的,分离变量后得
$$\frac{\mathrm{d}y}{y}=4x\mathrm{d}x.$$

两端积分
$$\int \frac{\mathrm{d}y}{y} = \int 4x\mathrm{d}x,$$

得
$$\ln|y|=2x^2+C_1,$$

其中 C_1 为任意常数.从而
$$y=\pm \mathrm{e}^{2x^2+C_1}=\pm \mathrm{e}^{C_1}\cdot \mathrm{e}^{2x^2}.$$

记 $C=\pm \mathrm{e}^{C_1}$,则得到题设方程的通解
$$y=C\mathrm{e}^{2x^2}.$$

例2 求微分方程 $\mathrm{d}x+xy\mathrm{d}y=y^2\mathrm{d}x+y\mathrm{d}y$ 的通解.

解 方程整理可得
$$y(x-1)\mathrm{d}y=(y^2-1)\mathrm{d}x.$$

设 $y^2-1\neq 0, x-1\neq 0$,分离变量得
$$\frac{y}{y^2-1}\mathrm{d}y=\frac{1}{x-1}\mathrm{d}x.$$

两端积分
$$\int \frac{y}{y^2-1}\mathrm{d}y = \int \frac{1}{x-1}\mathrm{d}x,$$

得
$$\frac{1}{2}\ln|y^2-1|=\ln|x-1|+\ln|C_1|.$$

于是
$$y^2-1=\pm C_1^2(x-1)^2,$$

记 $C=\pm C_1^2$,则得题设方程的通解
$$y^2-1=C(x-1)^2.$$

注 在用分离变量法解可分离变量的微分方程中,我们在假定 $g(y)\neq 0$ 的前提下,用它除方程两边,得到的通解不包含 $g(y)=0$ 的特解.但是,有时如果我们扩大任意常数 C 的取值范围,则其失去的解仍包含在通解中.如在例2中,我们得到的通解中应该 $C\neq 0$,但这样方程就失去特解 $y=\pm 1$,而如果允许 $C=0$,则 $y=\pm 1$ 仍包含在通解 $y^2-1=C(x-1)^2$ 中.

例3 设一物体的温度为 $100℃$,将其放置在空气温度为 $20℃$ 的环境中冷却,求物体温度随时间 t 的变化规律.

解 设物体的温度 T 与时间 t 的函数关系为 $T=T(t)$,则可建立 $T(t)$ 所满足的微分方程为
$$\frac{\mathrm{d}T}{\mathrm{d}t}=-k(T-20), \tag{8.2.3}$$

其中 $k(k>0)$ 为比例常数.

根据题意, $T=T(t)$ 还满足初始条件
$$T|_{t=0}=100. \tag{8.2.4}$$

下面来求上述初值问题的解.

将方程(8.2.3)分离变量,得
$$\frac{dT}{T-20}=-k\,dt,$$

两边积分
$$\int\frac{dT}{T-20}=\int-k\,dt,$$

得
$$\ln|T-20|=-kt+C_1,$$
其中 C_1 为任意常数,即
$$T-20=\pm e^{-kt+C_1}=\pm e^{C_1}e^{-kt}=Ce^{-kt},$$
其中 $C=\pm e^{C_1}$,从而
$$T=20+Ce^{-kt}.$$
再将条件(8.2.4)代入,得 $C=100-20=80$,于是,所求规律为
$$T=20+80e^{-kt}.$$

注 物体冷却的数学模型在多个领域有着广泛的应用.例如,警方破案时,法医要根据尸体当时的温度推断这个人的死亡时间,就可以利用这个模型来计算解决.

例 4 某公司 t 年净资产有 $W(t)$(单位:百万元),并且资产本身以每年 5% 的速度连续增长,同时该公司每年要以 30 百万元的数额连续支付职工的工资.

(1) 给出描述净资产 $W(t)$ 的微分方程;

(2) 求解方程,这时假设初始净资产为 W_0;

(3) 讨论在 $W_0=500,600,700$ 三种情况下,$W(t)$ 的变化特点.

解 (1) 利用平衡法,即由

净资产增长速度＝资产本身增长速度－职工工资支付速度,

得到所求微分方程
$$\frac{dW}{dt}=0.05W-30.$$

(2) 分离变量,得
$$\frac{dW}{W-600}=0.05\,dt,$$

两边积分,得
$$\ln|W-600|=0.05t+\ln C_1,$$
其中 C_1 为正常数.于是
$$|W-600|=C_1e^{0.05t},$$
或
$$W-600=Ce^{0.05t},$$
其中 $C=\pm C_1$.将 $W(0)=W_0$ 代入,得方程的通解:
$$W=600+(W_0-600)e^{0.05t},$$
上式推导过程中 $W\neq 600$.

当 $W=600$ 时,由 $\dfrac{dW}{dt}=0$ 可知
$$W=600=W_0,$$
通常称此为**平衡解**,仍包含在通解表达式中.

(3) 由通解表达式可知,当 $W_0=500$ 百万元时,净资产额单调递减,公司将在第 36 年破产;当 $W_0=600$ 百万元时,公司将收支平衡,将资产保持在 600 百万元不变;当 $W_0=700$ 百万元时,公司净资产将按指数不断增大.

8.2.2 齐次方程

形如
$$\frac{\mathrm{d}y}{\mathrm{d}x}=f\left(\frac{y}{x}\right) \tag{8.2.5}$$
的一阶微分方程称为**齐次微分方程**,简称**齐次方程**.

齐次方程(8.2.5)通过变量替换,可化为可分离变量方程来求解,即令
$$u=\frac{y}{x} \quad \text{或} \quad y=ux,$$
其中 $u=u(x)$ 是新的未知函数,则有
$$\frac{\mathrm{d}y}{\mathrm{d}x}=u+x\frac{\mathrm{d}u}{\mathrm{d}x},$$
将其代入(8.2.5)式,得
$$u+x\frac{\mathrm{d}u}{\mathrm{d}x}=f(u), \tag{8.2.6}$$
分离变量,得
$$\frac{\mathrm{d}u}{f(u)-u}=\frac{\mathrm{d}x}{x},$$
两边积分
$$\int\frac{\mathrm{d}u}{f(u)-u}=\int\frac{\mathrm{d}x}{x},$$
求出积分后,再将 $u=\frac{y}{x}$ 回代,便得到方程(8.2.5)的通解.

注 如果有 u_0,使得 $f(u_0)-u_0=0$,则显然 $u=u_0$ 也是方程(8.2.6)的解,从而 $y=u_0x$ 也是方程(8.2.5)的解;如果 $f(u)-u\equiv 0$,则方程(2.5)变成 $\frac{\mathrm{d}y}{\mathrm{d}x}=\frac{y}{x}$,这是一个可分离变量方程.

例 5 求微分方程
$$\frac{\mathrm{d}y}{\mathrm{d}x}=\frac{y}{x}+\tan\frac{y}{x}$$
满足初始条件 $y|_{x=1}=\frac{\pi}{6}$ 的特解.

解 题设方程为齐次方程,设 $u=\frac{y}{x}$,有
$$\frac{\mathrm{d}y}{\mathrm{d}x}=u+x\frac{\mathrm{d}u}{\mathrm{d}x}.$$
代入原方程,得
$$u+x\frac{\mathrm{d}u}{\mathrm{d}x}=u+\tan u,$$
分离变量得

$$\cot u\,du=\frac{1}{x}dx,$$

两边积分,得
$$\ln|\sin u|=\ln|x|+\ln|C|,$$

即 $\sin u=Cx$,将 $u=\dfrac{y}{x}$ 回代,则得原方程的通解为
$$\sin\frac{y}{x}=Cx.$$

代入初始条件 $y|_{x=1}=\dfrac{\pi}{6}$,得 $C=\dfrac{1}{2}$. 从而原方程的特解为
$$\sin\frac{y}{x}=\frac{1}{2}x.$$

例 6 求解微分方程 $(x^3-2xy^2)dy+(2y^3-3yx^2)dx=0$ 的通解.

解 原方程改写为
$$\frac{dy}{dx}=-\frac{2\left(\dfrac{y}{x}\right)^3-3\left(\dfrac{y}{x}\right)}{1-2\left(\dfrac{y}{x}\right)^2},$$

易见题设方程是齐次方程. 令 $u=\dfrac{y}{x}$,则
$$y=ux,\quad \frac{dy}{dx}=u+x\frac{du}{dx},$$

于是,原方程变为
$$x\frac{du}{dx}+u=\frac{3u-2u^2}{1-2u^2},$$

即
$$x\frac{du}{dx}=\frac{2u}{1-2u^2},$$

分离变量,得
$$\left(\frac{1}{2u}-u\right)du=\frac{dx}{x}.$$

两端积分,得
$$\frac{1}{2}\ln|u|-\frac{1}{2}u^2=\ln|x|+\ln|C_1|,$$

所以
$$ue^{-u^2}=\pm C_1^2 x^2,$$

即
$$ue^{-u^2}=Cx^2,$$

其中 $C=\pm C_1^2$. 此外,原方程还有解 $u=0$.

将 $u=\dfrac{y}{x}$ 回代,则得原方程的通解为
$$ye^{-\frac{x^2}{y^2}}=Cx^3,$$

其中 C 为任意常数,以及特解 $y=0$.

例 7 设商品 A 和商品 B 的售价分别为 P_1,P_2,已知价格 P_1 与 P_2 相关,且价格 P_1 相对

P_2 的弹性为 $\dfrac{P_2 \mathrm{d}P_1}{P_1 \mathrm{d}P_2} = \dfrac{P_2 - P_1}{P_2 + P_1}$,求 P_1 与 P_2 的函数关系式.

解 所给方程为齐次方程,整理得

$$\frac{\mathrm{d}P_1}{\mathrm{d}P_2} = \frac{1 - \dfrac{P_1}{P_2}}{1 + \dfrac{P_1}{P_2}} \cdot \frac{P_1}{P_2},$$

令 $u = \dfrac{P_1}{P_2}$,则有

$$u + P_2 \frac{\mathrm{d}u}{\mathrm{d}P_2} = \frac{1-u}{1+u} \cdot u,$$

分离变量,得

$$\left(-\frac{1}{u} - \frac{1}{u^2}\right) \mathrm{d}u = 2 \frac{\mathrm{d}P_2}{P_2},$$

两边积分,得

$$\frac{1}{u} - \ln u = \ln(C_1 P_2)^2.$$

将 $u = \dfrac{P_1}{P_2}$ 回代,得原方程的通解(即 P_1 与 P_2 的函数关系式)

$$\frac{P_2}{P_1} \mathrm{e}^{\frac{P_2}{P_1}} = C P_2^2,$$

其中 $C = C_1^2$ 为任意正常数.

*8.2.3 可化为齐次方程的微分方程

有些方程虽然本身不是齐次的,但通过适当变换,可化为齐次方程求解.

形如

$$\frac{\mathrm{d}y}{\mathrm{d}x} = \frac{a_1 x + b_1 y + c_1}{a_2 x + b_2 y + c_2} \tag{8.2.7}$$

的方程,也可经变量代换化为可分离变量的微分方程. 这里 $a_1, b_1, c_1, a_2, b_2, c_2$ 均为常数.

下面分三种情形来讨论:

(1) $c_1 = c_2 = 0$ 的情形.

方程(8.2.7)为齐次方程,有

$$\frac{\mathrm{d}y}{\mathrm{d}x} = \frac{a_1 x + b_1 y}{a_2 x + b_2 y} = \frac{a_1 + b_1 \dfrac{y}{x}}{a_2 + b_2 \dfrac{y}{x}} = f\left(\frac{y}{x}\right).$$

因此,只要作变换 $u = \dfrac{y}{x}$,就可将方程化为可分离变量的微分方程.

(2) $\begin{vmatrix} a_1 & b_1 \\ a_2 & b_2 \end{vmatrix} = a_1 b_2 - a_2 b_1 = 0$,即 $\dfrac{a_1}{a_2} = \dfrac{b_1}{b_2}$ 的情形.

设此比值为 k,即 $\dfrac{a_1}{a_2} = \dfrac{b_1}{b_2} = k$,则此方程可写成

$$\frac{\mathrm{d}y}{\mathrm{d}x}=\frac{k(a_2x+b_2y)+c_1}{a_2x+b_2y+c_2}=f(a_2x+b_2y).$$

令 $a_2x+b_2y=u$，则方程可化为

$$\frac{\mathrm{d}u}{\mathrm{d}x}=a_2+b_2f(u),$$

这也是可分离变量的微分方程.

(3) 现讨论 $\begin{vmatrix}a_1 & b_1 \\ a_2 & b_2\end{vmatrix}=a_1b_2-a_2b_1\neq 0$ 及 c_1,c_2 不全为零的情形.

这时方程(8.2.7)右端的分子、分母都是 x,y 的一次式，因此

$$\begin{cases}a_1x+b_1y+c_1=0 \\ a_2x+b_2y+c_2=0\end{cases} \tag{8.2.8}$$

表示 xy 面上两条相交的直线，设其交点为 (x_0,y_0).

显然，$x_0\neq 0$ 或 $y_0\neq 0$，否则 $x_0=y_0=0$，即交点为坐标原点，则必有 $c_1=c_2=0$，这正是情形(1). 从几何上知道，要将所考虑的情形化为情形(1)，只需进行坐标平移，可作平移变换

$$\begin{cases}X=x-x_0 \\ Y=y-y_0\end{cases},$$

即

$$\begin{cases}x=X+x_0 \\ y=Y+y_0\end{cases}.$$

有 $\dfrac{\mathrm{d}y}{\mathrm{d}x}=\dfrac{\mathrm{d}Y}{\mathrm{d}X}$，于是，原方程就化为齐次方程

$$\frac{\mathrm{d}Y}{\mathrm{d}X}=\frac{a_1X+b_1Y}{a_2X+b_2Y}=f\left(\frac{Y}{X}\right).$$

需要指出的是，上述解题的方法也适合比方程(8.2.7)更一般的方程类型

$$\frac{\mathrm{d}y}{\mathrm{d}x}=f\left(\frac{a_1x+b_1y+c_1}{a_2x+b_2y+c_2}\right).$$

此外，诸如

$$\frac{\mathrm{d}y}{\mathrm{d}x}=f(ax+by+c), \quad yf(xy)\mathrm{d}x+xg(xy)\mathrm{d}y=0,$$

以及

$$M(x,y)(x\mathrm{d}x+y\mathrm{d}y)+N(x,y)(x\mathrm{d}y-y\mathrm{d}x)=0,$$

其中 M,N 均为 x,y 的齐次函数，次数可以不相同，这些方程都可通过适当的变量代换化为可分离变量的微分方程.

例8 求 $\dfrac{\mathrm{d}y}{\mathrm{d}x}=\dfrac{x-y+1}{x+y-3}$ 的通解.

解 直线 $x-y+1=0$ 和直线 $x+y-3=0$ 的交点 $(1,2)$，因此作变换

$$x=X+1, \quad y=Y+2,$$

代入题设方程，得

$$\frac{\mathrm{d}Y}{\mathrm{d}X}=\frac{X-Y}{X+Y}=\frac{1-\dfrac{Y}{X}}{1+\dfrac{Y}{X}}.$$

令 $u=\dfrac{Y}{X}$，则

$$Y = uX, \frac{dY}{dX} = u + X\frac{du}{dX},$$

代入上式,得

$$u + X\frac{du}{dX} = \frac{1-u}{1+u},$$

分离变量,得

$$\frac{1+u}{1-2u-u^2}du = \ln|X| + \ln C_1,$$

两边积分,得

$$-\frac{1}{2}\ln|1-2u-u^2| = \ln|X| + \ln C_1.$$

即

$$1 - 2u - u^2 = \frac{C}{X^2} \quad (C = C_1^{-2}).$$

将 $u = \dfrac{Y}{X}$ 回代得

$$X^2 - 2XY - Y^2 = C,$$

再将 $X = x-1, Y = y-2$ 回代,则可整理得到所求题设方程的通解

$$x^2 - 2xy - y^2 + 2x + 6y = C.$$

习 题 8-2

1. 求下列微分方程的通解：

(1) $xy' - y\ln y = 0$；

(2) $3x^2 + 5x - 5\dfrac{dy}{dx} = 0$；

(3) $\sqrt{1-x^2} \cdot \dfrac{dy}{dx} = \sqrt{1-y^2}$；

(4) $y' - xy' = a(y^2 + y')$；

(5) $\cos x \sin y \, dx + \sin x \cos y \, dy = 0$；

(6) $y \, dx + (x^2 - 4x) \, dy = 0$；

(7) $\dfrac{dy}{dx} = 10^{x+y}$；

(8) $x(y^2-1)dx + y(x^2-1)dy = 0$；

(9) $x^2 y \, dx = (1 - y^2 + x^2 - x^2 y^2) \, dy$；

(10) $y' + \sin\dfrac{x+y}{2} = \sin\dfrac{x-y}{2}$.

2. 求下列齐次方程的通解：

(1) $xy' - y - \sqrt{y^2 - x^2} = 0$；

(2) $x\dfrac{dy}{dx} = y\ln\dfrac{y}{x}$；

(3) $(x^2 + y^2)dx - xy \, dy = 0$；

(4) $\left(x + y\cos\dfrac{y}{x}\right)dx - x\cos\dfrac{y}{x}dy = 0$；

(5) $\sec^2 x \tan y \, dx + \sec^2 y \tan x \, dy = 0$；

(6) $y' = e^{\frac{y}{x}} + \dfrac{y}{x}$；

(7) $y(x^2 - xy + y^2)dx + x(x^2 + xy + y^2)dy = 0$；

(8) $(1 + 2e^{\frac{x}{y}})dx + 2e^{\frac{x}{y}}\left(1 - \dfrac{x}{y}\right)dy = 0$.

3. 求下列齐次方程所满足的初值问题的解.

(1) $(y^2 - 3x^2)dy + 2xy \, dx = 0, y|_{x=0} = 1$；

(2) $y' = e^{2x-y}, y|_{x=0} = 0$；

(3) $\dfrac{x}{1+y}dx - \dfrac{y}{1+x}dy = 0, y|_{x=0} = 0$；

(4) $(x^2+2xy-y^2)dx+(y^2+2xy-x^2)dy=0, y|_{x=1}=1$;

(5) $y'=\dfrac{x}{y}+\dfrac{y}{x}, y|_{x=1}=2$;

(6) $\cos y dx+(1+e^{-x})\sin y dy=0, y|_{x=0}=\dfrac{\pi}{4}$.

*4. 化下列方程为齐次方程,并求其通解.

(1) $(2x-5y+3)dx-(2x+4y-6)dy=0$;

(2) $(x-y-1)dx+(4y+x-1)dy=0$;

(3) $(3y-7x+7)dx+(7y-3x+3)dy=0$.

5. 求一曲线方程,该曲线通过点$(0,1)$且曲线上任一点处的切线垂直于此点与原点的连线.

6. 某商品的需求量 x 对价格 p 的弹性为 $\eta=-3p^3$,市场对该产品的最大需求量为 1(万件),求需求函数.

7. 设某商品的需求量 D 和供给量 s,各自对价格 p 的函数 $D(p)=\dfrac{a}{p^2}, s(p)=bp$,且 p 是时间 t 的函数并满足方程 $\dfrac{dp}{dt}=k[D(p)-s(p)](a,b,k$ 为正常数$)$,求:

(1) 在需求量与供给量相等时的均衡价格 p_e;

(2) 当 $t=0, p=1$ 时的价格函数 $p(t)$;

(3) $\lim\limits_{t\to+\infty} p(t)$.

8.3 一阶线性微分方程

8.3.1 一阶线性微分方程

形如

$$\dfrac{dy}{dx}+P(x)y=Q(x) \tag{8.3.1}$$

的方程称为**一阶线性微分方程**. 其中函数 $P(x), Q(x)$ 是某一区间 I 上的连续函数. 当 $Q(x)\equiv 0$ 时,方程(8.3.1)成为

$$\dfrac{dy}{dx}+P(x)y=0, \tag{8.3.2}$$

称(8.3.2)式为**一阶齐次线性方程**. 相应地,方程(8.3.1)称为**一阶非齐次线性方程**.

一阶齐次线性方程(8.3.2)是可分离变量的方程,分离变量,得

$$\dfrac{dy}{y}=-P(x)dx,$$

两边积分,得

$$\ln|y|=-\int P(x)dx+C_1,$$

由此得方程(8.3.2)的通解为

$$y=Ce^{-\int P(x)dx}, \tag{8.3.3}$$

其中 $C(C=\pm e^{C_1})$ 为任意常数.

下面再来讨论一阶非齐次线性方程(8.3.1)的通解.

将方程(8.3.1)变形为

$$\dfrac{dy}{y}=\left[\dfrac{Q(x)}{y}-P(x)\right]dx,$$

两边积分,得
$$\ln|y| = \int \frac{Q(x)}{y}\mathrm{d}x - \int P(x)\mathrm{d}x.$$

若记 $\int \frac{Q(x)}{y}\mathrm{d}x = v(x)$,则
$$\ln|y| = v(x) - \int P(x)\mathrm{d}x,$$

即
$$y = \pm \mathrm{e}^{v(x)} \mathrm{e}^{-\int P(x)\mathrm{d}x} = u(x)\mathrm{e}^{-\int P(x)\mathrm{d}x}. \tag{8.3.4}$$

将此解与齐次方程的通解(8.3.3)相比较,易见其表达式一致,只需将(8.3.3)中的常数 C 换为函数 $u(x)$. 由此引入求解一阶非齐次线性微分方程的方法,**常数变易法**,即在求出相应齐次方程的通解(8.3.3)后,将通解中的常数 C 变易为待定函数 $u(x)$,并设一阶非齐次方程的通解为
$$y = u(x)\mathrm{e}^{-\int P(x)\mathrm{d}x},$$

求导,得
$$y' = u'\mathrm{e}^{-\int P(x)\mathrm{d}x} + u[-P(x)]\mathrm{e}^{-\int P(x)\mathrm{d}x},$$

将 y 和 y' 代入方程(8.3.1),得
$$u'(x)\mathrm{e}^{-\int P(x)\mathrm{d}x} = Q(x),$$

积分,得
$$u(x) = \int Q(x)\mathrm{e}^{\int P(x)\mathrm{d}x}\mathrm{d}x + C,$$

从而一阶非齐次线性方程(8.3.1)的通解为
$$y = \left[\int Q(x)\mathrm{e}^{\int P(x)\mathrm{d}x}\mathrm{d}x + C\right]\mathrm{e}^{-\int P(x)\mathrm{d}x}. \tag{8.3.5}$$

公式(8.3.5)可写成
$$y = C\mathrm{e}^{-\int P(x)\mathrm{d}x} + \mathrm{e}^{-\int P(x)\mathrm{d}x} \cdot \int Q(x)\mathrm{e}^{\int P(x)\mathrm{d}x}\mathrm{d}x.$$

由上式可看出,一阶非齐次线性方程(8.3.1)的通解是对应的齐次方程的通解与其本身的一个特解之和. 以后还可得到,这个结论对高阶非齐次线性方程也成立.

例 1 求方程 $y' + \frac{1}{x}y = \frac{\sin x}{x}$ 的通解.

解 题设方程是一阶非齐次线性方程,这里
$$P(x) = \frac{1}{x}, \quad Q(x) = \frac{\sin x}{x},$$

代入通解公式,得
$$y = \mathrm{e}^{-\int \frac{1}{x}\mathrm{d}x}\left(\int \frac{\sin x}{x} \cdot \mathrm{e}^{\int \frac{1}{x}\mathrm{d}x}\mathrm{d}x + C\right) = \mathrm{e}^{-\ln x}\left(\int \frac{\sin x}{x} \cdot \mathrm{e}^{\ln x}\mathrm{d}x + C\right)$$
$$= \frac{1}{x}\left(\int \sin x\,\mathrm{d}x + C\right) = \frac{1}{x}(-\cos x + C).$$

例 2 求方程 $\frac{\mathrm{d}y}{\mathrm{d}x} - \frac{2y}{x+1} = (x+1)^{\frac{5}{2}}$ 得通解.

解 题设方程是一阶非齐次线性方程,下面我们不直接套公式(8.3.5),而采用常数变易法来求解.

先求对应齐次方程的通解. 由

$$\frac{dy}{dx}-\frac{2}{x+1}y=0,$$

分离变量,得

$$\frac{dy}{y}=\frac{2dx}{x+1},$$

两边积分,得对应齐次方程的通解为

$$y=C_1(x+1)^2.$$

其中 C_1 为任意常数.

利用常数变易法,设题设方程的通解为

$$y=u(x)(x+1)^2, \qquad (8.3.6)$$

求导,得

$$\frac{dy}{dx}=u'(x)(x+1)^2+2u(x)(x+1),$$

代入题设方程,得

$$u'(x)=(x+1)^{\frac{1}{2}}.$$

两边积分,得

$$u(x)=\frac{2}{3}(x+1)^{\frac{3}{2}}+C.$$

将上式代入式(8.3.6),即得到题设方程的通解

$$y=(x+1)^2\left[\frac{2}{3}(x+1)^{\frac{3}{2}}+C\right].$$

例 3 求方程 $y^3dx+(2xy^2-1)dy=0$ 的通解.

解 若将 y 看成 x 的函数,则方程变为

$$\frac{dy}{dx}=\frac{y^3}{1-2xy^2},$$

此方程不是一阶线性微分方程,不便求解. 如果将 x 看成 y 的函数,则方程可改写为

$$y^3\frac{dx}{dy}+2y^2x=1,$$

它是一阶线性微分方程,其对应齐次方程为

$$y^3\frac{dx}{dy}+2y^2x=0,$$

分离变量,并积分得

$$\int\frac{dx}{x}=-\int\frac{2dy}{y},$$

即

$$x=C_1\frac{1}{y^2},$$

其中 C_1 为任意常数. 利用常数变易法,设题设方程的通解为

$$x=u(y)\frac{1}{y^2},$$

代入原方程,得

$$u'(y)=\frac{1}{y},$$

积分,得

$$u(y)=\ln|y|+C.$$

于是,原方程的通解为

$$x=\frac{1}{y^2}(\ln|y|+C),$$

其中 C 为任意常数.

*8.3.2 伯努利方程

形如

$$\frac{\mathrm{d}y}{\mathrm{d}x}+P(x)y=Q(x)y^n \tag{8.3.7}$$

的方程称为**伯努利方程**,其中 n 为常数,且 $n\neq 0,1$.

伯努利方程是一类非线性方程,但通过适当变换,就可以把它化为线性方程. 事实上,在方程(8.3.7)两端除以 y^n,得

$$y^{-n}\frac{\mathrm{d}y}{\mathrm{d}x}+P(x)y^{1-n}=Q(x),$$

或

$$\frac{1}{1-n}\cdot(y^{1-n})'+P(x)y^{1-n}=Q(x),$$

于是,令 $z=y^{1-n}$,就得到关于变量 z 的一阶线性方程

$$\frac{\mathrm{d}z}{\mathrm{d}x}+(1-n)P(x)z=(1-n)Q(x).$$

利用线性方程的求解方法求出通解后,再回代原变量,便可得到伯努利方程(8.3.7)的通解

$$y^{1-n}=\mathrm{e}^{-\int(1-n)P(x)\mathrm{d}x}\left(\int Q(x)(1-n)\mathrm{e}^{\int(1-n)P(x)\mathrm{d}x}\mathrm{d}x+C\right).$$

例 4 求方程 $\dfrac{\mathrm{d}y}{\mathrm{d}x}+\dfrac{y}{x}=(\ln x)y^2$ 的通解.

解 以 y^2 除方程的两端,得

$$y^{-2}\frac{\mathrm{d}y}{\mathrm{d}x}+\frac{1}{x}y^{-1}=\ln x,$$

即

$$-\frac{\mathrm{d}(y^{-1})}{\mathrm{d}x}+\frac{1}{x}y^{-1}=\ln x.$$

令 $z=y^{-1}$,则上述方程变为

$$\frac{\mathrm{d}z}{\mathrm{d}x}-\frac{1}{x}z=-\ln x,$$

解此线性微分方程,得

$$z=x\left[C-\frac{1}{2}(\ln x)^2\right].$$

代入 $z=y^{-1}$,得题设方程的通解为

$$yx\left[C-\frac{1}{2}(\ln x)^2\right]=1.$$

利用变量代换把一个微分方程化为可分离变量的方程或一阶线性微分方程等已知可解的

方程,这是解微分方程最常用的方法.下面再通过例子说明之.

例 5 求解微分方程 $\dfrac{dy}{dx}=\dfrac{1}{x\sin^2(xy)}-\dfrac{y}{x}$.

解 令 $z=xy$,则有 $\dfrac{dz}{dx}=y+x\dfrac{dy}{dx}$,原方程可化为

$$\frac{dz}{dx}=y+x\left(\frac{1}{x\sin^2(xy)}-\frac{y}{x}\right)=\frac{1}{\sin^2 z},$$

分离变量,得

$$\sin^2 z\, dz=dx,$$

两端积分,得

$$2z-\sin 2z=4x+C,$$

回代 $z=xy$,即得题设方程的通解

$$2xy-\sin(2xy)=4x+C.$$

习 题 8-3

1. 求下列微分方程的通解:

(1) $\dfrac{dy}{dx}+y=e^{-x}$;

(2) $xy'+y=x^2+3x+2$;

(3) $y'+y\cos x=e^{-\sin x}$;

(4) $y'+y\tan x=\sin 2x$;

(5) $(x-2)\dfrac{dy}{dx}=y+2(x-2)^3$;

(6) $(y^2-6x)\dfrac{dy}{dx}+2y=0$;

(7) $(x^2-1)y'+2xy-\cos x=0$;

(8) $\dfrac{dy}{dx}=\dfrac{y}{y-x}$;

(9) $y\ln y\, dx+(x-\ln y)dy=0$;

(10) $\dfrac{dy}{dx}=\dfrac{1}{x\cos y+\sin 2y}$.

2. 求下列微分方程满足所给初始条件的特解:

(1) $\dfrac{dy}{dx}-y\tan x=\sec x, y|_{x=0}=0$;

(2) $\dfrac{dy}{dx}+\dfrac{y}{x}=\dfrac{\sin x}{x}, y|_{x=\pi}=1$;

(3) $\dfrac{dy}{dx}+y\cot x=5e^{\cos x}, y|_{x=\frac{\pi}{2}}=-4$;

(4) $\dfrac{dy}{dx}+3y=8, y|_{x=0}=2$;

(5) $\dfrac{dy}{dx}+\dfrac{2-3x^2}{x^3}y=1, y|_{x=1}=0$.

3*. 求下列伯努利方程的通解:

(1) $y'-3xy=xy^2$;

(2) $y'+y=y^2(\cos x-\sin x)$;

(3) $\dfrac{dy}{dx}+\dfrac{1}{3}y=\dfrac{1}{3}(1-2x)y^4$;

(4) $\dfrac{dy}{dx}=\dfrac{\ln x}{x}y^2-\dfrac{1}{x}y$;

(5) $x\,dy-[y+xy^3(1+\ln x)]dx=0$;

(6) $y'+\dfrac{2}{x}y=x^2y^{\frac{4}{3}}$.

4. 用适当的变量代换将下列方程化为可分离变量的方程,然后求解方程.

(1) $\dfrac{dy}{dx}=(x+y)^2$;

(2) $\dfrac{dy}{dx}=\dfrac{1}{x-y}+1$;

(3) $xy'+y=y(\ln x+\ln y)$;

(4) $y(xy+1)\mathrm{d}x+x(1+xy+x^2y^2)\mathrm{d}y=0$.

5. 设连续函数 $y(x)$ 满足方程 $y(x)=\int_0^x y(t)\mathrm{d}t+\mathrm{e}^x$, 求 $y(x)$.

6. 求一曲线方程,该曲线通过原点,并且它在点 (x,y) 处的切线斜率等于 $2x+y$.

8.4 可降阶的二阶微分方程

从本节开始讨论二阶及二阶以上的微分方程,即所谓的高阶微分方程. 介绍三种特殊类型高阶微分方程的解法,即降阶法. 这种解法的基本思想是通过变量代换,将它化成较低阶的方程来求解.

8.4.1 $y''=f(x)$ 型

这是最简单的二阶微分方程,可以通过逐次积分得到方程的通解.

在方程 $y''=f(x)$ 两端积分,得

$$y'=\int f(x)\mathrm{d}x+C_1,$$

再次积分,得

$$y=\int\left[\int f(x)\mathrm{d}x+C_1\right]\mathrm{d}x+C_2.$$

注 这种类型的方程的解法,可推广到 n 阶微分方程

$$y^{(n)}=f(x),$$

只要连续积分 n 次,就可得到此方程含有 n 个任意常数的通解.

例 1 求方程 $y''=\mathrm{e}^{2x}-\cos x$ 满足 $y(0)=0,y'(0)=1$ 的特解.

解 对所给方程连续两次积分,得

$$y'=\frac{1}{2}\mathrm{e}^{2x}-\sin x+C_1, \tag{8.4.1}$$

$$y=\frac{1}{4}\mathrm{e}^{2x}+\cos x+C_1 x+C_2, \tag{8.4.2}$$

将 $y'(0)=1$ 代入 (8.4.1) 式,得 $C_1=\frac{1}{2}$,再将 $y(0)=0$ 代入 (8.4.2) 式,得 $C_2=-\frac{5}{4}$,从而得所求方程的特解为

$$y=\frac{1}{4}\mathrm{e}^{2x}+\cos x+\frac{1}{2}x-\frac{5}{4}.$$

例 2 求方程 $xy^{(4)}-y^{(3)}=0$ 的通解.

解 设 $y'''=P(x)$,代入题设方程,得

$$xP'-P=0 \quad (P\neq 0),$$

解此线性方程,得

$$P=C_1 x,$$

即

$$y'''=C_1 x,$$

两端积分,得

$$y''=\frac{1}{2}C_1 x^2+C_2,$$

$$y' = \frac{C_1}{6}x^3 + C_2 x + C_3,$$

再次积分得所求方程的通解为

$$y = \frac{C_1}{24}x^4 + \frac{C_2}{2}x^2 + C_3 x + C_4,$$

其中,$C_i(i=1,2,3,4)$ 为任意实数. 进一步通解可改写为

$$y = d_1 x^4 + d_2 x^2 + d_3 x + d_4.$$

其中,$d_i(i=1,2,3,4)$ 为任意常数.

8.4.2 $y'' = f(x, y')$ 型

这种方程的特点是不显含未知函数 y,求解的方法是:

设 $y' = p(x)$,则 $y'' = p'(x)$,原方程化为以 $p(x)$ 为未知数的一阶微分方程

$$p' = f(x, p).$$

设其通解为

$$p = \varphi(x, C_1),$$

代入 $y' = p(x)$,又得到一个一阶微分方程

$$y' = \varphi(x, C_1).$$

两边积分,得原方程的通解为

$$y = \int \varphi(x, C_1) \mathrm{d}x + C_2.$$

例 3 求微分方程 $(1+x^2)\dfrac{\mathrm{d}^2 y}{\mathrm{d}x^2} = 2x\dfrac{\mathrm{d}y}{\mathrm{d}x}$ 满足初始条件 $y(0)=1$,$\left.\dfrac{\mathrm{d}y}{\mathrm{d}x}\right|_{x=0}=3$ 的特解.

解 此方程不显含未知函数 y. 令 $\dfrac{\mathrm{d}y}{\mathrm{d}x} = p(x)$,则 $\dfrac{\mathrm{d}^2 y}{\mathrm{d}x^2} = \dfrac{\mathrm{d}p}{\mathrm{d}x}$,代入方程,方程可降阶为

$$(1+x^2)\frac{\mathrm{d}p}{\mathrm{d}x} = 2xp,$$

即

$$\frac{\mathrm{d}p}{p} = \frac{2x}{1+x^2}\mathrm{d}x.$$

两边积分,得

$$\ln|p| = \ln(1+x^2) + C,$$

即

$$p = \frac{\mathrm{d}y}{\mathrm{d}x} = C_1(1+x^2) \quad (C_1 = \pm e^C).$$

代入初始条件 $\left.\dfrac{\mathrm{d}y}{\mathrm{d}x}\right|_{x=0} = 3$,得 $C_1 = 3$. 所以

$$y' = 3(1+x^2).$$

两端再积分,得

$$y = x^3 + 3x + C_2.$$

又由条件 $y(0)=1$,得 $C_2 = 1$,于是所求方程的特解为

$$y = x^3 + 3x + 1.$$

8.4.3 $y'' = f(y, y')$ 型

这种方程的特点是不显含自变量 x. 求解的方法是:把 y 暂时看成自变量,并作变换 $y' =$

$p(y)$,于是,由复合函数求导法则,有

$$y'' = \frac{\mathrm{d}p}{\mathrm{d}x} = \frac{\mathrm{d}p}{\mathrm{d}y} \cdot \frac{\mathrm{d}y}{\mathrm{d}x} = p\frac{\mathrm{d}p}{\mathrm{d}y},$$

则原方程可化为

$$p\frac{\mathrm{d}p}{\mathrm{d}y} = f(y, p).$$

这是一个关于变量 y, p 的一阶微分方程. 设它的通解为 $y' = p = \varphi(y, C_1)$. 这是可分离变量的方程,对其积分即得到原方程的通解为

$$\int \frac{\mathrm{d}y}{\varphi(y, C_1)} = x + C_2.$$

例 4 求微分方程 $yy'' - y'^2 = 0$ 的通解.

解 所给方程不显含自变量 x,设 $y' = p(y)$,则 $y'' = p\frac{\mathrm{d}p}{\mathrm{d}y}$,代入原方程,得

$$yp\frac{\mathrm{d}p}{\mathrm{d}y} - p^2 = 0,$$

即

$$p\left(y\frac{\mathrm{d}p}{\mathrm{d}y} - p\right) = 0.$$

在 $y \neq 0, p \neq 0$ 时,约去 p 并分离变量,得

$$\frac{\mathrm{d}p}{p} = \frac{\mathrm{d}y}{y}.$$

两端积分,得

$$\ln|p| = \ln|y| + C,$$

即

$$p = C_1 y \quad \text{或} \quad y' = C_1 y \quad (C_1 = \pm e^C).$$

再分离变量并两端积分,得原方程的通解为

$$\ln|y| = C_1 x + C_2',$$

或

$$y = C_2 e^{C_1 x} \quad (C_2 = \pm e^{C_2'}).$$

注 上述通解也包含了 $p = 0$(即 $C_1 = 0$ 的情形)和 $y = 0$(即 $C_2 = 0$ 的情形)这两个平凡解.

习 题 8-4

1. 求下列微分方程的通解:

(1) $y'' = x + \sin x$; (2) $y''' = xe^x$; (3) $y'' = \dfrac{1}{1+x^2}$;

(4) $y'' = 1 + y'^2$; (5) $y'' = y' + x$; (6) $xy'' + y' = 0$;

(7) $y^3 y'' - 1 = 0$; (8) $y'' = \dfrac{1}{\sqrt{y}}$; (9) $y'' = (y')^3 + y'$.

2. 求下列微分方程满足初始条件的特解:

(1) $y^3 y'' + 1 = 0, y|_{x=1} = 1, y'|_{x=1} = 0$;

(2) $y'' - ay'^2 = 0, y|_{x=0} = 0, y'|_{x=0} = -1$;

(3) $y''' = e^{ax}, y|_{x=1} = y'|_{x=1} = y''|_{x=1} = 0$;

(4) $y''=e^{2y}, y|_{x=0}=y'|_{x=0}=0$;

(5) $y''=3\sqrt{y}, y|_{x=0}=1, y'|_{x=0}=2$;

(6) $y''+(y')^2=1, y|_{x=0}=0, y'|_{x=0}=0$.

3. 试求 $y''=x$ 的经过点 $M(0,1)$ 且在此点与直线 $y=\dfrac{x}{2}+1$ 相切的积分曲线.

8.5 二阶线性微分方程解的结构

形如
$$\frac{d^2 y}{d x^2}+P(x)\frac{d y}{d x}+Q(x)y=f(x), \tag{8.5.1}$$

称为**二阶线性微分方程**,其中 $P(x), Q(x)$ 及 $f(x)$ 是自变量 x 的已知函数,函数 $f(x)$ 称为方程(8.5.1)的**自由项**.

当 $f(x)=0$ 时,方程(8.5.1)成为
$$\frac{d^2 y}{d x^2}+P(x)\frac{d y}{d x}+Q(x)y=0, \tag{8.5.2}$$

称为**二阶齐次线性微分方程**. 相应地,称方程(8.5.1)为**二阶非齐次线性微分方程**.

本节所讨论的二阶线性微分方程的解的一些性质,还可以推广到 n 阶线性微分方程
$$y^{(n)}+P_1(x)y^{(n-1)}+\cdots+P_{n-1}(x)y'+P_n(x)y=f(x).$$

对于二阶齐次线性微分方程的解,满足以下两条定理:

定理 1 如果函数 $y_1(x)$ 与 $y_2(x)$ 是方程(8.5.2)的两个解,则
$$y=C_1 y_1(x)+C_2 y_2(x) \tag{8.5.3}$$

也是方程(8.5.2)的解,其中 C_1, C_2 是任意常数.

证明 将(8.5.3)代入方程(8.5.2)的左端,有
$$(C_1 y_1+C_2 y_2)''+P(x)(C_1 y_1+C_2 y_2)'+Q(x)(C_1 y_1+C_2 y_2)$$
$$=(C_1 y_1''+C_2 y_2'')+P(x)(C_1 y_1'+C_2 y_2')+Q(x)(C_1 y_1+C_2 y_2)$$
$$=C_1[y_1''+P(x)y_1'+Q(x)y_1]+C_2[y_2''+P(x)y_2'+Q(x)y_2]$$
$$=0,$$

所以式(8.5.3)是方程(8.5.2)的解.

齐次线性方程的这个性质表明它的解符合**叠加原理**.

这个定理表明将齐次方程(8.5.2)的两个解 $y_1(x)$ 与 $y_2(x)$ 按(8.5.3)式叠加起来仍是该方程的解,但不一定是方程(8.5.2)的通解,虽然(8.5.3)形式上含有两个任意常数 C_1, C_2,定理的条件却没有保证 $y_1(x)$ 与 $y_2(x)$ 这两个函数相互独立,为了解决这个问题,现引入函数的线性相关与线性无关的概念.

定义 1 设 $y_1(x), y_2(x)$ 是定义在区间 I 上的两个函数,如果存在两个不全为零的常数 k_1, k_2,使得在区间 I 上恒有
$$k_1 y_1(x)+k_2 y_2(x)\equiv 0,$$

则称这两个函数在区间 I 上**线性相关**,否则**线性无关**.

根据定义 1 可知,判断区间 I 上两个函数是否线性相关,只要看它们的比是否为常数. 如果比是常数,则它们线性相关,否则线性无关.

例如,函数 $y_1(x)=e^{4x}, y_2(x)=e^{2x}$ 是两个线性无关的函数,因为

$$\frac{y_1(x)}{y_2(x)} = \frac{e^{4x}}{e^{2x}} = e^{2x} \neq 常数.$$

而函数 $y_1(x) = \sin 2x, y_2(x) = \sin x \cos x$ 是两个线性相关的函数,因为

$$\frac{y_1(x)}{y_2(x)} = \frac{\sin 2x}{\sin x \cos x} = 2.$$

还可以将线性无关的定义推广到 n 个函数.

设 $y_1(x), y_2(x), \cdots, y_n(x)$ 为定义在区间 I 上的 n 个函数,如果存在 n 个不全为零的常数 $k_1, k_2, \cdots, k_n$,使得当 $x \in I$ 时恒有等式

$$k_1 y_1 + k_2 y_2 + \cdots + k_n y_n \equiv 0$$

成立,则称这 n 个函数在区间 I 上**线性相关**;否则**线性无关**.

有了线性无关的概念后,我们有如下二阶齐次线性微分方程的通解结构的定理.

定理 2 如果函数 $y_1(x)$ 与 $y_2(x)$ 是方程(8.5.2)的两个线性无关的特解,那么

$$y = C_1 y_1(x) + C_2 y_2(x)$$

就是方程(8.5.2)的通解,其中 C_1, C_2 是任意常数.

证明 根据定理 1,$y = C_1 y_1(x) + C_2 y_2(x)$ 是方程(8.5.2)的解,因为 $y_1(x)$ 与 $y_2(x)$ 线性无关,所以其中两个任意常数 C_1 与 C_2 不能合并,即它们是相互独立的,所以

$$y = C_1 y_1(x) + C_2 y_2(x)$$

是方程(8.5.2)的通解.

例如,方程 $y'' + y = 0$ 是二阶齐次微分方程,容易验证 $y_1 = \cos x, y_2 = \sin x$ 是所给方程的两个解,且

$$\frac{y_1}{y_2} = \frac{\cos x}{\sin x} = \cot x \neq 常数,$$

即它们是线性无关的. 因此,方程 $y'' + y = 0$ 的通解为

$$y = C_1 \cos x + C_2 \sin x.$$

定理 2 还可推广到 n 阶齐次线性方程.

推论 1 如果 $y_1(x), y_2(x), \cdots, y_n(x)$ 是 n 阶齐次线性方程

$$y^{(n)} + a_1(x) y^{(n-1)} + \cdots + a_{n-1}(x) y' + a_n(x) y = 0$$

的 n 个线性无关的解,则方程的通解为

$$y = C_1 y_1(x) + C_2 y_2(x) + \cdots + C_n y_n(x),$$

其中 $C_1, C_2, \cdots, C_n$ 为任意常数.

下面讨论二阶非齐次线性方程(8.5.1),把(8.5.2)称为(8.5.1)对应的齐次方程.

在一阶线性微分方程的讨论中已经得到,一阶非齐次线性微分方程的通解可以表示为对应齐次方程的通解与一个非齐次方程的特解的和. 实际上,不仅一阶非齐次线性微分方程的通解具有这样的结构,而且二阶及更高阶的非齐次线性微分方程的通解也具有这样的结构.

定理 3 设 y^* 是方程(8.5.1)的一个特解,而 Y 是其对应的齐次方程(8.5.2)的通解,则

$$y = Y + y^* \tag{8.5.4}$$

是二阶非齐次线性微分方程(8.5.1)的通解.

证明 把(8.5.4)代入方程(8.5.1)的左端,得

$$(Y + y^*)'' + P(x)(Y + y^*)' + Q(x)(Y + y^*)$$
$$= ((Y'' + y^{*\prime\prime}) + P(x)(Y' + y^{*\prime})) + Q(x)(Y + y^*)$$
$$= [Y'' + P(x) Y' + Q(x) Y] + [y^{*\prime\prime} + P(x) y^{*\prime} + Q(x) y^*]$$

$$=0+f(x)=f(x),$$

即 $y=Y+y^*$ 是方程(8.5.1)的解. 由于对应齐次方程的通解

$$Y=C_1 y_1(x)+C_2 y_2(x),$$

含有两个相互独立的任意常数 C_1,C_2,所以 $y=Y+y^*$ 是方程(8.5.1)的通解.

例如,方程 $y''+y=x^2$ 是二阶非齐次线性微分方程,已知其对应的齐次方程 $y''+y=0$ 的通解为 $Y=C_1\cos x+C_2\sin x$. 又容易验证 $y=x^2-2$ 是该方程的一个特解,故所给方程的通解为

$$y=C_1\cos x+C_2\sin x+x^2-2.$$

定理 4 设 y_1^* 与 y_2^* 分别是方程

$$y''+P(x)y'+Q(x)y=f_1(x)$$

与

$$y''+P(x)y'+Q(x)y=f_2(x)$$

的特解,则 $y_1^*+y_2^*$ 是方程

$$y''+P(x)y'+Q(x)y=f_1(x)+f_2(x) \tag{8.5.5}$$

的特解.

证明 将 $y=y_1^*+y_2^*$ 代入(8.5.5)的左端,得

$$(y_1^*+y_2^*)''+P(x)(y_1^*+y_2^*)'+Q(x)(y_1^*+y_2^*)$$
$$=[y_1^{*''}+P(x)y_1^{*'}+Q(x)y_1^*]+[y_2^{*''}+P(x)y_2^{*'}+Q(x)y_2^*]$$
$$=f_1(x)+f_2(x),$$

因此, $y_1^*+y_2^*$ 是方程(8.5.5)的一个特解.

这个定理通常称为非齐次线性微分方程的解的叠加原理.

定理 5 设 y_1+iy_2 是方程

$$y''+P(x)y'+Q(x)y=f_1(x)+if_2(x) \tag{8.5.6}$$

的解,其中 $P(x),Q(x),f_1(x),f_2(x)$ 为实值函数, i 为纯虚数. 则 y_1 与 y_2 分别是方程

$$y''+P(x)y'+Q(x)y=f_1(x)$$

与

$$y''+P(x)y'+Q(x)y=f_2(x)$$

的解.

定理 3,定理 4,定理 5 也可推广到 n 阶非次线性方程.

习 题 8-5

1. 判断下列各组函数是线性相关还是线性无关:
   (1) x^2,x^3; (2) $\cos 3x,\sin 3x$; (3) $\ln x,x\ln x$; (4) $e^{ax},e^{bx}(a\neq b)$.
2. 验证 $y_1=\cos\omega x$ 及 $y_2=\sin\omega x$ 都是方程 $y''+\omega^2 y=0$ 的解,并写出方程的通解.
3. 验证 $y_1=e^{x^2}$ 及 $y_2=xe^{x^2}$ 都是方程 $y''-4xy'+(4x^2-2)y=0$ 的解,并写出该方程的通解.
4. 已知 $y_1=3, y_2=3+x^2, y_3=3+x^2+e^x$ 都是微分方程

$$(x^2-2x)y''-(x^2-2)y'+(2x-2)y=6x-6$$

的解,并写出该方程的通解.

5. 验证 $y=C_1 e^{C_2-3x}-1$ 是 $y''-9y=9$ 的解,说明它不是通解,其中 C_1,C_2 是两个任意常数.

8.6 二阶常系数齐次线性微分方程

前面讨论了二阶线性微分方程解的结构,其通解是对应二阶齐次线性方程的通解与非齐次方程的一个特解的和构成. 下面,首先讨论二阶常系数齐次线性微分方程的通解的解法.

8.6.1 二阶常系数齐次线性微分方程及其解法

形如
$$y'' + py' + qy = 0, \tag{8.6.1}$$

其中 p, q 是常数,根据 8.5 节定理 2,方程 (8.6.1) 的通解可以表示为其任意两个线性无关的特解 y_1, y_2 的线性组合,所以下面讨论这两个特解的求法.

先来分析方程 (8.6.1) 可能具有什么形式的特解,从方程的形式上看,它的特点是 y'', y' 与 y 各乘以常数因子后相加等于零,如果能找到一个函数 y,其中 y'', y' 与 y 之间只相差一个常数,这样的函数就有可能是方程 (8.6.1) 的特解. 易知指数函数 $y = e^{rx}$ 满足上述要求,于是,令
$$y = e^{rx}$$

来尝试求解,其中 r 为待定常数. 将
$$y = e^{rx}, \quad y' = re^{rx}, \quad y'' = r^2 e^{rx}$$

代入方程 (8.6.1),得
$$(r^2 + pr + q)e^{rx} = 0,$$

由于 $e^{rx} \neq 0$,所以
$$r^2 + pr + q = 0. \tag{8.6.2}$$

由此可见,只要 r 满足代数方程 (8.6.2),函数 $y = e^{rx}$ 就是方程 (8.6.1) 的特解. 代数方程 (8.6.2) 称为微分方程 (8.6.1) 的**特征方程**. 并称特征方程的两个根 r_1, r_2 为**特征根**. 根据初等代数的知识,特征根有三种可能的情况,下面分别进行讨论.

1. 特征方程 (8.6.2) 有两个不相等的实根 r_1, r_2

此时 $p^2 - 4q > 0$,$e^{r_1 x}, e^{r_2 x}$ 是方程 (8.6.1) 的两个特解,且
$$\frac{e^{r_1 x}}{e^{r_2 x}} = e^{(r_1 - r_2)x} \neq 常数,$$

所以 $e^{r_1 x}, e^{r_2 x}$ 为线性无关函数,由解的结构定理知,齐次方程 (8.6.1) 的通解为
$$y = C_1 e^{r_1 x} + C_2 e^{r_2 x}, \tag{8.6.3}$$

其中 C_1, C_2 为任意常数.

2. 特征方程 (8.6.2) 有两个相等的实根 $r_1 = r_2$

此时 $p^2 - 4q = 0$,特征根 $r_1 = r_2 = -\dfrac{p}{2}$,这样只能得到方程 (8.6.1) 的一个特解 $y_1 = e^{r_1 x}$. 还需要找到另一个特解 y_2,并使得 y_1 与 y_2 的比不是常数. 因此,我们设
$$y_2 = ue^{r_1 x},$$

这里 $u = u(x)$ 为待定函数. 将 y_2 求导,得
$$y_2' = e^{r_1 x}(u' + r_1 u), \quad y_2'' = e^{r_1 x}(u'' + 2r_1 u' + r_1^2 u).$$

将 y_2, y_2', y_2'' 代入方程 (8.6.1),得

$$e^{r_1 x}[(u''+2r_1 u'+r_1^2 u)+p(u'+r_1 u)+qu]=0,$$

合并整理,并作方程两端约去非零因子 $e^{r_1 x}$,并以 u'',u',u 为准合并同类项,得

$$u''+(2r_1+p)u'+(r_1^2+pr_1+q)u=0.$$

由于 r_1 是特征方程(8.6.2)的二重根.因此 $r_1^2+pr_1+q=0$,且 $2r_1+p=0$,于是有

$$u''=0,$$

这里只要找到一个 u 不为常数的解,不妨选取 $u=x$,由此得到方程(8.6.1)的另一个特解

$$y_2=xe^{r_1 x}.$$

由于

$$\frac{y_1}{y_2}=\frac{e^{r_1 x}}{xe^{r_1 x}}=\frac{1}{x}\neq 常数,$$

所以 $e^{r_1 x}, xe^{r_1 x}$ 为线性无关函数,齐次方程(8.6.1)的通解为

$$y=C_1 e^{r_1 x}+C_2 xe^{r_1 x},$$

即

$$y=(C_1+C_2 x)e^{r_1 x}. \tag{8.6.4}$$

其中 C_1,C_2 为任意常数.

3. 特征方程(8.6.2)有一对共轭复根 $r_1=\alpha+i\beta, r_2=\alpha-i\beta$

此时,$p^2-4q<0$,方程(8.6.1)有两个复数形式的特解

$$y_1=e^{(\alpha+i\beta)x}, \quad y_2=e^{(\alpha-i\beta)x},$$

其中,$\alpha=-\dfrac{p}{2},\beta=\dfrac{\sqrt{4q-p^2}}{2}$.为了得到实值函数形式的解,利用欧拉公式

$$e^{i\theta}=\cos\theta+i\sin\theta,$$

把 y_1,y_2 改写为

$$y_1=e^{(\alpha+i\beta)x}=e^{\alpha x}\cdot e^{i\beta x}=e^{\alpha x}(\cos\beta x+i\sin\beta x),$$

$$y_2=e^{(\alpha-i\beta)x}=e^{\alpha x}\cdot e^{-i\beta x}=e^{\alpha x}(\cos\beta x-i\sin\beta x).$$

由于复值函数 y_1,y_2 之间成共轭关系,因此,取它们的和除以 2 就得到它们的实部;取它们的差除以 $2i$ 就得到它们的虚部.由于方程(8.6.1)的解符合叠加原理,所以实值函数

$$\bar{y}_1=\frac{1}{2}(y_1+y_2)=e^{\alpha x}\cos\beta x,$$

$$\bar{y}_2=\frac{1}{2i}(y_1-y_2)=e^{\alpha x}\sin\beta x,$$

仍是方程(8.6.1)的解,且

$$\frac{\bar{y}_1}{\bar{y}_2}=\frac{e^{\alpha x}\cos\beta x}{e^{\alpha x}\sin\beta x}=\cot\beta x\neq 常数,$$

所以 y_1,y_2 为线性无关函数,微分方程(8.6.1)的通解为

$$y=e^{\alpha x}(C_1\cos\beta x+C_2\sin\beta x), \tag{8.6.5}$$

其中 C_1,C_2 为任意常数.

综上所述,求二阶常系数齐次线性微分方程(8.6.1)的通解,只需先求出其特征方程(8.6.2)的根,再根据根的不同情形写出微分方程(8.6.1)的通解:

特征方程 $r^2+pr+q=0$ 的两根 r_1,r_2	微分方程 $y''+py'+qy=0$ 的通解
两个不相等的实根 r_1,r_2	$y=C_1\mathrm{e}^{r_1x}+C_2\mathrm{e}^{r_2x}$
两个相等的实根 $r_1=r_2$	$y=(C_1+C_2x)\mathrm{e}^{r_1x}$
一对共轭复根 $r_1=\alpha+i\beta,r_2=\alpha-i\beta$	$y=\mathrm{e}^{\alpha x}(C_1\cos\beta x+C_2\sin\beta x)$

例 1 求微分方程 $y''-y'-6y=0$ 的通解.

解 所给方程的特征方程为
$$r^2-r-6=0,$$
其根 $r_1=-2,r_2=3$ 是两个不相等的实根,因此所给方程的通解为
$$y=C_1\mathrm{e}^{-2x}+C_2\mathrm{e}^{3x}.$$

例 2 求微分方程 $y''+6y'+9y=0$ 的通解.

解 所给方程的特征方程为
$$r^2+6r+9=0,$$
它有两个相等的实根 $r_1=r_2=-3$,故所求方程的通解为
$$y=(C_1+C_2x)\mathrm{e}^{-3x}.$$

例 3 求微分方程 $y''+2y'+5y=0$ 的通解.

解 所给方程的特征方程为
$$r^2+2r+5=0,$$
它有一对共轭复根 $r_1=-1+2i,r_2=-1-2i$. 故所求方程的通解为
$$y=\mathrm{e}^{-x}(C_1\cos2x+C_2\sin2x).$$

8.6.2 n 阶常系数齐次线性微分方程的解法

前面讨论了二阶常系数齐次线性微分方程所用的方法以及通解的形式,可推广到 n 阶常系数齐次线性微分方程的情形. 对此我们不再详细讨论,只简单的叙述如下:

n 阶常系数齐次线性微分方程的一般形式为
$$y^{(n)}+p_1y^{(n-1)}+p_2y^{(n-2)}+\cdots+p_{n-1}y'+p_ny=0, \tag{8.6.6}$$
其中,$p_1,p_2,\cdots,p_{n-1},p_n$ 都是常数. 其对应的特征方程为
$$r^n+p_1r^{n-1}+\cdots+p_{n-1}r+p_n=0. \tag{8.6.7}$$

根据特征方程的根,可按下面直接写出其对应的微分方程的解:

特征方程的根	通解中的对应项
单实根 r	给出一项:$C\mathrm{e}^{rx}$
一对共轭复根 $r_1=\alpha+i\beta,r_2=\alpha-i\beta$	给出两项:$\mathrm{e}^{\alpha x}(C_1\cos\beta x+C_2\sin\beta x)$
k 重实根 r	给出 k 项:$(C_1+C_2x+\cdots+C_kx^{k-1})\mathrm{e}^{rx}$
一对 k 重复根 $r_1=\alpha+i\beta,r_2=\alpha-i\beta$	给出 $2k$ 项:$\mathrm{e}^{\alpha x}[(C_1+C_2x+\cdots+C_kx^{k-1})\cos\beta x+(D_1+D_2x+\cdots+D_kx^{k-1})\sin\beta x]$

其中 D 称微分算子表示对 x 求导的运算,把 $\dfrac{\mathrm{d}y}{\mathrm{d}x}$ 记为 $\mathrm{D}y$,把 $\dfrac{\mathrm{d}^ny}{\mathrm{d}x^n}$ 记为 D^ny,并把方程(8.6.6)记为
$$(\mathrm{D}^n+p_1\mathrm{D}^{n-1}+\cdots+p_{n-1}\mathrm{D}+p_n)y=0. \tag{8.6.8}$$

注 n 次代数方程有 n 个根,而特征方程的每一个根都对应着通解中的一项,且每一项各

含一个任意常数. 这样就得到 n 阶常系数齐次线性微分方程的通解为
$$y=C_1y_1+C_2y_2+\cdots+C_ny_n.$$

例 4 求方程 $y^{(4)}-2y'''+5y''=0$ 的通解.

解 所给方程的特征方程为
$$r^4-2r^3+5r^2=0,$$
即
$$r^2(r^2-2r+5)=0,$$
它的根是 $r_1=r_2=0$ 和 $r_3=1+2i, r_4=1-2i$. 因此所给方程的通解为
$$y=C_1+C_2x+e^x(C_3\cos 2x+C_4\sin 2x).$$

例 5 已知一个四阶常系数齐次线性微分方程的四个线性无关的特解为
$$y_1=e^x,\quad y_2=xe^x,\quad y_3=\cos 2x,\quad y_4=3\sin 2x,$$
求此四阶微分方程及通解.

解 由 y_1 与 y_2 可知, 它们对应的特征根为二重根 $r_1=r_2=1$, 由 y_3 与 y_4 可知, 它们对应的特征根为一对共轭复根 $r_{3,4}=\pm 2i$. 故所求微分方程的特征方程为
$$(r-1)^2(r^2+4)=0,$$
即
$$r^4-2r^3+5r^2-8r+4=0,$$
从而得它所对应的微分方程为
$$y^{(4)}-2y'''+5y''-8y'+4y=0,$$
此方程的通解为
$$y=(C_1+C_2x)e^x+C_3\cos 2x+C_4\sin 2x.$$

习 题 8-6

1. 求下列微分方程的通解:

(1) $y''+y'-2y=0$;
(2) $y''-4y'=0$;
(3) $y''+6y'+13y=0$;
(4) $y''+y'=0$;
(5) $4\dfrac{d^2x}{dt^2}-20\dfrac{dx}{dt}+25x=0$;
(6) $y''-4y'+5y=0$;
(7) $y^{(4)}+5y''-36y=0$;
(8) $y'''-4y''+y'+6y=0$;
(9) $y^{(5)}+2y'''+y'=0$.

2. 求下列微分方程满足所给初始条件的特解:

(1) $y''-4y'+3y=0, y|_{x=0}=6, y'|_{x=0}=10$;
(2) $4y''+4y'+y=0, y|_{x=0}=2, y'|_{x=0}=0$;
(3) $y''-3y'-4y=0, y|_{x=0}=0, y'|_{x=0}=-5$;
(4) $y''+4y'+29y=0, y|_{x=0}=0, y'|_{x=0}=15$;
(5) $y''+25y=0, y|_{x=0}=2, y'|_{x=0}=5$;
(6) $y''-4y'+13y=0, y|_{x=0}=0, y'|_{x=0}=3$.

3. 求微分方程 $yy''-(y')^2=y^2\ln y$ 的通解.

8.7 二阶常系数非齐次线性微分方程

二阶常系数非齐次线性微分方程的一般形式是
$$y''+py'+qy=f(x), \tag{8.7.1}$$
其中 p,q 是常数. 根据微分方程解的结构定理可知, 要求方程(8.7.1)的通解, 只要求出它的一个特解及其对应的齐次方程
$$y''+py'+qy=0 \tag{8.7.2}$$

的通解,两个解相加就得到方程(8.7.1)的通解.8.6 节已经讨论了齐次方程的通解的求法,因此,本节要解决的问题是如何求得方程(8.7.1)的一个特解 y^*.

本节只介绍当方程(8.7.1)中的 $f(x)$ 取两种常见形式时求 y^* 的方法.这种方法的特点是不用积分就可求出 y^* 来,它称为**待定系数法**.下面仅就 $f(x)$ 的两种常见的形式进行讨论.

(1) $f(x)=P_m(x)\mathrm{e}^{\lambda x}$,其中 λ 是常数,$P_m(x)$ 是 x 的一个 m 次多项式
$$P_m(x)=a_0 x^m+a_1 x^{m-1}+\cdots+a_{m-1}x+a_m;$$

(2) $f(x)=P_m(x)\mathrm{e}^{\lambda x}\cos\omega x$ 或 $P_m(x)\mathrm{e}^{\lambda x}\sin\omega x$,其中 λ,ω 是常数,$P_m(x)$ 是 x 的一个 m 次多项式.

下面分别介绍 $f(x)$ 为上述两种形式时 y^* 的求法.

8.7.1 $f(x)=P_m(x)\mathrm{e}^{\lambda x}$ 型

要求方程(8.7.1)的一个特解 y^* 就要求一个满足方程(8.7.1)的函数,在 $f(x)=P_m(x)\mathrm{e}^{\lambda x}$ 的情况下,方程(8.7.1)的右端是多项式 $P_m(x)$ 与指数函数 $\mathrm{e}^{\lambda x}$ 的乘积,而多项式与指数函数乘积的导数仍是同类型的函数,因此,我们可以推测方程(8.7.1)具有如下形式的特解:
$$y^*=Q(x)\mathrm{e}^{\lambda x} \quad (\text{其中 } Q(x) \text{ 为某个多项式}).$$
再进一步讨论如何选取多项式 $Q(x)$,使得 $y^*=Q(x)\mathrm{e}^{\lambda x}$ 满足方程(8.7.1).为此,将
$$y^*=Q(x)\mathrm{e}^{\lambda x},\quad y^{*\prime}=\mathrm{e}^{\lambda x}[\lambda Q(x)+Q'(x)],$$
$$y^{*\prime\prime}=\mathrm{e}^{\lambda x}[\lambda^2 Q(x)+2\lambda Q'(x)+Q''(x)],$$
代入方程(8.7.1),并消去因子 $\mathrm{e}^{\lambda x}$,得
$$Q''(x)+(2\lambda+p)Q'(x)+(\lambda^2+p\lambda+q)Q(x)=P_m(x). \tag{8.7.3}$$

根据 λ 是否为特征方程
$$r^2+pr+q=0$$
的根,有下列三种情况:

(1) 如果 λ 不是方程(8.7.2)的特征方程 $r^2+pr+q=0$ 的根,则 $\lambda^2+p\lambda+q\neq 0$,由于 $P_m(x)$ 是 x 的一个 m 次多项式,要使(8.7.3)的两端恒等,可令 $Q(x)$ 为另一个 m 次多项式:
$$Q_m(x)=b_0 x^m+b_1 x^{m-1}+\cdots+b_{m-1}x+b_m,$$
将其代入(8.7.3)式,比较等式两端 x 的同次幂的系数,就可得到以 $b_0,b_1,\cdots,b_m$ 作为未知数的 $m+1$ 个方程的联立方程组.从而可以确定这些待定系数 $b_i(i=0,1,2,\cdots,m)$,并得到所求的特解
$$y^*=Q_m(x)\mathrm{e}^{\lambda x}.$$

(2) 如果 λ 是特征方程 $r^2+pr+q=0$ 的单根,则
$$\lambda^2+p\lambda+q=0,\quad 2\lambda+p\neq 0,$$
要使(8.7.3)式两端恒等,则 $Q'(x)$ 必须是 m 次多项式.可令
$$Q(x)=xQ_m(x),$$
并且可用同样的方法来确定 $Q_m(x)$ 的待定系数 $b_i(i=0,1,2,\cdots,m)$,并得到所求的特解
$$y^*=xQ_m(x)\mathrm{e}^{\lambda x}.$$

(3) 如果 λ 是特征方程 $r^2+pr+q=0$ 的重根,则
$$\lambda^2+p\lambda+q=0,\quad 2\lambda+p=0,$$
要使(8.7.3)式两端恒等,那么 $Q''(x)$ 必须是 m 次多项式.可令
$$Q(x)=x^2 Q_m(x),$$
并且可用同样的方法来确定 $Q_m(x)$ 的系数 $b_i(i=0,1,2,\cdots,m)$,并得到所求的特解

$$y^* = x^2 Q_m(x) e^{\lambda x}.$$

综上所述,如果 $f(x)=P_m(x)e^{\lambda x}$,则二阶常系数非齐次线性微分方程(8.7.1)具有形如

$$y^* = x^k Q_m(x) e^{\lambda x} \tag{8.7.4}$$

的特解,其中 $Q_m(x)$ 是与 $P_m(x)$ 同次的多项式,而 k 根据 λ 不是特征方程的根、是特征方程的单根或是特征方程的重根依次取 0,1 或 2.

上述结论可推广到 n 阶常系数非齐次线性微分方程,但要注意(8.7.4)式中的 k 是特征方程含根 λ 的重复次数(即若 λ 不是特征方程的根,k 取为 0;若 λ 是特征方程的 s 重根,k 取为 s).

例 1 求微分方程 $y''-2y'-3y=3x+1$ 的一个特解.

解 题设方程右端的自由项为 $f(x)=P_m(x)e^{\lambda x}$ 型,其中

$$P_m(x)=3x+1, \quad \lambda=0.$$

与题设方程对应的齐次方程的特征方程为

$$r^2-2r-3=0,$$

特征根为 $r_1=-1, r_2=3$.

由于这里 $\lambda=0$ 不是特征方程的根,所以应设特解为

$$y^* = b_0 x + b_1,$$

把它代入题设方程,得

$$-3b_0 x - 2b_0 - 3b_1 = 3x+1,$$

比较两端 x 同次幂的系数,得

$$\begin{cases} -3b_0=3 \\ -2b_0-3b_1=1 \end{cases}, \quad 即 \begin{cases} b_0=-1 \\ b_1=\dfrac{1}{3} \end{cases}.$$

于是,所求特解为 $y^* = -x + \dfrac{1}{3}$.

例 2 求方程 $y''-3y'+2y=xe^{2x}$ 的通解.

解 题设方程右端的自由项为 $f(x)=P_m(x)e^{\lambda x}$ 型,其中

$$P_m(x)=x, \quad \lambda=2,$$

与题设方程对应的齐次方程的特征方程为

$$r^2-3r+2=0,$$

特征根为 $r_1=1, r_2=2$. 于是,题设方程对应的齐次方程的通解为

$$Y = C_1 e^x + C_2 e^{2x},$$

因为 $\lambda=2$ 是特征方程的单根,故题设方程有以下形式的特解

$$y^* = x(b_0 x + b_1) e^{2x},$$

代入题设方程,得

$$2b_0 x + b_1 + 2b_0 = x,$$

比较两端 x 同次幂的系数,得

$$b_0 = \dfrac{1}{2}, \quad b_1 = -1,$$

于是,所求方程的一个特解为

$$y^* = x\left(\dfrac{1}{2}x - 1\right) e^{2x}.$$

从而,题设方程的通解为
$$y = C_1 e^x + C_2 e^{2x} + x\left(\frac{1}{2}x - 1\right)e^{2x}.$$

8.7.2 $f(x) = P_m(x)e^{\lambda x}\cos\omega x$ 或 $P_m(x)e^{\lambda x}\sin\omega x$ 型

下面介绍如何求得形如
$$y'' + py' + qy = P_m(x)e^{\lambda x}\cos\omega x \tag{8.7.5}$$
或
$$y'' + py' + qy = P_m(x)e^{\lambda x}\sin\omega x \tag{8.7.6}$$
的二阶常系数非齐次线性微分方程的特解.

由欧拉公式可知, $P_m(x)e^{\lambda x}\cos\omega x$ 和 $P_m(x)e^{\lambda x}\sin\omega x$ 分别是
$$P_m(x)e^{(\lambda+i\omega)x} = P_m(x)e^{\lambda x}(\cos\omega x + i\sin\omega x)$$
的实部和虚部.

先考虑方程
$$y'' + py' + qy = P_m(x)e^{(\lambda+i\omega)x}. \tag{8.7.7}$$
这个方程的特解的求法在前面已经讨论过. 假定已经求出方程(8.7.7)的一个特解,则根据8.5节中的定理5知道,方程(8.7.7)的特解的实部就是方程(8.7.5)的特解,而方程(8.7.7)的特解的虚部就是方程(8.7.6)的特解.

方程(8.7.7)指数函数 $e^{(\lambda+i\omega)x}$ 中的 $\lambda+i\omega$($\omega\neq 0$)是复数,特征方程是实系数的二次方程,所以 $\lambda+i\omega$ 只有两种可能的情形:或者不是特征根,或者是特征方程的特征单根.因此方程(8.7.7)具有形如
$$y^* = x^k Q_m(x) e^{(\lambda+i\omega)x} \tag{8.7.8}$$
的特解,其中 $Q_m(x)$ 与 $P_m(x)$ 都是 m 次多项式,而 k 按 $\lambda+i\omega$ 不是特征方程的根或是特征方程的单根依次取 0 或 1.

上述推论可推广到 n 阶常系数非齐次线性微分方程,但要注意(8.7.8)式中的 k 是特征方程中含根 $\lambda+i\omega$ 的重复次数.

例3 求微分方程 $y'' + y = x\cos 2x$ 的一个特解.

解 题设方程的自由项为 $f(x) = P_m(x)e^{\lambda x}\cos\omega x$ 型,其中
$$P_m(x) = x, \quad \lambda = 0, \quad \omega = 2,$$
与题设方程对应的齐次方程的特征方程为
$$r^2 + 1 = 0,$$
它的特征根为 $r_1 = i, r_2 = -i$,为求题设方程的一个特解,先求方程
$$y'' + y = xe^{2ix} \tag{8.7.9}$$
的一个特解,由于 $\lambda + i\omega = 2i$ 不是特征方程的根,所以设方程(8.7.9)的一个特解为
$$y^* = (b_0 x + b_1)e^{2ix},$$
将其代入方程(8.7.9)中,消去因子 e^{2ix},得
$$4b_0 i - 3b_0 x - 3b_1 = x,$$
即 $4b_0 i - 3b_1 = 0, -3b_0 = 1$,解得 $b_0 = -\frac{1}{3}, b_1 = -\frac{4}{9}i$,这样就得到方程(8.7.9)的一个特解为
$$y^* = \left(-\frac{1}{3}x - \frac{4}{9}i\right)e^{2ix} = \left(-\frac{1}{3}x - \frac{4}{9}i\right)(\cos 2x + i\sin 2x)$$

$$= -\frac{1}{3}x\cos2x + \frac{4}{9}\sin2x - i\left(\frac{4}{9}\cos2x + \frac{1}{3}x\sin2x\right),$$

取其实部就是题设方程的一个特解

$$y^* = -\frac{1}{3}x\cos2x + \frac{4}{9}\sin2x.$$

例 4 设函数 $y(x)$ 满足

$$y'(x) = 1 + \int_0^x [6\sin^2 t - y(t)]dt, y(0) = 1,$$

求 $y(x)$.

解 将方程两端对 x 求导，得到微分方程

$$y'' + y = 6\sin^2 x,$$

即

$$y'' + y = 3(1 - \cos2x), \tag{8.7.10}$$

其对应的齐次方程的特征方程为

$$r^2 + 1 = 0,$$

特征根为 $r_1 = i, r_2 = -i$. 所以其对应的齐次方程的通解为

$$Y = C_1\cos x + C_2\sin x,$$

其中 C_1, C_2 为任意常数.

方程(8.7.10)右端的自由项为

$$f(x) = 3 - 3\cos2x = f_1(x) + f_2(x).$$

分别讨论方程

$$y'' + y = 3, \tag{8.7.11}$$

$$y'' + y = -3e^{2ix}, \tag{8.7.12}$$

因为 $\lambda \pm i\omega = \pm 2i$ 不是上述两方程的特征根，故设方程(8.7.11)与方程(8.7.12)的特解分别为

$$y_1^* = A, \quad y_2^* = Be^{2ix}.$$

将 $y_1^* = A$ 代入方程(8.7.11)，得 $A = 3$；将 $y_2^* = Be^{2ix}$ 代入方程(8.7.12)，得 $B = 1$.

根据非齐次线性方程解的叠加原理，方程(8.7.10)的特解为

$$\tilde{y}^* = y_1^* + y_2^* = 3 + e^{2ix}$$

的实部，即

$$y^* = 3 + \cos2x,$$

所以方程(8.7.10)的通解为

$$y = C_1\cos x + C_2\sin x + \cos2x + 3.$$

令 $x = 0$，得 $y'(0) = 1$，由 $y(0) = 1, y'(0) = 1$，可从通解中确定出 $C_1 = -3, C_2 = 1$. 从而所求函数为

$$y = -3\cos x + \sin x + \cos2x + 3.$$

习 题 8-7

1. 求下列微分方程的通解：

(1) $2y'' + y' - y = 2e^x$；　　(2) $y'' + a^2 y = e^x$；　　(3) $2y'' + 5y' = 5x^2 - 2x - 1$；

(4) $y'' + 3y' + 2y = 3xe^{-x}$；　　(5) $y'' - 2y' + 5y = e^x\sin2x$；　　(6) $y'' - 6y' + 9y = (x+1)e^{3x}$；

(7) $y'' + 5y' + 4y = 3 - 2x$；　　(8) $y'' + 4y = x\cos x$；　　(9) $y'' + y' = e^x + \cos x$；

(10) $y''-y'=\sin^2 x$.

2. 求下列微分方程满足所给初始条件的特解：

(1) $y''+y'+\sin 2x=0, y|_{x=\pi}=1, y'|_{x=\pi}=1$；

(2) $y''-3y'+2y=5, y|_{x=0}=1, y'|_{x=0}=2$；

(3) $y''-10y'+9y=e^{2x}, y|_{x=0}=\frac{6}{7}, y'|_{x=0}=\frac{33}{7}$；

(4) $y''-y=4xe^x, y|_{x=0}=0, y'|_{x=0}=1$；

(5) $y''-4y'=5, y|_{x=0}=1, y'|_{x=0}=0$.

3. 设 $\varphi(x)$ 连续, 且 $\varphi(x)=e^x+\int_0^x t\varphi(t)dt-x\int_0^x \varphi(t)dt$, 求 $\varphi(x)$.

4. 设二阶常系数线性微分方程
$$y''+\alpha y'+\beta y=\gamma e^x,$$
一个特解为 $y=e^{2x}+(1+x)e^x$, 试确定 α, β, γ, 并求方程的通解.

8.8 数学建模——微分方程的应用举例

微分方程在物理学、力学和经济学管理学科等实际问题中具有广泛的应用, 本节集中讨论微分方程在实际应用中的几个实例. 读者可从中感受到应用数学建模的理论和方法解决实际问题的魅力.

8.8.1 衰变问题

镭、铀等放射性元素因不断放射出各种射线而逐渐减少其质量, 这种现象称为放射性物质的衰变. 根据实验得知, 衰变速度与现存物质的质量成正比, 求放射性元素在时刻 t 的质量.

用 x 表示该放射性物质在时刻 t 的质量, 则 $\dfrac{dx}{dt}$ 表示 x 在时刻 t 的衰变速度, 于是"衰变速度与现存的质量成正比"可表示为

$$\frac{dx}{dt}=-kx. \tag{8.8.1}$$

这是一个以 x 为未知函数的一阶方程, 它就是放射性元素**衰变的数学模型**, 其中 $k>0$ 是比例常数, 称为衰变常数, 因元素的不同而异. 方程右端的负号表示当时间 t 增加时, 质量 x 减少.

解方程(8.8.1)得通解 $x=Ce^{-kt}$. 若已知当 $t=t_0$ 时, $x=x_0$, 代入通解 $x=Ce^{-kt}$ 中可得 $C=x_0 e^{kt_0}$, 则可得到方程(8.8.1)特解

$$x=x_0 e^{-k(t-t_0)},$$

它反映了某种放射性元素衰变的规律.

特殊地, 当 $t_0=0$ 时, 得到了放射性元素的衰变规律

$$x=x_0 e^{-kt}.$$

注 物理学中, 我们称放射性物质从最初的质量到衰变为该质量自身的一半所花费的时间为半衰期, 不同物质的半衰期差别极大. 如铀的普通同位素(^{238}U)的半衰期约为 50 亿年; 通常的镭(^{226}Ra)的半衰期是 1 600 年, 而镭的另一同位素 ^{230}Ra 的半衰期仅为 1 小时. 半衰期是上述放射性物质的特征, 然而, 半衰期却不依赖于该物质的初始质量, 一克 ^{226}Ra 衰变成半克所需要的时间与一吨 ^{226}Ra 衰变成半吨所需要的时间同样都是 1 600 年, 正是这种事实才构成了确定考古发现日期时使用的著名的碳-14 测验的基础.

例1 碳-14(^{14}C)是放射性物质, 随时间而衰减, 碳-12 是非放射性物质. 活性人体因吸纳

食物和空气,恰好补偿碳-14 衰减损失量而保持碳-14 和碳-12 含量不变,因而所含碳-14 与碳-12 之比为常数.已测知一古墓中遗体所含碳-14 的数量为原有碳-14 数量的 80%,试求遗体的死亡年代.

解 放射性物质的衰减速度与该物质的含量成比例,它符合指数函数的变化规律.设遗体当初死亡时 ^{14}C 的含量为 p_0,t 时的含量为 $p=f(t)$,于是,^{14}C 含量的函数模型为
$$p=f(t)=p_0 e^{kt},$$
其中 $p_0=f(0)$,k 是一常数.

常数 k 可以这样确定:由化学知识可知,^{14}C 的半衰期为 5 730 年,即 ^{14}C 经过 5 730 年后其含量衰减一半,故有
$$\frac{p_0}{2}=p_0 e^{5730k}, \quad 即 \quad \frac{1}{2}=e^{5730k}.$$

两边取自然对数,得
$$5730k=\ln\frac{1}{2}\approx -0.693\,15, \quad 即 \quad k\approx -0.000\,120\,97.$$

于是,^{14}C 含量的函数模型为
$$p=f(t)=p_0 e^{-0.000\,120\,97t}.$$

由题设条件可知,遗体中 ^{14}C 的含量为原含量 p_0 的 80%,故有
$$0.8p_0=p_0 e^{-0.000\,120\,97t}, \quad 即 \quad 0.8=e^{-0.000\,120\,97t}.$$

两边取自然对数,得
$$\ln 0.8=-0.000\,120\,97t,$$

于是
$$t=\frac{\ln 0.8}{-0.000\,120\,97}\approx\frac{-0.223\,14}{-0.000\,120\,97}\approx 1\,845.$$

由此可知,遗体大约已死亡 1 845 年前.

8.8.2 逻辑斯谛方程

逻辑斯谛方程是一种在许多领域有着广泛应用的数学模型,下面将借助树的增长来建立该模型.

一棵小树刚栽下去时长得比较慢,渐渐地,小树长高了而且会越长越快,几年不见,绿荫底下已经可乘凉了;但长到某一高度后,它的生长速度趋于稳定,然后再慢慢降下来.这一现象很具有普遍性.现在我们来建立这种现象的数学模型.

如果假设树的生长速度与它目前的高度成正比,则显然不符合两头尤其是后期的生长情形,因为树不可能越长越快;但如果假设树的生长速度正比于最大高度与目前高度的差,则又明显不符合中间一段的生长过程.折中一下,假定它的生长速度既与目前的高度又与最大高度与目前高度之差成正比.

设树生长的最大高度为 $H(m)$,在 t(年)时的高度为 $h(t)$,则有
$$\frac{dh(t)}{dt}=kh(t)[H-h(t)], \tag{8.8.2}$$

其中 $k>0$ 是比例常数,称此方程为**逻辑斯谛方程(Logistic)方程**.它是可分离变量的一阶常数微分方程.

下面来求解方程(8.8.2).分离变量得
$$\frac{dh}{h(H-h)}=k dt,$$

两边积分
$$\int \frac{\mathrm{d}h}{h(H-h)} = \int k\,\mathrm{d}t,$$

得
$$\frac{1}{H}[\ln h - \ln(H-h)] = kt + C_1,$$

或
$$\frac{h}{H-h} = \mathrm{e}^{kHt+C_1 H} = C_2 \mathrm{e}^{kHt},$$

故所求通解为
$$h(t) = \frac{C_2 H \mathrm{e}^{kHt}}{1+C_2 \mathrm{e}^{kHt}} = \frac{H}{1+C\mathrm{e}^{-kHt}},$$

其中的 $C\left(C = \dfrac{1}{C_2} = \mathrm{e}^{-C_1 H} > 0\right)$ 是正常数.

函数 $h(t)$ 的图像称为 Logistic 曲线. 图 8-8-1 所示的是一条典型的 Logistic 曲线,由于它的形状,一般也称为 S 曲线. 可以看到,它基本符合我们描述的树的生长情形. 另外还可以算得
$$\lim_{t \to +\infty} h(t) = H.$$
这说明树的生长有一个限制,因此也称为**限制性增长模式**.

注 Logistic 的中文音译名是"逻辑斯谛"."逻辑"在字典中的解释是"客观事物发展的规律性",因此许多现象本质上都符合这种 S 规律. 除了生物种群的繁殖外,还有信息的传播、新技术的推广、传染病的扩散以及某些商品的销售等. 例如流感的传染、在任其自然发展(例如初期未引起人们注意)的阶段,可以设想它的速度既正比于得病的人数又正比于未传染到的人数. 开始时患病的人不多因而传染速度较慢;但随着健康人与患者接触,受传染的人越来越多,传染的速度也越来越快;最后,传染速度自然而然地渐渐降低,因为已经没有多少人可被传染了.

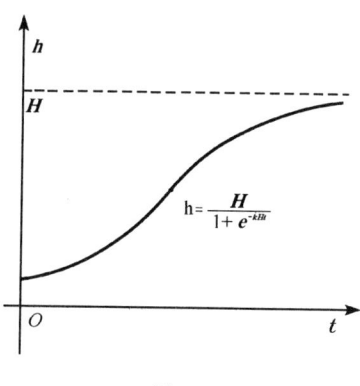

图 8-8-1

下面举两个例子说明逻辑斯谛的应用.

人口阻滞增长模型 1837 年,荷兰生物学家菲尔哈斯特(Verhulst)提出一个人口模型
$$\frac{\mathrm{d}y}{\mathrm{d}t} = y(k-by), \quad y(t_0) = y_0, \tag{8.8.3}$$
其中 k,b 的称为生命系数.

这里不详细讨论此模型,只提应用它预测世界人口数的两个有趣的结果.

有生态学家估计 k 的自然值是 0.029. 利用 20 世纪 60 年代世界人口年平均增长率为 2% 以及 1965 年人口总数 33.4 亿这两个数据,计算得 $b=2$,从而估计得:

(1) 世界人口总数将趋于极限 107.6 亿;

(2) 到 2000 年时世界人口总数为 59.6 亿.

后一个数字很接近 2 000 年时的实际人口数,世界人口在 1 999 年刚进入 60 亿.

新产品的推广模型 设有某种新产品要推向市场,t 时刻的销量为 $x(t)$,由于产品性能良好,每个产品都是一个宣传品,因此,t 时刻产品销售的增长率 $\dfrac{\mathrm{d}x}{\mathrm{d}t}$ 与 $x(t)$ 成正比,同时,考虑到

产品销售存在一定的市场容量 N,统计表明 $\dfrac{\mathrm{d}x}{\mathrm{d}t}$ 与尚未购买该产品的潜在顾客的数量 $N-x(t)$ 也成正比,于是有

$$\frac{\mathrm{d}x}{\mathrm{d}t}=kx(N-x), \tag{8.8.4}$$

其中 k 为比例系数. 分离变量,积分,可以解得

$$x(t)=\frac{N}{1+C\mathrm{e}^{-kNt}}. \tag{8.8.5}$$

由

$$\frac{\mathrm{d}x}{\mathrm{d}t}=\frac{CN^2 k\mathrm{e}^{-kNt}}{(1+C\mathrm{e}^{-kNt})^2},\ \frac{\mathrm{d}^2 x}{\mathrm{d}t^2}=\frac{Ck^2 N^3 \mathrm{e}^{-kNt}(C\mathrm{e}^{-kNt}-1)}{(1+C\mathrm{e}^{-kNt})^2},$$

当 $x(t^*)<N$ 时,则有 $\dfrac{\mathrm{d}x}{\mathrm{d}t}>0$,即销售量 $x(t)$ 单调增加. 当 $x(t^*)=\dfrac{N}{2}$ 时,$\dfrac{\mathrm{d}^2 x}{\mathrm{d}t^2}=0$; 当 $x(t^*)>\dfrac{N}{2}$ 时,$\dfrac{\mathrm{d}^2 x}{\mathrm{d}t^2}<0$; 当 $x(t^*)<\dfrac{N}{2}$ 时,$\dfrac{\mathrm{d}^2 x}{\mathrm{d}t^2}>0$. 即当销售量达到最大需求量 N 的一半时,产品最为畅销,当销售量不足 N 的一半时,销售速度不断增大;当销售量超过 N 的一半时,销售速度逐渐减少.

国内外许多经济学家调查表明,许多产品的销售曲线与公式(8.8.5)的曲线(逻辑斯谛曲线)十分接近. 根据对曲线性状的分析,许多分析家认为,在新产品推出的初期,应采用小批量生产并加强广告宣传,而在产品用户达到 20%~80% 期间,产品应大批量生产;在产品用户超过 80% 时,应适时转产,可以达到最大的经济效益.

8.8.3 价格调整模型

某种商品的价格变化主要服从市场供求关系. 一般情况下,商品供给量 S 是价格 P 的单调递增函数,商品需求量 Q 是价格 P 的单调递减函数,为简单起见,分别设该商品的供给函数与需求函数分别为

$$S(P)=a+bP,\quad Q(P)=\alpha-\beta P, \tag{8.8.6}$$

其中 a,b,α,β 均为常数,且 $b>0,\beta>0$.

当供给量与需求量相等时,由式(8.8.6)可得供求平衡时的价格

$$P_e=\frac{\alpha-a}{\beta+b},$$

并称 P_e 为**均衡价格**.

一般地,当某种商品供不应求,即 $S<Q$ 时,该商品价格要涨;当供大于求,即 $S>Q$ 时,该商品价格要落. 因此,假设 t 时刻的价格 $P(t)$ 的变化率与超额需求量 $Q-S$ 成正比,于是有方程

$$\frac{\mathrm{d}P}{\mathrm{d}t}=k[Q(P)-S(P)],$$

其中 $k>0$,用来反映价格的调整速度.

将(8.8.6)代入方程,可得

$$\frac{\mathrm{d}P}{\mathrm{d}t}=\lambda(P_e-P), \tag{8.8.7}$$

其中常数 $\lambda=(b+\beta)k>0$,方程(8.8.7)的通解为

$$P(t)=P_e+C\mathrm{e}^{-\lambda t}.$$

假设初始价格 $P(0)=P_0$，代入上式，得 $C=P_0-P_e$，于是上述价格调整模型的解为
$$P(t)=P_e+(P_0-P_e)\mathrm{e}^{-\lambda t},$$
由于 $\lambda>0$ 知，$t\to+\infty$ 时，$P(t)\to P_e$. 说明随着时间不断推延，实际价格 $P(t)$ 将逐渐趋近均衡价格 P_e.

8.8.4 人才分配问题模型

每年大学毕业生中都要有一定比例的人员留在学校充实教师队伍，其余人员将分配到国民经济其他部门从事经济和管理工作. 设 t 年教师人数为 $x_1(t)$，科学技术和管理人员数量为 $x_2(t)$，又设 1 名教员每年平均培养 α 个毕业生，每年从教育、科技和经济管理岗位退休、死亡或调出人员的比率为 $\delta(0<\delta<1)$，β 表示每年大学毕业生中从事教师职业所占比率($0<\beta<1$)，于是有方程

$$\frac{\mathrm{d}x_1}{\mathrm{d}t}=\alpha\beta x_1-\delta x_1, \tag{8.8.8}$$

$$\frac{\mathrm{d}x_2}{\mathrm{d}t}=\alpha(1-\beta)x_1-\delta x_2, \tag{8.8.9}$$

方程(8.8.8)有通解

$$x_1=C_1\mathrm{e}^{(\alpha\beta-\delta)t}. \tag{8.8.10}$$

若设 $x_1(0)=x_0^1$，则 $C_1=x_0^1$，于是得特解

$$x_1=x_0^1\mathrm{e}^{(\alpha\beta-\delta)t}, \tag{8.8.11}$$

将(8.8.11)代入(8.8.9)方程变为

$$\frac{\mathrm{d}x_2}{\mathrm{d}t}+\delta x_2=\alpha(1-\beta)x_0^1\mathrm{e}^{(\alpha\beta-\delta)t}. \tag{8.8.12}$$

求解方程(8.8.12)得通解

$$x_2=C_2\mathrm{e}^{-\delta t}+\frac{(1-\beta)x_0^1}{\beta}\mathrm{e}^{(\alpha\beta-\delta)t}. \tag{8.8.13}$$

若设 $x_2(0)=x_0^2$，则 $C_2=x_0^2-\left(\frac{1-\beta}{\beta}\right)x_0^1$，于是得特解

$$x_2=\left[x_0^2-\left(\frac{1-\beta}{\beta}\right)x_0^1\right]\mathrm{e}^{-\delta t}+\left(\frac{1-\beta}{\beta}\right)x_0^1\mathrm{e}^{(\alpha\beta-\delta)t}. \tag{8.8.14}$$

(8.8.11)式和(8.8.14)式分别表示在初始人数分别为 $x_1(0)$，$x_2(0)$ 情况，对应于 β 的取值，在 t 年教师队伍的人数和科技经济管理人员人数. 从结果看出，如果取 $\beta=1$，即毕业生全部留在教育界，则当 $t\to\infty$ 时，由于 $\alpha>\delta$，必有 $x_1(t)\to+\infty$ 而 $x_2(t)\to0$，说明教师队伍将迅速增加. 而科技和经济管理队伍不断萎缩，势必要影响经济发展，反过来也会影响教育的发展. 如果将 β 接近于零. 则 $x_1(t)\to0$，同时也导致 $x_2(t)\to0$，说明如果不保证适当比例的毕业生充实教师队伍，将影响人才的培养，最终导致两支队伍的全面萎缩. 因此，选择好比率 β，将关系到两支队伍的建设，以及整个国民经济建设的大局.

8.8.5 追迹问题

设开始时甲、乙水平距离为 1 单位，乙从 A 点沿垂直于 OA 的直线以等速 v_0 向正北行走；甲从乙的左侧 O 点出发，始终对准乙以 $nv_0(n>1)$ 的速度追赶. 求追迹曲线方程，并问乙行多远时，被甲追到.

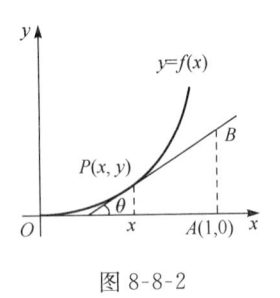

建立如图 8-8-2 所示的坐标系,设所求追迹曲线方程为 $y=y(x)$. 经过时刻 t, 甲在追迹曲线上的点为 $P(x,y)$, 乙在点 $B(1,v_0 t)$. 于是有

$$\tan\theta = y' = \frac{v_0 t - y}{1-x}. \tag{8.8.15}$$

图 8-8-2

由题设,曲线的弧长 OP 为

$$\int_0^x \sqrt{1+y'^2}\,\mathrm{d}x = nv_0 t,$$

解出 $v_0 t$,代入(8.8.15),得

$$(1-x)y' + y = \frac{1}{n}\int_0^x \sqrt{1+y'^2}\,\mathrm{d}x.$$

两边对 x 求导,整理得

$$(1-x)y'' = \frac{1}{n}\sqrt{1+y'^2}.$$

这就是**追迹问题的数学模型**.

这是一个不显含 y 的可降阶的方程,设 $y'=p(x)$, $y''=p'$,代入方程得

$$(1-x)p' = \frac{1}{n}\sqrt{1+p^2} \quad \text{或} \quad \frac{\mathrm{d}p}{\sqrt{1+p^2}} = \frac{\mathrm{d}x}{n(1-x)}.$$

两边积分,得

$$\ln(p+\sqrt{1+p^2}) = -\frac{1}{n}\ln|1-x| + \ln|C_1|,$$

即

$$p+\sqrt{1+p^2} = \frac{C_1}{\sqrt[n]{1-x}}.$$

将初始条件 $y'|_{x=0} = p|_{x=0} = 0$ 代入上式,得 $C_1 = 1$. 于是

$$y' + \sqrt{1+y'^2} = \frac{1}{\sqrt[n]{1-x}}, \tag{8.8.16}$$

两边同乘 $y' - \sqrt{1+y'^2}$,并化简得

$$y' - \sqrt{1+y'^2} = -\sqrt[n]{1-x}, \tag{8.8.17}$$

式(8.8.16)与式(8.8.17)相加,得

$$y' = \frac{1}{2}\left[\frac{1}{\sqrt[n]{1-x}} - \sqrt[n]{1-x}\right],$$

两边积分,得

$$y = \frac{1}{2}\left[-\frac{n}{n-1}(1-x)^{\frac{n-1}{n}} + \frac{n}{n+1}(1-x)^{\frac{n+1}{n}}\right] + C_2.$$

代入初始条件 $y|_{x=0}=0$,得 $C_2 = \frac{n}{n^2-1}$,故所求追迹曲线方程为

$$y = \frac{n}{2}\left[\frac{(1-x)^{\frac{n+1}{n}}}{n+1} - \frac{(1-x)^{\frac{n-1}{n}}}{n+1}\right] + \frac{n}{n^2-1} \quad (n>1),$$

甲追到乙时,即曲线上点 P 的横坐标 $x=1$,此时 $y=\frac{n}{n^2-1}$. 即乙行走至离 A 点 $\frac{n}{n^2-1}$ 个单位距离时被甲追到.

习 题 8-8

1. 某银行账户以当年余额的 5% 的年利率连续每年盈取利息,假设最初存入银行的数额为 $W_0=10\,000$ 元,并且这之后没有其他数额存入和取出.给出账户中余额所满足的微分方程,以及存款到第 10 年的余额.

2. 某公司的净资产 W 因资产本身产生的利息而以 5% 的年利率增长,同时公司每年必须以每年 200 万元的数额连续地支付职工工资,

(1) 给出描述该公司净资产 W(单位:万元)的微分方程;

(2) 求解方程,并分别给出初始资产值为 $W_0=4\,000$ 时, $5\,000,3\,000$ 三种情况下的特解,并讨论今后公司财务变化的特点.

3. 某湖泊湖水容量为 V,每年净水流入量为 $6V$,湖水流出量为 $\dfrac{V}{3}$,在 1990 年底,湖水中含污物 A 的浓度为 $\dfrac{m_0}{2V}$,低于国家规定的 $\dfrac{m_0}{V}$ 的浓度标准.但从 1991 年初开始,每年流入含污物浓度为 $\dfrac{12m_0}{V}$ 的污水 $\dfrac{V}{6}$,则

(1) 至 1996 年底,湖水含污物 A 的浓度超过国家标准多少倍?

(2) 如果从 1997 年初,为治理湖水污染,国家限定流入湖中污水含污物 A 的浓度不得超过 $\dfrac{m_0}{V}$,要经过多少年的治理,可使湖水中污物 A 的含量浓度达到国家标准.

4. 某项新技术要在总数为 N 个的企业群中推广,$p(t)$ 为 t 时刻已经掌握该项技术的企业数,设新技术推广方式一方面采用已经掌握该项技术的企业逐渐向尚未推广该项技术的企业扩展,另一方面,直接通过宣传媒体向企业推广,若设前者的推广速度与已经掌握该项技术的企业数 $p(t)$ 已经尚未推广该项技术的企业数 $N-p(t)$ 成正比,而后者推广速度则直接与 $N-p(t)$ 成正比,求 $p(t)$ 所满足的微分方程,并求解该微分方程.

5. 某养鱼池最多养 1 000 条鱼,鱼数 y 是时间 t 的函数,且鱼的数目的变化速度与 y 及 $1\,000-y$ 的乘积成正比.现知养鱼 100 条,三个月后变为 250 条,求函数 $y(t)$,以及六个月后养鱼池里的鱼的数目.

6. 已知某商品的生产成本 $C=C(x)$ 随生产量 x 的增加而增加,其增长率为 $C'(x)=\dfrac{1+x+C}{1+x}$,且生产量为零时,固定成本 $C(0)=C_0\geqslant 0$,求该商品的生产成本函数 $C(x)$.

7. 已知某产品的净利润 P 与广告支出 x 有如下关系:
$$P'=b-a(x+P),$$
其中 a,b 为正的已知常数,且 $P(0)=P_0\geqslant 0$,求 $P=P(x)$.

8. 某公司办公用品的月平均成本 C 与公司雇员人数 x 有如下关系:
$$C'=C^2\mathrm{e}^{-x}-2C,$$
且 $C(0)=1$,求 $C(x)$.

总 习 题 八

1. 填空题:

(1) 通解为 $y=C\mathrm{e}^x+x$ 的微分方程是_____;

(2) 微分方程 $(1+\mathrm{e}^{2x})\mathrm{d}y-(2\mathrm{e}^x+\mathrm{e}^{2x}+1)\mathrm{e}^x\mathrm{d}x=0$ 满足初始条件 $y(0)=\dfrac{\pi}{2}$ 的特解为_____;

(3) 若连续函数 $f(x)$ 满足关系式 $f(x)=\displaystyle\int_0^{2x} f\left(\dfrac{t}{2}\right)\mathrm{d}t+\ln 2$,则 $f(x)$ 等于_____;

(4) 设 y 是由方程 $\displaystyle\int_0^y \mathrm{e}^t\mathrm{d}t+\int_0^x \cos t\,\mathrm{d}t=0$ 所确定的 x 的函数,则 $\dfrac{\mathrm{d}y}{\mathrm{d}x}=$_____;

(5) 已知 $\dfrac{(x+ay)\mathrm{d}x+y\mathrm{d}y}{(x+y)^2}$ 为某函数的全微分,则 a 等于_____;

(6) 适合方程 $f'(x)+\dfrac{1}{x}f(x)\mathrm{d}x=-1$ 的所有连续可微函数 $f(x)=$_____;

(7) 方程 $(x^3+y)y''+2xy'+y=0$ 的类型是_____;

(8) 微分方程 $F(x,y,y'')=0$ 的通解中,必含有_____个相互独立的任意常数;

(9) 已知函数 $y=f(x)$ 满足方程 $xy'=y\ln\dfrac{y}{x}$,且在 $x=1$ 时,$y=\mathrm{e}^2$,则当 $x=-1$ 时,$y=$_____;

(10) 通过坐标原点且与微分方程 $\dfrac{\mathrm{d}y}{\mathrm{d}x}=x+1$ 的一切积分曲线均正交的曲线的方程是_____.

2. 求下列微分方程的通解:

(1) $(xy^2+x)\mathrm{d}x+(y-x^2y)\mathrm{d}y=0$; (2) $\dfrac{\mathrm{d}y}{\mathrm{d}x}=-\dfrac{4x+3y}{x+y}$;

(3) $(\mathrm{e}^{x+y}-\mathrm{e}^x)\mathrm{d}x+(\mathrm{e}^{x+y}+\mathrm{e}^y)\mathrm{d}y=0$; (4) $\dfrac{\mathrm{d}y}{\mathrm{d}x}=\dfrac{1}{x^2+y^2+2xy}$;

(5) $y'=\dfrac{y}{2x}+\dfrac{1}{2y}\tan\dfrac{y^2}{x}$; (6) $(1+2\mathrm{e}^{\frac{x}{y}})\mathrm{d}x+2\mathrm{e}^{\frac{x}{y}}\left(1-\dfrac{x}{y}\right)\mathrm{d}y=0$;

(7) $1+y'=\mathrm{e}^y$; (8) $y'+y\tan x=\cos x$;

(9) $xy'+y=2\sqrt{xy}$; (10) $xy'\ln x+y=ax(\ln x+1)$;

(11) $y\mathrm{d}x+(x^2-4x)\mathrm{d}y=0$; (12) $x\mathrm{d}y-[y+xy^3(1+\ln x)]\mathrm{d}x=0$;

(13) $(1+x)y'-ny=(1+x)^{n+1}x\sin(x^2)$; (14) $\dfrac{\mathrm{d}y}{\mathrm{d}x}=\dfrac{x}{2(\ln y-x)}$.

3. 求下列微分方程满足所给初始条件的特解:

(1) $\cos y\mathrm{d}x+(1+\mathrm{e}^{-x})\sin y\mathrm{d}y=0, y|_{x=0}=\dfrac{\pi}{4}$;

(2) $(x^2+2xy-y^2)\mathrm{d}x+(y^2+2xy-x^2)\mathrm{d}y=0, y|_{x=1}=1$;

(3) $xy'+y=y^2, y|_{x=1}=\dfrac{1}{2}$;

(4) $x\ln x\mathrm{d}y+(y-\ln x)\mathrm{d}x=0, y|_{x=\mathrm{e}}=1$;

(5) $\dfrac{\mathrm{d}y}{\mathrm{d}x}+y\cot x=5\mathrm{e}^{\cos x}, y|_{x=\frac{\pi}{2}}=-4$.

4. 利用变量代换,求下列微分方程的通解:

(1) $y'=2\left(\dfrac{y+2}{x+y-1}\right)^2$; (2) $2x^4y\dfrac{\mathrm{d}y}{\mathrm{d}x}+y^4=4x^6$.

5. 若曲线 $y=f(x)(f(x)\geqslant 0)$ 以 $[0,x]$ 为底围成曲边梯形,其面积与纵坐标 y 的4次幂成正比,已知 $f(0)=0, f(1)=1$,求此曲线的方程.

6. 设某商品的需求量 D 和供给量 s,各自对价格 p 的函数为 $D(p)=\dfrac{a}{p^2}, s(p)=bp$,且 p 是时间 t 的函数并满足方程 $\dfrac{\mathrm{d}p}{\mathrm{d}t}=k[D(p)-s(p)](a,b,k$ 为正常数),求:

(1) 在需求量与供给量相等时的均衡价格 p_e;

(2) 当 $t=0, p=1$ 是的价格函数 $p(t)$;

(3) $\lim\limits_{t\to+\infty}p(t)$.

7. 已知一曲线通过点 $(\mathrm{e},1)$,且在曲线上任一点 (x,y) 处的法线的斜率等于 $\dfrac{-x\ln x}{x+y\ln x}$,求此曲线的方程.

8. 求下列微分方程的通解:

(1) $y''=1+y'$;   (2) $y''=\dfrac{1}{\sqrt{y}}$;

(3) $y''=\dfrac{1+y'^2}{2y}$;   (4) $x^2y''=y'^2+2xy'$.

9. 求下列微分方程满足所给初始条件的特解：

(1) $y''-3y'-4y=0, y|_{x=0}=0, y'|_{x=0}=-5$;

(2) $y''-4y'+13y=0, y|_{x=0}=0, y'|_{x=0}=3$.

10. 求下列微分方程的通解：

(1) $y''-4y'=e^{2x}$;   (2) $y''+2y'+5y=0$;   (3) $y''+2y'+y=e^{-x}$;

(4) $y''+y=-2x$;   (5) $y''-2y'+2y=e^x$;   (6) $2y''+5y'=5x^2-2x-1$;

(7) $y''+3y'+2y=3xe^{-x}$;   (8) $y''-2y'+5y=e^x\sin 2x$;   (9) $y''-y=\sin^2 x$;

(10) $y''+4y=\dfrac{1}{2}(x+\cos 2x)$.

11. 求下列微分方程满足所给初始条件的特解：

(1) $y''-2y'-e^{2x}=0, y|_{x=0}=1, y'|_{x=0}=1$;

(2) $y''+2y'+y=\cos x, y|_{x=0}=0, y'|_{x=0}=\dfrac{3}{2}$.

12. 求下列微分方程 $y''-2y'+y=xe^{-x}-e^x$ 满足所给初始条件 $y(1)=1, y'(1)=1$ 的特解.

13. 求以 $(x+C)^2+y^2=1$ (C 为任意常数) 为通解的微分方程.

14. 设微分方程 $y''+p(x)y'+q(x)y=f(x)$ 的三个解为

$$y_1=x, \quad y_2=e^x, \quad y_3=e^{2x},$$

求此微分方程满足所给初始条件 $y(0)=1, y'(0)=3$ 的特解.

15. 设函数 $y=y(x)$ 满足条件

$$\begin{cases} y''+4y'+4y=0 \\ y(0)=2, y'(0)=-4 \end{cases},$$

求广义积分 $\displaystyle\int_0^{+\infty} y(x)\mathrm{d}x$.

16. 设函数 $y=y(x)$ 满足微分方程 $y''-3y'+2y=2e^x$ 且其图形在点 $(0,1)$ 处的切线与曲线 $y=x^2-x+1$ 在该点的切线重合，求函数 $y=y(x)$.

17. 设函数 $f(u)$ 具有二阶连续导数，而 $z=f(e^x\sin y)$ 满足方程

$$\dfrac{\partial^2 z}{\partial x^2}+\dfrac{\partial^2 z}{\partial y^2}=e^{2x}z,$$

求 $f(u)$.

18. 设函数 $f(x)$ 在 $[1,+\infty)$ 上连续，若曲线 $y=f(x)$, 直线 $x=1, x=t(t>1)$ 与 x 轴所围成的平面图形绕 x 轴旋转一周所成的旋转体的体积为

$$V(t)=\dfrac{\pi}{3}[t^2 f(t)-f(1)],$$

试求 $y=f(x)$ 所满足的微分方程，并求该微分方程 $y|_{x=2}=\dfrac{2}{9}$ 满足的解.

19. 设 $f(x)$ 为连续函数

(1) 求初值问题

$$\begin{cases} y'+ay=f(x) \\ y|_{x=0}=0 \end{cases}$$

的解 $y(x)$, 其中 a 为正常数.

(2) 若 $|f(x)|\leqslant k$ (k 为常数)，证明：当 $x\geqslant 0$ 时，有

$$|y(x)| \leqslant \frac{k}{a}(1-e^{-x}).$$

20. 设函数 $f(x)$ 在 $[0,+\infty)$ 上连续,且满足方程

$$f(t) = e^{4\pi t^2} + \iint\limits_{x^2+y^2 \leqslant 4t^2} f\left(\frac{1}{2}\sqrt{x^2+y^2}\right) dxdy,$$

求 $f(t)$.

21. 设 $x > -1$ 时,可微函数 $f(x)$ 满足条件

$$f'(x) + f(x) - \frac{1}{1+x}\int_0^x f(x)dx = 0,$$

且 $f(0)=1$. 证明:当 $x \geqslant 0$ 时,有

$$e^{-x} \leqslant f(x) \leqslant 1.$$

22. 当 $\Delta x \to 0$ 时,α 是比 Δx 较高阶的无穷小,函数 $y=f(x)$ 满足在任意点的增量

$$\Delta y = \frac{y\Delta x}{x^2+x+1} + \alpha,$$

且 $f(0)=\pi$,求 $f(1)$.

23. 设 $u=f(r)$, $r=\sqrt{x^2+y^2+z^2}$ 在 $r>0$ 时,满足拉普拉斯方程

$$\frac{\partial^2 u}{\partial x^2} + \frac{\partial^2 u}{\partial y^2} + \frac{\partial^2 u}{\partial z^2} = 0,$$

其中 $f(r)$ 二阶可导,且 $f(1)=1$, $f'(1)=1$,将该方程化为以 r 为自变量的常微分方程,并求 $f(r)$.

24. 设 $f(x)$ 可微,对任意实数 a,b 满足

$$f(a+b) = e^a f(b) + e^b f(a),$$

且 $f'(0)=e$,求 $f(x)$.

25. 设在同一水域中生存着草鱼和食鱼(或同一环境中的两种生物),它们的数量分别为 $x(t)$ 与 $y(t)$,不妨设 x 与 y 是连续变化的. 其中鱼数 x 受 y 的影响而减少(大鱼吃了小鱼),减少的速率与 $y(t)$ 成正比;而鱼数 y 也受 x 的影响而减少(小鱼吃了大鱼卵),减少的速率与 $x(t)$ 成正比,如果 $x(0)=x_0$, $y(0)=y_0$,建立这一问题的数学模型,并求这两种鱼数量的变化规律.

第 9 章 差分方程初步

如果变量的变化是连续发生的或瞬时发生的,则它的变化率就可以用导数 $\dfrac{dy}{dx}$ 来刻划,含有这种变化率的方程就是微分方程.但在经济与管理或其他实际问题中,大多数变量是以定义在整数集上的数列形式变化的,银行中的定期存款按所设定的时间等间隔计息,国家财政预算按年制定等.通常称这类变量为**离散型变量**.对这类变量,就可以得到在不同取值点上的各离散变量之间的关系,如递推关系,时滞关系等.描述各离散变量之间关系的数学模型称为离散型模型.求解这类模型就可以得到各离散型变量的运行规律.

本章将简单介绍在经济学和管理科学中最常见的一种以整数列为自变量的函数以及相关的离散型数学模型——**差分方程**.

9.1 差分方程的基本概念

9.1.1 差分的概念与性质

记函数 $y=f(x)$ 为 $y_x=f(x)$,式中 y_x 只对 x 在整数值上有定义,在自变量 x 依次取遍整数 $x=\cdots,-2,-1,0,1,2,\cdots$,相应的函数值为 $\cdots,f(-2),f(-1),f(0),f(1),f(2),\cdots$,或简记为 $\cdots,y_{-2},y_{-1},y_0,y_1,y_2,\cdots$.

定义 1 当自变量从 x 变到 $x+1$ 时,$y_x=f(x)$ 的改变量 $f(x+1)-f(x)$ 称为函数 y_x 在点 x 处的**差分**,也称为函数 $y_x=f(x)$ 的**一阶差分**,记为 Δy_x,即

$$\Delta y_x = y_{x+1} - y_x \quad \text{或} \quad \Delta y(x) = f(x+1) - f(x).$$

Δ 称为**差分符号**,也称为**差分算子**.

注 由定义,函数在一点处的差分,就是在改点自变量的增量为 +1 时函数的增量,比如函数在 $x+1$ 处的一阶差分为 $\Delta y_{x+1} = y_{x+2} - y_{x+1}$.

类似地,可以定义二阶差分方程及二阶以上的差分.

当自变量由 x 变到 $x+1$ 时,一阶差分的差分

$$\Delta^2 y_x = \Delta(\Delta y_x) = \Delta y_{x+1} - \Delta y_x = (y_{x+2} - y_{x+1}) - (y_{x+1} - y_x) = y_{x+2} - 2y_{x+1} + y_x,$$

称为函数 $y_x=f(x)$ 在点 x 处的**二阶差分**,记为 $\Delta^2 y_t$,即

$$\Delta^2 y_x = y_{x+2} - 2y_{x+1} + y_x.$$

二阶差分的差分

$$\Delta^3 y_x = \Delta(\Delta^2 y_x) = \Delta^2 y_{x+1} - \Delta^2 y_x = \Delta(\Delta y_{x+1}) - \Delta(\Delta y_x)$$
$$= \Delta y_{x+2} - \Delta y_{x+1} - \Delta y_{x+1} + \Delta y_x = y_{x+3} - 3y_{x+2} + 3y_{x+1} - y_x,$$

为函数 $y_x=f(x)$ 在点 x 处的**三阶差分**.

同理,可以给出四阶差分、五阶差分、……

$$\Delta^4 y_x = \Delta(\Delta^3 y_x), \quad \Delta^5 y_x = \Delta(\Delta^4 y_x), \quad \cdots.$$

一般地,函数 $y_x=f(x)$ 的 $n-1$ 阶差分的差分称为 **n 阶差分**,记为 $\Delta^n y_x$,即

$$\Delta^n y_x = \Delta^{n-1} y_{x+1} - \Delta^{n-1} y_x = \sum_{i=0}^{n} (-1)^i C_n^i y_{x+n-i}.$$

二阶及二阶以上的差分统称为**高阶差分**.

例1 设 $y_x=x^2-2x+1$,求 $\Delta(y_x),\Delta^2(y_t),\Delta^3(y_t)$.

解 $\Delta y_x=y_{x+1}-y_x=(x+1)^2-2(x+1)+1-(x^2-2x+1)=2x-1$;

$\Delta^2 y_x=\Delta(\Delta y_x)=\Delta y_{x+1}-\Delta y_x=2(x+1)-1-(2x-1)=2$;

$\Delta^3 y_x=\Delta(\Delta^2 y_x)=\Delta^2 y_{x+1}-\Delta^2 y_x=2-2=0.$

例2 设 $x^{(n)}=x(x-1)(x-2)\cdots(x-n+1),x^{(0)}=1$,求 $\Delta t^{(n)}$.

解 设 $y_x=x^{(n)}=x(x-1)\cdots(x-n+1)$ 则

$\Delta y_x=(x+1)^n-x^n$

$=(x+1)x(x-1)\cdots(x+1-n+1)-x(x-1)\cdots(x-n+2)(x-n+1)$

$=[(x+1)-(x-n+1)]x(x-1)\cdots(x-n+2)$

$=nx^{(n-1)}.$

注 若 $f(x)$ 为 n 次多项式,则 $\Delta^n f(x)$ 为常数,且

$$\Delta^m f(x)=0 \quad (m>n).$$

由定义可知,差分满足以下性质:

(1) $\Delta(Cy_x)=C\Delta y_x$(C 为常数);

(2) $\Delta(y_x+z_x)=\Delta y_x+\Delta z_x$;

(3) $\Delta(y_x\cdot z_x)=y_{x+1}\cdot\Delta z_x+z_x\cdot\Delta y_x=y_x\cdot\Delta z_x+z_{x+1}\cdot\Delta y_x$;

(4) $\Delta\left(\dfrac{y_x}{z_x}\right)=\dfrac{z_x\cdot\Delta y_x-y_x\cdot\Delta z_x}{z_{x+1}\cdot z_x}$ ($z_x\neq 0$).

证明 在此,我们只证明性质(3).

$\Delta(y_x\cdot z_x)=y_{x+1}\cdot z_{x+1}-y_x\cdot z_x=y_{x+1}\cdot z_{x+1}-y_{x+1}\cdot z_x+y_{x+1}\cdot z_x-y_x\cdot z_x$

$=z_x\cdot\Delta y_x+y_{x+1}\cdot\Delta z_x.$

注 差分具有类似导数的运算性质.

例3 求 $y_t=t^2\cdot 3^t$ 的差分.

解 由差分的运算性质

$\Delta y_x=\Delta(x^2\cdot 3^x)=3^x\Delta x^2+(x+1)^2\Delta(3^x)$

$=3^x(2x+1)+(x+1)^2\cdot 2\cdot 3^x=3^x(2x^2+6x+3).$

例4 设 $y_n=f(n)$ 表示某辆汽车行驶在第 n 个小时里程表显示的公里数,且前 6 个读出数为 $\{f(n)\}=\{1\,425,1\,445,1\,510,1\,554,1\,595,1\,630\}$,其中 $f(1)$ 表示开车时里程表的读数,$f(2)$ 表示行驶 1 小时后里程表的读数.以此类推,可将 $y_n,\Delta y_n,\Delta^2 y_n$ 各值列表显示,并称为函数 y_n 的差分表.

表 9-1-1

n	y_n	Δy_n	$\Delta^2 y_n$
1	1 425	30	25
2	1 445	55	−11
3	1 510	44	−3
4	1 554	41	−6
5	1 595	35	
6	1 630		

表 9-1-1 中,Δy_n 表示汽车在第 n 个小时走过的路程,也可以看作汽车在第 n 个小时行驶

的平均速度；$\Delta^2 y_n$ 表示第 $n+1$ 个小时与第 n 个小时的平均速度之差，可看作在第 n 个小时的平均加速度.

注 从此例可以看出，函数 y_x 的一阶和二阶差分反映了 y_x 的变化特征. 一般来说，当 $\Delta y_x > 0$ 时，说明 y_x 在逐渐增加；当 $\Delta y_x < 0$ 时，说明 y_x 在逐渐减少. 当 $\Delta^2 y_x > 0$ 时，说明 y_x 的变化速度在增大；当 $\Delta^2 y_x < 0$ 时，说明 y_x 的变化速度在减少.

例 5 设某工厂生产某种零件 x 个单位时的总成本函数为
$$C(x) = C_x = 0.5x^2 + 40x + 10\,000,$$
求产量从 10 个单位再增加 1 个单位时，成本增加多少？

解 根据题意，显然是要求出 $C(11) - C(10)$. 由差分的定义知，实质上是要求出成本函数在产量为 10 处的一阶差分，即
$$\Delta C_{10} = C_{11} - C_{10} = [0.5(\Delta(x^2)) + 40(\Delta(x)) + \Delta(10\,000)]|_{x=10}$$
$$= [0.5(2x+1) + 40]|_{x=10} = 50.5.$$

通常认为：当 $\Delta x = 1$ 时，增量比 $\dfrac{\Delta C}{\Delta x} = \Delta C = 50.5$ 表示产量 $x = 10$ 时，成本的变化率，这与导数求出的边际成本
$$C'(10) = (x+40)|_{x=0} = 50$$
很接近，用导数求虽然简便，但却是在假设 $\Delta x \to 0$ 的条件下推出的. 这在实际中是不可能的，因为这里 x 只能取自然数.

9.1.2 差分方程的概念

定义 2 含有自变量、未知函数及未知函数差分的方程，称为**差分方程**，简称**差分**. 差分方程中所含未知函数差分的最高阶数，称为该**差分方程的阶**.

n 阶差分方程的一般形式为
$$F(x, y_x, \Delta y_x, \Delta^2 y_x, \cdots, \Delta^n y_x) = 0, \tag{9.1.1}$$
其中 $F(x, y_x, \Delta y_x, \Delta^2 y_x, \cdots, \Delta^n y_x)$ 为 $x, y_x, \Delta y_x, \Delta^2 y_x, \cdots, \Delta^n y_x$ 的已知函数，且至少 $\Delta^n y_x$ 要在式中出现.

如果方程 (9.1.1) 中的各阶差分按公式 $\Delta y_x = y_{x+1} - y_x$ 换成函数在每个 $x+i$ ($i=1,2,\cdots,n$) 处的函数值 y_{x+i}，便可得到函数值表示的另一种定义下的差分方程.

定义 3 含有自变量、未知函数及未知函数在 $x+1, x+2, \cdots, x+n$ 各点函数值 $y_x, y_{x+1}, y_{x+2}, \cdots, y_{x+n}$ 的方程称为**差分方程**，简称**差分**. 方程中未知函数附标的最大值与最小值之差，称为该**差分方程的阶**.

n 阶差分方程的一般形式为
$$F(x, y_x, y_{x+1}, y_{x+2}, \cdots, y_{x+n}) = 0, \tag{9.1.2}$$
其中 $F(x, y_x, y_{x+1}, y_{x+2}, \cdots, y_{x+n})$ 为 $x, y_x, y_{x+1}, y_{x+2}, \cdots, y_{x+n}$ 的已知函数，且 y_x 与 y_{x+n} 一定要出现.

注 差分方程的阶数在两种不同形式的定义下，可能不一致. 例如差分方程 $\Delta^3 y_x + y_x = 0$ 在定义 2 下是三阶差分方程；把它转化为用函数值表示的差分方程 $y_{x+3} + 3y_{x+2} + 3y_{x+1} = 0$ 时，按定义 3 是二阶差分方程.

本章只研究定义 3 给出的式 (9.1.2) 表示的差分方程. 若出现式 (9.1.1) 的形式，应先转化为式 (9.1.2) 的形式.

定义 4 满足差分方程的函数称为该**差分方程的解**.

若将函数 $y_x=f(x)$ 代入方程(9.1.2),使其成为恒等式,即
$$F(x,y_x,y_{x+1},y_{x+2},\cdots,y_{x+n})\equiv 0,$$
则称函数 $y_x=f(x)$ 为方程(9.1.2)的**解**.

在 n 阶差分方程的解中,如果差分方程的解中含有相互独立的任意常数的个数恰好等于方程的阶数 n,则称这个解为该差分方程的**通解**.

如果事先给定理有 n 个附加条件,从而确定了通解中的任意常数所得到的解,称为差分方程的一个**特解**,把确定特解的附加条件称为**初始条件**.

例如,容易验证 $y=4x^2+C_1x+C_2$ 时二阶差分方程
$$y_{x+2}-2y_{x+1}+y_x-8=0$$
的通解. 在初始条件 $y_0=1,y_1=4$,得到一个特解为 $y=4x^2-x+1$.

注 方程(9.1.2)中,如果将所有出现的函数 y_{x+i} 的自变量 $x+i$ 提前或滞后一个相同的值,即保持差分方程中滞后结构不变,则所得新的差分方程与原方程等价、同解. 例如方程
$$y_{x+2}-2y_{x+1}-y_x=3^x, \quad y_x-2y_{x-1}-y_{x-2}=3^{x-2}, \quad \Delta^2 y_x-2y_x=3^x,$$
表示同一差分方程. 根据差分方程的这个特点,通过提前或滞后若干单位自变量的值,保持方程的滞后结构不变而使方程具有(9.1.2)的特征,再具体求解.

定义 5 若差分方程中所含未知函数及未知函数的各阶差分均为一次的,则称该差分方程为**线性差分方程**.

线性差分方程的一般形式是
$$y_{x+n}+a_1(x)y_{x+n-1}+\cdots+a_{n-1}(x)y_{x+1}+a_n(x)y_x=f(x),$$
其特点是 $y_{x+n},y_{x+n-1},\cdots,y_x$ 都是一次的.

例 6 试确定下列差分方程的阶.

(1) $y_{x+3}-y_{x-2}+y_{x-4}=0$;   (2) $5y_{x+5}+3y_{x+1}=7$.

解 (1) 由于方程中未知函数下标的最大差为 7,由阶的定义,此方程的阶为 7.

(2) 由于方程中未知函数下标的最大差为 4,由阶的定义,此方程的阶为 4.

例 7 指出下列等式哪一个是差分方程,若是,进一步指出是否为线性方程.

(1) $-3\Delta y_x=3y_x+a^x$;   (2) $y_{x+2}-2y_{x+1}+3y_x=4$.

解 (1) 将原方程变形为 $-3y_{x+1}=a^x$,因其只含有自变量 x 的一个函数值,所以这个方程不是差分方程.

(2) 由定义知,这个方程是差分方程,且是线性差分方程.

由前面的讨论中可以看到,关于差分方程及其解的概念与微分方程十分相似. 事实上,微分与差分都是描述变量变化的状态,只是前者描述的是连续变化过程,后者描述的是离散变化过程. 在取单位时间为1,且单位时间间隔很小的情况下,
$$\Delta y_x=y_{x+1}-y_x\approx \frac{dy}{dx}\Delta x=\frac{dy}{dx},$$
即差分方程可看作连续变化的一种近似. 因此,差分方程和微分方程无论在方程结构、解的结构还是在求解方法上都有很多相似之处.

习 题 9-1

1. 求下列函数的一阶差分:

(1) $y_x=C(C$ 为常数);   (2) $y_x=x^2$;   (3) $y_x=a^x$;

(4) $y_x = \log_a x$;   (5) $y_x = \sin ax$.

2. 求下列函数的一阶差分和二阶差分:

(1) $y_x = 1 - 2x^2$;   (2) $y_x = \dfrac{1}{x^2}$;   (3) $y_x = 3x^2 - x + 2$;

(4) $y_x = x^2(2x - 1)$;   (5) $y_x = e^{2x}$.

3. 确定下列方程的阶:

(1) $y_{x+3} - x^2 y_{x+1} + 3y_x = 2$;   (2) $y_{x-2} - y_{x-4} = y_{x+2}$.

4. 将下列差分方程改写为函数形式并指出的阶数:

(1) $\Delta^2 y_x - 4\Delta y_x = 1$;   (2) $\Delta^3 y_x + 5\Delta y_x = y_x$;

(3) $\Delta^3 y_x + 2\Delta^2 y_x + \Delta y_x = 5x$.

5. 将下列差分方程改写为差分形式:

(1) $y_{x+1} - 2y_x = 1$;   (2) $y_{x+2} - 4y_x = 3$;

(3) $y_{x+2} - 3y_{x+1} + 2y_x = 0$;   (4) $y_{x+3} - 2y_{x+1} + 3y_{x+1} + y_x = 2x + 1$.

6. 设 Y_x, Z_x, U_x 分别是下列差分方程的解:
$$y_{x+1} + ay_x = f_1(x), \quad y_{x+1} + ay_x = f_2(x), \quad y_{x+1} + ay_x = f_3(x).$$
求证: $X_x = Y_x + Z_x + U_x$ 是差分方程
$$y_{x+1} + ay_x = f_1(x) + f_2(x) + f_3(x)$$
的解.

7. 验证 $y_x = \dfrac{1}{x}$ 是差分方程
$$y_{x+2} - (x+1)y_{x+1} + \left(x - \dfrac{x}{x+2}\right) y_x = 0$$
的一个特解.

8. 证明下列各等式:

(1) $\Delta(u_x v_x) = u_{x+1} \cdot \Delta v_x + v_x \cdot \Delta u_{x+1}$;   (2) $\Delta\left(\dfrac{u_x}{v_x}\right) = \dfrac{v_x \cdot \Delta u_x - u_x \cdot \Delta v_x}{v_{x+1} \cdot v_x}$.

9.2 一阶常系数线性差分方程

一阶常系数线性差分方程的一般形式为
$$y_{x+1} - Py_x = f(x), \tag{9.2.1}$$
其中, P 为非零常数, $f(x)$ 为已知函数. 如果 $f(x) = 0$, 则方程变为
$$y_{x+1} - Py_x = 0. \tag{9.2.2}$$
方程(9.9.2)称为**一阶常系数线性齐次差分方程**, 相应地, 方程(9.2.1)称为**一阶常系数线性非齐次差分方程**.

9.2.1 一阶常系数线性齐次差分方程

一阶常系数线性齐次差分方程的通解可用**迭代法**与**特征根法**求得.

1. 迭代法

设 y_0 已知, 将 $x = 0, 1, 2, \cdots$ 代入方程 $y_{x+1} = Py_x$ 中, 得
$$y_1 = Py_0, \quad y_2 = Py_1 = P^2 y_0, \quad y_3 = Py_2 = P^3 y_0, \quad \cdots, \quad y_x = Py_{x-1} = P^x y_0,$$
则
$$y_x = y_0 P^x$$
为方程(9.2.2)的特解.

若记 $y_0=A$(A 为任意常数),则方程(9.2.2)的通解为
$$Y_x=AP^x. \qquad (9.2.3)$$
这表示一阶常系数线性齐次差分方程的通解是指数函数.

例1 求差分方程 $y_{x+1}-3y_x=0$ 的通解.

解 利用公式(9.2.3)得,题设方程的通解为
$$Y_x=A3^x.$$

2. 特征根法

由于方程(9.2.2)中 P 是常数,而指数函数的差分仍为指数函数,因此,可以猜测方程(9.2.2)的解应是某个指数函数.

设 $y_x=\lambda^x(\lambda\neq 0)$ 是方程(9.2.2)的解,代入方程得
$$\lambda^{x+1}-P\lambda^x=0 \quad (\lambda\neq 0),$$
即
$$\lambda-P=0,$$
这个方程称为(9.2.2)的**特征方程**,$\lambda=P$ 称为**特征根**. 于是 $y_x=P^x$ 是方程(9.2.2)的一个特解. $Y_x=AP^x$(A 为任意常数)为方程(9.2.2)的通解.

例2 求差分方程 $3y_{x+1}-9y_x=0$ 的通解.

解 用特征根法求解,将方程改写为 $y_{x+1}-3y_x=0$,其特征方程为 $\lambda-3=0$,$\lambda=3$ 为特征根. 于是方程的通解为
$$Y_x=A3^x.$$

例3 求差分方程 $3y_x-2y_{x-1}=0$,满足初始条件 $y_0=5$ 的特解.

解 调整下标,方程可改写为 $3y_{x+1}-2y_x=0$,即 $y_{x+1}-\dfrac{2}{3}y_x=0$,其特征方程为 $\lambda-\dfrac{2}{3}=0$,$\lambda=\dfrac{2}{3}$ 为特征根. 于是方程的通解为
$$Y_x=A\left(\dfrac{2}{3}\right)^x.$$
将 $x=0$ 时,$y_0=5$ 代入通解,得 $A=5$,因此,方程的特解为
$$y_x=5\left(\dfrac{2}{3}\right)^x.$$

9.2.2 一阶常系数线性非齐次差分方程

与微分方程的情况类似,可证明非齐次线性差分方程的通解等于它的一个特解与其对应齐次差分方程的通解之和. 这样,求方程(9.2.1)通解的问题归结为只需求出式(9.2.1)的一个特解.

定理1 设 Y_x 为方程(9.2.2)的通解,y_x^* 为方程(9.2.1)的一个特解,则 $y_x=Y_x+y_x^*$ 为方程(9.2.1)的通解.

证明 由题设,有 $y_{x+1}^*-Py_x^*=f(x)$ 及 $Y_{x+1}-PY_x=0$,将这两式相加得
$$(Y_{x+1}+y_{x+1}^*)-P(Y_x+y_x^*)=f(x),$$
即 $y_x=Y_x+y_x^*$ 为方程(9.2.1)的通解.

根据方程(9.2.1)非齐次项 $f(x)$ 特殊形式,设定相应形式的特解,其含有待定系数,利用与常微分方程相同的待定系数,求出方程(9.2.1)的特解.

常见的三类 $f(x)$ 求特解的待定系数法如下：

(1) $f(x)=C$ (C 为非零的常数).

给定 y_0，由 $y_{x+1}^*=Py_x^*+C$，可按如下迭代法求得特解 y_x^*：

$$y_1^*=Py_0+C, \quad y_2^*=Py_1+C=P^2y_0+C(1+P),$$
$$y_3^*=Py_2+C=P^3y_0+C(1+P+P^2),$$
$$\cdots\cdots$$
$$y_x^*=Py_{x-1}+C=P^xy_0+C(1+P+P^2+\cdots+P^{x-1})$$
$$=\begin{cases}\left(y_0-\dfrac{C}{1-P}\right)P^x+\dfrac{C}{1-P}, & P\neq 1 \\ y_0+Cx, & P=1\end{cases}. \tag{9.2.4}$$

由 $Y_x=AP^x$，得方程(9.2.2)的通解为 $Y_x=A_1P^x$ (A_1 为任意常数)，于是，方程(9.2.1)的通解为

$$y_x=\begin{cases}AP^x+\dfrac{C}{1-P}, & P\neq 1 \\ A+Cx, & P=1\end{cases}, \tag{9.2.5}$$

其中，A 为任意常数，且当 $P\neq 1$ 时，$A=y_0-\dfrac{C}{1-P}+A_1$，当 $P=1$ 时，$A=y_0+A_1$.

例 4 求差分方程 $y_{x+1}+3y_x=2$ 的通解.

解 非齐次项 $f(x)$ 为常数形式，且 $P=-3\neq 1$，$C=2$，故原方程的通解为

$$y_x=A(-3)^x+\frac{2}{1-(-3)}=A(-3)^x+\frac{1}{2}.$$

例 5 求差分方程 $y_{x+1}-y_x=-3$ 的通解.

解 非齐次项 $f(x)$ 为常数形式，且 $P=1$，$C=-3$，故原方程的通解为

$$y_x=A-3x.$$

(2) $f(x)=Cb^x$ (C,b 为非零的常数且 $b\neq 1$)，即 $f(x)$ 为指数函数.

当 $b\neq P$ 时，设 $y_x^*=kb^x$ 为方程(9.2.1)的特解，其中 k 为待定系数. 将其代入方程(9.2.1)，得

$$kb^{x+1}-Pkb^x=Cb^x,$$

解得 $k=\dfrac{C}{b-P}$.

于是，所求特解为 $y_x^*=\dfrac{C}{b-P}b^x$. 当 $b\neq P$ 时，方程(9.2.1)的通解为

$$y_x=AP^x+\frac{C}{b-P}b^x. \tag{9.2.6}$$

当 $b=P$ 时，设 $y_x^*=kxb^x$ 为方程(9.2.1)的特解，代入方程(9.2.1)，得 $k=\dfrac{C}{P}$，所以，当 $b=P$ 时，方程(9.2.1)的通解为

$$y_x=AP^x+Cxb^{x-1}. \tag{9.2.7}$$

例 6 求差分方程 $y_{x+1}-\dfrac{1}{2}y_x=3\left(\dfrac{3}{2}\right)^x$ 在初始条件 $y_0=5$ 时的特解.

解 $P=\dfrac{1}{2}$，$C=3$，$b=\dfrac{3}{2}$，利用公式(9.2.5). 得所求通解为

$$y_x = 3\left(\frac{3}{2}\right)^x + A\left(\frac{1}{2}\right)^x,$$

将初始条件 $y_0 = 5$ 代入上式,得 $A = 2$. 故所求题设方程的特解为

$$y_x = 3\left(\frac{3}{2}\right)^x + 2\left(\frac{1}{2}\right)^x.$$

(3) $f(x) = Cx^n$(C 为非零的常数,n 为正整数).

当 $P \neq 1$ 时,设 $y_x^* = B_0 + B_1 x + \cdots + B_n x^n$ 为方程(9.2.1)的特解,其中 $B_0, B_1, \cdots, B_n$ 为待定系数. 将其代入方程(9.2.1),求出系数 $B_0, B_1, \cdots, B_n$,就得到方程(9.2.1)的特解 y_x^*.

当 $P = 1$ 时,设 $y_x^* = x(B_0 + B_1 x + \cdots + B_n x^n)$ 为方程(9.2.1)的特解,其中 $B_0, B_1, \cdots, B_n$ 为待定系数. 将其代入方程(9.2.1),求出系数 $B_0, B_1, \cdots, B_n$,就得到方程(9.2.1)的特解 y_x^*.

例7 求差分方程 $y_{x+1} - y_x = 2x + 3$ 的通解.

解 由特征方程 $\lambda - 1 = 0$,得特征根 $\lambda = 1$,对应齐次方程 $y_{x+1} - y_x = 0$ 的通解为 $Y_x = A$. 题设方程的非齐次项为 $f(x) = 2x + 3$,$P = 1$,故设原方程的特解为 $y_x^* = x(B_0 + B_1 x)$,将 y_x^* 代入题设方程,得

$$(x+1)[B_1(x+1) + B_0] - x(B_1 x + B_0) = 2x + 3,$$

整理得

$$2B_1 x + B_1 + B_0 = 2x + 3,$$

比较两边同次幂系数,得

$$\begin{cases} 2B_1 = 2 \\ B_1 + B_0 = 3 \end{cases},$$

解得

$$B_0 = 2, B_1 = 1.$$

从而所求特解为

$$y_x^* = x(x+2).$$

因此,题设方程的通解为

$$y_x = y_x^* + Y_x = x^2 + 2x + A.$$

例8 求差分方程 $y_{x+1} - 4y_x = 3x^2$ 的通解.

解 由于 $P = 4 \neq 1$,齐次方程 $y_{x+1} - 4y_x = 0$ 的通解为 $Y_x = A4^x$. 因为题设方程的非齐次项为 $f(x) = 3x^2$,故设原方程的特解为 $y_x^* = B_0 + B_1 x + B_2 x^2$,将 y_x^* 代入题设方程,得

$$[B_0 + B_1(x+1) + B_2(x+1)^2] - 4(B_0 + B_1 x + B_2 x^2) = 3x^2,$$

整理得

$$(-3B_0 + B_1 + B_2) + (-3B_1 + 2B_2)x - 3B_2 x^2 = 3x^2,$$

比较同次幂系数,得

$$\begin{cases} -3B_0 + B_1 + B_2 = 0 \\ -3B_1 + 2B_2 = 0 \\ -3B_2 = 3 \end{cases},$$

解得

$$B_0 = -\frac{5}{9}, \quad B_1 = -\frac{2}{3}, \quad B_2 = -1.$$

从而所求特解为

$$y_x^* = -\left(\frac{5}{9} + \frac{2}{3}x + x^2\right).$$

因此,题设方程的通解为

$$y_x = y_x^* + Y_x = -\left(\frac{5}{9} + \frac{2}{3}x + x^2\right) + A4^x.$$

习 题 9-2

1. 求下列差分方程的通解：
(1) $y_{x+1} - 2y_x = 0$；
(2) $y_{x+1} + y_x = 0$；
(3) $6y_{x+1} + 2y_x = 8$；
(4) $5y_{x+1} - 25y_x = 20$；
(5) $y_{x+1} - y_x = x$；
(6) $2y_{x+1} + y_x = 3 + x$；
(7) $y_{x+1} - 2y_x = 6x^2$；
(8) $y_{x+1} + y_x = 2^x$；
(9) $y_{x+1} - \alpha y_x = e^{\beta x}$（$\alpha, \beta$ 为非零常数）.

2. 求下列差分方程在给定初始条件下的特解：
(1) $4y_{x+1} + 2y_x = 1, y_0 = 6$；
(2) $y_{x+1} - y_x = 3, y_0 = 2$；
(3) $2y_{x+1} + y_x = 0, y_0 = 3$；
(4) $y_x = -7y_{x-1} + 16, y_0 = 5$；
(5) $16y_{x+1} - 6y_x = 1, y_0 = 0.2$；
(6) $3y_{x+1} - y_x = 1.2, y_0 = 0.4$；
(7) $y_{x+1} + 3y_x = -1, y_0 = 1$；
(8) $2y_{x+1} - y_x = 2 + x, y_0 = 4$.

3. 设某产品在时期 t 的价格、总供给与总需求分别为 P_t, S_t 与 D_t，并设对于 $t = 0, 1, 2, \cdots$，有
(1) $S_t = 2P_t + 1$；
(2) $D_t = -4P_{t-1} + 5$；
(3) $S_t = D_t$.
（Ⅰ）求证：由(1),(2),(3)能推出差分方程 $P_{t+1} + 2P_t = 2$；
（Ⅱ）已知 P_0 时，求上述方程的解.

9.3 二阶常系数线性差分方程

二阶常系数线性差分方程的一般形式：
$$y_{x+2} + ay_{x+1} + by_x = f(x), \tag{9.3.1}$$
其中 a, b 均为已知常数，且 $b \neq 0$，$f(x)$ 是已知函数. 当 $f(x) = 0$ 时，则称方程
$$y_{x+2} + ay_{x+1} + by_x = 0 \tag{9.3.2}$$
为二阶常系数线性齐次差分方程. 当 $f(x) \neq 0$ 时，方程(9.3.1)称为**二阶常系数线性非齐次差分方程**.

参考二阶线性微分方程解的结构，可写出关于二阶线性差分方程的解的结构定理. 例如，可得到以下定理.

定理 1 如果 $y_1(x), y_2(x)$ 都是二阶常系数线性齐次差分方程(9.3.2)的解，则
$$y(x) = c_1 y_1(x) + c_2 y_2(x)$$
也是方程(9.3.2)的解，其中 c_1, c_2 为任意常数.

定理 2 如果 $y_1(x), y_2(x)$ 是二阶常系数线性齐次差分方程(9.3.2)的两个线性无关的特解，则
$$y(x) = c_1 y_1(x) + c_2 y_2(x)$$
是方程(9.3.2)的通解，其中 c_1, c_2 是任意常数.

定理 3 设 Y_x 为方程(9.3.2)的通解，y_x^* 为方程(9.3.1)的一个特解，则 $y_x = Y_x + y_x^*$ 为方程(9.3.1)的通解.

9.3.1 二阶常系数线性齐次差分方程

与二阶常系数线性齐次微分方程的解法类似，考虑到方程(9.3.2)的系数均为常数，于是，只要找到一类函数，使得 y_{x+2}, y_{x+1} 均为 y_x 的常数倍，即可解决方程(9.3.2)特解的问题. 一阶

常系数线性齐次差分方程的通解是指数函数,二阶常系数线性齐次差分方程的通解也是指数函数,即指数函数 λ^x 符合这类函数的特征.

不妨设 $Y_x=\lambda^x(\lambda\neq 0)$ 为方程(9.3.2)的一个特解,代入方程,得
$$\lambda^{x+2}+a\lambda^{x+1}+b\lambda^x=\lambda^x(\lambda^2+a\lambda+b)=0,$$
即
$$\lambda^2+a\lambda+b=0, \tag{9.3.3}$$
称此方程为方程(9.3.1)或(9.3.2)的**特征方程**,称特征方程的解为**特征根**. 根据代数方程(9.3.3)解的三种情况,仿照二阶常系数线性齐次微分方程,分别给出方程(9.3.2)的通解.

1. 特征方程有两个相异实根

当 $\Delta=a^2-4b>0$ 时,特征方程有两个相异实根
$$\lambda_1=\frac{1}{2}(-a-\sqrt{a^2-4b}),\quad \lambda_2=\frac{1}{2}(-a+\sqrt{a^2-4b}),$$
则齐次方程(9.3.2)有两个特解
$$y_1(x)=\lambda_1^x,\quad y_2(x)=\lambda_2^x.$$
且由
$$\frac{y_1(x)}{y_2(x)}=\frac{\lambda_1^x}{\lambda_2^x}\neq 常数$$
知 $y_1(x)$ 与 $y_2(x)$ 线性无关,从而齐次方程(9.3.2)的通解为
$$Y_x=A_1\lambda_1^x+A_2\lambda_2^x,$$
其中 A_1,A_2 为任意常数.

2. 特征方程有两个相同实根

当 $\Delta=a^2-4b=0$ 时,特征方程有二重根
$$\lambda_1=\lambda_2=-\frac{a}{2},$$
则齐次方程(9.3.2)有一个特解
$$y_1(x)=\left(-\frac{a}{2}\right)^x,$$
可以验证齐次方程(9.3.2)有另一特解
$$y_2(x)=x\left(-\frac{a}{2}\right)^x,$$
且由
$$\frac{y_1(x)}{y_2(x)}=\frac{1}{x}\neq 常数$$
知 $y_1(x)$ 与 $y_2(x)$ 线性无关,从而齐次方程(9.3.2)的通解为
$$Y_x=(A_1+A_2x)\left(-\frac{a}{2}\right)^x. \tag{9.3.4}$$
其中 A_1,A_2 为任意常数.

3. 特征方程有两个共轭复根

当 $\Delta=a^2-4b<0$ 时,特征方程有两个共轭复根

$$\lambda_1 = \frac{1}{2}(-a + i\sqrt{4b-a^2}) = \alpha + i\beta,$$

$$\lambda_2 = \frac{1}{2}(-a - i\sqrt{4b-a^2}) = \alpha - i\beta,$$

其中
$$\alpha = -\frac{a}{2}, \quad \beta = \frac{\sqrt{4b-a^2}}{2}.$$

齐次方程(9.3.2)有两个特解
$$\bar{y}_1(x) = (\alpha + i\beta)^x, \quad \bar{y}_2(x) = (\alpha - i\beta)^x,$$

则齐次方程(9.3.2)有通解为
$$\bar{Y}_x = A_1(\alpha + i\beta)^x + A_2(\alpha - i\beta)^x \quad (A_1, A_2 \text{ 为任意常数}).$$

为求得实数形式的通解,利用欧拉公式,记
$$\alpha \pm i\beta = r(\cos\theta \pm \sin\theta),$$

其中 $r = \sqrt{\alpha^2 + \beta^2} = \sqrt{\left(-\frac{a}{2}\right)^2 + \left[\frac{\sqrt{4b-a^2}}{2}\right]^2} = \sqrt{b}$,

$$\tan\theta = \frac{\beta}{\alpha} = -\frac{1}{a}\sqrt{4b-a^2} \quad \left(\theta \in (0, \pi); a = 0 \text{ 时}, \theta = \frac{\pi}{2}\right).$$

r 又称为复特征根的模,θ 为复特征根的辐角. 则齐次方程(9.3.2)的两个特解为
$$\bar{y}_1(x) = r^x(\cos\theta + i\sin\theta), \quad \bar{y}_2(x) = r^x(\cos\theta - i\sin\theta).$$

易证
$$y_1(x) = \frac{1}{2}[\bar{y}_1(x) + \bar{y}_2(x)] = r^x \cos\theta x,$$

$$y_2(x) = \frac{1}{2i}[\bar{y}_1(x) - \bar{y}_2(x)] = r^x \sin\theta x,$$

也都是齐次方程(9.3.2)的两个特解.

又因为
$$\frac{y_1(x)}{y_2(x)} = \cos\theta x \neq \text{常数},$$

知 $y_1(x)$ 与 $y_2(x)$ 线性无关,从而齐次方程(9.3.2)的通解为
$$Y_x = r^x(A_1 \cos\beta x + A_2 \sin\beta x),$$

其中 A_1, A_2 为任意常数.

例1 求差分方程 $y_{x+2} - 2y_{x+1} - 8y_x = 0$ 的通解.

解 题设方程的特征方程为 $\lambda^2 - 2\lambda - 8 = 0$,即
$$(\lambda - 4)(\lambda + 2) = 0,$$

因而特征根为 $\lambda_1 = 4, \lambda_2 = -2$,所以题设方程的通解为
$$Y_x = A_1 4^x + A_2(-2)^x.$$

例2 求差分方程 $y_{x+2} + 10y_{x+1} + 25y_x = 0$ 的通解.

解 题设方程的特征方程为 $\lambda^2 + 10\lambda + 25 = 0$,即
$$(\lambda + 5)^2 = 0,$$

因而特征根为 $\lambda_1 = \lambda_2 = -5$,所以题设方程的通解为
$$Y_x = (A_1 + A_2 x)(-5)^x.$$

例3 求差分方程 $y_{x+2} - 2y_{x+1} + 4y_x = 0$ 的通解.

解 题设方程的特征方程为
$$\lambda^2 - 2\lambda + 4 = 0,$$

解之得一对共轭复根
$$\lambda_1 = 1+i\sqrt{3}, \quad \lambda_2 = 1-i\sqrt{3},$$
即 $\alpha=1, \beta=\sqrt{3}$,故有
$$r=\sqrt{\alpha^2+\beta^2}=2, \quad \tan\theta=\frac{\beta}{\alpha}=\sqrt{3}, \quad 即 \theta=\frac{\pi}{3}.$$
所以,题设方程的通解为
$$Y_x = 2^x\left(A_1\cos\frac{\pi}{3}x + A_2\sin\frac{\pi}{3}x\right).$$

9.3.2 二阶常系数线性非齐次差分方程

求解常系数线性非齐次差分方程(9.3.1)的特解,常用方法与求解一阶常系数线性非齐次差分方程的待定系数法类似. 仅考虑方程(9.3.1)中的非齐次项 $f(x)$ 取某些特殊形式的函数时的情形.

(1) $f(x)=P_m(x)$(其中 $P_m(x)$ 是 x 的 m 次多项式),方程(9.3.1)具有形如
$$y_x^* = x^k R_m(x)$$
的特解,其中 $R_m(x)$ 为 x 的 m 次待定多项式.

当 $1+a+b \neq 0$ 时,取 $k=0$. 设
$$y_x^* = R_m(x) = B_0 + B_1 x + \cdots + B_m x^m;$$
当 $1+a+b=0$ 时,但 $a \neq -2$ 时,取 $k=1$. 设
$$y_x^* = x(B_0 + B_1 x + \cdots + B_m x^m);$$
当 $1+a+b=0$ 时,但 $a=-2$ 时,取 $k=2$. 设
$$y_x^* = x^2(B_0 + B_1 x + \cdots + B_m x^m).$$

根据上述情形,分别把所设特解 y_x^* 代入方程(9.3.1),比较两端同次项的系数,确定系数 $B_0, B_1, \cdots, B_m$,即可得方程(9.3.1)的特解.

例 4 求差分方程 $y_{x+2} + y_{x+1} - 2y_x = 12$ 的通解.

解 对应的齐次差分方程的特征方程为
$$\lambda^2 + \lambda - 2 = 0,$$
解得 $\lambda_1=1, \lambda_2=-2$. 对应的齐次差分方程的通解为
$$Y_x = A_1(-2)^x + A_2 \quad (A_1, A_2 \text{ 为任意常数}).$$

根据方程的非齐次项 $f(x)=12$,而 $1+a+b=1-2+1=0$,但 $a=1 \neq -2$,故设题设方程的特解为 $y_x^* = B_0 x$,代入题设方程,得
$$B_0(x+2) + B_0(x+1) - 2B_0 x = 12,$$
解得 $B_0 = 4$. 于是原方程的特解为 $y_x^* = 4x$,从而,所求方程的通解为
$$y_x = Y_x + y_x^* = A_1(-2)^x + A_2 + 4x.$$

例 5 求差分方程 $y_{x+2} + 3y_{x+1} - 4y_x = x$ 的特解.

解 对应的齐次差分方程的特征方程为
$$\lambda^2 + 3\lambda - 4 = 0,$$
解得 $\lambda_1=1, \lambda_2=-4$. 对应的齐次差分方程的通解为
$$Y_x = A_1 + A_2(-4)^x \quad (A_1, A_2 \text{ 为任意常数}).$$

根据方程的非齐次项 $f(x)=x$,而 $1+a+b=1+3-4=0$,但 $a=3 \neq -2$,故设题设方程的

特解为 $y_x^* = x(B_0 + B_1 x)$,代入题设方程,得
$$B_0(x+2) + B_1(x+2)^2 + 3B_0(x+1) + 3B_1(x+1)^2 - 4B_0 x - 4B_1 x^2 = x,$$
整理得
$$10B_1 x + 5B_0 + 7B_1 = x,$$
比较两端同次项的系数,得
$$\begin{cases} 10B_1 = 1 \\ 5B_0 + 7B_1 = 0 \end{cases}, \quad 解得 \begin{cases} B_0 = -\dfrac{7}{50} \\ B_1 = \dfrac{1}{10} \end{cases}.$$

于是原方程的特解为 $y_x^* = x\left(-\dfrac{7}{50} + \dfrac{1}{10}x\right)$,从而,所求方程的通解为
$$y_x = Y_x + y_x^* = A_1 + A_2(-4)^x + x\left(-\dfrac{7}{50} + \dfrac{1}{10}x\right).$$

(2) $f(x) = P_m(x)C^x$(其中 $P_m(x)$ 的意义同(1),C 是常数),则方程(9.3.1)具有形如
$$y_x^* = x^k R_m(x) C^x$$
的特解,其中 $R_m(x)$ 的意义同(1).

当 $C^2 + Ca + b \neq 0$ 时,取 $k = 0$. 设
$$y_x^* = R_m(x) C^x = (B_0 + B_1 x + \cdots + B_m x^m) C^x;$$
当 $C^2 + Ca + b = 0$ 时,但 $2C + a \neq 0$ 时,取 $k = 1$. 设
$$y_x^* = x R_m(x) C^x = x(B_0 + B_1 x + \cdots + B_m x^m) C^x;$$
当 $C^2 + Ca + b = 0$ 时,但 $2C + a = 0$ 时,取 $k = 2$. 设
$$y_x^* = x^2 R_m(x) C^x = x^2(B_0 + B_1 x + \cdots + B_m x^m) C^x.$$

分别就上面各种情形,把所设特解 y_x^* 代入方程(9.3.1),比较两端同次项的系数,确定系数 $B_0, B_1, \cdots, B_m$,即可得方程(9.3.1)的特解.

例6 求差分方程 $y_{x+2} - 10y_{x+1} + 25y_x = 3^x$ 的通解及 $y_0 = 1, y_1 = 0$ 的特解.

解 对应的齐次差分方程的特征方程为
$$\lambda^2 - 10\lambda + 25 = 0,$$
解得 $\lambda_1 = \lambda_2 = 5$. 对应的齐次差分方程的通解为
$$Y_x = (A_1 + A_2 x) \cdot 5^x \quad (A_1, A_2 \text{ 为任意常数}).$$

根据方程的非齐次项 $f(x) = 3^x$,而 $C^2 + Ca + b = 3^2 + 3 \cdot (-10) + 25 = 4 \neq 0$,故设题设方程的特解为 $y_x^* = B_0 3^x$,代入题设方程,得
$$B_0 \cdot 3^{x+2} - 10B_0 \cdot 3^{x+1} + 25B_0 \cdot 3^x = 3^x,$$
消去 3^x,解得 $B_0 = \dfrac{1}{4}$,于是原方程的特解为 $y_x^* = \dfrac{1}{4} \cdot 3^x$,从而,所求方程的通解为
$$y_x = Y_x + y_x^* = (A_1 + A_2 x) \cdot 5^x + \dfrac{1}{4} \cdot 3^x.$$

将初始条件 $y_0 = 1, y_1 = 0$ 代入通解,方程满足条件的特解为
$$\begin{cases} A_1 + \dfrac{1}{4} = 1 \\ 5A_1 + A_2 + \dfrac{3}{4} = 0 \end{cases},$$

解得 $A_1 = \dfrac{3}{4}, A_2 = -\dfrac{9}{10}$. 因此,方程满足条件的特解为

$$y_x = \left(\dfrac{3}{4} - \dfrac{9}{10}x\right) \cdot 5^x + \dfrac{1}{4} \cdot 3^x.$$

习 题 9-3

1. 求下列二阶常系数线性齐次差分方程的通解:
(1) $y_{x+2} - 7y_{x+1} + 12y_x = 0$;　　(2) $y_{x+2} = y_{x+1} + y_x$;　　(3) $y_{x+2} + 4y_{x+1} + 4y_x = 0$;
(4) $y_{x+2} - 6y_{x+1} + 9y_x = 0$;　　(5) $y_{x+2} = y_{x+1} - y_x$;　　(6) $y_{x+2} + 2y_{x+1} + 3y_x = 0$.

2. 求下列二阶常系数线性非齐次差分方程的通解及特解:
(1) $y_{x+2} + 3y_{x+1} - \dfrac{7}{4}y_x = 9 \, (y_0 = 6, y_1 = 3)$;　　(2) $y_{x+2} - 2y_{x+1} + 2y_x = 0 \, (y_0 = 2, y_1 = 2)$;
(3) $y_{x+2} + y_{x+1} - 2y_x = 12 \, (y_0 = 0, y_1 = 0)$;　　(4) $y_{x+2} + 5y_{x+1} + 4y_x = x \, (y_0 = 6, y_1 = 3)$.

3. 求下列二阶常系数线性非齐次差分方程的通解:
(1) $y_{x+2} - \dfrac{1}{9}y_x = 1$;　　(2) $y_{x+2} + \dfrac{1}{2}y_{x+1} - \dfrac{1}{2}y_x = 3$;
(3) $y_{x+2} - y_{x+1} + 2y_x = 4$;　　(4) $y_{x+2} - 2y_{x+1} + 4y_x = a + bx \, (a, b \text{为常数})$;
(5) $y_{x+2} + 3y_{x+1} + 2y_x = 20 + 4x + 6x^2$;　　(6) $y_{x+2} - 3y_{x+1} + 2y_x = 3 \cdot 5^x$.

9.4　差分方程在经济学中的简单应用

采用与微分方程完全类似方法可以建立在经济学中的差分方程模型,下面举例说明其应用.

9.4.1　"筹措教育经费"模型

某家庭从现在着手,从每月工资中拿出一部分资金存入银行,用于投资子女将来的教育,并计算 20 年后开始从投资账户中每月支取 1 000 元,直到 10 年后子女大学毕业并用完全部资金. 要实现这个投资目标,20 年内要总共筹措多少资金? 每月要在银行存入多少钱? 假设投资的月利率为 0.5%,为此,设第 x 个月,投资账户资金为 a_x 元,每月存入资金为 b 元,于是 20 年后,关于 a_x 的差分方程模型为

$$a_{x+1} = (1.005)a_x - 1\,000, \tag{9.4.1}$$

且 $a_{120} = 0, a_0 = x$.

解方程(9.4.1),得通解

$$a_x = (1.005)^x A - \dfrac{1\,000}{1 - 1.005} = (1.005)^x A + 200\,000,$$

其中 A 为任意常数. 因为

$$a_{120} = (1.005)^{120} A + 200\,000 = 0,$$
$$a_0 = (1.005)^0 A + 200\,000 = A + 200\,000 = x,$$

从而有

$$x = 200\,000 - \dfrac{200\,000}{(1.005)^{120}} = 90\,073.45.$$

从现在到 20 年内,a_x 满足方程

$$a_{x+1}=1.005a_x+b, \tag{9.4.2}$$

且 $a_0=0, a_{240}=90\,073.45$.

解方程(9.4.2),得通解

$$a_x=(1.005)^x A-\frac{b}{1-1.005}=(1.005)^x A-200b,$$

以及
$$a_{240}=(1.005)^{240} A-200b=90\,073.45,$$
$$a_0=A-200b=0,$$

从而有
$$b=194.95.$$

即要达到投资目标,20 年内要筹措资金 90 073.45 元,平均每月要存入 194.95 元.

9.4.2 价格与库存模型

本模型考虑库存与价格之间的关系.

设 $P(x)$ 为第 x 个时段某类产品的价格,$L(x)$ 为第 x 个时段的库存量. $\bar{L}$ 为该产品的合理库存量. 一般情况下,如果库存量超过合理库存,则该产品的售价要下跌,如果库存量低于合理库存,则该产品售价要上涨,于是有方程

$$P_{x+1}-P_x=k(\bar{L}-L_x), \tag{9.4.3}$$

其中 k 为比例常数. 由(9.4.3)变形可得

$$P_{x+2}-2P_{x+1}+P_x=-k(L_{x+1}-L_x). \tag{9.4.4}$$

又设库存量 $L(x)$ 的改变与产品的生产销售状态有关,且在第 $x+1$ 个时段库存增加量等于该时段的供求之差,即

$$L_{x+1}-L_x=S_{x+1}-D_{x+1}. \tag{9.4.5}$$

如果设供给函数和需求函数分别为

$$S_x=a(P_x-\alpha)+\beta, \quad D_x=-b(P_x-\alpha)+\beta,$$

代入方程(9.4.5)后,得

$$L_{x+1}-L_x=(a+b)P_{x+1}-a\alpha-b\alpha,$$

再由方程(9.4.4),得方程

$$P_{x+2}+[k(a+b)-2]P_{x+1}+P_x=k(a+b)\alpha. \tag{9.4.6}$$

设方程(9.4.6)具有形如 $P_x^*=A$ 的特解,代入方程易得 $A=\alpha$.

方程(9.4.6)对应齐次方程的特征方程为

$$\lambda^2+[k(a+b)-2]\lambda+1=0,$$

解得
$$\lambda_1=-r+\sqrt{r^2-1}, \quad \lambda_2=-r-\sqrt{r^2-1}, \quad r=\frac{1}{2}[k(a+b)-2].$$

如果 $|r|<1$,设 $r=\cos\theta$,则方程(9.4.5)的通解为

$$P_x=B_1\cos(x\theta)+B_2\sin(x\theta)+\alpha,$$

即第 x 个时段价格将围绕稳定值 α 循环变化.

如果 $|r|>1$,设 λ_1,λ_2 为两个实根,方程(9.4.6)的通解为

$$P_x=A_1\lambda_1^x+A_2\lambda_2^x+\alpha.$$

这时由于 $\lambda_2=-r-\sqrt{r^2-1}<-r<-1$,则当 $x\to+\infty$ 时,λ_2^x 将迅速变化,方程无稳定解.

因此,当 $-1<r<1$,即 $0<r+1<2$,也即 $0<k<\dfrac{4}{a+b}$ 时,价格相对稳定,其中 a,b,c 为正常数.

9.4.3 国民收入的稳定分析模型

本模型主要讨论国民收入与消费和积累之间的关系问题.

设第 x 期内的国民收入 y_x 主要用于该期内的消费 C_x,再生产投资 I_x 和政府用于公共设施的开支 G(定为常数),即有

$$y_x = C_x + I_x + G. \tag{9.4.7}$$

又设第 x 期的消费水平与前一期的国民收入水平有关,即

$$C_x = A y_{x-1} \quad (0 < A < 1). \tag{9.4.8}$$

第 x 期的生产投资应取决于消费水平的变化,即有

$$I_x = B(C_x - C_{x-1}). \tag{9.4.9}$$

由方程(9.4.7),(9.4.8),(9.4.9)合并整理得

$$y_x - A(1+B) y_{x-1} + BA y_{x-2} = G. \tag{9.4.10}$$

于是,对应 A, B, G 以及 y_0, y_1,可求解方程,并讨论国民收入的变化趋势和稳定性.

例如,若 $A = \dfrac{1}{2}, B = 1, G = 1, y_0 = 2, y_1 = 3$,则方程(9.4.10)满足所给条件的特解为

$$y_x = 2^{1-\frac{x}{2}} \sin \frac{\pi}{4} x + 2.$$

结果表明,在上述条件下,国民收入将在 2 个单位上下波动,且上下幅度为 $\sqrt{2}$.

习 题 9-4

1. 已知某人欠有债务 25 000 元,月利率为 1%,计划在 12 个月内分期付款的方法还清债务,每月要付多少钱? 设 a_n 为付款 n 次后还剩欠款数,求每月付款 P 元使 $a_{12} = 0$ 的差分方程.

2. 某公司每年工资总额在比前一年增加 20% 的基础上再追加 200 万元,若以 W_t 表示第 t 年的工资总额(单位:百万元),求 W_t 满足的方程;若 2 000 年该公司的工资总额为 1 000 万元,则 5 年后工资总额将是 2 000 年的多少倍?

3. 在讨论供求关系时,某商品的需求量、供给量和价格均看作时间 n 的函数,n 取整数型离散值. 传统的基本动态供需均衡模型为

$$\begin{cases} D_n = a + b P_n \\ S_n = a_1 + b_1 P_{n-1} \\ D_n = S_n \end{cases}$$

模型表明,现期需求依赖于同期价格,现期供给依赖于前期价格,试求 P_n 满足的动态供求均衡模型的差分方程,求解差分方程,讨论价格相对时间 n 的稳定性.

总 习 题 九

1. 填空题:

(1) 设 $y_x = e^x - x^2 - 1$,则 $\Delta y_x = $ _____ ;

(2) 设 $y_x = x^2 + 2x + x e^x$,则 $\Delta^2 y_x = $ _____ ;

(3) $y_x - 3 y_{x-1} - 4 y_{x-2} = 0$ 是 _____ 阶差分方程.

(4) 差分方程 $y_{x+1} - 5 y_x = 4$ 的通解是 _____ .

2. 选择题:

(1) 下列等式中不是差分方程的是(   ).

(A) $2\Delta y_x - y_x = 2$;   (B) $3\Delta y_x + 3y_x = x$;   (C) $\Delta^2 y_x = 0$;   (D) $y_x + y_{x-2} = r^2$.

(2) 下列方程中是二阶差分方程的有( ).

(A) $\Delta^2 y_x = y_x + 3x^2$;   (B) $y_{x+2} - 2y_{x+1} = 4 - y_x$;   (C) $y_{x+2} + y_{x-4} = y_{x-2}$;   (D) $y_{x+1} + y_x = 3x$.

(3) 差分方程 $y_{x+1} - 3y_x = 0$ 的通解是( ).

(A) $y_x = Ce^{3x}$;   (B) $y_x = C3^x$;   (C) $y_x = Ce^x$;   (D) $y_x = Cx^3$.

(4) 差分方程 $y_{x+2} - 2y_{x+1} - 3y_x = 0$ 的通解是( ).

(A) $y_x = C3^x$;   (B) $y_x = C(-1)^x$;   (C) $y_x = C[3^x + (-1)^x]$;   (D) $y_x = C_1 3^x + C_2 (-1)^x$.

(5) 函数 $y_x = C2^x + 8$ 是差分方程( )的通解.

(A) $y_{x+2} - 3y_{x+1} + 2y_x = 0$;   (B) $y_x - 3y_{x-1} + 2y_{x-2} = 0$;   (C) $y_{x+1} - 2y_x = -8$;   (D) $y_{x+1} - 2y_x = 8$.

3. 已知 $y_1 = -2^{x-1} x\cos\pi x, y_2 = (-2)^x - 2^{x-1} x\cos\pi x$ 都是差分方程
$$y_{x+1} + 2y_x = 2^x \cos\pi x$$
的解,求其通解.

4. 求差分方程 $y_{x+1} + 3y_x = x \cdot 2^x$ 的通解.

5. 求二阶常系数齐次线性差分方程 $y_{x+2} + 2y_{x+1} - 3y_x = 0$ 的通解.

6. 求二阶常系数非齐次线性差分方程 $y_{x+2} - y_{x+1} - 6y_x = (2x+1) \cdot 3^x$ 的通解.

7. 求二阶常系数非齐次线性差分方程 $y_{x+2} + y_x = \cos\left(\dfrac{\pi}{2} x\right)$ 满足初始条件 $y_0 = 0, y_1 = 1$ 的特解.

部分习题答案

习题 1-1

1. (1) $[-1,0) \cup (0,1]$;　　(2) $(1,2]$;　　(3) $[-1,3]$;　　(4) $(-\infty,0) \cup (0,3]$;
   (5) $(-\infty,-1] \cup (1,3)$;　(6) $(1,2) \cup (2,4)$;　(7) $(-1,0) \cup (0,1)$;　(8) $[1,2]$.

2. (1) 不相同;　(2) 不相同;　(3) 相同;　(4) 不相同;　(5) 相同;　(6) 不相同.

3. $\varphi\left(\dfrac{\pi}{6}\right)=\dfrac{1}{2}, \varphi\left(\dfrac{\pi}{4}\right)=\varphi\left(-\dfrac{\pi}{4}\right)=\dfrac{\sqrt{2}}{2}, \varphi(-2)=0.$

4. (1) 单调增加;　　(2) 单调增加.

7. (1) 偶函数;　(2) 既非奇函数又非偶函数;　(3) 偶函数;　(4) 偶函数;
   (5) 既非奇函数又非偶函数;　(6) 奇函数.

8. (1) 是周期函数,周期 $T=2\pi$;　(2) 不是周期函数;　(3) 是周期函数,周期 $T=\pi$;
   (4) 是周期函数,周期 $T=\dfrac{\pi}{2}$;　(5) 不是周期函数;　(6) 是周期函数,周期 $T=2$.

11. $y = 4\,000\,000 + \dfrac{2\,000\,000}{x} + 80x \quad (x \in (0, 1\,000])$.

12. $y = \begin{cases} 6x, & 0 \leqslant x \leqslant 200 \\ 4x + 400, & 200 < x \leqslant 500 \\ 3x + 900, & x > 500 \end{cases}.$

习题 1-2

1. (1) $y = x^3 - 1$;　　(2) $y = \dfrac{dx-b}{a-cx}$;　　(3) $y = \dfrac{1-x}{1+x}$;
   (4) $y = e^{x-1} - 2$;　(5) $y = \dfrac{1}{3}\arcsin\dfrac{x}{2}(x \in [-2,2])$;　(6) $y = \log_2 \dfrac{x}{1-x}$.

2. $f(x-1) = \begin{cases} 1, & x < 1 \\ 0, & x = 1, \\ 1, & x > 1 \end{cases} \quad f(x^2-1) = \begin{cases} 1, & |x| < 1 \\ 0, & |x| = 1. \\ 1, & |x| > 1 \end{cases}$

3. $-\dfrac{3}{8}, 0.$

4. $f[f(x)] = \dfrac{x}{1-2x}, \quad f\{f[f(x)]\} = \dfrac{x}{1-3x}.$

5. (1) $y = \ln^2 \dfrac{x}{3}$;　　(2) $y = \sqrt{e^x - 1}$;　　(3) $y = \ln(\tan^2 x + 1)$;
   (4) $y = \sin\sqrt{2x-1}$;　(5) $y = \arctan\sqrt{a^2 + x^2}$.

6. (1) $y = \sin u, u = 2x$;　　(2) $y = \sqrt{u}, u = \tan v, v = e^x$;　　(3) $y = a^u, u = v^2, v = \sin x$;
   (4) $y = \ln u, u = \ln v, v = \ln x$;　(5) $y = u^3, u = 1 + v^2, v = \ln x$;　(6) $y = x^2 u, u = \cos v, v = e^w, w = \sqrt{x}$.

7. (1) $[-1,1]$;　(2) $\bigcup\limits_{n \in \mathbf{Z}}[2n\pi, 2(n+1)\pi]$;　(3) $[1,e]$;　(4) $[-1,1]$.

8. $f(t) = 5t + \dfrac{2}{t^2}, f(t^2+1) = 5(t^2+1) + \dfrac{2}{(t^2+1)^2}.$

9. $f(x) = x^2 - 2.$

10. $f(x)=2(1-x^2)$.

11. $\varphi(x)=\arcsin(1-x^2),[-\sqrt{2},\sqrt{2}]$.

习题 1-3

1. $f(x)=\begin{cases}0.15x, & 0<x\leq 50\\ 7.5+0.25(x-50), & x>50\end{cases}$.

2. 779.46 元.

3. 5,20.

4. (1) $C(Q)=100+3Q,C(0)=100$； (2) $C(200)=700(元),\overline{C}(200)=3.5(元)$.

5. $R(Q)=\dfrac{(1\,000-Q)Q}{5},32\,000$.

6. $R(x)=\begin{cases}1\,200x, & 0<x\leq 1\,000\\ 1\,200x-2\,500, & 1\,000<x\leq 1\,520\end{cases}$.

7. $Q=40\,000-1\,000P,R(Q)=40Q-\dfrac{Q^2}{1\,000}$.

8. (1) 9； (2) 9； (3) 因为 $L(Q)<0$.

9. (1) $P=\begin{cases}90, & 0\leq x\leq 100\\ 90-(x-100)\cdot 0.01, & 100<x<1\,600;\\ 75, & x\geq 1\,600\end{cases}$

   (2) $L=\begin{cases}30x, & 0\leq x\leq 100\\ 31x-0.01x^2, & 100<x<1\,600;\\ 15x, & x\geq 1\,600\end{cases}$ (3) $L=21\,000(元)$.

10. (1) $L(Q)=8Q-7-Q^2$； (2) $L(4)=9,\overline{L}(4)=\dfrac{9}{4}$； (3) 亏损.

11. 销售大于 7 或小于 1 时亏损，销售大于 1 且小于 7 时盈利，销售 1 或 7 时盈利平衡.

12. (1) $P\approx 3.45(元)$； (2) $P\approx 4.18$.

习题 1-4

1. (1) 0； (2) 0； (3) 6； (4) $\dfrac{2}{3}$； (5) 没有极限.

3. $\lim\limits_{n\to\infty}x_n=0,N=\left[\dfrac{1}{\varepsilon}\right]$；当 $\varepsilon=0.001$ 时，取数 $N=1\,000$.

习题 1-5

1. 不一定. 2. $\delta=0.0002$. 3. $\delta=0.5$.

5. $\lim\limits_{x\to 0^-}f(x)=-1,\lim\limits_{x\to 0^+}f(x)=1,\lim\limits_{x\to 0}f(x)$ 不存在.

6. $f(x)=\begin{cases}0, & x=0\\ \dfrac{1}{x}, & x\neq 0\end{cases}$.

习题 1-6

1. (1) ×； (2) √； (3) √； (4) ×； (5) ×.

2. (1) 无穷小量； (2) 无穷小量； (3) 无穷大量.

4. (1) 3； (2) 2； (3) ∞.

5. 极限 $\lim\limits_{x\to\infty} e^{\frac{1}{x}}$ 存在，极限 $\lim\limits_{x\to 0} e^{\frac{1}{x}}$ 不存在.

6. $y=x\cos x$ 在 $(-\infty,+\infty)$ 上无界，但当 $x\to+\infty$ 时，此函数不是无穷大.

习题 1-7

1. (1) 5； (2) -9； (3) 0； (4) 0； (5) 2； (6) 0； (7) $\dfrac{2}{3}$； (8) $\dfrac{1}{2}$； (9) $2x$； (10) 2； (11) 0；

   (12) 0； (13) -2； (14) ∞； (15) $\dfrac{1}{2}$； (16) 0； (17) -1； (18) $\left(\dfrac{3}{2}\right)^{20}$ (19) 1.

2. (1) $\dfrac{1}{5}$； (2) ∞； (3) 2； (4) $\dfrac{1}{2}$.

3. $\lim\limits_{x\to 0} f(x)$ 不存在；$\lim\limits_{x\to 1} f(x)=2$.

4. (1) $\dfrac{1}{4}$； (2) 0； (3) 4； (4) $\dfrac{1}{2}$； (5) ∞.

5. $k=-3$.   6. $a=1, b=-1$.

习题 1-8

1. (1) 3； (2) 1； (3) 1； (4) 0； (5) 2； (6) $\sqrt{2}$； (7) 1； (8) $\dfrac{2}{3}$； (9) 0.

2. (1) $\dfrac{1}{e}$； (2) e^2； (3) e^2； (4) e^{-k}； (5) $\dfrac{1}{e}$； (6) e^{2a}； (7) e； (8) 1； (9) $\dfrac{5}{3}$.

3. -1.   4. $c=\ln 3$.

5. (1) 提示：$\dfrac{n}{n+\pi}\leqslant n\left(\dfrac{1}{n^2+\pi}+\dfrac{1}{n^2+2\pi}+\cdots+\dfrac{1}{n^2+n\pi}\right)\leqslant \dfrac{n^2}{n^2+\pi}$；

   (2) 提示：当 $x>0$ 时，$1<\sqrt[n]{1+x}<1+x$；当 $-1<x<0$ 时，$1+x<\sqrt[n]{1+x}<1$.

6. 2.   7. -1.

8. 20 年后的本利和为 6 640 元.

9. 15 059.71 元.

习题 1-9

1. 当 $x\to 0$ 时，x^2-x^3 是比 $3x-x^2$ 高阶的无穷小.

2. 同阶；等价无穷小.

3. 三阶无穷小.

4. 同阶，但不是等价无穷小.

5. (1) $\dfrac{2}{7}$； (2) 5； (3) 2； (4) $\dfrac{3}{2}$； (5) $\dfrac{1}{2}$； (6) 4.

6. $m=\dfrac{1}{2}, n=2$.

习题 1-10

1. (1) $f(x)$ 在 $[0,2]$ 上连续；

   (2) $f(x)$ 在 $(-\infty,-1)$ 与 $(-1,+\infty)$ 内连续，$x=-1$ 为跳跃间断点.

2. (1) 连续； (2) 连续.

3. (1) $x=-2$ 为第二类的无穷间断点；

   (2) $x=1$ 为第一类的可去间断点，补充 $y(1)=-2$；$x=2$ 为第二类的无穷间断点；

   (3) $x=0$ 为第一类的可去间断点，补充 $y(0)=-1$； (4) $x=0$ 为第二类的振荡间断点.

(5) $x=1$ 为第一类的跳跃间断点；

(6) $x=1$ 为第一类的跳跃间断点.

4. $a=1$.   5. $a=1, b=\mathrm{e}$.   6. 左不连续, 右连续.

8. $a=0, b=1$.

习题 1-11

1. 连续区间: $(-\infty,-3),(-3,2),(2,+\infty)$; $\lim\limits_{x\to 0}f(x)=\dfrac{1}{2}, \lim\limits_{x\to -3^-}f(x)=-\dfrac{8}{5}, \lim\limits_{x\to 2}f(x)=\infty$.

2. (1) $\sqrt{5}$; (2) 1; (3) 0; (4) $\dfrac{1}{2}$; (5) 0; (6) 0.

7. 提示: $m\leqslant \dfrac{f(x_1)+f(x_2)+\cdots+f(x_n)}{n}\leqslant M$, 其中 m, M 分别为 $f(x)$ 在 $[x_1, x_n]$ 上的最小值及最大值.

总习题一

1. $[-1, 3]$.   2. $[0, +\infty)$.   3. $\delta=\sqrt{2}$.   5. 周期 $T=2(b-a)$.

7. (1) $y=-\dfrac{x}{(1+x^2)}$;   (2) $y=\begin{cases} x, & -\infty<x<1 \\ \sqrt{x}, & 1\leqslant x\leqslant 4 \\ \log_3 x, & 9<x<+\infty \end{cases}$.

8. $f(x)=-2x+\dfrac{1}{1-x}, 0<x<1$.

9. $f(x)=\dfrac{1}{a^2-b^2}\left(a\sin x+b\sin\dfrac{1}{x}\right)$.

10. $f(x)=\begin{cases} \dfrac{1}{x}+\dfrac{\sqrt{1+x^2}}{x}, & x>0 \\ \dfrac{1}{x}-\dfrac{\sqrt{1+x^2}}{x}, & x<0 \end{cases}$.

11. $\varphi(x)=\begin{cases} (x-1)^2, & 1\leqslant x\leqslant 2 \\ 2(x-1), & 2<x\leqslant 3 \end{cases}$.

12. $\varphi(x)=\sqrt{\ln(1-x)}, x\leqslant 0$.

13. $f[g(x)]=\begin{cases} 1, & x<0 \\ 0, & x=0, \\ -1, & x>0 \end{cases}$ $g[f(x)]=\begin{cases} \mathrm{e}, & |x|<1 \\ 1, & |x|=1 \\ \mathrm{e}^{-1}, & |x|>1 \end{cases}$.

14. $f[f(x)]=f(x)=\begin{cases} 0, & x\leqslant 0 \\ x, & x>0 \end{cases}$; $g[g(x)]=0$; $f[g(x)]=0$;

    $g[f(x)]=g(x)=\begin{cases} 0, & x\leqslant 0 \\ -x^2, & x>0 \end{cases}$.

15. $R(Q)=\begin{cases} 80Q, & 0<Q\leqslant 800 \\ 72Q+6\,400, & Q>800 \end{cases}$.

16. (1) $C(x)=60\,000+20x, x\in[10\,000,+\infty)$;   (2) $R(x)=x\left(60-\dfrac{x}{1\,000}\right)$;

    (3) $L(x)=-\dfrac{x^2}{1\,000}+40x-60\,000$.

17. $L(x)=1.25x-2\,000, 1\,600$ (单位).

18. $f(x)=0.12x+\dfrac{7.68\times 10^6}{x}$.   19. $\lim\limits_{n\to\infty}x_n=\dfrac{1}{2}$.   20. 1.

25. $p=-5, q=0$ 时，$f(x)$ 为无穷小；$q\neq 0$, p 为任意常数时，$f(x)$ 为无穷大量.

26. (1) n；(2) $\dfrac{2\sqrt{2}}{3}$；(3) $\dfrac{p+q}{2}$；(4) 0；(5) 0；(6) $\dfrac{1}{9}$.

27. $\lim\limits_{x\to 0}f(x)$ 不存在；$\lim\limits_{x\to 2}f(x)=0$；$\lim\limits_{x\to -\infty}f(x)=0$；$\lim\limits_{x\to +\infty}f(x)=+\infty$.

28. (1) x；(2) $\dfrac{6}{5}$；(3) $\dfrac{1}{2}$.

29. (1) e；(2) e^2；(3) $e^{\frac{1}{2}}$.

30. $\lim\limits_{n\to\infty}x_n=\dfrac{1+\sqrt{5}}{2}$.

32. (1) $=\begin{cases}0, & n>m \\ 1, & n=m \\ \infty, & n<m\end{cases}$；(2) $\dfrac{9}{4}$；(3) $\dfrac{a}{n}$；(4) -3；(5) 4.

33. 2.

34. $p(x)=x^3+2x^2+x$.

35. $a=1, b=-2$.

36. $\beta=\dfrac{1}{1\,992}, \alpha=-\dfrac{1\,991}{1\,992}$.

37. (1) 连续； (2) 不连续.

38. (1) $x=0$ 和 $x=k\pi+\dfrac{\pi}{2}$ 为第一类的可去间断点，补充 $y(0)=1$ 和 $y\left(k\pi+\dfrac{\pi}{2}\right)=0$，$x=k\pi(k\neq 0)$ 为第二类的无穷间断点.

(2) $x=0$ 为第二类的无穷间断点，$x=1$ 为第一类的跳跃间断点.

39. $a=0$.

40. $f(x)=\begin{cases}x, & |x|<1 \\ 0, & |x|=1 \\ -x, & |x|>1\end{cases}$；$x=1$ 和 $x=-1$ 为第一类的跳跃间断点.

41. $(-\infty,-\sqrt{e})$, $(-\sqrt{e},0)$, $(0,\sqrt{e})$, $(\sqrt{e},+\infty)$.

习题 2-1

1. -20.   2. $12(\text{m/s})$.

3. (1) $-f'(x_0)$；(2) $2f'(x_0)$；(3) $\dfrac{3}{2}f'(x_0)$；(4) $f'(0)$.

4. 2.

5. 切线方程 $y=x+1$，法线方程 $y=-x+3$.

6. 切线方程 $\sqrt{3}x+2y=\dfrac{\sqrt{3}}{3}\pi+1$，法线方程 $\dfrac{2}{3}\sqrt{3}x-y+\dfrac{1}{2}-\dfrac{2\sqrt{3}}{9}\pi=0$.

7. 切线方程 $x-y+1=0$，法线方程 $x+y-1=0$.

8. 不可导($f'_-(1)\neq f'_+(1)$).   9. 1.

10. $f'(0)=1$, $f'(x)=\begin{cases}\cos x, & x<0 \\ 1, & x\geq 0\end{cases}$.

11. 在 $x=0$ 处连续且可导.   12. $2a\varphi(a)$.

13. $x=0$ 是 $\dfrac{f(x)}{x}$ 的可去间断点.

15. 某工厂每增加一个单位产品的生产所增加（或减少）成本.

习题 2-2

1. (1) $3+\dfrac{5}{2\sqrt{x}}-\dfrac{1}{x^2}$; (2) $9x^2-5^x\ln 5+7e^x$; (3) $\sec x(2\sec x+\tan x)$; (4) $\cos 2x$;

   (5) $x^3(4\ln x+1)$; (6) $4e^x(\cos x-\sin x)$; (7) $\dfrac{1-\ln x}{x^2}$; (8) $\dfrac{1+\sin t+\cos t}{(1+\cos t)^2}$;

   (9) $(x-2)(x-3)+(x-1)(x-3)+(x-1)(x-2)$; (10) $\log_2 x+\dfrac{1}{\ln 2}$;

   (11) $\dfrac{1}{3}x^{-\frac{2}{3}}\sin x+\sqrt[3]{x}\cos x+e^x a^x\ln a+a^x e^x$; (12) $\dfrac{2}{(x+1)^2}$; (13) $\dfrac{3(x^2-6x+1)}{(x^2-1)^2}$;

   (14) $-\dfrac{2\csc x[(1+x^2)\cot x+2x]}{(1+x^2)^2}$; (15) $2x\ln x\cos x+x\cos x-x^2\ln x\sin x$.

2. (1) $\dfrac{dy}{dx}\big|_{x=\frac{\pi}{6}}=\dfrac{\sqrt{3}+1}{2}$, $\dfrac{dy}{dx}\big|_{x=\frac{\pi}{4}}=\sqrt{2}$; (2) $\dfrac{\sqrt{2}}{4}\left(1+\dfrac{\pi}{2}\right)$; (3) $y'(0)=\dfrac{3}{25}$; (4) $y'(0)=-2$.

3. (1) $v(t)=v_0-gt$; (2) $t=\dfrac{v_0}{g}$.

4. $\left(-\dfrac{b}{2a},\dfrac{4ac-b^2}{4a}\right)$.

5. 切线方程为 $2x-y=0$, 法线方程为 $x+2y=0$.

6. 在点 $(1,0)$ 处的切线方程为 $y=2(x-1)$, 在点 $(-1,0)$ 处的切线方程为 $y=2(x+1)$.

7. (1) $4\sin(5-4x)$; (2) $-15x^2 e^{-5x^3}$; (3) $-\dfrac{x}{\sqrt{a^2-x^2}}$; (4) $2x\sec^2 x^2$; (5) $\sin 2x$;

   (6) $\dfrac{e^x}{1+e^{2x}}$; (7) $-\dfrac{1}{\sqrt{x-x^2}}$; (8) $\dfrac{|x|}{x^2\sqrt{x^2-1}}$; (9) $\sec x$; (10) $\csc x$;

   (11) $\dfrac{2x}{1+x^2}$; (12) $\dfrac{2x+1}{(x^2+x+1)\ln a}$.

8. (1) $-\dfrac{1}{2}e^{-\frac{x}{2}}(\cos 3x+6\sin 3x)$; (2) $\dfrac{1}{(1-x)\sqrt{x}}$; (3) $\csc x$; (4) $\dfrac{2\arcsin\left(\frac{x}{2}\right)}{\sqrt{4-x^2}}$; (5) $2\sqrt{1-x^2}$;

   (6) $\dfrac{1}{x\ln x}$; (7) $n\sin^{n-1} x\cos(n+1)x$; (8) $\dfrac{e^{\arctan\sqrt{x}}}{2\sqrt{x}(1+x)}$; (9) $\dfrac{\ln x}{x\sqrt{1+\ln^2 x}}$;

   (10) $10^{x\tan 2x}\ln 10(\tan 2x+2x\sec^2 2x)$; (11) $-\dfrac{1}{(1+x)\sqrt{2x(1-x)}}$; (12) $\dfrac{2}{e^{4x}+1}$.

9. (1) $4x^3 f'(x^4)$; (2) $\sin 2x[f'(\sin^2 x)-f'(\cos^2 x)]$; (3) $\dfrac{-1}{|x|\sqrt{x^2-1}}f'\left(\arcsin\dfrac{1}{x}\right)$.

10. $-xe^{x-1}$. 11. $f'(x+3)=5x^4$, $f'(x)=5(x-3)^4$.

12. $-\dfrac{1}{(1+x)^2}$.

15. $f'(x)=\begin{cases} 2\sec^2 x, & x<0 \\ e^x, & x>0 \end{cases}$.

习题 2-3

1. (1) 880; (2) 740. 2. (1) 5.

3. (1) $C'(x)=450+0.04x$; (2) $L(x)=40x-0.02x^2-2\,000$, $L'(x)=40-0.04x$;

   (3) $1\,000$(吨).

4. $\eta(1)=-\dfrac{1}{3}, \eta(2)=-1, \eta(3)=-3$.   5. $\eta(P)=-0.66$.

6. 销售量可增加 $15\% \sim 20\%$.   7. (1) $4\pi r^2$;   (2) 400π.

8. 对于 s_1,(1) 1.25;   (2) $v(0)=-3, v(2)=1$;   (3) $t=\dfrac{3}{2}$ 的时刻方向发生改变.

    对于 s_2,(1) 3;   (2) $v(0)=-3, v(3)=-12$;   (3) 物体的运动方向未发生改变.

9. (1) $\dfrac{t}{10}-1$;   (2) 当 $t=10$ 时下降最快, 当 $t=0$ 时下降最慢;

    (3) 当 t 由 0 逐渐增大到 10 的过程中, $\dfrac{\mathrm{d}h}{\mathrm{d}t}$ 值逐渐增大.

习题 2-4

1. (1) $6(5x^4+6x^2+2x)$;   (2) $16\mathrm{e}^{4x-3}$;   (3) $-2\sin x - x\cos x$;   (4) $-2\mathrm{e}^{-t}\cos t$;

    (5) $-\dfrac{a^2}{\sqrt{(a^2-x^2)^3}}$;   (6) $-\dfrac{2(1+x^2)}{(1-x^2)^2}$;   (7) $2\sec^2 x \tan x$;   (8) $\dfrac{6x^2-2}{(x^2+1)^3}$;

    (9) $2\arctan x + \dfrac{2x}{1+x^2}$;   (10) $\dfrac{\mathrm{e}^x(x^2-2x+2)}{x^3}$;   (11) $2x\mathrm{e}^{x^2}(2x^2+3)$;   (12) $-\dfrac{x}{(1+x^2)^{\frac{3}{2}}}$.

2. $207\,360$.   4. $2g(a)$.

5. (1) $6xf'(x^3)+9x^4 f''(x^3)$;   (2) $\dfrac{f''(x)f(x)-[f'(x)]^2}{[f(x)^2]}$.

6. (1) $n!$;   (2) $2^{n-1}\sin\left[2x+(n-1)\dfrac{\pi}{2}\right]$;   (3) $\ln x + 1\,(n=1), (-1)^n \dfrac{(n-2)!}{x^{n-1}}\,(n\geq 2)$;

    (4) $(-1)^n n!\left[\dfrac{1}{(x-3)^{n+1}}-\dfrac{1}{(x-2)^{n+1}}\right]$.

7. (1) $-4\mathrm{e}^x \cos x$;   (2) $2^{50}\left(-x^2\sin 2x + 50x\cos 2x + \dfrac{1225}{2}\sin 2x\right)$;   (3) $\dfrac{24}{(x-1)^5}-\dfrac{24}{x^5}$.

习题 2-5

1. (1) $\dfrac{\mathrm{e}^{x+y}-y}{x-\mathrm{e}^{x+y}}$;   (2) $\dfrac{y}{2\pi y\cos(\pi y^2)-x}$;   (3) $\dfrac{5-y\mathrm{e}^{xy}}{x\mathrm{e}^{xy}+3y^2}$;   (4) $-\dfrac{\mathrm{e}^y}{1+x\mathrm{e}^y}$;   (5) $-\dfrac{1+y\sin(xy)}{x\sin(xy)}$;

    (6) $\dfrac{x+y}{x-y}$.

2. 切线方程: $x+y-\dfrac{\sqrt{2}}{2}a=0$, 法线方程: $x-y=0$.

3. (1) $-\dfrac{b^4}{a^2 y^3}$;   (2) $-\dfrac{(x+y)\cos^2 y-(x+y)\sin y}{[(x+y)\cos y-1]^3}$;   (3) $\dfrac{\mathrm{e}^{2y}(3-y)}{(2-y)^3}$;

    (4) $-2\csc^2(x+y)\cot^3(x+y)$.

4. (1) $(1+x)^{\tan x}\left[\sec^2 x \ln(1+x^2)+\dfrac{2x\tan x}{1+x^2}\right]$;

    (2) $\dfrac{\sqrt[5]{x-3}\sqrt[3]{3x-2}^4}{\sqrt{x+2}}\left[\dfrac{1}{5(x-3)}-\dfrac{4}{3x-2}-\dfrac{5}{2(x+2)}\right]$;

    (3) $\dfrac{1}{5}\sqrt[5]{\dfrac{x-5}{\sqrt[5]{x^2+2}}}\left[\dfrac{1}{x-5}-\dfrac{2x}{5(x^2+2)}\right]$;

    (4) $-\dfrac{1}{2}\left(\csc^2\dfrac{x}{2}\ln\tan 2x - 8\cot\dfrac{x}{2}\csc 4x\right)\cdot(\tan 2x)^{\cot\frac{x}{2}}$.

5. $y'(0)=\mathrm{e}$, 切线方程为 $y=\mathrm{e}x+1$, 法线方程为 $y=-\dfrac{1}{\mathrm{e}}x+1$.

6. $y''(0)=-2$.

7. 切线方程为 $y-\dfrac{\pi}{4}=\dfrac{1}{2}(x-\ln 2)$，法线方程为 $y-\dfrac{\pi}{4}=-2(x-\ln 2)$.

8. (1) $\dfrac{3b}{2a}t$; (2) $\dfrac{\cos t-\sin t}{\sin t+\cos t}$; (3) -1.

9. (1) $\dfrac{1}{t^3}$; (2) $-\dfrac{b}{a^2\sin^3 t}$; (3) $\dfrac{4}{9}e^{3t}$; (4) $\dfrac{1}{f''(t)}$.

10. (1) $-\dfrac{3}{8t^5}(1+t^2)$; (2) $\dfrac{t^4-1}{8t^3}$.

习题 2-6

1. $\Delta x=1$ 时，$\Delta y=19$，$dy=12$；$\Delta x=0.1$ 时，$\Delta y=1.261$，$dy=1.2$；$\Delta x=0.01$ 时，$\Delta y=0.120\,601$，$dy=0.12$.

2. (1) $\dfrac{7}{2}x^2+C$; (2) $-\dfrac{1}{\omega}\cos\omega x+C$; (3) $\ln(3+x)+C$;
   (4) $-\dfrac{1}{5}e^{-5x}+C$; (5) $2\sqrt{x}+C$; (6) $\dfrac{1}{5}\tan 5x+C$.

3. (1) $\left(\dfrac{1}{x}+\dfrac{1}{\sqrt{x}}\right)dx$; (2) $-\dfrac{3x^2}{2(1-x^3)}dx$; (3) $(\sin 2x+2x\cos 2x)dx$;
   (4) $2x(1+x)e^{2x}dx$; (5) $2(e^{2x}-e^{-2x})dx$; (6) $\dfrac{2\sqrt{x}-1}{4\sqrt{x}\sqrt{x-\sqrt{x}}}dx$;
   (7) $-\dfrac{2x}{1+x^4}dx$; (8) $\dfrac{dx}{\sqrt{x^2\pm a^2}}$.

4. $\dfrac{2+\ln(x-y)}{3+\ln(x-y)}dx$. 5. $-\dfrac{y}{x}dx$. 7. (1) $\dfrac{47}{24}$; (2) $\dfrac{21}{40}$.

8. $L(x)=\dfrac{3}{2}x+1$，$L_1(x)=\dfrac{1}{2}x+1$，$L_2(x)=x$，$L(x)=L_1(x)+L_2(x)$.

9. (1) $1.000\,02$; (2) $0.874\,76$; (3) $30°47''$. 10. 0.33%. 11. $0.033\,55(g)$.

12. $\delta_\alpha=0.000\,56$(弧度)$=1'55''$. 13. 无关. 14. 0.05%.

总习题二

1. $5f'(x)$. 2. $1\,000!$. 3. $2C$.

5. (1) $\dfrac{x}{1+xe^x}$; (2) $\dfrac{1}{3}$. 6. $(2,4)$.

7. $y-9x-10=0$ 及 $y-9x+22=0$. 8. 可导. 9. $a=2$, $b=-1$.

10. $a=b=-1$. 11. 0.

12. (1) $(3x+5)^2(5x+4)^4(120x+161)$; (2) $-\dfrac{1}{x^2+1}$; (3) $\dfrac{1}{\sqrt{1-x^2}+1-x^2}$;
    (4) $\dfrac{1-n\ln x}{x^{n+1}}$; (5) $\dfrac{4}{(e^t+e^{-t})^2}$; (6) $ax^{a-1}+a^x\ln a$; (7) $-\dfrac{1}{x^2}\sec^2\dfrac{1}{x}\cdot e^{\tan\frac{1}{x}}$;
    (8) $\dfrac{2\sqrt{x}+1}{4\sqrt{x}\sqrt{x+\sqrt{x}}}$; (9) $\arcsin\dfrac{x}{2}$.

13. $-\dfrac{1}{(2x+x^3)\sqrt{1+x^2}}$.

14. (1) $f'(e^x+x^e)\cdot(e^x+ex^{e-1})$; (2) $e^{f(x)}[f'(e^x)e^x+f(e^x)f'(x)]$.

15. $f'(x)=2+\dfrac{1}{x^2}$. 16. $\dfrac{3\pi}{4}$.

17. (1) $2\arctan x+\dfrac{2x}{1+x^2}$；   (2) $-\dfrac{x}{(1+x^2)^{\frac{3}{2}}}$.

18. $\dfrac{d^2 y}{dt^2}+y=0$.   20. A.

21. (1) $2^{n-1}\sin\left[2x+(n-1)\dfrac{\pi}{2}\right]$；   (2) $(-1)^n n!\left[\dfrac{1}{(x-3)^{n+1}}+\dfrac{1}{(x-2)^{n+1}}\right]$.

22. 切线方程为 $x+y-\dfrac{\sqrt{2}}{2}a=0$，法线方程 $x-y=0$.

23. 1.

24. (1) $\dfrac{1}{2}\sqrt{x\sin x\sqrt{1-e^x}}\left[\dfrac{1}{x}+\cot x-\dfrac{e^x}{2(1-e^x)}\right]$；

(2) $(\tan x)^{\sin x}(\cos x\ln\tan x+\sec x)+x^x(\ln x+1)$.

25. e^{-2}.

26. (1) $-2\csc^2(x+y)\cot^3(x+y)$；   (2) $-\dfrac{4\sin y}{(2-\cos y)^3}$.

27. B.

28. $\dfrac{y(\ln y+1)^2-x(\ln x+1)^2}{xy(\ln y+1)^3}$.

29. (1) $e^{-x}[\sin(3-x)-\cos(3-x)]dx$； (2) $dy=\begin{cases}\dfrac{dx}{\sqrt{1-x^2}},-1<x<0\\-\dfrac{dx}{\sqrt{1-x^2}},0<x<1\end{cases}$；

(3) $8x\tan(1+2x^2)\sec^2(1+2x^2)dx$.

30. $e^{f(x)}\left[f(\ln x)f'(x)+\dfrac{1}{x}f'(\ln x)\right]dx$.

31. $-2x\sin x^2,-\sin x^2,\dfrac{-2\sin x^2}{3x},-2\sin x^2-4x^2\cos x^2$.

32. $25s;\dfrac{6\,250}{9}m$.

33. (1) 13.7； (2) 15.4； (3) 10； (4) 1.

34. 40；72.   35. 0.09；0.01.

36. (1) $5\sqrt{2}$； (2) 10； (3) $v=0,a=10$； (4) $\dfrac{1}{4}$ 个周期，$v=-10,a=0$.

38. $L(x)=\dfrac{3}{2}x+\dfrac{1}{2}$.   39. $L(x)=\dfrac{5}{2}x-\dfrac{1}{10}$.

40. 1%；3%.

习题 3-1

1. (1) 满足，$\xi=\dfrac{1}{4}$； (2) 满足，$\xi=2$.   2. $\xi=\dfrac{5\pm\sqrt{13}}{12}$.

5. 满足，$\xi=\dfrac{14}{9}$.

习题 3-2

1. (1) 1； (2) 1； (3) $-\dfrac{1}{8}$； (4) 1； (5) 1； (6) $\dfrac{4}{e}$； (7) 2； (8) $\dfrac{1}{2}$； (9) $+\infty$； (10) 1；

(11) $\frac{1}{2}$； (12) 0； (13) 1； (14) $e^{-\frac{1}{2}}$； (15) e； (16) 1； (17) e^{-1}； (18) e； (19) 0；

(20) $-\frac{1}{2}$.

4. $a=\frac{1}{2}, b=1$.　　5. 连续.

习题 3-3

1. $8+10(x-1)+9(x-1)^2+4(x-1)^3+(x-1)^4$.

2. $x^3\ln x=(x-1)+\frac{5}{2}(x-1)^2+\frac{11}{6}(x-1)^3+\frac{1}{4}(x-1)^4-\frac{1}{20\xi^2}(x-1)^5$, 其中 ξ 介于 1 与 x 之间.

3. $\tan x=x+\frac{x^3}{3}+o(x^3)$.

4. $xe^{-x}=x-x^2+\frac{x^3}{2!}-\cdots+\frac{(-1)^{n-1}}{(n-1)!}x^n+o(x^n)$.

5. $\ln x=\ln 2+\frac{1}{2}(x-2)-\frac{1}{2^3}(x-2)^2+\frac{1}{3\cdot 2^3}(x-2)^3-\cdots+(-1)^{n-1}\frac{1}{n\cdot 2^n}(x-2)^n+o[(x-2)^n]$.

6. $\frac{1}{3-x}=\frac{1}{2}+\frac{x-1}{2^2}+\frac{(x-1)^2}{2^3}+\cdots+\frac{(x-1)^n}{2^{n+1}}+o[(x-1)^n]$.

7. $\sqrt{e}\approx 1.646$.　　8. $\ln 1.2\approx 0.1823, |R_5(0.2)|\leqslant 0.0000107$.

9. (1) $-\frac{1}{4}$； (2) $-\frac{1}{12}$.

习题 3-4

2. 单调增加.

3. (1) 在 $(-\infty,-1]$, $[3,+\infty)$ 内单调增加, 在 $[-1,3]$ 内单调减少；

   (2) 在 $(0,2]$ 内单调减少, 在 $[2,+\infty)$ 内单调增加；

   (3) 在 $(-\infty,0]$, $[1,+\infty)$ 内单调增加, 在 $[0,1]$ 内单调减少；

   (4) 在 $(-\infty,+\infty)$ 内单调增加；

   (5) 在 $\left(-\infty,\frac{1}{3}\right]$, $[1,+\infty)$ 内单调增加, 在 $\left[\frac{1}{3},1\right]$ 内单调减少；

   (6) 在 $\left(0,\frac{1}{2}\right]$ 内单调减少, 在 $\left[\frac{1}{2},+\infty\right)$ 内单调增加.

6. (1) 极小值 $y(3)=-22$, 极大值 $y(-1)=10$；　　(2) 极小值 $y(0)=0$；

   (3) 极小值 $y(1)=0$, 极大值 $y(e^2)=\frac{4}{e^2}$；　　(4) 极大值 $y\left(\frac{3}{4}\right)=\frac{5}{4}$；

   (5) 极大值 $y\left(\frac{\pi}{4}+2k\pi\right)=\frac{\sqrt{2}}{2}e^{\frac{\pi}{4}+2k\pi}$, 极小值 $y\left(\frac{\pi}{4}+(2k+1)\pi\right)=-\frac{\sqrt{2}}{2}e^{\frac{\pi}{4}+(2k+1)\pi}$　$(k=0,\pm 1,\pm 2,\cdots)$；

   (6) 极大值 $f(0)=0$, 极小值 $f(2/5)=-\frac{3}{5}\sqrt[3]{\frac{4}{25}}$.

7. $a=2$, 极大值为 $f\left(\frac{\pi}{3}\right)=\sqrt{3}$.

习题 3-5

1. (1) 最小值 $y|_{x=2}=-14$, 最大值 $y|_{x=3}=11$；

   (2) 最小值 $y|_{x=\frac{5\pi}{4}}=-\sqrt{2}$, 最大值 $y|_{x=\frac{\pi}{4}}=\sqrt{2}$；

(3) 最小值 $y|_{x=-5}=-5+\sqrt{6}$,最大值 $y|_{x=\frac{3}{4}}=\frac{5}{4}$;

(4) 最小值 $y|_{x=0}=0$,最大值 $y|_{x=-\frac{1}{2}}=y|_{x=1}=\frac{1}{2}$.

2. $\sqrt[3]{3}$ 是数列 $\{\sqrt[n]{n}\}$ 的最大项.

3. 函数在 $x=-3$ 处取得最小值.

4. 正方形的四个角各截去边长为 $\frac{a}{6}$ 的小正方形时,能做成容积最大的盒子.

5. $x_0=\frac{a\tau}{a+b}$,即入射角等于反射角.

6. D 应建于 B,C 之间且与 B 相距 15km 处时,运费最省.

7. 2h.   8. 50.   9. 15.5.

10. (1) $t=1.5s, y_{\max}=11.75m$;   (2) $t=3s, x_{\max}=45\sqrt{3}m$.

12. 当日产量是 50 吨时可使平均成本最低,最低平均成本 300(元/吨).

13. 每年订货 25 次,批量为 100 台.

14. (1) $R(x)=800x-x^2$;   (2) $L(x)=-x^2+790x-2000$;
    (3) 395;   (4) 154 025;   (5) 405.

15. 14.1.

习题 3-6

1. (1) 拐点为 $\left(\frac{1}{2},\frac{13}{2}\right)$,在 $\left(-\infty,\frac{1}{2}\right)$ 上是凸的,在 $\left(\frac{1}{2},+\infty\right)$ 上是凹的;

   (2) 没有拐点,在 $(0,+\infty)$ 上是凹的;

   (3) 拐点为 $(0,0)$,在 $(-\infty,-1),[0,1)$ 上是凸的,在 $(-1,0),(1,+\infty)$ 上是凹的;

   (4) 没有拐点,在 R 上是凹的;   (5) 没有拐点,在 R 上是凹的;

   (6) 拐点为 $(-1,\ln2),(1,\ln2)$,在 $(-\infty,-1],[1,+\infty)$ 上是凸的,在 $[-1,1]$ 上是凹的;

4. $a=-\frac{3}{2},b=\frac{9}{2}$.   5. $a=1,b=-3,c=-24,d=16$.

习题 3-7

1. (1) $y=2x$; (2) $y=1,x=0$; (3) $y=x+\frac{3}{2}$; (4) $y=x$; (5) $y=0,x=-1$; (6) $y=\frac{\pi}{2}x-1,y=-\frac{\pi}{2}x-1$.

总习题三

11. (1) 1;   (2) $-\frac{1}{2}$;   (3) $\frac{2}{\pi}$;   (4) $-\frac{1}{2}$;   (5) $e^{-\frac{1}{3}}$;   (6) $e^{-\frac{2}{\pi}}$.

12. ka.   13. $a=-3,b=\frac{9}{2}$.

14. $f'(x)=\begin{cases} \dfrac{xg'(x)+xe^{-x}+e^{-x}-g(x)}{x^2}, & x\neq 0 \\ \dfrac{1}{2}[g''(0)-1], & x=0 \end{cases}$.

16. $f(0)=0; f'(0)=0; f''(0)=4$.

17. $f(x)=\ln(1+\sin x)=x-\frac{x^2}{2}+\frac{x^3}{6}-\frac{x^4}{12}+o(x^4)$.

19. (1) $\frac{1}{2}$;   (2) $\frac{1}{6}$.   20. 36.

21. $p_3(x) = 1 + x\ln 2 + \dfrac{x^2}{2}\ln^2 2$.

22. (1) 在 $\left(-\infty, \dfrac{2a}{3}\right], [a, +\infty)$ 上单调增加, 在 $\left[\dfrac{2a}{3}, a\right]$ 上单调减少;

(2) 在 $[0, n]$ 上单调增加, 在 $(n, +\infty)$ 上单调减少;

(3) 在 $\left[\dfrac{k\pi}{2}, \dfrac{k\pi}{2} + \dfrac{\pi}{3}\right]$ 上单调增加, 在 $\left[\dfrac{k\pi}{2} + \dfrac{\pi}{3}, \dfrac{k\pi}{2} + \dfrac{\pi}{2}\right]$ 上单调减少 $(k = 0, \pm 1, \pm 2, \cdots)$.

25. (1) 拐点为 $(1, -7)$, 在 $(0, 1]$ 内是凸的, 在 $[1, +\infty)$ 内是凹的;

(2) 拐点为 $\left(2, \dfrac{2}{e^2}\right)$, 在 $(-\infty, 2]$ 内是凸的, 在 $[2, +\infty)$ 内是凹的;

(3) 拐点为 $(2, 1)$, 在 $(-\infty, 2]$ 内是凸的, 在 $[2, +\infty)$ 内是凹的.

27. $a = 0, b = -3$, 极值点为 $x = 1$ 和 $x = -1$, 拐点为 $(0, 0)$.

29. (1) 极大值 $y\left(\dfrac{12}{5}\right) = \dfrac{\sqrt{205}}{10}$;　(2) 极小值 $y\left(-\dfrac{1}{2}\ln 2\right) = 2\sqrt{2}$;

(3) 没有极值;　(4) 极小值 $f(0) = 0$, 极大值 $f(1) = 1$.

30. (1) 最小值 $y|_{x=0} = 0$, 最大值 $y|_{x=-\frac{1}{2}} = y|_{x=1} = \dfrac{1}{2}$;　(2) 最大值 $e^{\frac{1}{e}}$, 没有最小值.

31. $\dfrac{2+a}{1+a}$.　　　32. 最小项的项数为 $n = 5$, 该项的数值为 $\dfrac{27}{2}$.

34. 12 次/日, 6 只/次.

35. (1) $y = 1$;　(2) $x = 0, y = 1$;　(3) $y = 1$;　(4) $x = 0, y = 0, y = x + 1$.

36. $x + y + a = 0$.

习题 4-1

1. (1) $x - \dfrac{x^2}{2} + \dfrac{x^4}{4} - 3\sqrt[3]{x} + C$;　(2) $\dfrac{x^3}{3} + \ln|x| - \dfrac{4}{3}\sqrt{x^3} + C$;　(3) $\dfrac{2^x}{\ln 2} + \dfrac{1}{3}x^3 + C$;　(4) $x^3 + \arctan x + C$;

(5) $x - \arctan x + C$;　(6) $3\arctan x - 2\arcsin x + C$;　(7) $\dfrac{8}{15}x^{\frac{15}{8}} + C$;　(8) $-\dfrac{1}{x} - \arctan x + C$;

(9) $e^x + \dfrac{(2e)^x}{1+\ln 2} + \dfrac{3^x}{\ln 3} + \dfrac{6^x}{\ln 6} + C$;　(10) $\dfrac{e^{3x}}{3} - 3e^x - 3e^{-x} + \dfrac{e^{-3x}}{3} + C$;　(11) $2x - \dfrac{5\left(\dfrac{2}{3}\right)^x}{\ln\left(\dfrac{2}{3}\right)} + C$;

(12) $2\arcsin x + C$;　(13) $-\cot x - x + C$;　(14) $\dfrac{x + \sin x}{2} + C$;　(15) $\sin x - \cos x + C$;

(16) $-(\cot x + \tan x) + C$.

2. $\dfrac{-1}{x\sqrt{1-x^2}}$.　　3. $x + e^x + C$.　　5. $y = \ln|x| + 1$.

6. (1) $v = t^3 + \cos t + 2$;　(2) $s = \dfrac{1}{4}t^4 + \sin t + 2t + 2$.

习题 4-2

1. (1) $\dfrac{1}{7}$;　(2) $-\dfrac{1}{2}$;　(3) $\dfrac{1}{12}$;　(4) $\dfrac{1}{2}$;　(5) $-\dfrac{1}{5}$;　(6) 2;　(7) $-\dfrac{2}{3}$;　(8) $\dfrac{1}{2}$;　(9) $\dfrac{1}{3}$.

2. (1) $-\dfrac{1}{25}(3-5x)^5 + C$;　(2) $\dfrac{1}{2}\ln|3+2x| + C$;　(3) $-\dfrac{1}{2}(5-3x)^{\frac{2}{3}} + C$;　(4) $2\sin\sqrt{t} + C$;

(5) $-\dfrac{1}{7}\sqrt{2-7x^2} + C$;　(6) $-\dfrac{1}{3}e^{\frac{3}{x}} + C$;　(7) $\ln|\ln x| + C$;　(8) $\arctan e^x + C$;

(9) $\dfrac{2^{2x+2}}{\ln 2}+C$;　　(10) $\dfrac{1}{4}\sec^4 x+C$;　　(11) $\arcsin(\tan x)+C$;　　(12) $-\dfrac{10^{\arccos x}}{\ln 10}+C$;

(13) $-\dfrac{1}{\arcsin x}+C$;　　(14) $\dfrac{1}{3}\arctan\dfrac{x-4}{3}+C$;　　(15) $\dfrac{1}{4}\arctan\dfrac{x^2}{2}+C$;　　(16) $\dfrac{1}{2\sqrt{2}}\ln\left|\dfrac{\sqrt{2}x-1}{\sqrt{2}x+1}\right|+C$;

(17) $-\dfrac{1}{97(x-1)^{97}}-\dfrac{1}{49(x-1)^{98}}-\dfrac{1}{99(x-1)^{99}}+C$;　　(18) $\dfrac{1}{2}\arcsin\dfrac{2x}{3}+\dfrac{1}{4}\sqrt{9-4x^2}+C$;

(19) $\dfrac{1}{5}\cos^5 x-\dfrac{1}{3}\cos^3 x+C$;　　(20) $\dfrac{t}{2}+\dfrac{1}{4\omega}\cos 2(\omega t+\varphi)+C$;　　(21) $\dfrac{\cos x}{2}-\dfrac{\cos 5x}{10}+C$;

(22) $\csc x-\dfrac{1}{3}\csc^3 x+C$;　(23) $-\ln|\cos\sqrt{1+x^2}|+C$;　(24) $\dfrac{1}{2}(\ln\tan x)^2+C$;　(25) $-\dfrac{1}{x\ln x}+C$;

(26) $\dfrac{1}{4}[\ln(1+x)^2]^2+C$;　　(27) $-\ln|e^{-x}-1|+C$.

3. (1) $-\sqrt{9-x^2}+C$;　　(2) $\dfrac{x}{a^2\sqrt{x^2+a^2}}+C$;　　(3) $\sqrt{x^2-4}-2\arccos\dfrac{2}{|x|}+C$;

(4) $\dfrac{9}{2}\arcsin\dfrac{x+2}{3}+\dfrac{x+2}{2}\sqrt{5-4x-x^2}+C$;　　(5) $\dfrac{1}{2}\ln\left(\dfrac{\sqrt{1+x^4}-1}{x^2}\right)+C$;

(6) $2[\sqrt{1+x}-\ln(1+\sqrt{1+x})]+C$;　　(7) $2\ln(\sqrt{1+e^x}-1)-x+C$;

(8) $\dfrac{1}{4}\ln x-\dfrac{1}{24}\ln(x^6+4)+C$;　(9) $-\dfrac{1}{7x^7}-\dfrac{1}{5x^5}-\dfrac{1}{3x^3}-\dfrac{1}{x}-\dfrac{1}{2}\ln\left|\dfrac{1-x}{1+x}\right|+C$.

4. (1) $\dfrac{[f(x)]^{\alpha+1}}{\alpha+1}+C$;　　(2) $\arctan[f(x)]+C$;　　(3) $\ln|f(x)|+C$;

(4) $e^{f(x)}+C$;　　(5) $\dfrac{1}{4}f^2(x^2)+C$;　　(6) $2\sqrt{f(\ln x)}+C$.

5. $-\dfrac{1}{2}(1-x^2)^2+C$.　　6. $-\dfrac{1}{x-2}-\dfrac{1}{3}(x-2)^3+C$.

7. $\dfrac{1}{4}\tan^4 x-\dfrac{1}{2}\tan^2 x-\ln|\cos x|+C$.

习题 4-3

1. (1) $2x\sin\dfrac{x}{2}+4\cos\dfrac{x}{2}+C$;　(2) $-(x^2+2x+2)e^{-x}+C$;　(3) $x\arcsin x+\sqrt{1-x^2}+C$;

(4) $x\ln(x^2+1)-2x+2\arctan x+C$;　　(5) $\dfrac{1}{3}x^3\arctan x-\dfrac{1}{6}x^2+\dfrac{1}{6}\ln(1+x^2)+C$;

(6) $\dfrac{1}{2}(x^2-1)\ln(x-1)-\dfrac{1}{4}x^2-\dfrac{1}{2}x+C$;　　(7) $-\dfrac{1}{x}(\ln^2 x+2\ln x+2)+C$;

(8) $\dfrac{x^{n+1}}{n+1}\left(\ln|x|-\dfrac{1}{n+1}\right)+C$;　　(9) $x(\arccos x)^2-2\sqrt{1-x^2}\arccos x-2x+C$;

(10) $-\dfrac{2}{17}e^{-2x}\left(\cos\dfrac{x}{2}+4\sin\dfrac{x}{2}\right)+C$;　　(11) $\dfrac{x}{2}(\cos\ln x+\sin\ln x)+C$;

(12) $-\dfrac{1}{2}x^2+x\tan x+\ln|\cos x|+C$;　　(13) $\tan x\ln(\sin x)-x+C$;

(14) $-\dfrac{1}{4}\left(x^2-\dfrac{3}{2}\right)\cos 2x+\dfrac{x\sin 2x}{4}+C$;　　(15) $\dfrac{x^3}{6}+\dfrac{x^2\sin x}{2}+x\cos x-\sin x+C$;

(16) $(\ln\ln x-1)\ln x+C$;　　(17) $\dfrac{e^x}{2}-\dfrac{e^x\sin 2x}{5}-\dfrac{e^x\cos 2x}{10}+C$;

(18) $2\sqrt{x}\ln(1+x)-4\sqrt{x}+4\arctan\sqrt{x}+C$;　　(19) $-\dfrac{\ln(1+e^x)}{e^x}-\ln(e^{-x}+1)+C$;

(20) $\frac{1}{2}(x^2-1)\ln\frac{1+x}{1-x}+x+C$; (21) $(x-1)\ln(1+\sqrt{x})+\sqrt{x}-\frac{x}{2}+C$.

2. $\cos x-\frac{2\sin x}{x}+C$. 3. $\left(1-\frac{2}{x}\right)e^x+C$.

4. (1) $I_n=\int x^n e^x dx=x^n e^x-nI_{n-1}, I_1=xe^x-e^x+C$;

(2) $I_n=x(\ln x)^n-nI_{n-1}, I_1=x\ln x-x+C$.

习题 4-4

1. (1) $\frac{x^3}{3}+\frac{x^2}{2}+x+\ln|x-1|+C$; (2) $\ln|x-2|+\ln|x+5|+C$;

(3) $\frac{1}{3}x^3+\frac{1}{2}x^2+x+8\ln|x|-3\ln|x-1|-4\ln|x+1|+C$;

(4) $\ln|x+1|-\frac{1}{2}\ln(x^2-x+1)+\sqrt{3}\arctan\frac{2x-1}{\sqrt{3}}+C$;

(5) $2\ln\left|\frac{x}{x+1}\right|+\frac{4x+3}{2(x+1)^2}+C$; (6) $\ln\left(\frac{x+3}{x+2}\right)^2-\frac{3}{x+3}+C$;

(7) $\frac{2x+1}{2(x^2+1)}+C$; (8) $2\ln|x+2|-\frac{1}{2}\ln|x+1|-\frac{3}{2}\ln|x+3|+C$;

(9) $\ln|x|-\frac{1}{2}\ln(x^2+1)+C$; (10) $\frac{\sqrt{2}}{4}\arctan\frac{x^2-1}{\sqrt{2}x}-\frac{\sqrt{2}}{8}\ln\frac{x^2-\sqrt{2}x+1}{x^2+\sqrt{2}x+1}+C$;

(11) $\frac{1}{2}\ln\frac{x^2+x+1}{x^2+1}+\frac{\sqrt{3}}{3}\arctan\frac{2x+1}{\sqrt{3}}+C$; (12) $-\frac{4}{\sqrt{3}}\arctan\frac{2x+1}{\sqrt{3}}-\frac{x+1}{x^2+x+1}+C$.

2. (1) $\frac{1}{2\sqrt{3}}\arctan\frac{2\tan x}{\sqrt{3}}+C$; (2) $\frac{1}{2}\arctan\left(2\tan\frac{x}{2}\right)+C$; (3) $\frac{2}{\sqrt{3}}\arctan\frac{2\tan\frac{x}{2}+1}{\sqrt{3}}+C$;

(4) $\frac{1}{2}\left[\ln|1+\tan x|+x-\frac{1}{2}\ln(1+\tan^2 x)\right]+C$; (5) $\frac{x}{2}+\ln|\sec\frac{x}{2}|-\ln|1+\tan\frac{x}{2}|+C$;

(6) $-\frac{4}{9}\ln|5+4\sin x|+\frac{1}{2}\ln|1+\sin x|-\frac{1}{18}\ln|1-\sin x|+C$;

(7) $\frac{3}{2}\sqrt[3]{(x+1)^2}-3\sqrt[3]{x+1}+3\ln|1+\sqrt[3]{x+1}|+C$; (8) $\frac{1}{2}x^2-\frac{2}{3}\sqrt{x^3}+x+C$;

(9) $x-4\sqrt{x+1}+4\ln(\sqrt{x+1}+1)+C$; (10) $2\sqrt{x}-4\sqrt[4]{x}+4\ln(\sqrt[4]{x}+1)+C$;

(11) $\frac{1}{3}\sqrt{(1+x^2)^3}-\sqrt{1+x^2}+C$; (12) $-\frac{3}{2}\sqrt[3]{\frac{x+1}{x-1}}+C$.

总习题四

1. $-\frac{1}{3}\sqrt{(1-x^2)^3}+C$. 2. $\frac{1}{x}+C$.

3. $x+2\ln|x-1|+C$. 4. $\frac{\sin^2 2x}{\sqrt{x-\frac{1}{4}\sin 4x+1}}$.

5. (1) $-\dfrac{30x+8}{375}(2-5x)^{\frac{3}{2}}+C$; (2) $-\arcsin\dfrac{1}{x}+C$; (3) $\dfrac{1}{2(\ln3-\ln2)}\ln\left|\dfrac{3^x-2^x}{3^x+2^x}\right|+C$;

(4) $\dfrac{1}{6a^3}\ln\left|\dfrac{a^3+x^3}{a^3-x^3}\right|+C$; (5) $2\ln(\sqrt{x}+\sqrt{1+x})+C$; (6) $\dfrac{1}{2}\ln|x|-\dfrac{1}{20}\ln(x^{10}+2)+C$;

(7) $\dfrac{1}{8}\ln\left|\dfrac{x^2-1}{x^2+1}\right|-\dfrac{1}{4}\arctan x^2+C$; (8) $x+\ln|5\cos x+2\sin x|+C$; (9) $e^x\tan\dfrac{x}{2}+C$.

6. $-\dfrac{x}{2}+\dfrac{\sin 2x}{4}+C$.   7. $\dfrac{1}{2}\left[\dfrac{f(x)}{f'(x)}\right]^2+C$.

8. (1) $\dfrac{1}{2}\left[\ln(\sqrt{1+x^4}+x^2)+\ln\left(\dfrac{\sqrt{1+x^4}-1}{x^2}\right)\right]+C$; (2) $\dfrac{\sqrt{x^2-1}}{x}-\arcsin\dfrac{1}{x}+C$;

(3) $\ln\left|\dfrac{1}{x}-\dfrac{\sqrt{1-x^2}}{x}\right|-\dfrac{2\sqrt{1-x^2}}{x}+C$; (4) $\dfrac{1}{\sqrt{2}}\arctan\dfrac{\sqrt{2}x}{\sqrt{1-x^2}}+C$;

(5) $\dfrac{1}{4}\ln\left|\dfrac{\sqrt{4-x^2}-2}{\sqrt{4-x^2}+2}\right|+C$; (6) $\dfrac{2}{3}\left(\dfrac{x}{1-x}\right)^{\frac{3}{2}}+C$.

9. (1) $x\ln(x+\sqrt{1+x^2})-\sqrt{1+x^2}+C$; (2) $\dfrac{x}{4\cos^4 x}-\dfrac{1}{4}\left(\tan x+\dfrac{1}{3}\tan^3 x\right)+C$;

(3) $x\arctan x-\dfrac{1}{2}\ln(1+x^2)-\dfrac{1}{2}(\arctan x)^2+C$; (4) $\ln\dfrac{x}{\sqrt{1+x^2}}-\dfrac{\ln(1+x^2)}{2x^2}+C$;

(5) $-\sqrt{1-x^2}\arcsin x+x+C$; (6) $\dfrac{1}{3}x^3 e^{x^3}+C$.

10. $\dfrac{1}{4}\cos 2x-\dfrac{1}{4x}\sin 2x+C$.

11. $I_n=(x\arcsin x)^n+n\sqrt{1-x^2}(\arcsin x)^{n-1}-n(n-1)I_{n-2}$, $I_0=x+C, I_1=x\arcsin x+\sqrt{1-x^2}+C$.

13. $xf^{-1}(x)-F(f^{-1}(x))+C$.

14. (1) $\dfrac{1}{4}x^4+\ln\dfrac{\sqrt[4]{x^4+1}}{x^4+2}+C$; (2) $\dfrac{1}{2}\ln\dfrac{x^2+x+1}{x^2+1}+\dfrac{\sqrt{3}}{3}\arctan\dfrac{2x+1}{\sqrt{3}}+C$;

(3) $-\dfrac{1}{96(x-2)^{96}}-\dfrac{6}{97(x-2)^{97}}-\dfrac{5}{49(x-2)^{98}}-\dfrac{5}{99(x-2)^{99}}+C$;

(4) $\dfrac{1}{6}\ln\left(\dfrac{x^2+1}{x^2+4}\right)+C$; (5) $\ln\dfrac{x}{(\sqrt[6]{x}+1)^6}+C$;

(6) $-\dfrac{2}{5}\sqrt{(x+1)^5}+\dfrac{2}{3}\sqrt{(x+1)^3}+\dfrac{2}{3}\sqrt{x^3}+\dfrac{2}{5}\sqrt{x^5}+C$;

(7) $-\arcsin\dfrac{2-x}{\sqrt{2}(x-1)}+C$; (8) $\ln(e^x+\sqrt{e^{2x}-1})+\arcsin(e^{-x})+C$;

(9) $2\sqrt{1+\sqrt{1+x^2}}+C$.

15. (1) $\dfrac{1}{4}\left[\ln\left|\tan\dfrac{x}{2}\right|+\dfrac{1}{2}\tan^2\dfrac{x}{2}\right]+C$; (2) $\tan\dfrac{x}{2}-\ln\left(1+\tan\dfrac{x}{2}\right)+C$;

(3) $\ln|\tan x|-\dfrac{1}{2}\csc^2 x+C$; (4) $\dfrac{1}{2}(\sin x-\cos x)-\dfrac{1}{2\sqrt{2}}\ln\left|\tan\left(\dfrac{x}{2}+\dfrac{\pi}{8}\right)\right|+C$;

(5) $\dfrac{1}{\sqrt{5}}\arctan\dfrac{3\tan\dfrac{x}{2}+1}{\sqrt{5}}+C$; (6) $\dfrac{1}{2}\arctan(\tan^2 x)+C$;

(7) $-\dfrac{1}{16}\cos 4x-\dfrac{1}{8}\cos 2x+\dfrac{1}{24}\cos 6x+C$; (8) $2x-\ln|\sin x+2\cos x|+C$.

16. $\begin{cases} -\dfrac{x^2}{2}+C, & x<-1 \\ x+\dfrac{1}{2}+C, & -1\leqslant x\leqslant 1. \\ \dfrac{x^2}{2}+1+C, & x>1 \end{cases}$ 17. $\dfrac{1}{2}\ln|(x-y)^2-1|+C.$

习题 5-1

1. (1) $\lim\limits_{\lambda\to 0}\sum\limits_{i=1}^{n}f(\xi_i)\Delta x_i$；   (2) 被积函数,积分区间,积分变量；   (3) $\int_a^b 1\mathrm{d}x$；   (4) 充分条件；

   (5) 介于曲线 $y=f(x)$, x 轴, 直线 $x=a$, $x=b$ 之间各部分面积的代数和.

2. (1) b^2-a^2；   (2) $e-1$.

3. $\dfrac{1}{3}(b^3-a^3)+b-a$.

5. $\dfrac{\pi(b-a)^2}{8}$.

6. (1) $\int_{-7}^{5}(x^2-3x)\mathrm{d}x$；   (2) $\int_{0}^{1}\sqrt{4-x^2}\mathrm{d}x$.

7. (1) $\int_{0}^{1}\dfrac{1}{1+x}\mathrm{d}x$；   (2) $\int_{0}^{1}x^p\mathrm{d}x$；   (3) $\int_{0}^{1}\sqrt{x}\mathrm{d}x$；   (4) $\mathrm{e}^{\int_{0}^{1}\ln(1+x)\mathrm{d}x}$.

8. $2\,330\mathrm{m}^2$.

习题 5-2

2. (1) $9\leqslant\int_{1}^{4}(x^2+2)\mathrm{d}x\leqslant 54$；   (2) $\dfrac{3\pi}{4}\leqslant\int_{\pi/4}^{3\pi/4}(1+\sin^2 x)\mathrm{d}x\leqslant\pi$；   (3) $\dfrac{\pi}{9}\leqslant\int_{1/\sqrt{3}}^{\sqrt{3}}x\arctan x\mathrm{d}x\leqslant\dfrac{2\pi}{3}$；

   (4) $1\leqslant\int_{0}^{1}\mathrm{e}^{x^2}\mathrm{d}x\leqslant\mathrm{e}$；   (5) $\dfrac{2}{5}\leqslant\int_{1}^{2}\dfrac{x}{x^2+1}\mathrm{d}x\leqslant\dfrac{1}{2}$；   (6) $1\leqslant\int_{0}^{\pi/2}\dfrac{\sin x}{x}\mathrm{d}x\leqslant\dfrac{\pi}{2}$.

4. (1) $\int_{0}^{\pi/2}\sin^3 x\mathrm{d}x<\int_{0}^{\pi/2}\sin^2 x\mathrm{d}x$；   (2) $\int_{1}^{2}x^2\mathrm{d}x<\int_{1}^{2}x^3\mathrm{d}x$；   (3) $\int_{1}^{2}\ln x\mathrm{d}x>\int_{1}^{2}(\ln x)^2\mathrm{d}x$；

   (4) $\int_{0}^{1}\mathrm{e}^x\mathrm{d}x>\int_{0}^{1}\mathrm{e}^{x^2}\mathrm{d}x$；   (5) $\int_{0}^{1}\mathrm{e}^x\mathrm{d}x>\int_{0}^{1}(1+x)\mathrm{d}x$；   (6) $\int_{0}^{\pi/2}x\mathrm{d}x>\int_{0}^{\pi/2}\sin x\mathrm{d}x$；

   (7) $\int_{0}^{\pi/2}\sin x\mathrm{d}x>\int_{-\pi/2}^{0}\sin x\mathrm{d}x$；   (8) $\int_{0}^{-\pi/2}\cos x\mathrm{d}x<\int_{0}^{\pi/2}\cos x\mathrm{d}x$；   (9) $\int_{0}^{1}x\mathrm{d}x>\int_{0}^{1}\ln(1+x)\mathrm{d}x$；

   (10) $\int_{1}^{0}\ln(x+1)\mathrm{d}x<\int_{1}^{0}\dfrac{x}{1+x}\mathrm{d}x$.

5. (1) 0；   (2) 0；   (3) 0.

习题 5-3

1. $\varphi'(0)=0$, $\varphi'\left(\dfrac{\pi}{4}\right)=\dfrac{\sqrt{2}}{8}\pi$.

2. (1) $\varphi'(x)=\sin\mathrm{e}^x$；   (2) $\varphi'(x)=-2x\mathrm{e}^{-x^4}$；

   (3) $\varphi'(x)=2x\sqrt{1+x^4}$；   (4) $\varphi'(x)=\dfrac{2x^3}{1+x^4}-\dfrac{1}{2(1+x)}$；

   (5) $\varphi'(x)=\dfrac{3x^2}{\sqrt{1+x^{12}}}-\dfrac{2x}{\sqrt{1+x^8}}$；   (6) $\varphi'(x)=\cos(\pi\sin^2 x)(\sin x-\cos x)$；

   (7) $y'=x^2(2x^3\mathrm{e}^{-x^2}-\mathrm{e}^{-x})$；   (8) $y'=\mathrm{e}^x f(\mathrm{e}^x)-2xf(x^2)$.

3. (1) $y'' = -3x(x\sin x + 2\int_0^x \sin t\,dt) = -3x(x\sin x - 2\cos x + 2)$; (2) $f''(x) = \dfrac{2\sin x^2}{x}$.

4. (1) 1; (2) $\dfrac{1}{2}$; (3) $-\dfrac{1}{6}$; (4) -2; (5) $\dfrac{1}{4}$; (6) 12; (7) $\dfrac{1}{2}$; (8) 2.

5. $\dfrac{dy}{dx} = \dfrac{\cos x}{\sin x - 1}$.

6. $\dfrac{dy}{dx} = \dfrac{\cos^2(y-x)+1}{\cos^2(y-x)-2y}$.

7. $\dfrac{dy}{dx} = \dfrac{\cos t}{\sin t}$.

8. $x = 0$ 时取极小值 0；$x = 1$ 时取极大值 $\dfrac{1}{2e^2}$.

9. 最大值 $F(0) = 0$；最小值 $F(4) = -\dfrac{32}{3}$.

10. (1) $\dfrac{67}{10}$; (2) -2; (3) 0; (4) $2e-1$; (5) $\dfrac{\pi}{2}$; (6) $1-\dfrac{\pi}{4}$; (7) $\dfrac{\pi}{6}$;

(8) $1-\dfrac{\pi}{4}$; (9) $\dfrac{\pi}{2}$; (10) $\dfrac{271}{6}$; (11) $\dfrac{\pi}{4}+1$; (12) -1; (13) 4; (14) $\dfrac{11}{6}$.

11. $f(x) = -(x+1)e^x + C$ (C 为任意常数).

12. $f(x) = \dfrac{1}{1+x^2} + \dfrac{\pi}{3}x^3$, $\dfrac{\pi}{3}$.

13. $\dfrac{(\ln x)^2}{2}$.

14. $\Phi(x) = \begin{cases} 0, & x < 0 \\ \sin^2\left(\dfrac{x}{2}\right), & 0 \leqslant x \leqslant \pi \\ 1, & x > \pi \end{cases}$.

习题 5-4

1. (1) $\dfrac{1}{6}$; (2) $\ln\dfrac{1+e}{2}$; (3) $\dfrac{1}{3}$; (4) $\dfrac{\pi}{2}$; (5) $\dfrac{\pi^2}{72}$;

(6) $1-e^{-\frac{1}{2}}$; (7) $e-\sqrt{e}$; (8) $\dfrac{1}{2}(25-\ln 26)$; (9) $10+12\ln 2 - 4\ln 3$; (10) 14;

(11) $\sqrt{3}-1$; (12) $\dfrac{1}{4}$; (13) $\sqrt{2} - \dfrac{2\sqrt{3}}{3}$; (14) $\dfrac{\pi}{2}$; (15) $\dfrac{a^4\pi}{16}$;

(16) $\dfrac{2\pi}{3}$; (17) $2\ln 3$; (18) $(\sqrt{3}-1)a$; (19) $\dfrac{\pi}{4}$; (20) $\sqrt{2}(\pi+2)$;

(21) $\dfrac{\sqrt{2}}{2}$; (22) $1-2\ln 2$; (23) $2+2\ln\dfrac{2}{3}$; (24) $\dfrac{1}{6}$;

(25) $\ln(1+\sqrt{2}) - \ln(1+\sqrt{1+e^2}) + 1$; (26) $\dfrac{\pi}{6}$; (27) $-\dfrac{4}{3}$;

(28) $10 - \dfrac{8}{3}\sqrt{2}$; (29) $\dfrac{\pi}{4}$; (30) $\dfrac{4}{5}$.

2. (1) $2\ln 2 - 1$; (2) $\dfrac{1}{4}(e^2+1)$; (3) $4(2\ln 2 - 1)$; (4) $\dfrac{\pi}{4} - \dfrac{1}{2}$; (5) $\pi - 2$;

(6) $\left(\dfrac{1}{4} - \dfrac{\sqrt{3}}{9}\right)\pi + \dfrac{1}{2}\ln\dfrac{3}{2}$; (7) π^2; (8) $-\dfrac{1}{216}$; (9) $\ln 2 - \dfrac{1}{2}$; (10) $\dfrac{\sqrt{2}\pi}{4} - \dfrac{1}{2}\ln 2$;

(11) $\frac{1}{5}(e^{\pi}-2)$;　　　　(12) $\frac{1}{2}(e\sin1-e\cos1+1)$;　　　(13) $\ln(1+e)-\frac{e}{1+e}$;

(14) $\frac{1}{4}(e^2-1)$;　　　(15) $2-\frac{3}{4\ln2}$;　　(16) 4π;　　(17) $2-\frac{2}{e}$;

(18) $\frac{1}{4}\ln2$(提示:$x=\frac{\pi}{4}-t$);　　　　(19) $\frac{16\pi}{3}-2\sqrt{3}$;

(20) $\begin{cases} \dfrac{1\cdot 3\cdot 5\cdot\cdots\cdot m}{2\cdot 4\cdot 6\cdot\cdots\cdot (m+1)}\cdot\dfrac{\pi}{2}, & m\text{ 为奇数} \\ \dfrac{2\cdot 4\cdot 6\cdot\cdots\cdot m}{1\cdot 3\cdot 5\cdot\cdots\cdot (m+1)}\cdot 1, & m\text{ 为偶数} \end{cases}$.

3. (1) 0;　　(2) $\frac{4}{3}$;　　(3) 0;　　(4) $1-\frac{\sqrt{3}\pi}{6}$;　　(5) $\frac{2\sqrt{3}\pi}{3}-2\ln2$;

(6) 0;　　(7) $\frac{16}{15}$;　　(8) 0;　　(9) $4\sqrt{2}$;　　(10) $\frac{\pi}{8}+\frac{1}{4}$(提示:利用公式(5.4.2)).

10. $\frac{1}{3}(\cos1-1);\frac{1}{n}(\cos1-1)$.　　12. $\ln|x|+1$.

习题 5-5

1. (1) $\frac{1}{3}$;　　(2) 2;　　(3) π;　　(4) $\frac{1}{2}\ln2$;　　(5) 发散;　　(6) $\frac{\omega}{p^2+\omega^2}$;

(7) $\frac{\pi}{4}+\frac{1}{2}\ln2$;　(8) 1;　(9) $\frac{\pi}{2}$;　(10) $\frac{\pi}{2}$;　(11) $\frac{8}{3}$;　(12) 发散.

2. 当 $k>1$ 时收敛于 $\frac{1}{(k-1)(\ln2)^{k-1}}$;当 $k\leqslant 1$ 时,发散;当 $k=1-\frac{1}{\ln\ln2}$ 时取得最小值.

3. $I_n=n!$.　　4. $c=\frac{5}{2}$.

5. $\frac{\pi}{3}$(提示:令 $t=\sqrt{x-2}$).

6. (1) 30;　　(2) $\frac{16}{105}$;　　(3) 4!;　　(4) $\frac{\sqrt{\pi}}{8\sqrt{2}}$.

7. (1) $\frac{1}{n}\Gamma\left(\frac{1}{n}\right),n>0$;　　(2) $\Gamma(p+1),p>-1$;　　(3) 1;　　(4) $\frac{1}{m}\Gamma\left(\frac{n+1}{m}\right)$;

(5) $\frac{1}{n}\Gamma\left(\frac{1}{n}\right)\Gamma\left(1-\frac{1}{n}\right)$;　(6) $\frac{1}{3}\Gamma\left(\frac{2}{3}\right)\Gamma\left(\frac{1}{3}\right)$(提示:令 $\frac{1}{1+x^3}=t$).

习题 5-6

1. (1) $\frac{3}{2}-\ln2$;　　(2) $e+\frac{1}{e}-2$;　　(3) $\frac{9}{2}$;　　(4) $\frac{3}{4}(2\sqrt[3]{2}-1)$;

(5) $e-1$;　　(6) $2\pi+\frac{4}{3},6\pi-\frac{4}{3}$;　　(7) $b-a$;　　(8) $\frac{32}{3}$.

2. $k=\frac{1}{\sqrt[3]{2}}$.　　3. $\frac{9}{4}$.　　4. $\frac{16p^2}{3}$.

5. $\frac{3}{8}\pi a^2$.　　6. πa^2.　　7. $18\pi a^2$.

8. $\frac{a^2}{4}(e^{2\pi}-e^{-2\pi})$.　　9. $\frac{4a^2\pi^3}{3}$.

10. (1) $\frac{5\pi}{4}$;　　(2) $\frac{\pi}{6}+\frac{1-\sqrt{3}}{2}$.　　11. $2-\frac{\pi}{4}$.

12. $t=\dfrac{\pi}{4}$ 时,s 最小;$t=0$ 时,s 最大.

13. (1) $\dfrac{1}{2}a^3\pi$;　(2) $4\pi^2$;　(3) $V_x=\pi(e-2)$,$V_y=\dfrac{\pi}{2}(e^2+1)$;　(4) $\dfrac{128\pi}{15}$;　(5) $\dfrac{64\pi}{3}$;　(6) $2\pi^2$.

14. $7\pi^2 a^3$.　　　15. 160π.　　16. $\dfrac{4}{3}a^2 h$.

17. $a=0,b=A$.　　18. $2r=\sqrt{4-\sqrt[3]{16}}$.　　19. $\dfrac{1}{6}\pi h[2(ab+AB)+aB+bA]$.

20. $h=4r$ 时,$V_{最小值}=\dfrac{8}{3}\pi r^3$.　　21. $\dfrac{32}{105}\pi a^3$.　　23. $2\pi^2 a^2 b$.

25. $2\pi^2$.

习题 5-7

1. $C(q)=25q+15q^2-3q^3+55$,$\overline{C}(q)=25+15q-3q^2+\dfrac{55}{q}$,　变动成本为 $25+15q-3q^2$.

2. $R(q)=3q-0.1q^2$,当 $q=15$ 时收入最高为 22.5.

3. (1) 9 987.5;　　　(2) 19 850.

4. $C(q)=0.2q^2-12q+500$,$L(q)=32q-0.2q^2-500$,$q=80$ 时获得最大利润.

5. $310+90\mathrm{e}^{-4}$.　　6. $F(t)=2\sqrt{t}+100$.

7. (1) $c(Y)=3\sqrt{Y}+70$;(2) 12;

8. 236.　　　9. $\dfrac{400}{3}$.　　10. $\dfrac{1}{2}$.

11. 96.73 万元.

12. 分期付款合算(租金总费用的现值约为 289.1 万元).

总习题五

1. (1) $\dfrac{3}{2}$;　　　(2) $\arctan e-\dfrac{\pi}{4}$;　　(3) $\dfrac{2}{3}(2\sqrt{2}-1)$;　　(4) $\dfrac{1}{p+1}$;　　(5) -1.

2. (1) 0;　　(2) 0.

3. (1) e^2;　　(2) $af(a)$;　　(3) $\dfrac{\pi^2}{4}$;　　(4) e.

4. 1.　　5. $\dfrac{1}{3}$.　　6. $1+\dfrac{3\sqrt{2}}{2}$.

7. $F(0)=0$ 为最大值,$F(3)=-\dfrac{32}{3}$ 为最小值.

15. (1) $\pi-\dfrac{4}{3}$;　　(2) $\dfrac{\pi}{2}$;　　(3) $8\ln 2-5$;　　(4) $\dfrac{\pi a^4}{16}$;　　(5) $\dfrac{\pi}{2}$;　　(6) $\dfrac{\pi}{8}\ln 2$;提示令 $x=\dfrac{\pi}{4}-t$;

    (7) $\dfrac{\pi}{4}$;　　(8) $2(\sqrt{2}-1)$;(9) $\dfrac{22}{3}$;　　(10) $4\sqrt{2}$　　(11) $-6+\ln 15$;　　(12) $\dfrac{5}{6}$.

16. 2.　　17. $\dfrac{\pi}{2}$.

18. $\cos x-\sin x$.

19. (1) 7;　　　(2) 8.

20. (1) 2;　　(2) $\dfrac{\pi}{8}-\dfrac{1}{4}$;　　(3) $\begin{cases}\dfrac{1}{2}\cdot\dfrac{(n-1)!!}{n!!},n \text{ 为奇数}\\ \dfrac{(n-1)!!}{n!!}\cdot\dfrac{\pi}{4},n \text{ 为偶数}\end{cases}$.

23. (1) 收敛；　　　(2) 收敛；　　　(3) 收敛(提示：先分部积分再判断)；　　　(4) 收敛；
    (5) 收敛；　　　(6) 发散；　　　(7) 收敛；　　　(8) 发散.

24. $\dfrac{\pi}{2}$.　　25. $4\sqrt{2}$.　　26. $\dfrac{2}{3}\sqrt{3}\pi$.

27. e；　　28. $a=3$.　　29. $\dfrac{16}{3}a^3$；

30. $\dfrac{\pi}{2}$.　　31. $c=\dfrac{5}{4}a$.　　32. $a=-\dfrac{5}{4},b=\dfrac{3}{2},c=0$.

33. 每年应付款 32.952 5 万元.

34. 8 年停产,最大利润为 1 840 万元.

35. 当 $Q=11$ 时,厂商可获得最大利润 $111\dfrac{1}{3}$ 万元.

习题 6-1

1. A 第Ⅱ卦限,B 第Ⅳ卦限,C 第Ⅴ卦限,D 第Ⅶ卦限,E 第Ⅲ卦限,F 第Ⅷ卦限,G 第Ⅵ卦限,H 第Ⅰ卦限.
2. A,B,C,D 依次在 zOx 面上,yOz 面上,z 轴上,y 轴上.
3. (1) $(a,b,-c),(-a,b,c),(a,-b,c)$;　(2) $(a,-b,-c),(-a,b,-c),(-a,-b,c)$;　(3) $(-a,-b,-c)$
4. $x^2+y^2+z-2x-6y+4z=0$.
5. $8x^2+8y^2+8z^2+2x+2z=2$.
6.

方程	平面解析几何中	空间解析几何中
(1) $x=3$	平行于 y 轴的直线	平行于 yOz 面的平面
(2) $y=2x-5$	斜率为 2 的直线	平行于 z 轴的平面
(3) $x^2+y^2=16$	圆心在原点,半径为 4 的圆	母线平行于 z 轴,准线为 xOy 面上的圆 $x^2+y^2=16$ 的圆柱面
(4) $x^2-y^2=4$	两半轴均为 2 的双曲线	母线平行于 z 轴的双曲柱面
(5) $\dfrac{x^2}{4}+\dfrac{y^2}{9}=1$	椭圆	母线平行于 z 轴的椭圆柱面
(6) $y^2=4x$	抛物线	母线平行于 z 轴的抛物柱面

习题 6-2

1. $\dfrac{x^2(1-y^2)}{(1+y)^2}$.
2. $(x+y)^{xy}+(xy)^{2x}$.
3. (1) $\{(x,y)\,|\,y^2-2x+1>0\}$;　(2) $\{(x,y)\,|\,x\geqslant 0,x^2\geqslant y\geqslant 0\}$;　(3) $\{(x,y)\,|\,2\leqslant x^2+y^2\leqslant 4,x>y^2\}$;
   (4) $\{(x,y)\,|\,1<x^2+y^2\leqslant 4\}$;　(5) $\{(x,y)\,|\,y>x\geqslant 0,x^2+y^2<1\}$;　(6) $\{(x,y,z)\,|\,x^2+y^2\geqslant z^2,x^2+y^2\neq 0\}$.
4. (1) $\ln 2$;　(2) $-\dfrac{1}{6}$;　(3) 0;　(4) 0;　(5) $\dfrac{1}{6}$;　(6) 0.
6. (1) 间断点集：$\{(x,y)\,|\,y^2-4x=0\}$.　(2) 点 $(0,0)$ 为 $f(x,y)$ 的可去间断点.
7. 不连续

习题 6-3

1. (1) $\dfrac{\partial z}{\partial x}=3x^2 y+6xy^2-y^3,\dfrac{\partial z}{\partial y}=x^3+6x^2 y-3xy^2$;　　(2) $\dfrac{\partial z}{\partial x}=\dfrac{1}{y}-\dfrac{y}{x^2},\dfrac{\partial z}{\partial y}=\dfrac{1}{x}-\dfrac{x}{y^2}$;
   (3) $\dfrac{\partial z}{\partial x}=\dfrac{1}{2x\sqrt{\ln(xy)}},\dfrac{\partial z}{\partial y}=\dfrac{1}{2y\sqrt{\ln(xy)}}$;　　(4) $\dfrac{\partial z}{\partial x}=\sin y\cdot x^{\sin y-1},\dfrac{\partial z}{\partial y}=x^{\sin y}\ln x\cdot\cos y$;

(5) $\dfrac{\partial z}{\partial x}=y^2(1+xy)^{y-1}$, $\dfrac{\partial z}{\partial y}=(1+xy)^y\left[\ln(1+xy)+\dfrac{xy}{1+xy}\right]$;

(6) $\dfrac{\partial z}{\partial x}=e^x(\cos y+\sin y+x\sin y)$, $\dfrac{\partial z}{\partial y}=e^x(-\sin y+x\cos y)$;

(7) $\dfrac{\partial z}{\partial x}=y[\cos(xy)-\sin(2xy)]$, $\dfrac{\partial z}{\partial y}=x[\cos(xy)-\sin(2xy)]$;

(8) $\dfrac{\partial z}{\partial x}=\dfrac{2}{y\sin\dfrac{2x}{y}}$, $\dfrac{\partial z}{\partial y}=-\dfrac{2x}{y^2\sin\dfrac{2x}{y}}$;

(9) $\dfrac{\partial u}{\partial x}=2x\cos(x^2+y^2+z^2)$, $\dfrac{\partial u}{\partial y}=2y\cos(x^2+y^2+z^2)$, $\dfrac{\partial u}{\partial z}=2z\cos(x^2+y^2+z^2)$;

(10) $\dfrac{\partial u}{\partial x}=\dfrac{z}{y}\left(\dfrac{x}{y}\right)^{z-1}$, $\dfrac{\partial u}{\partial y}=-\dfrac{z}{y}\left(\dfrac{x}{y}\right)^z$, $\dfrac{\partial u}{\partial z}=\left(\dfrac{x}{y}\right)^z\ln\dfrac{x}{y}$.

3. $f_x(x,1)=1$.

4. 当 $(x,y)\neq(0,0)$ 时，$f_x'(x,y)=2x\sin\dfrac{1}{\sqrt{x^2+y^2}}-\dfrac{x(x^2+y)}{(\sqrt{x^2+y^2})^3}\cos\dfrac{1}{\sqrt{x^2+y^2}}$,

$f_y'(x,y)=\sin\dfrac{1}{\sqrt{x^2+y^2}}-\dfrac{y(x^2+y)}{(\sqrt{x^2+y^2})^3}\cos\dfrac{1}{\sqrt{x^2+y^2}}$, $f_x'(0,0)=0$, $f_y'(0,0)$ 不存在.

5. $\dfrac{\pi}{4}$.

6. (1) $\dfrac{\partial^2 z}{\partial x^2}=\dfrac{x+2y}{(x+y)^2}$, $\dfrac{\partial^2 z}{\partial y^2}=\dfrac{-x}{(x+y)^2}$, $\dfrac{\partial^2 z}{\partial x\partial y}=\dfrac{y}{(x+y)^2}$;

(2) $\dfrac{\partial^2 z}{\partial x^2}=y^x\ln^2 y$, $\dfrac{\partial^2 z}{\partial y^2}=x(x-1)y^{x-2}$, $\dfrac{\partial^2 z}{\partial x\partial y}=y^{x-1}(1+x\ln y)$.

7. $f_{xx}(0,0,1)=2$, $f_{xz}(1,0,2)=2$, $f_{yz}(0,-1,0)=0$, $f_{zzx}(2,0,1)=0$.

9. $\dfrac{\partial^3 z}{\partial x^2\partial y}=0$, $\dfrac{\partial^3 z}{\partial x\partial y^2}=-\dfrac{1}{y^2}$.

习题 6-4

1. (1) $dz=\left(6xy+\dfrac{1}{y}\right)dx+\left(3x^2-\dfrac{x}{y^2}\right)dy$;   (2) $dz=\cos(x\cos y)\cos y\,dx-x\sin y\cos(x\cos y)dy$;

(3) $dz=\dfrac{xy}{(x^2+y^2)\sqrt{x^2+y^2}}dx+\dfrac{x^2}{(x^2+y^2)\sqrt{x^2+y^2}}dy$; (4) $yzx^{yz-1}dx+zx^{yz}\ln x\,dy+yx^{yz}\ln x\,dz$.

2. $\dfrac{4}{7}dx+\dfrac{2}{7}dy$.   3. $dx-dy$.   4. $\Delta z=-0.119$, $dz=-0.125$.

5. (1) $L(x,y)=2x+2y-1$;   (2) $L(x,y)=-y+\dfrac{\pi}{2}$.   6. 2.95.

7. 1.021.   8. 约减少了 2.8cm.   9. 约 14.8m³, 13.632m³.

10. 最大绝对误差为 0.24Ω，最大相对误差为 4.4%.

习题 6-5

1. $\dfrac{dz}{dt}=-(e^t+e^{-t})$.   2. $\dfrac{dz}{dt}=e^{\sin t-2t^3}(\cos t-6t^2)$.

3. $\dfrac{\partial z}{\partial x}=\dfrac{2x}{y^2}\ln(3x-2y)+\dfrac{3x^2}{y^2(3x-2y)}$, $\dfrac{\partial z}{\partial y}=-\dfrac{2x^2}{y^3}\ln(3x-2y)-\dfrac{2x^2}{y^2(3x-2y)}$.

5. $\dfrac{dz}{dx} = \dfrac{e^x(1+x)}{1+x^2 e^{2x}}$.

6. (1) $\dfrac{\partial u}{\partial x} = 2xf_1' + yf_2'$, $\dfrac{\partial u}{\partial y} = -2yf_1' + xf_2'$; (2) $\dfrac{\partial u}{\partial x} = \dfrac{1}{y}f_1'$, $\dfrac{\partial u}{\partial y} = -\dfrac{x}{y^2}f_1' + \dfrac{1}{z}f_2'$, $\dfrac{\partial u}{\partial z} = -\dfrac{y}{z^2}f_2'$;

   (3) $\dfrac{\partial u}{\partial x} = f_1' + yf_2' + yzf_3'$, $\dfrac{\partial u}{\partial y} = xf_2' + xzf_3'$, $\dfrac{\partial u}{\partial z} = xyf_3'$.

8. $\Delta u = 3f_{11}'' + 4(x+y+z)f_{12}'' + 4(x^2+y^2+z^2)f_{22}'' + 6f_2'$.

9. $\dfrac{\partial^2 z}{\partial x \partial y} = -2\dfrac{\partial^2 f}{\partial u^2} + (2\sin x - y\cos x)\dfrac{\partial^2 f}{\partial u \partial v} + \dfrac{1}{2}y\sin 2x \dfrac{\partial^2 f}{\partial v^2} + \cos x \dfrac{\partial f}{\partial v}$.

10. (1) $\dfrac{\partial^2 z}{\partial x^2} = y^2 f_{11}''$, $\dfrac{\partial^2 z}{\partial x \partial y} = f_1' + y(xf_{11}'' + f_{12}'')$, $\dfrac{\partial^2 z}{\partial y^2} = x^2 f_{11}'' + 2xf_{12}'' + f_{22}''$;

   (2) $\dfrac{\partial^2 z}{\partial x^2} = \dfrac{y^2}{x^4}f_{11}'' - \dfrac{4y^2}{x}f_{12}'' + 4x^2y^2 f_{22}'' + \dfrac{2y}{x^3}f_1' + 2yf_2'$,

   $\dfrac{\partial^2 z}{\partial x \partial y} = -\dfrac{y}{x^3}f_{11}'' - yf_{12}'' + 2x^3yf_{22}'' - \dfrac{1}{x^3}f_1' + 2xf_2'$, $\dfrac{\partial^2 z}{\partial y^2} = \dfrac{1}{x^2}f_{11}'' + 2xf_{12}'' + x^4 f_{22}''$.

习题 6-6

1. $\dfrac{dy}{dx} = \dfrac{x+y}{x-y}$. 2. $\dfrac{\partial z}{\partial x} = \dfrac{yz - \sqrt{xyz}}{\sqrt{xyz} - xy}$, $\dfrac{\partial z}{\partial y} = \dfrac{xz - 2\sqrt{xyz}}{\sqrt{xyz} - xy}$.

4. $\dfrac{\partial z}{\partial x} = -\dfrac{2x}{2z - f'(u)}$, $\dfrac{\partial z}{\partial y} = -\dfrac{2y^2 - yf(u) + zf'(u)}{y[2z - f'(u)]}$, $u = \dfrac{z}{y}$.

6. $\dfrac{\partial^2 z}{\partial x^2} = -\dfrac{16xz}{(3z^2 - 2x)^3}$, $\dfrac{\partial^2 z}{\partial y^2} = -\dfrac{6z}{(3z^2 - 2x)^3}(3z^2 - 2x \neq 0$ 时$)$.

7. $-\dfrac{3}{25}$.

8. $\dfrac{dx}{dz} = \dfrac{z-y}{y-x}$, $\dfrac{dy}{dz} = \dfrac{x-z}{y-x}$.

9. $\dfrac{dz}{dx} = \dfrac{2y-1}{1+3z^2-2y-4yz}$, $\dfrac{dy}{dx} = \dfrac{2z-3z^2}{1+3z^2-2y-4yz}$.

10. $\dfrac{\partial u}{\partial x} = \dfrac{\sin v}{e^u(\sin v - \cos v)+1}$, $\dfrac{\partial v}{\partial x} = \dfrac{\cos v - e^u}{u[e^u(\sin v - \cos v)+1]}$, $\dfrac{\partial u}{\partial y} = \dfrac{-\cos v}{e^u(\sin v - \cos v)+1}$, $\dfrac{\partial v}{\partial y} = \dfrac{\sin v + e^u}{u[e^u(\sin v - \cos v)+1]}$.

习题 6-7

1. 极小值:$f(1,1) = -1$. 2. 极小值:$f(\pm 1, 0) = -1$.

3. 极小值:$f\left(\dfrac{1}{2}, -1\right) = -\dfrac{e}{2}$.

4. 极大值:$f\left(\dfrac{\pi}{3}, \dfrac{\pi}{6}\right) = \dfrac{3\sqrt{3}}{2}$.   5. 极大值:6,极小值:$-2$.

6. 长为 $2\sqrt{10}$m,宽为 $3\sqrt{10}$m 时,所用材料费最省.

7. 当矩形的边长为 $\dfrac{2p}{3}$ 及 $\dfrac{p}{3}$ 时,绕短边旋转所得圆柱体的体积最大.

8. 最长距离为 $\sqrt{9+5\sqrt{3}}$,最短距离为 $\sqrt{9-5\sqrt{3}}$.

9. 生产 120 单位产品 A,80 单位产品 B 时所得利润最大.

10. $y = f(t) = -0.3036t + 27.125$.

习题 6-8

1. $I_1 = 4I_2$.

习题 6-8

1. $I_1 = 4I_2$.

3. (1) $\iint\limits_{D}(x+y)^2 d\sigma \geqslant \iint\limits_{D}(x+y)^3 d\sigma$;

   (2) $\iint\limits_{D}(x+y)^3 d\sigma \geqslant \iint\limits_{D}(x+y)^2 d\sigma$;

   (3) $\iint\limits_{D}[\ln(x+y)]^3 d\sigma \geqslant \iint\limits_{D}\ln(x+y) d\sigma$.

4. (1) $0 \leqslant I \leqslant 2$; (2) $0 \leqslant I \leqslant \pi^2$; (3) $2 \leqslant I \leqslant 8$; (4) $36\pi \leqslant I \leqslant 100\pi$.

习题 6-9

1. (1) $\dfrac{8}{3}$; (2) $\dfrac{20}{3}$; (3) 1; (4) $-\dfrac{3\pi}{2}$.

2. (1) $\dfrac{6}{55}$; (2) $\dfrac{64}{15}$; (3) $\pi^2 - \dfrac{40}{9}$; (4) $e - e^{-1}$; (5) $\dfrac{13}{6}$;

   (6) $\dfrac{1}{2}(1-\cos 2)$; (7) $\dfrac{9}{8}\ln 3 - \ln 2 - \dfrac{1}{2}$; (8) $\dfrac{7}{8} + \arctan 2 - \dfrac{\pi}{4}$; (9) $\dfrac{1066}{315}$.

3. (1) $\int_0^1 dx \int_x^1 f(x,y) dy$; (2) $\int_0^4 dx \int_{\frac{x}{2}}^{\sqrt{x}} f(x,y) dy$; (3) $\int_{-1}^1 dx \int_0^{\sqrt{1-x^2}} f(x,y) dy$;

   (4) $\int_0^1 dy \int_{2-y}^{1+\sqrt{1-y^2}} f(x,y) dx$; (5) $\int_0^1 dy \int_{e^y}^{e} f(x,y) dx$;

   (6) $\int_{-1}^0 dy \int_{-2\arcsin y}^{\pi} f(x,y) dx + \int_0^1 dy \int_{\arcsin y}^{\pi - \arcsin y} f(x,y) dx$; (7) $\int_0^1 dy \int_y^{2-y} f(x,y) dx$.

7. $\dfrac{A^2}{2}$.

8. $V = \iint\limits_{x^2+y^2 \leqslant 1} |1-x-y| dxdy$. 9. $\dfrac{17}{6}$. 10. 6π.

习题 6-10

1. (1) $\int_0^{2\pi} d\theta \int_0^a f(r\cos\theta, r\sin\theta) r dr$; (2) $\int_0^{2\pi} d\theta \int_a^b f(r\cos\theta, r\sin\theta) r dr$; (3) $\int_{-\frac{\pi}{2}}^{\frac{\pi}{2}} d\theta \int_0^{2\cos\theta} f(r\cos\theta, r\sin\theta) r dr$;

   (4) $\int_0^{\frac{\pi}{2}} d\theta \int_0^{(\cos\theta+\sin\theta)^{-1}} f(r\cos\theta, r\sin\theta) r dr$.

2. (1) $\int_0^{\frac{\pi}{4}} d\theta \int_0^{\sec\theta} f(r\cos\theta, r\sin\theta) r dr + \int_{\frac{\pi}{4}}^{\frac{\pi}{2}} d\theta \int_0^{\csc\theta} f(r\cos\theta, r\sin\theta) r dr$; (2) $\int_{\frac{\pi}{4}}^{\frac{\pi}{3}} d\theta \int_0^{\sec\theta} f(r\cos\theta, r\sin\theta) r dr$;

   (3) $\int_0^{\frac{\pi}{2}} d\theta \int_{(\cos\theta+\sin\theta)^{-1}}^1 f(r\cos\theta, r\sin\theta) r dr$; (4) $\int_0^{\frac{\pi}{4}} d\theta \int_{\sec\theta\tan\theta}^{\sec\theta} f(r\cos\theta, r\sin\theta) r dr$.

3. (1) $\dfrac{3}{4}\pi a^4$; (2) $\dfrac{1}{6} a^3 [\sqrt{2} + \ln(1+\sqrt{2})]$; (3) $\sqrt{2} - 1$; (4) $\dfrac{1}{8}\pi a^4$.

4. (1) $\pi(e^4-1)$; (2) $\dfrac{\pi}{4}(2\ln 2 - 1)$; (3) $\dfrac{3}{64}\pi^3$; (4) $\dfrac{1}{6}a^3[\sqrt{2}+\ln(1+\sqrt{2})]$; (5) $\dfrac{\pi}{2}$.

5. (1) $\dfrac{9}{4}$; (2) $\dfrac{\pi}{8}(\pi-2)$; (3) $14a^4$; (4) $\dfrac{2}{3}\pi(b^3-a^3)$; (5) πR^3; (6) $543\dfrac{11}{15}$; (7) $\dfrac{\pi}{6a}$.

6. $\ln 2 \int_1^2 f(u) du$.

部分习题答案

3. 极限不存在.

4. $f(x,y)$ 在点 $(0,0)$ 处连续性.

5. (1) $\dfrac{\partial z}{\partial x}=ye^{-x^2y^2}, \dfrac{\partial z}{\partial y}=xe^{-x^2y^2}$; (2) $\dfrac{\partial u}{\partial x}=\dfrac{z(x-y)^{z-1}}{1+(x-y)^{2z}}, \dfrac{\partial u}{\partial y}=-\dfrac{z(x-y)^{z-1}}{1+(x-y)^{2z}}, \dfrac{\partial u}{\partial z}=\dfrac{(x-y)^z \ln|x-y|}{1+(x-y)^{2z}}$.

7. $du=\dfrac{1}{(x^2+y^2)\sqrt{x^2+y^2-z^2}}(-xzdx-yzdy+dz)$.

8. $x^y y^z z^x\left[\left(\dfrac{y}{x}+\ln z\right)dx+\left(\dfrac{z}{y}+\ln x\right)dy+\left(\dfrac{x}{z}+\ln y\right)dz\right]$.

9. $dz=e^{-\arctan\frac{y}{x}}[(2x+y)dx+(2y-x)dy]$, $\dfrac{\partial^2 z}{\partial x \partial y}=e^{-\arctan\frac{y}{x}}\dfrac{y^2-x^2-xy}{x^2+y^2}$.

10. $f_x(x,y)=\begin{cases}\dfrac{2xy^3}{(x^2+y^2)^2}, & x^2+y^2\neq 0\\ 0, & x^2+y^2=0\end{cases}$, $f_y(x,y)=\begin{cases}\dfrac{x^2(x^2-y^2)}{(x^2+y^2)^2}, & x^2+y^2\neq 0\\ 0, & x^2+y^2=0\end{cases}$.

11. 不可微.

12. (1) 两个偏导数都存在；(2) 偏导数不连续；(3) 可微.

13. $e^{ax}\sin x$.

15. $\dfrac{\partial^2 z}{\partial x \partial y}=xe^{2y}f''_{uu}+e^y f''_{uy}+xe^y f''_{xu}+f''_{xy}+e^y f'_u$.

16. $\dfrac{\partial^{m+n} z}{\partial x^m \partial y^n}=\dfrac{2(-1)^m(m+n-1)!(nx+my)}{(x-y)^{m+n+1}}$.

17. $\dfrac{\partial z}{\partial x}=-\dfrac{x+yz}{z+xy}\dfrac{\sqrt{x^2+y^2+z^2}}{\sqrt{x^2+y^2+z^2}}, \dfrac{\partial z}{\partial y}=-\dfrac{y+zx}{z+xy}\dfrac{\sqrt{x^2+y^2+z^2}}{\sqrt{x^2+y^2+z^2}}$.

18. $\dfrac{\partial z}{\partial x}=\dfrac{z\dfrac{\partial F}{\partial u}}{x\dfrac{\partial F}{\partial u}+y\dfrac{\partial F}{\partial v}}, \dfrac{\partial z}{\partial y}=\dfrac{z\dfrac{\partial F}{\partial v}}{x\dfrac{\partial F}{\partial u}+y\dfrac{\partial F}{\partial v}}, u=\dfrac{x}{z}, v=\dfrac{y}{z}$.

19. $dz=-\dfrac{1}{f'_2}[f'_1 dx+(f'_1+f'_2)dy]$, $\dfrac{\partial^2 z}{\partial x^2}=\dfrac{f''_{12}f'_1-f'_2 f''_{11}}{f'^2_2}+\dfrac{f''_{21}f'_1 f'_2-f''_{22}f'^2_1}{f'^3_2}$.

20. $\dfrac{\partial^2 z}{\partial x \partial y}=\dfrac{z(z^4-2xyz^2-x^2y^2)}{(z^2-xy)^3}$.

21. $\dfrac{dy}{dx}=-\dfrac{x(6z-1)}{2y(3z+1)}, \dfrac{dz}{dx}=\dfrac{x}{3z+1}$.

22. 在点 $(0,0)$ 处，极小值 $f(0,0)=1$；在点 $(2,0)$ 处，极大值 $f(2,0)=\ln 5+\dfrac{7}{15}$.

23. $x=\dfrac{ma}{m+n+p}, y=\dfrac{na}{m+n+p}, z=\dfrac{pa}{m+n+p}$.

24. 当 $p_1=80, p_2=120$ 时，厂家获得的总利润最大，最大总利润为 $L_{\max}=605$（单位）.

25. (1) $x_1=0.75$（万元）,$x_2=1.25$（万元）； (2) $x_1=0$（万元）,$x_2=1.5$（万元）.

26. (1) $\dfrac{3}{2}+\cos 1+\sin 1-\cos 2-2\sin 2$； (2) $\pi^2-\dfrac{40}{9}$； (3) $\dfrac{1}{3}R^3\left(\pi-\dfrac{4}{3}\right)$； (4) $\dfrac{\pi}{4}R^4+9\pi R^2$.

27. (1) $\displaystyle\int_{-2}^{0}dx\int_{2x+4}^{4-x^2}f(x,y)dy$； (2) $\displaystyle\int_{0}^{1}dy\int_{0}^{y^2}f(x,y)dx+\int_{1}^{2}dy\int_{0}^{\sqrt{2y-y^2}}f(x,y)dx$；

(3) $\displaystyle\int_{0}^{2}dx\int_{\frac{1}{2}x}^{3-x}f(x,y)dy$.

30. (1) $\dfrac{7}{8}+\arctan 2-\dfrac{\pi}{4}$； (2) $\dfrac{1066}{315}$； (3) $\dfrac{1}{4}\ln 2+\dfrac{15}{256}$； (4) $\left(2\sqrt{2}-\dfrac{8}{3}\right)a^{\frac{3}{2}}$； (5) $\dfrac{\pi}{4}a^4+4\pi a^2$.

31. (1) $\displaystyle\int_{-1}^{0}dy\int_{\pi-\arcsin y}^{2\pi+\arcsin y}f(x,y)dx+\int_{0}^{1}dy\int_{\arcsin y}^{\pi-\arcsin y}f(x,y)dx$；

(2) $\int_0^a dy \int_{\frac{y^2}{2a}}^{a-\sqrt{a^2-y^2}} f(x,y)dx + \int_0^{2a} dy \int_{\frac{y^2}{2a}}^{2a} f(x,y)dx + \int_0^a dy \int_{a+\sqrt{a^2-y^2}}^{2a} f(x,y)dx.$

35. $-\dfrac{2}{5}$.

习题 7-1

1. (1) $u_n = (-1)^{n-1}\dfrac{n+1}{n}$;　　(2) $u_n = (-1)^n \dfrac{n+2}{n^2}$;　　(3) $u_n = \dfrac{x^{\frac{n}{2}}}{2\cdot 4\cdot 6\cdots(2n)}$;

   (4) $u_n = \dfrac{(-1)^{n-1}}{2n+1}a^{n+1}$;　　(5) $u_n = n^{(-1)^{n+1}}$;　　(6) $u_n = \dfrac{(2x)^n}{n^2+1}$.

2. (1) 收敛；　(2) 发散；　(3) 收敛，$S=1-\sqrt{2}$.

3. (1) 收敛；　(2) 发散；　(3) 发散；　(4) 收敛；　(5) 发散；　(6) 发散；　(7) 发散；　(8) 收敛.

4. $\dfrac{1}{4}$.　　5. (1) $\dfrac{3}{4}$;　(2) 2.

6. $a_n = \dfrac{1}{2n-1} - \dfrac{1}{2n}$,　$S = \ln 2$.

习题 7-2

1. (1) 发散；　(2) 收敛；　(3) 收敛；　(4) 收敛；　(5) 发散；　(6) 发散；　(7) 收敛；　(8) 发散；
   (9) 收敛.

2. (1) 发散；　(2) 收敛；　(3) 收敛；　(4) 发散；　(5) 收敛；　(6) 收敛；　(7) 发散；　(8) 收敛；　(9) 收敛；　(10) $0<a<1$ 时收敛；$a>1$ 时发散；$a=1,k>1$ 时收敛；$a=1,k\leqslant 1$ 时发散.

3. (1) 收敛；　(2) 收敛；　(3) 收敛；　(4) 收敛；　(5) 发散；　(6) 发散；　(7) 收敛；　(8) 发散.

5. 当 $b<\alpha$ 时收敛；当 $b>\alpha$ 时发散；当 $b=\alpha$ 时不能肯定.

习题 7-3

1. (1) 条件收敛；　(2) 绝对收敛；　(3) 绝对收敛；　(4) 绝对收敛；　(5) 条件收敛；　(6) 条件收敛；　(7) 发散；　(8) 条件收敛；　(9) 绝对收敛；　(10) $0<a<1$ 时发散；$a>1$ 时绝对收敛；$a=1$ 时条件收敛；
   (11) 绝对收敛；　(12) 绝对收敛.

2. 条件收敛.　　3. 条件收敛.　　4. 条件收敛.

习题 7-4

1. (1) $[-1,1]$;　　(2) $[-3,3]$;　　(3) $(-\infty,+\infty)$;　　(4) $\left[-\dfrac{1}{2},\dfrac{1}{2}\right]$;　　(5) $(-5,5]$;

   (6) $[-1,1)$;　　(7) $[1,3]$;　　(8) $[4,6]$;　　(9) $[-1,1]$;　　(10) $(-\sqrt{2},\sqrt{2})$.

2. (1) $\dfrac{1}{e}$;　　(2) 1.

3. (1) $\ln(1+x), (-1,1]$;　　(2) $\begin{cases} -\dfrac{1}{x}\ln(1-x), & 0<|x|<1 \\ 1, & x=0 \end{cases}$;　　(3) $\dfrac{1}{2}\ln\dfrac{1+x}{1-x}, (-1,1)$;

   (4) $\arctan x, (-1,1)$;　　(5) $\begin{cases} \dfrac{1}{x}[x+(1-x)\ln(1-x)], & 0<|x|<1 \\ 0, & x=0 \end{cases}$;　　(6) $\dfrac{2x}{(1-x)^3}, (-1,1)$.

4. 2.　　5. $xe^{x^2}, 3e$.　　6. $\dfrac{a}{(1-a)^2}$.

习题 7-5

1. (1) $\ln(7+x) = \ln 7 + \sum_{n=1}^{\infty} (-1)^{n-1} \frac{1}{n} \left(\frac{x}{7}\right)^n, x \in (-7, 7]$;

   (2) $a^x = \sum_{n=0}^{\infty} \frac{(\ln a)^n}{n!} x^n, x \in (-\infty, +\infty)$;

   (3) $3^{\frac{x+1}{2}} = \sqrt{3} \sum_{n=0}^{\infty} \frac{1}{n!} \left(\frac{\ln 3}{2}\right)^n x^n, x \in (-\infty, +\infty)$;

   (4) $\cos^2 x = \frac{1}{2} + \sum_{n=0}^{\infty} (-1)^n \frac{(2x)^{2n}}{2(2n)!}, x \in (-\infty, +\infty)$;

   (5) $\frac{x}{\sqrt{1+x^2}} = x + \sum_{n=1}^{\infty} (-1)^n \frac{2(2n)!}{(n!)^2} \left(\frac{x}{2}\right)^{2n+1}, x \in (-1, 1)$;

   (6) $\frac{1}{\sqrt{1-x^2}} = 1 + \frac{1}{2} x^2 + \frac{1 \cdot 3}{2 \cdot 4} x^4 + \cdots + \frac{1 \cdot 3 \cdot 5 \cdots (2n-1)}{2 \cdot 4 \cdot 6 \cdots (2n)} x^{2n} + \cdots, x \in (-1, 1)$;

   (7) $\frac{1}{x^2 - 3x + 2} = \sum_{n=0}^{\infty} \left(1 - \frac{1}{2^{n+1}}\right) x^n, x \in (-1, 1)$;

   (8) $\ln(1 + x - 2x^2) = \sum_{n=0}^{\infty} \frac{(-1)^n 2^{n+1} - 1}{n+1} x^{n+1}, x \in \left(-\frac{1}{2}, \frac{1}{2}\right]$;

   (9) $\frac{x}{x^2 - 2x - 3} = -\frac{1}{4} \sum_{n=0}^{\infty} \left[\frac{1}{3^n} + (-1)^{n-1}\right] x^n, x \in (-1, 1)$;

   (10) $\ln(4 - 3x - x^2) = \ln 4 + \sum_{n=0}^{\infty} \left[(-1)^{n-1} \frac{1}{n 4^n} - \frac{1}{n}\right] x^n, x \in [-1, 1)$.

2. (1) $\frac{1}{x^2 + 3x + 2} = \sum_{n=0}^{\infty} (-1)^n \left(\frac{1}{2^{n+1}} - \frac{1}{3^{n+1}}\right) (x-1)^n, x \in (-1, 3)$;

   (2) $\frac{1}{6 - x^2 + x} = \frac{1}{5} \sum_{n=0}^{\infty} \left[\frac{1}{2^{n+1}} + \frac{(-1)^n}{3^{n+1}}\right] (x-1)^n, x \in (-1, 3)$;

   (3) $\ln(3x - x^2) = \ln 2 + \sum_{n=1}^{\infty} \left[(-1)^{n-1} - \frac{1}{2^n}\right] \frac{(x-1)^n}{n}, x \in (0, 2]$.

3. $\frac{1}{x+1} = \sum_{n=0}^{\infty} (-1)^n \frac{1}{4^{n+1}} (x-3)^n, x \in (-1, 7)$.

4. $\cos x = \frac{1}{2} \sum_{n=0}^{\infty} (-1)^n \left[\frac{1}{(2n)!} \left(x + \frac{\pi}{3}\right)^{2n} + \frac{\sqrt{3}}{(2n+1)!} \left(x + \frac{\pi}{3}\right)^{2n+1}\right], x \in (-\infty, +\infty)$.

5. $\frac{1}{(1+x)(1+x^2)(1+x^4)(1+x^8)} = 1 - x + x^{16} - x^{17} + x^{32} - x^{33} + \cdots, x \in (-1, 1)$.

6. $\arctan \frac{1+x}{1-x} = \frac{\pi}{4} + \sum_{n=0}^{\infty} \frac{(-1)^n}{2n+1} x^{2n+1}, x \in [-1, 1)$.

7. (1) 0.999 4;　　(2) 2.004 30;　　(3) 2.718 28;　　(4) 1.098 6.

8. (1) 0.494 0;　　(2) 0.487.

9. (1) $\frac{1}{3} \ln 2 + \frac{\pi}{3\sqrt{3}}$;　　(2) $\ln 2$.

10. $e^x \cos x = \sum_{n=0}^{\infty} \frac{2^{\frac{n}{2}}}{n!} \cos\left(\frac{n\pi}{4}\right) x^n, x \in (-\infty, +\infty)$.

总习题七

1. (1) 必要，充分;　　(2) 充分必要;　　(3) 收敛，发散;　　(4) 0;　　(5) $p > 1, 0 < p \leqslant 1, p \leqslant 0$.

2. (1) 1；   (2) 1；   (3) $\dfrac{\pi}{4}$.

5. (1) 收敛； (2) 发散； (3) 发散； (4) 收敛； (5) 收敛； (6) 发散； (7) 收敛； (8) 收敛；
   (9) $a<1$ 时收敛；$a>1$ 时发散；$a=1$ 且 $s>1$ 时收敛；$a=1$ 且 $s\leqslant 1$ 时发散；
   (10) 收敛； (11) 发散； (12) 发散.

7. 0.

9. $a>\dfrac{1}{2}$ 时收敛，$a\leqslant\dfrac{1}{2}$ 时发散.

11. (1) 条件收敛； (2) 发散； (3) 条件收敛； (4) 条件收敛.

12. (1) $(-e,e)$； (2) $(-\sqrt{2},\sqrt{2})$； (3) $[-8,10)$； (4) $[1,3]$.

13. (1) $S(x)=\begin{cases}-\dfrac{1}{x}\ln\left(1-\dfrac{x}{2}\right), & -2\leqslant x<2, x\neq 0 \\ \dfrac{1}{2}, & x=0.\end{cases}$；

    (2) $S(x)=\left(\dfrac{x^2}{4}+\dfrac{x}{2}+1\right)e^{\frac{x}{2}}, -\infty<x<+\infty$；

    (3) $S(x)=\dfrac{1}{2}\arctan x-x+\dfrac{1}{4}\ln\dfrac{1+x}{1-x}, -1<x<1$.

14. (1) $\dfrac{1}{(2-x)^2}=\sum_{n=1}^{\infty}\dfrac{nx^{n-1}}{2^{n+1}}, -2<x<2$；

    (2) $\ln(4-3x-x^2)=\ln 4+\sum_{n=0}^{\infty}\left[\dfrac{(-1)^n}{4^{n+1}}-1\right]\dfrac{x^{n+1}}{n+1}, -1\leqslant x<1$；

    (3) $\ln(1+x+x^2+x^3)=-\sum_{n=1}^{\infty}\dfrac{x^{4n}}{n}+\sum_{n=1}^{\infty}\dfrac{x^n}{n}, -1<x<1$；

    (4) $x\arctan x-\ln\sqrt{1+x^2}=\sum_{n=0}^{\infty}(-1)^n\dfrac{x^{2n+2}}{(2n+1)(2n+2)}, -1\leqslant x\leqslant 1$.

15. $\dfrac{1}{x^2+3x+2}=\sum_{n=0}^{\infty}\left(\dfrac{1}{2^{n+1}}-\dfrac{1}{3^{n+1}}\right)(x+4)^n, -6<x<-2$.

16. (1) $-\dfrac{1}{2}$； (2) 0.

17. 收敛域为 $0<x<2$，$S(x)=\dfrac{1}{(x-2)^2}$.

18. $2(a_0+d)$.   19. $2e^{\frac{1}{2}}$.

20*. (1) 1.648； (2) 0.4847.

21*. $-\dfrac{\pi^2}{12}$.   25. 0.   26. 0.

27. $f^{(n)}(0)=\begin{cases}0, & n=2m-1 \\ \dfrac{(-1)^n}{2m+1}, & n=2m\end{cases}, m=1,2,\cdots.$

习题 8-1

1. (1) 一阶； (2) 三阶； (3) 一阶； (4) 二阶； (5) 一阶； (6) 三阶； (7) 一阶； (8) 二阶.

2. (1) 是，特解； (2) 是，特解； (3) 不是； (4) 是，通解.

4. (1) $y^2-xy+x^2=1$； (2) $y=xe^x$； (3) $y=\cos\theta t+\sin\theta t$.

5. (1) $\dfrac{1}{2}x+2$； (2) $(2x+4)e^{-x}$.

6. $C_1 = \pm 1, C_2 = 2k\pi + \dfrac{\pi}{2}$.

7. $u(x) = \dfrac{x^2}{2} + x + C$.

8. (1) $y' = x^2$； (2) $yy' + 2x = 0$.

9. $\cos x - x\sin x + C$.

习题 8-2

1. (1) $y = e^{Cx}$； (2) $y = \dfrac{1}{2}x^2 + \dfrac{1}{5}x^3 + C$； (3) $\arcsin y = \arcsin x + C$； (4) $\dfrac{1}{y} = a\ln|x + a - 1| + C$；

   (5) $\sin x \sin y = C$； (6) $(x - 4)y^4 = Cx$； (7) $10^x + 10^{-y} = C$； (8) $(y^2 - 1)(x^2 - 1) = C$；

   (9) $\ln y^2 - y^2 = 2x - 2\arctan x + C$；

   (10) 当 $\sin\dfrac{y}{2} \neq 0$ 时,通解为 $\ln\left|\tan\dfrac{y}{4}\right| = C - 2\sin\dfrac{x}{2}$；当 $\sin\dfrac{y}{2} = 0$ 时,特解为 $y = 2k\pi (k = 0, \pm 1, \pm 2, \cdots)$.

2. (1) $y + \sqrt{y^2 - x^2} = Cx^2$； (2) $\ln\dfrac{y}{x} = Cx + 1$； (3) $y^2 = x^2(2\ln|x| + C)$； (4) $\sin\dfrac{y}{x} = \ln|x| + C$；

   (5) $\tan x \tan y = C$； (6) $e^{-\frac{y}{x}} + \ln Cx = 0$； (7) $xy = Ce^{-\arctan\left(\frac{y}{x}\right)}$； (8) $x + 2ye^{\frac{x}{y}} = C$.

3. (1) $y^3 = y^2 - x^2$； (2) $e^y = \dfrac{e^{2x} + 1}{2}$； (3) $\dfrac{y^2}{2} + \dfrac{y^3}{3} = \dfrac{x^2}{2} + \dfrac{x^3}{3}$； (4) $\dfrac{x + y}{x^2 + y^2} = 1$；

   (5) $y^2 = 2x^2(\ln x + 2)$； (6) $(1 + e^x)\sec y = 2\sqrt{2}$.

*4. (1) $(4y - x - 3)(y + 2x + 3)^2 = C$； (2) $\ln[4y^2 + (x - 1)^2] + \arctan\dfrac{2y}{x - 1} = C$；

   (3) $(y - x + 1)^2(y + x - 1)^5 = C$.

5. $x^2 + y^2 = 1$.

6. $x = e^{-p^3}$.

7. (1) $\sqrt[3]{\dfrac{a}{b}}$； (2) $\left[\dfrac{a}{b} + \left(1 - \dfrac{a}{b}\right)e^{-3bkt}\right]^{\frac{1}{3}}$； (3) $\sqrt[3]{\dfrac{a}{b}}$.

习题 8-3

1. (1) $y = e^{-x}(x + C)$； (2) $y = \dfrac{1}{3}x^2 + \dfrac{3}{2}x + 2 + \dfrac{C}{x}$； (3) $y = (x + C)e^{-\sin x}$；

   (4) $y = C\cos x - 2\cos^2 x$； (5) $y = (x - 2)^3 + C(x - 2)$； (6) $x = Cy^3 + \dfrac{1}{2}y^2$；

   (7) $y = \dfrac{\sin x + C}{x^2 - 1}$； (8) $y^2 - 2xy = C$； (9) $2x\ln y = \ln^2 y + C$；

   (10) $x = Ce^{\sin y} - 2(\sin y + 1)$.

2. (1) $y = \dfrac{x}{\cos x}$； (2) $y = \dfrac{\pi - 1 - \cos x}{x}$； (3) $y\sin x + 5e^{\cos x} = 1$； (4) $y = \dfrac{2}{3}(4 - e^{-3x})$；

   (5) $2y = x^3 - x^3 e^{\frac{1}{x^2} - 1}$.

3. (1) $\dfrac{3}{2}x^2 + \ln\left|1 + \dfrac{3}{y}\right| = C$； (2) $\dfrac{1}{y} = -\sin x + Ce^x$； (3) $\dfrac{1}{y^3} = Ce^x - 1 - 2x$；

   (4) $y = \dfrac{1}{\ln x + Cx + 1}$； (5) $\dfrac{x^2}{y^2} = -\dfrac{2}{3}x^3\left(\dfrac{2}{3} + \ln x\right) + C$； (6) $7y^{-\frac{1}{3}} = Cx^{\frac{2}{3}} - x^3$.

4. (1) $y = -x + \tan(x + C)$； (2) $(x - y)^2 = -2x + C$； (3) $y = \dfrac{1}{x}e^{Cx}$； (4) $2x^2 y^2 \ln|y| - 2xy - 1 = Cx^2 y^2$.

5. $y = e^x(x + 1)$.

6. $y=2(e^x-x-1)$.

习题 8-4

1. (1) $y=\dfrac{1}{6}x^3-\sin x+C_1x+C_2$；　　　　(2) $y=(x-3)e^x+C_1x^2+C_2x+C_3$；

   (3) $y=x\arctan x-\dfrac{1}{2}\ln(1+x^2)+C_1x+C_2$；　(4) $y=-\ln|\cos(x+C_1)|+C_2$；

   (5) $y=C_1e^x-\dfrac{1}{2}x^2-x+C_2$；　　　　(6) $y=C_1\ln|x|+C_2$；

   (7) $C_1y^2-1=(C_1x+C_2)^2$；　　　　(8) $x+C_2=\pm\left[\dfrac{2}{3}(\sqrt{y}+C_1)^{\frac{3}{2}}-2C_1\sqrt{\sqrt{y}+C_1}\right]$；

   (9) $y=\arcsin(C_2e^x+C_1)$.

2. (1) $y=\sqrt{2x-x^2}$；　(2) $y=-\dfrac{1}{a}\ln(ax+1)$；　(3) $y=\dfrac{1}{a^3}e^{ax}-\dfrac{e^a}{2a}x^2+\dfrac{e^a}{a^2}(a-1)x+\dfrac{e^a}{2a^3}(2a-a^2-2)$；

   (4) $y=\ln\sec x$；　(5) $y=\left(\dfrac{1}{2}x+1\right)^4$；　(6) $y=\ln\ch x$.

3. $y=\dfrac{x^3}{6}+\dfrac{x}{2}+1$.

习题 8-5

1. (1) 线性无关；　(2) 线性无关；　(3) 线性无关；　(4) 线性无关.
2. $y=C_1\cos\omega x+C_2\sin\omega x$.
3. $y=(C_1+C_2x)e^{x^2}$.
4. $y=C_1e^x+C_2x^2+3$.

习题 8-6

1. (1) $y=C_1e^x+C_2e^{-2x}$；　　　　(2) $y=C_1+C_2e^{4x}$；　　　　(3) $y=e^{-3x}(C_1\cos2x+C_2\sin2x)$；

   (4) $y=C_1\cos x+C_2\sin x$；　　　　(5) $x=(C_1+C_2t)e^{\frac{5}{2}t}$；　　　　(6) $y=e^{2x}(C_1\cos x+C_2\sin x)$；

   (7) $y=C_1e^{2x}+C_2e^{-2x}+C_3\cos3x+C_4\sin3x$；　　　　(8) $y=C_1e^{-x}+C_2e^{2x}+C_3e^{3x}$；

   (9) $y=C_1+(C_2+C_3x)\cos x+(C_4+C_5x)\sin x$.

2. (1) $y=4e^x+2e^{3x}$；　　　　(2) $y=(2+x)e^{-\frac{x}{2}}$；　　　　(3) $y=e^{-x}-e^{4x}$；

   (4) $y=3e^{-2x}\sin5x$；　　　　(5) $y=2\cos5x+\sin5x$；　　　　(6) $y=e^{2x}\sin3x$.

3. $\ln y=C_1e^x+C_2e^{-x}$.

习题 8-7

1. (1) $y=C_1e^{\frac{x}{2}}+C_2e^{-x}+e^x$；　　　　(2) $y=C_1\cos ax+C_2\sin ax+\dfrac{e^x}{1+a^2}$；

   (3) $y=C_1+C_2e^{-\frac{5}{2}x}+\dfrac{1}{3}x^3-\dfrac{3}{5}x^2+\dfrac{7}{25}x$；　　(4) $y=C_1e^{-x}+C_2e^{-2x}+\left(\dfrac{3}{2}x^2-3x\right)e^{-x}$；

   (5) $y=e^x(C_1\cos2x+C_2\sin2x)-\dfrac{1}{4}xe^x\cos2x$；　(6) $y=(C_1+C_2x)e^{3x}+\dfrac{x^2}{2}\left(\dfrac{1}{3}x+1\right)e^{3x}$；

   (7) $y=C_1e^{-x}+C_2e^{-4x}+\dfrac{11}{8}-\dfrac{1}{2}x$；　　(8) $y=C_1\cos2x+C_2\sin2x+\dfrac{1}{3}x\cos x+\dfrac{2}{9}\sin x$；

   (9) $y=C_1\cos x+C_2\sin x+\dfrac{e^x}{2}+\dfrac{x}{2}\sin x$；

(10) $y=C_1 e^x+C_2 e^{-x}-\frac{1}{2}+\frac{1}{10}\cos 2x$,提示:$\sin^2 x=\frac{1}{2}(1-\cos 2x)$.

2. (1) $y=-\cos x-\frac{1}{3}\sin x+\frac{1}{3}\sin 2x$;   (2) $y=-5e^x+\frac{7}{2}e^{2x}+\frac{5}{2}$;   (3) $y=\frac{1}{2}(e^{9x}+e^x)-\frac{1}{7}e^{2x}$;

(4) $y=e^x-e^{-x}+e^x(x^2-x)$;   (5) $y=\frac{11}{16}+\frac{5}{16}e^{4x}-\frac{5}{4}x$.

3. $\frac{\cos x+\sin x+e^x}{2}$.

4. $\alpha=-3,\beta=2,\gamma=-1,y=C_1 e^x+C_2 e^{2x}+xe^x$.

习题 8-8

1. 设 $y(t)$ 为 t 时账户资金余额,则 $\frac{dy}{dx}=0.05y$, $y(10)=10\,000e^{0.5}$.

2. (1) $\frac{dW}{dt}=0.05W-200$;

(2) $W_0=4\,000$ 时,$W=4\,000$;$W_0=5\,000$ 时,$W=4\,000+1\,000 \cdot e^{0.5t}$;$W_0=3\,000$ 时,$W=4\,000-1\,000 \cdot e^{0.5t}$.$W_0=4\,000$ 时,净资产处于稳定不变状态;$W_0=5\,000$ 时,净资产将稳定加速增长;$W_0=3\,000$ 时,净资产将逐年下降,在第 28 年将出现净资产为负值.

3. 设 $m(t)$ 为 t 年湖水含污物 A 的浓度,(1) $m(t)$ 满足方程 $\frac{dm}{dt}=2m_0-\frac{1}{3}m$,$m(0)=\frac{m_0}{2}$,$m(t)=-\frac{11m_0}{2}e^{-\frac{1}{3}t}+\frac{1}{6}m_0$,6 年后,超过国家标准 $5-\frac{11}{2e^2}$ 倍;

(2) $m(t)$ 满足方程 $\frac{dm}{dt}=\frac{m_0}{6}-\frac{1}{3}m$,$m(0)=\left(6-\frac{11}{2e^2}\right)m_0$,$m(t)=\frac{11}{2}\left(1-\frac{1}{e^2}\right)m_0 e^{-\frac{1}{3}t}+\frac{1}{2}m_0$,经过 $3\ln\left[11\left(1-\frac{1}{e^2}\right)\right]$ 年治理,可以达标.

4. $\frac{dp}{dt}=kN(N-p)$,$p(t)=\frac{N}{1-Ae^{-kNt}}$,其中 $A=\frac{N-p_0}{p_0}$.

5. $y(t)=\frac{1\,000}{9+3^{\frac{1}{3}}} \cdot 3^{\frac{1}{3}}$,$y(6)=500$(条).

6. $C(x)=(x+1)[C_0+\ln(x+1)]$.

7. $P(x)=\left(P_0-\frac{b+1}{a}\right)e^{-ax}-x+\frac{b+1}{a}$.

8. $C(x)=3e^x(1+2e^{3x})^{-1}$.

总习题八

1. (1) $y'=y-x+1$;   (2) $y=(1+e^{2x})\arctan e^x$;   (3) $e^{2x}\ln 2$;   (4) $\frac{\cos x}{\sin x-1}$;   (5) 2;

(6) $\frac{1}{x}\left(-\frac{x^2}{2}+C\right)$;   (7) 二阶非线性;   (8) 两个;   (9) -1;   (10) $e^{-y}=x+1$.

2. (1) $1+y^2=C(x^2-1)$;   (2) $\ln C(y+2x)+\frac{x}{y+2x}=0$;   (3) $(e^x+1)(1-e^y)=C$;

(4) $y=\arctan(x+y)+C$;   (5) $\sin\frac{y^2}{x}=Cx$;   (6) $x+2ye^{\frac{x}{y}}=C$;

(7) $y=-\ln(1+Ce^x)$;   (8) $y=(x+C)\cos x$;   (9) $x-\sqrt{xy}=C$;

(10) $y=ax+\frac{C}{\ln x}$;   (11) $(x-4)y^4=Cx$;   (12) $\frac{x^2}{y^2}=C-\frac{2}{3}x^3\left(\ln x+\frac{2}{3}\right)$;

(13) $y=\left(-\dfrac{1}{2}\cos x^2+C\right)(1+x)^n$;   (14) $x=\ln y+Cy^{-2}-\dfrac{1}{2}$.

3. (1) $(1+e^x)\sec y=2\sqrt{2}$;   (2) $x^2+y^2=x+y$;   (3) $y=\dfrac{1}{1+x}$;

   (4) $y=\dfrac{1}{2}\left(\ln x+\dfrac{1}{\ln x}\right)$;   (5) $y\sin x+5e^{\cos x}=1$.

4. (1) $y=Ce^{-2\arctan\frac{y+2}{x-3}}-2$;   (2) $y^2=\dfrac{(4+Cx^5)x^3}{Cx^5-1}$, $y^2=x^3$, C 为任意常数.

5. $y^3=x$.

6. (1) $\left(\dfrac{a}{b}\right)^{\frac{1}{3}}$;   (2) $\left[\dfrac{a}{b}+\left(1-\dfrac{a}{b}\right)e^{-3bkt}\right]^{\frac{1}{3}}$;   (3) $\left(\dfrac{a}{b}\right)^{\frac{1}{3}}$.

7. $y=x\left(\ln\ln x+\dfrac{1}{e}\right)$.

8. (1) $y=-\ln|\cos(x+C_1)|+C_2$;   (2) $x=C_2\pm\left[\dfrac{2}{3}(\sqrt{y}+C_1)^{\frac{3}{2}}-2C_1\sqrt{\sqrt{y}+C_1}\right]$;

   (3) $\dfrac{2}{C_1}\sqrt{C_1y-1}=\pm x+C_2$;   (4) $y=-\dfrac{1}{2}(x+C_1)^2-C_1^2\ln|x-C_1|+C_2$.

9. (1) $y=e^{-x}-e^{4x}$;   (2) $y=e^{2x}\sin 3x$.

10. (1) $y=C_1e^{-2x}+\left(C_2+\dfrac{1}{4}x\right)e^{2x}$;   (2) $y=e^x(C_1\cos 2x+C_2\sin 2x)$;   (3) $y=\dfrac{1}{2}(x^2+C_1x+C_2)e^{-x}$;

    (4) $y=C_1\cos x+C_2\sin x-2x$;   (5) $y=e^x(C_1\cos x+C_2\sin x+1)$;

    (6) $y=C_1+C_2e^{-\frac{5}{2}x}+\dfrac{1}{3}x^3-\dfrac{3}{5}x^2+\dfrac{7}{25}x$;

    (7) $y=C_1e^{-x}+C_2e^{-2x}+\left(\dfrac{3}{2}x^2-3x\right)e^{-x}$;   (8) $y=e^x(C_1\cos 2x+C_2\sin 2x)-\dfrac{1}{4}xe^x\cos 2x$;

    (9) $y=C_1e^x+C_2e^{-x}-\dfrac{1}{2}+\dfrac{1}{10}\cos 2x$;   (10) $y=C_1\cos 2x+C_2\sin 2x+\dfrac{1}{8}x+\dfrac{1}{8}x\sin 2x$.

11. (1) $y=\dfrac{1}{4}e^{2x}(2x+1)+\dfrac{3}{4}$;   (2) $y=xe^{-x}+\dfrac{1}{2}\sin x$.

12. $y=\left[\left(\dfrac{1}{e}-\dfrac{1}{6}\right)+\dfrac{1}{2}x\right]e^x+\dfrac{x^3}{6}e^x-\dfrac{x^2}{2}e^x$.

13. $y^2(1+y'^2)=1$.   14. $y_3=2e^{2x}-e^x$.

15. 1.   16. $y=(1-2x)e^x$.

17. $f(u)=C_1e^u+C_2e^{-u}$.

18. $y-x=-x^3y$ $\left(\text{或 } y=\dfrac{y}{1+x^3}\right)$.

19. (1) $y(x)=e^{-ax}\displaystyle\int_0^x f(t)e^{at}\,dt$.

20. $f(t)=(4\pi t^2+1)e^{4\pi t^2}$.

22. $\pi e^{\frac{\pi}{3\sqrt{3}}}$.

23. $f(r)=2-\dfrac{1}{r}$.

24. $f(x)=xe^{x+1}$.

25. (1) 当 $\Delta=x_0-\sqrt{\dfrac{k_1}{k_2}}y_0>0$ 时,鱼数 $x(t)$ 虽然减少,但最终不会消失;而 $y(t)$ 在足够长时间后,最终将趋于零(即消失).

    (2) 当 $\Delta<0$ 时,鱼数 $x(t)$ 在足够长时间后,最终将趋于零;而 $y(t)$ 虽然减少,但最终不会消失.

(3) 当 $\Delta=0$ 时,即 $x_0^2:x_0^2=k_1:k_2$ 时,在足够长时间后,两种鱼最终都将消失.

习题 9-1

1. (1) $\Delta y_x=0$;   (2) $\Delta y_x=2x+1$;   (3) $\Delta y_x=a^x(a-1)$;   (4) $\Delta y_x=\log_a\left(1+\dfrac{1}{x}\right)$;

   (5) $\Delta y_x=2\cos a\left(x+\dfrac{1}{2}\right)$.

2. (1) $\Delta y_x=-4x-2, \Delta^2 y_x=-4$;   (2) $\Delta y_x=\dfrac{-2x-1}{x^2(x+1)}, \Delta^2 y_x=\dfrac{6x^2+12x+4}{x^2(x+1)^2(x+2)^2}$;

   (3) $\Delta y_x=6x+2, \Delta^2 y_x=6$;   (4) $\Delta y_x=6x^2+4x+1, \Delta^2 y_x=12x+10$;

   (5) $\Delta y_x=e^{2x}(e^2-1), \Delta^2 y_x=e^{2x}(e^2-1)^2$.

3. (1) 3 阶;   (2) 6 阶.

4. (1) $y_{x+2}-6y_{x+1}+5y_x=1, 2$ 阶;   (2) $y_{x+3}-3y_{x+2}+8y_{x+1}-y_x=0, 3$ 阶;   (3) $y_{x+3}-y_{x+2}=5x, 1$ 阶.

5. (1) $\Delta y_x-y_x=1$;   (2) $\Delta^2 y_x+2\Delta y_x-3y_x=3$;

   (3) $\Delta^3 y_x-\Delta y_x=0$;   (4) $\Delta^3 y_x+\Delta^2 y_x-3\Delta y_x-3y_x=2x-1$.

习题 9-2

1. (1) $y_x=C2^x$;   (2) $y_x=C(-1)^x$;   (3) $y_x=C\left(-\dfrac{1}{3}\right)^x+1$;

   (4) $y_x=C5^x-1$;   (5) $y_x=C+\dfrac{1}{2}x^2-\dfrac{1}{2}\cdot x$;   (6) $y_x=C\left(-\dfrac{1}{2}\right)^x+\dfrac{7}{9}+\dfrac{1}{3}\cdot x$;

   (7) $y_x=C2^x-6(3+2x+x^2)$;   (8) $y_x=C(-1)^x+\dfrac{1}{3}\cdot 2^x$;

   (9) 当 $\alpha\neq e^\beta$ 时,$y_x=C\alpha^x+\dfrac{7}{e^\beta-\alpha}e^{\beta x}$,当 $\alpha=e^\beta$ 时,$y_x=C\alpha^x+xe^{\beta(x-1)}$.

2. (1) $y_x=\dfrac{5}{6}\left(-\dfrac{1}{2}\right)^x+\dfrac{1}{6}$;   (2) $y_x=2+3x$;   (3) $y_x=3\left(-\dfrac{1}{2}\right)^x$;

   (4) $y_x=C(-7)^x+2$;   (5) $y_x=0.1\cdot\left(\dfrac{3}{8}\right)^x+0.1$;   (6) $y_x=0.6-0.2\cdot\left(\dfrac{1}{2}\right)^x$;

   (7) $y_x=\dfrac{5}{4}(-3)^x-\dfrac{1}{4}$;   (8) $y_x=\left(\dfrac{1}{2}\right)^{x-2}+x$.

3. (II) $P_t=\left(P_0-\dfrac{2}{3}\right)(-2)^t+\dfrac{2}{3}$.

习题 9-3

1. (1) $y_x=A_1 3^x+A_2 4^x$;   (2) $y_x=A_1\left(\dfrac{1-\sqrt{5}}{2}\right)^x+A_2\left(\dfrac{1+\sqrt{5}}{2}\right)^x$;   (3) $y_x=(A_1+A_2 x)(-2)^x$;

   (4) $y_x=(A_1+A_2 x)3^x$;   (5) $y_x=A_1\cos\dfrac{\pi}{3}x+A_2\sin\dfrac{\pi}{3}x$;

   (6) $y_x=(\sqrt{3})^x(A_1\cos\theta x+A_2\sin\theta x)$,其中 $\tan\theta=-\sqrt{2}$.

2. (1) $y_x=4+A_1\left(\dfrac{1}{2}\right)^x+A_2\left(-\dfrac{7}{2}\right)^x, y_x=4+\dfrac{3}{2}\left(\dfrac{1}{2}\right)^x+\dfrac{1}{2}\left(-\dfrac{7}{2}\right)^x$;

   (2) $y_x=(\sqrt{2})^x\left(A_1\cos\dfrac{\pi}{4}x+A_2\sin\dfrac{\pi}{4}x\right), y_x=(\sqrt{2})^x\cdot 2\cos\dfrac{\pi}{4}x$;

   (3) $y_x=4x+A_1(-2)^x+A_2, y_x=4x+\dfrac{4}{3}(-2)^x-\dfrac{4}{3}$;

(4) $y_x = -\dfrac{7}{100} + \dfrac{1}{10}x + A_1(-1)^x + A_2(-4)^x$.

3. (1) $y_x = A_1\left(-\dfrac{1}{3}\right)^x + A_2\left(\dfrac{1}{3}\right)^x + \dfrac{9}{8}$; (2) $y_x = A_1 + A_2 2^x + \dfrac{5^x}{4}$;

(3) $y_x = (\sqrt{2})^x(A_1\cos\theta x + A_2\sin\theta x) + 2$,其中 $\tan\theta = \sqrt{7}$;

(4) $y_x = 2^x\left(A_1\cos\dfrac{\pi}{3}x + A_2\sin\dfrac{\pi}{3}x\right) + \dfrac{1}{3}(a+bx)$;

(5) $y_x = A_1(-1)^x + A_2(-2)^x + x^2 - x + 3$; (6) $y_x = A_1 + A_2 2^x + \dfrac{5^x}{4}$.

习题 9-4

1. $a_{n+1} = 1.01a_n - P, a_0 = 25\,000, a_{12} = 0, P = 2\,221.22$(元).
2. $W_{t+1} = (1+20\%)W_{t+2}$(单位:百万元),$W_0 = 1\,000$ 万元,2.5 倍.
3. $P_n = -\dfrac{b_1}{b}P_{n-1} = \dfrac{a_1-a}{b}, P_n = A\left(\dfrac{b_1}{b}\right)^n + P_e$,其中 $P_e = \dfrac{a-a_1}{b_1-b}$,当 $|b_1|<|b|$ 时,有 $\lim\limits_{n\to\infty}P_n = P_e$;当 $|b_1|>|b|$ 时,有 $\lim\limits_{n\to\infty}P_n = +\infty$,价格趋向不稳定.

总习题九

1. (1) $(e-1)e^x - 2x - 1$; (2) $2 + e^x[(x+2)e^2 - 2(x+1)e + x]$; (3) 2; (4) $C5^x - 1$.
2. (1) B; (2) B; (3) B; (4) D; (5) C.
3. $y = C(-2)^x - 2^{x-1}x\cos\pi x$.
4. $y = C(-3)^x + \left(-\dfrac{2}{25} + \dfrac{1}{5}x\right)2^x$.
5. $y = C_1(-3)^x + C_2 1^x$.
6. $y = C_1 3^x + C_2(-2)^x + \left(-\dfrac{2}{25}x + \dfrac{1}{15}\right)x \cdot 3^x$.
7. $y = \sin\dfrac{\pi}{2}x - \dfrac{x}{2}\cos\left(\dfrac{\pi}{2}x\right)$.

附 录

附录1 预备知识

一、常用初等代数公式

1. 一元二次方程 $ax^2+bx+c=0$

   根的判别式 $\Delta=b^2-4ac$.

   当 $\Delta>0$ 时,方程有两个相异实根;

   当 $\Delta=0$ 时,方程有两个相等实根;

   当 $\Delta<0$ 时,方程有共轭复根.

   求根公式为 $x_{1,2}=\dfrac{-b\pm\sqrt{b^2-4ac}}{2a}$.

2. 对数的运算性质

   (1) 若 $a^y=x$,则 $y=\log_a x$; (2) $\log_a a=1,\log_a 1=0,\ln e=1,\ln 1=0$;

   (3) $\log_a(x\cdot y)=\log_a x+\log_a y$; (4) $\log_a\dfrac{x}{y}=\log_a x-\log_a y$;

   (5) $\log_a x^b=b\cdot\log_a x$; (6) $a^{\log_a x}=x,e^{\ln x}=x$.

3. 指数的运算性质

   (1) 若 $a^m\cdot a^n=a^{m+n}$; (2) $\dfrac{a^m}{a^n}=a^{m-n}$; (3) $(a^m)^n=a^{m\cdot n}$; (4) $(a\cdot b)^m=a^m\cdot b^m$; (5) $\left(\dfrac{a}{b}\right)^m=\dfrac{a^m}{b^m}$.

4. 常用二项展开及分解公式

   (1) $(a+b)^2=a^2+2ab+b^2$; (2) $(a-b)^2=a^2-2ab+b^2$;

   (3) $(a+b)^3=a^3+3a^2b+3ab^2+b^3$; (4) $(a-b)^3=a^3-3a^2b+3ab^2-b^3$;

   (5) $a^2-b^2=(a-b)(a+b)$; (6) $a^3-b^3=(a-b)(a^2+ab+b^2)$;

   (7) $a^3+b^3=(a+b)(a^2-ab+b^2)$;

   (8) $a^n-b^n=(a-b)(a^{n-1}+a^{n-2}b+a^{n-3}b^2+\cdots+b^{n-1})$;

   (9) $(a+b)^n=C_n^0 a^n+C_n^1 a^{n-1}b+C_n^2 a^{n-2}b^2+\cdots+C_n^k a^{n-k}b^k+\cdots+C_n^n b^n$,

   其中组合系数

   $$C_n^m=\dfrac{n(n-1)(n-2)\cdots(n-m+1)}{m!} \quad (C_n^0=1,C_n^n=1).$$

5. 常用不等式及其运算性质

   如果 $a>b$,则有

   (1) $a\pm c>b\pm c$; (2) $ac>bc\ (c>0),ac<bc\ (c<0)$; (3) $\dfrac{a}{c}>\dfrac{b}{c}\ (c>0),\dfrac{a}{c}<\dfrac{b}{c}\ (c<0)$;

   (4) $a^n>b^n\ (n>0,a>0,b>0),a^n<b^n\ (n<0,a>0,b>0)$;

   (5) $\sqrt[n]{a}>\sqrt[n]{b}$ (n 为正整数,$a>0,b>0$);

   对于任意实数 a,b,均有

   (6) $|a|-|b|\leqslant|a+b|\leqslant|a|+|b|$;

   (7) $a^2+b^2\geqslant 2ab$.

6. 常用数列公式

   (1) 等差数列:$a_1,a_1+d,a_1+2d,\cdots,a_1+(n-1)d$,其公差为 d,前 n 项的和为

$$s_n = a_1 + (a_1+d) + (a_1+2d) + \cdots + [a_1+(n-1)d] = \frac{a_1+[a_1+(n-1)d]}{2} \cdot n;$$

(2) 等比数列：$a_1, a_1 q, a_1 q^2, \cdots, a_1 q^{n-1}$，其公比为 q，前 n 项的和为

$$s_n = a_1 + a_1 q + a_1 q^2 + \cdots + a_1 q^{n-1} = \frac{a_1(1-q^n)}{1-q};$$

(3) 一些常用数列的前 n 项的和

$$1+2+3+\cdots+n = \frac{1}{2}n(n+1); \qquad 2+4+6+\cdots+2n = n(n+1);$$

$$1+3+5+\cdots+(2n-1) = n^2; \qquad 1^2+2^2+3^2+\cdots+n^2 = \frac{1}{6}n(n+1)(2n+1);$$

$$1^2+3^2+5^2+\cdots+(2n-1)^2 = \frac{1}{3}n(4n^2-1); \quad 1\cdot 2+2\cdot 3+3\cdot 4+\cdots+n(n+1) = \frac{1}{3}n(n+1)(n+2);$$

$$\frac{1}{1\cdot 2}+\frac{1}{2\cdot 3}+\frac{1}{3\cdot 4}+\cdots+\frac{1}{n(n+1)} = 1 - \frac{1}{n+1}.$$

7. 阶乘 $n! = n(n-1)(n-2)\cdots 2 \cdot 1$.

二、常用基本三角公式

1. 基本公式

$$\sin^2 x + \cos^2 x = 1; \quad 1+\tan^2 x = \sec^2 x; \quad 1+\cot^2 x = \csc^2 x; \quad \cot x = \frac{1}{\tan x}; \quad \sec x = \frac{1}{\cos x}; \quad \csc x = \frac{1}{\sin x}.$$

2. 倍角公式

$$\sin 2x = 2\sin x \cos x; \quad \cos 2x = \cos^2 x - \sin^2 x = 1 - 2\sin^2 x = 2\cos^2 x - 1; \quad \tan 2x = \frac{2\tan x}{1-\tan^2 x}.$$

3. 半角公式

$$\sin^2 \frac{x}{2} = \frac{1-\cos x}{2}; \qquad \cos^2 \frac{x}{2} = \frac{1+\cos x}{2}; \qquad \tan \frac{x}{2} = \frac{1-\cos x}{\sin x} = \frac{\sin x}{1+\cos x}.$$

4. 加法公式

$$\sin(x\pm y) = \sin x \cos y \pm \cos x \sin y; \quad \cos(x\pm y) = \cos x \cos y \mp \sin x \sin y; \quad \tan(x\pm y) = \frac{\tan x \pm \tan y}{1 \mp \tan x \tan y}.$$

5. 和差化积公式

$$\sin x + \sin y = 2\sin \frac{x+y}{2} \cos \frac{x-y}{2}; \qquad \sin x - \sin y = 2\cos \frac{x+y}{2} \sin \frac{x-y}{2};$$

$$\cos x + \cos y = 2\cos \frac{x+y}{2} \cos \frac{x-y}{2}; \qquad \cos x - \cos y = -2\sin \frac{x+y}{2} \sin \frac{x-y}{2}.$$

6. 积化和差公式

$$\sin x \cos y = \frac{1}{2}[\sin(x+y) + \sin(x-y)]; \quad \cos x \sin y = \frac{1}{2}[\sin(x+y) - \sin(x-y)];$$

$$\cos x \cos y = \frac{1}{2}[\cos(x+y) + \cos(x-y)]; \quad \sin x \sin y = -\frac{1}{2}[\cos(x+y) - \cos(x-y)].$$

7. 诱导公式

三角函数的诱导公式表

函数 角	sin	cos	tan	cot
$-\alpha$	$-\sin\alpha$	$\cos\alpha$	$-\tan\alpha$	$-\cot\alpha$
$\frac{\pi}{2} \pm \alpha$	$\cos\alpha$	$\mp\sin\alpha$	$\mp\cot\alpha$	$\mp\tan\alpha$

续表

函数 角	sin	cos	tan	cot
$\pi \pm \alpha$	$\mp \sin\alpha$	$-\cos\alpha$	$\pm \tan\alpha$	$\pm \cot\alpha$
$\dfrac{3\pi}{2} \pm \alpha$	$-\cos\alpha$	$\pm \sin\alpha$	$\mp \cot\alpha$	$\mp \tan\alpha$
$2\pi \pm \alpha$	$\pm \sin\alpha$	$\cos\alpha$	$\pm \tan\alpha$	$\pm \cot\alpha$
$2k\pi + \alpha$	$\sin\alpha$	$\cos\alpha$	$\tan\alpha$	$\cot\alpha$

奇$\left(\dfrac{\pi}{2}\text{的奇数倍}\right)$变偶$\left(\dfrac{\pi}{2}\text{的偶数倍}\right)$不变,符号看象限(视 α 为锐角,原函数值的符号).

三、常用的面积和体积公式

1. 面积公式

   (1) 圆周长 $l=2\pi r$,圆面积 $S=\pi r^2$(r 是圆半径).

   (2) 平行四边形面积 $S=bh$(b 是底,h 是此底上的高).

   (3) 三角形面积 $S=\dfrac{1}{2}bh$(b 是底,h 是此底上的高);三角形面积 $S=\dfrac{1}{2}ab\sin\theta$($a,b$ 是相邻两边,θ 是此两边的夹角).

   (4) 梯形面积 $S=\dfrac{1}{2}(a+b)h$(a,b 是两底,h 是高).

   (5) 圆扇形面积 $S=\dfrac{1}{2}r^2\theta$,圆扇形弧长 $l=r\theta$(r 是圆半径,θ 是圆心角,单位为弧度).

2. 体积公式

   (1) 球体体积 $V=\dfrac{4}{3}\pi r^3$,球体表面积 $S=4\pi r^2$(r 是球体半径).

   (2) 正圆柱体体积 $V=\pi r^2 h$,正圆柱体侧面积 $S=2\pi rh$,正圆柱体表面积 $S=2\pi r(r+h)$(r 是底面半径,h 是高).

   (3) 正圆锥体体积 $V=\dfrac{1}{3}\pi r^2 h$,正圆锥体侧面积 $S=\pi rl$,正圆锥体表面积 $S=\pi r(r+l)$(r 是底面半径,h 是高,l 是斜高,即 $l=\sqrt{r^2+h^2}$).

   (4) 圆台体积 $V=\dfrac{1}{3}\pi(r^2+rR+R^2)h$,圆台侧面积 $S=\pi l(r+R)$(r 是上底面半径,R 是下底面半径,h 是高).

附录2　常用曲线

(1) 三次抛物线

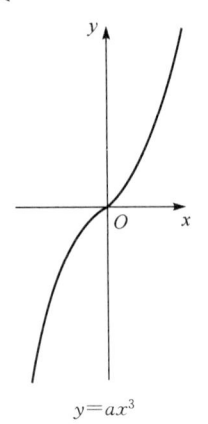

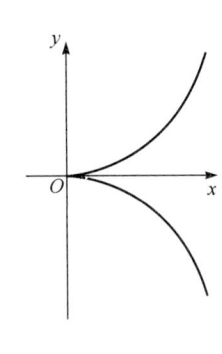

$y = ax^3$

(2) 半立方抛物线

$y^2 = ax^3$

(3) 概率曲线

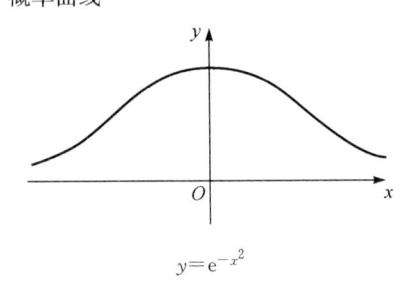

$y = e^{-x^2}$

(4) 箕舌线

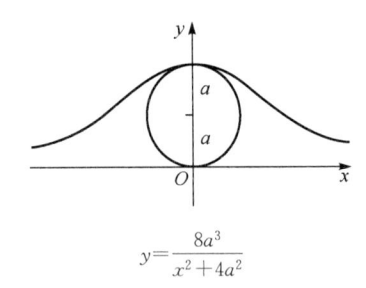

$y = \dfrac{8a^3}{x^2 + 4a^2}$

(5) 蔓叶线

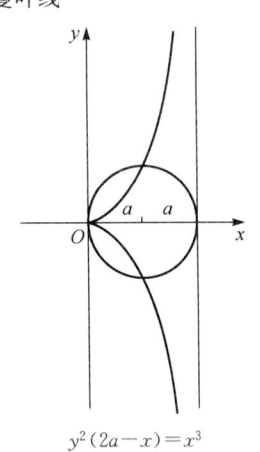

$y^2(2a - x) = x^3$

(6) 笛卡尔叶形线

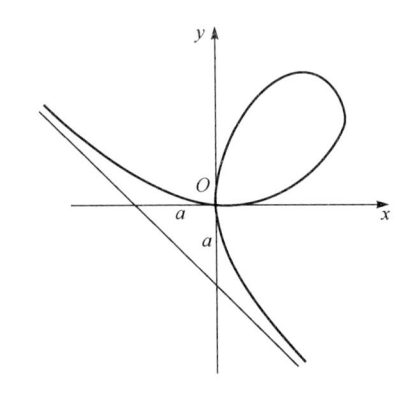

$x^3 + y^3 - 3axy = 0$

$x = \dfrac{3at}{1 + t^3}, y = \dfrac{3at^2}{1 + t^3}$

(7) 星形线

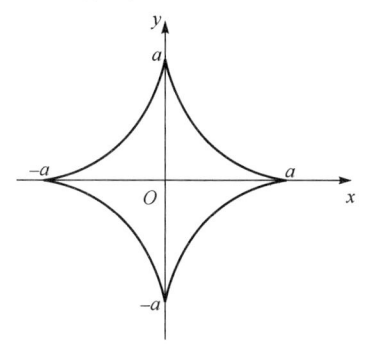

$$x^{\frac{2}{3}}+y^{\frac{2}{3}}=a^{\frac{3}{2}}, \begin{cases} x=a\cos^3\theta \\ y=a\sin^3\theta \end{cases}$$

(8) 摆线

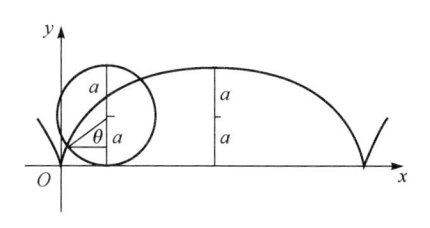

$$\begin{cases} x=a(\theta-\sin\theta) \\ y=a(1-\cos\theta) \end{cases}$$

(9) 心形线

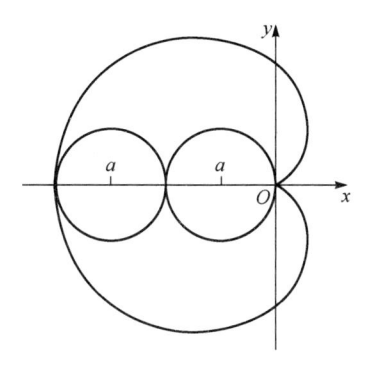

$$x^2+y^2+ax=a\sqrt{x^2-y^2},$$
$$r=a(1-\cos\theta)$$

(10) 阿基米德螺线

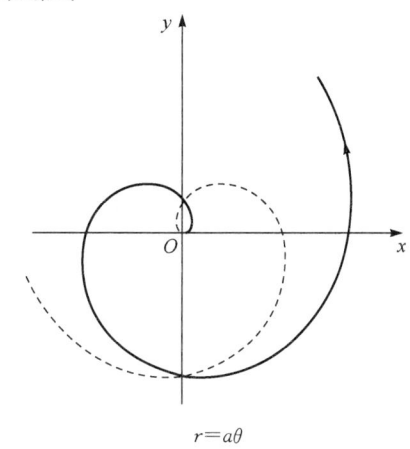

$$r=a\theta$$

(11) 对数螺线

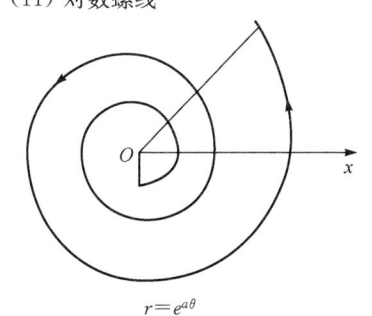

$$r=e^{a\theta}$$

(12) 双曲螺线

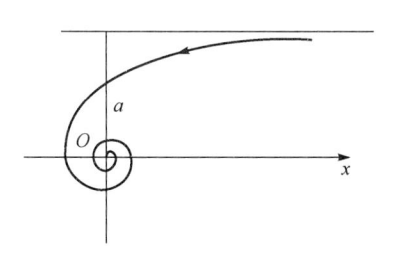

$$r\theta=a$$

(13) 伯努利双纽线

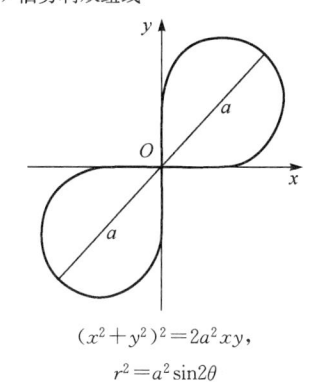

$$(x^2+y^2)^2=2a^2xy,$$
$$r^2=a^2\sin2\theta$$

(14) 伯努利双纽线

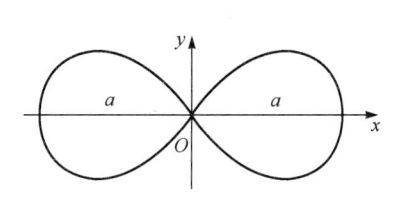

$$(x^2+y^2)^2=a^2(x^2-y^2),$$
$$r^2=a^2\cos2\theta$$

(15) 三叶玫瑰线

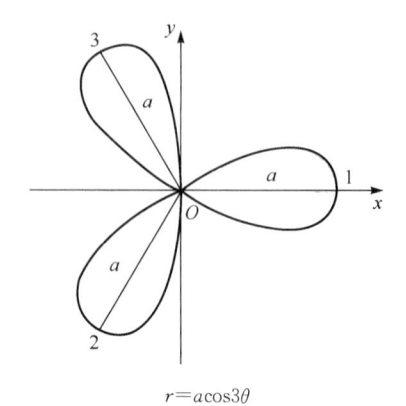

$r = a\cos 3\theta$

(16) 三叶玫瑰线

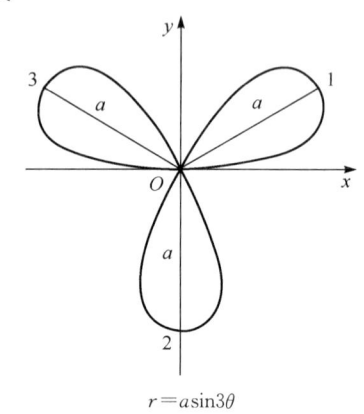

$r = a\sin 3\theta$

(17) 四叶玫瑰线

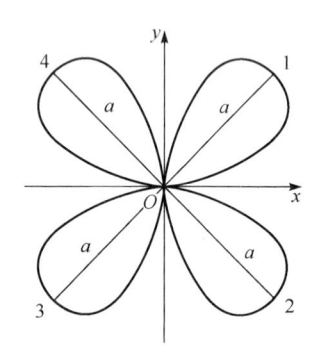

$r = a\sin 2\theta$

(18) 四叶玫瑰线

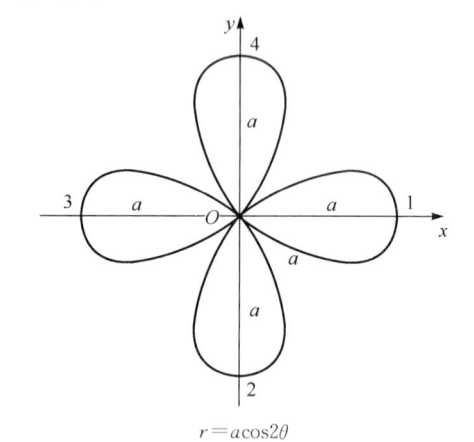

$r = a\cos 2\theta$